水电厂检修技术丛书

U0818161

水电厂电气二次设备检修

张 诚 陈国庆 主编

中国电力出版社
CHINA ELECTRIC POWER PRESS

内 容 提 要

本书以水电厂设备A修（或全检）为主线，详细讲解了电气二次设备的检修与维护作业流程、工艺要求、质量控制标准、常见故障诊断及处理方法，以及检修管理模式的创新等。全书共五篇，主要内容包括：水电厂电气二次设备及检修简介，继电保护及安全自动装置检验，计算机监控系统检修，发电机励磁系统检修，电气测量系统检修。

本书重点针对现场实际操作，内容丰富、易懂、实用，适合于水电厂检修维护人员、管理者学习参考，也可作为高等院校相关专业师生的参考书。

图书在版编目（CIP）数据

水电厂电气二次设备检修/张诚，陈国庆主编．—北京：中国电力出版社，2012.4（2019.3重印）
（水电厂检修技术丛书）
ISBN 978-7-5123-1705-5

Ⅰ.①水… Ⅱ.①张… ②陈… Ⅲ.①水力发电厂-二次设备-检修 Ⅳ.①TV734

中国版本图书馆CIP数据核字（2011）第097705号

中国电力出版社出版、发行
（北京市东城区北京站西街19号 100005 http://www.cepp.sgcc.com.cn）
三河市航远印刷有限公司印刷
各地新华书店经售
*
2012年4月第一版 2019年3月北京第三次印刷
710毫米×980毫米 16开本 32.25印张 604千字
印数3501—4500册 定价**85.00**元

《水电厂检修技术丛书》编委会

编委会主任　张　诚

编委会副主任　陈国庆

编委会成员　王　宏　杨兴斌　罗仁彩　鲁结根

肖　荣　卢进玉　周江余　张亚明

吴丹清

《水电厂电气二次设备检修》编写人员

统稿人　张亚明

编写人员　曾　涛　曾　建　陈　虹　肖江滔

陈　琼　朱宏丹　刘晓辉　肖　勇

朱华伟　李　炜　汪光灿　孙　钢

毛海伟　周劲峰　潘苗苗　陈小明

彭炜东　王保平　李长华

审查人　张光友

前　言

近年来，我国水电开发迎来了历史性的发展机遇，水电机组单机容量和装机规模不断扩大，水电工程机电设计、制造和安装技术已赶上和达到世界一流水平。随着全球低碳经济的发展，作为大规模可再生清洁能源的水力发电必将得到越来越充分的开发和应用。

水电工程的性能和效益的发挥最终都要通过运行来实现。在水电工程全生命周期管理过程中，优质的建设、优化的运行和优良的检修维护对于充分发挥水电工程的效益都十分重要。得益于计算机、自动化、信息化、网络技术，新材料、新工艺的高速发展，以及现代管理理念和方法的应用，水电厂检修技术也得到不断更新和提高。但一直以来，鲜有全面、完整地介绍水电厂检修技术的书籍面市，使水电厂检修技术的学习、交流和推广受到限制。为了与水电厂同行进行技术交流，探讨推广标准化、规范化的水电厂检修方法，推动水电厂检修技术的不断进步，为从事水电厂检修工作的技术和管理人员提供参考和借鉴，中国长江电力股份有限公司在认真总结三峡水电厂和葛洲坝水电厂多年的检修经验的基础上，精心组织编写了一套《水电厂检修技术丛书》。

《水电厂检修技术丛书》由《水轮发电机组检修》、《水电厂辅助设备及公用系统检修》、《水电厂电气一次设备检修》、《水电厂电气二次设备检修》、《水工建筑物与闸坝机电设备检修》五个分册组成。

本丛书是国内第一套专门针对大中型水电厂的检修技术丛书，力求全面、系统、实用，强调指导性和可操作性。

由于不同形式水轮发电机组的检修方法与工艺有很大差别，因此本丛书检修实例均以国内大型混流式和轴流转桨式水轮发电机组及常见的大型输变电、自动控制和保护设备为主。

《水电厂检修技术丛书》凝聚着中国长江电力股份有限公司广大生产技术人员的智慧和心血，丛书编写历时两年，先后有 100 余人参与其中。公司成立了编写组，总经理张诚亲自组织编写工作，总工程师陈国庆组织了多次编审会议，公司所属三峡水电厂、葛洲坝水电厂和检修厂组织了一大批技术骨干，利用业余时间编写，为《水电厂检修技术丛书》的顺利完成作出了宝贵的贡献。

本书为《水电厂电气二次设备检修》分册，共五篇十九章。第一篇为水电厂电气二次设备及检修简介，第二篇介绍继电保护及安全自动装置检验，第三篇介绍计算机监控系统检修，第四篇介绍发电机励磁系统检修，第五篇介绍电气测量系统检修。全书以水电厂设备 A 修（或全检）为主线，详细讲解了电气二次设备的检修与维护作业流程、工艺要求、质量控制标准、常见故障诊断及处理方法，以及检修管理模式的创新（如检修作业文件包、关键作业点控制卡等）。

本书第一篇由曾涛、曾建编写；第二篇第三章、第四章由陈虹编写，第五章由肖江滔、陈琼编写，第六章由李炜、刘晓辉编写，第七章由朱宏丹、朱华伟编写，第八章由肖勇、汪光灿编写；第三篇第九章由孙钢编写，第十章由潘苗苗编写，第十一章由周劲峰编写，第十二章由毛海伟编写；第四篇由陈小明、彭炜东编写；第五篇第十七章、第十八章由王保平编写，第十九章由李长华编写。全书由张光友审核，由张亚明统稿。

该书是大中型水电厂检修技术人员几十年经验的积累与总结，内容丰富、易懂、实用，可作为我国水电厂检修维护人员、管理者以及高校相关专业师生的参考书。

由于水电厂检修技术创新日新月异，加之编者水平有限，书中不妥之处在所难免，恳请广大读者提出宝贵意见。

编　者

2011 年 5 月

目 录

第一篇

水电厂电气二次设备及检修简介

第一章　水电厂电气二次系统的组成及作用

水电厂电气二次设备的检修是依据最新的《发电企业设备检修导则》，根据企业自身特点，采取个性化的检修策略，为保持或恢复设备实现规定功能的能力和状态而对所有电气二次设备采取的相应生产技术活动。

二次设备是指对一次（主）设备的工作进行控制、保护、监察和测量的设备，如测量仪表、继电器、操作开关、按钮、自动控制设备、计算机系统、人机接口设备、信号设备、控制电缆以及提供这些设备能源的一些供电装置（如蓄电池、硅整流器、高频开关电源等）。水电厂二次设备主要由继电保系统、计算机监控系统、发电机励磁系统、计量及测量系统、水轮机调速系统等组成。

第一节　继电保护系统

电力系统继电保护装置是用以保证电力系统和发供电设备的安全运行，当系统发生短路等故障时，切除故障线路及设备，防止出现系统振荡、失步解列、全网性频率崩溃和电压崩溃等灾害性事故的装置。

电力系统继电保护的基本任务是：当电力系统发生事故或异常工况时，在可能实现的最短时间和最小区域内自动将故障设备从系统中切除，或者给出信号由值班人员消除异常工况的根源，以减轻或避免设备的损坏和对相邻地区供电的影响。

一、继电保护的基本性能

继电保护的正确工作不仅有力地提高电力系统运行的安全可靠性，并且正确使用继电保护技术和装置，还可能在满足系统技术条件的前提下降低一次设备的投资。继电保护装置必须具备以下四个基本性能：

(1) 可靠性。可靠性是指保护该动作时应可靠动作，即不应发生拒动作现象；

不该动作时应可靠不动作，即不应发生误动作现象。可靠性是对继电保护装置性能的最根本的要求。

(2) 快速性。继电保护装置应能以最短时限将故障部分或异常工况从系统中切除或消除。其目的是提高系统稳定性，减轻故障设备和线路的损坏程度，缩小故障波及范围，提高自动重合闸和备用电源或备用设备自动投入的效果等。

(3) 选择性。继电保护装置应在可能的最小区间将故障部分从系统中切除，以保证最大限度地向无故障部分继续供电。

(4) 灵敏性。灵敏性是指继电保护装置对故障和异常工作状况的反应能力。在保护装置的保护范围内，不管短路点的位置如何、不论短路的性质怎样，保护装置均不应产生拒绝动作；但在保护区外发生故障时，又不应该产生错误动作。

继电保护须具备的四个基本性能彼此紧密联系。在选择保护方案时，还应注意经济性。所谓经济性，不仅指保护装置的设备投资和运行维护费，还必须考虑由于保护装置不完善而发生误动或拒动时对国民经济所造成的损失。

二、继电保护的分类

(1) 按被保护对象分类，有输电线路保护和主设备保护（如发电机、变压器、母线、电抗器、电容器等保护）。

(2) 按保护功能分类，有短路故障保护和异常运行保护。前者又可分为主保护、后备保护和辅助保护；后者又可分为过负荷保护、失磁保护、失步保护、失灵保护、低频保护、非全相运行保护、故障录波和安全稳定装置等。

(3) 按保护装置进行比较和运算处理的信号量分类，有模拟式保护和数字式保护。一切机电型、整流型、晶体管型和集成电路型（运算放大器）保护装置，它们直接反应输入信号的连续模拟量，均属模拟式保护；采用微处理机和微型计算机的保护装置，它们是将模拟量经采样和模/数转换、数字处理、运算后得出正确的成果，属数字式保护。

(4) 按保护动作原理分类，有过电流保护、低电压保护、过电压保护、负序保护、零序保护、功率方向保护、行波保护、阻抗保护、距离保护、差动保护、高频方向（载波、微波、光纤）保护等。

第二节　计算机监控系统

计算机监控系统在水电厂的广泛应用，为水轮发电机组的安全、经济、可靠运行提供了保证。

计算机监控系统一般采用开放式分层分布系统、全分布数据库，结构分为上位机层、网络层、现地控制层，可实现了无人监控、少人值班的高自动化水平，减轻了操作人员工作强度，提高了电厂运行的安全可靠性。

一、计算机监控系统的硬件部分

（1）电厂级主计算机系统。

（2）人机联系设备。

（3）现地控制单元。

（4）网络设备（网卡、路由器、光纤）。

（5）通信设备。

（6）电源及其他设备。

二、计算机监控系统的软件部分

（1）操作系统，系统支持软件，监控软件。

（2）开发系统，编辑软件。

（3）应用软件包：

1）商用关系型数据库管理系统，数据生成源文件，实时数据库，历史数据库。

2）控制操作流程软件。

3）用户程序，如 AGC、AVC。

4）丰富的人机接口基本软件，如报告、报警、画面显示。

（4）网络管理软件。

（5）数据库、数据采集及处理软件。

三、计算机监控系统的主要功能

（1）数据采集与处理。

（2）运行安全监视。

（3）设备操作监视。

（4）控制权限。

（5）自动发电控制（AGC）。自动发电控制的主要任务是在满足各种安全发电的约束下，以迅速、经济的方式控制整个电厂的有功功率，以满足电力系统多方面的要求。

（6）自动发电控制（AVC）。自动发电控制是在满足电站及机组的各种安全约束条件下，根据不同的运行方式和运行工况，对全厂的机组作出实时的控制决策，以自动维持母线电压或全厂无功功率为当时的设定值，并合理分配厂内各机组的无功功率，提高电厂的整体自动运行水平。

（7）运行日志和报表（画面、报告、记录、棒图、趋势、累计）。

（8）事件记录（告警显示）。

（9）数据通信。

（10）人机界面。

（11）多媒体功能。

（12）自诊断与远方诊断，实现电站的实时监控。

（13）遥控和遥调功能。

第三节　发电机励磁系统

发电机励磁是指利用电磁感应原理使发电机转子形成磁场的过程。励磁系统是向同步发电机的磁场线圈提供直流励磁电流的系统及装置，是同步发电机的重要组成部分。

励磁系统一般由励磁变压器、励磁调节器、励磁整流装置和灭磁及过电压保护装置等组成。

一、励磁分类

（1）按整流方式可分为旋转式励磁和静止半导体励磁两大类。

（2）按供电方式可分为：

1）由与发电机同轴的交流励磁机供电，称为交流励磁（他励）系统。此系统又可分为四种方式：①交流励磁机（磁场旋转）加静止硅整流器（有刷）；②交流励磁机（磁场旋转）加静止晶闸管整流器（有刷）；③交流励磁机（电枢旋转）加硅整流器（无刷）；④交流励磁机（电枢旋转）加晶闸管整流器（无刷）。

2）采用励磁变压器供电，称为全静态励磁（自励）系统。当励磁变压器接在发电机的机端或接在单元式发电机组的厂用电母线上，称为自并励励磁方式，把机端励磁变压器与发电机定子串联的励磁变流器结合起来向发电机转子供电的称为自复励方式。结合方法有直流侧并联、直流侧串联、交流侧并联、交流侧串联四种。

由于励磁系统的种类和方式很多，目前还没有哪种分类方法能把所有的励磁方式包括在内。自并励静止励磁系统是目前应用最广泛的励磁系统。

二、励磁系统的主要作用

（1）维持发电机端电压在给定值。当发电机负荷发生变化时，通过调节磁场的强弱（即发电机转子电流）来调节机端电压。

（2）合理分配并列运行机组之间的无功功率。

（3）提高电力系统的稳定性，包括静态稳定性、暂态稳定性及动态稳定性。

第四节　计量及测量系统

电气测量是以电磁规律为基础的测量技术，它不仅具有准确、灵敏、操作简单、反应迅速及容易进行遥测等优点，还可以进行非电量的测量，因而在日益发展的电力系统中，电能的生产、传输、分配和使用都离不开电气测量，电力系统的正常运行和电气测量密切相关。

发电厂装设各种测量设备对电能等各种参数进行全面测量，主要作用有以下几个方面：

(1) 监视输出电能的质量（电压和频率）。

(2) 计量发电厂（站）发出的电能、厂用电消耗的电能以及变电站输送给用户的电能。

(3) 检测各回路的负载情况，以防过载。

(4) 监测各发电机和变压器间有功功率和无功功率的分配。

(5) 监视控制回路、继电保护和自动装置的交直流电源，以保证控制回路和保护装置可靠工作。

(6) 监视电力网或直流系统绝缘或接地故障。

第五节　水轮机调速系统

水轮机调节系统是根据机组转速（频率）的变化不断地改变水轮机过流量来实现水轮机输出功率的调节，该系统是由调速系统和调节对象组成的闭环系统。其中调速系统包括调速器电气部分、电液随动部分以及油压系统，调节对象包括水轮机及其有压过水系统、发电机及电网。水轮机调节系统是水电厂运行的重要组成部分之一，是具有开机、调速、停机、并网等机组控制和转速、功率等调节功能的机电一体化系统。它的可靠运行直接关系到电厂甚至电网的生产质量、安全和经济指标。

水轮机调速器的分类方法较多，按调节规律可分为 PI 和 PID 调速器；按系统构成分为机械式器（机械飞摆式）、电液式及微机调速器；按水轮机调速器型谱以及行业规范，水轮机调速器分为中、小型调速器，冲击式调速器，大型调速器等。中、小型调速器以调速功率大小来区分，冲击式调速器以喷嘴及折向器数目来区分，大型调速器以主配压阀名义直径来区分。

水轮机调速器的基本任务是维持进入水轮机的水能与发电机输出的电能平衡，或者是维持水轮发电机输出的电能频率恒定，即在电网中参与一次调频。

水轮机调速器的基本作用是：

(1) 能自动调节水轮发电机组的转速，使其保持在额定转速允许偏差内运转，以满足电网对频率质量的要求。

（2）能使水轮发电机组自动或手动快速启动，适应电网负荷的增减、正常停机或紧急停机的需要。

（3）当水轮发电机组在电力系统中并列运行时，调速器能自动承担预定的负荷分配，使各机组能实现经济运行。

（4）能满足转桨式、冲击式水轮机双重协联调节的需要。

（5）能满足抽水、发电的自动控制需要。

第二章 电气二次设备检修的策略与管理

第一节 设备的检修策略

一、故障后检修

最初电力企业中，设备的操作人员可以兼做检修人员，后来随着设备的复杂化和检修技术含量的提高，检修人员逐渐专业化。有了检修人员和操作人员的分工，而且检修人员逐渐增多，操作人员逐渐减少。此时的设备检修的主要特点是设备坏了才修，不坏不予修理。这种检修特点在现在的有些企业中还存在。

二、预防性检修管理

预防性检修管理是企业近几十年来主要的设备管理模式，它以摩擦学理论为基础，旨在通过出厂后运行设备的检查分析制订计划，对设备进行周期性的检修，通过对不同设备和不同使用周期的分析，进而制订出设备大修、中修和小修一类周期性的检修计划。可以说，几十年来国内企业的设备基本上一出厂，其检修周期就确定下来了。这种检修体制的优点是可以减少非计划（故障）停机，把事故消除在萌芽阶段；缺点是检修费用浪费较大，设备基础保养考虑欠佳，且由于计划固定，较少考虑设备的实际使用和运行情况，很自然地产生检修过剩或检修不足。

三、预知性检修管理和诊断技术

预知性检修产生于计划预防维修之后，是最早依赖计算机系统和软件来记录故障、评估系统和制订维修策略的方法。由于当时的计算机硬件环境尚为落后，缺乏完整、连续的数据采集系统常使设备系统的预测不准确，因而影响了预知检修的有效性。但这一管理模式毕竟向传统的以时间为基础的预防维修体制提出了挑战。

四、状态检修

随着检测手段的进步和计算机的发展，20 世纪 80 年代形成了更为完善的体制，即以状态为基础的维修体制，又称状态检修。所谓以状态为基础的维修体制是相对事后故障维修和以时间为基础的预防检修而提出的。其定义为在设备出现了明显的劣化后实施的检修策略，而状态的劣化是由被检测的机器状态参数的变化反映出来的。状态检修要求对设备进行各种参数测量，随时反映设备实际状态，测量的参数可以在足够的提前时间发出警报，以便采取适当的检修措施。

电力系统二次设备状态检修是通过设备状态监测技术和设备自诊断技术，结合二次设备运行和检修历史资料，对二次设备作出正确评价，根据状态评价结果科学安排检修时间和检修项目。电力系统二次设备主要包括继电保护、自动装置、故障录波、实时监测、就地监控及远动，它的可靠运行是确保电网稳定和电力设备安全的基本要求。

二次设备的状态监测是状态检修的基础。要监测二次设备工作的可靠性，进行寿命估计。二次设备状态监测对象主要包括交流测量系统、直流控制及信号系统、逻辑判断系统、通信管理系统、控制电缆屏蔽接地系统和微机装置的自检等。

五、主动性设备检修管理思想

主动性设备管理策略与以往检修策略所不同的是，它着重强调对设备易发生故障的根源进行分析、掌握以及最终予以及时纠正，进而延长设备的使用寿命。在欧美实验室的多项研究已经证明，不稳定及非规范性运行和检修操作是引起设备故障和磨损的最主要因素。研究表明，有些精密部件即使发生轻微的磨损都会导致设备的停运。正是基于这一理论，主动性设备检修策略应运而生，它完全着眼于易引发设备故障的原因分析，而不是着眼于损坏设备的症状。因此，主动性设备检修策略完全不同于预知性检修概念采用探测设备故障的初期报警信号，以防止事故发生或扩大；同时，它也完全不同于预防性检修思想采用周期性时间检修，而忽视设备的本身状态。主动性检修正是具有这种优越性才把它当作最重要的节约检修费用的唯一策略，而广泛地被世界上许多优秀企业所接受。

六、以可靠性分析为中心的检修法

可靠性分析为中心的检修方法不同于以往的检修模式，它是通过优化设备的使用、维修、改进、更新等各个环节，以最低的费用实现设备的期望值，它是对传统的维修思维方式和维修行为方式的挑战。其检修策略是建立在故障模式、故障影响和故障后果上，是一种将预防检修、预知检修和主动检修等结合起来的总体检修模式。

七、故障原因分析方法

在著名的菲利普·奠理斯公司从事制造管理、后在美国可靠性中心出任副主席的马克·拉蒂诺就曾提出一个完美的公式：故障原因分析方法加以可靠性分析为中心的检修法等于成功的检修模式。也就是说，故障原因分析方法加上以可靠性分析为中心的检修法就是目前提高设备管理、改善设备性能最成功的途径。故障原因分析方法其实就是找出可靠性设计时各个阶段的缺点和潜在缺陷，进而提出改进措施的一种定性的故障前分析方法。它也可以作为可靠性、安全性分析的一种很好的方法。

目前电力系统中，电力设备大多采用的计划检修体制存在着严重缺陷，如临时性维修频繁、维修不足、不出问题不修、有问题就换新设备或维修过剩、大拆大卸、盲目维修等，这使每年在设备维修方面耗资巨大。怎样合理安排电力设备的检修，节省检修费用、降低检修成本，同时保证系统有较高的可靠性，对系统运行人员来说是一个重要课题。随着传感技术、微电子、计算机软硬件和数字信号处理技术、人工神经网络、专家系统、模糊集理论等综合智能系统在状态监测及故障诊断中应用，基于设备状态监测和先进诊断技术的状态检修研究得到发展，使设备缺陷及时发现和处理。

在电力系统中推行状态检修的直接效益有：①节省大量维修费用；②提高电厂可用系数；③延长设备使用寿命；④增加发电能力；⑤确保发供电可靠性；⑥降低检修成本、减少检修风险。

第二节 设备的检修管理

水电厂的设备检修，是保证机组安全、满发、经济运行的重要措施。定期的检查修理，能及时更换易损件，修复局部损坏的可以修复的零部件，同时便于发现问题、消除隐患，从而提高机组运行的可靠性。由于二次设备检修意义重大，所以各级管理部门和检修工作者都必须充分重视检修工作，提高质量意识，贯彻以预防为主的方针，做到有目的、有计划、有组织地安排检修工作，在检修中要坚持该修必修、修必修好的原则，切实保证检修的质量。

通过检修可达到以下目的：使设备进入良好的技术状态，满足生产的需要；保证设备安全、经济运行，提高设备可用系数，充分发挥设备的潜力；保证电力系统安全运行。

按检修的来源，检修可分成：①计划检修，指年、月度检修计划中所确定的检修或试验项目的检修；②事故检修，指设备损坏已构成事故或障碍不可再继续运行的停电检修；③配合检修，对其他单位检修工作的配合性检修；④临时检修，除计划检修、事故检修及配合检修外的检修。

按照《发电企业设备检修导则》，检修工作一般可以分为定期检查、C 修、B 修和 A 修四种。定期检查是指在不停机的情况下进行的检查，其目的是及时掌握设备运行的状况，为检修积累必要的资料。C 修是指依据故障、事故或运行中掌握的设备缺陷，需要处理某些项目或有目的地检修机组某重要部件，为 B 修提供依据，C 修在停机状态下进行。B 修是指有计划地、较全面地检查、修理机组运行中出现的、C 修中无法消除的严重设备缺陷。B 修中要拆卸机组某些复杂的部件与机构，拆卸部件的多少，应视设备的损坏程度而定，但以水轮机转轮不分解不吊出为限。A 修是针对机组的某些缺陷（如转轮严重气蚀或裂纹，无法在机坑内修理；水轮机过水部分检修及轴流转轮需要更换轮叶止推轴套等），均要求检修时一定要吊出水轮机转轮，这样的大修称为 A 修。A 修时，可以将所有的部件进行解体、检查、处理（包括埋设件的处理），有时还要进行较大的技术改造工作。

检修周期是指相邻两次大修之间的间隔时间。检修间隔期是指两次计划检修之间的工作时间。运行实践表明，不同机组的检修周期差别较大。影响检修周期的因素很多，通常低水头电站的检修周期较长，而高水头或水流中含泥沙量较多的水电厂检修的周期较短。具体的检修周期，应根据设备的状况，由各水电厂自行确定。定期检查：每周一次，每次半天。C 修：每年 2 次，每次 2～8 天。B 修：3～5 年一次，每次 10～35 天。A 修：5～8 年一次，每次 45～75 天。

一、设备检修计划

设备检修计划是消除设备技术状况劣化的一项设备管理工作计划。制定设备检修计划时，应根据设备的实际负荷开动时间、技术状况、检测数据、零部件失效规律、在生产过程中所处地位及其复杂程度等，采取与实际需要相适应的修理类别；并综合考虑生产、技术、物资、劳动力与费用等各方面的条件，来安排检修日期，确定检修时间。设备检修计划是企业生产经营计划的重要部分，其目标是保证设备经常处于完好状态。它应与企业的生产技术、财务计划密切协调，并与企业的生产经营计划同时下达、执行和考核。

生产技术管理部门执行公司发布的检修计划管理制度。生产技术管理部门组织编制年度检修计划。每年 6 月，设备维修管理部门根据设备运行情况、设备投产时间、检修周期、上次检修时间及检修内容，并结合设备状态评估的结果，提出年度检修计划及主要检修内容，经设备维修管理部门领导审核后，上报生产技术管理部门。生产技术管理部门根据设备维修管理部门上报的设备检修计划，在每年 7 月提出年度发电、输电设备年度检修计划（草稿）。年度检修计划（草稿）经生产技术管理部门领导、上级导审核后，上报公司生计部。生产技术管理部门接收公司批准的年度检修计划，并下达至设备维修管理部门、运行部。

生产技术管理部门根据年度检修计划及设备运行情况编制月、周检修计划，并与调度（网调、省调）协商后，经上级导批准后下达至设备维修管理部门、运行部门及其他设备管理部门。月、周检修计划应在前月末、前周末下达，并同时报调度（网调、省调）。

检修计划的编制依据是：设备的技术状态；生产工艺及产品质量对设备的要求；安全与环境保护的要求；设备的检修周期、检修间隔期。检修计划包括年度检修计划、季度检修计划和月度检修计划。

二、检修前的准备

(1) 技术准备。包括修前预检、修前设计准备、修前工艺准备等。

1) 设备维修管理部门负责编制设备检修作业指导书和检修作业包。

2) 设备维修管理部门根据检修工期，负责编制所辖设备“检修工期网络图”，并描述各工序与其他工序的交面。生产技术管理部门协调各设备维修管理部门编制“检修工期网络图”。

3) 生产技术管理部门在设备检修开工前一周，将经过审批的技术方案、施工方案下达至各部门。

4) 设备维修管理部门负责现场施工条件准备（场地布置、警戒隔离、现场物料等准备）。

5) 外包工程的管理执行成本控制管理程序。

(2) 生产准备。包括材料及备件的准备，专用工、检具的准备，设备停修前的准备工作等。

1) 设备维修管理部门根据设备检修计划，提出设备材料计划和备品备件计划，经生产技术管理部门审核、分管上级领导批准后由采购部门购买。

2) 检修开工前 20 天，设备维修管理部门对检修材料、备品备件进行核实，如备品备件不能按期到货，应对相应检修工期进行调整。检修期间设备维修管理部门应加强同物资采购部门的联系。

3) 检修开工前 20 天，设备维修管理部门应对检修中使用的工器具进行安全检查，确保工器具的安全，对测量用具、校准仪等标准设备应保证其精度和有效期。

三、检修的执行

(1) 设备检修计划的实施中的环节：交付检修、检修施工、竣工验收。

(2) 如果存在设备的委托检修，则还包括办理设备委托检修的工作程序和检修合同的主要内容。

(3) 检修过程的安全控制遵守《电业安全工作规程》。

四、检修的控制

系统设备的定期检修工期按有关调度部门批准的工期执行。机组 A、B 级检修工期：检修工期安排在每年枯水期，11 月到次年 4 月中旬。A 级检修工期为一般 150 天，B 级检修工期一般为 52 天。机组 C、D 级检修工期：每年安排每台机组 C、D 级检修各 1 次。间隔时间应为 4～6 月，且枯水期必须安排 1 次 C 级检修或 D 级检修，C 级检修工期一般为 12 天，D 级检修工期一般为 6 天。

生产技术管理部门按检修计划管理流程，下达检修任务。设备停电检修前，运行值班负责人应先向有关调度部门提出检修申请，机组A、B级检修时，提前4天申请；机组C、D级检修时，提前2天申请。

设备维修管理部门专业设备分管部门按设备作业指导书进行检修，并满足作业指导书中的要求。各种技术改进、改造的检修作业应具备经上级领导批准后的技术方案；紧急情况下，在经上级领导同意后，可先进行设备检修工作，待检修工作完毕后，再补报相关的技术方案。检修工作完要做到文明施工，安全施工，工完场清。

检修过程的质量控制主要依据国家和行业标准，以及相关程序文件、检修规程、检修作业指导书等。检修过程的质量控制采取检查、试验、工序管理三种手段结合进行。从影响工序质量的人员、机械、材料、作业方法、环境要素等进行控制，包括对作业条件的监控、作业效果的检测、完工后的监控等内容，重点注意对关键过程、特殊过程及隐蔽工程的检查。

检修工作的进度控制应注意检修施工关键线路的控制。检修开工后若发现较大缺陷需延长检修工期时，应在检修工期进行到一半时，由设备维修管理部门提出申请，经生产技术管理部门核实、分管上级领导批准后，再由运行值班领导向调度申请调整检修工期。

检修过程中的组织协调采用例会制度，由生产技术管理部门主持，各设备维修管理部门、运行操作部门、安全监察部门、保卫部门参加，通报检修的形象进度、质量控制、安全管理情况，提出检修中的进度变更、项目变更、设计技术变更、交叉作业等存在的问题，并对下阶段检修进行安排。遇特殊情况时，分管上级领导可紧急召开协调会。

五、检修后的验收、调试

生产技术管理部门制定设备检修后的验收标准。检修工作完成后，应对检修质量进行验收。设备维修管理部门自行组织设备检修质量验收，生产技术管理部门根据需要对设备维修管理部门自行组织地验收项目进行抽查，重点核查所修项目是否达到标准和规范。重大技改、重措、技措等项目由生产技术管理部门组织验收，必要时进行设备静、动态试验，以对验收项目进行评价。

检修后的分步调试由设备维修管理部门自行组织，对跨部门的联合调试，由生产技术管理部门组织。机组大修后的启动试验由生产技术管理部门组织编制《机组启动试验方案》，并经总工程师批准后由生产技术管理部门组织试验。

凡属上级调度部门调度设备的停电检修工作，在设备复役时，有核相、冲击合闸、带负荷检验和作与系统有关试验等要求时，在试验前7天向上级调度部门上报试验方案。得到批准后，才开始执行。

六、设备检修的信息管理

(1) 设备检修的信息包括技术信息和经济信息。

1) 设备检修的信息流程。

2) 信息的加工与存储。

3) 设备检修技术资料与技术文件的管理。

4) 设备检修技术资料，包括资料来源、管理内容、管理程序、图纸管理、检修工艺（作业指导丛书）等。

5) 设备检修用技术文件包括检修任务通知单、换件明细表、材料明细表等。

(2) 设备检修的质量管理。

1) 设备检修的质量管理的工作内容。

2) 设备检修的质量保证体系。

3) 设备检修质量的检验。

4) 设备检修用量具和检具的管理。

七、检修的总结改进

检修完工后，生产技术管理部门组织相关专业人员对生产现场、检修文件、记录等进行检查。必要时，生产技术管理部门负责组织检修后设备的性能试验，对检修质量进行性能评价。检修后，设备维修管理部门进行检修总结，包括重点检修项目的完成情况、工时、发现及处理的问题、遗留问题、运行注意事项等，形成设备检修报告。设备维修管理部门按其作业指导书的要求编写检修报告，并在检修作业完成后7天内，将检修报告交生产技术管理部门复审并留存。检修报告中应具备简要检修总结、检修时间、负责人、成员、检修项目、试验情况、相关数据及遗留问题等内容。检修完成后相关质量记录文件必须存储归档，包括设备检修工艺规程、设备检修实验标准、设备缺陷记录、设备维修管理部门自检记录、检修试验报告、检修日志等。

第三节　电气二次设备常用元器件检修技术

主要介绍在二次设备检修中常用的检验手段和检验标准等检修技术。

一、元件检查

(1) 电阻：标称数字清晰、正确，误差小于10%。

(2) 二极管：表面印字清晰，负极标记清晰正确；采用指针万用表测量正向电阻小于20Ω，反向大于100MΩ。正向导通压降小于0.8V。

(3) 稳压管：表面印字清晰，负极标记清晰正确；稳压值误差小于±5%；漏电流在2～10mA。

(4) 保险管：表面印字清晰，正向电阻小于8Ω，误差小于10%。

(5) 各种芯片和插件：进行老化处理和选择，通电检查处理，保持完好。需要通电保存的必须通电保存。

二、继电器检查

(1) 继电器外观检查：逐个检查各继电器，其外壳应无损坏现象，观察其触点应无明显的拉弧和烧坏现象。

(2) 继电器直流电阻检查：用万用表测量继电器的直流电阻，其电阻值应与铭牌参数相符。

(3) 继电器绝缘电阻检查。

(4) 触点工作可靠性检验。

(5) 中间继电器动作特性检验。

(6) 中间继电器动作和返回时间检验。

(7) 其他电量继电器按继电器校验规程校验。

三、二次回路检查

(1) 检查各回路接线，紧固所有接线端子。

(2) 检查各回路中的连接片，其接触应良好。

(3) 测量回路对地绝缘：用500V绝缘电阻表测量各回路，其回路对地绝缘应不小于10MΩ。

(4) 对电流回路、电压回路、信号回路，按要求进行规范化检查。

四、测温电阻的校验方法及要求

(1) 校验前测量其绝缘电阻在100MΩ以上，常温下测的电阻应与环境温度相符，外壳应光滑无氧化物，若有氧化物及灰尘可以用无水酒精砂纸反复进行打磨。

(2) 将测温电阻悬挂起来，把热筒全部埋入盛有油的加热器中用电炉进行加热，校验过程中经常搅拌油液，使其温度上下一致。用标准温度计测量油温，记录10个温度点的电阻值，校验应分上升和下降作出温升曲线，其线性度误差不超过±3%。

五、电磁阀校验

(1) 测量线圈直流电阻，其值不得超过原始数据的±10%。

(2) 用500V绝缘电阻表测量电磁铁导电部分对外壳绝缘的电阻值不应小于50MΩ。

(3) 动作电压的测定：先对线圈加额定电压，电磁阀应当动作可靠和灵活，然后通过滑线电阻分压，对线圈由 0V 逐渐递加电压，直至电磁阀动作，记录其最低动作值，逐步减少电压记录其返回值。在阀体带实际压力时还应重复检查阀动作可靠性，在实际压力下尽可能调低阀体工作电压。

(4) 不论自动还是手动，阀体动作均应灵活，无卡滞摩擦现象。如发现动作不灵，其原因多由于阀体安装不正或阀面不清洁所致，因此必须取下阀体，用汽油清洗。

第二篇

继电保护及安全自动装置检验

第三章　继电保护及安全自动装置检验概述

当电力系统中的电力元件（如发电机、变压器等）或电力系统本身发生故障或危及其安全运行的事件时，需要向运行值班人员及时发出告警信号，或者直接向所控制的断路器发出跳闸命令，以终止这些事件发展。继电保护及安全自动装置即是这样一种自动化措施和设备。实现这种自动化措施的成套硬件设备，用于保护电力元件的一般统称为继电保护装置，用于保护电力系统的则统称为电力系统安全自动装置。继电保护是保证电力元件安全运行的基本装备，任何电力元件不得在无继电保护的状态下运行。电力系统安全自动装置则用于以快速恢复电力系统的完整性，防止发生和中止已开始发生的足以引起电力系统长期大面积停电的重大系统事故。继电保护及安全自动装置的检验，是指按照规程要求及设备运行工况，对继电保护设备和安全自动装置进行定期或不定期的检查和修理，以保持、恢复或提高设备完好性能。本篇主要对微机型继电保护及安全自动装置的现场检验进行描述，对现场作业具有一定的指导性。

第一节　继电保护的任务和基本要求

一、继电保护在电力系统中的任务

（1）当被保护的电力系统元件发生故障时，应该由该元件的继电保护装置迅速准确地给距离故障元件最近的断路器发出跳闸命令，使故障元件及时从电力系统中断开，以最大限度地减少对电力元件本身的损坏，降低对电力系统安全供电的影响，并满足电力系统的某些特定要求。

（2）反应电气设备的不正常工作情况，并根据不正常工作情况和设备运行维护条件的不同发出信号，以便值班人员进行处理，或由装置自动进行调整，或将那些继续运行便会引起事故的电气设备予以切除。

二、电力系统对继电保护的基本要求

（一）可靠性

继电保护可靠性是对电力系统继电保护的最基本性能要求，它又分为两个方面，即可依赖性和安全性。可依赖性要求继电保护在设计要求其动作的异常或故障状态下，能够准确地完成动作（即不拒动）；安全性要求继电保护在非设计要求其动作的其他所有情况下，能够可靠地不动作（即不误动）。

（二）选择性

选择性是指在对系统影响可能最小的处所，实现断路器的控制操作，以终止故障或系统事故的发展。使事故影响的范围或区域缩到最小，不出现超越。

（三）快速性

快速性是指继电保护应以允许的及时的可能最快速度动作于断路器跳闸，以断开故障或中止异常状态发展。

（四）灵敏性

灵敏性是指继电保护对设计规定要求动作的故障及异常状态能够准确判定可靠动作的能力。

以上四个基本要求是分析研究继电保护性能的基础，在它们之间，既有矛盾的一面，又有在一定条件下统一的一面，需要协调处理。

第二节 继电保护检验种类及周期

一、继电保护检验种类

按检验种类分继电保护分为以下三种：

(1) 新安装装置的验收检验。新安装装置的验收检验，在下列情况下进行：

1) 当新安装的一次设备投入运行时。

2) 当在现有的一次设备上投入新安装的装置时。

(2) 运行中装置的定期检验。

1) 全部检验。

2) 部分检验。

3) 用装置进行断路器跳、合闸试验。

(3) 运行中装置的补充检验。

1) 对运行中的装置进行较大的更改或增设新的回路后的检验。

2) 检修或更换一次设备后的检验。

3) 运行中发现异常情况后的检验。

4）事故后检验。

5）已投入运行的装置停电一年及以上，再次投入运行时的检验。

二、继电保护检验周期

定期检验应编制检修计划，并应考虑设备的电压等级和实际工况，结合一次设备停电进行。发电机保护的全部检验一般应和机组的A修、B修结合进行，变压器瓦斯气体保护继电器的检验或更换一般结合变压器大修进行。

新安装装置投运后一年内必须进行第一次全部检验。在装置第二次全部检验后，若发现装置运行情况较差或已暴露出了需予以监督的缺陷，可考虑适当缩短部分检验周期，并有目的、有重点地选择检验项目。

110kV电压等级的微机型装置宜每2～4年进行一次部分检验，每6年进行一次全部检验。非微机型装置参照220kV及以上电压等级同类装置的检验周期。

利用装置进行断路器的跳、合闸试验宜与一次设备检修结合进行。必要时可进行补充检验。

全部检验和部分检验周期见表3-1和表3-2。

表3-1　　全部检验周期表

编号	设备类型	全部检验周期（年）	定义范围说明
1	微机型装置	6	包括装置引入端子外的交、直流及操动回路以及涉及的辅助继电器、操动机构的辅助触点、直流控制回路的自动开关等
2	非微机型装置	4	
3	保护专用光纤通道，复用光纤或微波连接通道	6	指站端保护装置连接用光纤通道及光电转换装置
4	保护用载波通道的设备，包含与通信复用、电网安全自动装置合用且由其他生产部门负责维护的设备	6	涉及如下相应的设备：高频电缆、结合滤波器、差接网络、分频器
5	变压器瓦斯气体保护装置	3～5	可以用替换继电器的方法进行

表3-2　　部分检验周期表

编号	设备类型	部分检验周期（年）	定义范围说明
1	微机型装置	2～3	包括装置引入端子外的交、直流及操作回路以及涉及的辅助继电器、操动机构的辅助触点、直流控制回路的自动开关等
2	非微机型装置	1	
3	保护专用光纤通道，复用光纤或微波连接通道	2～3	指光头擦拭、收信裕度测试等
4	保护用载波通道的设备，包含与通信复用、电网安全自动装置合用且由其他生产部门负责维护的设备	2～3	指传输衰耗、收信裕度测试等
5	变压器瓦斯气体保护装置	1	按压动作测试触点正确性

第四章　继电保护一般检验流程及内容

第一节　继电保护检验流程及工艺要求

一、工作检验流程

继电保护装置工作检验流程如图 4-1 所示。

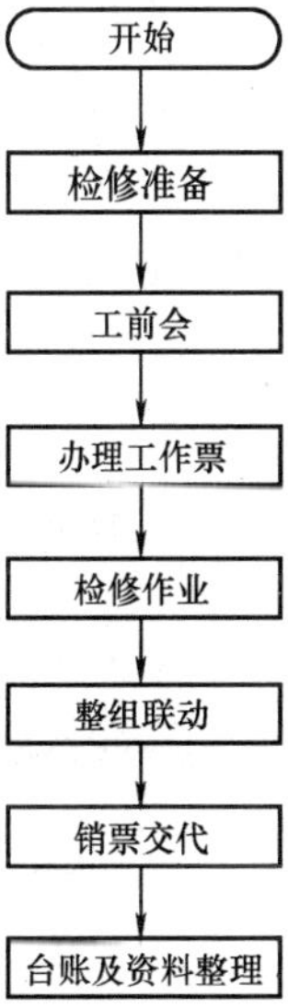

图 4-1　继电保护装置工作检验流程

二、流程说明及工艺要求

（一）检修准备（检修作业包等）

在现场进行检验工作前，工作负责人应认真了解被检验装置的一次设备情况及其相邻的一、二次设备情况，以及与运行设备关联部分的详细情况，并按下列内容准备检修作业包：

（1）与实际设备状况一致的图纸，标准的检修作业指导书。

（2）上次检验的记录，最新定值通知单。

（3）准备实施的技改方案，所要投退的回路。

（4）合格的仪器仪表、各种校验仪检查校验完毕，备品备件及工具、连接导线等设备完好。

（5）检修人员和检修项目的确定。

每项工作完成后，由工作负责人和分部负责人分别确认签字。

（二）工前会（危险源分析与关键过程控制）

工作负责人向工作班成员交代工作任务、工作地点、安全措施及安全注意事项，讲解此次检修需实施的技改方案及存在的缺陷、分析装置隐患等，针对检修过程中可能存在的危险源和关键过程提出危险源控制清单和关键过程控制清单，使工作过程中能抓住主线和重点，防止安全事故的发生。以线路保护检修为例，微机线路保护检修作业危险源控制清单见表 4-1。

表 4-1　微机线路保护检修作业危险源控制清单

序号	作业流程	质量要求
1	执行安全措施	安全措施卡必须由相关部门审核、签字、审批。工作人员严格按照安全措施卡逐项执行，一人做安措一人监护，并做好记录
2	定值及逻辑回路检查	由工作负责人和工作班成员两人负责对照定值单核对定值的正确性，以及检查逻辑回路的正确性，并做好记录

续表

序号	作业流程	质量要求
3	二次回路绝缘检查	所有跳闸回路、跳闸回路间的电缆及整个二次回路绝缘电阻，均应用1000V绝缘电阻表测量绝缘是否合格，并做好记录
4	整组、断路器传动试验、验收	由生产技术部组织维修、运行等部门，按传动试验方案的步骤，以检查保护动作行为的正确性，进行检修质量把关
5	恢复安全措施	严格按照安全措施卡逐项恢复，一人恢复一人监护，并做好记录
合计	关键过程5个	

（三）办理工作票许可手续

工作负责人在工作许可人完成工作票上所列安全措施后，应一同到现场检查所做的安全措施，工作负责人、工作许可人任何一方不得擅自变更安全措施。

（四）实施技改方案、遗留缺陷处理

检修工作开始前，对需要实施的技改方案和遗留缺陷进行实施和处理。要求熟知技改方案内容，遗留缺陷需要备品的应提前准备好备品。

（五）装置调试

1. 清灰、紧螺钉、外观及接线检查

(1) 检查装置内、外部是否清洁无积尘，清扫电路板、屏柜内外端子排、屏体等。

(2) 从互感器本体开始，到转接端子箱、装置端子排、连片、装置横端子、装置内部端子、一直到对侧盘端子排（对侧盘有工作则配合进行）进行螺钉紧固。

(3) 检查装置的小开关、拨轮及按钮是否良好，显示屏是否清晰。

(4) 检查各插件的印刷电路板是否有损伤或变形，连线是否连接好。

(5) 检查各插件上的元器件外观质量、焊接质量应良好，所有芯片应插紧、型号正确，芯片放置位置正确。

(6) 检查各插件上变换器、继电器是否固定好，有无松动，检查各继电器触点有无烧毛、变色等。

(7) 检查装置横端子排螺钉是否拧紧，后板配线连接是否良好。

(8) 按照装置技术说明书描述的方法，根据实际需要，检查、设定并记录装置插件内的选择跳线和拨动开关的位置。

“测绝缘、清扫、紧螺钉、调整校正触点”是继电保护检验的要素，属继电保护检验基础工作。

2. 电源检查

有检测条件时，应测量逆变电源的各级输出电压值，测量结果应符合DL/T

527—2002《直流电源缓慢上升时的自启动性能检验》建议采用以下方法：合上装置逆变电源插件上的电源开关，试验直流电源由零缓慢上升至 80%额定电压值，此时逆变电源插件面板上的电源指示灯应亮，固定试验直流电源为 80%额定电压值，拉合直流开关，逆变电源应可靠启动。必要时，对电源进行稳压特性和负载特性及波纹稀疏检查和校验，满足使用要求。对不合格的电源应及时更换，对使用时间超过 5 年的电源也应进行更换。

3. 开关量开入开出回路检验

将被检验的保护装置切换到调试状态，分别短接外部开入量，如水机事故、重瓦斯、轻瓦斯、温升、压力释放等回路，通过输入测试检查开关量是否正确。分别断开连接片及转动把手，观察装置的行为应正确。给某一开出回路发一个跳闸脉冲，看反馈是否正确。

4. 模数变换系统检验

(1) 零漂测试。进入“采样”功能菜单，操作“读零漂值”选项，直接显示通道的零漂值，检查每个通道的零漂应小于±3（数字量）。对于不符合误差要求的通道，可调整滤波板上的零漂调整电位器，也可操作“零漂补偿”功能直接进行全部通道的零漂自动补偿。待符合误差要求后，打印一份零漂报告（各功能子系统采样值报告）存档，零漂试验误差要求小于±3。

测试注意事项为：①刚上电时，芯片由冷变热过程零漂变化较大，应等数分钟热稳定后再调整；②如果该通道零漂值超出范围，可调整滤波板上的零漂调整电位器，也可选择“零漂补偿”选项，自动补偿各通道零漂。

(2) 电流精度调整。将屏后所有电流端子顺极性串联相接，再串入 0.2 级（或 0.5 级）电流表，通入稳定交流电流 1A（或 5A），显示电流值应为 1A（或 5A）。

(3) 电压精度调整。将电压端子同极性并联，同时并入 0.2 级（或 0.5 级）电压表，通入 50V 稳定交流电压，显示电压值应为 50V。

(4) 特殊电量调试。

1) 三次谐波电压精度校验。从 $3U_0$、U_{xq} 的端子（并接）加三次谐波(150Hz) 电压 30V，校验显示值应与加入值相等。

2) 转子二次谐波电压精度校验。从二次谐波输入端子加二次谐波（100Hz）电压 20V，校验显示值应与加入值相等，否则应调整该通道精度电位器。

3) 转子接地电流精度。在转子接地附件盒上，将转子输入电压两极短接，在短接点与转子大轴之间跨接一可调电阻，显示值应与实接电阻值相等。否则应调整该通道的精度电位器。

4) 转子电压精度。在转子电压“+、-”两极熔断器间加一直流电压 200V，校验显示值应与实际值相等。否则应调整该通道精度电位器。

5）负序分量测试。分别加三相负序电流（或电压），读出值应与加入值满足误差要求。如不方便加三相可用单相法。此时，读出的负序值应是所加量的1/3（但有误差）。

注意事项：①若显示值与所加入模拟量值不满足精度要求（允许小于2%），则分别调整该通道的精度调电位器（RA1～RA16），直到显示值与实际值满足精度要求为止；②精度试验误差要求不大于±3%。

6）模拟量输入的相位特性校验。当同相别电压和电流的相位分别为90°时，保护装置的显示值与外部表计值的误差应不大于±3°。

（5）输出触点及输出信号检查。

注意事项：做此项试验时应将断路器退出运行。进入子系统菜单，选择I/O口功能中的写输出口选项，按保护项逐个进行试验，检查各子系统输出口回路应正确。测试完毕，用自选择功能，复归所有保护输出口。

5. 定值及逻辑回路的检查

定值及逻辑回路的检查见各保护调试。

（六）接口部分检查及整组联动试验

对于与其他二次设备的连接部分，进行接口部分的试验，如送监控信号、测量切换等。

整组试验时应检查各保护之间的配合、装置动作行为、断路器动作行为、保护启动故障录波信号、送计算机监控系统信号、中央信号等正确无误。机组保护整组联动试验时除跳本机出口断路器外，还应检查跳厂用变压器/自用变压器断路器以及瓦斯、温升、水机事故的紧急停机回路等。

（七）装置投运

在恢复安全措施后，打印一份整定的定值单，核对签字确认后留存，并向调度部门写回执，向运行人员写检修交代，装置方可投运。

（八）台账及资料整理

（1）根据现场记录和标准检修报告填写检修报告。

（2）根据实际检修项目及内容填写检修履历和检修情况统计表。

（3）对已实施的方案及消除的遗留缺陷分别在技改方案实施情况跟踪表和《遗留缺陷跟踪表》中进行登记。

（4）对在检修过程中发现的图纸及作业指导书错误分别提出图纸修改申请和作业指导书修改申请，经逐级审核后对图纸及作业指导书进行修订。

第二节　继电保护检验项目及要求

一、微机型保护全检，部检项目

微机型保护全检、部检项目表见表 4-2。

表 4-2　　微机型保护全检、部检项目表

序号	项　目	内容及要求	全检	部检
1	执行技改方案、缺陷处理	执行技改方案、反事故措施项目，消除需停电处理的缺陷	√	√
2	外观检查，室内、外所有相关回路螺钉紧固	变压器本体、冷却器柜、断路器柜、互感器本体、转接端子箱、装置端子排、连片、装置横端子、内部端子等螺钉紧固	√	√
3	回路检查	二次回路的完整性、正确性进行检查	√	√
4	二次回路绝缘检查	断开被测试设备与外部的联系，选择合适的绝缘电阻表	√	√
5	装置上电检查	检测逆变电源的各级输出电压值、电源自启动性能，记录软件的版本号、校验码等信息，保护定值输入、校对时钟，测试快分开关的实际动作值	√	√
6	继电器检查	外观、触点、动作值检查	√	
7	模数变换系统检查	零漂检查，幅值和相位检查	√	√
8	开关量输入检查	检查装置所有开入量的变位情况	√	√
9	保护装置定值与逻辑回路试验	校验保护装置定值以及各逻辑回路、功能试验	√	
10	输出触点及信号回路检查	输出触点检查，信号回路检查	√	√
11	收发信机及保护通道检查	收发信机检查，结合滤波器检查，高频通道对调或光纤通道对调	√	
12	机组伏安特性检查	开联系票，进行电流互感器、电压互感器伏安特性检查	√	
13	二次整组试验	本装置回路到其他盘之间的联动试验	√	√
14	带开关联动试验	用本装置回路带开关进行分、合试验	√	√
15	定值核对及电压互感器、电流互感器回路检查，安全措施恢复	有效定值核对并打印保存，电压互感器、电流互感器回路检查并做好相关记录，安全措施恢复	√	√
16	工完场清工作	清扫现场，收拾仪器、仪表、工器具，钥匙归还原位	√	√
17	送电检查	记录所有通道采样幅值、相位及差流数据，分析数据，对装置接线的正确性进行确认	√	

二、继电保护专用电力线载波收发信机的检验项目

（一）继电保护专用电力线载波收发信机全检项目

（1）外回路绝缘电阻测定。

（2）外观检查。

（3）附属仪表和其他指示信号的校验。

（4）检验回路中各调谐槽路调谐频率的正确性。

（5）测试发信振荡频率。

（6）发信输出功率及输出波形的监测。

（7）检验通道监测回路应正常。

（8）收信机收信灵敏度监测。

（9）对用于相差高频保护的发信机要检验其完全操作的最低电压值、高频方波信号的宽度及各级方波的形状无畸变现象。

（10）检验发信、收信回路应不存在寄生振荡。

（11）检验发信输出在不发信时残压应符合规定。

（二）继电保护专用电力线载波收发信机部检项目

（1）外回路绝缘电阻测定。

（2）外观检查。

（3）测试发信工作频率的正确性。

（4）收发信机发信电平、收信电平及灵敏启动电平的测定。

（5）检测通道监测回路工作应正常。

（6）收信机收信灵敏度的检测，可与高频通道的检测同时进行。

三、保护专用光纤接口装置的检验项目

（一）保护专用光纤接口装置全检项目

（1）附属仪表和其他指示信号的检验及外观检查。

（2）装置继电器输出触点、装置接地及其电源检查。

（3）模拟光纤通道的各种工况，检验机内各输出触点的动作情况。

（4）检验通道监测回路和告警回路。

（二）保护专用光纤接口装置部检项目

（1）外观检查。

（2）装置继电器输出触点、装置接地及其电源检查。

（3）检验通道监测回路和告警回路。

四、微机型区域稳定控制系统检验项目

（一）微机型区域稳定控制系统全检内容

（1）外观检查。

（2）交流回路的绝缘检查。

（3）上电检查（时钟、保护程序版本号、校验码等程序正确性及控制策略表逻

辑、功能的检查)。

(4) 逆变电源工作正确性及可靠性检验。

(5) 检查设计及制造部门提出的抗干扰措施的实施情况。

(6) 数据采集回路正确性、准确性的测定。

(7) 各开出、开入回路工作性能的检验。

(8) 检验各信号回路正常。

(9) 外部通信通道及回路检查，命令传输正确性和可靠性检查。

(10) 装置整组试验(允许用导通方法分别证实到每个被保护装置动作的断路器接线的正确性，必要时可解开回路进行一对一的校验无误)。

(11) 远传信息及远方控制功能联合试验。

(12) 核对定值、检查控制策略。

(二) 微机型区域稳定控制系统部检内容

(1) 外观检查。

(2) 交流回路的绝缘检查。

(3) 上电检查(时钟、保护程序版本号、校验码等程序正确性及控制策略表逻辑、功能的检查)。

(4) 逆变电源工作正确性及可靠性检验。

(5) 数据采集回路正确性、准确性的测定。

(6) 外部通信通道及回路检查。

(7) 装置整组试验。

(8) 核对定值、检查控制策略。

第三节　二次回路检验

二次回路检验在被保护设备的断路器、电流互感器，以及电压互感器电压回路与其他单元设备的回路完全断开后方可进行。

一、二次回路绝缘检查

1. 检查内容

(1) 在保护屏柜的端子排处将所有电流、电压控制回路端子的外部解下拆开，并将电压、电流回路的接地点拆开，用短路线将电流回路短路，用1000V绝缘电阻表测量回路对地的绝缘电阻，其测量电阻应大于1MΩ。

(2) 对使用触点输出的信号回路，用1000V绝缘电阻表测量电缆每芯对地及对其他各芯间的绝缘电阻，其绝缘电阻应不小于10MΩ。

2. 注意事项

(1) 使用绝缘电阻表测绝缘电阻时应以加压 1min 后的绝缘电阻值来确定绝缘性能的好坏。

(2) 通常绝缘电阻值随温度上升而减小，为了将测量值与过去比较，应将测得的绝缘电阻值换算到同温时，才可比较。

(3) 绝缘电阻值随空气的湿度增加而减小，为了消除被测物表面泄漏电流的影响，需用干棉纱擦去被测物表面的潮气和污脏。

(4) 绝缘电阻值与被侧物的电容量大小有关，对电容量太大的，在测量前应将绝缘电阻表的屏蔽端 G 接入，否则测量值偏小。

(5) 绝缘电阻与绝缘电阻表电压等级以及应接被测物的额定电压等级有关，应按被测物的额定电压等级，正确选用绝缘电阻表。

(6) 每进行一项绝缘试验后，须将试验回路对地放电。

二、断路器、隔离开关及二次回路的检验

(1) 检查自保护屏柜引至断路器二次回路端子排处有关电缆连接的正确性及螺钉压接的可靠性。

(2) 断路器二次回路中的气压、液压及弹簧压力闭锁关系的正确性检。

(3) 断路器的跳闸时间、合闸时间以及合闸时三相不同时闭合的最大时间差应不大于规定值。

(4) 检查断路器跳闸电压及合闸电压，最低跳闸电压及最低合闸电压应在 30%～65%额定电压之间。

三、电流互感器二次回路检查

(1) 检查电流互感器二次绕组所有二次接线的正确性（包括极性与组别）及端子排引线螺钉压接的可靠性。

(2) 检查电流二次回路的接地点与接地状况，电流互感器的二次回路必须且只能有一点接地。

四、电压互感器二次回路检查

(1) 检查电压互感器二次、三次绕组的所有二次回路接线的正确性（包括极性与组别）及端子排引线螺钉压接的可靠性。

(2) 测量电压回路自互感器引出端子到配电屏电压母线的每相直流电阻，并计算电压互感器在额定容量下的压降，其值不应超过额定电压的 3%。

五、电压互感器、电流互感器伏安特性测试

电压互感器、电流互感器伏安特性采用电流电压法测试，其试验接线如图 4-2 所示。380V 试验时，在二次绕组加 0～100%额定二次电流，记录 $U=f(I)$ 特性曲线。

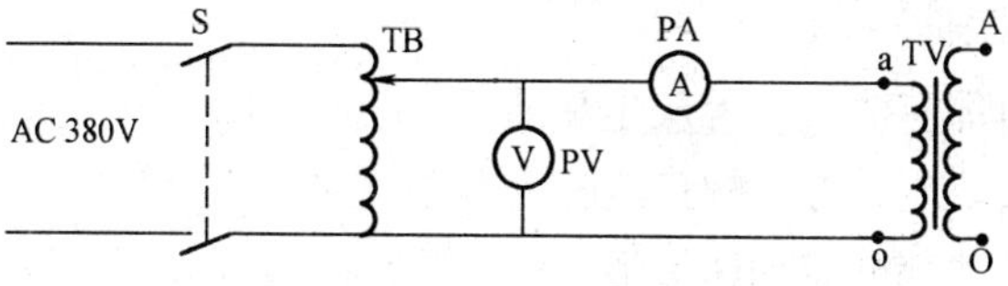

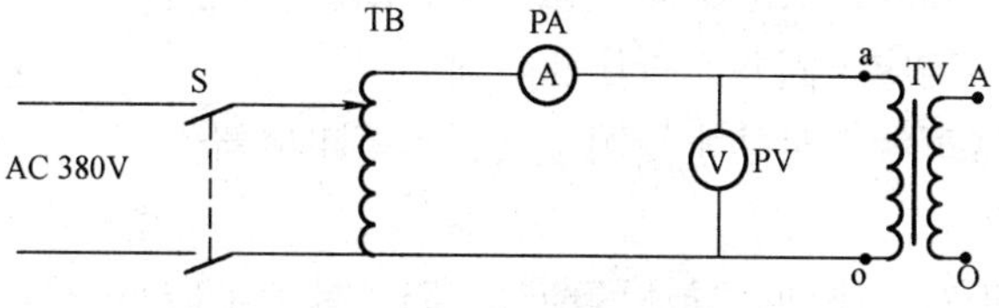

图 4-2　伏安特性测试接线图

(a) 电压互感器；(b) 电流互感器

S—交流电源开关；PV—交流电压表，0.5 级；PA—交流电流表，0.5 级；

TB—自耦调压变压器

第四节　继电器的检验与调试

一、继电器的分类

(1) 继电器按在继电保护中的作用，可分为测量继电器和辅助继电器两类。

1) 测量继电器能直接反应电气量的变化，按所反应电气量的不同，又可分为电流继电器、电压继电器、功率方向继电器、阻抗继电器、频率继电器和差动继电器等。

2) 辅助继电器可用来改进和完善保护的功能，按其作用的不同，可分为中间继电器、时间继电器以及信号继电器等。

(2) 继电器按结构型式分类，目前主要有电磁型、感应型、整流型和静态型等。所有的通用型继电器均按国家和部颁有关规程进行校验。

二、继电器一般性检验

1. 外观检查

(1) 继电器外壳应清洁无灰尘。

(2) 外壳、玻璃应完整，嵌接良好。

(3) 外壳与底座结合应紧密牢固，除尘密封良好。

(4) 继电器端子接线应牢固可靠。

(5) 盘上各元器件名称标志及回路编号应符合图纸。

2. 内部和机械部分检查

(1) 继电器内部应清洁，无灰尘和油污。

(2) 各部件安装应完好，螺钉应拧紧。

(3) 继电器可动部分应动作灵活。

(4) 内部接线和焊接头应牢固，无松动、断线和短路情况。

(5) 触点的固定应牢固并无折伤和烧损。

(6) 擦拭和修理触点时禁止使用砂纸、锉等粗糙器件。

3. 绝缘检查

(1) 全部端子对底座和磁导体的绝缘电阻，其值不应小于50MΩ。

(2) 各线圈对触点及各触点间的绝缘电阻应不小于50MΩ。

(3) 各线圈间的绝缘电阻应不小于10MΩ。

(4) 各回路之间及对地绝缘应不小于1MΩ。

(5) 具有几个线圈的中间、电码继电器在定期检验时应测各线圈间的绝缘电阻。

三、电流（电压）继电器的检验

(1) 动作标度在最大、最小、中间三个位置时的动作与返回值。

(2) 整定点的动作与返回值，整定点动作值的测量应重复三次，每次测量值与整定值的误差不应超出所规定的误差范围。

(3) 对电流继电器通以1.05倍动作电流及保护安装处可能出现的最大短路电流，检验其动作及复归的可靠性（设有限幅特性的继电器，其最大电流值可适当降低）。

(4) 对低电压及低电流继电器，应分别加入最高运行电压或通入最大负荷电流，检验其应无抖动现象。

(5) 对反时限的感应型继电器，应录取最小标度值及整定值时的电流—时间特性曲线。

四、中间继电器的检验

(1) 测定线圈的电阻。

(2) 动作电压（电流）及返回电压（电流）试验，定期检验时，可用80%额定电压的整阻试验代替。

(3) 有两线圈以上的继电器应检验各线圈间极性标示的正确性，并测定两线圈间的绝缘电阻（不包括外部接线）。

(4) 保持电压（电流）值检验，其值应与具体回路接线要求符合。电流保持线圈在实际回路中的可能最大压降，应小于回路额定电压的5%。

（5）动作（返回）时间测定。只是保护回路设计上对其动作（返回）时间有要求的继电器及出口中间继电器和防止跳跃继电器才进行此项试验，用于超高压电网的保护。直接作用于断路器跳闸的中间继电器，其动作时间应小于 10ms。防止跳跃继电器的动作电流应与断路器跳闸线圈的动作电流相适应。在相同的实际断路器跳闸电流下，继电器的动作时间应小于跳闸回路器辅助触点的转换（跳闸时断开）时间。定期检验时，出口中间及防止跳跃继电器的动作时间检验与装置的整组试验一起进行。

（6）检查、观察触点在实际负荷状态下的工作状况。

（7）干簧继电器（触点直接接于 110、220V 直流电压回路）、密封型中间继电器应以 1000V 绝缘电阻表测量触点（继电器未动作时的动合触点及动作后的动断触点）间的绝缘电阻。

（8）大功率中间继电器的工作电压应大于 55%、小于 70%直流电源电压，动作功率不小于 5W。

第五章　发电机保护和变压器保护检验

第一节　发电机保护检验

一、发电机的故障和不正常工作状态及保护配置

发电机是电力系统中十分重要和贵重的设备，发电机的安全运行直接影响电力系统的安全。

发电机的故障类型有定子绕组相间故障，定子一相的匝间短路，定子一相的单相接地，转子绕组接地，转子励磁回路低励、失去励磁。

发电机的不正常工作状态有过负荷、定子过电流、定子过电压（大型汽轮发电机和水轮发电机）、三相不对称、失步、逆功率、过励磁、非全相运行、断路器断口闪络。

为此，发电机应根据发电机的容量有选择地装设下列各种保护，分别保护相应的故障类型和不正常的工作状态。

（1）纵联电流差动保护（纵差保护）。用以保护定子绕组、发电机出线端的相间短路。

（2）横联电流差动保护（横差保护）。用以保护定子绕组的匝间短路和定子绕组的相间短路，以及分支绕组的开焊故障。

（3）纵向零序过电压保护。用以保护定子绕组的匝间短路和定子绕组的相间短路。

（4）工频变化量负序方向保护。用以保护定子绕组的匝间短路和定子绕组的相间短路，以及分支绕组的开焊故障。

（5）定子接地保护。用以保护定子绕组的单相接地短路。

（6）励磁回路接地保护。用以保护励磁回路的接地故障。汽轮发电机分一点接地保护和两点接地保护两种。中、小型的汽轮发电机在一点接地保护发信号后再投入两点接地保护，两点接地保护动作后跳闸。大型汽轮发电机只装一点接地保护，投信号。水轮发电机装一点接地保护，投信号。大型汽轮发电机和水轮发电机一点接地保护发信号后应马上停机，避免发生两点接地故障。

（7）失磁保护。只在100MW及以上的大型发电机中装失磁保护，作为励磁回路低励磁（励磁电流低于静稳极限对应的励磁电流）和失励磁（励磁电流为零）的

保护。

(8) 过负荷保护。中、小型发电机仅装定子绕组过负荷保护，大型发电机装定子绕组和转子绕组过负荷保护。保护延时动作于信号或反时限动作于解列。

(9) 定子绕组过电流保护。作为发电机纵差保护范围外的短路和发电机纵差保护的后备保护。

(10) 定子绕组过电压保护。在水轮发电机和大型的汽轮发电机上安装本保护，对突然甩除全部负荷引起的过电压起保护作用。

(11) 过励磁保护。在大型发电机上装设本保护以反应发电机的过励磁。过励磁保护有定时限过励磁保护（两段式）和反时限过励磁保护两种，有条件时应优先采用反时限过励磁保护。定时限过励磁保护的低定值部分动作于信号和降低励磁电流，高定值部分动作于解列灭磁。反时限过励磁保护的特性曲线应与发电机的允许过励磁能力相配合，分别动作于信号或者解列灭磁。装设了过励磁保护后可不再装设过电压保护。

(12) 负序电流保护。对发电机内、外发生不对称短路和三相负荷不对称时起保护作用，因为出现上述情况时会出现负序电流。负序电流产生的旋转磁场与转子旋转方向相反，相对转子是以 2 倍的额定转速作相对运动。于是负序电流产生的旋转磁场会在转子中感应 100Hz 的电流。引起转子端部、护环内表面等电流密度大的部位过热，转子局部灼伤。在中、小型发电机中用负序定时限保护，在大型发电机中用负序反时限保护。

(13) 失步保护。在大型发电机上装设本保护以反应系统的振荡过程。保护通常动作于信号，由运行人员判断采用人工增加励磁电流、增减原动机的出力、局部解列等措施加以处理。当保护判断振荡中心在发电机内部，失步运行时间超过整定值或电流振荡次数超过规定值时保护应动作于解列。

(14) 逆功率保护。在汽轮机主汽门突然关闭而发电机出口断路器未跳闸时，发电机成为电动机运行而从系统中吸收有功功率。此时发电机成为发无功、吸收有功的调相机，对发电机并无损害，但由于送风损失，汽轮机尾部叶片有可能过热而造成汽轮机的损伤，故大型发电机装设本保护。

二、发电机保护原理介绍

这里主要介绍发电机保护的两种主保护。

（一）发电机纵差保护

1. 发电机纵差保护原理

发电机纵差保护是一种反应发电机定子绕组两侧（机端和机尾）电流变化的纵联保护，与输电线路纵联电流差动保护和变压器分侧差动保护原理一样，它是基于节点电流定理构成的。当外部短路和正常运行时，机端和机尾中性点处流的是穿越性电流，如果机端电流互感器的正极性端在发电机侧，机尾电流互感器的正极性端在中性点侧，则此时两侧电流的相量差是零。内部短路时两侧电流的相量差等于短路点的短路电流。所以用两侧电流的相量差作为动作电流（差动电流）可以区分区外短路、正常运行和区内短路。由于区外短路和正常运行时机端、机尾的电流是同一串联电路里的电流，这两个电流之间没有电磁耦合关系，所以励磁电流也不成为不平衡电流，没有像变压器纵差保护中的励磁涌流问题、两侧的相位问题、过励磁问题和有载调压问题。发电机两端的电流互感器一般是同型号同变比的（指完全纵差保护），所以也没有由于电流互感器变比不匹配产生的不平衡电流。发电机纵差保护的不平衡电流只有由电流互感器变比误差产生的不平衡电流，而且由于可取同型系数 $K_{cc}=0.5$，该不平衡电流更小。发电机纵差保护的保护范围是机端和机尾两个电流互感器之间所包含的部分。

2. 发电机完全纵差保护

发电机机端和机尾的电流互感器反应的是该相定子绕组的总电流的，这样的纵差保护就叫完全纵差保护。这种纵差保护说起来可以保护两侧电流互感器之间包含部分的相间短路故障。由于发电机所在系统是中性点不直接接地系统，当发电机定子绕组发生单相接地短路时，短路点的短路电流主要是发电机的电容电流。对于发电机变压器组来说，发电机的电容电流很小，所以两侧电流的相量差很小，故而发电机纵差保护不能保护单相接地短路。另外发电机机端、机尾电流是同一串联电路中的电流，它们之间没有电磁耦合不存在磁势平衡关系，所以它不能保护匝间短路。因此发电机完全纵差保护所保护的故障类型是相间短路。

3. 发电机不完全纵差保护

大于 50MW 的发电机，每相定子绕组有两分支或两分支以上。可用机端电流互感器和机尾某一分支上的电流互感器组成发电机不完全纵差保护，如图 5-1 所示。用 TAA 和 TA′A 电流互感器的二次电流构成 A 相的不完全纵差保护。以此类推可构成 B 相和 C 相的不完全纵差保护。

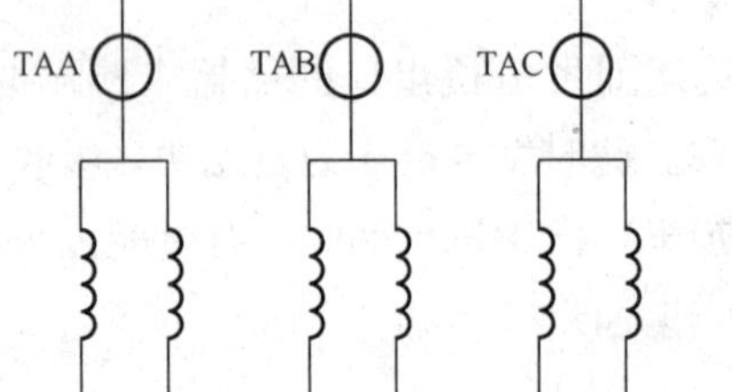

图 5-1 发电机的不完全纵差保护和所用的电流互感器

以图 5-1 每相两分支为例，当外部短路和正常运行时两分支电流相等，TAA 的电流是 TA′A 电流的 2 倍。如果 TAA 的变比是 TA′A 变比的 2 倍，那么外部短路和正常运行时 TAA 和 TA′A 的二次电流相等，其相量差是零。当然 TAA 和 TA′A 也可取同一变比，在微机保护软件中进行变比的补偿。而在定子绕组上发生相间短路时，无论是同一相中两分支间的短路还是不同的相间短路，该两电流互感器二次电流的相量差不再是零。所以不完全纵差保护可以保护相间短路。当发生匝间短路时，无论匝间短路发生的分支是否在电流互感器所在分支，由于定子各分支绕组间互感的影响，该两电流互感器二次电流的相量差也不再是零，所以发电机不完全纵差保护也可保护匝间短路。此外不完全纵差保护对分支的开焊故障也能起到保护作用。

（二）发电机横差保护

1. 单元件的横差保护

当发电机每相绕组为两分支或多分支时，在中心点处如果三相最后构成两个中性点，在这两个中心点的连线上装有一个电流互感器。例如以每相两分支为例，图 5-1 中的电流互感器电流互感器就是接在两个中性点的连线上的。反应该电流互感器二次电流的保护就称作单元件的横差保护。

当正常运行和绕组的外部发生短路时，各个分支电动势相同。两个中性点等电位，两中性点连线上的电流为零，或者说仅为不平衡电流，保护不会动作。当某相上的某一分支发生匝间短路、绕组间发生相间短路或某一分支绕组开焊时，两中性点出现电位差，在两中性点连线上出现电流。所以该横差保护可以保护绕组的匝间短路、相间短路和分支开焊的故障。当然对于小匝数的匝间短路，保护灵敏度可能不够。

要构成横差保护必须要：①每相绕组要有两分支或多分支的结构，且在中性点侧至少要引出两组 A、B、C 相线圈末侧的端子，以便安装保护用的电流互感器；② 要有良好的滤除 3 次谐波的滤波器，因为凡是 3 次或 3 次整数倍的谐波电流，三相是同相位的，该电流可以在两中性点间流动，构成不平衡电流。

(1) 传统的单元件横差保护。我国传统的单元件横差保护所用的电流互感器的变比都选为

$$n_a \approx 0.25 I_{GN}/I_{TAN}$$

式中 I_{GN}、I_{TAN}——发电机的额定电流和电流互感器的二次额定电流（5A）。

单元件横差保护的动作电流过去一般都选为发电机额定电流的 20%～30%，其二次动作电流为

$$I_{set} = (0.2 \sim 0.3) I_{GN}/n_a \approx I_{TAN} = 5(A)$$

保护瞬时动作于跳闸。当转子绕组出现瞬时性的两点接地时，由于气隙磁通发生畸变，转子产生的旋转磁场不再均匀，同一相的两个分支并不一定位于同一

定子槽中，因此它们的电动势不再相等，将可能引起横差保护误动。对于这种瞬时性的两点接地不必瞬时跳闸，所以当发现励磁回路一点接地后把横差保护从瞬时动作改成带 0.5～1s 的延时。

传统的单元件横差保护由于选用的电流互感器的变比很大，在发电机内部短路时灵敏度不高，不能充分发挥该保护的功能。之所以选取如此大的变比是担心在发电机内部短路时，中性点连线上的短路电流会因为电动力和发热而损坏互感器。实际上该电流互感器是母线型的，一次侧是单匝，结构是浇注式的，机械强度很高。而且中性点连线穿过互感器窗口时留有一定的间隙，互感器的动、热稳定并不存在问题，因此可以大幅度降低电流互感器的变比，构成高灵敏度的横差保护。

(2) 高灵敏单元件横差保护。据满载运行时的最大不平衡电流选择电流互感器的变比为 $600/I_e$、$400/I_e$、$200/I_e$、$100/I_e$，为避免外部短路时保护的误动并降低保护的动作电流，要求滤波器的 3 次谐波滤过比 $K_3>80$（K_3 的含义是滤波前 3 次谐波与基波的幅值比与滤波后 3 次谐波与基波的幅值比之比，也就是在基波幅值相同的前提下滤波前的 3 次谐波幅值与滤波后的 3 次谐波幅值之比）。这样保护的动作电流可按躲过外部三相短路时的最大不平衡电流整定，初选可为发电机额定电流的5%，其二次动作电流为 $I_{set}=0.05I_{GN}/n_a$。例如一台额定电流 $I_{GN}=13\,035A$ 的发电机如果用 $600/I_{TAN}$ 的电流互感器，二次侧动作电流初选可为 5.43A，与传统的单元件横差保护定值相仿。但是由于电流互感器的变比降低了近1/6，对于区内短路灵敏度提高了近 6 倍，并大大提高了保护小匝数匝间短路的能力。

RCS-985 实现了浮动门坎和电流比率制动相结合的高灵敏横差保护，在火电厂中应用很好。

2. 裂相横差保护

如果将发电机每相多分支的定子绕组总的分成两组，例如在图 5-2 (a)所示，每相 6 个并联分支中，1、3、5 分支为一组，2、4、6 分支为另一组。1、3、5 分支一组总电流 $\dot{I}_{\mathrm{I}}=\dot{I}_1+\dot{I}_3+\dot{I}_5$，2、4、6 分支一组的分支总电流 $\dot{I}_{\mathrm{II}}=\dot{I}_2+\dot{I}_4+\dot{I}_6$。用这两组电流构成差动保护，其原理示意图如图 5-2 (b)所示。该差动继电器的动作电流 I_d 和制动电流 I_r 分别为

$$\left.\begin{aligned} I_d &= |\dot{I}_{\mathrm{I}}-\dot{I}_{\mathrm{II}}| \\ I_r &= \frac{1}{2}|\dot{I}_{\mathrm{I}}+\dot{I}_{\mathrm{II}}| \end{aligned}\right\}$$

该差动继电器也做成比率制动特性，在 RCS-985 中也做成变斜率的比率制动

特性，如图 5-2（b）所示。其启动电流 I_{st} 按躲过额定电流下的不平衡电流整定，不过在额定电流下的不平衡电流比发电机纵差保护中在额定电流下的不平衡电流大。裂相横差保护在额定电流下的不平衡电流既有两组电流互感器的变比误差造成的不平衡电流，还有由于定子和转子间气隙不均匀使在额定电流下各分支定子绕组里的电流不相同造成的不平衡电流。一般可考虑为（0.15～0.30）倍的额定电流。

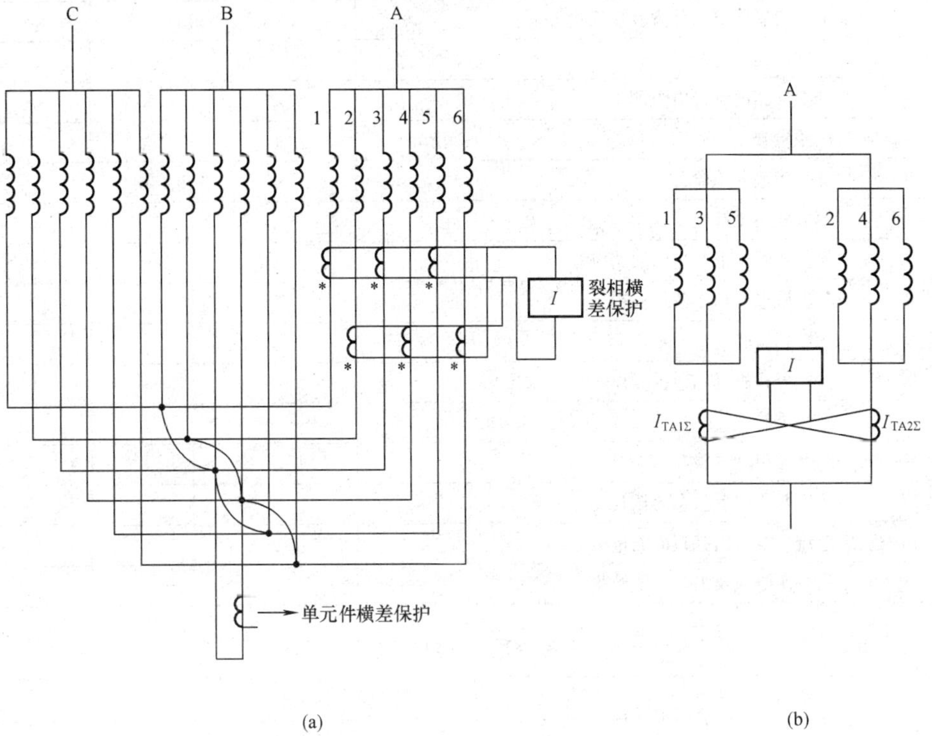

图 5-2　裂相横差保护

（a）裂相横差所用的电流互感器；（b）裂相横差保护原理示意图

正常时，电流 I_d 为零，制动电流 I_r 为流过发电机的短路电流的一半，差动继电器不会动作。在发生某一分支的匝间短路、同一相不同分支间的短路、绕组内部的相间短路以及分支开焊故障时，$\dot{I}_{\mathrm{I}}$ 与 $\dot{I}_{\mathrm{II}}$ 的幅值不再相等，动作电流 I_d 不再为零，差动继电器动作。

如果总的分支数是偶数的话，如 6 个分支，那么区外短路和正常运行时两组总电流是相等的。如果 6 分支上的电流互感器变比都一样，那么不用进行任何补偿就可实现保护。如果总的分支数是奇数的话，两组的分支数并不相同，那么区外短路和正常运行时两组的总电流是不相等的。因此或者在选用电流互感器的变比上进行补偿，或者在微机保护软件中选用不同的平衡系数进行补偿。

三、发电机保护检验项目及质量标准

发电机保护检验项目见表 5-1，检验项目质量标准见表 5-2。

表 5-1　　发电机保护检验项目

序号	检验项目	新安装设备检验	全部检验	部分检验
1	清灰、紧螺钉、外观及接线检查	√	√	√
2	二次回路检验	√	√	√
3	二次回路的绝缘电阻测试	√	√	√
4	电源检查	√	√	√
5	开关量输入检验	√	√	√
6	模数变换系统检验	√	√	√
7	保护装置定值与逻辑回路校验	√	√	
8	输出触点及输出信号检查	√	√	√
9	操作箱检验	√		
10	继电器检查（不包括操作箱）	√	√	
11	整组试验	√	√	
12	断路器传动试验	√	√	√
13	定值与开关量状态的核查	√	√	√
14	电流、电压回路阻值测量	√	√	√
15	用一次电流及工作电压检验	√		

表 5-2　　检验项目质量标准

检验项目	质量标准
清灰、紧螺钉、外观及接线检查	（1）装置内、外部应清洁无积尘。 （2）从互感器本体开始，到转接端子箱、装置端子排、连片、装置横端子、装置内部端子、一直到对侧盘端子排螺钉应紧固。 （3）装置的小开关、拨轮及按钮应良好，显示屏应清晰。 （4）各插件的印刷电路板应无损伤或变形，连线应连接好。 （5）各插件上的元器件外观质量、焊接质量应良好，所有芯片应插紧、型号正确，芯片放置位置正确。 （6）各插件上变换器、继电器应固定好，无松动。 （7）装置横端子排螺钉应拧紧，后板配线连接应良好。 （8）按照装置技术说明书描述的方法，根据实际需要，检查、设定并记录装置插件内的选择跳线和拨动开关的位置
二次回路检验	电流互感器、电压互感器、非电量回路、保护装置二次回路、断路器和隔离开关二次回路接线应正确，无寄生回路，螺钉压接应可靠，电缆标号应清晰满足要求，器件标志应清楚正确

续表

检验项目	质量标准
二次回路的绝缘电阻测试	将所有室外回路对地、室外非电量开入触点（包括电缆）之间，电流互感器、电压互感器等重要回路对地、出口触点之间进行绝缘检查，检查绝缘阻值应符合检验规程要求
电源检查	装置上电后应能正常运行，测量逆变电源的各级输出电压值应符合 DL/T 527—2002《静态继电保护装置逆变电源技术条件》标准，装置直流电源缓慢上升的自启动性能良好
开关量输入检验	按照装置技术说明书所规定的试验方法，分别接通、断开连接片及转动把手，观察装置的行为应正确
模数变换系统检验	对各模拟通道的零漂、精度均应检查，观察装置在一段时间内零漂、精度应满足装置的技术要求
保护装置定值与逻辑回路校验	按设备最新下达的定值通知单进行校验，装置的动作行为应与最新下达的定值通知单一致
输出触点及输出信号检查	模拟各保护元件动作，依次检查装置的所有输出触点及输出信号的通断状态正确可靠
操作箱检验	根据装置技术说明书并结合现场，检验各元件及回路正确
继电器检查（不包括操作箱）	按照各种功能继电器检验项目，每相检验应满足规程要求
整组试验	保护动作正确，面板、返回屏信号、RTU 对应
断路器传动试验	断路器操作正确，保护动作正确，面板、RTU、返回屏信号对应
定值与开关量状态的核查	与最新下达定值单相符合
电流、电压回路阻值测量	与原测量阻值对比误差小于 5%，回路应正确、完整、可靠
用一次电流及工作电压检验	检查电流、电压回路其相别、相位关系及所保护方向正确，对发电机差动保护应测量差动回路的差流，大小应为零

四、发电机保护装置检验

这里介绍发电机保护装置的保护特性试验及逻辑回路检验和开机试验项目。

（一）保护特性试验及逻辑回路检验

1. 工具图纸准备

根据实际情况适当安排工作负责人和工作班成员，根据工作内容带上相应的图纸和检修规程或作业指导书。根据工作内容，选用适当的安全设备和检修工具：

（1）调试计算机。

（2）继电保护测试仪（标准三相交流电压源和电流源）。

（3）试验连接线。

（4）带漏电保护的电源插座。

（5）万用表。

（6）帆布手套和口罩。

（7）手电筒、尖嘴钳、剥线钳、斜口钳等个人工具。

（8）小型标准的一字和十字起子、小型套筒扳手。

（9）清洁干布和软毛刷子、无水乙醇等清洁剂。

（10）绝缘胶布、扎带、白布带、聚氯乙烯带等电气胶带。

（11）电烙铁、吸锡器、焊锡丝等焊锡工具。

（12）号头机、号头套管、标签机、标签纸等。

（13）数字表、相序表、标准交流电流电压表各三相。

2. 现场安全技术措施

根据工作性质和内容，填写相应工作票，采取适当的安全技术措施。检修作业开工前，由工作负责人向工作班成员交代工作任务、工作地点、安全措施及安全注意事项。主要安全措施如下：

（1）机组处于停机状态。

（2）停用保护设备所有出口连接片。

（3）断开保护交直流电源开关。

（4）在保护盘上取下电压互感器二次熔断器。

（5）在保护盘上断开发电机出口开关操作电源开关。

（6）在端子排上断开所用电流互感器回路和电压互感器回路端子连接片，并封电流互感器回路电缆侧。

（7）在端子排上解开发电机保护所有出口回路电缆，并用绝缘胶布包扎。

（8）在端子排上解开发电机保护盘上所有信号回路正电，并用绝缘胶布包扎。

所有拆开回路均记录在原始记录本上，并有专人监督。

3. 现场检验内容

（1）发电机差动保护。发电机差动保护逻辑框图如图 5-3 所示。试验条件：差动保护控制字置“1”投入；电流互感器断线闭锁发差控制字位清“0”解除闭锁；发电机差动保护出口方式控制字位清“0”，使出口方式为单相差动方式。试验方法如下：

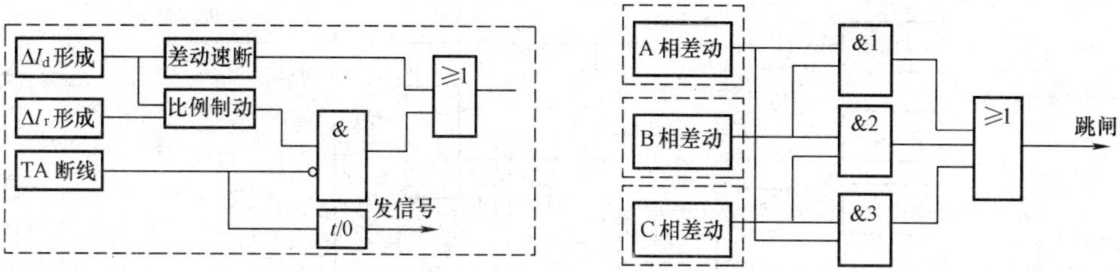

图 5-3 发电机差动保护逻辑框图

1）差动动作电流整定值测试：①采用在发电机机端或中性点侧或其他侧电流端子中任一相加电流的方式；②分别在任一侧加一相电流；③加入电流值大小为 $\Delta I_{d.min}$（平台定值）；④加突变电流让差动出口灯亮，连续做 3 次，记录动作值与整定值误差应小于 5%。

2）比率制动特性测试：①同时在任意相两侧加同方向电流；②取一 I_2 值（$>\Delta I_{rmin}$），根据整定值及式（5-1）计算出对应的 I_1 值，同时加突变电流让差动出口灯亮，连续 3 次，如不动作可增加 I_1、I_2 中大的电流或减小 I_1、I_2 中小的电流，应满足 K_r 与整定值误差小于 5%；③另取一 I_2 值（$>\Delta I_{rmin}$），根据整定值及式（5-1）计算出对应的 I_1 值，同时加突变电流让差动出口灯亮，连续 3 次，如不动作可增加 I_1、I_2 中大的电流或减小 I_1、I_2 中小的电流，应满足 K_r 与整定值误差小于 5%；④根据两组数据可确定比率制动特性。

3）差动速断定值测试：①采用在发电机机端或中性点侧或其他侧电流端子中任一相加电流；②分别在任一侧加一相电流；③加入电流值大小为 $\Delta I_{d.KF}$（速断定值）；④加突变电流让差动出口灯亮，连续做 3 次，记录动作值，与整定值误差应小于 5%。

4）电流互感器断线闭锁差动测试。电流互感器断线闭锁差动只有在发差出口方式控制字位置“1”时才有效。①将电流互感器断线闭锁差动控制字位写“1”投入，则发差不动作，而只发电流互感器断线信号；②分别在任一侧加一相电流；③加入电流值大小为大于 $15\% I_{TVN}$（额定电流）；④突变加电流，连续加 3 次，差动出口灯不亮。

5）动作时间测试。突然加 1.2 倍整定电流值，到出口灯亮，连续做 3 次，记下动作时间值，动作值与整定值误差小于 5%。

（2）发电机定子不对称故障。发电机定子不对称故障逻辑框图如图 5-4 所示。试验条件：定子不对称故障保护控制字置“1”投入；从三相电流端子加对称正序电流时，显示 $I_2=0$；加负序电流显示正确；从三相电压端子 加对称电压时，显示 $U_2=0$；加负序电压显示正确；模拟单相加电流（电压）$I_A(U_A)$ 时，有 $I_2(U_2)=$

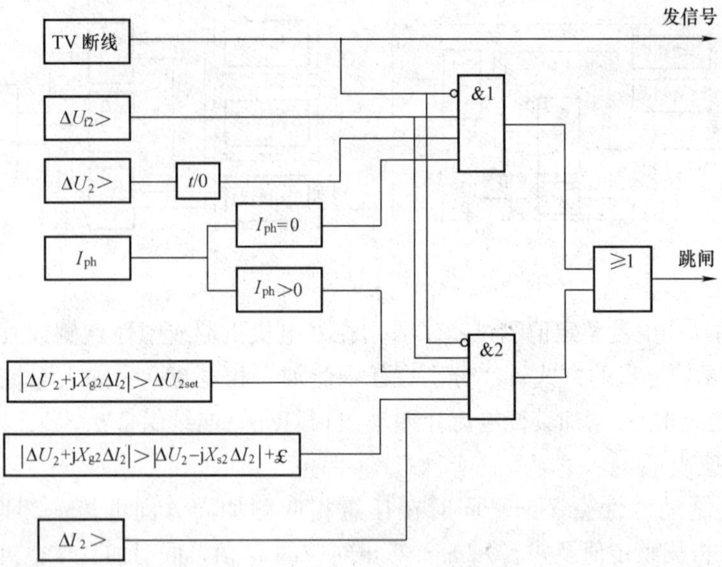

图 5-4　发电机定子不对称故障逻辑框图

1/3 $I_A(U_A)$。试验方法如下：

1）转子二次谐波定值测试：①将转子二次谐波闭锁负序方向控制字清“0”；②从端子加二次谐波（100Hz）电压；③从机端电压端子上加对称负序电压（无条件时用 A 相电压），且大于整定值以满足动作条件。同时突加二次谐波和负序电压，让出口灯亮。以便检查转子二次谐波闭锁负序方向的作用。要求动作值与整定值误差小于 5%。

2）发电机解列状态下，负序电压定值测试：①将转子二次谐波闭锁负序方向控制字清“0”；②将方式开关置“运行”位置，总清程序；③从机端电压端子加对称负序电压（或用 A 相电压，所加电压为整定值 3 倍），$I_{ph}=0$；④突然加负序电压，让出口灯亮，要求动作值与整定值误差小于 5%。

3）发电机并列状态下，故障分量负序方向测试：①从机端 A 相电流端子和 A 相电压端子加电流和电压模拟负序；②固定电流相位，改变电压相位，突然同时加入电压、电流，让出口灯亮；③所加 I_2 应大于 I_{2set}，I_{ph}应大于 I_{phset}。模拟正方向时，最好满足 $U_2=I_2X_s$；模拟反方向时，最好满足 $U_2=I_2X_g$；④突然同时加电流、电压，让出口灯亮，要求动作值与整定值误差小于 5%；⑤根据动作区求出灵敏角（应为 75°～85°）。

4）动作时间测试：突然加 1.2 倍整定值的负序电流、电压值，到出口灯亮，连续做 3 次，记下动作时间值，要求动作值与整定值误差小于 5%。

（3）发电机过电压。发电机定子过电压逻辑框图如图 5-5 所示。试验条件为定子过电压保护控制字置“1”投入。

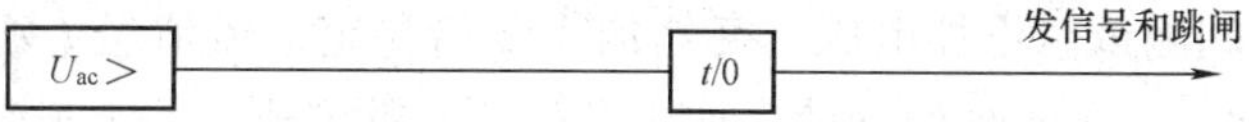

图 5-5　发电机定子过电压逻辑框图

试验方法如下：

1）电压元件定值测试。①从 U_{ac} 相电压端子加线电压，满足 $U_{ac}>U_{set}$；②逐渐升电压值达到保护启动，经 t 延时，到出口灯亮，记下电压值，要求动作值与整定值误差小于 5%。

2）电压元件时间测试。突然加 1.2 倍整定电压值经 t 延时，到出口灯亮，连续做 3 次，记下动作时间值，要求动作值与整定值误差小于 5%。

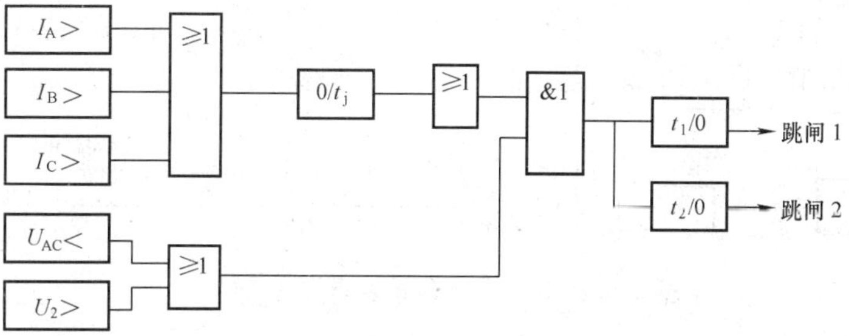

图 5-6　发电机低压过电流保护逻辑框图

（4）复合过电流保护。发电机低压过电流保护逻辑框图如图 5-6 所示。试验条件为：①低压过电流保护控制字置“1”投入；②从 U_{ac} 相电压端子加线电压；③从三相电流端子加电流。

试验方法如下：

1）电流元件整定测试：①在任一相电流输入端子外加电流，而不加电压；②由于低电压满足要求，因此只要逐渐加电流达到保护启动，经时间 t 延时，到过电流元件动作，出口灯亮，记下电流值，要求动作值与整定值误差小于 5%。

2）电压元件整定测试：①在任一相电流输入端子加电流大于整定值；②机端 A、C 电压输入端子加电压 100V；③由于过电流满足要求，因此只要逐渐降低电压达到保护启动，经时间 t 延时，到低压过电流保护动作，出口灯亮，记下电压值，要求动作值与整定值误差小于 5%。

3）电流记忆测试：①本保护可设为带记忆的低压过电流保护，将带记忆，过电流记忆控制字置“1”投入；②在机端 A、C 电压输入端子加电压 40V；③在任一相电流输入端子突然加电流大于整定值后立即退出；④由于过电流记忆作用，因此只要逐渐降低电压达到保护启动，经时间 t 延时，到低压过电流保护动作，出口灯亮，记下电压值，要求动作值与整定值误差小于 5%。

4）动作时间测试。不加电压，突然加 1.2 倍整定电流值经 t 延时，到出口灯亮，连续做 3 次，记下动作时间值，要求动作值与整定值误差小于 5%。

（5）发电机失磁保护。发电机失磁保护逻辑框图如图 5-7 所示。试验条件：失磁保护控制字置“1”投入；电压互感器断线保护控制字置“0”退出。

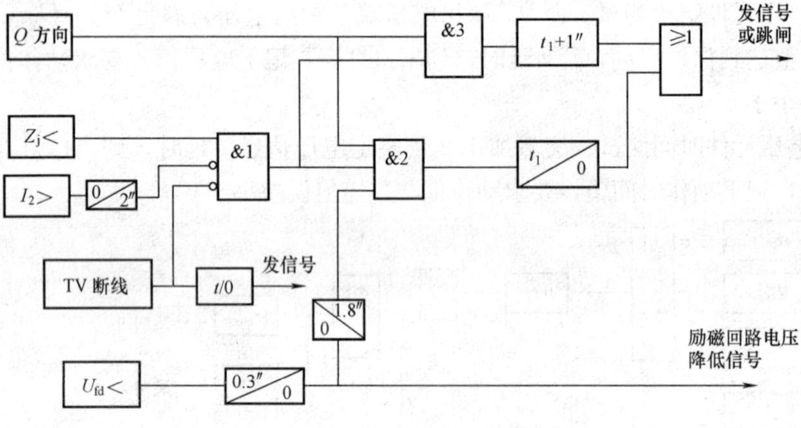

图 5-7　发电机失磁保护逻辑框图

试验方法如下：

1）静稳阻抗（带无功功率方向）边界判据测试：①如有静稳阻抗Ⅱ段判据，将静稳阻抗Ⅱ段控制字清“0”；②用单相法测试；③从 A 相电压端子加 U_A 电压；④从 A 相电流端子加 I_A 电流（如 2A）；⑤固定电流相位、改变电压相位，测动作圆；⑥改变电压大小，测动作阻抗。

注意：阻抗圆特性只有三、四象限，一、二象限被无功功率方向元件去掉（无功功率方向范围 $-15°\sim-165°$ 左右）；阻抗受电压互感器断线闭锁，应做相应测试。

2）转子低电压判据测试：①动作方程 $U_f<K_f(P-P_T)$；②在机端电压模拟量 A 相输入端子加电压 U_A、在机端（或中性点）电流模拟量 A 相输入端子加电流 I_A、并且电流 I_A 超前电压 U_A30°左右，满足所加功率 $P=(I_AU_A\cos30°)>P_T$；③在转子直流电压输入保险端子 Rf+与 Rf−之间加直流电压 100～200V；④逐渐降低直流电压达到“转子低压信号”灯亮；⑤改变电流或电压对应不同的 P，测出不同的动作电压值，记下电压值，要求动作值与整定值误差小于 5%。

3）系统低压判据测试：①从系统三相电压端子并加三相系统电压 60V；②逐渐降低电压达到保护启动，经 t 延时，到系统低压保护动作发信，记下电压值，要求动作值与整定值误差小于5%。

4）静稳阻抗+系统低压判据测试：①从系统三相电压端子并加三相系统电压10V；②从A相电压端子加 U_A 电压；③从A相电流端子加 I_A 电流（如2A）；④电流 I_A 超前电压 U_A 角度为90°左右，同时给上系统电压、I_A、U_A 达到失磁段保护Ⅰ段启动，经时间 t_1 延时，失磁保护Ⅰ段动作出口，逻辑正确。

5）静稳阻抗+转子低压判据测试：①不加转子电压；②从A相电压端子加 U_A 电压；③从A相电流端子加 I_A 电流（如2A）；④电流 I_A 超前电压 U_A 角度为90°左右，同时给上 I_A、U_A 达到失磁段保护Ⅱ段启动，经时间 t_2 延时，失磁保护Ⅱ段动作出口，逻辑正确。

6）静稳阻抗Ⅱ段判据测试：①将静稳阻抗Ⅱ段控制字（CⅡ：D7位）置"1"；②从A相电压端子加 U_A 电压；③从A相电流端子加 I_A 电流（如2A）；④电流 I_A 超前电压 U_A 为90°左右，同时给上 I_A、U_A 达到静稳阻抗Ⅱ段启动，经 t_3 延时，静稳阻抗Ⅱ段动作出口，逻辑正确。

7）动作时间测试。以上各动作逻辑，突然加0.8（或1.2）倍整定值经时间 t_1（或 t_2、t_3）延时，到出口灯亮，连续做3次，记下动作时间值，要求动作值与整定值误差小于5%。

（6）$3U_0$ 定子一点接地保护。发电机 $3U_0$ 定子接地保护逻辑框图如图5-8所示。试验条件为将 $3U_0$ 定子接地保护控制字置"1"投入。

试验方法如下：

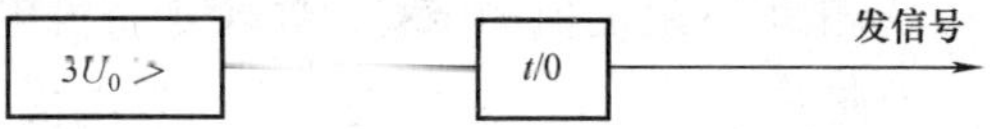

图5-8　发电机 $3U_0$ 定子接地保护逻辑框图

1）电压元件定值测试。①从开口三角电压端了加基波电压；②逐渐升电压值达到保护启动，经时间 t 延时，到信号灯亮，记下电压值，要求动作值与整定值误差小于5%。

2）电压元件时间测试。突然加1.2倍整定电压值经时间 t 延时，到出口灯亮，连续做3次，记下动作时间值，要求动作值与整定值误差小于5%。

（7）$3U_0$ 发电机定子接地保护。试验条件为将 $3U_0$ 定子接地保护控制字置"1"投入。试验方法如下：

1）自适应式 $3U_0$ 定子接地保护测试。

a）动作方程

$$(|\dot{U}_{3t}-\dot{k}_3\dot{U}_{3n}|)\geqslant k_{3\omega}\dot{U}_{3n}$$

式中　k_3——自适应跟踪系数；

$k_{3\omega}$——3ω 定子接地保护制动系数。

b）从机端三相电压端子加三相基波电压 55V。

c）从开口三角电压端子加三次谐波电压 1V。

d）从消弧线圈电压端子加三次谐波电压 1V。

e）开口三角电压不变，将消弧线圈电压突然降至 0V 后保护应该启动，经时间 t 延时，信号灯亮，逻辑正确，并连续做 3 次，记下时间值，要求动作值与整定值误差小于 5%。

2）绝对值比较式 $3U_0$ 定子接地保护测试。

a）动作方程

$$(|\dot{U}_{3t}/\dot{U}_{3n}|) \geqslant k_{3\omega}$$

b）从机端三相电压端子并加三相基波电压 55V。

c）从开口三角电压端子加三次谐波电压 1V。

d）从消弧线圈电压端子加三次谐波电压 1V。

e）开口三角电压不变，将消弧线圈电压逐渐降低达到保护启动，经时间 t 延时，到信号灯亮，逻辑正确，并连续做 3 次，记下时间值，要求动作值与整定值误差小于 5%。

(8) 发电机转子一点接地保护。试验条件：将发电机转子接地保护控制字置“1”投入。试验方法如下：

1）接地电阻定值测试：①将转子直流电压输入保险端子 Rf+ 与 Rf−之间短接；②在 Rf+ 与 Rf−之间短接点与发电机大轴端子之间接一可调电阻；③减小电阻值达到保护启动，经时间 t 延时，到信号灯亮，记下电阻值，要求动作值与整定值误差小于 5%。

2）发信号时间测试。突然加 0.8 倍整定电阻值经时间 t 延时，到信号灯亮，连续做 3 次，记下动作时间值，要求动作值与整定值误差小于 5%。

(9) 发电机定时限负序过电流保护。发电机定时限负序过电流（过负荷）保护逻辑框图如图 5-9 所示。试验条件为：将发电机负序过电流保护控制字置“1”投入；从三相电流端子加对称正序电流时，$I_2=0$；改加负序电流正确动作。试验方法如下：

1）负序电流元件定值测试：①在电流输入端子任一相加电流，模拟单相法试验；②负序电流为所加电流的 1/3；③逐渐升电流值达到保护启动，经时间 t 延时，到出口灯亮，记下电流值，要求动作值与整定值误差小于 5%。

2）负序过电流时间测试。突然加 1.2 倍整定电流值经时间 t 延时，到出口灯亮，连续做 3 次记下动作时间值，要求动作值与整定值误差小于 5%。

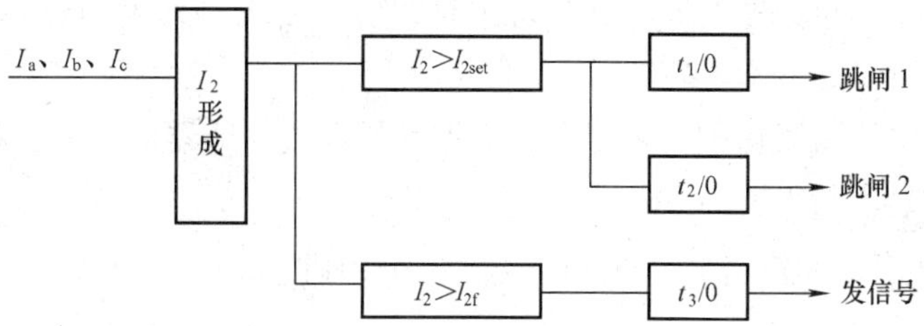

图 5-9　发电机定时限负序过电流（过负荷）保护逻辑框图

（10）发电机定时限过负荷保护。发电机定时限过负荷保护逻辑框图与图 5-9 相同。图中电流为正序 I_1 形成。试验条件：将发电机过负荷保护控制字置“1”投入；从三相电流端子加电流。试验方法如下：

1）过负荷电流元件定值测试。①在电流输入端子任一相加电流，模拟单相法试验；②逐渐升电流值达到保护启动，经时间 t 延时，到出口（或发信号）灯亮，记下电流值，要求动作值与整定值误差小于 5%。

2）过负荷动作时间测试。突然加 1.2 倍整定电流值经时间 t 延时，到出口（或发信号）灯亮，连续做 3 次，记下动作时间值，要求动作值与整定值误差小于 5%。

（11）电压互感器断线保护。发电机电压互感器断线保护逻辑框图如图 5-10 所示。试验条件：将电压互感器断线保护控制字置“1”投入。试验方法如下：

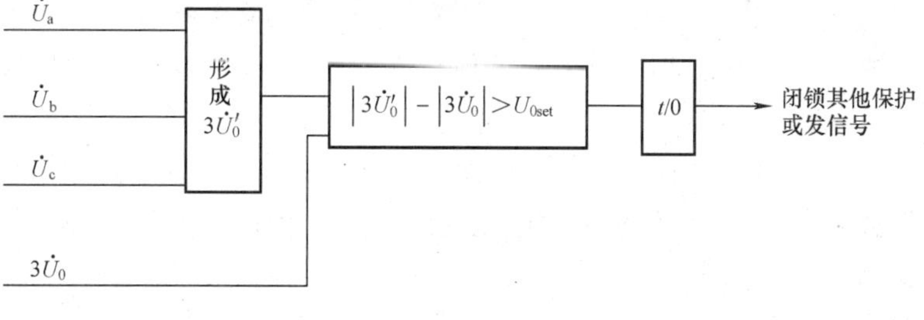

图 5-10　发电机电压互感器断线保护逻辑框图

1）保护定值测试。①加三相电压，不加 $3U_0$ 电压。同时在加三相电压 50V；②降某一相电压（如 A 相）达到保护启动，经时间 t 延时，出口信号灯亮（部分断线）或者断开一相电压（全断线）；③加某一相电压（如 A 相），同时加 $3U_0$ 电压，电压互感器断线灯应不出口；④电压互感器两相断线应动作无异常。

2）发信号时间测试。突降某一相电压（如 A 相）达到保护启动，经时间 t 延时，出口信号灯亮，连续做 3 次，记下动作时间值，要求动作值与整定值误差小于 5%。

(12) 电流互感器断线保护。对于发电机差动的电流互感器，因无三角形接法，且故障只有相间类型。故有

$(I_{dA}>0)\cap(I_{dB}=0)\cap(I_{dC}=0)\cap[(I_{A1}=0)\cup(I_{A2}=0)]$ 则为 A 相断线

$(I_{dB}>0)\cap(I_{dC}=0)\cap(I_{dA}=0)\cap[(I_{B1}=0)\cup(I_{B2}=0)]$ 则为 B 相断线

$(I_{dC}>0)\cap(I_{dA}=0)\cap(I_{dB}=0)\cap[(I_{C1}=0)\cup(I_{C2}=0)]$ 则为 C 相断线

式中　　I_{dA}、I_{dB}、I_{dC} ——A、B、C 相差流；

I_{A1}、I_{A2}，I_{B1}、I_{B2}，I_{C1}、I_{C2} ——三相两侧电流。

试验条件：将电流互感器断线保护控制字置“1”投入。试验方法如下：

1）保护定值测试。①对于发电机差动保护电流互感器，则在任一侧任一相加电流（$>15\%I_N$，$<1.2I_N$）；②加电流量达到保护启动，经时间 t 延时，出口信号灯亮（单相断线），此时加电流相为断线相。

2）发信号时间测试。加电流量达到保护启动，经时间 t 延时，出口信号灯亮，连续做 3 次，记下动作时间值，要求动作值与整定值误差小于 5%。

（二）开机试验

1. 工具准备

根据实际情况适当安排工作负责人和工作班成员，根据工作内容带上相应的图纸和检修规程或作业指导书，选用适当的安全设备和检修工具。

(1) 人员安全用具（例如：安全靴、安全帽、高电压绝缘手套、绝缘棒等）。

(2) 承载 5A 及以上电流和顶值电压的试验可调电阻（量程为 30kΩ）。

(3) 承载 2A 及以上电流和顶值电压的试验可调电阻（量程为 1kΩ）。

(4) 试验连接线。

(5) 数字电压表、电流表。

(6) 带漏电保护的电源插座。

(7) 万用表。

(8) 手电筒、尖嘴钳、剥线钳、斜口钳等个人工具。

(9) 小型标准的一字和十字起子、小型套筒扳手。

(10) 清洁干布和软毛刷子、无水乙醇等清洁剂。

(11) 绝缘胶布、扎带、白布带、聚氯乙烯带等电气胶带。

(12) 电烙铁、吸锡器、焊锡丝等焊锡工具。

（13）号头机、号头套管、标签机、标签纸等。

2. 实验内容

（1）转子一点接地试验。

1）试验条件：①发电机出口断路器处于断开位置，出口隔离开关处于拉开位置；②发电机处于空载状态，首先在机端施加 50%U_N 电压，如能校验就不加 100%U_N，如不够，再做 100%U_N。

2）试验方法：在转子正极处用一大电阻对 L0（L0 接地）短路，逐步减小电阻值，直至保护动作，记录下此时的动作值；转子负极用同样的方法测得保护动作值。要求动作值与整定值误差小于 5%。

（2）定子一点接地试验。

1）试验条件：①发电机出口断路器处于断开位置，出口隔离开关处于拉开位置；②先在 50%U_N 时投入单相接地，测量发电机电容电流，然后投入消弧线圈测量消弧线圈补偿电流（选定挡位）处欠补偿状态，使发电机电容电流小于 5A，然后升到 100%U_N，再重做上述试验；③发电机在空载状态，机端电压为 U_N。

2）试验方法：在发电机中性点消弧线圈靠发电机侧，用一大电阻直接接地，逐步减小电阻值，直至保护动作，记录下此时的动作值。要求动作值与整定值误差小于 5%。

（3）幅值相位检查。发电机带负荷后，可通过主菜单查看 A、B、C 相差流情况，按“确认”键进入“文件打印”进行“采样打印”，以查看各通道电流、电压采样的幅值、相位及差流大小。发电机在升流、升压过程中，对所有的电流、电压回路的极性要检查核定，测量相位，对各保护装置进行动作试验。

以实际负荷为基准，查看各通道三相电流、三相电压的相位关系，检验电压、电流相序正确。某发电机带负荷试验数据见表 5-3，其带负荷试验电流、电压相量图 5-11 所示（即六角图）。

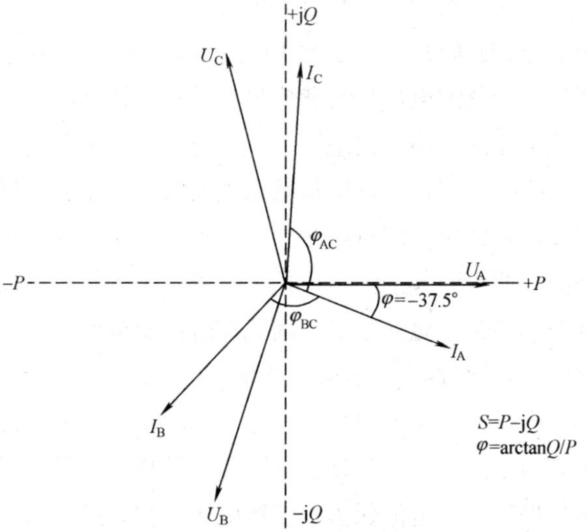

图 5-11　某发电机带负荷试验电流、电压相量图

表 5-3　　某发电机带负荷试验检查数据

发电机带有功 P：60MW；带无功 Q：25MW		
A 相差流 I_{CdA}：0A	B 相差流 I_{CdB}：0A	C 相差流 I_{CdC}：0A
机端电压 U_A：55.6$\angle 0°$V	机端电压 U_B：57.9$\angle -120°$V	机端电压 U_C：56.7$\angle 120°$V
机端电流 I_{A1}：1.14$\angle -37.5°$A	机端电流 I_{B1}：1.13$\angle -160°$A	机端电流 I_{C1}：1.13$\angle 85°$A
中性点电流 I_{A2}：1.11$\angle -38.5°$A	中性点电流 I_{B2}：1.11$\angle -157°$A	中性点电流 I_{C2}：1.10$\angle 83°$A

对于中性点通过接地变压器接地的补偿装置系统，定子一点接地保护先进行静态试验，根据计算整定好定值，然后在发电机升压过程中采用单相直接接地去校验。

第二节　变压器保护检修

变压器是电力系统中十分重要的电气设备，它对电力系统安全运行和用户不间断供电起着决定性的作用。因此，在变压器上装设性能良好、动作灵敏可靠的保护装置十分必要。变压器保护在经历了机电型、整流型、晶体管型到集成电路型等不同阶段的发展，现已被新型的微机保护所取代。新型的微机保护具有性能稳定，可靠性强，灵活性高，调试、整定、运行维护简便等特点。

一、变压器微机保护的配置、作用及动作后果

变压器的内部故障可分为油箱内故障和油箱外故障。油箱内故障包括绕组的相间短路、匝间短路、接地短路及铁芯烧毁等。这些故障十分危险，可能引起变压器爆炸，因此继电保护装置应尽快动作，切除故障。油箱外故障主要指套管和引出线上发生相间短路、接地短路。

变压器的不正常运行状态主要有：由于变压器外部相间短路引起的过电流和外部接地短路引起的过电流、中性点过电压，由于负荷超过额定容量引起的过负荷及漏油等原因引起的油面降低。此外，大容量变压器由于其工作时的磁通密度非常接近铁芯的饱和磁通密度，因此在过电压或低频率等异常运行方式下，还会发生变压器的过励磁故障。

根据 GB/T 14285—2006《继电保护和安全自动装置技术规程》，变压器应依照其容量的大小、类型、重要程度及特点，装设下列保护：瓦斯保护、差动和电流速断保护、过电流保护、零序电流保护、过负荷保护、过励磁保护等，以反应变压器的各种故障及不正常工作状态。

（一）主保护配置

（1）差动速断和比率制动差动保护。变压器主保护可防御变压器绕组和引出线的多相短路、大接地电流电网侧绕组和引出线的接地短路、绕组匝间短路故障。主保护的动作结果是跳开变压器各电源侧断路器。

（2）瓦斯保护。瓦斯保护可防御变压器油箱内部各种故障和油面降低故障。其动作结果有两种：轻瓦斯动作发信号，重瓦斯跳开变压器各电源侧断路器。

（二）后备保护配置

（1）过电流保护。过电流保护能防御变压器外部相间短路，并可作为瓦斯保护、纵差保护的后备保护。其动作结果为：Ⅰ段动作跳本侧断路器，Ⅱ段动作跳变压器各侧断路器。

（2）零序电流保护。零序电流保护可防御大接地电流电网中变压器外部接地短路。其动作结果为：Ⅰ段动作跳本侧断路器，Ⅱ段动作跳变压器各侧断路器。

（3）阻抗保护。阻抗保护通常用于330～500kV变压器高、中压侧，防御变压器内部及引线、母线、相邻线路相间故障或接地故障。其动作结果为：Ⅰ段动作跳本侧断路器，Ⅱ段动作跳变压器各侧断路器。

（4）过励磁保护。过励磁保护可防御变压器励磁电流的升高。在变压器允许的过励磁范围内，保护发信号；当过励磁超过允许值时，延时跳变压器各侧断路器。

（5）过负荷保护。过负荷保护可防御变压器对称过负荷，延时发信号。

（6）零序过电压保护。零序过电压保护可防御变压器低压侧绕组为三角形接法时的接地故障，作用于发信号。

（7）本体保护。本体保护对变压器温度及油箱内压力升高、冷却器故障等进行监测，作用于发信号。

二、变压器保护原理

（一）常用变压器差动保护原理

1. 电流平衡

为减少3次谐波的影响，变压器组别多采用Yd11接线，如图5-12所示。

保护装置对电流互感器极性接线要求是：无论是差动保护还是后备保护，无论是高压侧还是低压侧，输入装置的电流互感器电流极性为：当一次电流流入变压器时，装置的感应电流都为正极性电流流入装置。

如此即造成变压器两侧电流之间有30°的相位差，使得在正常情况下差动保护产生较大的不平衡电流。常规的变压器电流互感器二次接线可以校正这种相位差：变压器Y侧的电流互感器二次绕组按△接线，而变压器△侧的电流互感器二次绕组按Y接线。

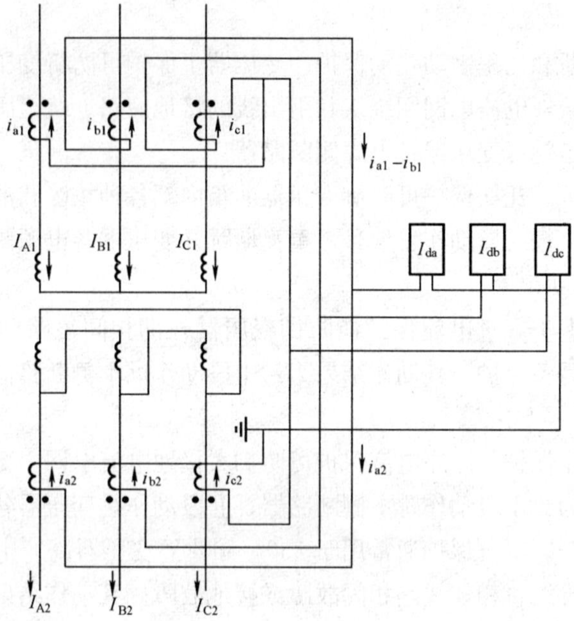

图 5-12　Yd11 接线的变压器差动保护的三相接线图

采用常规的相位补偿接线方式后变压器 Y 侧的电流互感器二次侧输出电流为 $i_{a1}-i_{b1}$、$i_{b1}-i_{c1}$、$i_{c1}-i_{a1}$，它们刚好与变压器△侧 i_{a2}、i_{b2}、i_{c2} 同相位，补偿了 30° 相位差，如图 5-13 所示。但是采用上述连接方式后，在互感器接成△侧的一臂中，电流已增大了$\sqrt{3}$倍。为减小在正常运行及外部故障情况下差动回路中的不平衡电流，就必须将该侧二次电流减小$\sqrt{3}$倍，进行幅值补偿使之与另一侧的电流相等。但应注意：变压器 Y 侧、△侧电流互感器变比不一致。

在变压器微机差动保护中，由于软件计算的灵活性，允许所用的电流互感器二次侧全部采用 Y 接线接入，Yd11 变换的相位补偿和电流幅值补偿全部由数学运算完成，即装置内部软件对 Y 侧二次电流进行下列计算

$$I_{2A}=(i_{a1}-i_{b1})/\sqrt{3}$$

$$I_{2B}=(i_{b1}-i_{c1})/\sqrt{3}$$

$$I_{2C}=(i_{c1}-i_{a1})/\sqrt{3}$$

使 I_{2A}、I_{2B}、I_{2C} 与△侧的 i_{a2}、i_{b2}、i_{c2} 大小、相位相同。这种接线方式使二次电流互感器接线简单，减少了现场电流互感器接线错误的可能。同时，微机保护电流互感器断线的判据更为简单化，且装置容易区分故障或电流互感器断线情况。

由于变压器高压侧和低压侧的额定电压、额定电流及电流互感器变比不同，因

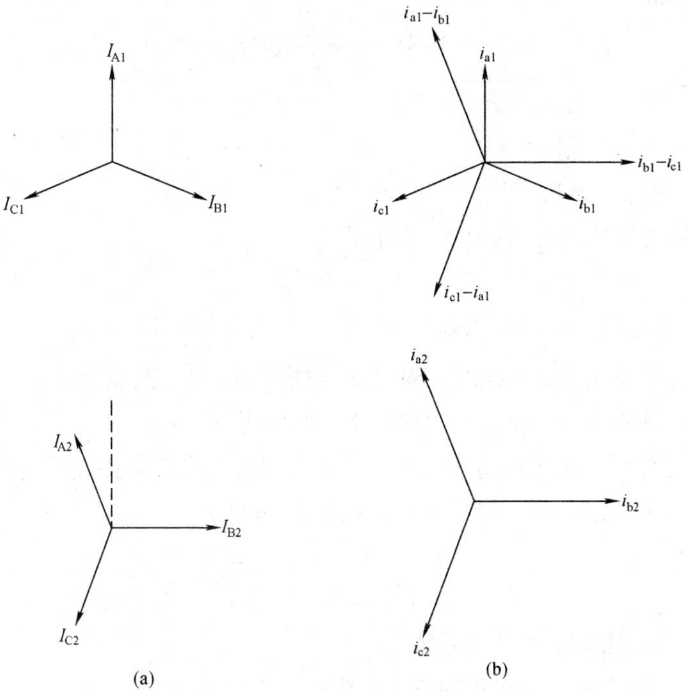

图 5-13 相应补偿接线方式电流相量图

(a) 互感器一次电流相量；(b) 差动回路二次侧电流相量

此差动保护还必须对变压器各侧二次额定电流值进行平衡调整，才能消除不平衡电流对差动保护的影响。

以某微机差动保护为例，变压器参数及高、低压侧额定电流计算值见表 5-4。

表 5-4 某变压器参数计算

项 目	高压侧	低压侧
变压器全容量 S_N（MVA）	300	
电压等级 U_N（kV）	525	13.8
接线方式	YNd11	
各侧电流互感器变比 N	2500/1	8000/1
变压器一次额定电流 I_{1N}（A）	330	12 551
变压器二次额定电流 I_{2N}（A）	0.13	1.57
各侧平衡系数 k	1.00	0.083

变压器各侧电流互感器二次额定电流 I_N 计算公式

$$I_N = \frac{S}{\sqrt{3}U_N N}$$

式中 S——变压器额定容量，MW；

U_N——额定线电压，kV；

N——电流互感器变比。

变压器各侧流入差动保护的二次电流为

$$I_2 = I_N K_{jx}$$

式中 K_{jx}——电流互感器接线系数。

当电流互感器为 Dy 接线时，对应高压侧 $K_{jx}=\sqrt{3}$，低压侧 $K_{jx}=1$。对于微机保护，电流互感器为 Yy 接线时，对应高、低压侧 $K_{jx}=1$。

规定平衡补偿以变压器高压侧二次额定电流为基准，保护装置自动对其余侧电流进行数字平衡补偿。高、低压侧平衡系数 K 分别为

$$K_H = I_{2H}/I_{2H} = 1$$

$$K_L = I_{2h}/I_{2L}$$

式中 K_H——高压侧平衡补偿系数；

I_{2H}——高压侧差动保护的二次电流；

K_L——低压侧平衡补偿系数；

I_{2L}——低压侧差动保护的二次电流。

变压器差流计算

$$I_{dA} = (I_{aH} - I_{bH})K_H/\sqrt{3} + I_{aL}K_L$$

$$I_{dB} = (I_{bH} - I_{cH})K_H/\sqrt{3} + I_{bL}K_L$$

$$I_{dC} = (I_{cH} - I_{aH})K_H/\sqrt{3} + I_{cL}K_L$$

式中 I_{dA}、I_{dB}、I_{dC}——变压器 A 相差流，A；

I_{aH}、I_{bH}、I_{cH}——高压侧 A 相二次电流，A；

I_{aL}、I_{bL}、I_{cL}——低压侧 A 相二次电流，A。

用各侧计算电流乘以平衡系数 K，使差动回路各侧电流平衡。

2. 稳态比率制动差动保护

变压器微机差动保护通常是分相设置的，故以单相接线来说明其原理，如图 5-14 所示。

变压器差动保护就是将变压器两侧的电流互感器二次绕组按循环电流法接线方式接入，再将其输出电流接入差动继电器所构成的一种差动保护。它的保护范围为被保护设备两侧电流互感器之间的部分。

理论上讲，假设 i_1 和 i_2 都经过相位变换和平衡补偿，在变压器正常运行及保

护范围外发生短路时，设备两侧流入差动继电器的电流相量互差 180°，其矢量和为零。在保护范围内发生短路，当流入差动继电器的电流大于继电器动作值时保护动作，使变压器两侧的断路器跳闸。此即为差动保护的基本原理。但是，由于变压器两侧电流互感器的饱和特性不一致、变压器接线方式、变压器分接头调压等原因，在设备正常运行及保护范围外发生短路时，差动回路中存在不平衡电流，用 I_{bp}来表示，尤其在外部短路初瞬间其值更大，为了防止在外部短路时所引起的最大不平衡电流使差动保护误动作，并保证装置在内部故障时有足够的灵敏度，变压器微机主保护多采用具有比率制动特性的差动保护原理，保护的动作电流是随外部短路电流按比率增大的。

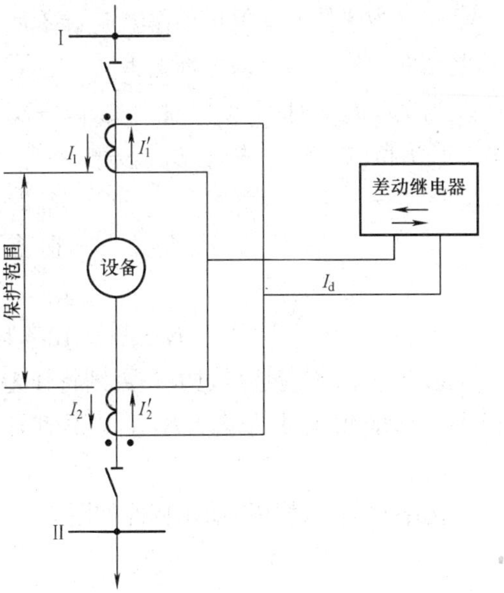

图 5-14　差动保护单相原理接线图

比率制动差动保护的差动电流 I_d 就是被保护变压器各侧短路电流矢量和的绝对值。

$$I_d = |i'_1 + i'_2| \tag{5-1}$$

式中　I_d——变压器差动保护的差动电流；

i'_1——变压器一侧二次电流；

i'_2——变压器另一侧二次电流。

(1) 制动电流的选择、算法不同，就构成了不同原理的比率制动差动保护。常见的制动电流构成方法有：

1）i_1 和 i_2 矢量差的绝对值 I_r

$$I_r = |i'_1 - i'_2| \tag{5-2a}$$

2）多侧电流中的最大值 I_r

$$I_r = \max[|i'_1|, |i'_2|, |i'_3|] \tag{5-2b}$$

式中　I_r——变压器差动保护的制动电流。

(2) 由于各种原因，变压器正常运行时，差动回路中仍存在少量不平衡电流 I_{bp}，为了防止差动保护误动，比率制动差动保护的第一个动作判据为

当 $I_r < I_{r.min}$时，　$I_d > I_{op.min}$　(5-3)

(3) 为了使差动保护动作电流始终大于区外故障时对应的不平衡电流，比率制动差动保护的第二个动作判据为

当 $I_r > I_{r.min}$ 时　　$I_d > I_{op.min} + K_{r.set}(I_r - I_{r.min})$　　(5-4)

式(5-3)和式(5-4)中　$I_{op.min}$——不带制动的最小动作电流，一般 $I_{op.min} = (0.2 \sim 0.6) I_{2N}$，A；

$I_{r.min}$——拐点制动电流，一般 $I_{r.min} = (0.5 \sim 1.0) I_{2N}$，A；

$K_{r.set}$——比率制动系数。

通常 $K_{r.set}$ 不应选得过大，否则将使差动保护灵敏度下降。但从保证区外故障时不误动的角度来考虑，$K_{r.set}$ 又不宜选得过小，所以选 $K_{r.set}$ 的值一般为 0.3～0.6。

比率制动差动保护动作特性如图 5-15 所示。

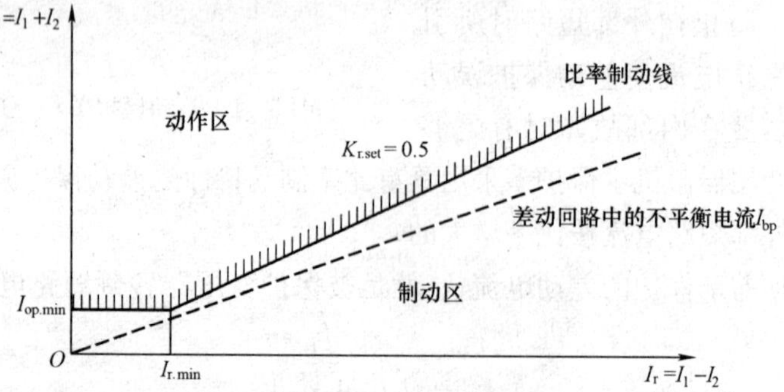

图 5-15　比率制动差动保护动作特性

对于三绕组变压器，可以将其中任意两绕组的电流矢量相加再与另一侧绕组的电流比较，这样就与双绕组变压器的情况一致了。

3. 突变量比率差动保护

突变量比率制动差动保护，能够完全排除故障时穿越性负荷电流的影响，提高保护在轻微匝间故障时的灵敏度，所以被广泛采用。

根据式 (3-1) 和式 (3-2) 可以分别列出差动电流 I_d 的工频变化量 ΔI_d 和制动电流 I_r 的工频变化量 ΔI_r

$$\Delta I_d = |\Delta i_1 + \Delta i_2| \tag{5-5}$$

$$\Delta I_r = |\Delta i_1 - \Delta i_2| \tag{5-6}$$

工频变化量比率差动保护动作方程式

当 $\Delta I_r < \Delta I_{r0}$ 时　　$\Delta I_d > \Delta I_{d0}$　　(5-7)

当 $\Delta I_r > \Delta I_{r0}$ 时　　$\Delta I_d > \Delta I_{d0} + K_\Delta(\Delta I_r - \Delta I_{r0})$

式中 K_{Δ}——工频变化量比率制动系数；

ΔI_{d0}——正常运行时的门坎电流，A；

ΔI_{r0}——拐点制动电流。

工频变化量比率差动保护动作特性曲线如图5-16所示。

引入了差动电流的工频变化量 ΔI_d 作为保护动作元件，采用故障后的电流减去故障前的负荷电流，可以消除故障电流中的负荷分量，有效提取故障电流中的故障分量来进行判别。即在变压器内部匝间短路时，差动电流 ΔI_d 与流出的负荷电流大小完全无关，这样就可以既提高工频变化量比率制动系数 K_{Δ} 而不影响保护灵敏度，又提高了保护的可靠性。

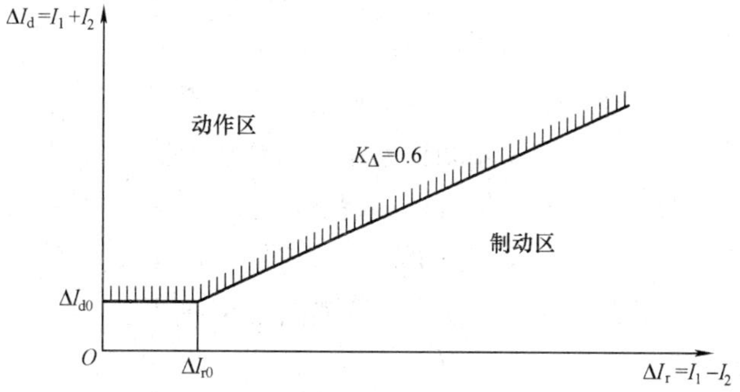

图5-16 工频变化量比率差动保护动作特性

4. 零序比率差动保护

只要变压器Y侧中性点直接接地，就可以构成零序电流差动保护。零序差动保护是由变压器高、中压侧零序电流滤过器和中性点回路的零序电流互感器构成差动回路的。由于零序电流差动保护反应的是内部接地故障时变压器各侧零序电流的总和，而在正常运行时零序差动回路中零序电流很小，因此变压器零序电流差动保护的灵敏度就比较高；变压器调压分接头位置改变与零序电流无关，所以零序差动保护的动作电流无须考虑变压器调压分接头位置改变；变压器的励磁涌流对变压器中性点接地侧是穿越性的电流，因此励磁涌流对零序差动保护几乎没有影响；由于零序差动保护要求各侧所用的电流互感器变比相同、类型相同，若变比不相等时，可采用自耦变流器加以补偿。因此它可以不考虑因电流互感器不同类型引起的不平衡电流的影响，也不存在各侧电流互感器接线类别不同而引起的 Y_d 相位变换误差等，这些都是相间短路差动保护所不及的。

零序比率差动的差电流 I_{d0} 为自耦变压器各侧零序电流相量和，而制动电流 I_{r0} 则取各侧零序电流绝对值的最大值

$$I_{d0} = |I_{10} + I_{20} + I_{30}| \tag{5-8}$$

$$I_{r0} = \max[|I_{10}|, |I_{20}|, |I_{30}|] \tag{5-9}$$

式中 I_{10}、I_{20}、I_{30}——分别为变压器各绕组侧零序电流，A。

零序差动电流在正常运行时不可能是理想的零值，应该是变压器额定负载时的最大不平衡电流，因此零序比率差动作的第一个判据为

$$I_{d0} \geqslant I_{bp.max} \quad I_{r0} < 0.5I_{2N} \tag{5-10}$$

零序比率差动保护动作的第二判据式为

$$I_{d0} > I_{bp.max} + K_{d0}(I_{r0} - 0.5I_{2N})I_{r0} > 0.5I_{2N} \tag{5-11}$$

式中 I_{d0}——零序差动电流，A；

$I_{bp.max}$——变压器额定负荷时的最大不平衡电流，A；

K_{d0}——零序差动比率制动系数整定值；

$0.5I_{2N}$——该动作特性的拐点，A；

I_{2N}——电流互感器二次额定电流，A。

零序比率差动的动作特性如图 5-17 所示。

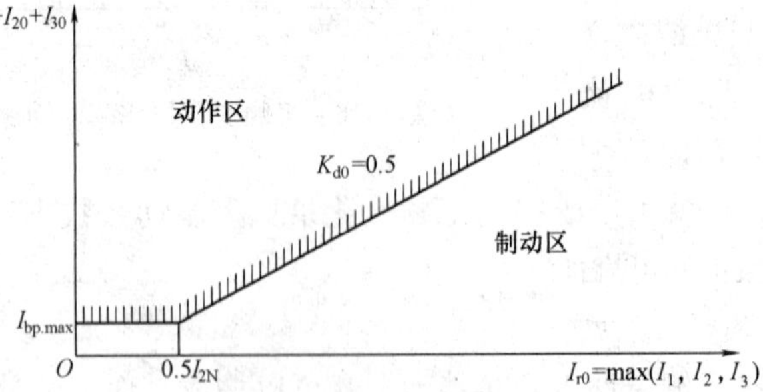

图 5-17　零序差动保护动作特性

5. 分侧比率差动保护

变压器分侧差动保护就是将变压器各侧看作单独的保护对象，例如双绕组变压器被看作高压侧绕组和低压侧绕组两个被保护对象。每一侧一相绕组两端的电流互感器构成一组差动保护，主要用作单相接地故障的保护。三个单相的超高压大型自耦变压器，每侧绕组的首尾端均可引出，这为装设分侧差动保护两端电流互感器创造了有利条件，如图 5-18 所示。

按分侧比率差动保护接线后，每侧绕组的内部短路都与空载合闸时的励磁涌流、过励磁电流无关，因为这些电流对分侧差动保护而言是穿越性电流，因此无需考虑它们的影响。此外，分侧差动保护还具有分接头调压不产生不平衡电流、差动两端电流互感器可采用同型电流互感器等特点。这些特点使保护不平衡电流减少，保护动作电流下降，提高了保护灵敏度。

变压器分侧比率差动保护主要应用于单相自耦变压器。由于单相自耦变压器高压、中压和公共绕组是连接成同一整体，三个首尾端头引出均装电流互感器，构成

独立的差动保护，故其动作判据可依照比率差动保护列出为

$$I_d = |i_1 + i_2 + i_3| \tag{5-12}$$

$$I_r = \max[|i_1|, |i_2|, |i_3|] \tag{5-13}$$

$$I_d > I_{fcd.st} \quad I_r < 0.5I_{2N} \tag{5-14}$$

$$I_d > I_{fcd.st} + K_{fd}(I_r - 0.5I_{2N}) \quad I_r > 0.5I_{2N} \tag{5-15}$$

式中　i_1、i_2、i_3——分别为某相高压、中压、公共绕组电流，A；

$I_{fcd.st}$——分侧差动启动定值，A；

I_d——差动电流，A；

I_r——制动电流，A；

K_{fd}——分差比率制动系数整定值；

$0.5I_{2N}$——特性曲线拐点，A；

I_{2N}——电流互感器二次额定电流，A。

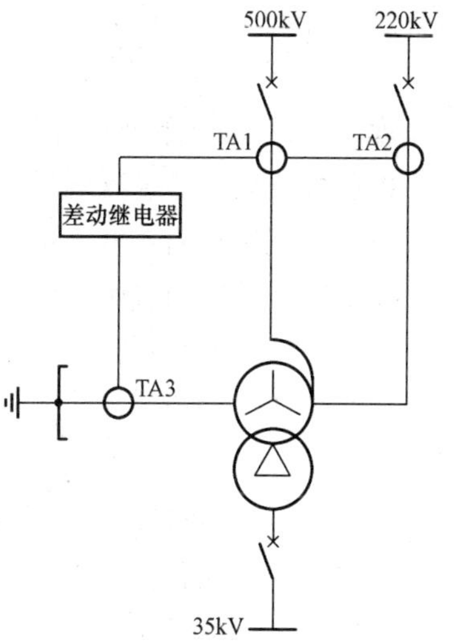

图 5-18　自耦变压器的分侧差动保护接线

变压器分侧比率差动保护的动作特性曲线如图 5-19 所示。

分侧差动对相间和单相短路灵敏度高，但对匝间短路无保护作用。对按△接法的变压器低压侧绕组，分侧比率差动保护应用受到限制，因为要在该绕组两侧装设电流互感器是困难的。

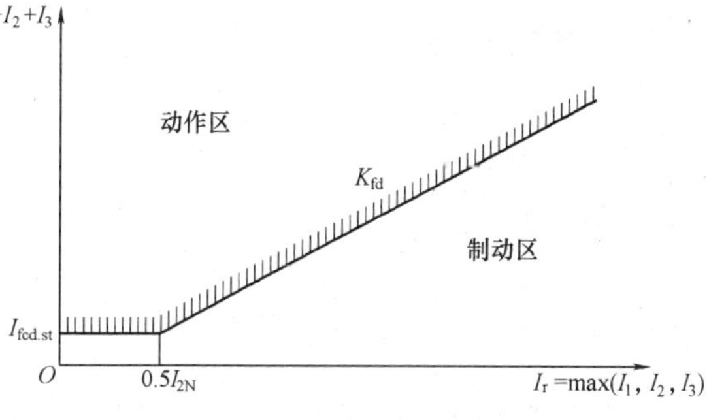

图 5-19　分侧比率差动动作特性

6. 差动速断保护

一般情况下，比率制动原理的差动保护作为电力变压器主保护，但是在严重内部故障瞬间，短路电流很大时，电流互感器严重饱和会使交流暂态传变特性严重恶化，电流互感器的二次侧基波电流为零，高次谐波分量增大，这时比率制动原理的差动保护无法反映区内短路故障，从而影响了比率差动保护的快速动作，所以变压器比率制动原理的差动保护还应配有差动速断保护，作为辅助保护以加快保护在内部严重故障时的动作速度。差动速断保护是差动电流瞬时过电流保护，差动速断的整定值按躲过最大不平衡电流和励磁

涌流来整定，动作判据为 $I_d > I_{sd}$。整定值 I_{sd} 可取变压器额定电流的 5～6 倍。

7. 二次谐波闭锁涌流

理论分析和实践都证实了，当变压器空载合闸或外部故障切除后电压恢复时，都会出现数值很大的励磁涌流。这种变压器的励磁涌流仅流经变压器的电源侧，因此反应到微机保护的差电流中是不可能被平衡的，从而使变压器差动保护误动作。

在变压器励磁涌流中，含有大量的二次谐波分量，通过计算差动电流中的二次谐波电流与基波电流的幅值之比，可判断是否存在励磁涌流，当出现励磁涌流时，应有

$$I_{d2}/I_d > K_2$$

式中 I_{d2}——差电流中二次谐波电流幅值，A；

I_d——差电流中的基波电流幅值，A；

K_2——可整定的二次谐波制动比，根据变压器动态试验，K_2 的取值不宜低于 0.15。

一旦判据成立，认为是励磁涌流出现，这时应闭锁变压器差动保护动作出口。差动保护逻辑框图如 5-20 所示。

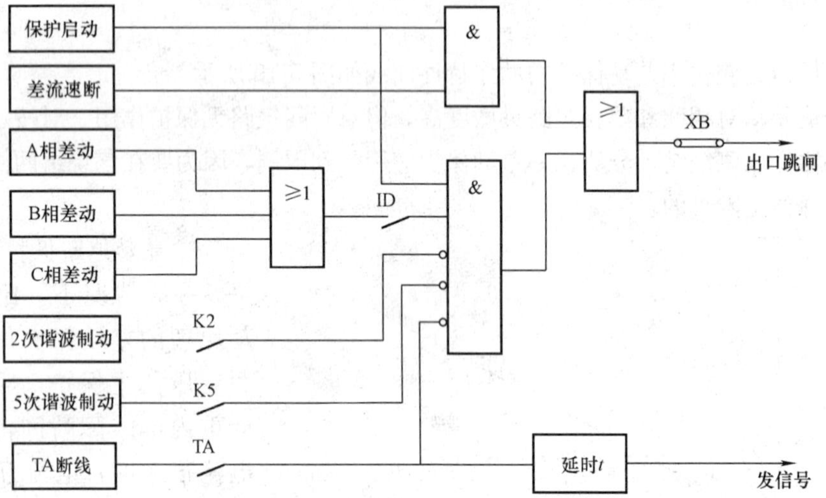

图 5-20　差动保护逻辑框图

ID、K2、K5、TA—软件控制字；XB—连接片

大型变压器工作磁密接近饱和，当系统不正常运行时，会在电压升高或频率降低时出现过励磁，而励磁电流将激增，而励磁电流中含有很大的 5 次谐波分量，为防止差动保护误动作，保护装置还设有 5 次谐波制动，如 5 次谐波制动系数整定为 K_5，它的取值一般不大于 0.38。

为了防止电流互感器断线时，差动保护误动作，保护装置还设有电流互感器断线闭锁差动保护的辅助判据，发现异常情况发告警信号并打印电流互感器断线信息。

（二）常用变压器后备保护原理

1. 过电流保护

过电流保护能反应变压器外部故障而引起的变压器绕组过电流，以及在变压器内部故障时，作为差动保护和瓦斯保护的后备保护。根据变压器容量和系统短路电流水平不同，实现保护的方式有过电流保护、低电压启动的过电流保护、复合电压启动的过电流保护和负序过电流保护。

对220kV及以下变压器，高、中、低压三侧均可装设过电流保护，一般用复合电压闭锁防止误动。对双电源端网络和三绕组变压器的高、中压侧，为了尽可能缩小停电范围，可以用相间功率方向来选择过电流保护动作侧。功率方向按90°方式接线，即I_a、U_{bc}，I_b、U_{ca}，I_c、U_{ab}，由保护装置的整定控制字来控制过电流保护是否带方向及方向的指向。

2. 零序保护

变压器中性点直接接地的零序保护是由两段式的零序电流构成，可由整定控制字选择经或不经零序电压闭锁。零序电流保护每段设一个时限，Ⅰ段时限跳分段断路器，Ⅱ段时限跳本侧所有断路器。

零序方向电流保护，由整定控制字来控制零序电流保护是否带方向及方向的指向。对带方向的零序电流保护，为了正确获取零序电流的方向，应取变压器出线的零序电流，如果取中性点接地处的零序电流，保护将无法区分零序电流的方向。考虑到差动区内故障时，差动保护将迅速动作，因此用中性点接地处的零序电流来代替变压器出线端的零序电流，构成零序电流保护是可行的。零序保护逻辑框图如图5-21所示。

零序功率方向电流电压取得方式有：

（1）$I_0=I_a+I_b+I_c$；$3U_0=U_a+U_b+U_c$（零序电流自产）。

（2）$3I_0$；$3U_0=U_a+U_b+U_c$（零序采用套管电流互感器）。

3. 阻抗保护

阻抗保护分为相间阻抗和接地阻抗保护。阻抗保护通常用于330～500kV变压器高、中压侧，作为变压器内部及引线、母线、相邻线路相间故障或接地故障的后备保护。它的动作特性为偏移阻抗圆，方向指向可由整定控制字设定，偏移量也可整定，一般不大于5%。

相间阻抗保护电流电压取自保护装设侧的电流互感器、电压互感器，按0°方

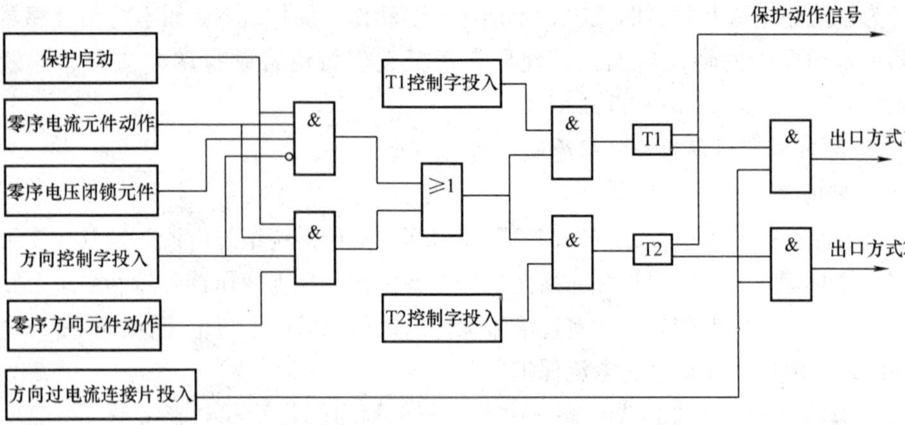

图 5-21　零序保护逻辑框图

式接线，即：

AB 相：$I_a - I_b$，U_{ab}；

BC 相：$I_b - I_c$，U_{bc}；

CA 相：$I_c - I_a$，U_{ca}。

电压互感器断线时，如系统发生扰动，阻抗保护可能误动，所以电压互感器断线时装置应闭锁阻抗保护。

4. 过励磁

过励磁保护装设在不带分接头调压的那一侧，反应大型变压器因为电压升高或频率降低而工作在饱和磁密段，变压器励磁电流增大，特别是在铁芯饱和后，励磁电流要急剧增大，使变压器发热严重而造成损坏。过励磁保护在变压器轻微过励磁时发出告警信号，通知运行人员及时处理。而在严重过励磁时按整定的反时限跳闸。

多段折线构成反时限过励磁特性曲线，如图 5-22 所示。在制定反时限动作曲线时，要求出过励磁倍数 $N=1.10\sim1.45$ 时每隔 0.05 所对应的动作时间。当 $N=1.15\sim1.10$ 时，保护以 $N=1.10$ 对应的时间动作。

实现过励磁保护的关键是得到过励磁倍数 N，它可由下式计算

$$N=\frac{U/U_N}{f/f_N} \tag{5-16}$$

式中　U——实际运行的电压值，V；

U_N——该侧的实际额定运行电压，V；

f——实际运行的频率值，Hz；

f_N——额定频率，50Hz。

在求出 N 后，首先判断是否超过告警定值，若超出，但又小于跳闸下限，经

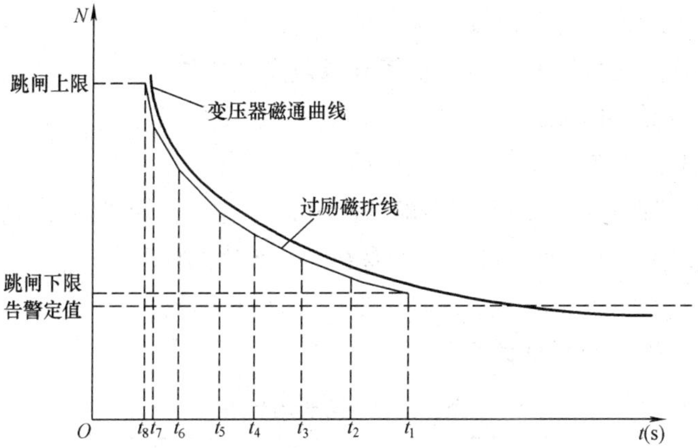

图 5-22 反时限过励磁特性曲线

过一定延时（在此期间 N 必须大于告警定值）后，装置发出过励磁信号。当 N 超过跳闸下限，保护装置将发出告警信号，打印过励磁开始的有关信息，同时按照事先整定的反时限动作特性动作跳闸。

5. 过负荷保护

过负荷保护可以装设在高、中、低压侧及公共绕组侧。它主要起告警作用，提醒运行人员及时调整变压器运行方式，避免因过负荷造成变压器的危害。

6. 低压侧接地保护

低压侧绕组为△接法，一点接地时，系统电流无变化，系统依然可以运行，但已对系统构成潜在的威胁。低压侧接地保护通过对低压侧 $3U_0$ 的监视，对这种故障给予提示告警。

（三）变压器本体保护

电气保护在任何情况下都不能代替反应变压器油箱内部故障的温度、油位、油流、气流等的非电气量的本体保护。

变压器本体保护有重瓦斯、分接头重瓦斯、压力释放、轻瓦斯、冷却器故障、冷却器电源消失、油温、线圈温度等保护。本体保护均按开关量光隔输入的方法引入微机保护的输入端来实现保护的出口重动与发信。

瓦斯保护的优点是：动作迅速、灵敏度高、安装接线简单、能反应油箱内部发生的各种故障。缺点是：不能反应油箱以外的套管以及引出线等部位上发生的故障。因此重瓦斯保护可作为变压器的主保护之一，与差动保护相互配合、相互补充，实现快速而灵敏的切除变压器油箱内、外及引出线上发生的各种故障。重瓦斯保护动作后直接启动变压器保护出口继电器使断路器速动跳闸。为防止变压器换油或进行试验引起重瓦斯保护误动作跳闸，可利用切换片将跳闸回路切换到信号回路。轻瓦斯保护动作后经延时发出报警信号。

三、变压器的检修项目确定、质量要求及安全措施

（1）严格按照DL/T 995—2006《继电保护和电网安全自动检验规程》中关于检验类型和检验周期的规定进行下列检验：

1）保护装置改造换型或新安装的一次设备投运前进行新安装检验。

2）保护装置每6年或新投运一年内安排一次全部检验。

3）视保护设备运行情况每2～3年安排一次部分检验。

变压器保护检验项目见表5-5。

表5-5　　变压器保护检验项目表

序号	检验项目	新安装检验	全部检验	部分检验
1	技改方案的实施		√	√
2	设备缺陷的处理		√	√
3	清灰、紧螺钉、外观及接线检查	√	√	√
4	二次回路的绝缘电阻测试	√	√	√
5	电源检查	√	√	√
6	通电初步检验	√	√	√
7	开关量输入检验	√	√	√
8	模数变换系统检验	√	√	√
9	保护装置定值与逻辑回路校验	√	√	
10	输出触点及输出信号检查	√	√	√
11	继电器检查（不包括操作箱）	√	√	
12	整组试验	√	√	
13	断路器传动试验	√	√	√
14	定值与开关量状态的核查	√	√	√
15	电流、电压回路阻值测量且与原阻值比较	√	√	√
16	送电试验	√		
17	结论	√	√	√

（2）变压器保护检验项目质量要求见表5-6。

（3）变压器保护装置检修的安全措施为一次设备停电、变压器各侧断路器处于断开位置、保护装置出口连片停用和相邻运行盘用红布隔离。办理工作票许可手续，执行变压器保护检修的安全措施如下：

1）分别在端子排上断开保护所用电流互感器和电压互感器回路连接片，解开电流、电压回路接地线，并封电流互感器回路电缆侧。

表 5-6　　变压器保护检验项目质量要求

检验项目	质量标准
技改方案的实施	执行本次设备检修已下达的技术改进方案
设备缺陷的处理	统计检修设备存在的缺陷，利用设备停电检修期间将缺陷消除
清灰、紧螺钉、外观及接线检查	电流互感器、电压互感器、非电量回路、保护装置二次回路、断路器和隔离开关二次回路接线应正确，无寄生回路，螺钉压接应可靠，电缆标号应清晰满足要求，器件标识应清楚正确。 （1）装置内、外部应清洁无积尘； （2）从互感器本体开始，到转接端子箱、装置端子排、连片、装置横端子、装置内部端子、一直到对侧盘端子排螺钉应紧固； （3）装置的小开关、拨轮及按钮应良好，显示屏应清晰； （4）各插件的印刷电路板应无损伤或变形，连线应连接好； （5）各插件上的元器件外观质量、焊接质量应良好，所有芯片应插紧、型号正确，芯片放置位置正确； （6）各插件上变换器、继电器应固定好，无松动； （7）装置横端子排螺钉应拧紧，后板配线连接应良好； （8）按照装置技术说明书描述的方法，根据实际需要，检查、设定并记录装置插件内的选择跳线和拨动开关的位置
二次回路的绝缘电阻测试	将所有室外回路对地、室外非电量开入触点（包括电缆）之间，电流互感器、电压互感器等重要回路对地、出口触点之间进行绝缘检查，检查绝缘阻值应符合检验规程要求
电源检查	装置通电后应能正常运行，测量逆变电源的各级输出电压值应符合 DL/T 527—2002 标准，装置直流电源缓慢上升的自启动性能良好
通电初步检验	（1）装置自检通过，液晶屏显示运行主菜单； （2）键盘功能正确； （3）打印机与保护装置联机工作正常； （4）软件版本、程序校验码、保护定值核查； （5）时钟校核正确
开关量输入检验	按照装置技术说明书所规定的试验方法，分别接通、断开连接片及转动把手，观察装置的行为应正确
模数变换系统检验	对各模拟通道的零漂、精度均应检查，观察装置在一段时间内零漂、精度应满足装置的技术要求
保护装置定值与逻辑回路校验	按设备最新下达的定值通知单进行校验，装置的动作行为应与最新下达的定值通知单一致

续表

检验项目	质 量 标 准
输出触点及输出信号检查	模拟各保护元件动作，依次检查装置的所有输出触点及输出信号的通断状态正确可靠
继电器检查	按照各种功能继电器检验项目，每相检验应满足规程要求
整组试验	保护动作正确，面板、返回屏信号、RTU对应
断路器传动试验	断路器操作正确，保护动作正确，面板、RTU、返回屏信号对应
定值与开关量状态的核查	与最新下达定值单相符合
电流、电压回路阻值测量	与原测量阻值对比误差小于5%，回路应正确、完整、可靠
送电试验	检查电流、电压回路其相别、相位关系及所保护方向正确，变压器差动保护差流为零
结论	遗留问题交代，保护是否可以投入运行

2）分别在端子排上解开与变压器连接的各侧断路器跳闸回路，并用绝缘胶布包扎。

3）分别在端子排上解开变压器保护所有信号回路正电源，并用绝缘胶布包扎。

四、变压器保护装置检修

变压器保护的其他检验项目及质量要求在前面章节已有详细描述，下面以WBZ-500H型微机变压器保护装置为例，重点介绍保护装置定值与逻辑回路校验和送电试验两部分。

WBZ-500H型微机变压器保护装置现场配置为：变压器比率制动四侧差动保护，差动速断，零序差动，高、低压侧过电流保护，高压侧零序过电流保护，高、低压侧过负荷保护，过励磁，低压侧零序过电压保护，本体重瓦斯、轻瓦斯，小电抗轻瓦斯，压力释放，冷却器全停，风冷故障，油位高，油位低，油温高，外部后备保护（由继电器重动实现）。WBZ-500H型微机变压器现场配置如图5-23所示。

差动保护动作跳四侧连接断路器。高压侧后备保护动作跳四侧断路器，低压侧后备保护第一时间动作跳本侧断路器，第二时间动作跳四侧断路器。过负荷保护、低压侧零序过电压保护只发信号。非电量保护本体重瓦斯动作跳四侧断路器，其余非电量保护动作只发信号。

WBZ-500H装置采用相电流突变和零序电流稳态量启动方式，灵敏度高，抗干扰能力强。

（一）保护装置定值及功能检验

保护装置调试一般不要插拔装置插件，不触摸插件电路。需插拔时，必须关闭

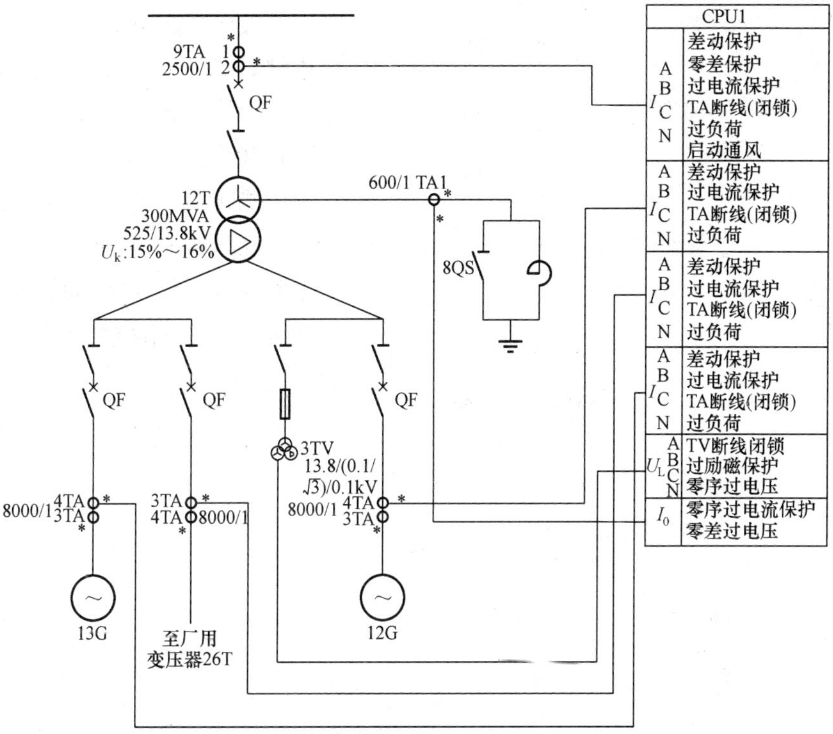

图 5-23　WBZ-500H 型微机变压器保护装置现场配置图

电源，释放手上静电或佩戴静电防护带。使用的试验仪器必须与屏柜可靠接地。

如不特别说明，保护功能试验用冲击加入的方法进行。测突变量启动门坎时，应抬高零序启动门坎值使其不启动；测零序启动门坎时，应抬高突变量启动门坎值使其不启动。

按保护定值单的整定项目，依据装置技术说明书对装置相关元件的动作值、时间及功能逐一试验，防止检验项目漏项。交流电压、交流电流试验接线的相对极性关系应与实际运行接线一致。

每一套保护应单独进行整定试验，其他保护控制字退出。

以下所做试验结果均应满足动作值与整定值误差不大于 5%的要求。

1. 差动保护检验

(1) 差动平台。由于一般测试仪仅可以提供 3 个电流通道，变压器各侧只可以加入单相或两相电流进行检验。对于一次接线为 YNd11 变压器，当电流互感器二次接线为全 Y 时，根据装置差流计算公式，对变压器高压侧加单相电流 I_{aH}，会在加入相（A 相）及另一相（C 相）产生差流 I_{dA}、I_{dC}，使差动保护 A、C 相动作出口。

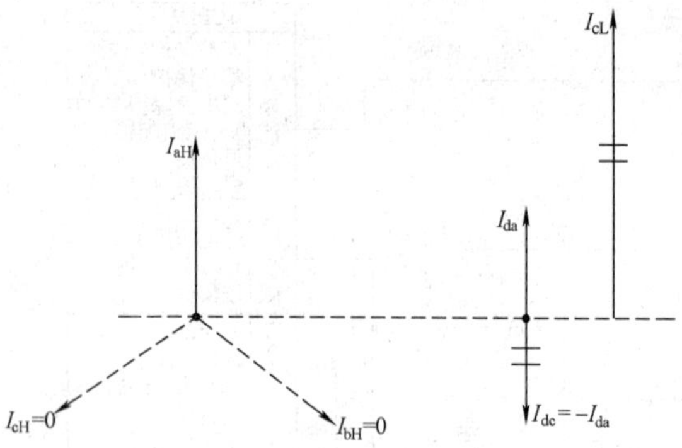

图 5-24　各侧试验电流相量图

各侧试验电流及产生的差流相量如图 5-24 所示。

为了检查 A 相差流定值，排除C相差流动作干扰，可在A相高压侧加入电流 I_{aH} 的同时，低压侧加入同向电流 I_{cL}，使 C 相差流为零。另外高压侧加入的单相试验电流 I_{aH} 应为差流定值 I_{dA} 的 $\sqrt{3}$ 倍

$$I_{dA}=I_{aH}K/K_j \quad (K_j=\sqrt{3})$$

式中　I_{dA}——差流定值，A；

K——平衡系数；

K_j——接线系数；

I_{aH}——高压侧 A 相试验电流，A。

差流计算公式

$$I_{dA}=[(I_{aH}-I_{bH})K_H]/\sqrt{3}+I_{aL}K_L$$

$$I_{dB}=[(I_{bH}-I_{cH})K_H]/\sqrt{3}+I_{bL}K_L$$

$$I_{dC}=[(I_{cH}-I_{aH})K_H]/\sqrt{3}+I_{cL}K_L$$

变压器参数见表 5-4。

1）条件：突变量及零序启动门坎均为正常值，差动控制字投入。

2）方法：在各侧各相突加冲击电流，使差动保护动作，出口灯亮，记录动作值，检测保护动作精度。各侧应加入的动作电流

$$I=I_dK/K_j$$

式中　K——各侧平衡系数；

K_j——接线系数；

I_d——差动最小动作电流，$I_d=0.07$A。

以高压侧为基准，$K_H=I_{2H}/I_{2H}=1$，$K_L=I_{2H}/I_{2L}=0.13/1.57=0.083$。从保护装置出口触点测量差动动作时间，在加入 1.5 倍整定值条件下，动作时间 $t\leqslant 30$ ms。保护动作出口跳四侧断路器。液晶屏幕显示和打印差动跳闸报告均正确。当差动保护 1XP 断开，装置输出压连接片投退报告后，保护不出口。

3）实际计算

$$I_{dH} = 0.07 \times 1.732 \times 0.95/1 = 0.11(A)$$
$$I_{dL} = 0.07 \times 0.95/0.083 = 0.8(A)$$

(2) 差动速断。

1) 条件：退出比例制动差动保护。

2) 方法：在各侧各相分别加冲击电流，各侧应加入的动作电流

$$I = I_{sd}K/K_j$$
$$(I_{sd} = 0.63A)$$

式中 K——各侧平衡系数；

K_j——接线系数；

I_{sd}——差动速断电流定值，A。

若速断整定值过大，则降低速断整定值或两侧同一相中加同向电流冲击。

3) 实际计算：

$$I_{sdH} = 0.63 \times 1.732 \times 0.95/1 = 1.04(A)$$
$$I_{sdL} = 0.63 \times 0.95/0.083 = 7.21(A)$$

4) 测量结果见表 5-7。

表 5-7　　差动保护平台段、速断段测量结果

测试项		高压侧	低压侧 1	低压侧 2	低压侧 3	动作结果
		I_A I_B I_C	I_{a1} I_{b1} I_{c1}	I_{a2} I_{b2} I_{c2}	I_{a3} I_{b3} I_{c3}	
平台	$0.95I_d$ (A)	0.11	0.8	0.8	0.8	不动作
	$1.05I_d$ (A)	0.13	0.88	0.88	0.88	动作
	动作时间 (ms)	24	25	25	24	正确
速断	$0.95I_{sd}$ (A)	1.04	7.21	7.21	7.21	不动作
	$1.05I_{sd}$ (A)	1.13	7.95	7.95	7.95	动作
	动作时间 (ms)	21	20	22	20	正确

(3) 差动比例制动特性曲线测定。由于微机保护的特点，在允许范围内检查一条曲线正确性等效于检查了各种曲线正确。

在如图 5-25 所示整定的差动比例制动特性曲线上任取 B、C 两点，A 为比例制动特性曲线上的拐点。根据所取制动量 I_s，在动作曲线上求得对应的差动量 I_d，由差动判据条件——差流等于变压器各侧电流的矢量和 ($I_d = I_1 + I_2$)，制动电流等于变压器各侧电流矢量差的一半 [$I_s =$ ($I_1 - I_2$) /2]，求得变压器两侧电流 I_1、I_2。

1) 如果在高、低压侧同时加反方向电流 $I_{H(1)}$、$I_{L(2)}$，以高压侧为基准 ($K_H =$

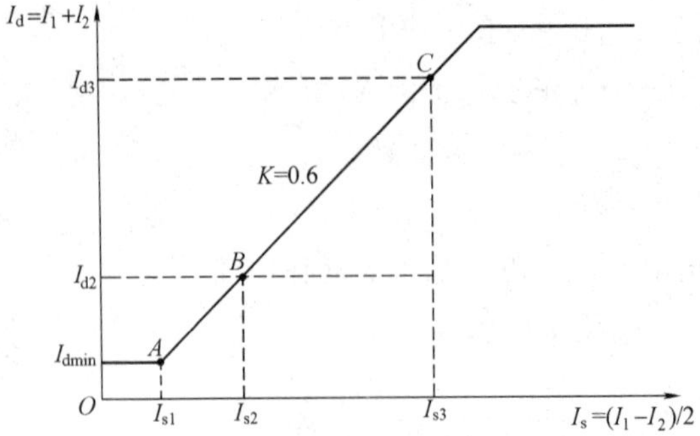

图 5-25　差动比例制动特性曲线

1，$K_L=0.083$），令 I_1 对应高压侧电流 $I_{H(1)}$，I_2 对应低压侧电流 $I_{L(2)}$，同时低压侧还需加入另一相补偿电流 I_L（补），以排除其他相差流动作干扰。将 $I_{L(2)}$ 电流由较大值缓慢减小，直至差流动作，测量结果与计算值比较应一致，由此检验出斜率的正确性。定值：制动系数 $k=0.6$，差动平台 $I_{dmin}=0.07$A，差动拐点 $I_{s1}=0.12$A。测量结果见表 5-8。

表 5-8　　差动比例制动特性曲线测量结果 1

测量点		曲线点		对应电流		加流情况			实际加流（应动作）	测量结果	实际加流（不动作）	测量结果
		I_d	I_s	I_1	I_2	$I_{H(1)}$	$I_{L(2)}$	I_L（补偿）	$0.95I_2'$		$1.05I_2'$	
高—低	B 点	0.13	0.22	0.285	−0.16	0.49	−1.87	3.43	−1.78	动作	−1.96	不动作
	C 点	0.25	0.42	0.545	−0.3	0.94	−3.55	6.57	−3.38	动作	−3.73	不动作

根据两组试验数据可验证比率制动系数值

$$K=\frac{I_{d3}-I_{d2}}{I_{s3}-I_{s2}}=0.6$$

2）如果在低压侧同时加反方向电流 $I_{L(1)}$、$I_{L(2)}$，以高压侧为基准（$K_H=1$，$K_L=0.083$），令 I_1 对应低压侧一侧电流 $I_{L(1)}$，I_2 对应低压侧另一侧电流 $I_{L(2)}$，将 $I_{L(2)}$ 电流由较大值缓慢减小，直至差流动作，测量结果与计算值比较应一致，由此检验出斜率的正确性。定值为制动系数 $k=0.6$。测量结果见表 5-9。

表 5-9　　差动比例制动特性曲线测量结果 2

测量点		曲线点		对应电流		加流情况		实际加流（应动作）	测量结果	实际加流（不动作）	测量结果
		I_d	I_s	I_1	I_2	$I_{L(1)}$	$I_{L(2)}$	$0.95I'_2$		$1.05I'_2$	
低—低	B 点	0.13	0.22	0.285	−0.16	3.43	−1.87	−1.78	动作	−1.96	不动作
	C 点	0.25	0.42	0.545	−0.3	6.57	−3.55	−3.38	动作	−3.73	不动作

根据两组试验数据验证比率制动系数值

$$K=\frac{I_{d3}-I_{d2}}{I_{s3}-I_{s2}}=0.6$$

（4）二次谐波制动。由微机保护的特点，在允许范围内检查任一点谐波制动比的正确性就等效于检查了各点谐波制动比的正确性。

1）方法：投入二次谐波控制字，变压器的励磁涌流仅流经变压器的电源侧，电源侧任一相加入稳定的基波、二次谐波混合电流。

2）定值：$K_{2B}=I_2/I_1=15\%$，且 $I_1>I_d$。检测结果见表 5-10。

注意：测试前应测定微机测试仪的二次谐波输出精度，并在测试中计及其误差。

表 5-10　　二次谐波制动测量结果

测试项	低压侧 A（B、C）	低压侧 A（B、C）
	I_1（基波）	I_2（谐波）
$I_2/I_1=14\%$	保护动作	
$I_2/I_1=16\%$	不动作	

（5）5 次谐波制动。由微机保护的特点，在允许范围内检查任一点谐波制动比的正确性就等效于检查了各点谐波制动比的正确性。

1）方法：投入 5 次谐波控制字，只有高压侧具有 5 次谐波制动功能。制动侧任一相加入稳定的基波、5 次谐波混合电流。

2）定值：$K_{5B}=I_5/I_1=35\%$，且 $I_1>I_d$。

检测结果见表 5-11。

表 5-11　　5 次谐波制动测量结果

测试项	高压侧 A（B、C）	高压侧 A（B、C）
	I_1（基波）	I_5（谐波）
$I_5/I_1=33\%$	保护动作	
$I_5/I_1=37\%$	不动作	

（6）差流越限。为了加强对电流互感器回路的监视，设置差流越限告警功能。

1）条件：电流互感器断线控制字退出，避免保护启动。

2）方法：某侧缓慢加入三相平衡电流至定值，保持一段时间。

$$I=40\%I_dK/K_j$$

3）定值：装置内部整定差流越限

$$I=40\%I_d=0.4\times0.07=0.028(\text{A})$$

4）实际计算

$$I_{dl} = 0.028/0.083 \times 1.05 = 0.35(A)$$

5）检测结果见表 5-12。

表 5-12　　差流越限测量结果

测试项		高压侧	低压侧 1	低压侧 2	低压侧 3	动作结果
		I_A　I_B　I_C	I_{a1}　I_{b1}　I_{c1}	I_{a2}　I_{b2}　I_{c2}	I_{a3}　I_{b3}　I_{c3}	
各侧	$0.95I_d$（A）	0.02	0.32	0.32	0.32	不动作
	$1.05I_d$（A）	0.029	0.35	0.35	0.35	发信号

（7）电流互感器断线。在任一侧缓慢加入三相平衡电流，使装置不进入故障处理程序，且大于保护动作电流值，突然使任一相或两相电流输出为零，则电流互感器断线动作。若电流互感器断线不闭锁保护，产生差流后保护动作。若电流互感器断线闭锁保护，产生差流但保护不动作，发装置告警信号。

2. 零差保护检验

零差保护动作判据条件为：零差电流等于变压器两端零序电流的矢量和，即

$$3I_{0d} = 3I_{01} + 3I_{02}$$

制动电流等于变压器两端零序电流矢量差的一半，即

$$3I_{0z} = 0.5(3I_{01} - 3I_{02})$$

K_1、K_2 为各侧平衡系数，只与电流互感器变比有关，与各侧电压无关。

（1）零差平台。以高压侧为基准，$K_1=1$，$K_2=N_1/N_2=2500/600=4.17$。

1）定值：动作电流　$I_d = 0.07A$。

2）实际计算

$$I_1 = 0.07 \times 1.05 \times 1 = 0.073(A)$$

$$I_2 = 0.07 \times 1.05 \times 4.17 = 0.31(A)$$

3）检测结果见表 5-13。

（2）差动速断。以高压侧为基准，$K_1=1$，$K_2=N_1/N_2=2500/600=4.17$

1）定值：$I_{sd}=0.63A$。

2）实际计算

$$I_1 = 0.63 \times 1.05 \times 1 = 0.661(A)$$

$$I_2 = 0.63 \times 1.05 \times 4.17 = 2.76(A)$$

3）测量结果见表 5-13。

表 5-13 **零差保护平台段、速断段测量结果**

测试项		高压侧 I_1	中性点侧 I_2	动作结果
平台	$0.95I_d$（A）	0.067	0.277	不动作
	$1.05I_d$（A）	0.073	0.31	动作
	动作时间（ms）	24	25	正确
速断	$0.95I_{sd}$（A）	0.60	2.495	不动作
	$1.05I_{sd}$（A）	0.661	2.76	动作
	动作时间（ms）	21	20	正确

（3）零差动作曲线测定。

1）方法：在整定的零差特性曲线上任取 B、C 两点，A 为零差特性曲线上的拐点，如图 5-26 所示。根据所取制动量 I_s，在动作曲线上求得对应的差动量 I_d，由 $I_d=I_1+I_2$，$I_s=0.5(I_1-I_2)$，求得零差两侧电流 I_1、I_2。

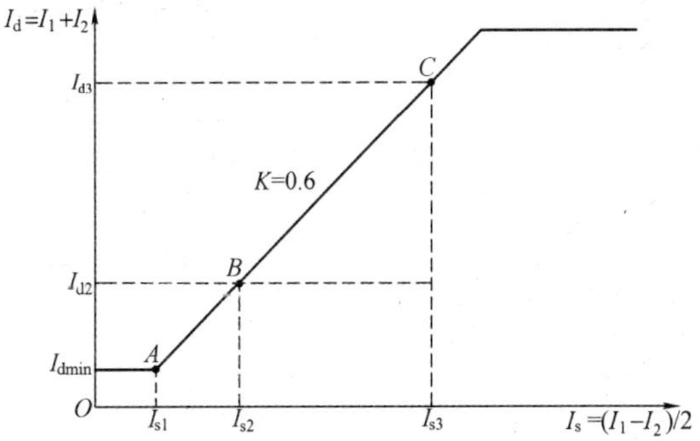

图 5-26 零差动作曲线

在零差两侧同时加单相反方向电流 $I_{(1)}$、$I_{(2)}$，以高压侧为基准（$K_1=1$，$K_2=4.17$），令 I_1 对应零差一侧电流 $I_{(1)}$，I_2 对应零差另一侧电流 $I_{(2)}$，将 $I_{(2)}$ 电流由较大值缓慢减小，直至零差动作，测量结果与计算值比较应一致，由此检验出斜率的正确性。

2）定值：制动系数 $k=0.6$，零差平台 $I_{dmin}=0.07$A，零差拐点 $I_{s1}=0.12$A。

3）检测结果见表 5-14。

表 5-14 **零差比例制动段测量结果**

测量点		曲线点		对应电流		加流情况		实际加流（应动作）	测量结果	实际加流（不动作）	测量结果
		I_d	I_s	I_1	I_2	$I_{(1)}$	$I_{(2)}$	$0.95I_2'$		$1.05I_2'$	
高-中	B 点	0.13	0.22	0.285	−0.16	0.285	−0.661	−0.63	动作	−0.69	不动作
	C 点	0.25	0.42	0.545	−0.3	0.545	−1.24	−1.18	动作	−1.3	不动作

4）根据两组试验数据验证比率制动系数值

$$K=\frac{I_{d3}-I_{d2}}{I_{s3}-I_{s2}}=0.6$$

3. 后备保护检验

（1）过负荷。

1）条件：避免保护启动。

2）方法：在高、低压侧分别缓慢加入三相平衡电流至定值，保持一段时间。

3）定值：I_{seth}=0.15A，I_{setl}=1.83A。

4）检测结果见表5-15。

表5-15　　过负荷测量结果

测试项	高压侧	低压侧（1）	低压侧（2）	低压侧（3）	测量结果
	I_A　I_B　I_C	I_{a1}　I_{b1}　I_{c1}	I_{a2}　I_{b2}　I_{c2}	I_{a3}　I_{b3}　I_{c3}	
0.95I_{set}（A）	0.14	1.7	1.7	1.7	不动作
1.05I_{set}（A）	0.16	1.93	1.93	1.93	动作
动作时间（s）	5.0	5.0	5.0	5.0	正确
出口方式	发信号				正确

5）液晶显示过负荷侧正确，打印报告正确。

（2）电压互感器断线。电压互感器断线的判据：① $3U_0=U_A+U_B+U_C>8V$，且电流无突变；② max｛$|U_A|$、$|U_B|$、$|U_C|$｝<20V，且max｛$|I_A|$、$|I_B|$、$|I_C|$｝>$0.1I_B$。

1）条件：加入单相正常电压，试验时，试验仪及各侧U_n应接地。低压侧电压互感器断线控制字投入。

2）方法：①低压侧不加入电压，各侧无电流，认为该侧母线没投运，不发电压互感器断线信号；②低压侧三相无电压，但电流互感器加入小电流，认为低压侧三相电压互感器断线，发电压互感器断线信号；③低压侧三相电压的零序电压大于8V，动作延时t=5s。

3）液晶显示低压侧电压互感器断线正确，打印报告断线相判别正确。

（3）高压侧过电流保护。

1）条件：用软件控制字投入高压过电流Ⅰ段，退出过电流Ⅱ段。

2）方法：在高压侧各相分别加入冲击电流。

3）整定值I_{set}=0.17A、t_{set}=3.0s，检测结果见表5-16。

表 5-16　　高压侧过电流保护测量结果

测试项	I_A	I_B	I_C	测量结果
加入 0.95 倍 I_{set}（A）	0.16	0.16	0.16	不动作
加入 1.05 倍 I_{set}（A）	0.18	0.18	0.18	动作
动作时间	3.02	3.01	3.02	正确
出口方式	跳四侧			正确

（4）高压侧零序过电流保护。

1）条件：用软件控制字投入高压零序过电流Ⅰ段，退出零序方向Ⅰ、Ⅱ段。

2）方法：在高压侧各相分别加入冲击电流。①当变压器为直接接地运行方式时，零序过电流定值为：$I_{set}=2.81A$，$t_{set}=3.0s$。检测结果见表 5-17。②当变压器经小电抗接地运行方式时，零序过电流定值为：$I_{set}=1.2A$，$t_{set}=3.0s$。

表 5-17　　变压器直接接地运行方式零序过电流保护测量结果

测试项	I_A	I_B	I_C	测量结果
加入 0.95 倍 I_{set}（A）	2.67	2.67	2.67	不动作
加入 1.05 倍 I_{set}（A）	2.95	2.95	2.95	动作
动作时间	3.02	3.01	3.02	正确
出口方式	跳四侧			正确

3）检测结果见表 5-18。

表 5-18　　变压器经小电抗接地运行方式零序过电流保护测量结果

测试项	I_A	I_B	I_C	测量结果
加入 0.95 倍 I_{set}（A）	1.14	1.14	1.14	不动作
加入 1.05 倍 I_{set}（A）	1.26	1.26	1.26	动作
动作时间（s）	3.01	3.01	3.02	正确
出口方式	跳四侧			正确

（5）低压侧过电流保护。

1）条件：用软件控制字投入某低压过电流Ⅱ段，退出过电流Ⅰ段。

2）方法：在低压侧各相分别加入冲击电流。

3）整定值：$I_{set}=2.15A$，$t_{1set}=3.0s$，$t_{2set}=3.5s$。

4）检测结果见表 5-19。

表 5-19　　低压侧过电流保护测量结果

测试项	I_A	I_B	I_C	测量结果
加入 0.95 倍 I_{set}（A）	2.05	2.05	2.05	不动作
加入 1.05 倍 I_{set}（A）	2.25	2.25	2.25	动作
动作时间（s）	t_{1a}=3.03	t_{1b}=3.01	t_{1c}=3.02	正确
	t_{2a}=3.52	t_{2b}=3.5	t_{2c}=3.51	
出口方式 1	跳低压侧出口断路器			正确
出口方式 2	跳四侧			正确

（6）低压侧零序过电压保护。

1）方法：用软件控制字投入零序过电压，加入单相电压。

2）整定值：$3U_{0set}$=40V，t_{set}=5.0s。

3）检测结果见表 5-20。

表 5-20　　低压侧零序过电压保护测量结果

测试项	U_A	U_B	U_C	测量结果
加入 1.05 倍 $3U_{0set}$（V）	42	42	42	动作
加入 0.95 倍 $3U_{0set}$（V）	38	38	38	不动作
动作时间（s）	5.02	5.03	5.01	正确
出口方式	发信号			正确

（7）过励磁及反时限过励磁保护。过励磁控制字投入，高压侧加入单相电压。

1）过励磁告警。电压升至基准电压的 1.09 倍，频率 50Hz，延时发过励磁告警信号。定值：U_N=57.5V，告警延时 t=5.0s。检测结果见表 5-21。

表 5-21　　过励磁告警测量结果

测试项	U_A	U_B	U_C	测量结果
加入 1.09U_N（V）	62.9	62.9	62.9	动作
加入 0.95 倍 1.09U_N（V）	60	60	60	不动作
动作时间（s）	5.02	5.03	5.01	正确
出口方式	发信号			正确

2）反时限过励磁。检测结果见表 5-22。

4. 非电量保护检验

非电量保护检测结果见表 5-23。

表 5-22　　**反时限过励磁测量结果**

测试项	1.10U_N	1.15U_N	1.20U_N	1.25U_N	1.30U_N	1.35U_N	1.40U_N	1.45U_N
加入 U(V)	63.25	66.13	69	71.9	74.8	77.7	80.5	83.4
动作时间 t(s)	235	49	14.98	5	4	3	2	1
定值 t(s)	250	50	15	5	4	3	2	1
出口方式	跳四侧							

表 5-23　　**非电量保护测量结果**

外部开入口定义	动作结果	备注	外部开入口定义	动作结果	备注
本体重瓦斯	正确	跳闸，不启动失灵	冷却器故障	正确	发信号
本体轻瓦斯	正确	发信号	油位高	正确	发信号
小电抗轻瓦斯	正确	发信号	油温高	正确	发信号
压力释放	正确	发信号	油位异常	正确	发信号
冷却器全停	正确	发信号			

（二）新安装的变压器送电试验

保护装置改造换型或新安装的一次设备投入运行前，必须进行送电试验，用一次电流、工作电压对差动保护的各组电流回路的相对极性关系及变比进行检验和判定。工作负责人对保护装置所用通道采样的幅值、相位及差流进行分析，并用相位电压表、小型钳形表测量电流互感器中性点接地线通过的不平衡电流，以检验变压器差动保护电流互感器回路接线的正确性，打印采样报告，并按表 5-25 所示做好变压器带负荷试验相关记录。

提前熟悉系统调度方案和送电试验方案，按负荷情况拟定预期的测试结果，当所得结果与预期不一致时应仔细分析，查找实际原因，不能任意改动回路接线。

装置未经送电试验检查，不能正式投入运行。

1. 变压器充电试验

在变压器充电时（一般由高压侧、系统电压侧充电），将差动保护投入，变压器全电压充电合闸 5 次，以检查差动保护躲励磁涌流的性能，记录合闸时冲击合闸角和涌流幅值。变压器充电时，校验各电压互感器电压的相序、相位和同期点，与系统定相检查同期。

2. 变压器带负荷试验

系统并网后，在带负荷前停用差动保护出口连接片，测量保护各侧各相电流的幅值、相位及差电流。检验电流回路极性正确后加用保护连接片。

(1) 交流电压的相名核对。用万用表交流电压挡测量保护屏端子排上的交流相电压 U_A、U_B、U_C 和相间电压 U_{AB}、U_{BC}、U_{CA}，并将本保护屏上的三相电压分别与已确认正确的电压互感器小母线的三相电压 $U_{A\text{-}A'}$、$U_{B\text{-}B'}$、$U_{C\text{-}C'}$ 进行相别校核，以确保交流电压的相名正确。这一项试验在发电机带主变压器升流、升压和系统反充电时均校验过，需进一步复核。

(2) 交流电压和交流电流的幅值检验、相位检验、差流检验。变压器带负荷后，保护人员可通过主菜单监视 A、B、C 相差流情况，按“确认”键进入“运行菜单”的“打印管理”，进行“采样打印”，以查看各通道电流、电压采样的幅值、相位及差流大小。

以实际负荷为基准，查看各通道电流、电压采样的幅值，检验电压、电流互感器变比及平衡补偿是否正确。

查看各通道三相电流、三相电压的相位关系，检验电压、电流相序正确。

结合变压器实际的运行情况初步判断变压器各侧电流互感器极性、电压互感器极性是否正确。若装置有关差动保护的各项整定值都输入正确，变压器各侧电流互感器极性正确，变压器带负荷后，正常状态下各相差流应小于 $0.02I_N$，潮流送入端与送出端的电流相位夹角应为 180°。

以某变压器带负荷 60MW 进行保护极性校验为例，试验的相关数据见表 5-24。

表 5-24　　某变压器带负荷试验检查结果

变压器带负荷 S：60MW	系统有功 P：55 MW	系统无功 Q：24 MW
A 相差流 I_{cda}：0A	B 相差流 I_{cdb}：0A	C 相差流 I_{cdc}：0A
低压侧 U_a：$57.7\angle 0°$V	低压侧 U_b：$57.7\angle 240°$V	低压侧 U_c：$57.7\angle 120°$V
低压侧 I_a：$0.314\angle -23.5°$A	低压侧 I_b：$0.314\angle 216.5°$A	低压侧 I_c：$0.314\angle 96.5°$A
高压侧 I_A：$0.026\angle 126.5°$A	高压侧 I_B：$0.026\angle 6.5°$A	高压侧 I_C：$0.026\angle 246.5°$A

根据表 5-24 所示某变压器参数及计算公式 $I_N = \dfrac{S}{\sqrt{3}U_N N}$，核算变压器高、低压侧负荷电流幅值、相位正确。

某变压器带负荷试验的电流、电压相量如图 5-27 所示。

（三）结论

变压器保护装置检修完毕，各回路接线正确，试验合格，保护可投入运行。

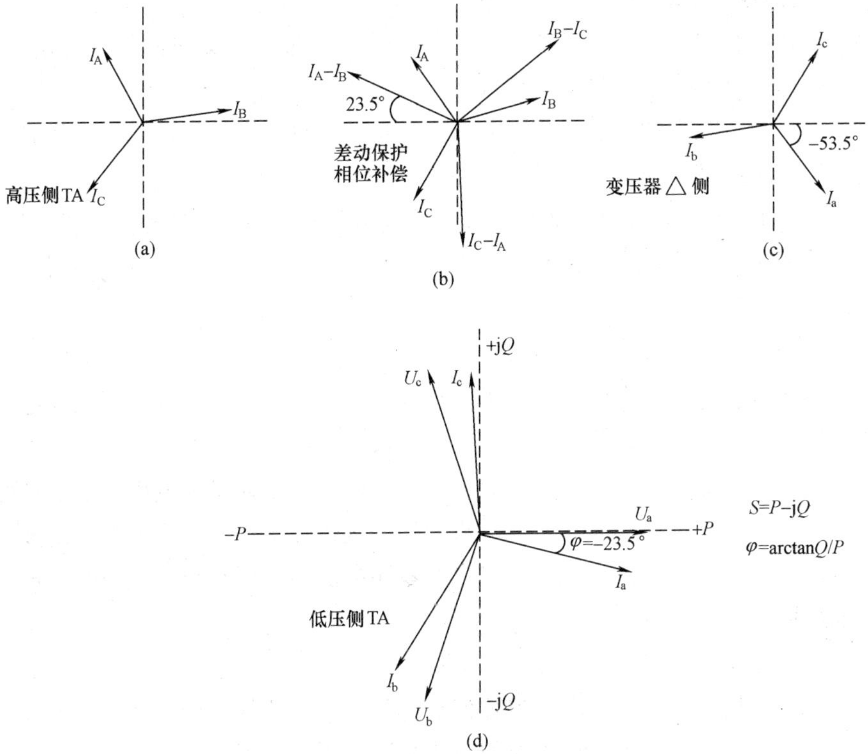

图 5-27 变压器带负荷试验的电流、电压相量图

(a) 高压侧 TA；(b) 差动保护相位补偿；(c) 变压器△侧；(d) 低压侧 TA

五、变压器保护现场工作中的注意事项

1. 变压器微机保护装置运行规定

(1) 保护装置投运前必须有保护人员的详细检修交代，保护定值必须正确，保护的加用与停用必须经调度批准。

(2) 保护装置投运前应检查运行/调试方式开关在“运行”位置。

(3) 保护装置正常运行时电源投切开关投入，各电源指示灯亮。

(4) 正常运行时检查各微机保护装置面板指示正常，无告警、启动、动作信号，运行监视灯或程序运行灯应正常闪亮。

(5) 微机保护装置正常运行时显示画面应在正常主画面，无异常、故障信息显示。

(6) 正常运行时应检查本体非电量保护装置运行正常。

(7) 操作微机保护装置面板上的按钮、按键时，应小心仔细以防出错，正常运行中不允许操作“总清”或“复位”按钮。

(8) 正常运行时运行人员一般不进行保护装置面板上的菜单操作，校核时钟、传送、打印保护动作报告的操作一般由保护人员进行。

(9) 保护人员在保护装置操作面板上进行更改保护定值核其他调试操作时，应有依据并按规定办理工作许可手续。

(10) 装置告警、异常时应做好记录，并通知保护人员检查处理。装置动作后，应根据信号指示和动作报告作出相应处理，并通知保护人员检查装置动作情况，然后复归信号，并做好记录。

2. 变压器零序差动保护现场极性校验

对于零序差动保护的电流互感器极性校验，可以通过变压器的空充试验进行校验，其步骤为：①确认公共绕组侧电流互感器极性端的定义与保护装置的技术说明书相同；②在变压器第一次空投试验时最好将零差保护硬连接片退出。由于在变压器空投时，保护装置一般会启动，此时将保护装置故障报告中的零差电流的波形打印出来，若是从高压侧空投，则高压侧自产零序电流的波形与公共绕组侧自产零序电流的波形应该反相位。

3. 差动保护不能代替瓦斯保护

瓦斯保护能反应变压器油箱内的任何故障，如铁芯过热烧伤、油面降低等，但差动保护对此无反应。又如变压器绕组发生少数线匝的匝间短路，虽然短路匝内短路电流很大，会造成局部绕组严重过热，产生强烈的油流向冲击，但表现在相电流上其量值却并不大，因此差动保护没有反应，但瓦斯保护对此却能灵敏地加以反应，这就是差动保护不能代替瓦斯保护的原因。

4. 变压器非电量保护和电气量保护的出口继电器要分开设置

(1) 变压器的瓦斯保护中，轻瓦斯主要测量油面高度，动作后只发信号；重瓦斯则监测气流和油流的速度，动作后跳闸并发信号，由于触点不能瞬时返回，根据“反措”要求：其动作后不启动断路器失灵保护。所以变压器非电量保护和电气量保护的出口继电器要分开设置。

(2) 气体继电器保护跳闸回路不接入微机保护装置，直接作用于跳闸，以保证可靠性，但用触点向微机保护装置输入动作信息显示和打印。

5. 重瓦斯保护从“跳闸”改“信号”的情况

运行中的变压器瓦斯保护，当现场进行下列工作时，重瓦斯保护应从“跳闸”位置改为“信号”位置运行。

(1) 进行注油和滤油时。

(2) 进行呼吸器畅通工作或更换硅胶时。

(3) 除采油样和气体继电器上部放气外，在其他所有地方打开放气、放油和进油阀门时。

(4) 开、闭气体继电器连接管上的阀门时。

(5) 在瓦斯保护及二次回路上进行工作时。

在上述工作完毕后，经1h试运行正常，方可将重瓦斯保护投入“跳闸”位置。

第六章 线路保护检验

第一节 光纤差动保护检验

线路纵联保护经过通信通道将一侧的保护信息传递到对侧，通过比较两侧的电气信息实现线路保护功能，其中最常用的是光纤差动保护和高频保护。高频保护采用输电线路作为通道，通过高频载波进行通信，由于高频通道容量有限，仅能实现纵联方向或纵联距离等原理的保护功能。光纤差动保护顾名思义，采用光纤通信，信道容量大，可满足时时传递电流幅值相位信息的要求，实现差动保护功能。

光纤差动保护作为一种差动保护，能够使保护实现单元化，不受运行方式变化的影响，而且由于两侧的保护装置没有电联系，进而提高了运行的可靠性。目前的电流差动保护大量使用在电力系统的主变压器、线路和母线上，具有灵敏度高、动作简单、可靠快速、能适应电力系统振荡、非全相运行等优点，是其他保护形式所无法比拟的。线路纵联差动保护的工作原理是利用比较被保护元件始末端电流的大小和相位的原理来构成输电线路保护的，设备反应了被保护线路首末两端电流的大小和相位，可以保护整条线路，并可全线速动瞬时切除故障。当在被保护范围内任一点发生故障时，利用通道将本侧电流的波形或代表电流相位的信号传送到对侧，每侧保护根据对两侧电流的幅值和相位比较的结果区分是区内还是区外故障。这样保护在每侧都直接比较两侧的电气量，称为纵联电流差动（简称纵差）保护。当采用光纤作为通信通道时，就称为光纤差动保护。

光纤纵差保护是近年来发展相当快的输电线路保护之一。输电线路保护采用光纤通道后，由于通信容量很大，往往做成分相式的纵差保护。输电线路分相电流纵差保护本身有选相功能，相纵差保护动作的一相就是故障相。输电线路两侧的电流信号通过编码成码流形式，然后转换成光信号经光纤输出。传送的信号可以是包含了幅值和相位信息在内的该侧电流的瞬时值，保护装置收到输入的光信号后先转换成电信号再与本侧的电流信号构成纵差保护。对于线路保护来说，分相电流差动保护具有天然的选相能力和良好的网络拓扑能力，不受系统振荡、非全相运行的影响，可以反应各种类型的故障，是理想的线路主保护。光纤通信与输电线无直接联系，不受电磁干扰的影响，可靠性高，通信容量大。光纤纵差保护既利用了分相电流差动的良好判据，又克服了传统导引线方式的种种缺陷，具有其他保护无以比拟的优势，因此，近年来国内外各大公司均加强在该领域的研究开发，相继推出了此类保护产品。

一、光纤通信在继电保护中的应用

（一）光纤的发展与现状

光纤为光导纤维的简称，由直径大约为 0.1mm 的细玻璃丝构成。继电保护所用光纤为通信光纤，是由纤芯和包层两部分组成的。纤芯区域完成光信号的传输；包层则是将光封闭在纤芯内，保护纤芯，增加光纤的机械强度。按光在光纤中的传输模式，光纤可分为单模光纤和多模光纤。多模光纤的中心玻璃芯较粗（芯径为 50μm 或 62.5μm），可传多种模式的光，但其模间色散较大，限制了传输数字信号的频率，而且随着距离的增加，其限制效果更加明显。单模光纤的中心玻璃芯很细（芯径一般为 9μm 或 10μm），只能传一种模式的光，因此，其模间色散很小，适用于远程传输，但仍存在着材料色散和波导色散，这样单模光纤对光源的带宽和稳定性有较高的要求，即带宽要窄、稳定性要好。

继电保护用光纤对衰耗值要求较高，不同波长的光信号衰耗值不同，单模光纤的传输衰耗最小，波长 1310nm 处是光纤的一个低损耗窗口。所以现在继电保护用光纤多为单模光纤，使用 1310nm 的波长段。

（二）电力光纤网络和电力光缆

光纤网络的传输性能、稳定性及其自适应的保护恢复能力对光纤继电保护工作的可靠性起到了关键作用。目前，电力网络通信领域中广泛使用的是以电时分复用为基本工作原理的 SDH/SONET 同步数字体系，它具有强大的保护恢复能力和固定的时延性能。但由于采用电时分复用来提高传输容量的方法有一定的局限性，使其在电力网络这种呈现高速扩容及复杂拓扑结构的网络中渐渐难以满足组网的要求。因此从电复用方式转向光复用方式将是电力光纤网络的必然发展方向。光复用方式有光时分复用、波分复用（WDM）和频分复用等方式，其中波分复用技术已逐渐进入大规模商用阶段。由于采用电时分复用系统的扩容潜力已尽，而光纤可用带宽资源仅仅利用了不到1%，如果同时在一根光纤上传送多个发送波长适当错开的光源信号，则可以大大增加光纤的信息传输容量，这就是 WDM 的基本思路。采用 WDM 系统的主要好处是充分利用光纤的巨大带宽资源，使传输容量可以迅速扩大几倍甚至上百倍。在大容量长途运输时可以节约大量光纤和再生器，大大降低传输成本。WDM 技术在电力光纤网络上具有相当大的发展潜力，可以节省电力光纤网长距离传输的成本，提高电力光纤网络传输的可靠性。因此，随着 WDM 技术的逐渐成熟和演化，WDM 技术将在电力保护光纤网络上得到广泛的使用。

目前，电力光纤网络使用的光缆主要有普通非金属光缆、自承式（ADSS）光缆和架空地线复合（OPGW）光缆三种。

普通非金属光缆价格便宜，适于在覆盖率极高的10、35kV和400V电杆上架设，施工架设方便。对某些要求防腐、防鼠、防火、防潮的特殊使用环境，制造厂一般均能满足。这种普通光缆工程可靠性稍差，易受外力破坏。此外，城建发展常要求杆路或电力线入地，也造成相当的经济损失。

电网中大量500、220、110kV的高压或超高压线路，也是架设光缆线路的宝贵杆路资源。但这类线路档距（数百米）、对地距离高，电场强度高，普通光缆已不适用，现主要选用ADSS。自承式光缆主要采用编织芳纶纱承拉，因此制作难度高，价格为普通光缆的1.5～2倍。施工要求用张力机牵引，另需专门的金具附件，施工费用为普通光缆的1.5～2倍。从运行角度看，ADSS光缆要比普通光缆更可靠。

架空地线复合光缆（OPGW）的可靠性高，其外皮作避雷地线用，也保护了内部的光纤。由于OPGW光缆不存在电场造成的电腐蚀，基本上不需维护。但目前OPGW光缆价格较贵，约为普通光缆的2～2.5倍。OPGW光缆虽然造价较高，但在高电压等级及同杆双回和多回线路使用时占线路综合造价比例较低，并可以兼作继电保护通道。以1条220kV线路为例，采用光纤保护与采用高频保护的价格相当，但高频保护在线路两侧还需要增设阻波器、耦合电容器和结合滤波器等设备，OPGW光缆则显得更为经济，而且还具有可靠性高、维护费用低的优点。随着光缆综合价格的下降，OPGW光缆在电力光纤网络中将得到广泛的应用。

（三）光纤通信的优势

光纤通道首先在通信技术中得到广泛的应用，它是基于用光导纤维作为传输介质的一种通信手段。光纤通道相对于其他传统通道（如电缆、微波等）具有如下特点：

（1）传输质量高，误码率低。误码率在10^{-10}以下，这种特点使得光纤通道很容易满足继电保护对通道所要求的“透明度”。发端保护装置发送的信息，经通道传输后到达收端，使收端保护装置所看到的信息与发端原始发送信息完全一致，没有增加或减少任何细节。

（2）光的频率高，所以频带宽，传输的信息量大。这样可以使线路两端保护装置尽可能多地交换信息，从而可以大大加强继电保护动作的正确性和可靠性。

（3）抗干扰能力差。由于光信号的特点，可以有效地防止雷电、系统故障时产生的电磁方面的干扰，最适合应用于继电保护通道。

以上光纤通道的3个特点是继电保护所采用的常规通道形式所无法比拟的，在通道选择上应为首选。但是由于光缆，抗外力破坏能力较差，当采用直埋或空中架设时，易于受到外力破坏，造成机械损伤。若采用架空地线复合光缆 OPGW，则可以有效地防止类似事件的发生。

（四）光纤通道与保护的接口方式

目前，光纤通道与继电保护配合的主要方式是：

（1）专用光纤保护。使用单独的光芯构成专用光纤的保护。专用光芯一端与保护装置的光接口直连，另端连接光端机设备，避免了与其他装置的联系，减少了信号的传输环节，增加了使用的可靠性；但光芯利用率很低。一般用于距离在 40kM 以内的站间保护。

（2）复用光纤保护。保护装置发出信号，经复用设备上光纤通道。这种方式接线简单，利于运行维护，光芯的利用率得到极大提高；但增加了中间环节，通信设备有问题会影响保护装置的运行。在现场，通常保护室与通信室距离较远，由于光信号抗干扰能力强，所以目前广泛采用保护装置光接口通过光纤与光电转换设备相连，然后再与通信 PCM 设备 64kbit/s 接口依照 G.703 协议进行连接，然后上 SDH 复接器后进行传输。

（五）继电保护用光纤通道的检验要求

1. 继电保护专业对于光纤通道的检查项目要求

（1）对于光纤通道可以采用紫环的方式检查光纤通道是否完好。

（2）对于与光纤通道相连接的保护用附属设备应对其继电器输出触点、电源和接口设备的接地情况进行检查。

（3）通信专业应对光纤及微波通道的误码率和传输时间进行检查，指标应满足 GB/T 14285—2006 的要求。

（4）对于利用专用光纤通道传输保护信息的远方传输设备，应对其收发信电平、收信灵敏电平进行测试，并保证通道的裕度满足要求。

2. 保护专用光纤接口装置的检验项目

（1）附属仪表和其他指示信号的检验及外观检查。

（2）装置继电器输出触点、装置接地及电源检查。

（3）模拟光纤通道的各种工况，检验机内各输出触点的动作情况。

（4）检验通道监视回路和告警回路。

二、光纤差动保护装置

GB/T 14285—2006 规定：220kV 以上线路要求设置两套完整、独立不同原理的全线速动保护，每套主保护装置都具有完善的后备保护功能。对需要装设全线速动保护的电缆线路及架空短线路，宜采用光纤电流差动保护作为全线速动主保护。对中长线路，有条件时宜采用光纤电流差动保护作为全线速动主保护。

光纤差动保护保护整条线路，并可全线速动瞬时切除故障，构成线路的主保护。除了主保护外，线路还需要完整的后备保护及重合闸功能。上述保护集合在一起构成成套的线路数字式保护装置。

以南瑞继保 RCS-931 系列保护装置为例，它包括以分相电流差动和零序电流差动为主体的快速主保护，由工频变化量距离元件构成的快速Ⅰ段保护，由三段式相间和接地距离及多个零序方向过流构成的全套后备保护。RCS-931 系列保护有分相出口，配有自动重合闸功能，对单母线或双母线接线的开关实现单相重合、三相重合和综合重合闸。

（一）装置硬件配置

1. 装置面板布置

装置的正面面板布置图如图 6-1 所示。

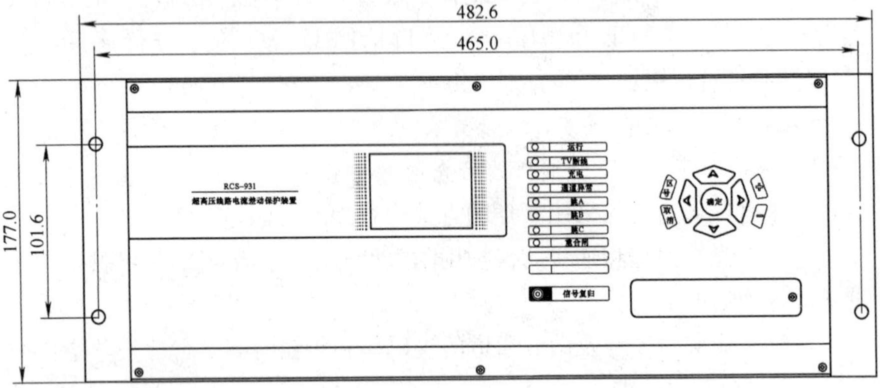

图 6-1　面板布置图

装置的背面面板端子布置图如图 6-2 所示（OPT2、OUT 为可选件）。

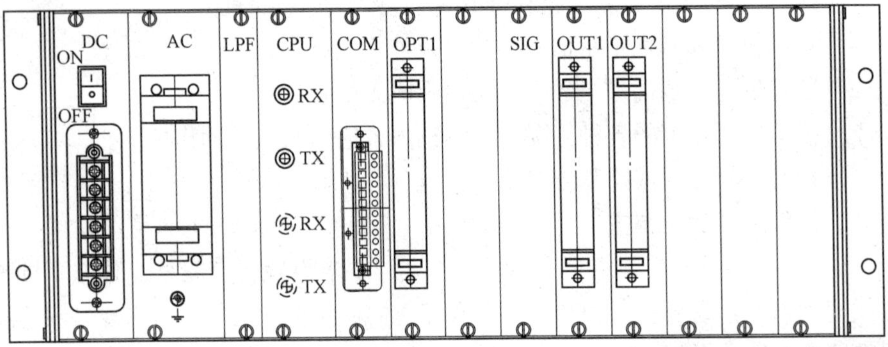

图 6-2　端子布置图（背视）

2. 各插件说明

组成装置的插件有直流电源插件（DC）、交流电源插件（AC）、低通滤波器（LPF），CPU 插件（CPU）、通信插件（COM）、24V 光耦插件（OPT1）、高压光耦插件（OPT2，可选）、信号插件（SIG）、跳闸出口插件（OUT1、OUT2）、扩展跳闸出口（OUT，可选）、显示面板（LCD）。

具体硬件模块框图如图 6-3 所示。

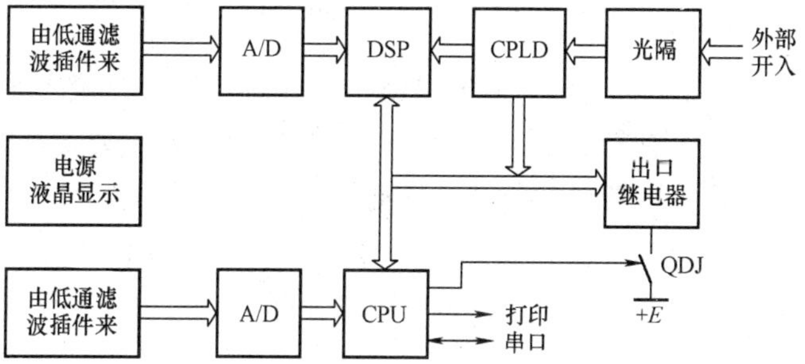

图 6-3　硬件模块框图

（二）光纤差动保护原理

1. 装置总启动元件

启动元件的主体以反应相间工频变化量的过电流继电器实现，同时又配以反应全电流的零序过电流继电器互相补充。反应工频变化量的启动元件采用浮动门坎，正常运行及系统振荡时变化量的不平衡输出均自动构成自适应式的门坎，浮动门坎始终略高于不平衡输出。在正常运行时，由于不平衡分量很小，装置有很高的灵敏度；当系统振荡时，自动抬高浮动门坎而降低灵敏度，不需要设置专门的振荡闭锁回路。因此，启动元件有很高的灵敏度而又不会频繁启动，装置有很高的安全性。

（1）电流变化量启动。启动条件为

$$\Delta I_{\mathrm{ppMAX}} > 1.25\Delta I_{\mathrm{T}} + \Delta I_{\mathrm{ZD}}$$

式中　$\Delta I_{\mathrm{ppMAX}}$——相间电流的半波积分的最大值；

ΔI_{ZD}——可整定的固定门坎；

ΔI_{T}——浮动门坎，随着变化量的变化而自动调整，取 1.25 倍可保证门坎始终略高于不平衡输出。

（2）零序过电流元件启动。当外接和自产零序电流均大于整定值时，零序启动元件动作并展宽 7s，去开放出口继电器正电源。

（3）位置不对应启动。这一部分的启动由用户选择投入。当控制字“不对应启动重合”整定为“1”，重合闸充电完成的情况下，如有开关偷跳，则总启动元件动作并展宽 15s，去开放出口继电器正电源。

(4) 纵联差动或远跳启动。

1) 发生区内三相故障时，弱电源侧电流启动元件可能不动作，此时若收到对侧的差动保护允许信号，则判别差动继电器动作相关相相间电压，若小于 65%额定电压，则辅助电压启动元件动作，去开放出口继电器正电源 7s。

2) 当本侧收到对侧的远跳信号且定值中“远跳受本侧控制”置“0”时，去开放出口继电器正电源 500ms。

(5) 过电流跳闸启动。对于 RCS-931XL，“距离连接片”投入并且“投过流跳闸”控制字置“1”，若其他启动元件不动作，但最大相电流大于过电流跳闸定值，经过电流跳闸延时，过电流跳闸启动元件动作，去开放出口继电器正电源 7s。

最大相电流大于过电流跳闸定值时，经 100ms 延时，装置有开关变位报告过电流启动，开关变位报告过电流启动的主要作用是作为过电流跳闸元件动作时间的参考。

装置由过电流动作启动时，动作报告中过电流动作的动作时间为 1ms，无法直观看到过电流跳闸时间延时。此时可参考过电流启动变位报告的绝对时间。因最大相电流大于过电流跳闸定值延时 100ms 报过电流启动变位，最大相电流大于过电流跳闸定值经过电流跳闸时间延时动作，所以有

过电流跳闸延时＝过电流启动动作绝对时间－过电流启动变位的绝对时间＋100ms

2. 电流差动继电器

电流差动继电器由变化量相差动继电器、稳态相差动继电器和零序差动继电器三部分组成。

(1) 变化量相差动继电器。动作方程

$$\begin{cases}\Delta I_{\mathrm{CD}p} > 0.75\Delta I_{\mathrm{R}p} \\ \Delta I_{\mathrm{CD}p} > I_{\mathrm{H}}\end{cases} \tag{6-1}$$

$$\Delta I_{\mathrm{CD}p} = |\Delta \dot{I}_{\mathrm{M}p} + \Delta \dot{I}_{\mathrm{N}p}|$$

$$\Delta I_{\mathrm{R}p} = \Delta I_{\mathrm{M}p} + \Delta I_{\mathrm{N}p}$$

式中 p——指电源相 A、B、C；

$\Delta I_{\mathrm{CD}p}$——工频变化量差动电流，即两侧电流变化量矢量和的幅值；

$\Delta I_{\mathrm{R}p}$——工频变化量制动电流，即两侧电流变化量的标量和；

I_{H}——差动电流高定值（整定值）、4 倍实测电容电流（实测电容电流由正常运行时未经补偿的差流获得）和 $\frac{4U_{\mathrm{N}}}{X_{\mathrm{C1}}}$ 的大值；

U_N ——额定电压；

X_{C1} ——正序容抗整定值，当用于长线路时，X_{C1} 为线路的实际正序容抗值，当用于短线路时，由于电容电流和 $\frac{U_N}{X_{C1}}$ 都较小，差动继电器有较高的灵敏度，此时可通过适当减小 X_{C1} 或抬高差动电流高定值来降低灵敏度。

（2）稳态Ⅰ段相差动继电器。动作方程

$$\begin{cases} I_{CDp} > 0.75 \times I_{Rp} \\ I_{CDp} > I_H \end{cases} \tag{6-2}$$

$$I_{CDp} = |\dot{I}_{Mp} + \dot{I}_{Np}|$$

$$I_{Rp} = |\dot{I}_{Mp} - \dot{I}_{Np}|$$

式中　p——指电源相 A、B、C；

I_{CDp} ——差动电流，即两侧电流矢量和的幅值；

I_{Rp} ——制动电流，即两侧电流矢量差的幅值。

其他符号含义同式（6-1）。

（3）稳态Ⅱ段相差动继电器。动作方程

$$\begin{cases} I_{CDp} > 0.75 \times I_{Rp} \\ I_{CDp} > I_M \end{cases} \tag{6-3}$$

式中　p——指电源相 A、B、C；

I_M —差动电流低定值（整定值）、1.5 倍实测电容电流和 $\frac{1.5U_N}{X_{C1}}$ 的大值。

其他符号定义同式（6-1）。

稳态Ⅱ段相差动继电器经 40ms 延时动作。

（4）零序差动继电器。对于经高过渡电阻接地故障，采用零序差动继电器具有较高的灵敏度。由零序差动继电器，通过低比率制动系数的稳态差动元件选相，构成零序差动继电器，经 100ms 延时动作。其动作方程

$$\begin{cases} I_{CD0} > 0.75 I_{R0} \\ I_{CD0} > I_{QD0} \\ I_{CDBCp} > 0.15 I_{Rp} \\ I_{CDBCp} > I_L \end{cases} \tag{6-4}$$

$$I_{CD0} = |\dot{I}_{M0} + \dot{I}_{N0}|$$

$$I_{R0} = |\dot{I}_{M0} - \dot{I}_{N0}|$$

式中　I_{CD0} ——零序差动电流，即两侧零序电流矢量和的幅值；

I_{R0} ——零序制动电流，即两侧零序电流矢量差的幅值；

I_{QD0} ——零序启动电流定值；

I_L ——I_{QD0} 、0.6 倍实测电容电流和 $\frac{0.6U_N}{X_{C1}}$ 的大值；

I_{CDBCp} ——经电容电流补偿后的差动电流；

I_{Rp} 、U_N 、X_{C1} ——定义同式（6-1）。

当电压互感器断线或容抗整定出错时，自动退出电容电流补偿，零序差动继电器的动作方程为

$$\begin{cases} I_{CD0} > 0.75I_{R0} \\ I_{CD0} > I_{QD0} \\ I_{CDp} > 0.15I_{Rp} \\ I_{CDp} > I_M \end{cases} \tag{6-5}$$

式中各符号含义同式（6-4）。

（5）电容电流补偿。对于较长的输电线路，电容电流较大，为提高经大过渡电阻故障时的灵敏度，需进行电容电流补偿。电容电流补偿由下式计算而得

$$I_{Cp} = \left(\frac{U_{Mp} - U_{M0}}{2X_{C1}} + \frac{U_{M0}}{2X_{C0}}\right) + \left(\frac{U_{Np} - U_{N0}}{2X_{C1}} + \frac{U_{N0}}{2X_{C0}}\right) \tag{6-6}$$

式中 U_{Mp} 、U_{Np} 、U_{M0} 、U_{N0} ——本侧、对侧的相、零序电压；

X_{C1} 、X_{C0} ——线路全长的正序和零序容抗。

按式（6-6）计算的电容电流对于正常运行和区外故障都能给予较好补偿。

（6）电流互感器饱和。当发生区外故障时，电流互感器可能会暂态饱和。装置中由于采用了较高的制动系数和自适应浮动制动门坎，从而保证了在较严重的饱和情况下不会误动。

（7）采样同步。两侧装置一侧为同步端（控制字“主机方式”置“1”侧或纵联码大的一侧），另一侧作为参考端（控制字“主机方式”为“0”侧或纵联码小的一侧），以同步方式交换两侧信息。参考端采样间隔固定，并在每一采样间隔中固定向对侧发送一帧信息。同步端随时调整采样间隔，如果满足同步条件，就向对侧传输三相电流采样值；否则，启动同步过程，直到满足同步条件为止。两侧装置采样同步的前提条件为：① 通道单向最大传输时延不大于 15ms；② 通道的收发路由单向延时应一致。

（8）通道连接方式。装置可采用专用光纤或复用通道。在纤芯数量及传输距离允许范围内，优先采用专用光纤作为传输通道。当功率不满足条件，可采用复用通道。

1）专用光纤方式下的保护连接方式如图 6-4 所示。

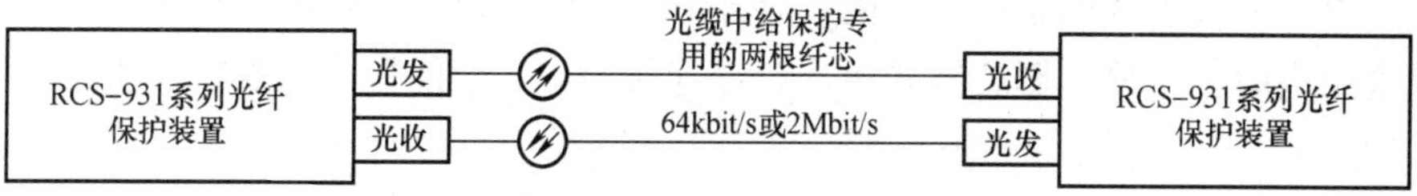

图 6-4 专用光纤方式下的保护连接方式

2）64kbit/s 复用的连接方式如图 6-5 所示。

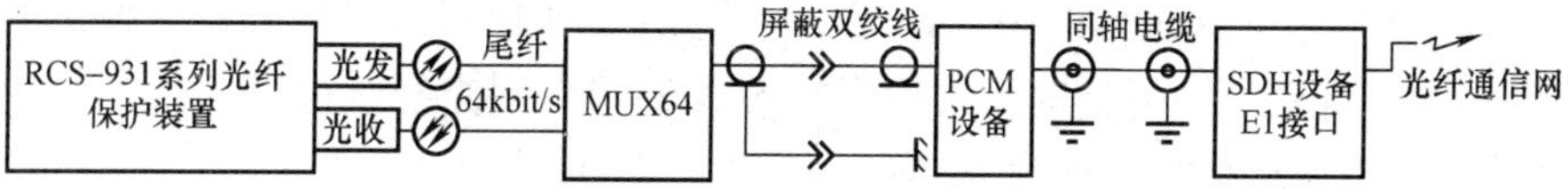

图 6-5 64kbit/s 复用的连接方式

3）2048kbit/s 复用的连接方式如图 6-6 所示。

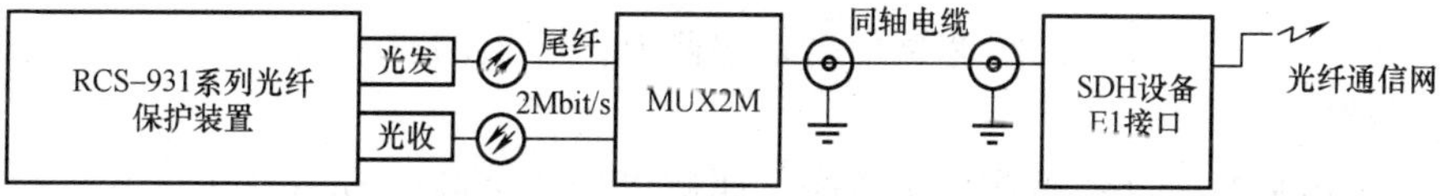

图 6-6 2048kbit/s 复用的连接方式

4）双通道 2048kbit/s 复用的连接方式如图 6-7 所示。双通道差动保护也可以一个通道复用，另外一个通道采取专用光纤的连接方式。

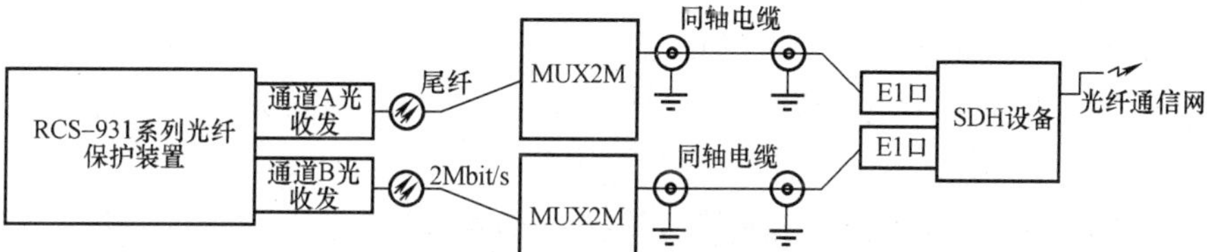

图 6-7 双通道 2048kbit/s 复用的连接方式

（9）通信时钟。数字差动保护的关键是线路两侧装置之间的数据交换。本系列装置采用同步通信方式（装置型号中带有字母 M 的通信速率为 2048kbit/s，不带有字母 M 的通信速率为 64kbit/s，如 RCS-931A 通信速率为 64kbit/s、RCS-931AM 通信速率为 2048kbit/s）。差动保护装置发送和接收数据采用各自的时钟，分别为发送时钟和接收时钟。保护装置的接收时钟固定从接收码流中提取，保证接收过程中没有误码和滑码产生。发送时钟可以有采用内部晶振时钟和采用接收时钟作为发送时钟两种方式：采用内部晶振时钟作为发送时钟常称为内时钟（主时钟）

方式，采用接收时钟作为发送时钟常称为外时钟（从时钟）方式。两侧装置的运行方式可以有三种：两侧装置均采用从时钟方式；两侧装置均采用内时钟方式；一侧装置采用内时钟，另一侧装置采用从时钟（这种方式会使整定定值更复杂，故不推荐采用）。

RCS-931 系列装置通过整定控制字“专用光纤（内部时钟）”来决定通信时钟方式。控制字“专用光纤（内部时钟）”置为 1，装置自动采用内时钟方式；反之，自动采用外时钟方式。

1）对于 64kbit/s 速率的装置，其“专用光纤（内部时钟）”控制字整定如下：保护装置通过专用纤芯通信时，两侧保护装置的“专用光纤（内部时钟）”控制字都整定成“1”；保护装置通过 PCM 机复用通信时，两侧保护装置的“专用光纤（内部时钟）”控制字都整定为“0”。

2）对于 2048kbit/s 速率的装置，其“专用光纤（内部时钟）”控制字整定如下：

①保护装置通过专用纤芯通信时，两侧保护装置的“专用光纤（内部时钟）”控制字都整定为“1”。

②保护装置通过复用通道传输时，两侧保护装置的“专用光纤（内部时钟）”控制字按如下原则整定：

a）当保护信息直接通过同轴电缆接入 SDH 设备的 2048kbit/s 板卡，同时 SDH 设备中 2048kbit/s 通道的“重定时”功能关闭时，两侧保护装置的“专用光纤（内部时钟）”控制字置“1”（推荐采用此方式）。

b）当保护信息直接通过同轴电缆接入 SDH 设备的 2048kbit/s 板卡，同时 SDH 设备中 2048kbit/s 通道的“重定时”功能打开时，两侧保护装置的“专用光纤（内部时钟）”控制字置“0”。

c）当保护信息通过通道切换等装置接入 SDH 设备的 2048kbit/s 板卡，两侧保护装置的“专用光纤（内部时钟）”控制字的整定需与其他厂家的设备配合。

3. 工频变化量距离继电器

电力系统发生短路故障时，其短路电流、电压可分解为故障前负荷状态的电流电压分量和故障分量。反应工频变化量的继电器只考虑故障分量，不受负荷状态的影响。

工频变化量距离继电器测量工作电压的工频变化量的幅值，其动作方程为

$$|\Delta U_{OP}| > U_Z$$

对相间故障

$$U_{OPpp} = U_{pp} - I_{pp}Z_{ZD} \quad (\text{pp 指 AB,BC,CA})$$

对接地故障

$$U_{OPp}=U_p-(I_p+K\cdot 3I_0)Z_{ZD} \quad \text{p 指 A,B,C}$$

式中 Z_{ZD}——整定阻抗，一般取 0.8～0.85 倍线路阻抗。

正、反方向故障时，工频变化量距离继电器动作特性如图 6-8 和图 6-9 所示。

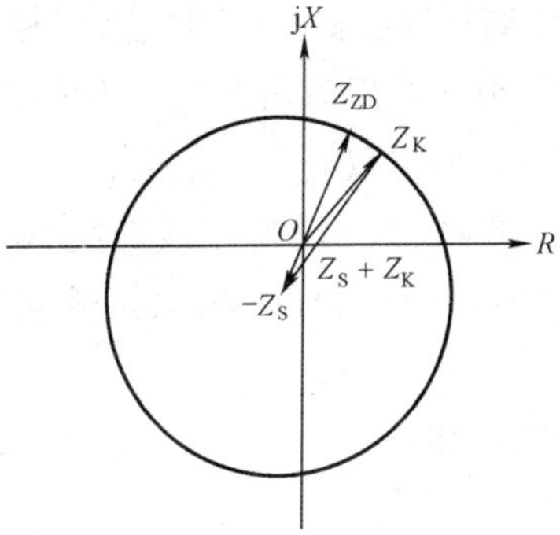

图 6-8 正方向短路动作特性

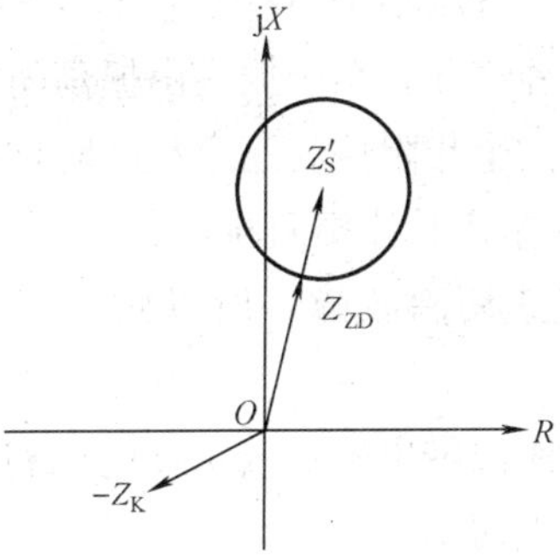

图 6-9 反方向短路动作特性

正方向故障时，测量阻抗 $-Z_K$ 在阻抗复数平面上的动作特性是以矢量 $-Z_S$ 为圆心、以 $|Z_S+Z_{ZD}|$ 为半径的圆（见图 6-8），当 Z_K 矢量末端落于圆内时动作。可见，这种阻抗继电器有大的允许过渡电阻能力。当过渡电阻受对侧电源助增时，由于 ΔI_N 一般与 ΔI 是同相位，过渡电阻上的压降始终与 ΔI 同相位，过渡电阻始终呈电阻性，与 R 轴平行，因此，不存在由于对侧电流助增所引起的超越问题。

对反方向短路，测量阻抗 $-Z_K$ 在阻抗复数平面上的动作特性是以矢量 Z'_S 为圆心、以 $|Z'_S-Z_{ZD}|$ 为半径的圆（见图 6-9），动作圆在第一象限，而因为 $-Z_K$ 总是在第三象限，因此，阻抗元件有明确的方向性。

工频变化量阻抗元件由距离保护连接片投退。

4. 距离继电器

本装置设有三阶段式相间和接地距离继电器，继电器由正序电压极化，因而有较大的测量故障过渡电阻的能力：当用于短线路时，为了进一步扩大测量过渡电阻的能力，还可将Ⅰ、Ⅱ段阻抗特性向第Ⅰ象限偏移；接地距离继电器设有零序电抗特性，可防止接地故障时继电器超越。

正序极化电压较高时，由正序电压极化的距离继电器有很好的方向性；当正序电压下降至 10%以下时，进入三相低压程序，由正序电压记忆量极化，Ⅰ、Ⅱ段距离继电器在动作前设置正的门坎，保证母线三相故障时继电器不可能失去方向性；继电器动作后则改为反门坎，保证正方向三相故障继电器动作后一直保持到故障切除。Ⅲ段距离继电器始终采用反门坎，因而三相短路Ⅲ段稳态特性包含原点，不存在电压死区。

当用于长距离重负荷线路，常规距离继电器整定困难时，可引入负荷限制继电器，负荷限制继电器和距离继电器的交集为动作区，这有效地防止了重负荷时测量阻抗进入距离继电器而引起的误动。

当正序电压小于10%U_N时，进入低压距离程序。此时只可能有三相短路和系统振荡两种情况；系统振荡由振荡闭锁回路区分，这里只需考虑三相短路。三相短路时，因三个相阻抗和三个相间阻抗性能一样，所以仅测量相阻抗。

一般情况下各相阻抗一样，但为了保证母线故障转换至线路构成三相故障时仍能快速切除故障，所以对三相阻抗均进行计算，任一相动作跳闸时选为三相故障。

低压距离继电器比较工作电压和极化电压的相位：

工作电压

$$U_{OPp} = U_p - I_p \times Z_{ZD}$$

极化电压

$$U_{Pp} = -U_{1pM} \quad \text{p 指电源相 A,B,C}$$

式中 U_{OPp}——工作电压；

U_{Pp}——极化电压；

Z_{ZD}——整定阻抗；

U_{1pM}——记忆故障前正序电压。

继电器的比相方程为

$$-90^\circ < \arg \frac{U_{OPp}}{U_{Pp}} < 90^\circ$$

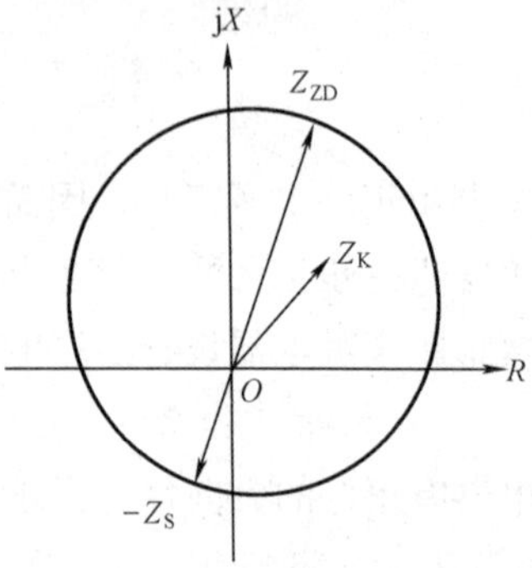

图 6-10 正方向故障动作特性

正方向故障暂态动作特性如图6-10所示，测量阻抗Z_K在阻抗复数平面上的动作特性是以Z_{ZD}至$-Z_S$连线为直径的圆，动作特性包含原点，表明正向出口经或不经过渡电阻故障时都能正确动作，并不表示反方向故障时会误动作；反方向故障时的动作特性必须以反方向故障为前提导出。

反方向故障暂态动作特性如图6-11所示，测量阻抗$-Z_K$在阻抗复数平面上的动作特性是以Z_{ZD}与Z'_S连线为直径的圆，当$-Z_K$在圆内时动作，可见，继电器有明确的方向性，不可能误判方向。

以上的结论是在记忆电压消失以前得到的，即继电器的暂态特性。当记忆电压消失后，测量阻抗 Z_K 在阻抗复数平面上的动作特性如图 6-12 所示，反方向故障时，$-Z_K$ 动作特性也如图 6-12 所示。由于动作特性经过原点，因此母线和出口故障时，继电器处于动作边界。为了保证母线故障，特别是经弧光电阻三相故障时不会误动作，对Ⅰ、Ⅱ段距离继电器设置了门坎电压，其幅值取最大弧光压降。同时，当Ⅰ、Ⅱ距离继电器暂态动作后，将继电器的门坎倒置，相当于将特性圆包含原点，以保证继电器动作后能保持到故障切除。为了保证Ⅲ段距离继电器的后备性能，Ⅲ段距离元件的门坎电压总是倒置的，其特性包含原点。

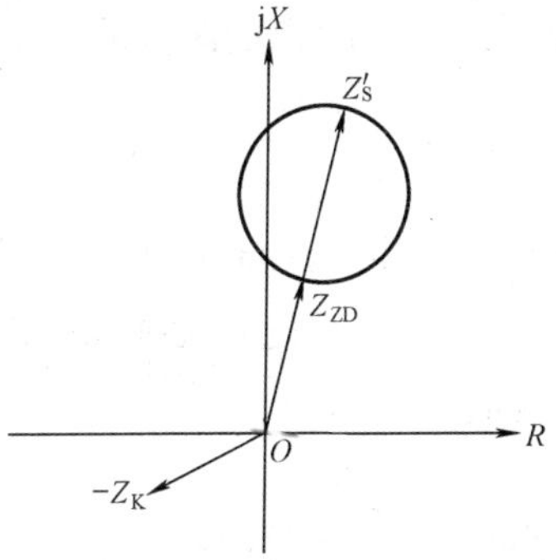

图 6-11　反方向故障动作特性

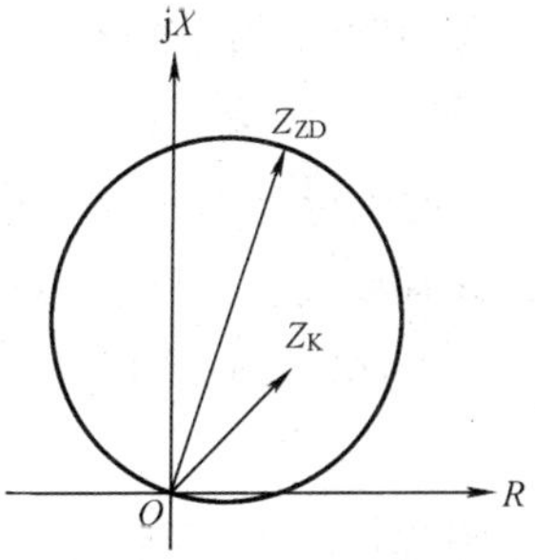

图 6-12　三相短路稳态动作特性

5. 非全相运行

非全相运行流程包括非全相状态和合闸于故障保护，跳闸固定动作或跳闸位置继电器跳闸位置继电器动作且无流，经 30ms 延时置非全相状态。

（1）单相跳开形成的非全相状态：

1）单相跳闸固定动作或跳闸位置继电器动作，而对应的有流元件不动作判为跳开相。

2）测量两个健全相和健全相间的工频变化量阻抗。

3）对健全相求正序电压作为距离保护的极化电压。

4）测量健全相间电流的工频变化量，作为非全相运行振荡闭锁开放元件。

5）跳开相有电流或跳闸位置继电器返回，开放合闸于故障保护 200ms。

（2）三相跳开形成的非全相状态。三相跳闸固定动作或三相跳闸位置继电器均动作且三相无电流时，置非全相状态，有电流或三相跳闸位置继电器返回后开放合闸于故障保护 200ms。

（3）非全相运行状态下，相关保护的投退。非全相运行状态下，退出与断开相相关的相、相间变化量距离继电器，RCS-931A 将零序过电流保护Ⅱ段退出，Ⅲ段不经方向元件控制；RCS-931B 将零序过电流保护Ⅰ、Ⅱ、Ⅲ段退出，Ⅳ段不经方向元件控制；RCS-931D将零序过电流保护Ⅱ段退出，零序反时限过电流不经方向元件控制。

（4）合闸于故障线路保护。

1）单相重合闸时，零序过电流加速经60ms跳闸，距离Ⅱ段受振荡闭锁控制经25ms延时三相跳闸。

2）三相重合闸或手合时，零序电流大于加速定值时，经100ms延时三相跳闸。

3）三相重合闸时，经整定控制字选择加速不经振荡闭锁的距离Ⅱ、Ⅲ段，否则总是加速经振荡闭锁的距离Ⅱ段。

4）手合时总是加速距离Ⅲ段。

（5）单相运行时切除运行相。当线路因任何原因切除两相时，由单相运行三跳元件切除三相，其判据为：有两相跳闸位置继电器动作且对应相无流（$<0.06I_N$），且零序电流大于$0.15I_N$，则延时200ms发单相运行三跳命令。

6. 重合闸

本装置重合闸为一次重合闸方式，可实现单相重合闸、三相重合闸或综合重合闸，并可根据故障的严重程度引入闭锁重合闸的方式。重合闸的启动方式可以由保护动作启动或开关位置不对应启动方式。当与本公司其他产品一起使用有两套重合闸时，两套装置的重合闸可以同时投入，不会出现二次重合。与其他装置的重合闸配合时，可考虑用连接片仅投入一套重合闸。

三相重合时，可采用检线路无压重合闸或检同期重合闸，也可采用快速直接重合闸方式。检无压时，检查线路电压或母线电压小于30V；检同期时，检查线路电压和母线电压大于40V，且线路和母线电压间相位差在整定范围内。

重合闸方式由外部切换把手或内部软连接片板决定，其重合闸方式见表6-1。

表6-1　重合闸方式表

端子	单重合闸	三相重合闸	综合重合闸	停用
投三相重合闸	0	1	0	1
投综合重合闸	0	0	1	1

7. 保护方框图

（1）电流差动保护框图如图6-13所示。

1）差动保护投入指屏上“主保护连接片”、连接片定值“投主保护连接片”和定值控制字“投纵联差动保护”同时投入。

2）“A相差动元件”、“B相差动元件”、“C相差动元件”包括变化量差动、稳

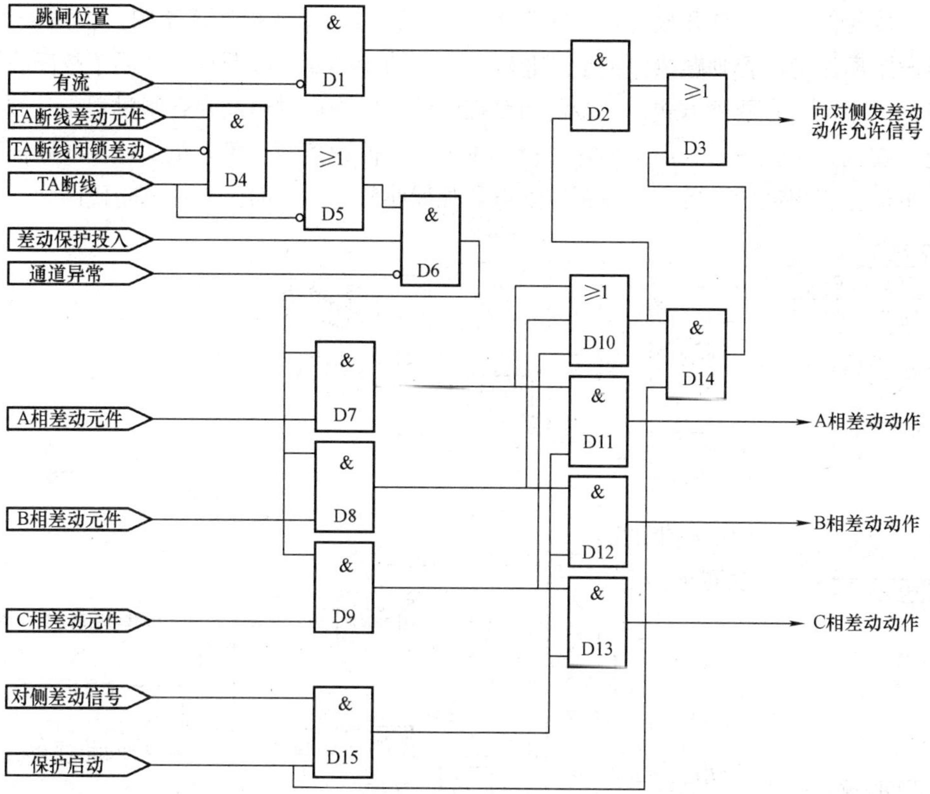

图 6-13　电流差动保护框图

态量差动Ⅰ段或Ⅱ段、零序差动，只是各自的定值有差异。

3）三相开关在跳开位置或经保护启动控制的差动继电器动作，则向对侧发差动动作允许信号。

4）电流互感器断线瞬间，断线侧的启动元件和差动继电器可能动作，但对侧的启动元件不动作，不会向本侧发差动保护动作信号，从而保证纵联差动不会误动。电流互感器断线时，发生故障或系统扰动，导致启动元件动作：若“电流互感器断线闭锁差动”整定为“1”，则闭锁电流差动保护；若“电流互感器断线闭锁差动”整定为“0”，且该相差流大于“电流互感器断线差流定值”，仍开放电流差动保护。

(2) 距离保护方框图如图 6-14 所示。若用户选择“投负荷限制距离”，则Ⅰ、Ⅱ、Ⅲ段的接地和相间距离元件需经负荷限制继电器闭锁。保护启动时，如果按躲过最大负荷电流整定的振荡闭锁过电流元件尚未动作或动作不到 10ms，则开放振荡闭锁 160ms，另外不对称故障开放元件、对称故障开放元件或非全相运行振荡闭锁开放元件任一元件开放则开放振荡闭锁；用户可选择“投振荡闭锁”去闭锁Ⅰ、Ⅱ段距离保护，否则距离保护Ⅰ、Ⅱ段不经振荡闭锁而直接开放；合闸于故障线路时，三相跳闸有两种方式：受振荡闭锁控制的Ⅱ段距离继电器在合闸过程中三相跳闸；在三相两合闸时，还可选择“投三重加速Ⅱ段距离”，“投三重加速Ⅲ段距离”，由不经振荡闭锁的Ⅱ段或Ⅲ段距离继电器加速跳闸。手合时总是加速Ⅲ段距离。

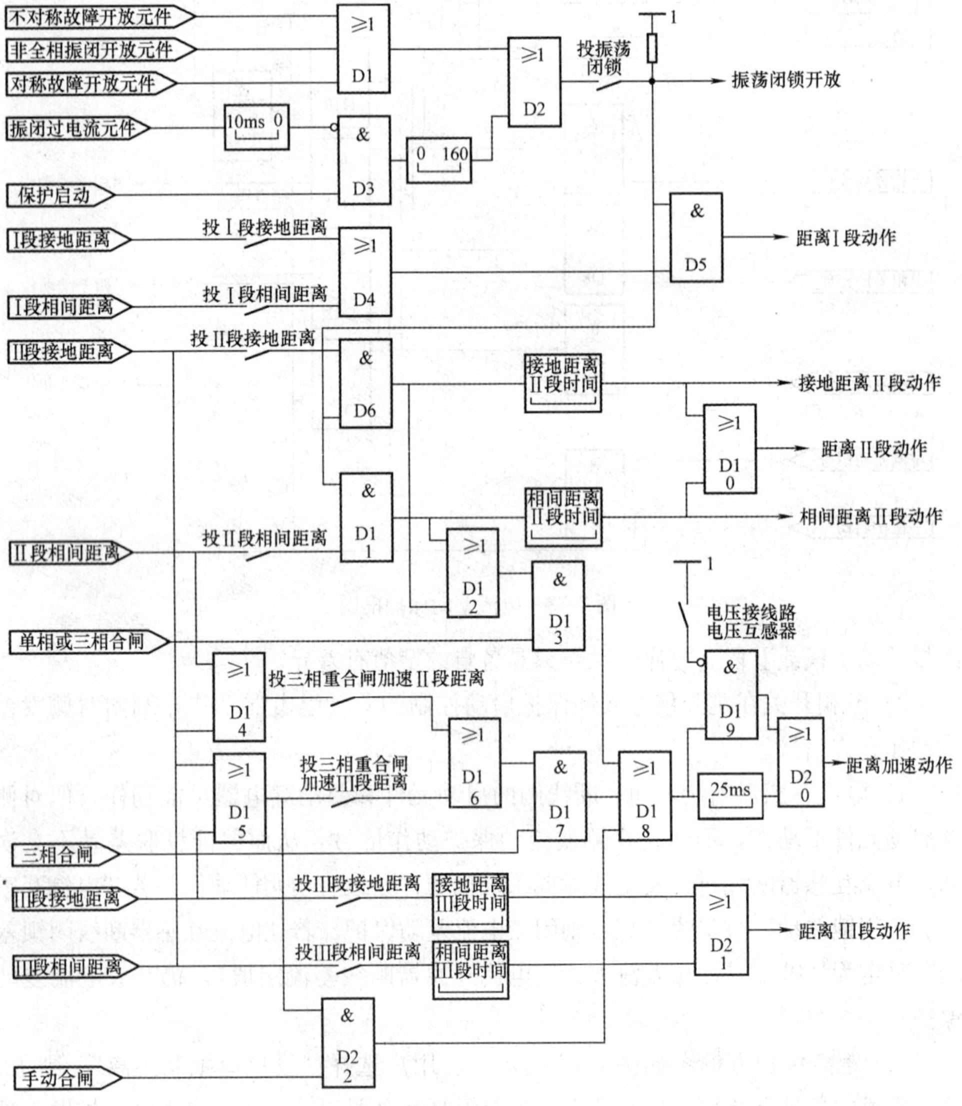

图 6-14　距离保护框图

（3）零序、过电流保护框图如图 6-15 所示。

(3) 零序、过电流保护框图如图 6-15 所示。

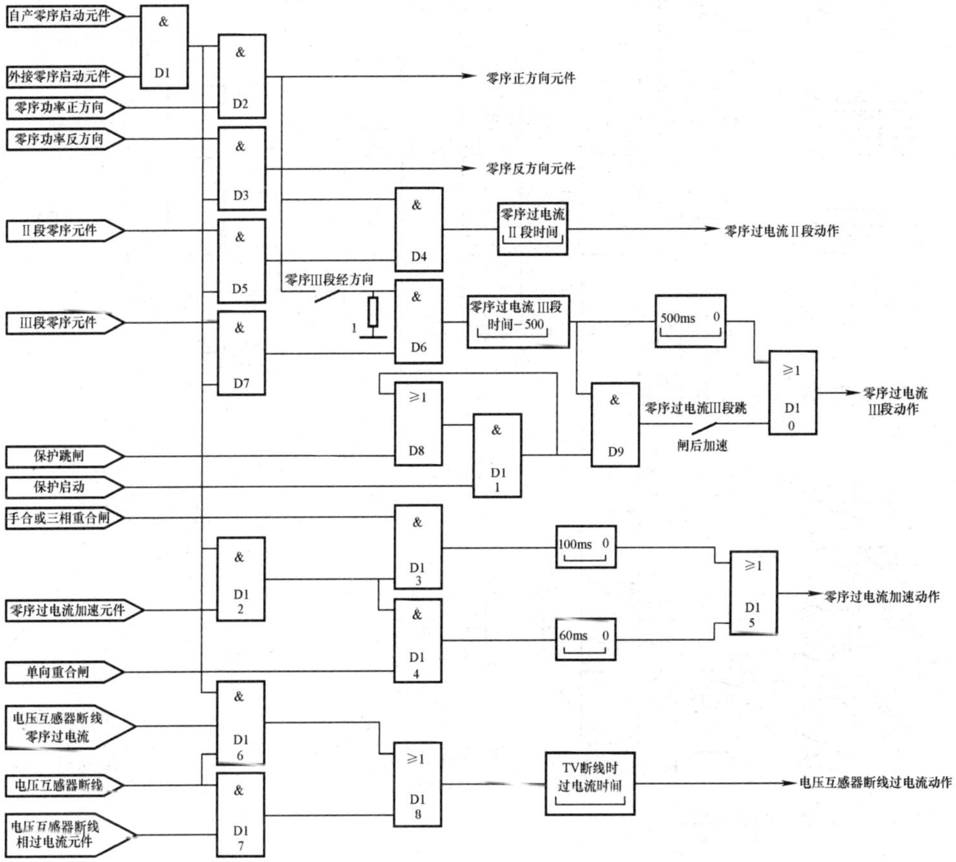

图 6-15　RCS-931A 系列零序保护方框图

RCS-931A 系列设置了两个带延时的零序方向过电流保护，不设置速跳的Ⅰ段零序过电流。Ⅱ段零序受零序正方向元件控制，Ⅲ段零序则由用户选择经或不经方向元件控制。

当用户置“零Ⅲ跳闸后加速”为“1”时，则跳闸前零序Ⅲ段的动作时间为“零序过流Ⅲ段时间”，跳闸后零序Ⅲ段的动作时间缩短 500ms。

电压互感器断线时，本装置自动投入零序过电流和相过电流元件，两个元件经同一延时段出口。

单相重合时零序加速时间延时为 60ms，手合和三相重合闸时加速时间延时为 100ms，其过电流定值用零序过电流加速段定值。

(4) 跳闸逻辑框图如图 6-16 所示。

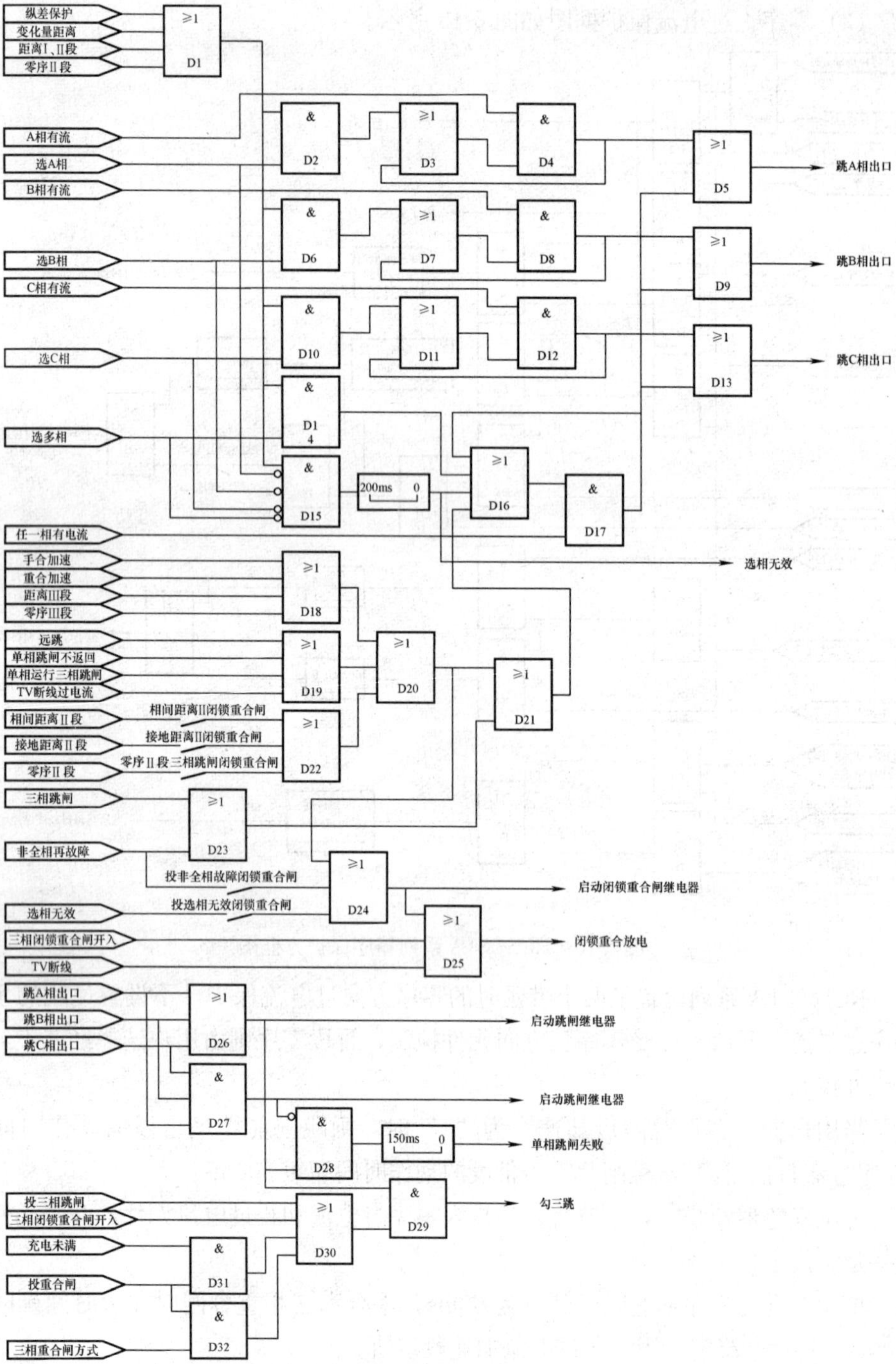

图 6-16 RCS-931A 跳闸逻辑方框图

RCS-931A 跳闸逻辑：

分相差动继电器动作，则该相的选相元件动作。

工频变化量距离、纵联差动、距离Ⅰ段、距离Ⅱ段、零序Ⅱ段动作时经选相跳闸；若选相失败而动作元件不返回，则经 200ms 延时发选相无效三相跳闸命令。

零序Ⅲ段、相间距离Ⅲ段、接地距离Ⅲ段、合闸于故障线路、非全相运行再故障、电压互感器断线过电流、选相无效延时 200ms、单跳失败延时 150ms、单相运行，延时 200ms 直接跳三相。

发单跳令后若该相持续有流（$>0.06I_N$，I_N 为额定电流），经 150ms 延时发单相跳闸失败三相跳闸命令。

选相达两相及以上时跳三相。采用三相跳闸方式、有三相闭锁重合闸输入、重合闸投入时，充电未完成或处于三相重合闸方式时，任何故障三相跳闸。

严重故障时，如零序Ⅲ段跳闸、Ⅲ段距离跳闸、手合或合闸于故障线路跳闸、单相跳闸不返回三相跳闸、单相运行三相跳闸、电压互感器断线时跳闸等闭锁重合闸。

Ⅱ段零序、Ⅱ段相间距离、Ⅱ段接地距离等，经用户选择三相跳闸方式时，闭锁重合闸。

经用户选择，选相无效三相跳闸、非全相运行再故障三相跳闸、两相以上故障闭锁重合闸。

“远跳受本侧控制”启动后收到远方跳闸信号，三相跳闸并闭锁重合闸；“远跳不受本侧控制”收到远方跳闸信号后直接启动，三相跳闸并闭锁重合闸。

（5）重合闸逻辑方框图如图 6-17 所示。跳闸位置继电器 A、跳闸位置继电器 B、跳闸位置继电器 C 分别为 A、B、C 三相的跳闸位置继电器的触点输入。

保护单相跳闸固定、保护三相跳闸固定为本保护动作跳闸形成的跳闸固定、单相故障、故障相无电流时，该相跳闸固定动作；三相跳闸、三相电流全部消失时，三相跳闸固定动作。

外部单相跳闸固定、外部三相跳闸固定分别为其他保护来的单相跳闸启动重合闸，三相跳闸启动重合闸输入由本保护经无流判别形成的跳闸固定。

重合闸退出指重合闸方式把手置于停用位置，或定值中重合闸投入控制字置“0”，则重合闸退出。本装置重合闸退出并不代表线路重合闸退出，保护仍是选相跳闸的。要实现线路重合闸停用，需将沟三相闭锁重合闸连接片投上。当重合闸方式把手置于运行位置（单相重合闸、三相重合闸或综合重合闸）且定值中重合闸投入控制字置“1”时，本装置重合闸投入。

差动投入并且通道正常时，当采用单相重合闸或三相重合闸不检方式，电压互

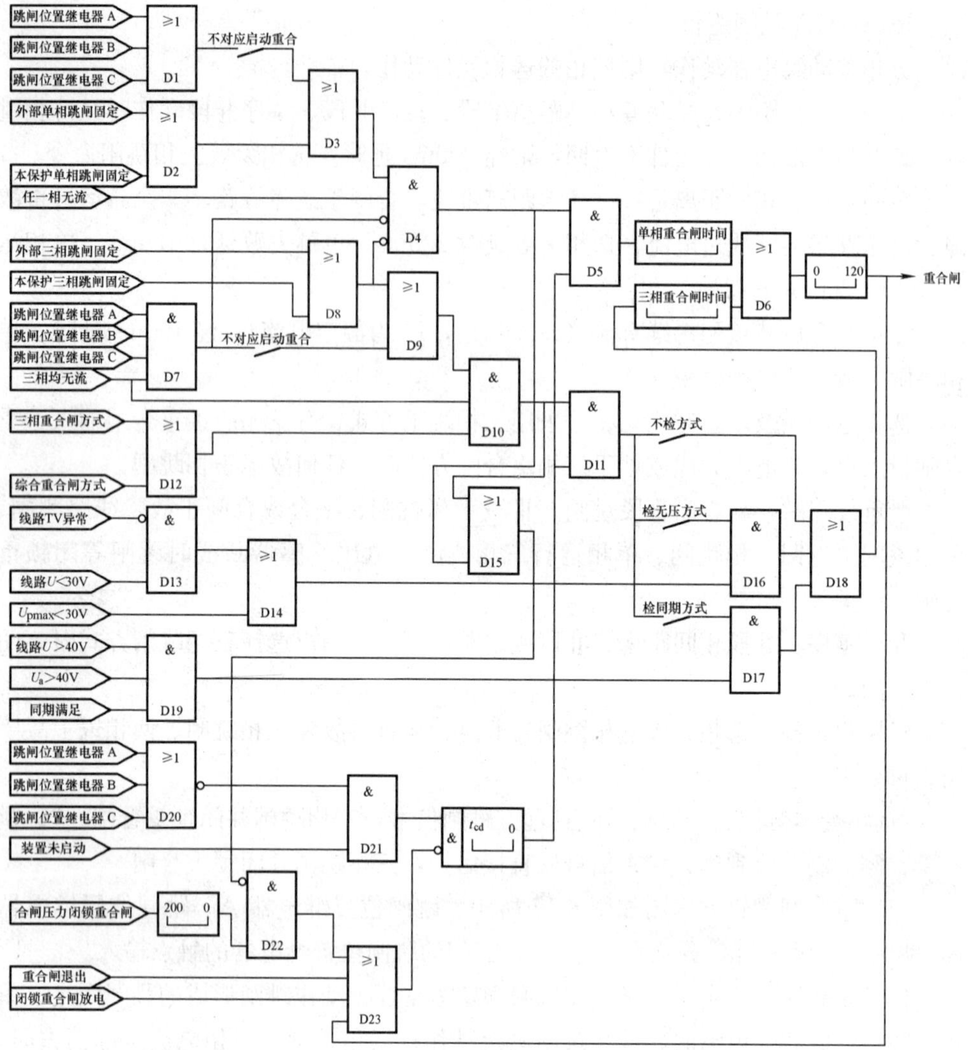

图 6-17　重合闸逻辑方框图

感器断线时不放电；差动退出或通道异常时，不管哪一种重合方式，电压互感器断线都要放电。

重合闸充电在正常运行时进行，重合闸投入、无跳闸位置继电器、无压力低压闭锁重合闸闭重输入、无电压互感器断线放电和其他闭锁重合闸输入经 15s 后充电完成。

本装置重合闸为一次重合闸方式，用于单开关的线路，一般不用于 3/2 开关方式，可实现单相重合闸、三相重合闸和综合重合闸。

重合闸的启动方式有本保护跳闸启动、其他保护跳闸启动和经用户选择的不对应启动。

若开关三相跳闸动作、其他保护三相跳闸启动重合闸或三相跳闸位置继电器动作，则不启动单相重合闸。

三相重合时，可选用检线路无压重合闸、检同期重合闸，也可选用不检而直接重合闸方式。检无压时，检查线路电压或母线电压小于30V时，检无压条件满足，而不管线路电压用的是相电压还是相间电压；检同期时，检查线路电压和母线电压大于40V且线路电压和母线电压间的相位在整定范围内时，检同期条件满足。正常运行时，保护检测线路电压与母线A相电压的相角差，设为φ；检同期时，检测线路电压与母线A相电压的相角差是否在（φ－定值）～（φ＋定值）范围内，因此不管线路电压用的是哪一相电压还是哪一相间电压，保护能够自动适应。

8. 远方跳闸（简称远跳）、远传

RCS-931利用数字通道，不仅交换两侧电流数据，同时也交换开关量信息，实现一些辅助功能，其中包括远跳及远传。

由于数字通信采用了CRC校验，并且所传开关量又专门采用了字节互补校验及位互补校验，因此具有很高的可靠性。

（1）远跳。装置开入触点626或719为远跳开入。保护装置采样得到远跳开入为高电平时，经过专门的互补校验处理，作为开关量，连同电流采样数据及CRC校验码等，打包为完整的一帧信息，通过数字通道，传送给对侧保护装置。对侧装置每收到一帧信息，都要进行CRC校验，经过CRC校验后再单独对开关量进行互补校验。只有通过上述校验后，并且经过连续三次确认后，才认为收到的远跳信号是可靠的。收到经校验确认的远跳信号后，若整定控制字“远跳受本侧控制”整定为“0”，则无条件置三相跳闸出口，启动A、B、C三相出口跳闸继电器，同时闭锁重合闸；若整定为“1”，则需本装置启动才出口。

（2）远传。装置触点627、628或721、723为远传1、远传2的开入触点。同远跳一样，装置也借助数字通道分别传送远传1、远传2。区别只是在于接收侧收到远传信号后，并不作用于本装置的跳闸出口，而只是如实地将对侧装置的开入触点状态反应到对应的开出触点上，如图6-18所示。

三、光纤差动保护检验

此处以RCS-931光纤差动保护校验为例，介绍其保护装置定值与逻辑回路校验和光纤通道联调，其他检验项目与微机保护相同，其他型号光纤差动保护与其类似。

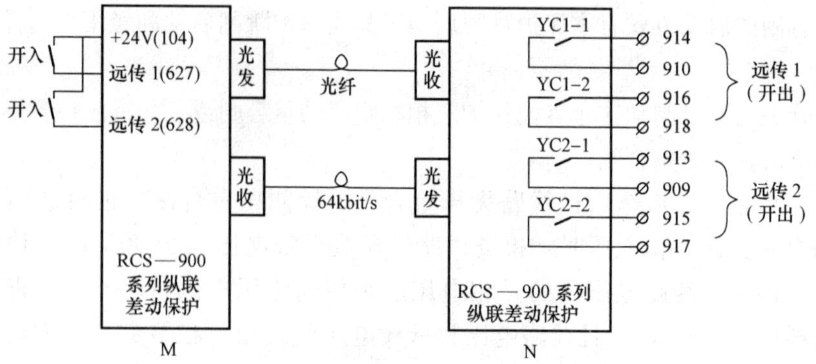

图 6-18　远传功能示意图

（一）保护装置定值与逻辑回路校验

将光端机（在 CPU 插件上）的接收 Rx 端和发送 Tx 端用尾纤短接，构成自发自收方式，将“投纵联差动保护”、“专用光纤（内部时钟）”、“通道自环试验”（或本侧纵联码和对侧纵联码整定成一致）、“投重合闸”、“投重合闸不检”、“内重合把手有效”、“单重方式”控制字均置“1”，通道异常灯不亮。校验保护定值时，需投入相应保护的功能连接片。

1. 纵联差动保护定值校验

（1）差动电流高定值（差动保护Ⅰ段）校验。模拟对称或不对称故障（所加入的故障电流必须保证装置能启动），使故障电流为

$$I=0.5m(I_{max1})$$

式中　I_{max1}——差动电流高定值、$4U_N/X_{C1}$两者的大值；

m——$m=0.95$ 时差动保护Ⅰ段应不动作，$m=1.05$ 时差动保护Ⅰ段能动作，在 $m=1.2$ 时测试差动保护Ⅰ段的动作时间（10～25ms）。

（2）差动电流低定值（差动保护Ⅱ段）试验。模拟对称或不对称故障（所加入的故障电流必须保证装置能启动），使故障电流为

$$I=0.5m(I_{max2})$$

式中　I_{max2}——差动电流低定值、$1.5U_N/X_{C1}$两者的大值；

m——被保护线路范围系数，$m=0.95$ 时差动保护Ⅱ段应不动作，$m=1.05$ 时差动保护Ⅱ段能动作，在 $m=1.2$ 时测试差动保护Ⅱ段的动作时间（40～60ms）。

（3）正序容抗定值（零序差动）试验（I_N 为额定电流，U_N 为额定电压）。抬高差动电流高定值、低定值，建议整定为 $2I_N$，零序启动电流可整为 $0.1I_N$。整定 X_{C1}，使 $U_N/X_{C1}>0.1I_N$，建议为 $0.4I_n$，X_{C0}定值整定比 X_{C1}适当大一点。加正常

三相对称电压，大小为U_N，三相对称电流超前电压90°，大小为$I=U_N/2X_{C1}$，使差动满足补偿条件。增加任意一相电流（另外两相电流不变），使零序电流大于$0.3I_N$。零序差动保护选相动作，动作时间为120ms左右。

2. 距离保护定值校验

投入距离保护连接片，重合把手切换至“综重方式”。将保护控制字中“投Ⅰ段距离”、“投Ⅰ段相间距离”置“1”，等待保护充电，直至充电灯亮。

加故障电流$I=I_N$，故障电压$U=mIZ_{zd1pp}$（Z_{zd1pp}为相间距离Ⅰ段阻抗定值），模拟三相正方向瞬时故障，$m=0.95$时距离保护Ⅰ段应动作，装置面板上相应灯亮，液晶上显示“距离Ⅰ段动作”，动作时间为10～25ms，动作相为ABC。$m=1.05$时距离保护Ⅰ段不能动作，在$m=1.2$时测试距离保护Ⅰ段的动作时间。

加故障电流$I=I_N$，故障电压$U=m(1+k)IZ_{zd1p}$（Z_{zd1p}为接地距离Ⅰ段阻抗定值，k为零序补偿系数），模拟正方向单相接地瞬时故障，$m=0.95$时距离保护Ⅰ段应动作，装置面板上相应灯亮，液晶上显示“距离Ⅰ段动作”，动作时间为10～25ms，动作相为故障相。$m=1.05$时距离保护Ⅰ段不能动作，在$m=1.2$时测试距离保护Ⅰ段的动作时间。

校验距离Ⅱ、Ⅲ段同上类似，注意所加故障量的时间应大于保护定值整定的时间。

加故障电流$4I_N$，故障电压0，分别模拟单相接地、两相和三相反方向故障，距离保护不动作。

3. 零序保护定值校验

仅投入零序保护连接片，重合把手切换至“综重方式”。将相应的保护控制字投入，等待保护充电，直至充电灯亮。

加故障电压30V，故障电流$1.05I_{01ZD}$（其中I_{01ZD}为零序过电流Ⅰ段定值），模拟单相正方向故障，装置面板上相应灯亮，液晶上显示“零序过电流Ⅰ段”。

加故障电压30V，故障电流$0.95I_{01ZD}$，模拟单相正方向故障，零序过电流Ⅰ段保护不动。

校验Ⅱ、Ⅲ、Ⅳ段零序过电流保护同上类似，注意加故障量的时间应大于保护定值整定的时间。

4. 工频变化量距离定值校验

投入距离保护连接片，分别模拟A、B、C相单相接地瞬时故障和AB、BC、CA相间瞬时故障。模拟故障电流固定（其数值应使模拟故障电压在0～U_N范围内），模拟故障前电压为额定电压，模拟故障时间为100～150ms，故障电压为：

模拟单相接地故障时

$$U=(1+k)IDZ_{set}+(1-1.05m)U_N$$

模拟相间短路故障时

$$U=2IDZ_{set}+(1-1.05m)\times\sqrt{3}U_N$$

式中　m——系数，其值分别为0.9、1.1及1.2；

DZ_{set}——工频变化量距离保护定值。

工频变化量距离保护在m=1.1时，应可靠动作；在m=0.9时，应可靠不动作；在m=1.2时，测量工频变化量距离保护动作时间。

5. 电压互感器断线相过电流、零序过电流定值校验

仅投入距离保护连接片，使装置“电压互感器断线”告警，加故障电流$I=mI_{dx1}$（其中I_{dx1}为电压互感器断线相过电流定值）。m=1.05时电压互感器断线相过电流动作，m=0.95时电压互感器断线相过电流不动作，m=1.2时测试电压互感器断线相过电流的动作时间。

仅投入零序保护连接片，使装置“电压互感器断线”告警，加故障电流$I=mI_{dx2}$（其中I_{dx2}为电压互感器断线零序过电流定值）。m=1.05时电压互感器断线零序过电流动作，m=0.95时电压互感器断线零序过电流不动作，m=1.2时测试电压互感器断线零序过电流的动作时间。

（二）光纤通道联调

将保护使用的光纤通道连接可靠，通道调试好后装置上“通道异常”灯应不亮，没有“通道异常”告警，TDGJ触点不动作。

1. 对侧电流及差流检查

将两侧保护装置的“电流互感器变比系数”定值整定为1，在对侧加入三相对称的电流，大小为I_N，在“本侧保护状态”→“DSP采样值”菜单中查看对侧的三相电流I_{ar}、I_{br}、I_{cr}及差动电流I_{cda}、I_{cdb}、I_{cdc}应该为I_N。

若两侧保护装置“电流互感器变比系数”定值整定不全为1，对侧的三相电流和差动电流还要进行相应折算。假设M侧保护的“电流互感器变比系数”定值整定为k_m，二次额定电流为I_{Nm}；N侧保护的“电流互感器变比系数”定值整定为k_n，二次额定电流为I_{Nn}；在M侧加电流I_m，N侧显示的对侧电流为$I_mI_{Nn}/(I_{Nm}k_n)$，若在N侧加电流I_n，则M侧显示的对侧电流为$I_nI_{Nm}/(I_{nn}k_m)$。若两侧同时加电流，必须保证两侧电流相位的参考点一致。

2. 两侧装置纵联差动保护功能联调

模拟线路空充时故障或空载时发生故障：N侧开关在分闸位置（注意保护开入量显示有跳闸位置开入，且将主保护连接片投入），M侧开关在合闸位置，在M侧模拟各种故障，故障电流大于差动保护定值，M侧差动保护动作，N侧不动作。

模拟弱馈功能：N 侧开关在合闸位置，主保护连接片投入，加正常的三相电压 34V（小于 65%U_N 但是大于电压互感器断线的告警电压 33V），装置没有“电压互感器断线”告警信号，M 侧开关在合闸位置，在 M 侧模拟各种故障，故障电流大于差动保护定值，M、N 侧差动保护均动作跳闸。

远方跳闸功能：使 M 侧开关在合闸位置，“远跳受本侧控制”控制字置 0，在 N 侧使保护装置有远跳开入，M 侧保护能远方跳闸。在 M 侧将“远跳受本侧控制”控制字置“1”，在 N 侧使保护装置有远跳开入的同时，在 M 侧使装置启动，M 侧保护能远方跳闸。

四、光纤差动保护现场应用

（一）装置异常信息及处理

装置正常运行时，“运行”灯应亮，所有告警灯应不亮。装置异常信息含义及处理建议见表 6-2。

表 6-2　　装置异常信息含义及处理建议表

序号	自检出错信息	含　义	处理建议
1	存储器出错	RAM 芯片损坏，闭锁保护	通知厂家处理
2	程序出错	FLASH 内容被破坏，闭锁保护	通知厂家处理
3	定值出错	定值区内容被破坏，闭锁保护	通知厂家处理
4	采样数据异常	模拟输入通道出错，闭锁保护	通知厂家处理
5	跳合出口异常	出口三极管损坏，闭锁保护	通知厂家处理
6	直流电源异常	直流电源不正常，闭锁保护	通知厂家处理
7	DSP 定值出错	DSP 定值自检出错，闭锁保护	通知厂家处理
8	该区定值无效	装置参数中二次额定电流更改后，保护定值未重新整定	将保护定值重新整定
9	光耦电源异常	24V 或 220V 光耦正电源失去，闭锁保护	检查开入板的隔离电源是否接好
10	零序长期启动	零序启动超过 10s，发告警信号，不闭锁保护	检查电流二次回路接线
11	突变量长期启动	突变量启动超过 10s，发告警信号，不闭锁保护	检查电流二次回路接线
12	电压互感器断线	电压回路断线，发告警信号，闭锁部分保护	检查电压二次回路接线
13	电流互感器断线	电流回路断线，发告警信号，不闭锁保护	检查电流二次回路接线
14	跳闸位置继电器异常	跳闸位置继电器=1 且该相有电流，或三相长期不一致，发告警信号，不闭锁保护	检查开关辅助触点
15	控制回路断线	跳闸位置继电器和合闸位置继电器都为 0，重合闸放电	检查开关辅助触点

1. 电流互感器断线

电流互感器断线瞬间，断线侧的启动元件和差动继电器可能动作，但对侧的启动元件不动作，不会向本侧发差动保护动作信号，从而保证纵联差动不会误动。非断线侧经延时后报警“长期有差流”，与电流互感器断线作同样处理。

电流互感器断线时发生故障或系统扰动导致启动元件动作，若控制字“电流互感器断线闭锁差动”整定为“1”，则闭锁电流差动保护；若控制字“电流互感器断线闭锁差动”整定为“0”，且该相差流大于“电流互感器断线差流定值”（整定值），仍开放电流差动保护。

自产零序电流小于 0.75 倍的外接零序电流，或外接零序电流小于 0.75 倍的自产零序电流，延时 200ms 发电流互感器断线异常信号。

有自产零序电流而无零序电压，则延时 10s 发电流互感器断线异常信号。

保护判出交流电流断线的同时，在装置总启动元件中不进行零序过电流元件启动判别，RCS-931A 将零序过电流保护Ⅱ段不经方向元件控制，退出零序过电流Ⅲ段。

2. 电压互感器断线

三相电压相量和大于 8V，保护不启动，延时 1.25s 发电压互感器断线异常信号。

三相电压相量和小于 8V，但正序电压小于 33.3V 时，若采用母线电压互感器则延时 1.25s 发电压互感器断线异常信号；若采用线路电压互感器，则当任一相有流元件动作或跳闸位置继电器不动作时，延时 1.25s 发电压互感器断线异常信号。装置通过整定控制字来确定是采用母线电压互感器还是线路电压互感器。

电压互感器断线信号动作的同时，保留工频变化量阻抗元件，将其门坎增加至 $1.5U_N$，退出距离保护，自动投入电压互感器断线相过电流和电压互感器断线零序过电流保护。RCS-931A 将零序过电流保护Ⅱ段退出，Ⅲ段不经方向元件控制。

三相电压正常后，经 10s 延时电压互感器断线信号复归。

（二）有关通道的告警信息

1. 单通道差动保护的报警情况

（1）RCS-931X（M）_V3.00（不包括 V3.00）前的版本。

1）主保护连接片投入情况下有关通道的报警情况。保护装置通道告警共有四种报警途径：液晶显示的具体报警报文；保护装置面板上的“通道异常”指示灯；装置异常告警继电器报警触点；通道异常告警触点。

和通道有关的报文有通道异常、无对侧数据、长期有差流和容抗整定出错四种。有任何一个报警，液晶均有相应的报文显示，且 BJJ 均动作。有通道异常、无对侧数据告警时，面板上“通道异常”灯亮，同时开出 TDGJ 触点。

各个报文的具体报警条件：“通道异常”，差动保护退出 400ms 报警，展宽 3s 返回；“无对侧数据”：一直接收不到对侧的数据延时 400ms 报警，展宽 3s 返回；“长期有差流”：差动电流大于低门坎定值延时 10s 报警，展宽 10s 返回。“容抗整定出错”：0.8 倍的差动电流大于计算的电容电流且差流大于 $0.1I_N$ 延时 400ms 报警。

差动保护在接收不到正确的数据后，会短时退出差动保护，差动退出累计 400ms 报“通道异常”告警，一般情况下误码比较多时容易报“通道异常”告警。保护对误码率没有特别的要求，希望误码率尽量低。

2）主保护连接片不投入情况下有关通道的报警情况。

a）主保护连接片不投入时，即使告警的条件满足，装置也不会报“长期有差流”、“容抗整定出错”告警。

b）主保护连接片不投入时，通道异常告警仅检测装置是否收到正确的通道数据，若 400ms 没有正确的数据报“通道异常”告警同时，面板上“通道异常”灯亮，开出通道异常告警触点。如果此时没有其他告警信号，装置异常告警继电器触点不动作。

(2) RCS-931X（M）_V3.00（包括 V3.00）后的版本。

1）两侧主保护连接片投入情况下有关通道的报警情况。

a）保护装置通道告警共有四种报警途径：液晶显示的具体报警报文；保护装置面板上的“通道异常”指示灯；装置异常告警继电器报警触点；通道异常告警触点。

b）和通道有关的报文有“通道异常”“数据接收错”“严重误码”“纵联码接收错”“长期有差流”“容抗整定出错”几种。有任何一个报警，液晶均有相应的报文显示，且装置异常告警继电器均动作。有“通道异常”或“纵联码接收错”告警时，面板上“通道异常”灯亮，开出通道异常告警触点。

各个报文的具体报警条件：“数据接收错”，通道接收不到正确的数据延时 100ms，展宽 1s 返回；“严重误码”，通道在连续 1s 内有 40 帧报文通不过 CRC 校验报警；“纵联码接收错”，通道接收到的纵联码与整定的“对侧纵联码”不符，延时 100ms，展宽 1s 返回。“通道异常”，差动保护退出 400ms 报警，展宽 3s 返回；“长期有差流”，差动电流大于低定值延时 10s 报警；展宽 10s 返回；“容抗整定出错”，0.8 倍的差动电流大于计算的电容电流且差动电流大于 $0.1I_N$ 延时 400ms 报警。

差动保护在接收不到正确的数据后，会短时退出差动保护，差动连续退出累计

400ms 报“通道异常”告警，一般情况下误码比较多时容易报“通道异常”告警。保护对误码率没有特别的要求，希望误码率尽量低。

2）主保护连接片不投入情况下有关通道的报警情况。

a）本侧主保护连接片退出或对侧主保护连接片退出后，但告警条件满足时，装置会报“长期有差流”、“容抗整定出错”告警（报文），如果此时没有其他告警信号，BJJ 触点不动作。

b）本侧主保护连接片不投入时，通道异常告警仅检测装置是否收到正确的通道数据，若 400ms 没有正确的数据面板上“通道异常”灯亮，装置报“通道异常”“数据接收错”“严重误码”（报文），开出 TDGJ 触点。如果此时没有其他告警信号，BJJ 触点不动作。

2. 双通道差动保护的报警情况

（1）RCS-931XMM _ V3.00（不包括 V3.00）前的版本。

1）双通道的差动保护有关通道方面告警的信号有：

a）“通道 A 异常”：通道 A 差动保护退出 400ms 报警，展宽 3s 返回。

b）“通道 B 异常”：通道 B 差动保护退出 400ms 报警，展宽 3s 返回。

c）“CHA 长期差流”：通道 A 差动电流大于低定值延时 10s 报警，展宽 10s 返回。

d）“CHB 长期差流”：通道 B 差动电流大于低定值延时 10s 报警，展宽 10s 返回。

e）“容抗整定出错”：0.8 倍通道 A 的差动电流大于计算的电容电流且大于 $0.1I_N$，延时 400ms 报警。

f）“通道 A 接收错”：如果“通道自环试验”控制字没有投入，通道 A 发送与接收的数据一样，延时 8ms 报警。

g）“通道 B 接收错”：如果“通道自环试验”控制字没有投入，通道 B 发送与接收的数据一样，延时 8ms 报警。

2）通道报警情况：

a）任意一个通道故障，仅有相应通道的报警信息。如通道 A 故障，则仅有“通道 A 异常”告警，此时若主保护连接片投入，装置异常告警继电器触点动作，装置面板上通道异常灯不亮，通道异常告警触点不动作。若两个通道均异常，装置面板上通道异常灯亮，通道异常告警触点动作。

b）本侧主保护连接片退出或对侧主保护连接片退出后，不再报“容抗整定出错”、“通道 A 长期有差流”、“通道 B 长期有差流”、“通道 A 接收错”、“通道 B 接收错”告警。

c）“通道 A 异常”、“通道 B 异常”任意一个告警时，将本侧主保护连接片退出，装置异常告警继电器报警触点就不再动作。若“通道 A 异常”、“通道 B 异常”均告警时，将本侧主保护连接片退出，装置异常告警继电器报警触点就不再动作，但保护装置上通道异常灯亮，通道异常告警触点动作。

（2）RCS-931XMM _ V3.00（包括 V3.00）后的版本。

1）双通道的差动保护有关通道方面告警的信号有：

a）“CHA 数据异常”：通道 A 接收不到正确的数据延时 100ms，展宽 1s 返回。

b）“CHB 数据异常”：通道 B 接收不到正确的数据延时 100ms，展宽 1s 返回。

c）“CHA 严重误码”：通道 A 在连续 1s 内有 40 帧报文通不过 CRC 校验报警。

d）“CHB 严重误码”：通道 B 在连续 1s 内有 40 帧报文通不过 CRC 校验报警。

e）“CHA 纵联码错”：通道 A 接收到的纵联码与整定的“对侧纵联码”不符，延时 100ms，展宽 1s 返回。

f）“CHB 纵联码错”：通道 B 接收到的纵联码与整定的“对侧纵联码”不符，延时 100ms，展宽 1s 返回。

g）“通道 A 异常”：通道 A 差动保护退出 400ms 报警，展宽 3s 返回。

h）“通道 B 异常”：通道 B 差动保护退出 400ms 报警，展宽 3s 返回。

i）“CHA 长期差流”：通道 A 差动电流大于低定值延时 10s 报警就，展宽 10s 返回。

g）“CHB 长期差流”：通道 B 差动电流大于低定值延时 10s 报警就，展宽 10s 返回。

k）“容抗整定出错”：0.8 倍通道 A 的差动电流大于计算的电容电流且大于 $0.1I_N$，延时 400ms 报警。

2）通道报警情况：

a）任意一个通道故障，仅有相应通道的报警信息。如通道 A 故障，则仅有“通道 A 异常”告警，此时若主保护连接片投入，装置异常告警继电器触点动作，装置面板上通道异常灯不亮，通道异常告警继电器触点不动作。若两个通道均异常，装置面板上通道异常灯亮，通道异常告警继电器触点不动作。

b）本侧主保护连接片退出或对侧主保护连接片退出后，仍然报“容抗整定出错”、“通道 A 长期有差流”、“通道 B 长期有差流”告警，但是装置异常告警继电器触点不动作。

c）“通道 A 异常”、“通道 B 异常”任意一个告警时，将本侧主保护连接片退出，装置异常告警继电器报警触点就不再动作。若“通道 A 异常”、“通道 B 异常”均告警时，将本侧主保护连接片退出，装置异常告警继电器报警触点就不再动作，但保护装置上通道异常灯亮，通道异常告警继电器触点动作。

（三）光纤及光纤连接注意事项

1. 概述

光纤、尾纤是通过光珐琅盘进行连接。单模光纤的纤芯直径很细，约为$\phi 9\mu m$。为了保证光纤连接时衰减（损耗）最小，必须保证两根光纤在对准时的同心度。而光珐琅盘内最内层是一瓷芯套管，这是保证光纤连接精度的关键部件。为了使光纤插头的瓷芯能插入光珐琅盘，瓷芯套管必须纵向开槽、（开槽瓷芯套管保证了光纤既能插入，又能保证一定的松紧度及连接的精度），由于瓷管本身很薄，又开槽，所以当受到外力超过一定程度时就极易碎裂。在现场施工中，由于操作人员对光器件使用不甚了解及野蛮操作，所以光珐琅内瓷芯碎裂时有发生。一旦发生内瓷芯碎裂，光通信必然中断。而且这类中断是很难查找到故障珐琅盘的。必须借助于专用仪表（光功率计、ODTR、光衰耗器等）。尤其是当光接收端的珐琅盘内瓷芯碎裂时，通过光功率的测量也无法发现，必须要通过灵敏度检查才能发现问题。珐琅盘内瓷芯严重碎裂时，通过肉眼观测就能发现碎裂、碎片。珐琅盘内瓷芯发生较轻的碎裂时，一般只有裂纹，通过肉眼观测比较难发现，只有通过传输光功率测量才能发现。

必须说明：尽管瓷芯比较脆弱，但在正确操作时是非常耐用的，又因为材料是陶瓷，非常耐磨而且光滑，所以光珐琅连续插拔数千次乃至上万次都不会损坏，而且还能保证光纤的连接精度。

2. 清洁处理

光纤在通过光珐琅盘连接时，光跳线（尾纤）的瓷芯端面必须干净清洁。有时甚至在肉眼都看不到有脏物、灰尘时，由于瓷芯端面未擦拭干净都会产生较大衰减，甚至达几十分贝。

光纤在插入珐琅前，纤芯的瓷芯端面应用浸有无水酒精的纱布擦干净，并用吹气球吹干（吹气球可用医用“洗耳球”）。酒精必须是纯净的无水酒精，最好用分析纯或化学纯。

擦拭干净后的光纤端面在插入光珐琅的过程中不得碰到任何物品。

光纤和光珐琅在未连接时都必须用相应的保护罩套好，以保证脏物不进入光珐琅或污染光纤端面。

光纤端面被弄脏后与另一端光器件连接时，可能会把脏物转移到对端。在现场安装时这一后果有时是严重的，如被转移对端是光端机的光接收端，由于脏物存在，接收到光信号被衰减，但尚且能正常工作，当这种设备运行一段时间后，由于器件老化等原因，光信号有所衰减就会出现故障。

3. 光纤与珐琅连接

光纤与珐琅在连接前必须经过清洁处理。连接时注意事项如下：

(1) 必须在眼睛可视的情况下，做光纤与光珐琅的连接，绝不能仅凭手的感觉进行操作。

(2) 光纤在插入光珐琅时，要保持在同一轴线上插入；并且光纤上的凸出定位部分要对准珐琅的缺口。

(3) 光纤插入珐琅时一般都有一定阻力，可以把光纤一边往里轻推，一边来回轻轻转动，直到插到位，最后拧紧。注意：光纤插入珐琅过程中千万不能左右、上下晃动，这样会使光珐琅内的陶瓷套管破裂。

4. 光纤、尾纤的盘绕与保护

(1) 尽量避免光纤弯曲、折叠，过大的曲折会使光纤的纤芯折断。在必须弯曲时，必须保证弯曲半径必须大于 3cm（直径大于 6cm），否则会增加光纤的衰减。

(2) 光缆、光纤、尾纤铺放、盘绕时，只能采用圆弧形弯曲，绝对不能弯折，不能使光缆、光纤、尾纤呈锐角、直角、钝角弯折。

(3) 对光缆、光纤、尾纤进行固定时，必须用软质材料进行。如果用扎线扣固定时，千万不能将扎线扣拉紧。

第二节　高频保护检修

一、高频保护的基本概念

（一）高频保护的作用原理

在 220kV 及以上电网中，为了保证系统并列运行的稳定性，提高输送功率，减少故障损失，往往要求继电保护能无延时地切除线路上任一点故障，即要求继电保护能实现全线速动。由于电流保护和距离保护都是只反应线路一侧电气量的变化，因而无法实现全线速动。为此，提出了高频保护。

高频保护是将线路两端的电气量（电流相位或功率方向）转化为 40～500kHz 的高频信号，然后利用输电线路本身构成高频电流通道，将高频信号传送至对端，再进行两端电气量（电流相位或功率方向）的比较，以决定保护是否应该动作。从原理看，高频保护不反应被保护线路范围以外的故障，在定值选择上也无需与下一条线路相配合，因此可实现全线速动。

高频保护由继电部分、高频收发信机和高频通道三部分构成，其构成原理框图如图 6-19 所示。

继电部分的作用是根据被保护线路工频电气量的变化来控制高频发信机发出相

图 6-19 高频保护构成原理框图

应的高频信号，同时根据高频收信机所收到的高频信号判断在保护范围内是否发生故障，从而决定保护是否动作。高频收发信机的作用是发送和接收高频信号，即高频发信机将本端工频电气量转化为高频信号传送至对端，高频收信机将接收到的高频信号作用于继电部分。高频通道的作用是传输高频信号。

目前广泛采用的高频保护有高频闭锁方向保护、高频闭锁距离保护、高频闭锁零序方向电流保护和相差动高频保护。高频闭锁方向保护是比较被保护线路两端的短路功率方向。高频闭锁距离保护和高频闭锁零序方向电流保护分别是由距离保护、零序电流保护与高频收发信机结合而构成的保护，也都是属于比较方向的高频保护。相差动高频保护比较被保护线路两端工频电流的相位。

（二）高频通道的构成

以输电线路作为传输高频信号通道，必须在输电线路上装设专用的加工设备。目前广泛应用的"相—地"制高频通道如图 6-20 所示。

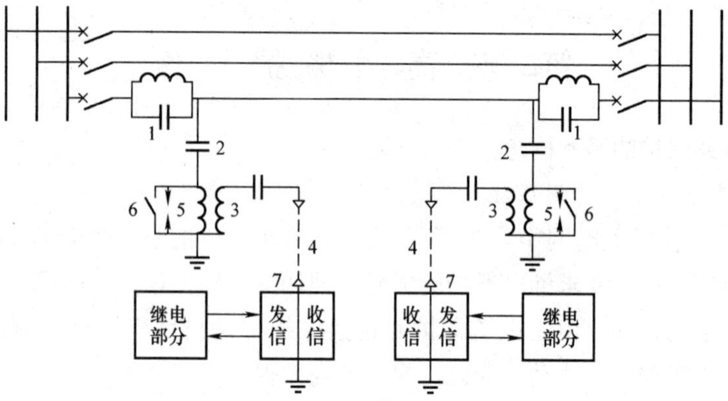

图 6-20 "相—地"制高频通道构成示意图

1—高频阻波器；2—结合电容器；3—连接滤波器；
4—高频电缆；5—保护间隙；6—接地开关；7—高频收发信机

1. 高频阻波器

高频阻波器是由电感线圈和可调电容组成的并联谐振回路，串接在线路两端的工作相中，其谐振频率就是通道所用的载波频率。它对高频载波电流呈现很大的阻抗（约为 1000Ω 以上），从而使高频电流信号被限制在被保护线路以内，而不能穿越到相邻线路中去。对于工频电流，高频阻波器所呈现的阻抗很小（约为0.04Ω），因而不影响工频电流的传输。

2. 结合电容器

结合电容器是将高频电流耦合到高压输电线路上的连接设备，它的电容量很小，对工频电流呈现很大的阻抗，使高频收发信机与工频高压输电线路绝缘；而对高频电流呈现很小的阻抗，可使高频信号顺利通过。

3. 连接滤波器

连接滤波器是由一个可调节的空芯变压器和连接至高频电缆一侧的电容器组成。它与结合电容器共同构成一个带通滤波器，使所需频带的高频电流能顺利通过。带通滤波器在线路一侧的阻抗与线路的波阻抗相匹配，而在高频电缆一侧的阻抗与高频电缆的波阻抗相匹配。这样，就可以避免高频信号的电磁波在传送过程中发生反射，从而减少高频能量的附加衰耗。

4. 高频电缆

用来连接户内的收发信机和装在户外的连接滤波器。为屏蔽干扰信号，减少高频损耗，采用单芯同轴电缆，其波阻抗为100Ω。

5. 保护间隙

保护间隙与连接滤波器的一次绕组并联，用以保护高频电缆和高频收发信机免受过电压侵袭。

6. 接地开关

接地开关是在检修或调试高频收发信机和连接滤波器时，用于安全接地，以保证人身和设备的安全。

7. 高频收发信机

高频收发信机是用以发送和接收高频信号的。高频发信机部分由继电部分控制，通常是在电力系统发生故障时，继电部分启动之后才发出信号；但有时也可以采用长期发信、故障时停信或改变信号频率的方式。由高频发信机发出的高频信号通过高频通道输送到对端，被对端的高频收信机所接收，同时也被本端的高频收信机所接收。高频收信机接收到本端和对端所发送的高频信号，再经过比较判断后，从而决定保护是否动作跳闸。

（三）高频通道的工作方式和高频信号的作用

高频通道的工作方式可以分为经常无高频电流（即所谓故障时发信）和经常有高频电流（即所谓长期发信）种方式。

在这两种工作方式中，按传送的信号性质，又可以分为传送闭锁信号、允许信号和跳闸信号三种类型。

1. 闭锁信号

收不到闭锁信号是高频保护动作跳闸的必要条件。结合高频保护的工作原理，当外部故障时，由一端的保护发出高频闭锁信号，将两端的保护闭锁；而当内部故障时，两端均不发信，因而也收不到闭锁信号，保护即可动作于跳闸。

2. 允许信号

收到允许信号是高频保护动作跳闸的必要条件。当外部故障时，两端保护应同时向对端发出允许信号，使保护装置能够动作于跳闸。而当外部故障时，则因近故障点端不发允许信号，故对端保护不能跳闸。近故障点的一端则因判别故障方向的元件不动作，也不能跳闸。

3. 传送跳闸信号

收到传送跳闸信号是保护动作于跳闸的充分必要条件。实现这种保护时，实际上是利用装设在每一端的电流速断、距离Ⅰ段或零序电流速断等保护，当其保护范围内部故障而动作于跳闸的同时，还向对端发出跳闸信号，可以不经过其他控制元件而直接使对端的断路器跳闸。采用这种工作方式时，两端保护的构成比较简单，无需相互配合，但是必须要求每端发送跳闸信号保护的动作范围小于线路的全长，而两端保护动作范围之和大于线路的全长。前者是为了保证动作的选择性，而后者是为了保证全线上任一点故障的快速切除。

（四）高频闭锁方向保护

高频闭锁方向保护是通过高频通道间接比较被保护线路两侧的功率方向，以判别是被保护范围内部故障还是外部故障。高频闭锁方向保护的原理接线如图 6-21 所示。

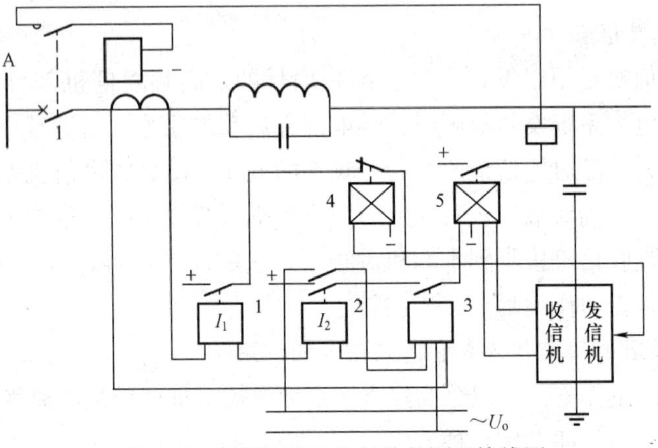

图 6-21 高频闭锁方向保护的原理接线图

1—启动发信继电器；2—启动跳闸继电器；3—功率方向继电器；4—停信继电器；5—闭锁继电器

图 6-21 中：启动发信继电器 1 灵敏度较高，用来启动高频发信机；启动跳闸继电器 2，灵敏度较低，用来启动跳闸回路；功率方向继电器 3，判断短路功率的方向；停信继电器 4，在内部故障时停止发出高频信号；闭锁继电器 5，用以控制保护的跳闸回路，带有工作线圈和制动线圈。

只有当工作线圈有电流时，继电器才动作；而当制动线圈或两组线圈同时有电流时继电器均不动作。

当区外故障时，被保护线路近短路点一侧为负短路功率，向输电线路发高频波，两侧收信机收到高频波后将各自保护闭锁。如在 k1 点短路，被保护线路 AB 两侧的启动发信机电流继电器 1 动作，接通发信机的功放级电源，向高频通道发信，并将方向高频保护闭锁。对 AB 线路来说，近短路点 B 侧的短路功率是负的，功率方向继电器不动作，不去停信。输电线路 AB 两侧方向高频保护的收信机收到高频信号，将各自的保护闭锁，不发出跳闸脉冲。

当区内故障时，线路两端的短路功率方向为正，发信机不向线路发送高频波，保护的启动元件不被闭锁，瞬时跳开两侧断路器。如被保护线路 AB 区内故障在 k2 点短路，两侧启动发信机继电器 1 及跳闸继电器 2 动作，继电器 1 启动，向高频通道发信，两侧收信机收到高频信号后，立刻将保护闭锁，但两侧方向继电器 3 承受正方向短路功率而启动。首先停信，解除闭锁，与此同时闭锁继电器启动，发出跳闸脉冲。高频闭锁方向保护的故障类型示意图如图 6-22 所示。

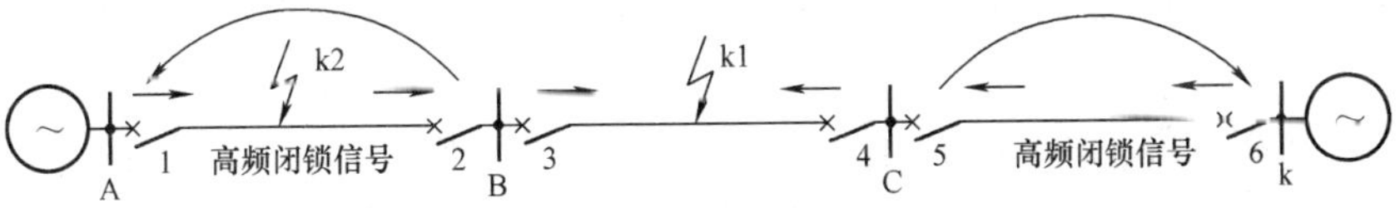

图 6-22　高频闭锁方向保护的故障类型示意图

（五）高频闭锁负序方向保护

对接于相电流和相电压（或线电压）上的功率方向元件，当系统发生振荡且振荡中心位于保护范围以内时，由于两端的功率方向元件均为正，保护将要误动，这是一个严重的缺点。采用高频闭锁负序方向保护，反应负序功率方向元件不受系统振荡的影响，它可以反应各种不对称短路。三相短路一般在短路开始瞬间总有一个不对称过程，如采用瞬时固定措施，则对三相短路也能反应。

高频闭锁负序方向保护由以下几个部分组成：双向动作的负序功率方向继电器 KPD2；启动发信机继电器 1K；闭锁保护继电器 2KL；出口继电器 3KOM。其原理接线如图 6-23 所示。

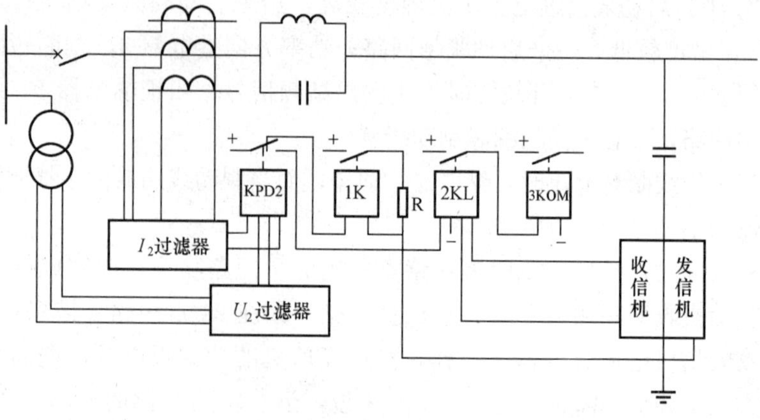

图 6-23　高频闭锁负序方向保护的原理接线图

1. 区内故障

负序功率方向继电器 KPD2 触点向下闭合、停信，启动闭锁继电器 2KL 发出跳闸脉冲。

2. 区外故障

靠近短路点的一侧负序功率继电器 KPD2 的触点闭合，启动发信机继电器向高频通道发信，两侧收信机收到高频信号将各自保护闭锁。

（六）高频闭锁距离保护

高频闭锁方向保护可以快速地切除保护范围内部的各种故障，但却不能作为变电所母线和下一条线路的后备。至于距离保护，它只能在线路中间 60%～70%长度的范围内瞬时切除故障，而在其余的 30%～40%长度的范围内要以一端带有第Ⅱ段的时限来切除。由于在距离保护中所用的主要继电器（如启动元件、方向阻抗元件等）都是实现高频闭锁方向保护所必需的，因此在某些情况下，把两者结合起来，做成高频闭锁的距离保护，使得内部故障时能够瞬时动作，而在外部故障时具有不同的时限特征，起到后备保护的作用，就可以兼有两种保护的优点，并且能够简化整个保护的接线。

高频闭锁距离保护的接线原理如图 6-24 所示。假设线路两侧均采用三段式距离元件，Ⅰ段能保护线路全长的 85%，Ⅱ段能保护线路的全长并具有足够的灵敏度，Ⅲ段作为启动元件并可作为后备保护。高频闭锁距离保护的保护范围示意如图 6-25 所示。

距离部分和高频部分配合的关系是：Ⅲ段启动元件 $Z_{Ⅲ}$ 动作时，经 1KM 的动断触点启动发信机发出高频闭锁信号，Ⅱ段距离元件 $Z_{Ⅱ}$ 动作时则启动 1KM 停止高频发信机。距离Ⅱ段动作后一方面启动时间元件 $t_{Ⅱ}$，可经一定延时后跳闸，同

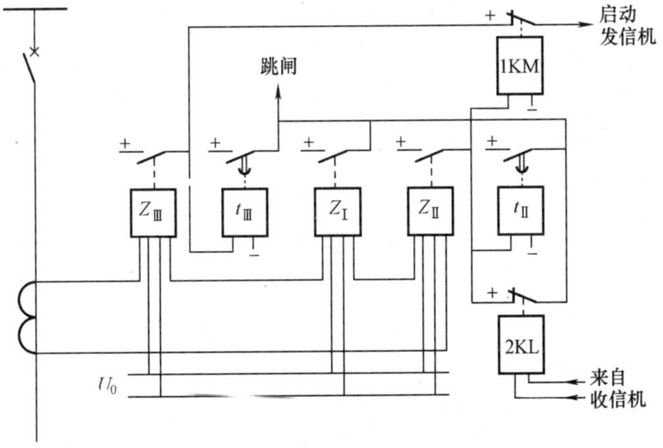

图 6-24　高频闭锁距离保护的接线原理图

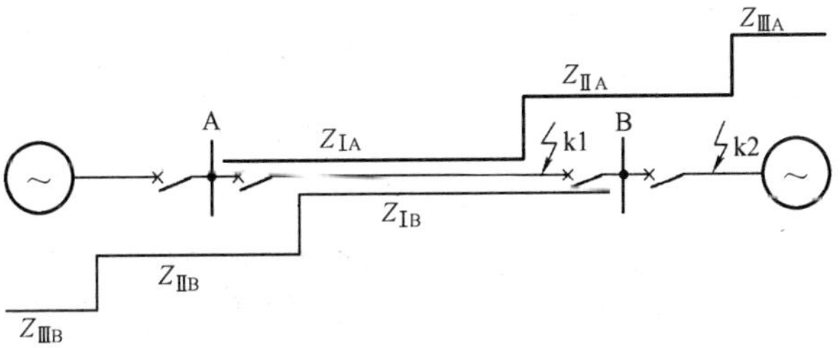

图 6-25　高频闭锁距离保护的保护范围示意图

时还可经过一收信闭锁继电器 2KL 的闭锁触点瞬时跳闸。

当保护范围内部故障时（如 k1 点），两端的启动元件动作，启动发信机，但两端的距离Ⅱ段也动作，又停止了发信机。当收信机收不到高频信号时，2KL 触点闭合，使距离Ⅱ段可瞬时动作于跳闸。

当保护范围外部故障时（如 k2 点），靠近故障点的 B 端距离Ⅱ段不动作，不停止发信，A 端Ⅱ段动作停止发信，但 A 端收信机可收到 B 端送来的高频信号使闭锁继电器动作，2KL 触点打开，因而断开了Ⅱ段的瞬时跳闸回路，使它只能经过Ⅱ段时间元件去跳闸，从而保证了动作的选择性。

这两种保护方式的主要缺点是使主保护（高频保护）和后备保护（距离或零序保护）的接线互相连在一起，不便于运行和检修，例如当距离保护需要作定期检验而退出运行时，则高频保护根本不能独立工作，因此灵活性较差。

（七）相差动高频保护

相差动高频保护的工作原理是比较被保护线路两侧电流的相位，即利用高频信号将电流的相位传送到对侧去进行比较而决定跳闸与否。在此仍采用电路的给定正方向是由母线流向线路。

区内故障：两侧电流同相位，发出跳闸脉冲。

区外故障：两侧电流相位相差 180°，保护不动作 。

相差动高频保护原理示意图如图 6-26 所示。

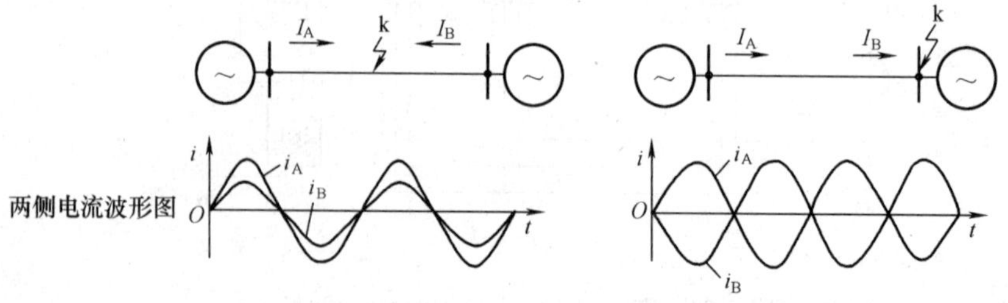

图 6-26　相差动高频保护原理示意图

为了满足以上要求，采用高频通道正常时无信号，而在外部故障时发出闭锁信号的方式来构成保护。

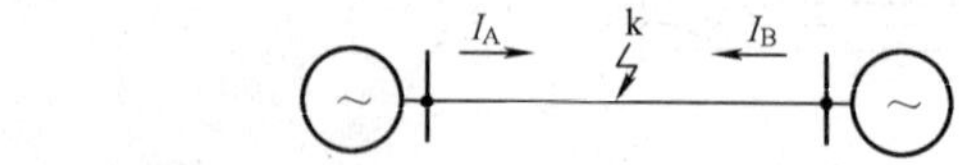

图 6-27　相差动高频保护两侧电流与高频信号关系图

实际上，当短路电流为正半周，高频发信机发出信号；而在负半周，高频发信机不发出信号。相差动高频保护两侧电流与高频信号关系图如图 6-27 所示。

当被保护范围内部故障时，由于两侧电流相位相同，两侧高频发信机同时工作，发出高频信号，也同时停止发信。这样，在两侧收信机收到的高频信号是间断的，即正半周有高频信号，负半周无高频信号。

当被保护范围外部故障时，由于两侧电流相位相差 180°，线路两侧的发信机交替工作，收信机收到的高频信号是连续的高频信号。由于信号在传输过程中幅值有衰耗，因此送到对侧的信号幅值就要小一些。经检波限幅倒相处理后，电流为直流。

由以上的分析可见，相位比较实际上是通过收信机所收到的高频信号来进行的。在被保护范围内部发生故障时，两侧收信机收到的高频信号重叠约 10ms，于是保护瞬时动作，立即跳闸。在被保护范围外部故障时，两侧的收信机收到的高频信号是连续的，线路两侧的高频信号互为闭锁，使两侧保护不能跳闸。

相差高频保护的组成为：反应不对称短路 I_3 的灵敏元件和 I_4 不灵敏元件；反应对称短路 I_1 的灵敏元件和 I_2 不灵敏元件；负序电流滤过器；综合电流 I_1+KI_2 滤过器；比相闭锁继电器 KDS；比相输出变压器 TB；操作互感器 T；收发信机。其接线原理如图 6-28 所示。

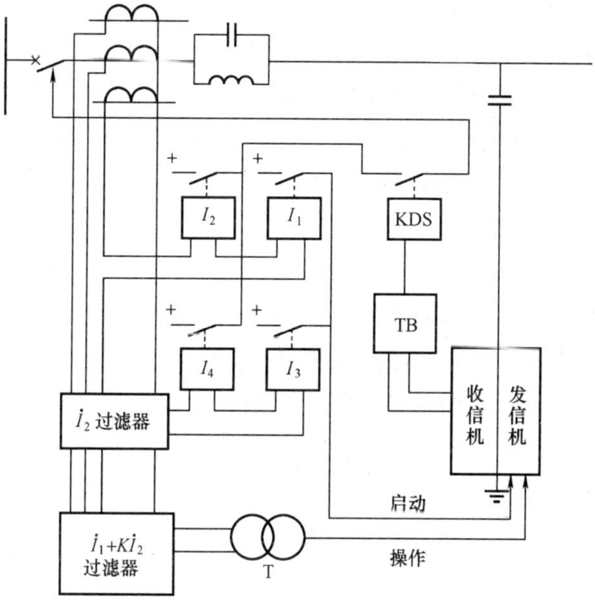

图 6-28 相差动高频保护接线原理示意图

正常时：发信机没有电源，所以不能向高频通道发送信号。

系统发生故障时：灵敏元件首先启动，给发信机提供电源，发信机立刻向通道发送出故障电流调制的断续高频波。

不灵敏元件启动后，准备好保护跳闸出口回路电源。

收信机收到断续波时，TB 有输出，KDS 动作，发出跳闸脉冲。若收信机收到连续高频波，说明是区外故障，经检波限幅倒相处理后，TB 输出电流为零，KDS 不动作，闭锁了保护出口回路。

相差高频保护是通过测定通道上高频信号是否间断来判断是保护范围内部还是外部故障的。当间断角大于闭锁角时，为保护范围内部故障，保护动作。反之，当间断角小于闭锁角时，为保护范围外部故障，保护不动作。

二、高频保护设备的检验过程

（一）高频保护的检验

检验时，仅投高频保护连接片。合上收发信机电源，将通道切至“本机—负载”位置，在保护盘后竖端子上通入模拟量，模拟各种故障状态。

1. 高频距离保护

加故障电流 I 小于高频零序电流动作值，则故障电压

$$U = mIZ_{zd}(1+KX)$$

式中 Z_{zd}——高频距离阻抗定值；

K——单相接地补偿系数。

分别模拟 AB、BC、CA 正方向相间瞬时故障，装置面板上相应灯亮，液晶上显示保护动作语句、动作时间及动作相。高频距离保护在 0.95 倍定值（$m=0.95$）时，应可靠动作；在 1.05 倍定值时，应可靠不动作；在 0.7 倍定值时，测量高频距离保护的动作时间。

2. 高频闭锁零序

加故障电流 I 为 m 倍高频零序电流动作值，故障电压设置为停信范围内的阻抗定值，分别模拟 A、B、C 单相瞬时接地故障，装置面板上相应灯亮，液晶上显示保护动作语句、动作时间及动作相。高频零序保护在 0.95 倍定值（$m=0.95$）时，应可靠不动作；在 1.05 倍定值时，应可靠动作；在 1.2 倍定值时，测量高频零序保护的动作时间。

（二）高频保护专用收发信机的检验

1. 发信功率大小的整定

发信功率大小的整定可参照电力系统中较常见的 SF-5B 型晶体管收发信机进行。对于线路长度较短或收发信机发信频率较小的线路，由于其线路衰耗较小，发信功率一般可整定为 10W（相当于绝对功率电平 40dB）或 15W；而对于线路长度较长或收发信机发信频率较高或易遭遇大雾、结冰的线路，发信功率一般可整定为 20W（相当于绝对功率电平 43dB）或稍大。

2. 收信灵敏启动电平（b_0）大小的整定

整定原则是：

（1）躲过因正常运行时电力线路电晕放电而产生的干扰（滤波器通频带范围内）电平值。

（2）保证接收对侧高频信号时有足够的收信裕度。

绝对功率电平（单位为 Np）一般可按下式整定

$$b_1 + 3 \leqslant b_0 \leqslant b_2 - 1.3$$

式中 b_1——正常运行时，通道上最大的干扰电平值，干扰的频率在滤波器通频带范围内；

b_2——对侧发信时，本侧收到的最小电平值。

这样整定后，既可保证能可靠躲过正常运行时的干扰电平而不致经常被误启动，又可保证接收对侧信号时能可靠启动。

3. 通道异常告警电平的整定

运行中高频通道传输衰耗超过投运时的 3dB 时，相当于收信功率降低一半。3dB 告警电路动作电平的整定也称为通道异常告警电平（或称收信不灵敏启动电平）的整定。现场工作人员对此电平的整定，一般只是按厂家说明书中提供的电平值进行整定。如 SF-500 型收发信机，厂家提供的电平值为（16±1）dB。这样对于某些正常运行时接收对侧高频信号电平值较大（如 23dB）的收发信机，当通道异常告警信号发出时，高频通道实际传输衰耗已达（7±1）dB，大大超过了规定的 3dB。这样就不能及时发现高频通道的异常。其正确的整定原则应是：在对侧收发信机及高频通道联调完毕（对侧发信功率不再调整后），测出本侧收发信机入口处接收对侧高频信号电平值（假定为 b_4）；然后，在本侧收发信机处于“解除远方启信”及“假负载”状态下，从本侧收发信机入口处加入 b_4 大小的工作频率信号，调整本侧收发信机中通道异常告警电路，使之无通道异常告警等异常信号；再逐渐减小工作频率信号的幅值至（b_4-3）dB 时，调整通道异常告警电路，使之出现通道异常告警信号。实际工作中，对于某些气候条件较差（易发生大雾、结冰）的线路，可放宽到 4～5dB 来整定。这样可避免因气候条件变化，收发信机经常出现通道异常告警信号时，因维修人员检查收发信机而经常退出高频保护，从而提高高频保护的投运率。

4. 收信裕度告警电平的整定

运行中，如果通道余量不足 5.68dB 时，运行人员应立即向调度部门申请停用两侧高频保护，然后才通知有关维修人员检查。为此，SF-500 型收发信机中设置了收信裕度（或称通道余量）不足告警电路。若发现（$b_0+5.68$）dB 值大于上述通道异常告警电平整定值，则应适当减小本侧收信灵敏启动电平值 b_0，直到（$b_0+5.68$）dB 小于通道异常告警电平值。即通道余量告警电平整定值应小于通道异常告警电平整定值。

5. 收发信机的两侧联调

收发信机的联调是收发信机调试中容易被现场工作人员所忽视的一项，有的现场工作人员只观察对侧发信时本侧收发信机面板指示信号是否正常。其实收发信机的联调是非常重要的一项工作，因为所测量的正常运行时接收对侧高频信号电平值，既是整定通道异常告警电平的依据，又是以后收发信机出现通道异常告警信号时，作为判定是本侧收发信机有关收信回路故障、还是对侧收发信机发信功率减小或高频通道衰耗增加的依据。同时，还是计算高频通道实际收信裕度的数据之一。

收信裕度以保证收发信机可靠收到对侧高频信号为原则。原则上讲，收信裕度越大越好，但太大也没有必要。收信裕度一般要求为 Δb 高于 0.7Np（1dB＝0.115 129Np）；对于易结冰线路，则最好不应低于 1.5Np。实际收信裕度可按下式计算

$$\Delta b = b_4 - b_0$$

式中 b_4——本侧收发信机入口处收到对侧高频信号电平值；

b_0——本侧收发信机收信灵敏启动电平值。

最后应核对实际收信裕度是否满足上述要求，如果不满足要求，则应适当减小本侧收发信机收信灵敏启动电平值，或者要求对侧适当增加发信功率，或者检查高频通道衰耗是否正常。1 条长 110km、工作频率为 300kHz 的电力线路，其整个高频通道衰耗一般约为 20dB。

按以上整定原则整定的收发信机，在正常运行时，各侧接收对侧高频信号电平值应符合 $b_2 \geqslant b_0 + 1.3$Np，将 b_2、b_0 单位改为分贝时，则有：$b_2 \geqslant (b_0 + 8.686 \times 1.3)$ dB。因 $8\text{dB} \leqslant b_0 \leqslant 10\text{dB}$，故两侧联调完毕后，各侧实际接收对侧的电平值 b_2 应为 19.296～21.29dB，并验算收信裕度是否满足要求，还要记录好本侧实际发信功率电平及实际接收对侧的电平值。这样，在以后本侧高频收发信机出现异常告警信号时，继电保护维修人员即可直接根据此时本侧实际接收对侧高频信号电平值来判断是本机故障、还是高频通道异常，或是对侧发信功率减小所致。

（三）结合滤波器的检验

1. 输入阻抗测量

（1）线路侧的输入阻抗 $Z_λ$。线路侧输入阻抗试验接线如图 6-29 所示。

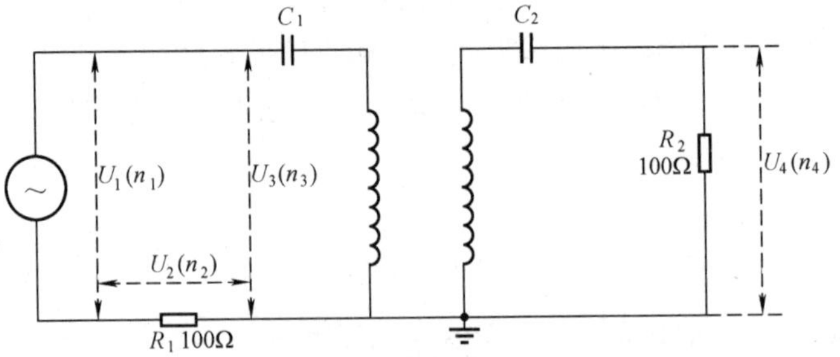

图 6-29 线路侧输入阻抗试验接线

1）电压表法

$$Z_{\lambda}=\frac{u_3}{u_2}\times 100\%$$

2）电平表法

$$Z_{\lambda}=100e^{n_3-n_2}$$

3）如用高频电流电压测量

$$Z_{\lambda}=U/I$$

（2）高频电缆侧输入阻抗 Z_{λ}。电缆侧输入阻抗试验接线如图 6-30 所示。

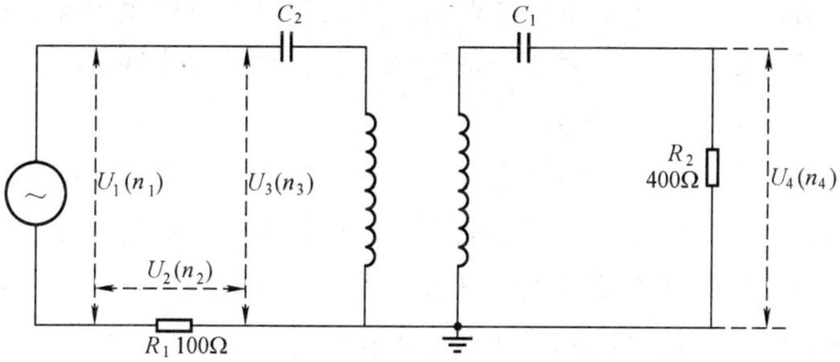

图 6-30　电缆侧输入阻抗试验接线

1）电压表法

$$Z_{\lambda}=\frac{u_3}{u_2}\times 100$$

2）电平表法

$$Z_{\lambda}=100e^{n_3-n_2}$$

3）如用高频电流电压测量

$$Z_{\lambda}=U/I$$

2. 工作衰耗测量

电压表法

$$b_g=\ln\frac{u_1}{u_4}+\frac{1}{2}\ln\frac{R_2}{4R_1}=\frac{u_1}{u_4}-0.69$$

电平表法

$$b_g=u_1-u_4+\frac{1}{2}\ln\frac{R_2}{4R_1}=u_1-u_4-0.69$$

三、高频保护常见故障分析与检查

实际运行经验表明，微机型高频保护随着目前计算机技术的高速发展和设备生产企业的技术提升，很大程度上提高了高频保护的投运率，但是，高频保护退出运行的实例仍屡屡发生。究其原因，大多为高频通道故障后，引起装置告警，因此，必须经常对高频通道进行维护和检修。

（一）故障分析

当高频通道出现故障时，可按以下三种情况进行分析：

（1）通道上衰耗普遍过高。这种情况很有可能是通道元件的损坏，如：终端和桥路上的各段高频电缆的绝缘下降或桥路电缆断线、结合滤波器的放电器因多次放电烧坏，导致绝缘下降、阻波器调谐元件损坏或阻抗存在严重的失配。

（2）通道上个别频率或频带衰耗波动过大。可能是由以下原因引起的：阻波器无功分量与厂站输入阻抗产生了串联谐振、通道部分阻抗严重失配、调谐阻波器失谐、通道设备接线接触不良、通道设备绝缘不良、阻波器之间的相互干扰、事故放电、线路积雪结冰和污染严重等。

（3）干扰加大。产生原因可能是：电力线路接触不良产生放电现象、瓷瓶绝缘有缺陷或高压设备不良导致放电、阻波器调谐元件损坏。产生火花放电、耦合电容器下桩头螺钉不紧导致不连续放电、耦合电容器与输电线路连线太细。导致放电而产生杂音干扰、结合滤波器内部接线产生火花放电。

（二）故障检查

根据以上现象并结合线路实际情况来初步判断，如果外部检查未发现问题，则要用选频表测量通道中各点电平来判断故障性质和查找范围。

1. 高频电缆检查

（1）将收发信机置“负载”，测量发信电平，如电平正常则收发信机正常。

（2）收发信机置“通道”，如电平与正常值偏差较大，则高频电缆可能开路或短路。

（3）将高频电缆两端接线解开，测量芯线和屏蔽层的绝缘电阻，应大于100MΩ。

（4）将高频电缆一端芯线与屏蔽层短接，在另一端测量芯线与屏蔽层的电阻。如果有一定电阻，则说明电缆没有开路；如果无穷大则表明电缆开路。

（5）测量高频电缆的工作衰耗并与计算值相比较，如果偏差较大则应检查电缆是否存在其他缺陷。

2. 结合滤波器和耦合电容器检查

如果高频电缆检查没有问题，则可测量本端发送电平及接收电平。如果结合滤波器内部有放电声，则说明耦合电容器没有问题，结合滤波器的排流线圈或变压器二次可能开路。如果结合滤波器有发送电平、无接收电平，则耦合电容器及以后的高频通道有问题。注意在结合滤波器处测量时要先验证是否有强电，否则会非常危险。

3. 阻波器检查

对于允许短时停电的线路，可以采用拉断路器的方法判断出是哪一侧的阻波器发生故障。在发信时拉开一侧断路器，如果对侧接收电平明显提高，则被拉开一侧阻波器损坏。如果线路不允许停电，则可测量线路两侧高频电缆入口处的输入阻抗，一般输入阻抗产生突变的一端的阻波器可能损坏。如果相邻线路的阻波器是单频阻波器，则可在本线发信时测量相邻线同相结合滤波器线路侧电平，如果本线阻波器损坏，则相邻线所测到的电压比平常要高很多。

第七章　母线保护和重合闸装置检验

第一节　母 线 保 护 检 验

母线是电能集中和分配的重要场所，是发电厂和变电所的重要组成部分，在母线上连接着发电厂和变电所的发电机、变压器以及输电线路、配电线路和调相设备，是电力系统的神经中枢。母线工作的可靠性将直接影响发电厂和变电所工作的可靠性。如果母线故障不能被迅速切除，将引起事故扩大，破坏电力系统的稳定运行，造成电力系统的瓦解事故。这些影响表现为以下几方面：

（1）扩大事故范围。

（2）电气设备遭受破坏。

（3）破坏电力系统稳定运行。

（4）破坏发电厂正常运行。

一、母线保护的配置要求、作用及动作后果

母线上的故障包括各种类型的接地和相间短路，其母线故障原因包括母线绝缘子和断路器套管的闪络、母线电压互感器和电流互感器的故障、母线隔离开关和断路器的支持绝缘子损坏、人员的误操作等。

母线保护动作范围包括连接在故障母线上的所有元件。因此母线保护的可靠性将直接影响电力系统的安全运行，母线保护的可靠性包括两个方面：一个是母线发生短路时，母线保护应能可靠地、快速地将故障母线切除，防止拒动的发生；另一个是在正常运行或发生区外短路时，保证母线保护不发生误动作。

按照《继电保护和安全自动装置技术规程》的规定：

（1）对于发电厂和主要变电所的3～10kV分段母线及并列运行的双母线，一般可由发电机和变压器的后备保护实现对母线的保护。在下列情况下，应装设专用母线保护：

1）须快速而有选择地切除一段或一组母线上的故障，以保证发电厂及电力网安全运行和重要负荷的可靠供电时。

2）当线路断路器不允许切除线路电抗器前的短路时。

（2）对发电厂和变电所的35～110kV电压的母线，在下列情况下应配置专用的母线保护：

1）110kV 及以上的双母线。

2）110kV 及以上的单母线，重要发电厂或 110kV 以上重要变电所的 35～60kV 母线，按电力系统稳定和保证母线电压等要求需要快速切除母线上的故障时。

3）35～60kV 电力网中，主要变电所的 35～60kV 双母线或分段单母线需快速而有选择地切除一段或一组母线上故障，以保证系统安全稳定运行和可靠供电时。

（3）对 220～500kV 母线，应装设能快速有选择地切除故障的母线保护。

1）3/2 断路器接线，每组母线宜装设两套母线保护。

2）对双母线、双母线分段等接线，为防止母线保护因检修退出失去保护，母线保护故障会危及系统稳定和使事故扩大时，宜装设两套母线保护。

母线保护误动作或出口继电器被误碰时，将造成母线保护的误动作，使发电厂或变电所停电，因此为防止母线保护的误动作，加设由相电压、负序电压、零序电压组成的复合电压闭锁元件闭锁（3/2 断路器接线的母线保护动作后只跳开与该组母线相连的所有断路器，不会使任何连接元件停电，因此不加复合电压元件闭锁）。

为防止电流互感器二次电流回路断线，应加设电流回路断线闭锁措施。

为防止外部短路电流互感器饱和引起的不平衡电流影响，应加设区外故障电流互感器电流饱和闭锁措施。判断电流是否由区外故障电流互感器饱和引起，则闭锁母线保护，否则开放母线保护。

对于双母线并联运行的发电厂或变电所，母线保护应保证先跳开母联断路器，且不能影响系统稳定运行。在母线倒闸操作时，必须快速切除母线上的故障；同时又能保证外部故障时不误动作。母线保护动作后，应促使对侧全线速动保护跳闸（3/2 断路器接线除外）。

二、母线保护原理

（一）电流相位比较式母线保护的工作原理

当其正常运行或母线外部短路时，流入母线与流出母线的电流大小相等、相位相差 180°。当母线上发生短路时，短路电流均流向母线短路点，如果提供短路电流电源的电动势同相位，且两支路的短路阻抗角相同时，两个电流就同相位，其相位角差为 0°。因此，可由比相元件来判断母线上是否发生故障。这种母线保护只反应电流间的相位，因此具有较高的灵敏度。母线外部和内部短路示意图及电流相量图如图 7-1 所示。

（二）带制动特性的电流差动母线保护的工作原理

母线保护采用常规比率制动和工频变化量比率制动特性的电流差动保护原理。

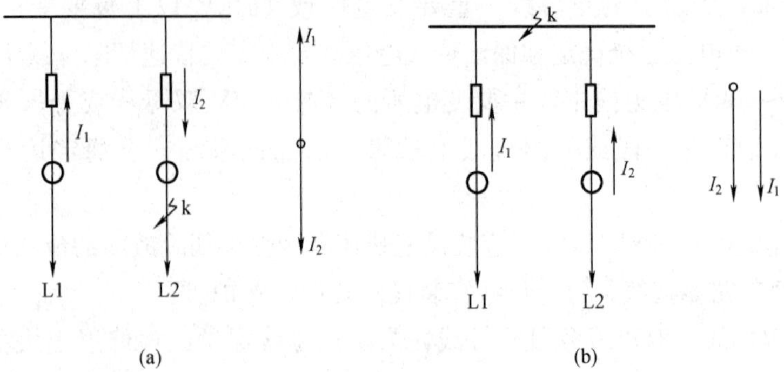

图 7-1 母线外部和内部短路示意图及电流相量图

(a) 母线外部故障；(b) 母线内部故障

比率制动特性的电流差动保护原理可以增强避越外部故障不平衡电流的能力，并可提高内部故障的灵敏度。工频变化量比率制动特性的电流差动保护可提高保护抗过渡电阻能力，减少保护性能受故障前系统功角关系的影响。

1. 常规比率差动母线保护的工作原理

当电力系统运行方式变化较大时，电流差动继电器的灵敏度将受到影响，如果能使电流差动继电器的动作电流随外部短路电流的变化而变化，即用外部短路电流作为制动量，那么外部短路电流越大，制动量也就越大，因此母线短路时继电器将会有较高的灵敏度。

工作原理：正常运行或母线外部故障，所有连接元件的差动电流小于制动电流，母线保护不动作。母线内部故障，所有连接元件的差动电流大于制动电流。母线保护动作。

母线保护动作判据为

$$I_{\mathrm{d}} > I_{\mathrm{cdzd}}$$

$$I_{\mathrm{d}} > KI_{\mathrm{h}}$$

$$I_{\mathrm{d}} = \left| \sum_{j=1}^{m} I_j \right|$$

$$I_{\mathrm{h}} = \sum_{j=1}^{m} \left| I_j \right|$$

式中 K——比率制动系数；

I_{d}——差动电流；

I_{h}——制动电流；

I_j——第 j 个连接元件的电流；

I_{cdzd}——差动电流启动定值，其定值大于正常运行时的不平衡电流。

比例差动元件动作特性曲线如图7-2所示。

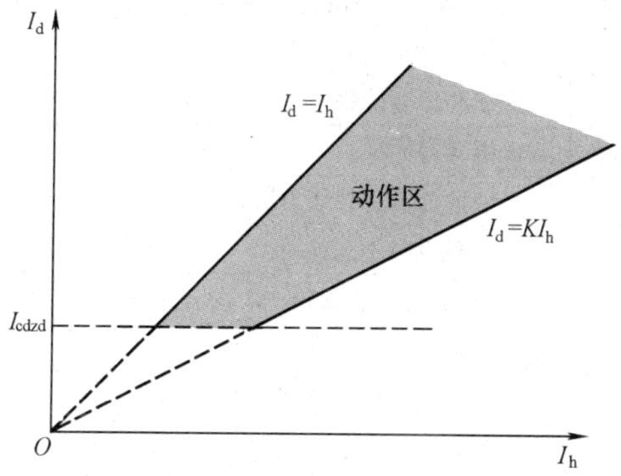

图 7-2 比例差动元件动作特性曲线

2. 工频变化量比率差动母线保护的工作原理

工频变化量比率差动母线保护可以提高保护抗过渡电阻能力，减少保护性能受故障前系统功角关系的影响，其动作判据为

$$\Delta I_d > I_{cdzd} + \Delta DI_T$$

$$\Delta I_d > K'\Delta I_h$$

$$\Delta I_d = \left| \Delta \sum_{j=1}^{m} I_j \right|$$

$$\Delta I_h = \sum_{j=1}^{m} \left| \Delta I_j \right|$$

式中 K'——工频变化量比例制动系数；

ΔI_d——工频变化量差动电流；

ΔI_h——工频变化量制动电流；

ΔI_j——第 j 个连接元件的工频变化量电流；

ΔDI_T— 差动电流启动浮动门坎。

三、母线保护的检验项目及质量标准

（一）母线保护的检验试验项目

母线保护的检修试验项目，主要是定期检修试验，是指对已投入运行的母线保护装置进行定期检修。为确保其安全、可靠运行所做的定期检修，其试验周期全部检验每 6 年一次，部分检验每 2～3 年一次。母线保护所有检修试验项目见表 7-1。

表中的型式试验，是对产品电气性能的正确性和完整性、环境适应性、电磁兼容性及达到标称参数的能力等方面进行检验。出厂试验，是对产品的部分电气性能及产品铭牌参数（或合同中的产品参数）进行校核验证。对母线保护装置，每套均应进行出厂试验、交接试验。

表 7-1　　母线保护检验试验项目

序号	检验项目	型式试验	出厂试验	交接试验	定期检查试验
1	绝缘和耐压试验	√	√	√	√
2	振动和环境试验	√			
3	电磁兼容性试验	√			
4	功率消耗及过载能力试验	√			
5	输出触点容量试验	√			
6	电源装置性能测试	√	√	√	√
7	零漂检查	√	√	√	√
8	三相电流、电压精度及极性测试	√	√	√	√
9	开关量输入环节测试	√		√	√
10	母线保护动作特性测试	√	√	√	√
10.1	区外各种短路试验	√	√	√	√
10.2	区内各种短路试验	√	√	√	√
11	差动电流定值和比率制动特性测试	√	√	√	√
12	双母线运行方式其他特性测试	√	√	√	√
12.1	互联特性测试	√	√	√	√
12.2	母联死区保护特性测试	√	√	√	√
12.3	母联失灵保护特性测试	√	√	√	√
13	复合电压闭锁特性测试	√	√	√	√
14	电流互感器、电压互感器断线模拟试验	√	√	√	√
15	输出触点及输出信号测试	√	√	√	√
16	整组试验	√	√	√	√
17	断路器传动试验	√	√	√	√
18	定值与开关量状态的核查			√	√
19	电流回路内外阻值测量			√	√
20	母线保护、电流互感器极性校验	√		√	√
21	母线保护在运行工况下的差流测试			√	

（二）母线保护检验准备

1. 人员要求及其工具图纸准备

根据实际情况适当安排工作负责人和工作班成员，根据工作内容带上相应的图纸和检修规程或作业指导书。根据工作内容，选用适当的安全设备和检修工具。主要安全设备和检修工具如下：

（1）帆布手套和口罩。

（2）小型标准的一字和十字起子、小型套筒扳手。

（3）手电筒、尖嘴钳、剥线钳、斜口钳等个人工具。

（4）绝缘胶布、扎带、白布带、聚氯乙烯带等电气胶带。

(5) 清洁干布和软毛刷子、无水乙醇等清洁剂。

(6) 吸尘器、吹尘机或干的低压压缩空气源。

(7) 数字表、相位表。

(8) 绝缘测试仪（1000V）。

(9) 电源插座、对线灯。

(10) 继电保护测试仪（标准三相交流电压源和电流源）。

(11) 更换的元件，还应包括熔丝、接线、电缆等。

(12) 号头机、号头套管、标签机、标签纸等。

(13) 专用笔记本电脑，编辑和调试软件。

2. 现场检验安全技术措施

根据工作性质和内容，填写相应工作票，采取适当的安全技术措施。检修作业开工前，由工作负责人向工作班成员交代工作任务、工作地点、安全措施及安全注意事项。现场检验安全技术措施如下：

(1) 断开母线保护所有出口连接片。

(2) 断开母线保护电压互感器二次交流和直流电源开关。

(3) 在检修的母线保护盘上悬挂“在此工作”，在相邻运行设备上悬挂“运”字旗。

(4) 用专用封片将所有单元电流互感器端子外侧的 A、B、C、N 回路短接，再打开所有电流互感器回路端子的连接片。

(5) 解开的相应回路，包括所有单元的跳闸触点、切机回路、信号回路正电等，解开前做好记录，并将号头用绝缘胶布包好。

(6) 试验接线应相互检查，仪器、仪表、量程应选择正确。

(7) 回路联动试验，应按有关规程的规定进行。

(8) 工作结束后对所有动过的回路、开关和有关器具均应恢复原位。

（三）现场检修项目与质量标准（见表 7-2）

表 7-2　　　　检修项目与质量标准

检修项目	质量标准
清灰、紧螺钉、外观及接线检查	清洁无灰尘，无过热、破损、松脱，螺钉紧固、无松动
二次回路的绝缘电阻测试	无破损、无放电，绝缘满足要求
电源检查	输出电压值符合技术要求
零起升压试验	装置无误动
开关量输入检验	开入量状态正确

续表

检修项目	质量标准
零漂检查	零漂误差符合技术要求
三相电流、电压精度及极性校验	相位正确，幅值误差符合技术要求
母线保护动作特性校验	动作特性正确
差动电流定值和比率制动特性校验	逻辑正确，定值误差符合技术要求
双母线运行方式特性校验	动作特性正确，定值误差符合技术要求
复合电压闭锁特性校验	动作特性正确，定值误差符合技术要求
电流互感器、电压互感器断线模拟校验	动作特性正确，定值误差符合技术要求
输出触点及输出信号校验	输出触点准确、可靠动作
整组试验	动作正确、可靠
断路器传动试验	动作正确、可靠
定值与开关量状态的核查	定值与整定通知单、开关量状态与实际运行状态一致
电流回路阻值测量并与原阻值进行比较	与原记录比无明显差别
母线保护、电流互感器极性校验	极性正确
母线保护在运行工况下的差流测试	差流符合技术要求

四、母线保护装置校验

试验采用标准三相交流电压源（输出0～150V，50Hz，不低于精度0.5级）、标准三相交流电流源（输出0～5A，不低于精度0.5级）、电流表（0.2级）、电压表（0.2级）等试验仪器。电流互感器极性要求支路电流互感器同名端在母线侧。对双母线运行方式，母联电流互感器同名端在Ⅰ母线侧。

（一）模拟量精度、线性度和极性测试

1. 试验目的

校验三相交流电流、三相电压模拟量的精度、线性度和极性。

2. 试验方法

（1）三相模拟量输入测量精度、线性度和范围检查。

1）依次对每个单元的三相电流回路顺极性分组串联，并在回路中串入0.2级电流表一块，对入端和出端分别加入（0.08～5）I_n 交流电流。

2）将所有电压回路同极性并联，并并入0.2级电压表一块，对入端和出端分别加入（0.01～1.4）U_n 交流电压。

3）通过显示菜单查看各电流和电压的大小。设置若干测试点，观测母线保护测量显示值并记录，所得结果应满足误差要求。

（2）三相模拟量输入测量极性检查。将母线保护三相电压端子对应接入测试

仪，然后加入正序三相额定电压。依次对每个单元的三相电流端子对应接入测试仪，然后加入正序三相额定电流，各相电压超前电流 60°，通过观看循环显示的电压、电流及其角度关系来确定的极性正确性，要求角度误差不得大于 3°。

(3) 零序电流通道极性检查。加三相对称电压正序额定电压，通入 A 相额定电流，电流滞后 A 相电压 60°，观察 $3I_0$ 幅值与角度，显示应与 I_A 相同，否则检查装置或交流插件接线是否正确。

（二）开关量输入输出环节测试

1. 试验目的

检验母线保护开关量输入输出环节的正确性。

2. 试验条件

模拟开关量信号输入或短接端子。开关量信号输出可用发光二极管加附加电源。

3. 试验方法

(1) 开关量输入环节试验。手动改变输入开关量状态，通过母线保护板件指示或界面显示逐一检查开关量输入的正确性。

(2) 开关量输出环节试验。通过母线保护监控界面或模拟故障方式，模拟每路开关量的输出，并检查对应开关量输出环节的正确性。

（三）母线保护动作特性测试

1. 母线保护区内故障动作特性测试

(1) 试验目的。检验母线保护在区内三相短路故障、区内两相短路故障、区内两相接地短路故障、区内单相接地故障条件下，母线保护动作的正确性。

(2) 试验方法：

1) 模拟双母线合母运行方式下的Ⅰ母线区内各种故障。短接单元 1 的Ⅰ母线隔离开关位置及单元 2 的Ⅱ母线隔离开关位置触点。在单元 1 电流互感器、母联电流互感器和单元 2 电流互感器的故障相加入同极性串联电流，通入大于差流定值的电流，保证母差电压闭锁条件开放。Ⅰ母线保护应动作，单元 1 和母联对应的开出触点应闭合。

2) 模拟双母线合母线运行方式下的Ⅱ母线区内各种故障。短接单元 1 的Ⅰ母线隔离开关位置及单元 2 的Ⅱ母线隔离开关位置触点。在单元 1 电流互感器和单元 2 电流互感器的故障相加入同极性串联电流，再与母联电流互感器的 A 相反极性串联，通入大于差流定值的电流，保证母差电压闭锁条件开放。Ⅱ母线保护应动作，单元 2 和母联对应的开出触点应闭合。

3) 模拟双母线分母线运行方式下的Ⅰ母线区内各种故障。保证母联断路器置跳位，短接单元1的Ⅰ母线隔离开关位置及单元3的Ⅰ母线隔离开关位置触点。在单元1电流互感器、单元3电流互感器的故障相加入同极性串联电流，通入大于差流定值的电流，保证母差电压闭锁条件开放。Ⅰ母线保护应动作，单元1和单元3对应的开出触点应闭合。

4）模拟双母线分母线运行方式下的Ⅱ母线区内各种故障。保证母联断路器置跳位，短接单元2的Ⅱ母线隔离开关位置及单元4的Ⅱ母线隔离开关位置触点。在单元2电流互感器、单元4电流互感器的故障相加入同极性串联电流，通入大于差流定值的电流，保证母差电压闭锁条件开放。Ⅱ母线保护应动作，单元2和单元4对应的开出触点应闭合。

5）模拟其他运行方式下的母线区内各种故障，在单元1电流互感器、单元2电流互感器的故障相加入同极性串联电流，通入大于差流定值的电流。母线保护应动作，所有连接母线对应单元的开出触点应闭合。

2. 母线保护区外故障动作特性测试

（1）试验目的：检验母线保护在区外三相短路故障、区外两相短路故障、区外两相接地短路故障、区外单相接地故障条件下，母线保护的可靠性。

（2）试验方法：

1）模拟双母线合母线运行方式下的区外各种故障。短接单元1的Ⅰ母线隔离开关位置及单元2的Ⅱ母线隔离开关位置触点。在母联电流互感器和单元2电流互感器的故障相加入同极性串联电流，再与1电流互感器反极性串联、（或在母联电流互感器和单元1电流互感器的故障相加入同极性串联电流，再与2电流互感器反极性串联），通入大于差流定值的电流，保证母差电压闭锁条件开放。母线保护应可靠不动作。

2）模拟双母线分母线运行方式下的Ⅰ母线区外各种故障。保证母联断路器置跳位，短接单元1的Ⅰ母线隔离开关位置及单元3的Ⅰ母线隔离开关位置触点。在单元1电流互感器、单元3电流互感器的故障相加入反极性串联电流，通入大于差流定值的电流，保证母差电压闭锁条件开放。母线保护应可靠不动作。

3）模拟双母线分母运行方式下的Ⅱ母线区外各种故障。保证母联断路器置跳位，短接单元1的Ⅱ母线隔离开关位置及单元3的Ⅱ母线隔离开关位置触点。在单元1电流互感器、单元3电流互感器的故障相加入反极性串联电流，通入大于差流定值的电流，保证母差电压闭锁条件开放。母线保护应可靠不动作。

4）模拟其他运行方式下的母线区外各种故障，在单元1电流互感器、单元2电流互感器的故障相加入反极性串联电流，通入大于差流定值的电流。母线保护应可靠不动作。

（四）差动电流定值和比率制动特性测试

1．试验目的

检验母线保护差动电流定值和比率制动系数。

2．试验方法

（1）检验双母线合母线运行方式下差动电流启动定值和比率制动系数。短接单元1的Ⅰ母线隔离开关位置及单元2的Ⅱ母线隔离开关位置触点。在单元1电流互感器和母联电流互感器的故障相加入同极性串联电流 $\dot{I}_1$，单元2电流互感器加入方向相反、大小可调的同一相电流 $\dot{I}_2$，保证母差电压闭锁条件开放。逐步调节电流 $\dot{I}_2$ 的幅值，记录下母线保护动作时 $\dot{I}_1$ 和 $\dot{I}_2$ 的值，差动电流动作值为 $|\dot{I}_1+\dot{I}_2|$，比率制动系数 $K=|\dot{I}_1+\dot{I}_2|/|\dot{I}_1|+|\dot{I}_2|$。

（2）检验双母线分母线运行方式下差动电流启动定值和比率制动系数。保证母联断路器置跳位，短接单元1的Ⅰ母线隔离开关位置及单元3的Ⅰ母线隔离开关位置触点。在单元1电流互感器的故障相加入电流 $\dot{I}_1$、单元3电流互感器的同一相加入方向相反、大小可调的一相电流 $\dot{I}_2$，保证母差电压闭锁条件开放。逐步调节电流 $\dot{I}_2$ 的幅值，记录下母线保护动作时 $\dot{I}_1$ 和 $\dot{I}_2$ 的值，差动电流动作值为 $|\dot{I}_1+\dot{I}_2|$，比率制动系数 $K=|\dot{I}_1+\dot{I}_2|/|\dot{I}_1|+|\dot{I}_2|$。

（3）模拟其他运行方式下差动电流启动定值和比率制动系数。在单元1电流互感器的故障相加入电流 $\dot{I}_1$、单元2电流互感器的同一相加入方向相反、大小可调的一相电流 $\dot{I}_2$。逐步调节电流 $\dot{I}_2$ 的幅值，记录下母线保护动作时 $\dot{I}_1$ 和 $\dot{I}_2$ 的值，差动电流动作值为 $|\dot{I}_1+\dot{I}_2|$，比率制动系数 $K=|\dot{I}_1+\dot{I}_2|/|\dot{I}_1|+|\dot{I}_2|$。

（五）双母线运行方式下的其他特性测试

1．互联特性测试

（1）试验目的：检验双母线互联运行方式下母线保护动作特性。

（2）试验方法：

1）检验双母线自动互联运行方式下母线保护动作特性。短接单元1的Ⅰ、Ⅱ母线隔离开关位置及单元2的Ⅱ母线隔离开关位置触点。在单元1电流互感器、母联电流互感器和单元2电流互感器的A相加入同极性串联电流，通入大于差流定值的电流，保证母差电压闭锁条件开放。Ⅰ、Ⅱ母线保护应可靠动作，单元1、2对应的开出触点闭合。

2）检验双母线强制互联运行方式下母线保护动作特性。投母线保护盘“互联运行”压板。合单元 1 的Ⅰ母线隔离开关位置触点和单元 2 的Ⅱ母线隔离开关位置触点，在单元 1 电流互感器、母联电流互感器和单元 2 电流互感器的 A 相加入同极性串联电流，通入大于差流定值的电流，保证母差电压闭锁条件开放。Ⅰ、Ⅱ母线保护应可靠动作，单元 1、2 对应的开出触点闭合。

2. 母联死区保护特性测试

（1）试验目的：检验双母线运行方式下母线死区保护动作特性。

（2）试验方法：

1）母线保护中的母联死区是指母联电流互感器与母联断路器之间的一段短引线，此处发生故障母线保护将会作比较复杂的逻辑判断来切除故障。

2）检验双母线运行方式下合母线运行时母联死区动作特性。短接单元 1 的Ⅰ母线隔离开关位置及单元 2 的Ⅱ母线隔离开关位置触点。单元 1 电流互感器、母联电流互感器和单元 2 电流互感器的 A 相电流同极性串联。通入大于差流定值的电流，保证母差电压闭锁条件开放。模拟死区内故障，保护发母线跳令后，继续通入故障电流，经整定延时 T_{sq}，母联死区保护动作，将Ⅱ母母线切除。母线保护装置动作结果为保护动作跳Ⅰ母线。单元 1 和母联对应的开出触点动作。延时 T_{sq}后保护动作跳Ⅱ母，单元 2 对应的开出触点动作。

3）检验双母线运行方式下分母线运行时母联死区动作特性。保证母联置跳位，短接单元 1 的Ⅰ母线隔离开关位置及单元 2 的Ⅱ母线隔离开关位置触点。单元 1 电流互感器、母联电流互感器的 A 相电流反极性串联。通入大于差流定值的电流，保证母差电压闭锁条件开放。模拟母线死区故障，母线保护装置动作结果为保护动作跳Ⅰ母线。单元 1 和母联对应的开出触点动作。

3. 母联失灵保护

（1）试验目的：检验双母线运行方式下母线失灵保护动作特性。

（2）试验方法：检验双母线运行方式下合母线运行时母联失灵动作特性。接单元 1 的Ⅰ母线隔离开关位置及单元 2 的Ⅱ母线隔离开关位置触点。单元 1 电流互感器、母联电流互感器和单元 2 电流互感器的 A 相电流同极性串联。通入大于差流定值的电流，保证母差电压闭锁条件开放。模拟Ⅰ母线区内故障，保护向母联发跳令后，向母联电流互感器继续通入大于母联失灵电流定值的电流，经母联失灵保护整定延时母联失灵保护动作切除两母线上所有的连接元件。母线保护动作结果为保护动作跳Ⅰ、Ⅱ母线。单元 1 和单元 2 对应的开出触点动作。

（六）复合电压闭锁校验

1. 试验目的

检验复合电压闭锁特性和定值。

2. 试验方法

(1) 检验复合电压闭锁特性。模拟母线故障，在满足电流比率差动动作的条件下，保证母差电压闭锁条件不开放。母线保护可靠不动作。

(2) 检验复合电压闭锁定值。在满足电流比率差动动作的条件下，分别检验保护的Ⅰ、Ⅱ母线电压闭锁单元中相电压、负序和零序电压定值，误差应在±5%以内。

(七) 电流互感器、电压互感器断线特性校验

1. 试验目的

检验电流互感器、电压互感器断线特性和定值。

2. 试验方法

(1) 检验电流互感器断线闭锁特性和定值。在电压回路施加三相平衡电压，在任一单元分别模拟A、B、C相电流互感器断线，通入电流大于电流互感器断线电流定值。延时发电流互感器断线报警信号，同时闭锁母线保护。

(2) 检验电压互感器断线定值。分别模拟Ⅰ、Ⅱ母线单相电压互感器断线和三相电压互感器断线。延时报该母线电压互感器断线。

(八) 整组试验

1. 试验目的

检验母线保护的整组试验动作特性。

2. 试验方法

(1) 检验母线保护的整组试验动作特性。投入母线保护连接片及跳闸出口连接片，信号电源均投入，采用在母线保护盘后竖端子上通入电流、电压量的方法，模拟母线保护动作，检查母线保护动作的正确性。检查返回屏光字信号、RTU信号、故障录波及输出跳闸触点的动作正确性。记录保护动作结果。

(2) 检验母线保护整组试验时输出跳闸触点动作特性。模拟母线保护动作，检查输出跳闸触点动作的正确性。记录输出跳闸触点动作结果。

(九) 断路器联动试验

1. 试验目的

检验母线保护的带开关联动试验动作特性。

2. 试验方法

检验母线保护的带断路器传动试验动作特性。投入母线保护连接片及跳闸出口连接片，合上联动试验断路器操作电源，信号位置电源熔断器，保证设备与正常运行方式一致，合上联动试验断路器，采用在母线保护盘后竖端子上通入电流、电压量的方法，模拟母线保护动作，检查断路器动作正确性，以及返回屏光字信号、

RTU 信号动作正确性。

五、双母线运行方式下母线保护极性校验实例

母线保护在调试完毕后，必须对每个单元的电流互感器进行现场极性校验。下面以 220kV 系统双母线运行时母线保护 33 线路单元电流互感器极性校验实例进行介绍，其一次接线如图 7-3 所示，其中 32、02 为运行单元，41 为旁母断路器，42 为母联断路器，33 为极性校验单元。

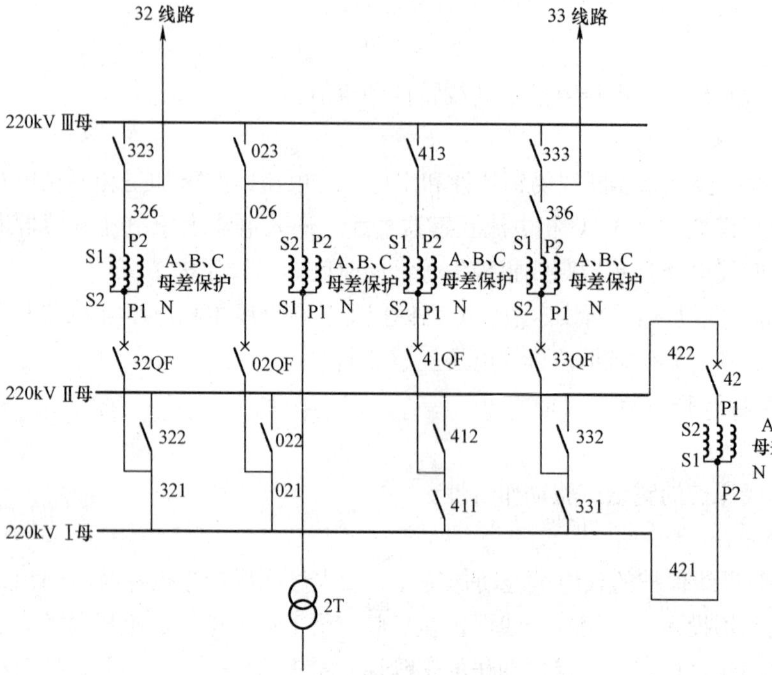

图 7-3　220kV 系统 33 单元母线保护极性校验试验一次接线图

母线保护 33 单元电流互感器极性校验时极性校验时，一次系统采用双母线合母线运行方式，32、02 运行单元在Ⅰ母线上运行，Ⅱ母倒空后只带 33 线路。母联 42 断路器保护按照调度下达的定值整定加用。为防止母线保护 33 单元电流互感器极性有误而引起母线保护误动作，33 线路断路器合闸前，220kV 母线保护停用，退出母线保护跳闸出口连接片。

1. 试验目的

校验 33 单元接入母线保护极性的正确性。

2. 试验条件

(1) 33 单元保护整组联动试验已完成，33 单元电流互感器回路已全部可靠接

入线路保护、母差保护，检修前的安全措施已全部恢复，电流互感器备用绕组短接可靠并接地。

(2) 33 单元线路保护整定值按调度定值整定完毕并加用。

(3) 母联 42 保护按调度定值整定。

3. 试验方法

(1) 母联断路器充电保护按照调度下达的定值整定加用，合 42 断路器，所有运行单元倒闸至Ⅰ母运行。母联保护按调度定值加用。

(2) 停用 33 线路高频保护及重合闸，加用 33 线路其他保护。停用 220kV 母线保护，退出母线保护跳闸出口连接片。

(3) 采用双母线合母运行方式，33 断路器带 33 线路在Ⅱ母运行。

(4) 测量母线保护 33 单元电流互感器六角图，确认母线保护 33 单元电流互感器接入极性正确后，加用母线保护。

(5) 恢复系统正常运行方式。

4. 母线保护极性校验结果记录

33 单元母线保护极性校验记录见表 7-3，220kV 系统 33 单元母线保护极性校验试验一次接线如图 7-3 所示。

表 7-3　33 单元母线保护极性校验记录

单元	P (MW)	Q (Mvar)	Ⅰ母差流值显示			Ⅱ母差流值显示			相角（°）		
			A 相	B 相	C 相	A 相	B 相	C 相	φ_a	φ_b	φ_c
33											

注　相角以 Ⅰ 母 A 相为基准。

第二节　重合闸及断路器辅助保护检验

一、断路器及断路器保护

断路器也称为开关，是电力系统中不可或缺的重要元件，按其使用范围分为高压断路器和低压断路器，高低压界线划分比较模糊，一般将 3kV 以上的称为高压电器。高压断路器（或称高压开关）是变电所主要的电力控制设备，具有灭弧特性，当系统正常运行时，它能切断和接通线路及各种电气设备的空载和负载电流；当系统发生故障时，它和继电保护配合，能迅速切断故障电流，以防止扩大事故范围。因此，高压断路器工作的好坏，直接影响到电力系统的安全运行。这里要探讨的断路器主要是指高压断路器。断路器在电力系统中可以使用在不同的地方，在不同地方使用涉及的相应保护也有差异，相比较应用于单母线、双母线以及母线联络断路器保护配置，在 3/2 接线中的断路器保护配置最全，其他应用都是根据需要进行了相应的简化。这里主要是以断路器保护使用最具代表性的 3/2 接线中使用的断路器保护为例，来初步探讨一下断路器保护的检验。

3/2 断路器接线中，每台断路器还配置有专用的断路器保护屏，根据系统故障的不同以及相关设备的保护配置需要，断路器保护一般具备以下几个功能：

1. 综合重合闸功能

架空线路故障大都是瞬时性的故障，在线路被继电保护迅速动作控制断路器断开后，故障点的绝缘水平可自行恢复，故障随即消失。此时，如果把断开的线路断路器重新合上，就能够恢复正常的供电。综合重合闸就是为了满足这种要求设计出来的一种断路器保护功能。

2. 失灵保护

系统发生故障，故障元件的保护动作而其断路器操作失灵拒绝跳闸时，通过故障元件的保护作用于本变电站相邻断路器跳闸，有条件的还可以利用通道，使远端有关断路器同时跳闸的接线称为断路器失灵保护。断路器失灵保护是近后备中防治断路器拒动的一项有效措施。

3. 死区保护

死区保护是专门为电流互感器与断路器之间的死区段设计的保护。某些接线方式下（如断路器在电流互感器与线路之间），当电流互感器与断路器之间发生故障时，线路保护快速动作，如不能切除故障，此时死区保护的过电流元件动作，同时收到三相跳闸命令和开关的三相跳闸位置开入，死区保护延时动作断开相关断路器。

4. 三相不一致保护

对 3/2 接线断路器来说，当断路器非全相运行时，线路不一定非全相。当线路非全相运行时，断路器一定处于非全相运行状态。如果其中一台断路器退出运行，则另一侧断路器非全相时，必然导致线路非全相运行，因此利用零序电流及位置继电器经一时间延时去启动出口继电器将非全相运行的断路器切除，以达到不允许断路器非全相运行的目的。

5. 充电保护

断路器的充电保护是在充电时用的保护，只在断路器由分到合的过程中 300ms 内起作用，此时间内闭锁母线差动保护，防止母差因过电流动作。

6. 过电流保护

当断路器中所流过的最大相电流大于相电流过电流Ⅰ、Ⅱ段定值或者零序电流大于零序过电流Ⅰ、Ⅱ段定值时，分别经各自延时定值，保护发跳闸命令跳开断路器。

7. 短引线保护

短引线保护是3/2断路器接线方式所特需的，当输电线路停电进行检修时，线路隔离开关被断开后，而断路器接线中的该串断路器仍保留在运行中，此时该串两电流互感器之间的短引线发生短路故障时，原线路的各保护装置因使用出口上的电容式电压互感器而不能动作跳闸，故必须加装短引线保护。

二、重合闸及断路器辅助保护原理介绍

综合重合闸、失灵保护、三相不一致保护、充电保护、死区保护等，每种保护都有各自不相同的启动元件，任一功能模块的启动元件启动，则开放整个装置的跳合闸出口正电源。

（一）电流突变量启动

当任意相间电流突变量或零序电流突变量连续4次大于启动定值时，保护启动。

$$\Delta i_{pp} > I_{QD} \text{ 或 } \Delta 3i_0 > I_{QD}$$

$$\Delta i_{pp} = \| i_K - i_{K-T} | - | i_{K-T} - i_{K-2T} \|$$

式中　pp——指AB、BC、CA三处相别；

i_K、i_{K-T}、i_{K-2T}——分别为当前时刻和1周前、2周前时刻的电流采样值；

T——每周采样点数；

$\Delta 3i_0$——零序电流突变量；

I_{QD}——突变量启动定值。

（二）零序辅助启动

零序辅助启动主要用在失灵保护功能模块中。启动判据为

$$3I_0 > 3I_{0QD}$$

式中　$3I_{0QD}$——整定的零序电流启动定值；

$3I_0$——零序电流测量值。

满足以上条件并持续30ms后，保护启动。

（三）负序辅助启动元件

负序辅助启动主要用在失灵保护功能模块中，在负序启动发电机变压器组失灵功能投入时投入，启动判据为

$$3I_2 > (k \cdot 3I_{2SL})$$

式中　$3I_{2SL}$——整定的失灵负序定值；

$3I_2$——负序电流测量值；

k——启动元件灵敏度系数，程序中取为0.9。

满足以上条件并持续30ms后，保护启动。

（四）三相位置不一致启动

当三相位置不一致保护投入时，如果有三相位置不一致触点输入，总启动元件动作并展宽，去开放出口继电器正电源。

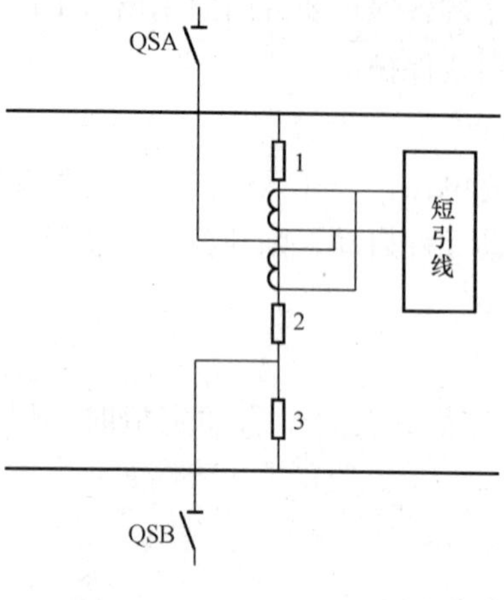

图 7-4　短引线保护配置图

（五）短引线保护

短引线保护采用电流速断原理，按双重化配置。短引线保护配置如图 7-4 所示。短引线保护实际为一简单的电流差动保护，主要用于 3/2 断路器接线每串的分叉处。当线路或进线退出运行，隔离开关 QSA 或 QSB 断开时，仍要求该串闭合运行，就应投入图中的短引线差动保护，以保护分叉处发生的故障。该保护正常时退出运行，只有当 QSA 或 QSB 断开时，利用其相应的动断触点将该保护的功能投入。

考虑到短引线差动保护在外部短路时，两组同型号同变比的电流互感器流经相同的穿越性电流时，不会产生很大的不平衡电流，保护装置接入线路电流，保护均采用过电流保护方案，并依靠提高整定值的办法躲过区外短路时的不平衡电流。短引线保护原理框图如图 7-5 所示。

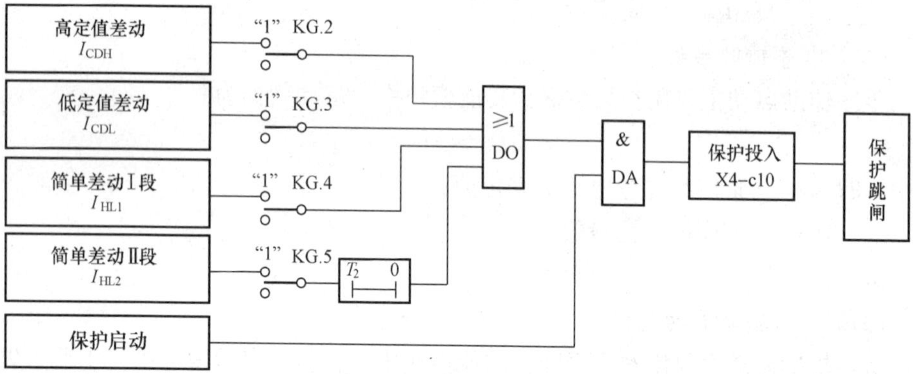

图 7-5　短引线保护原理框图

（六）综合重合闸

电力系统运行经验表明，架空线路绝大多数的故障都是瞬时性的，永久性故障一般不到 10%，因此，在由继电保护动作切除短路故障后，电弧将自动熄灭，绝大多数情况下短路处的绝缘可以恢复。因此，自动将断路器重合，不仅可以提高供电的可靠性，减少停电损失，而且还提高了电力系统的暂态稳定水平，增大了高压线路的送电容量。所以，架空线路要采用自动重合闸装置。

1. 重合方式

根据故障和重合的相数，可以分为四种重合方式：

（1）单相重合闸：单相故障单跳单重，多相故障进行三跳不重合。

（2）三相重合闸：任何故障三跳三重。

（3）综合重合闸：单相故障单跳单重，多相故障进行三跳三合。

（4）重合闸停用：重合闸退出，任何故障都三跳不重合。重合闸长期不用时，应设置于该方式。

2. 重合闸检定方式

断路器三相跳开时有三种重合闸检定方式：

（1）检同期：断路器两侧电压均有压，满足同期条件进行同期重合。

（2）检无压：检任一侧无电压重合，若两侧均有电压，则自动转为检同期重合。

（3）非同期：不需检定同期条件或无压条件，直接进行重合。

3. 重合闸启动方式

（1）线路保护跳闸启动重合闸。重合闸启动开入包括Ⅰ线跳A、Ⅰ线跳B、Ⅰ线跳C、Ⅱ线跳A、Ⅱ线跳B、Ⅱ线跳C。这些端子开入信号不要求来自跳闸固定继电器，而要求来自跳闸重动继电器，即要求跳闸成功后立即返回，重合闸在这些触点闭合又返回时启动。若重合闸在启动计时过程中，同时或先后收到来自Ⅰ线和Ⅱ线的跳闸开入，则放电，并输出沟通三相跳闸触点。

若重合闸收到任一相跳闸信号且仅收到一侧某单相跳闸信号时，启动单相重合闸，如果再收到任一侧的三相跳闸信号，则启动三相重合闸回路，并在跳闸启动重合闸触点返回时开始三重计时。重合闸启动过程中，装置还将根据三个跳位继电器触点进一步判别，防止三相跳闸按单相重合闸处理。收到发电机变压器三相跳闸信号则放电，不重合。

（2）断路器位置不对应启动。装置考虑了断路器位置不对应启动重合闸，主要用于断路器偷跳。装置仅利用三个跳位继电器触点启动重合闸，二次回路设计必须保证手跳时通过闭锁重合闸开入端子将重合闸“放电”。

不对应启动重合闸时，单相跳闸还是三相跳闸的判别全靠三个跳位触点输入。单相断路器偷跳和三相断路器偷跳可分别由控制字设定禁止启动重合闸。如果控制字不投，三相断路器偷跳报“三跳闭锁重合闸”。不对应启动重合闸，重合后没有后加速触点输出。

4. 启动重合闸回路及加速触点的接线原则

对于边断路器（包括不完全串的断路器），线路两套保护跳闸触点并联，接入Ⅰ线跳闸（Ⅰ线启动重合闸）开入或Ⅱ线跳闸（Ⅱ线启动重合闸）开入；对于中间断路器，如果一条线路两套保护跳闸触点并联接入Ⅰ线跳闸开入，那么另一条线路两套保护跳闸触点并联接入Ⅱ线跳闸开入。

启动重合闸回路具有Ⅰ线启动重合闸和Ⅱ线启动重合闸，加速触点回路具有加速Ⅰ线和加速Ⅱ线。接线时，以上回路的Ⅰ线和Ⅱ线分别对应。

5. 重合闸的先合闭锁后合逻辑

为了防止先重合闸侧重合于故障，保护跳开后，后重合闸侧又去重合，可用以下方法之一实现：

(1) 线路保护发出的永跳触点直接引入断路器操作箱的永跳回路，用操作箱的永跳触点闭锁重合闸。

(2) 装置设置了一个“相邻断路器重合”开入，如果在重合闸启动过程中，监视到有“相邻断路器重合”开入之后，又有任意跳闸信号开入，则装置不重合，放电。

(3) 线路保护发出的永跳（闭重）触点直接引入闭锁重合闸。

推荐使用第一种接线方法。对于第二种接线方法，仅仅用在线路保护无永跳或闭锁重合闸触点的特殊场合；对于第三种接线方法，在个别地区使用。

三、重合闸及断路器保护检修项目及质量标准

重合闸及断路器保护检修项目见表7-4，检修项目质量标准见表7-5。

表7-4　检修项目

序号	检修项目	新安装设备检验	全部检验	部分检验
1	清灰、紧螺钉、外观及接线检查	√	√	√
2	二次回路检验	√	√	√
3	二次回路的绝缘电阻测试	√	√	√
4	电源检查	√	√	√
5	开关量输入检验	√	√	√
6	模数变换系统检验	√	√	√
7	保护装置定值与逻辑回路校验	√	√	
8	输出触点及输出信号检查	√	√	√
9	操作箱检验	√		
10	继电器检查（不包括操作箱）	√	√	
11	整组试验	√	√	
12	断路器传动试验	√	√	√
13	定值与开关量状态的核查	√	√	√
14	电流、电压回路阻值测量	√	√	√
15	用一次电流及工作电压检验	√		

表 7-5　　检修项目质量标准

检修项目	质量标准
清灰、紧螺钉、外观及接线检查	(1) 装置内、外部应清洁无积尘； (2) 从互感器本体开始，到转接端子箱、装置端子排、连片、装置横端子、装置内部端子、一直到对侧盘端子排螺钉应紧固； (3) 装置的小开关、拨轮及按钮应良好，显示屏应清晰； (4) 各插件的印刷电路板应无损伤或变形，连线应连接好； (5) 各插件上的元器件外观质量、焊接质量应良好，所有芯片应插紧、型号正确，芯片放置位置正确； (6) 各插件上变换器、继电器应固定好，无松动； (7) 装置横端子排螺钉应拧紧，后板配线连接应良好； (8) 按照装置技术说明书描述的方法，根据实际需要，检查、设定并记录装置插件内的选择跳线和拨动开关的位置
二次回路检验	电流互感器、电压互感器、非电量回路、保护装置二次回路、断路器和隔离开关二次回路接线应正确，无寄生回路，螺钉压接应可靠，电缆标号应清晰满足要求，器件标识应清楚正确
二次回路的绝缘电阻测试	将所有室外回路对地、室外非电量开入触点(包括电缆)之间，电流互感器、电压互感器等重要回路对地、出口触点之间进行绝缘检查，检查绝缘阻值应符合检验规程要求
电源检查	装置上电后应能正常运行，测量逆变电源的各级输出电压值应符合 DL/T 527—2002《静态继电保护装置逆变电源技术条件》，装置直流电源缓慢上升的自启动性能良好
开关量输入检验	按照装置技术说明书所规定的试验方法，分别接通、断开连接片及转动把手，观察装置的行为应正确
模数变换系统检验	对各模拟通道的零漂、精度均应检查，观察装置在一段时间内零漂、精度应满足装置的技术要求
保护装置定值与逻辑回路校验	按设备最新下达的定值通知单进行校验，装置的动作行为应与最新下达的定值通知单一致
输出触点及输出信号检查	模拟各保护元件动作，依次检查装置的所有输出触点及输出信号的通断状态正确可靠
操作箱检验	根据装置技术说明书并结合现场，检验各元件及回路正确
继电器检查(不包括操作箱)	按照各种功能继电器检验项目，每相检验应满足规程要求
整组试验	保护动作正确，面板、返回屏信号、RTU 对应
断路器传动试验	断路器操作正确，保护动作正确，面板、RTU、返回屏信号对应
定值与开关量状态的核查	与最新下达定值单相符合
电流、电压回路阻值测量	与原测量阻值对比误差小于 5%，回路应正确、完整、可靠
用一次电流及工作电压检验	检查电流、电压回路，其相别、相位关系及所保护方向正确，对发电机差动保护应测量差动回路的差流大小应为零

四、重合闸及断路器辅助保护装置检验

（一）重合闸功能检验

1. 试验条件

根据交流插件的背板图，在线路侧检同期电压极性与非极性端子之间，以及母线侧检同期电压极性与非极性端子之间分别加入 57V 交流电压，根据试验具体项目不同退投相应控制字和开入不同的条件。重合闸逻辑如图 7-6 所示。

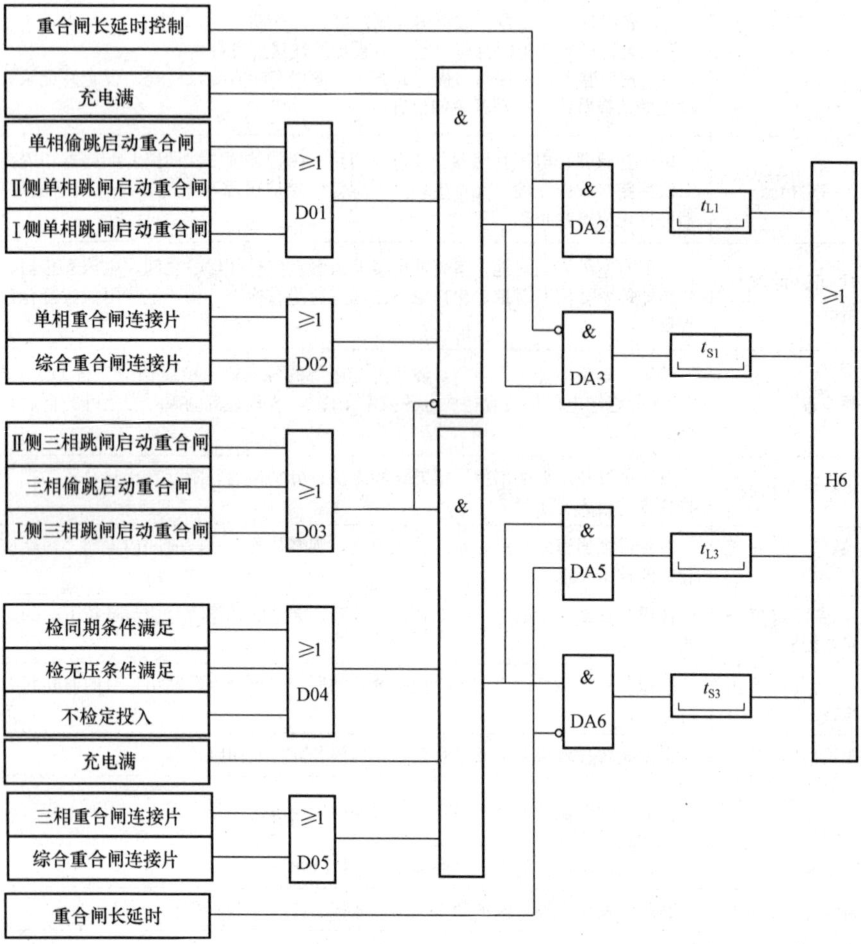

图 7-6　重合闸逻辑

2. 试验方法

（1）单相启动重合闸。单相偷跳启动重合闸控制字投入，一直开入 A 相跳位，则报文显示保护启动、单相启动重合闸、自动重合闸出口，面板上重合闸灯亮。另外两相试验方法相同。

（2）三相启动重合闸。三相偷跳启动重合闸控制字投入，一直开入 A、B、C 三相跳位，则报文显示保护启动、三相启动重合闸、自动重合闸出口，面板上重合闸灯亮。

（3）综合重合闸。非同期控制字投入，Ⅰ（Ⅱ）线 A 相跳位开入，则报文显示保护启动、Ⅰ（Ⅱ）侧 A 相单跳闸启动、自动重合闸出口，面板上重合闸灯亮。另外两相一样方法进行试验。

非同期控制字投入，Ⅰ（Ⅱ）线三相跳闸，Ⅰ（Ⅱ）线 A 相（或者 B、C 相）跳位开入，则报文显示保护启动、Ⅰ（Ⅱ）侧三相跳闸启动、自动重合闸出口，面板上重合闸灯亮。

（4）手动合闸。跳位 A、B、C 手动合闸时，三个跳位开入 10s 左右，然后开入手动合闸。如果无压、无流时，报文显示保护启动、手动同期合闸出口，同时运行灯亮。如果两侧电压同期，则报文显示保护启动、手动同期合闸出口，面板上运行灯亮。如果两侧不同期，则保护启动，同期手合失败，运行灯亮。

（二）断路器保护检验

1. 试验条件

在交流电流回路加入试验交流电流，同时退投检验项目的相应控制字，按照 0.95 倍定值可靠不动、1.05 倍定值可靠动作进行校验。

2. 试验方法

（1）三相不一致保护动作。施加零序电流大于三相不一致保护零序过电流定值（I_{BP}），即分别从电流端子通入交流电流，同时短接三相不一致的开入条件，此时保护动作，并显示报文“XXKms 三相不一致保护出口”。

三相不一致保护由三相不一致输入触点启动，三相不一致输入触点由分相断路器辅助触点或分相位置继电器触点组合提供，可整定为由零序电流、负序电流、跳位等元件开放。其出口逻辑如图 7-7 所示。

（2）失灵保护。在保护跳 A（或 B、C）相时加入＋24V，使相应相与零序电流串接，给定电流大于 I_{SL} 或 I_{04}，即分别从电流端子通入交流电流，此时保护动作灯亮，并显示报文“XXXms 失灵保护出口”。

失灵电流高定值 I_{sh} 的作用是在保护范围内，当被保护范围末端故障时，失灵相电流元件有足够的灵敏度。失灵电流低定值 $I_{sL}=0.1$A 的作用是保证断路器故障相跳开、非故障相断路器失灵时，保护应有的反应能力，即保护三跳、非故障相失灵，失灵保护也能动作。如果不需要考虑非故障相开关失灵，将失灵电流低定值整定为失灵电流高定值即可。其出口逻辑如图 7-8 所示。

（3）死区保护。先加入任一相电流大于 I_{SQ}，即分别通入交流电流，此时运行

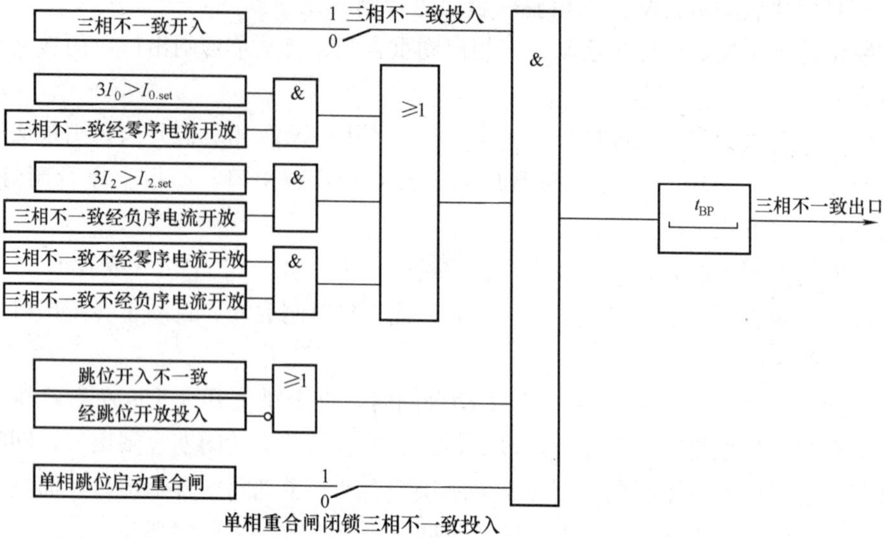

图 7-7　三相不一致保护出口逻辑

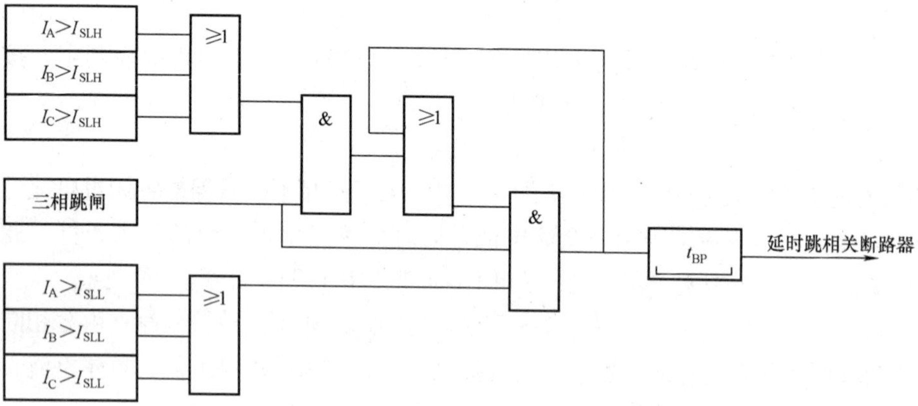

图 7-8　失灵保护出口逻辑

灯闪，然后在跳 A、B、C 及跳位 A、B、C 信号开入端同时加入开入+24V，保护动作灯应亮，并显示报文“XXXms 死区保护出口”。其出口逻辑如图 7-9 所示。

（4）充电保护。KG2.11、KG2.12 置“1”，跳位 A、B、C 接+24V 约 20s，任一相电流大于 I_{L1}；“手动合闸”接+24V，0.5s 之内任一相电流大于 I_{L1}，充电保护连接片投入，则保护报文显示Ⅰ段充电保护出口，充电保护灯亮。

KG2.11 置“1”、KG2.12 置“0”，任一相电流大于 I_{L1}，充电保护连接片投入，则保护报文显示Ⅰ段充电保护出口，充电保护灯亮。充电保护出口逻辑如图 7-10 所示。

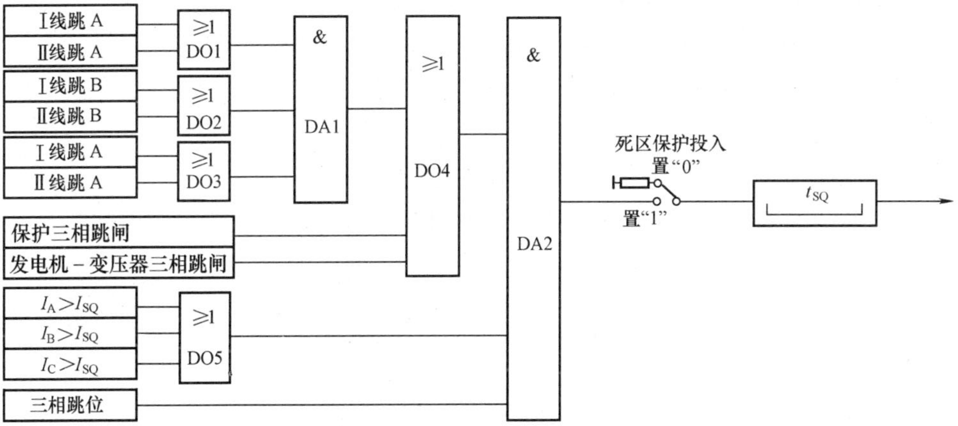

图 7-9　死区保护出口逻辑

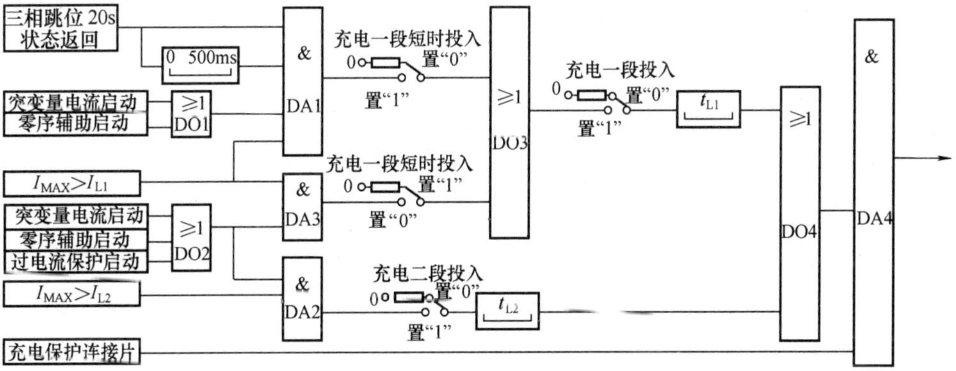

图 7-10　充电保护出口逻辑

KG2.13 置“1”，任一相电流大于 I_{L2} 充电保护连接片投入，则保护报文显示Ⅱ段充电保护出口，充电保护灯亮。

（三）短引线保护装置检验

1. 试验条件

在交流电流回路加入试验交流电流，同时退投检验项目的相应控制字，按照 0.95 倍定值可靠不动、1.05 倍定值可靠动作进行校验。

2. 试验方法

短接该保护投入开入，用测试仪通入 A、B、C 三相电流，将装置的“出口 1”、“出口 2 ”、“出口 3”分别接测试仪的 电流互感器、TB、TC 触点，分别模拟 AN、BN、CN 相接地及 AB、BC 相间短路试验，通入 1.05 倍定值时保护可靠动作，0.95 倍时保护可靠不动作，检查保护装置的面板灯是否正确亮灭。

（四）重合闸及断路器辅助保护检验安全措施

（1）断开检验断路器相应保护盘端子上电流互感器回路连接片。

（2）解开所有与检验断路器联系的失灵保护跳闸回路，包括相邻开关、联络线、母差、切机、远跳等。

（3）解开短引线保护至断路器的跳闸回路。

（4）解开保护盘至故障录波的正电回路以及至返回屏、RTU 的正电回路。

发生常见的单一故障时保持电网稳定运行和电网的正常供电。

（2）第二道防线。利用稳定控制装置及切机、切负荷等紧急控制措施，确保电网在发生概率较低的严重故障时能继续保持稳定运行。

（3）第三道防线。设置失步解列、频率及电压紧急控制装置，当电网遇到概率很低的多重严重事故而稳定受到破坏时，依靠这些装置防止事故扩大，防止大面积停电。

电网运行状态的转化和三道防线设置的关系如图8-3所示，根据三道防线要求进行的稳定控制过程如图8-4所示。

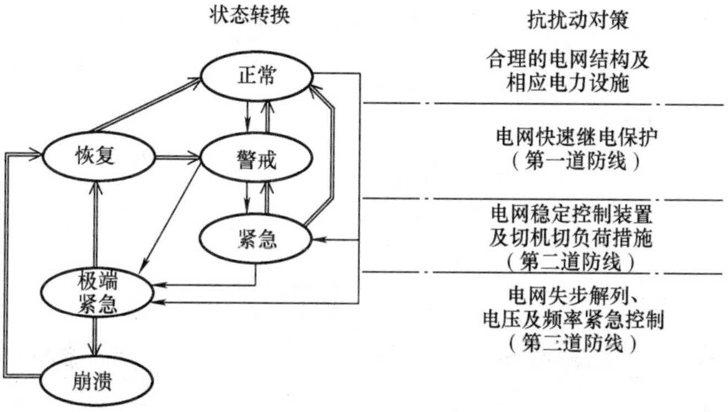

图8-3 电网运行状态的转化和三道防线设置的关系

近年来我国电网没有出现全网性事故和大范围停电，应该说得益于三道防线的建设。而稳定控制系统，作为电网安全稳定运行的第二道防线，其主要作用是通过稳定控制装置，采用切机、切负荷等紧急控制措施，确保电网在发生概率较低的严重故障时能防止系统频率和电压崩溃，保证电力系统继续保持稳定运行。可见，稳定控制装置是提高电力系统稳定水平和供电可靠性的重要措施。

3. 功能

这里主要介绍区域电网稳定控制系统中的子站稳定控制装置，一般具有如下功能：

（1）检测发电厂或变电站出线、主变压器（或机组）或直流系统的运行工况，并可以将本厂站的设备状态送往有关站，根据本厂站设备的投停状态和电网内其他厂站传来的设备投停信息，自动识别电网当前的运行方式。

（2）判断本厂站出线、主变压器、母线的故障类型，如单相瞬时、单相永久、两相短路、三相短路、无故障跳闸、多回线同时故障跳闸、失灵和直流闭锁故障等。

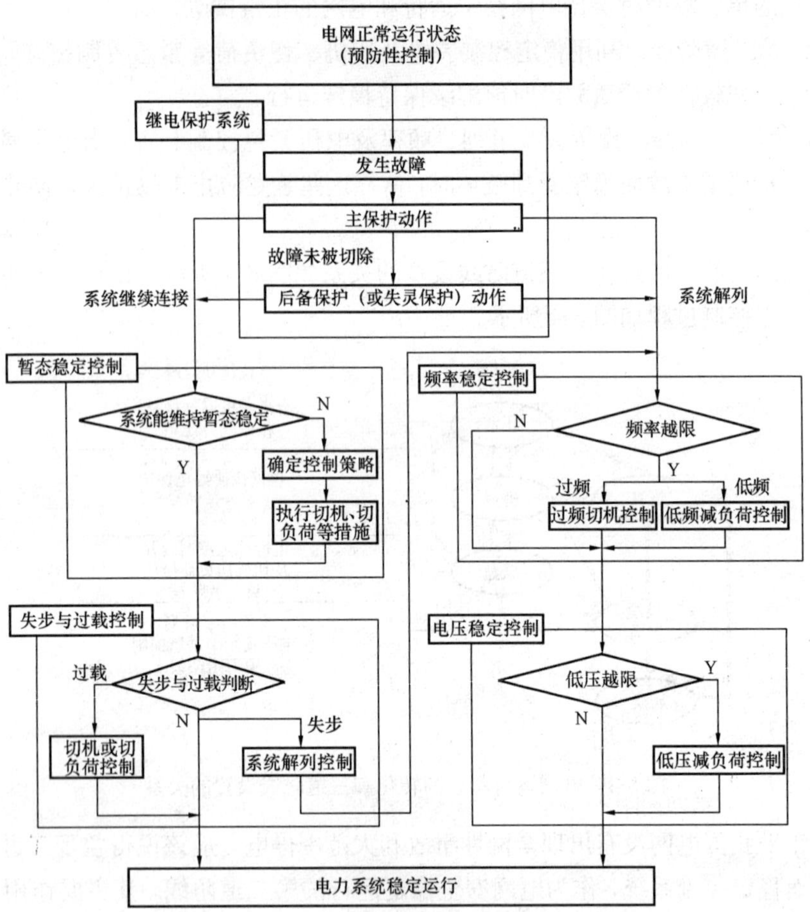

图 8-4　系统稳定控制过程

(3) 当系统故障时，根据判断出的故障类型（包括远方送来的故障信息）、事故前电网的运行方式及主要送电断面的潮流，查找存放在装置内的预先经离线稳定分析制定的控制策略表，确定应采取的控制措施及控制量，如切机、切负荷、解列、直流功率调制、调机组出力等。

(4) 当系统发生频率稳定、电压稳定、设备过载等与系统运行方式无关的 事故时，根据预定的处理逻辑，实时地采取控制措施。

(5) 如果被控对象是本厂的发电机组时，按照预定的具体要求（如出力大小），对运行中的发电机组进行排队，最合理的选择被切机组（按容量或台数）；如果被控对象是电力负荷，按照预定要求，可对负荷线路进行排队，在满足切负荷量要求的前提下，合理选择被切负荷。

（6）如果需在其他厂站采取措施，可经光纤、微波或载波通道，把控制命令、控制量等直接发送到执行站或经其他站转发到执行站；从通道接收主站或其他站发来的控制命令，经当地判别确认后执行远方控制命令。

（7）进行事件记录与事故过程中的数据录波记录。

（8）装置具有回路自检、异常报警、装置动作过程自动显示、整组检查试验、打印等功能。

4．装置功能框图

装置功能框图如图8-5所示。

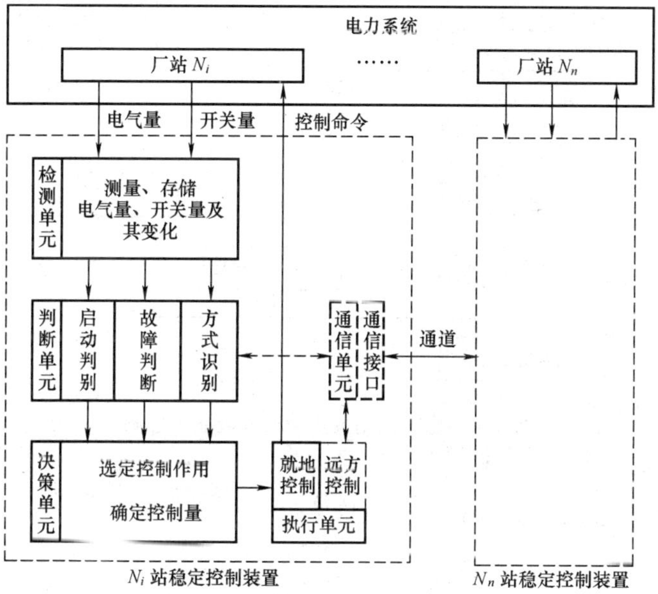

图8-5 稳定控制装置功能框图

5．装置策略表查表示意图

稳定控制装置策略表查表示意图如图8-6所示。

二、稳定控制装置检验

本节将结合某区域电网稳定控制系统中的A电厂稳定控制装置（FWK-300型稳定控制装置）详细介绍稳定控制装置的检验。

（一）A电厂网络图

A电厂网络图如图8-7所示。

（二）A电厂稳定控制装置通道联系图

A电厂稳定控制装置通道联系图如图8-8所示。

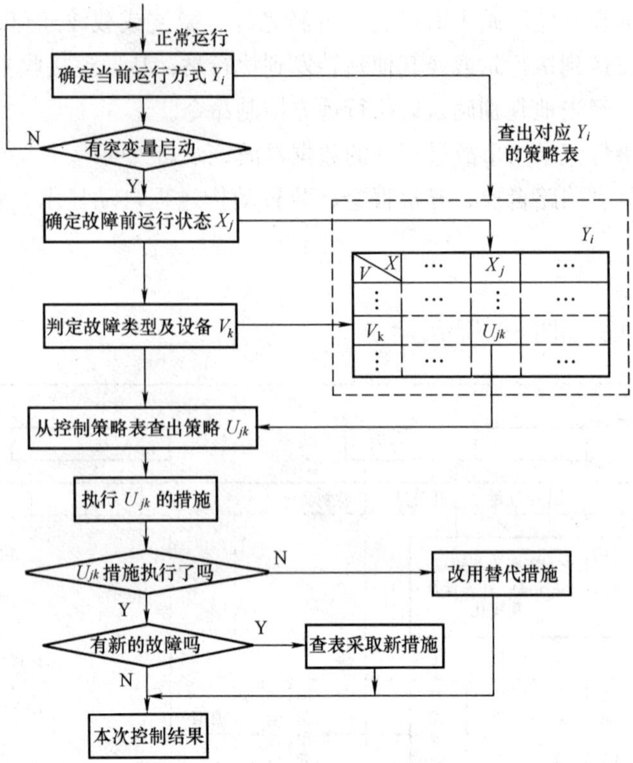

图 8-6　稳定控制装置策略表查表示意图

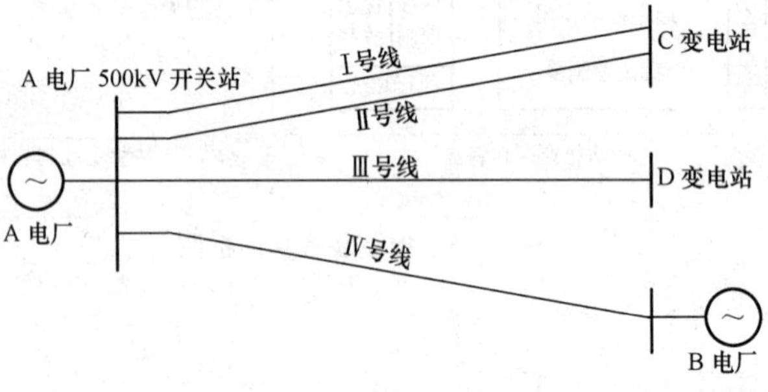

图 8-7　A 电厂网络图

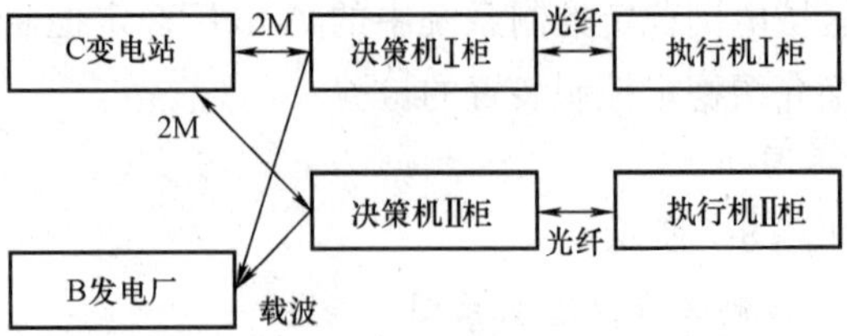

图 8-8　稳定控制装置通道联系图

（三）A电厂稳定控制装置说明

1. 总体说明

A电厂决策机与C变电站、A电厂执行机通过光纤通信组成稳控系统。

A电厂决策机按双套配置组成，双柜并列运行。A电厂执行机按双套配置组成，双柜主辅运行。

A电厂决策机稳定控制装置放置在A电厂500kV开关站，检测该开关站的Ⅰ、Ⅱ、Ⅲ号线的线路故障，查找策略表切除机组。接收C变电站发送的切机容量，切除机组。检测500kV母线，高频切除机组。

Ⅲ号线故障时，将故障信息发送到C变电站。

A电厂执行机稳定控制装置采集14台机组电气量，判断机组跳闸，接收决策机发送的切机容量、切机台数和切除机组。

2. 决策机功能说明

（1）根据运行方式、故障元件、故障类型查找策略表，切除机组。

（2）接收C变电站发送的切机容量命令，切除机组。

（3）切机原则：

1）B电厂（500kV侧机组）可全切。

2）A电厂接收C变电站或本地需切容量P_{qie}，Ⅳ号线功率P_{qg}（方向B电厂到A电厂为正），A电厂可切容量P_{dj}，A电厂优先切B电厂容量KP_{sel}：

a）$P_{qg}-P_{qie}\leqslant 0$，优先切除B电厂机组，剩余容量切除A电厂机组。

b）$0<P_{qg}-P_{qie}\leqslant KP_{sel}$，优先切除B电厂机组。

c）$KP_{sel}<P_{qg}-P_{qie}$时：$0\leqslant P_{dj}-P_{qie}$，优先切除A电厂机组；$P_{dj}-P_{qie}<0$，优先切除B电厂机组。

（4）功率方向定义：流出母线为正。

（5）断面计算：

A电厂稳措断面$=P_{\text{Ⅰ、Ⅱ号线}}K_1+P_{\text{Ⅲ号线}}K_2$（$K_1$、$K_2$为功率系数，可整定）

（6）高频按台数切除A电厂机组。

（7）在同一个启动周期内，本地切机容量与远方命令容量考虑按较大的执行。如已优先切除B电厂机组，考虑追加未切够容量切除A电厂。如已优先切除A电厂机组，则还要依据未切够容量按切机原则2）中的c）进行。

（8）在同一个启动周期内，按容量切除和高频同时发生，将容量和高频切机台数发到执行机，由执行机考虑组合。

（9）在同一个启动周期内，暂态切机后，又发生高频，高频延时200ms（等机组跳开时间和潮流转移时间）再进行判断。

(10) Ⅲ号线故障时，将故障信息发送到C变电站。

3. 执行机功能说明

(1) 接收决策机发送的切机容量命令，切除机组。

(2) 接收决策机发送的切机台数命令，切除机组。

(3) 切机原则：

1) 最多切除 N_{max}（可整定）台机组。

2) 至少保留2台机组。

3) 允切连接片投入。

4) 按容量从大到小切除。

5) 按容量切除机组时，考虑同一启动周期内发生无故障跳闸的机组，高频按台数切除机组时不考虑。

(4) 机组功率全部取正（绝对值）。

(5) 统计可切容量时按切机原则统计。

(6) 在同一个启动周期内，先收到按容量切除机组，再收到按台数切除，不考虑已经切除的。先收到按台数切除机组，再收到按容量切除，要考虑已经切除的。

(四) 稳定控制装置检验准备

1. 人员要求及工器具准备

根据实际情况适当安排工作负责人和工作班成员，根据工作内容带上相应的技术资料并选用适当的安全设备和检修工具。技术资料清单见表8-1，工器具清单见表8-2。

表8-1　　技术资料清单

序号	技术资料	序号	技术资料
1	稳定控制装置原理图	3	稳定控制装置检修现场记录
2	稳定控制装置检验作业指导书	4	稳定控制装置定值通知单

表8-2　　工器具清单

序号	名称	单位	数量	备注
1	万用表	只	2	
2	继电保护试验仪	台	2	至少可同时输出三相电流、三相电压
3	绝缘电阻表	只	1	1000V
4	个人工具	套	2	一字和十字起子、小型套筒扳手、手电筒、尖嘴钳、剥线钳、斜口钳等
5	清洁工具	套	1	清洁干布和软毛刷子、无水乙醇等清洁剂
6	剩余电流动作保护器	只	2	

注　装置检验所使用的仪器、仪表必须经过检验合格；装置检验所使用的仪器、仪表的准确等级应不低于0.5级。

2. 现场检修安全技术措施

根据工作性质和内容，填写相应工作票，同时根据稳定控制装置与运行设备关联部分的详细情况及相邻的二次设备情况，制定在检验全过程中确保系统安全运行的技术措施。检修作业开工前，由工作负责人向工作班成员交代工作任务、工作地点、安全措施及安全注意事项。

（1）安全措施。

1）运行人员需执行的安全措施：① 停用稳定控制装置盘柜上所有出口连片；② 在稳定控制装置盘柜上断开所有电源开关和电压互感器二次开关；③ 在稳定控制装置盘柜上悬挂“在此工作”标示牌；④ 在相邻运行盘前后悬挂“运行”标示牌。

2）继电保护人员需执行的二次安全措施：① 封电流互感器回路电缆侧，打开电流互感器回路盘内外端子连接片；② 解开电压互感器回路，做好记录，并进行绝缘包扎；③ 解开必要的出口跳闸回路，做好记录，并进行绝缘包扎；④ 解开信号回路公共端，做好记录，并进行绝缘包扎；⑤ 断开装置和主站或其他子站的通信连接。

（2）危险源分析及安全注意事项：

1）开工前对运行人员所执行的安全措施进行确认，防止运行措施执行不到位。

2）防止走错间隔，误碰其他运行设备。

3）二次安全措施执行、恢复齐全，一人执行，一人监护检查，一人督导，防止漏项。

4）执行出口跳闸回路措施时，利用绝缘胶布做好隔离，防止误碰、短路造成误跳闸。

5）执行电流互感器、电压互感器回路措施时，由于稳定控制装置一般和机组保护或线路保护、母线保护共用电流互感器、电压互感器回路（可能在运行状态），故应防止电流互感器开路、电压互感器短路。该措施执行完后应在电流互感器回路端子上用红色绝缘胶布做好隔离和警示，防止误碰、短路。

6）通过检查装置采样等方法确认电流互感器、电压互感器回路已隔离到位，同时防止模拟试验时电流、电压反串。

7）进行二次回路绝缘检查时，如带回路电缆一起检查，需确认不影响电缆对侧设备运行。

8）装置检验完毕后需两人仔细核对定值并签字留存，防止误整定，造成装置误动或拒动。

（五）稳定控制装置检修

由于检修过程中的螺钉紧固、绝缘检查及电源检查等常规检验项目在第二章中进行了详细的阐述，本节不再累述。本节主要针对检修过程中的装置功能检查部分进行详细介绍。

1. 装置软件版本号检查

通过和历史记录比较核对装置软件版本号及校验码是否一致。

2. 装置通道检查

（1）试验方法：

1）对于光纤（或微波）通道，将通道自环，检查装置各通道收发是否正常。

2）对于与光纤（或微波）通道相连的保护专属通信接口柜，应对继电器输出触点、电源和通信接口柜的接地情况进行检查。

3）对于载波通道，如果采用专用载波通道，应对专用收发信机的发信电平、收信灵敏电平进行测试，同时保证通道的裕度满足运行要求。

（2）试验注意事项：对于光纤通道，拔出稳定控制装置的光纤头时，须用专用光纤头罩盖套装，防止光纤头被玷污，影响通道正常运行。

3. 装置线路（或机组）投退判别

（1）试验方法：在端子排上将各个交流电压输入回路同相并联，各个交流电流回路同相串联，接入三相试验电源，使电流电压值或线路有功满足线路（或机组）投退条件，观察线路（或机组）投运状态是否正确。

（2）FWK-300型稳定控制装置线路（或机组）投退投停判据：采用有功功率值或电流判别线路（或机组）的投/停运行状态（I_s 为投运的电流门坎值，P_t 为投运的功率门坎值）：

1）投运状态：两相电流满足 $I>I_s$ 或功率绝对值满足 $P>P_t$。

2）停运状态：功率绝对值满足 $P<P_t$，且两相电流满足 $I<I_s$。

3）线路停运还须满足线路电压小于定值。

4. 装置运行方式判别检查

（1）对于同时皆备人工方式和智能方式的稳定控制装置，优先确认人工设置运行方式。在智能方式下。稳控装置根据测量的电气量、开关量自动判断线路、主变压器和机组的投停状态，自动判别系统的运行方式，一旦系统运行方式改变，稳定控制装置能自动识别新的运行方式，如果通道暂时中断，方式又发生了变化，可由当地运行人员适当干预的方法提供运行方式信息，以保证控制装置对运行方式识别的正确性。

（2）对于FWK-300型稳定控制装置，其决策机人工设置运行方式是利用“特殊方式（特殊方式由网调定义）”连接片进行设置，“特殊方式”连接片具有最高权级，投入相应的“特殊方式”连接片则装置选则相应的方式。当无“特殊方式”连接片投入时，且线路属性定值为“1”时（表示该线路功能投入），在相应线路的电压与电流端子用标准测试仪器加电压电流，使电流电压值或线路有功满足线路投退条件；当线路全部投运时，则方式为“正常方式”；当某线路停运时，则方式为“某线路停运”。

（3）试验注意事项：当定义多于一个特殊方式连接片时，应投入多于一个特殊方式连接片进行检查，装置应报异常，闭锁装置，报无此方式。当没有特殊方式连接片投入，同时匹配不到其他方式时，则报无此方式，闭锁装置。

5. 装置异常信息检查

（1）试验方法。在稳定控制装置正常运行状态下，根据各种异常信号的判据模拟各种异常信息。FWK-300 型稳定控制装置异常信号模拟方法如下：

1）低电压异常：三相电压平均值小于 50%U_n 且持续时间大于 5s。

2）高电压异常：三相电压平均值大于 120%U_n 且持续时间大于 5s。

3）零序电压过大异常：零序电压值大于 10%U_n 且持续时间大于 5s。

4）零序电流过大异常：零序电流值大于 10%I_n 且持续时间大于 5s。

5）跳闸信号时间过长异常：模拟跳闸信号开入且持续时间大于 5s。

6）频率越限异常：频率超过 55Hz 频率低于 45Hz。

7）同步启动异常：模拟两条线路启动，且启动信号持续时间大于 20s。

8）方式连接片异常：投入两个及以上特殊方式连接片。

9）上位机开入异常：模拟单元处理机任一线路故障信号，且持续时间大于 15s。

（2）试验注意事项。模拟异常信号，不仅要检查装置在异常时能准确发出告警信息，同时还应检查该元件异常时对装置运行的影响，即是否闭锁装置。FWK-300 型稳定控制装置闭锁装置的异常信号有：

1）低电压异常。

2）高电压异常。

3）零序电压过大异常。

4）零序电流过大异常。

5）跳闸信号时间过长异常。

6）频率越限异常。

7）方式连接片异常。

8）上位机开入异常。

需要注意的是，对于母线电压，当只有一段母线低电压异常或零序电压异常时，只报电压互感器断线信号，不闭锁装置，可以手动复归该信号。

6. 装置其他功能检查

装置其他功能，如打印功能、自检功能、定值“禁止”和“允许”功能、GPS 对时功能等功能检查，见表 8-3。

表 8-3　　装置其他功能检查试验示例

序号	试验内容	试验结果	试验结论
1	时钟准确性及设定功能		
2	异常告警信号显示及打印		
3	GPS对时功能（硬触点对时）		
4	定值“禁止”和“允许”功能		
5	键盘功能		
6	装置掉电不出口		
7	键盘修改定值功能		
8	装置自检功能		
9	发生故障时装置自动记录事件		
10	发生故障时装置自动记录故障数据		
11	发生故障时装置自动打印事件记录		
12	装置掉电后事件记录、故障数据自动保存		

7. 稳定控制装置执行机和决策机联调

（1）执行机上送决策机信息检查。在决策机、执行机稳定控制装置正常运行状态下，在执行机相应机组的电流端子用标准测试仪器加电流，模拟机组容量，在执行机上投退“允切连片”，在决策机上观察可切容量，比较决策机上可切容量信息是否与执行机上所投机组容量一致。需要注意的是，执行机上设置“允切连片”，只有对应机组“允切连片”投入时，该机组容量才上传决策机，纳入决策机可切容量计算。例，A电厂稳定控制装置执行机上送决策机信息检查试验见表8-4。注“√”—代表允切连接片投入；空白代表不投，最多只上送 N_{max} 台可切量，取 N_{max} =6）。

表 8-4　　执行机上送决策机信息检查试验示例

序号	8号	9号	10号	11号	12号	13号	14号	15号	16号	17号	18号	19号	20号	21号	可切量	结论
1	√															
2	√	√														
3	√	√	√													
4	√	√	√	√												
5	√	√	√	√	√											
6	√	√	√	√	√	√										
7	√	√	√	√	√	√	√									
8	√	√	√	√	√	√	√	√								
9	√	√	√	√	√	√	√	√	√							
10	√	√	√	√	√	√	√	√	√	√						
11			√	√	√	√	√	√	√	√	√	√				
12				√	√	√	√	√	√	√	√	√	√			
13					√	√	√	√	√	√	√	√	√	√		
14									√	√	√	√	√	√		

(2) 决策机稳措容量计算正确性检查。在决策机相应线路电流电压端子用标准测试仪器加电流电压，模拟线路容量，根据决策机稳措容量计算公式，检查决策机采集稳措容量是否正确。例如，A电厂稳定控制装置稳措容量计算正确性检查试验见表8-5［A电厂稳措断面$=P$（Ⅰ、Ⅱ号线）$\times K_1+P$（Ⅲ号线）$\times K_2$（K_1、K_2可在定值中整定)］。

表8-5　　稳措容量计算正确性检查试验示例

序号	K_1	K_2	结论
1	1.0	0	
2	0	1.0	
3	1.0	1.0	

(3) 策略表检查。在决策机、执行机稳定控制装置正常运行状态下，在决策机相应线路电流电压端子用标准测试仪器加电流电压根据测量表模拟相应故障类型、运行方式，检查执行控制策略的正确性。

1) 稳定控制装置故障模拟试验方法如下：

a) 无故障跳闸：模拟线路投运后，突然断开三相电流。

b) 单相永久故障：模拟线路投运后，突然一相电流增加，一相电压降低，且当前电流与启动前0.2s的电流差一般应大于100A，当前电压与启动前0.2s的电压差一般应大于$20\%U_n$，并接入三相跳闸信号。

c) 相间故障：模拟线路投运后，突然至少两相电流增加，至少两相电压降低，且当前电流与启动前0.2s的电流差一般应大于100A，当前电压与启动前0.2s的电压差一般应大于$20\%U_n$，并接入三相跳闸信号。

2) 对于FWK-300型稳定控制装置，启动判断条件如下：

a) 电流突变量启动

$$\Delta i = i_t - i_t - 20$$

$$|\Delta i| \geqslant \Delta I_s$$

任意一相连续三次满足上式则进入启动状态。

b) 功率突变量启动

$$\Delta P = P_t - P_{t-0.2}$$

$$|\Delta P| \geqslant \Delta P_s$$

连续三次满足上式则进入启动状态。

3) 对于FWK-300型稳定控制装置，故障判断条件如下：

a) 单相永久故障：① 线路投运；② 突变量启动；③ 至少有一相电流增加且

当前电流与启动前 0.2s 的电流差大于 100A；④ 至少有一相电压降低且当前电压与启动前 0.2s 的电压差大 20%U_n；⑤ 有三相跳闸信号。

b）相间故障：① 线路投运；② 突变量启动；③ 至少有两相电流增加且当前电流与启动前 0.2s 的电流差大于 100A；④ 至少有两相电压降低且当前电压与启动前 0.2s 的电压差大 20%U_n；⑤ 有三相跳闸信号。

c）无故障跳：① 突变量启动；② $|P_{-0.2}| \geqslant P_{s1}$（事故前 0.2s 时的功率大于功率定值 P_{s1}）；③ $|P_t| < P_{s2}$；④ 有两相电流满足 $I \leqslant I_{s1}$（I_{s1}为线路投运定值）；⑤ 有两相电压满足 $U > U_{NLS}$（U_{NLS}为定值）；⑥ $|\Delta I| = |I_k - I_{k-0.02}| \geqslant \Delta I_s$（电流有效值在 20ms 前后之差大于定值 ΔI_s）；⑦ 满足以上 5 个条件的时间大于 T_{TS}；⑧ 装置启动后同时满足以上 6 个条件则判为无故障跳。

例如，A 电厂稳定控制装置正常运行方式下Ⅰ号线故障策略表检查试验见表 8-6。

表 8-6　　策略表检查试验示例

故障元件	故障类型	检测断面（0，1）	断面功率（MW）	切机组容量（A、B 电厂，MW）	结　论
Ⅰ号线	相间故障	1	200	100	
			400	200	
			800	300	
			1600	400	
	单相永久跳闸	1	200	110	
			400	210	
			800	310	
			1600	410	

（4）执行机主辅柜相互闭锁功能检查。由于执行机切机原则是在允切机组中按发电容量从大到小切除，故两套执行机采取主辅允许方式，即主运执行机先动作，则闭锁辅运执行机出口，主运执行机拒动时，辅运执行机延时动作。这样既避免了由两套执行机采集的允切机组容量的误差可能引起的误切，同时也提高了执行机动作的可靠性。

试验方法如下：主辅柜闭锁功能检查可以在进行策略表检查时一并进行。决策机与执行机（此处执行机称为从柜，分为Ⅰ、Ⅱ柜）联调时，分别设置从Ⅰ柜主运、从Ⅱ柜辅运和从Ⅱ柜主运、从Ⅰ柜辅运，在主Ⅰ柜和主Ⅱ柜上同时模拟故障按策略表进行切机，检查主柜是否正确闭锁辅柜。例，A 电厂稳定控制装置执行机主辅闭锁功能检查试验见表 8-7。

表 8-7 执行机主辅闭锁功能检查试验示例

序号	故障	执行Ⅰ柜	执行Ⅱ柜	动作情况	结论
1	Ⅱ号线相间	主运	辅运		
2	Ⅱ号线相间	辅运	主运		
3	母线高频	主运	辅运		
4	母线高频	辅运	主运		

（5）母线高频功能检查。

1）试验方法。在决策机、执行机稳定控制装置正常运行状态下，在主柜上模拟母线高频满足定值，在执行机上检查稳定控制装置是否按定值（台数）切除机组。

2）试验注意事项。两段母线正常，则两段母线都高频，才判高频出口。如果其中一段异常，则只要剩余一段母线高频，就判高频出口。

例如，A电厂稳定控制装置母线高频功能检查试验见表 8-8。

表 8-8 母线高频功能检查试验

参　数	动作定值(Hz)	动作延时定值(Hz)	切机台数	高频功能连接片	结　论
高频第一轮	51.00	1.0	1	投	
高频第二轮	52.00	2.0	2	投	
高频第一轮	51.00	1.0	1	退	
高频第二轮	52.00	2.0	2	退	

（6）切机原则检查。对于A电厂稳定控制装置，在决策机、执行机稳定控制装置正常运行状态下，根据策略表定值，模拟A电厂接收C变电站或本地需切容量 P_{qie}，Ⅳ号线功率 P_{qg}（方向B电厂到A电厂为正），A电厂可切容量 P_{dj}，分别满足以下三个条件，检查稳定控制装置切机正确，信号正确。

1）$P_{qg}-P_{qie}\leqslant 0$，优先切除B厂机组，剩余容量切除A厂机组。

2）$0<P_{qg}-P_{qie}\leqslant K_{psel}$（A、B电厂优切选择功率定值），优先切除B厂机组。

3）$KP_{sel}<P_{qg}-P_{qie}$ 时：$0\leqslant P_{dj}-P_{qie}$，优先切除A厂机组；$P_{dj}-P_{qie}<0$，优先切除B厂机组。

例如，A电厂稳定控制装置切机原则检查试验见表 8-9。

（7）同一启动周期内按容量切除和高频同时发生检查。对于A电厂稳定控制装置，在同一个启动周期内，按容量切除和高频同时发生，将容量和高频切机台数发到执行机，执行机先收到按容量切除机组，再收到按台数切除，不考虑已经切除的。先收到按台数切除机组，再收到按容量切除，要考虑已经切除的。试验记录见表 8-10。

表 8-9　　切机原则检查试验示例

$P_{qg}-P_{qie}\leqslant 0$，优先切除B厂机组，剩余容量切除A厂机组					
故障线路	故障类型	检测断面	断面潮流(MW)	切除量(MW)	结论
Ⅲ号线	相间故障	1	1700	440	
$0<P_{qg}-P_{qie}\leqslant KP_{sel}$，优先切除B厂机组					
故障线路	故障类型	检测断面	断面潮流(MW)	切除量(MW)	结论
Ⅲ号线	单永故障	1	900	450	
$KP_{sel}<P_{qg}-P_{qie}$，且 $0\leqslant P_{dj}-P_{qie}$，优先切除A厂机组					
故障线路	故障类型	检测断面	断面潮流(MW)	切除量(MW)	结论
Ⅱ号线	单永故障	1	1500	430	
$KP_{sel}<P_{qg}-P_{qie}$，且 $P_{dj}-P_{qie}<0$，优先切除B厂机组					
故障线路	故障类型	检测断面	断面潮流(MW)	切除量(MW)	结论
Ⅱ号线	单永故障	1	1600	410	

表 8-10　　同一启动周期内按容量切除和高频同时发生检查试验示例

序号	故障1	故障2	动作情况	结论
1	Ⅱ号线单相永久跳闸	母线高频		
2	母线高频	远方命令		

8. 稳定控制装置系统联调

(1) 通道正确性检查。即检查通道传递信息的正确性。对于A电厂稳定控制装置，应检查Ⅲ号线故障时，能将故障信息正确发送到C变电站；同时应检查切B电厂出口时，B电厂侧能正确收到切机命令。

(2) 接收通道命令时装置动作正确性检查。检查稳定控制装置在接收到通道远切命令时动作的正确性，对接收双通道或多通道命令的装置，还应进行命令同时到来或相继到来的试验，检查装置动作是否正确。对于A电厂稳定控制装置，只需进行接收C变电站命令正确性检查，当至C变电站通道连接片退出，不接受C变电站远方命令，也不向C变电站发送Ⅲ号线故障信息。试验记录见表8-11。

表 8-11　　接收通道命令动作正确性检查示例

序号	远方命令切除量 (MW)	至C变电站通道连接片	动作情况	结论
1	200	投	动作	
2	400	投	动作	
3	200	退	不动作	
4	400	退	不动作	

（3）本地功能切机或切负荷出口与远方命令同时到来时装置动作正确性检查。检查稳定控制装置在本地功能切机或切负荷出口与远方命令同时到来时，命令处理的逻辑和装置动作的正确性。对于A电厂稳定控制装置，在同一个启动周期内，本地切机容量与远方命令容量，考虑按较大的执行；如已优先切除B电厂机组，考虑追加未切够容量切除A电厂机组；如已优先切除A电厂机组，则还要依据未切够容量按决策机和执行机切机原则进行。试验记录见表8-12。

表8-12　本地功能切机与远方命令同时到来装置动作正确性检查试验示例

序号	故障1	故障2	相关条件	结论
1	Ⅰ号线单相永久跳闸	远方命令	已优先切B电厂机组	
2	Ⅱ号线相间	远方命令	已优先切除A电厂机组	
3	远方命令	Ⅲ号线单相永久跳闸	已优先切B电厂机组	

（4）通道异常是否闭锁装置功能检查。例，对于A电厂稳定控制装置，检查其与C变电站通道异常时不闭锁装置。

三、运行及维护注意事项

（1）稳定控制装置判别元件潮流方向一般以流出本站为正，流入本站为负，现场人员一定要根据实际情况接入电流回路，一旦接反可能影响功能的判别。

（2）装置正常运行时一定要将“定值允许写”开关拨到“禁止”位置。

（3）为安全起见，装置写定值时应注意以下事项：

1）如果用计算机修改定值之前，先与装置连好，注意IP地址一定要正确。

2）修改定值时，注意应断开本柜所有出口连接片，断开本柜所有与远方的通道。

3）如果用计算机修改定值，先从装置下载定值，然后在此基础上进行修改下发，注意定值一定不能下错，如果定值没有修改正确，一定要查明原因后重新下发直至报定值修改正确，在此之前不要投入连接片与远方通道。

（4）装置在运行期间发现有异常时应查清异常的原因，如现场人员处理不了或需更换备用插件时，应及时寻求厂家技术支持。

（5）切勿带电拔插各插件。

（6）装置进行年检试验时，应注意将装置的出口连接片退出做试验，注意防止电压互感器回路短路、电流互感器回路开路。

（7）交流插件在输入电流回路没有可靠短接的情况下注意不能拔出，以防电流互感器回路开路。

(8) 若稳定控制柜的电流回路不是接在电流互感器回路的末端，则在装置的电流回路需短接或进行试验时，将影响后面的保护或其他装置的运行状态，应注意将串在本装置电流回路的保护等装置退出或者在本装置上进行电流回路跨接。

(9) 若稳定控制柜的电流回路接在电流互感器回路的末端，则当前级保护装置做回路试验时，将直接影响到本装置的运行状态，必须将装置退出或者在前级保护装置上进行电流回路跨接。

(10) 稳定控制装置巡检时，除应检查面板的各种运行指示灯外，还应检查液晶面板循环显示的信息是否正常。

(11) 运行人员如果发现运行中若告警灯点亮，应该查看打印机报文，明确告警原因。如果告警信号闭锁装置，则应该立即停运装置，通知检修人员现场检查；如果是告警信号不闭锁装置，则可以按复归按键。如果告警再次告出，则通知检修人员现场检查。

第二节　故障录波装置检验

一、故障录波器功能概述

电力系统的故障录波器是常年投入监视电力系统运行状况的一种自动记录装置。它可以记录因短路故障、系统振荡、频率崩溃、电压崩溃等大扰动引起的系统电流、电压及其导出量，如系统频率、有功、无功的全过程变化现象，同时还记录继电保护与安全自动装置的动作行为。性能优良的故障录波器对保证电力系统的安全可靠运行具有非常重要的作用。进入 20 世纪 80 年代后，微机型故障录波器在电力系统中得到了广泛的应用，录波器的故障记录已经成为分析事故发生原因、帮助寻找故障点、迅速处理事故，特别是分析继电保护动作行为的依据。目前它已成为电力系统自动化及系统管理的重要组成部分。其具体作用有如下：

(1) 正确分析事故的原因，制订反事故措施。一个大的电力系统往往连着广大地区的很多发电厂和变电站，当系统发生事故时，除继电保护和自动装置动作切除故障外，尚需尽快查明事故原因，以便确定防止事故的对策。但如无故障录波器，就不能得到可靠的直接数据，因此在分析事故时，不得不进行假设和推测，这样常常前后矛盾，难以解释。有了故障录波器，通过录取的故障过程中的故障电流、电压的数值以及断路器的跳合闸时间和重合闸是否成功等情况，可以正确分析和确定事故原因，避免人为因素介入，根据分析结果制定出相应对策，消除系统中的薄弱环节，提高运行可靠性。

(2) 正确评价继电保护和自动装置的工作。在电力系统发生事故时，继电保护装置有时会出现拒动或误动的情况。仅凭借保护装置的信号表示，有时并不能正确评价继电保护和自动装置的工作。有了故障录波器，利用故障录波资料就可以正确评价或验算继电保护装置工作的正确性。特别是当发生转换性故障时，更需要录波资料来正确评价继电保护和重合闸装置的工作。

(3) 进行故障定位。电力系统中，超高压输电线路上发生的系统故障绝大部分是接地故障。每次故障发生以后一般都需要及时巡线找到故障地点进行处理，而全线的巡查将受到地理因素、天气状况等的限制，特别是超越高山、峡谷的高压、超高压线路，巡线是极其困难和艰苦的。同时，这样做的效率也很低。而利用故障录波器，由故障波形可判断故障性质（相间短路，接地及故障相别），并根据电流、电压等录波量大小推算故障点位置。作为新一代的微机故障录波器还具有直接测量故障点的功能，使巡线工作缩小到某重点区段，省时、省力，有利于迅速消除故障，保证线路的安全输电，对迅速恢复供电有重要意义。

(4) 发现继电保护和自动装置的缺陷，便于改进和完善装置。超高压线路上装设的继电保护和自动装置在设计安装上，仍可能有不合理或考虑不周的地方。这些问题在做各种模拟实验，甚至在运行中都不易被发现，但在系统发生故障时，就会暴露出来，造成装置的误动或拒动。利用录波资料可以分析发现装置的缺陷，并及时予以改进。

(5) 发现一次设备缺陷，及时消除隐患。在超高压电力系统中，有的一次设备，例如高压断路器存在的缺陷，平时不易发现，但从录波数据的分析，就很容易找到问题所在。

(6) 记录电力系统的振荡过程。

(7) 提供转换性故障和非全相运行时再故障的资料。

因此可见，故障录波器对保证电力系统的安全运行是十分重要的。由于它所起的巨大作用，所以其在电力系统中的地位也越发重要。

二、故障录波器的基本组成

（一）硬件结构

故障录波器的硬件结构一般采用分层式结构，主要包括管理机（工业计算机）、下层数据采集模块、隔离变送器等，还包括必需的辅助设备显示器、打印机、键盘和鼠标等。管理机主要完成装置的运行和调试管理、电气量信号的在线监测、录波数据的存储与分析以及故障报告的形成和打印等，并根据远方控制命令对录波数据进行调度控制。根据管理机的任务特点，其硬件选用工业级计算机，配备专用的GPS接口卡和远传Modem卡以及串口、网口、USB接口等，可实现装置时钟的自动对时和记录数据的远传，以及录波数据的离线分析处理。数据采集单元按微机保护的高可靠性要求进行硬件设计。鉴于数据采集单元数据处理工作量大，实时性要求高，目前多采用采用高性能的DSP完成模/数变换管理和基本电气参数计算，充分发挥其计算优势，便于实现高速录波。装置选用16位高精度A/D，以提高记录数据的准确性。图8-9为某公司A型故障录波分析装置硬件结构图。

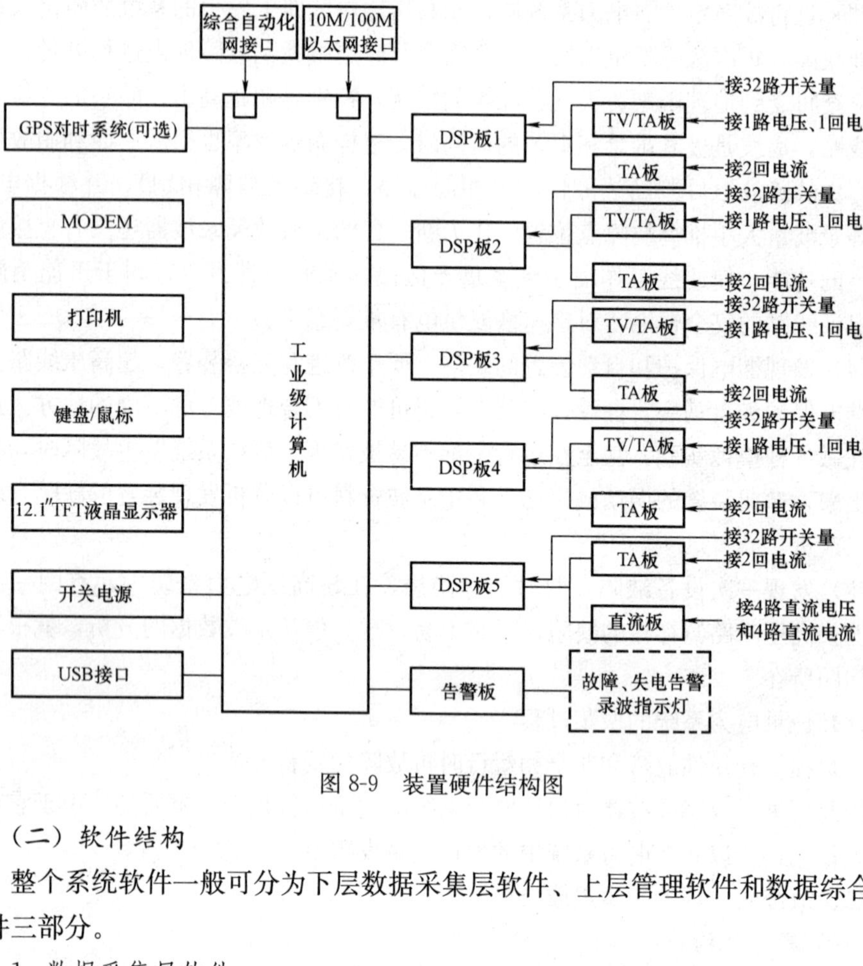

图8-9　装置硬件结构图

（二）软件结构

整个系统软件一般可分为下层数据采集层软件、上层管理软件和数据综合分析软件三部分。

1. 数据采集层软件

数据采集层系统主要进行输入信号的离散采样、数值计算、故障的检测判断以及记录数据的保存和上传，同时接受上层机下传的各种命令，完成相关操作。其主要功能如下。

（1）数据采样。系统接受定时中断命令，进行定时采样。在每次中断采样间隔内对所有模拟信号进行采样，采样数据一方面可以用来进行相关的数值计算，如相量计算等；另一方面也可转移到别处进行采样值记录、故障检测等。

（2）数值计算。在每次采样间隔内，除了要进行数据采样，还要利用内存中的采样数据进行相、序量计算以及频率计算。

（3）定值管理。正确的定值是整个监录系统正常运行的前提，因此，除定值的多重自检和校核外，定值的修改采用了严格的权限控制。此外，根据定值应用对象的不同，实施分类管理，以提高定值的管理效率，便于运行人员掌握、应用。

（4）故障检测。正常运行状态下，监录系统在每个采样周期内都进行故障检测。除了检测开关变位以外，还要检测其他启动条件是否满足。由于故障启动方式众多，不可能在一个采样间隔内检测所有的启动量，因此，采用分时处理技术，以满足计算时限的要求。

（5）稳态数据记录。装置投入运行后立即进行非故障启动的连续记录，记录电压、电流的相量实、虚部及开关量状态。数据记录间隔可由用户设定，每一时段的稳态数据记录完毕则自动上传。

（6）故障数据记录。当监录系统检测到任何一种启动条件满足时就开始故障录波。

2. 管理层软件

管理层系统主要完成装置的运行管理和调试管理，以及与远方调度的通信。

（1）运行管理。当装置工作在运行状态时，上层管理机将完成装置运行监控和状态在线监测功能。

（2）调试管理。当装置处于调试状态时，上层机完成装置的调试管理、定值的整定及机组的试验记录等功能。装置的调试管理主要包括：各模拟通道的零漂和比例系数的调整；开入回路检测；开出通道检测；文件服务、状态查询、时间和日期的修改等功能。

（3）远方通信。远方通信软件负责管理上层机和调度端之间的通信。调度端可以通过拨号上网的方式远程访问上层管理机，完成远方修改定值、启动录波、上传录波文件、在线监测等功能。

3. 数据综合分析软件

分析软件能自动识别稳态数据文件和故障数据文件，并分别进行分析。各分析功能可根据实际需要灵活配置。分析软件的主要功能包括：波形分析、相/序量计算、谐波分析、发电机机端测量阻抗计算、功率及频率计算、发电机变压器组差动保护所对应的各种差流分析、开关变位时序分析、故障选相、故障测距等。

三、现场故障录波器的配置与基本要求

在主要发电厂、220kV 及以上变电所和 110kV 重要变电所应装设专用故障录波装置。目前，变电站微机保护一般均按照双重化配置，因此，与之配套的故障录波也宜双重化配置，同一对象的模拟量、开关量接入同一台故障录波器中。

（1）对于220kV变电所，每条220kV线路、母线联络断路器及每台变压器220kV侧的3个相电流和零序电流，两组220kV母线电压互感器的3个相对地电压和零序电压。操作每台220kV断路器的继电保护跳闸命令，纵联保护的通信通道信号，安全自动装置操作命令。

（2）对于500kV变电所，除220kV变电所要求外，500kV侧需要记录的模拟量是500kV每条线路的4个电流量和4个线路电压量和每台主变压器的4个电流量。操作每台500kV断路器的继电保护跳闸命令，纵联保护通信通道信号及安全自动装置操作命令。

四、故障录波装置检验

故障录波的检修试验项目，在本书中主要指定期检验。定期检验应根据有关行业标准所规定的周期、项目及各级主管部门批准执行的标准化作业指导书的内容进行。

（一）人员要求及工器具准备

根据实际情况适当安排工作负责人和工作班成员，根据工作内容带上相应的图纸和检修规程或作业指导书。根据工作内容，选用适当的安全设备和检修工具。

（1）小型标准的一字和十字起子小型套筒扳手。

（2）手电筒、尖嘴钳、剥线钳、斜口钳等个人工具。

（3）绝缘胶布、扎带、白布带、聚氯乙烯带等电气胶带。

（4）清洁干布和软毛刷子、无水乙醇等清洁剂。

（5）吸尘器、吹尘机或干的低压压缩空气源。

（6）数字表、相序表。

（7）绝缘电阻表（500V或1000V）。

（8）钳形电流表（AC/DC）。

（9）电源插座（带剩余电流动作保护器）、对线灯。

（10）调试计算机。

（11）继电保护测试仪（标准三相交流电压源和电流源）。

（12）更换的元件，还应包括熔丝、接线、电缆、风扇等。

（13）电烙铁、吸锡器、焊锡丝等焊锡工具。

（14）号头机、号头套管、标签机、标签纸等。

（二）现场检修试验安全技术措施

故障录波装置现场检修试验安全技术措施除第二章继电保护检修工作的要求外，由于故障录波装置检修时，故障录波装置接入了开关站各单元电压、电流量，在故障录波装置检修时，相关的一次设备和二次设备一般都在运行中，因此，必须做好相关的安全措施。对于电流量，应先在端子外侧电缆处用端子短接片可靠短接A、B、C、N相，确保短接良好，防止开路；再检查装置的电流采样值确实为零后，接着再打开电流端子连片，必要时可用钳形表测量。对于电压量，直接将电压端子连片打开，防止短路；接着用绝缘胶带将电流、电压端子外侧贴紧，防止工作时误碰、误接线。

（三）现场检修周期与检修质量标准

现场检修周期见表8-13，检修项目与质量标准见表8-14。

表8-13　检修周期

检修类别	周　期	工　期	备　注
全部检验	6年	6天	
部分检验	2～3年	3天	
补充检修		1天	缺陷处理
巡回检查/设备点检	每周	半天	

表8-14　故障录波装置检修项目与质量标准

检修试验项目	质量标准
技改方案的实施	正确地完成技改方案，有关试验合格
清灰、紧螺钉、外观及接线检查	清洁无灰尘，无过热、破损、松脱
二次回路绝缘电阻测试	绝缘电阻阻值与原记录无明显差别
开关量输入检验	短接（断开）装置可启动录波的空触点输入端子，要求触点闭合（断开）时间不超过3ms便可启动录波
零漂检验	交流电压回路的零漂值在0.05V以内，交流电流回路的零漂值在0.05A以内
精度检验	测量范围和测量误差满足要求
直流量检验	测量范围和测量误差满足要求
装置定值检验	各定值均正确
输出触点及输出信号检查	各输出触点及信号均正确
定值与开关量状态的核查	定值与定值单一致，开关量状态与实际一致
电流、电压回路阻值测量	记录阻值并与原记录比较

五、录波装置检修作业过程描述

1. 技改方案的实施

按本次设备检修已下达的技术改进方案予以实施。

2. 设备缺陷的处理

根据工作负责人统计出的检修设备存在的缺陷记录，利用设备停电检修期间将缺陷消除。

3. 清灰、紧螺钉、外观及接线检查

（1）检查装置内、外部是否清洁无积尘，清扫电路板、屏柜内外端子排、屏体等。

（2）对装置端子排、连片、装置横端子、装置内部端子进行螺钉紧固。

（3）检查装置的小开关、拨轮及按钮是否良好，显示屏是否清晰。

（4）检查各插件的印刷电路板是否有损伤或变形，连线是否连接好。

（5）检查各插件上的元器件外观质量、焊接质量应良好，所有芯片应插紧、型号正确，芯片放置位置正确。

（6）检查各插件上变换器、继电器是否固定好，有无松动。

（7）检查装置横端子排螺钉是否拧紧，后板配线连接是否良好。

（8）按照装置技术说明书描述的方法，根据实际需要，检查、设定并记录装置插件内的选择跳线和拨动开关的位置。

4. 二次回路绝缘电阻测试

（1）交流回路对地、交流回路之间、交流回路与直流回路之间用1000V绝缘电阻表测量，施加时间不小于5s，绝缘电阻不小于10MΩ。

（2）直流回路对地用500V绝缘电阻表测量，施加时间不小于5s，绝缘电阻不小于10MΩ。

5. 电源检查

从0起升压应能自启动，符合反措要点要求。对不合格的电源应及时更换。拉合装置直流电源开关试验时，装置应无异常。

6. 开关量输入检验

设定定值为所有开关量通道启动。

（1）用一根短接线一端接+24V，另一端逐一点端子排上属同一块DSP板的32个开关量通道，将波形调过来观察开关量通道是否都启动。尽量将同一块DSP板的32个开关量判启动录成一个波形保存。

（2）同上操作方法，继续做余下的DSP板开关量判启动测试。

（3）将此测试项目的波形文件存档。

7. 模数变换系统检验

（1）零漂检验：

1）使电压通道短路，电流通道开路。

2）手动录波，打开波形文件，观察各个电压、电流通道的零漂。电压通道零漂不大于0.062V，电流通道零漂不大于0.031A为正常。

（2）精度检验：

1）按单相接线方式接线，将测试仪的A相电压设定为57.7V，B、C相设定为0V；A相电流设为5A（1A），B、C相电流设为0A。待测试仪信号稳定以后，手动录波。

2）录波文件调回，检查各电压电流通道的精度。计算各个通道的精度误差，不合格的通道标记出来。

3）对于角度误差不合格的通道记录下来。

4）对于有效值误差不合格的通道，首先检查对应的电压互感器/电流互感器板的通道的精度是否合格。在保证传感器板精度合格的前提下，如该通道精度误差仍不合格，记录下来。

连续三次录波，如有效值误差及角度误差均满足要求，则精度测试通过。

8. 直流量检验

（1）将所有直流量通道的输入端并联在一起，公共端并联在一起。

（2）调整测试仪到直流电压界面，将测试仪的B、C相分别接到直流量端子上，设定直流电压值为3V，变化步长为1V。手动录波，并在录波过程中改变输出的直流电压大小。

（3）将波形调回检查，看是否正确记录下了直流电压的变化。

将此测试项目的波形文件存档。

9. 装置定值检验

（1）突变量判启动：

1）设定被测试通道的突变判启动定值，而清除所有其他定值。

2）设定测试仪A相电压为57.7V、电流为1A（或5A）。设置增量为设定定值的110%。做3次启动实验，3次均启动为合格。设定测试仪A相电压（或电流）增量为设定定值的80%，做3次启动实验，3次均不启动为合格。

（2）越限判启动测试：

1）设定被测试通道的越限判启动定值，而清除所有其他定值。

2）设定测试仪A相电压为57.7V，电流为1A（或5A）。测试电压通道时增量设为1V，慢慢往下降，直到低越限启动，记录下启动值。测试电流通道时增量设为0.1A，慢慢增大，直到越限启动，记录下启动值。启动值与设定值间的误差小于1%为合格。

（3）正负序判启动测试：

1）接线方式为三相接线。

2）按表8-15设定各相初始值和初始相位。

表8-15　　各相初始值和初始相位表

参　数	初始值	相　位	参　数	初始值	相　位
A相电压	57.7V	0°	A相电流	5A（1A）	0°
B相电压	57.7V	−120°	B相电流	5A（1A）	−120°
C相电压	57.7V	120°	C相电流	5A（1A）	120°

3）正序过压判启动：只设定A相为变化量，变化步长设为1V。设定正序过电压定值为63.5V，那么当A相电压超过57.7+3×（63.5−57.7）=75.1（V）时，正序过电压启动录波，误差不超过5%为合格。

4）正序欠压判启动：只设定A相为变化量，变化步长设为1V。设定正序欠电压定值为51.96V，那么当A相电压低于57.7−3×（57.7−51.96）=40.48（V）时，正序欠电压启动录波，误差不超过5%为合格。

5）电压负序越限判启动：只设定A相电压为变化量，变化步长设为1V。设定负序限定值为2V，那么当A相电压低于57.7−3×2=51.7（V）或高于57.7+3×2=63.7（V）时，负序越限启动录波。误差不超过5%为合格。

6）电流负序越限判启动：只设定A相电流为变化量，变化步长设为0.1A（1A的为0.02A）。设定负序越限定值为0.5（1A的为0.1）A，那么当A相电流低于5−3×0.5=3.5（A）（1A的为0.7A）或高于5+3×0.5=6.5（A）（1A的为1.3A）时，负序越限启动录波。误差不超过5%为合格。

7）将所有启动波形文件存档。

（4）频率越限判启动测试：

1）接线方式为单相接线和三相接线方式皆可。

2）清除所有其他定值，只设定待测通道频率高越限定值为50.50Hz。调整测试仪进入频率实验界面，将参考相选择为与通道号对应的相，将变量选择项选为电压频率。设定频率变化步长为0.01Hz，逐步增加所选相电压频率直至启动，记录启动值。

3）设定频率低越限定值为49.50Hz，逐步减小所选相电压频率直至启动，记录启动值。

频率启动误差不超过0.1Hz为合格。

10. 输出触点及输出信号检查

（1）装置异常告警。用万用表测量告警，在下列情况下该节点闭合：

1）装置掉电时。

2）定值出错或定值被清除时。

3）+5、+24、±12V 直流电源出错时，同时液晶显示电源出错指示，故障灯亮。

装置上电正常运行状态时，该触点断开。

（2）录波告警：用万用表测量该对触点，当录波启动时闭合，录波结束后自动断开。

11. 整组实验

（1）将模拟量接线改为三相接线。

（2）测试仪进入功率振荡测试项目。定值设为缺省的标准定值。开始实验，录波器应启动录波，并记录下其全过程。查看波形是否正确。

（3）测试仪进入三相短路测试项目。定值设为缺省的标准定值。开始实验，录波器应启动录波，并记录下其全过程。查看波形是否正确。

将此测试项目的波形文件存档。

12. 定值与开关量状态的核查

调用打印整定值功能，保护装置打印出一份定值报告、开关量状态报告、自检报告，其中定值报告应与定值整定通知单一致，开关量状态与实际运行状态一致，自检报告应无保护装置异常信息。

13. 电流、电压回路阻值测量且与原阻值比较

电流回路阻值测量并与原记录进行比较，以检查电流回路的完整性。分别测量电流回路、电压回路对地绝缘和内外直阻，记录测量结果进行比较。

14. 恢复安全措施

对照安全措施卡，一人执行，一人监护，恢复安全措施。对于电流量，应先恢复端子连片，确保连片连接可靠后再取下端子短接片；对于电压量，直接将电压端子连片恢复，防止短路。

15. 清理工作现场

每天工作完毕后，工作班应清扫、整理工作现场，做到工完场清。

16. 检修工作监督、验收

从检修工作开始到检修工作结束，工作负责人、分部负责人、专业主任师对检修全过程实施监督，制止施工中的不安全现象，对工作中存在的疑问予以指导，并按三级验收表要求逐级验收。

17. 办理工作票终结手续

保护设备全部工作完成后，按工作票管理流程办理工作票终结手续。

六、录波图的一般判读方法

在发生事故后，继电保护、运行人员可以通过对事故时的故障录波图进行判读，获取一定的事故信息，了解事故的性质，从而有助于对事故进行正确而快捷的处理，更能获得对事故发展与切除全过程的了解。

故障录波图如图 8-10 所示。在故障录波图上，已经用文字清楚地表明发生故障的间隔，故障发生的时间，保护动作的类型，动作时间，保护测距，跳闸相。继电保护、运行人员应从故障录波图上获取的上述信息与保护装置所打印出来的事故报告上的有关项目进行对比，一般情况下，保护的动作时间、故障测距将有所不同，正常情况下应为故障录波器的测距较为准确。继电保护、运行人员在拿到故障录波图后，首先应该核对其上的保护动作类型与保护装置显示的动作类型是否一致，如果不一致，则应该通过对录波图的波形进行分析判断。

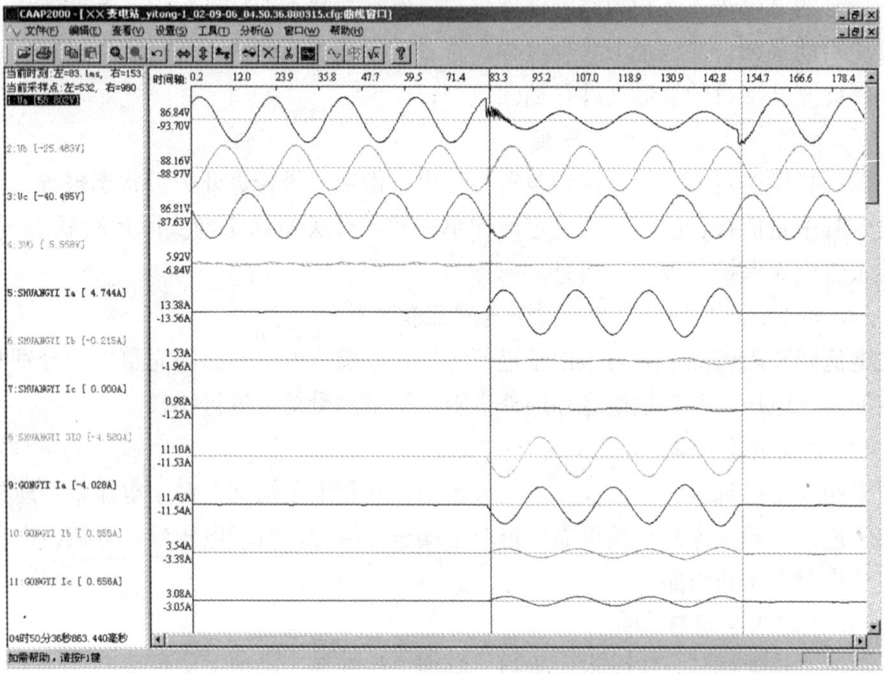

图 8-10　故障录波图

进行波形的分析时，必须要对照录波图上提供的各种波形及开关量的编号及含义说明，弄清楚图上每一波形所代表的模拟量或开关量，才能通过对波形的判断，对事故进行正确的分析。一般情况下，只考虑电力系统中发生简单故障，即有一种故障发生的情况。

不同类型的故障，其故障时电压电流的波形也不同：三相短路：三相电压远低于额定值，接近于零，三相电流基本相等，其值远大于负荷电流值。单相接地：故障相电压明显比其他两非故障相电压为低，非故障相电压基本为正常值，故障相电流较事故发生前增大。两相短路：故障相电压降低，故障相电流相等，方向相反，波形上表现为两故障相同一时刻的波峰与波谷刚好相反，非故障相电流基本为零。两相接地短路的波形则类似于两相短路。另外，故障的波形图上将有一个故障电流、电压突然截止的情况，其对应的时间刻度即为故障被切除的时间。保护发跳闸命令的时刻应在故障切除时间之前，收回跳闸命令的时刻应在其之后，以保证开关可靠地收到保护装置发出地跳闸命令。从录波图上还可得出开关的具体跳闸时刻为保护装置发出跳闸令的时刻减故障电流截至的时刻；此外，通过用直尺测量电压电流波形的高度，再将该高度乘以电压电流对应的比例尺，还可求出故障时的电压电流值。

第三篇

计算机监控系统检修

第九章　计算机监控系统检修概述

随着计算机、控制技术和信息、网络技术的飞速发展，监控系统也已发展成为一个集计算机应用、控制、通信、网络于一体的综合系统。目前，水电厂计算机监控系统不仅可以完成对单个电厂的运行、监控，而且已实现了梯级流域水电厂（群）的运行、监控，还将进一步实现跨流域水电厂（群）的自动经济运行和安全监控。

本篇主要讲述大中型水电厂计算机监控系统的检修。监控系统是水电厂自动控制的主要设备，它的运行可靠与否，直接影响着水电厂的安全运行。因此，监控系统的定期检修，应视同水电厂主设备进行管理。

第一节　监控系统组成及作用

水电厂计算机监控系统通常可以分成两大部分：一是对全厂设备进行集中控制的部分，称之为厂级或厂站级监控系统（即上位主计算机）；另一部分是位于水轮发电机层、开关站等设备附近的控制部分，称为现地控制系统（或现地控制单元 LCU）。通常，前一部分也被叫做上位机控制系统，后一部分也被叫做下位机控制系统。

一、上位机控制系统概述

厂级监控系统的主要目的是实现集中控制或远方控制。其主要功能包括对全厂设备的监控、自动发电控制（AGC）、自动电压控制（AVC）、事件顺序记录、事故分析处理、趋势分析处理、经济运行、运行培训仿真等。厂级监控系统总体配置由操作员工作站、通信工作站、厂级工作站、工程师工作站以及语音处理及通道切换装置、外围设备如打印机等构成，各种工作站的作用如下：

（1）操作员工作站。操作员工作站是全厂集中监视和控制的中心配备人机接口，用来实现水电厂的各种状态和操作记录实时图形显示、各种事故追忆及事件顺序记录的发布、报表显示、报警和复归的显示、系统自诊断信息的显示、操作员操作权限的登录及其管理、设备的控制操作、系统配置等各种操作处理。

(2) 通信工作站。通信工作站主要作用是用来与外部系统进行通信。如在大范围内可以与国调、网调、省调、梯调进行通信，在小范围内也可与水情、航运、闸门、泵站以及管理信息系统等进行通信。

(3) 工程师工作站。工程师工作站除具有程序开发、调试以及培训仿真等功能外，并兼有操作员工作站全部功能，是水电厂进行设备维护、程序改进的重要工具。

(4) 厂级工作站（主站）。厂级工作站主要用来完成一些后台工作或计算量较大的工作，如自动发电控制（AGC）、自动电压控制（AVC）、历史数据库、数据统计处理、专家系统等有关功能。

二、下位机控制系统概述

下位机控制系统的主要组成部分是现地控制单元（Local Control Unit，LCU)。现地控制单元主要完成对被监控设备的数据采集、顺序控制流程、逻辑控制流程以及与系统中其他装置的数据交换和状态采集。一般布置在电站生产设备附近，就地对被控对象的运行工况进行实时监视和控制，是电站计算机监控系统的较底层控制部分。

对于大型电厂现地控制单元一般根据监控对象及其地理位置而划分为机组LCU、公用LCU、开关站LCU和闸门LCU等，以实现对各个对象的监视和控制。各台LCU之间是相互独立的，某个LCU故障时，不影响其他LCU的正常运行。并且与厂级计算机系统也是相对独立的，厂级计算机系统故障时，各LCU装置还能独立地工作，维持监控对象的安全运行。

现地控制单元的控制对象包括以卜儿部分：

(1) 电厂发电部分：水轮发电机组、机组辅助设备、变压器等。

(2) 开关站：母线、断路器、隔离开关、按地开关。

(3) 公用设备：厂用电系统、油水风系统、蓄电池直流系统等。

(4) 闸门设备：进水口闸门、泄洪闸门等。

某电厂监控系统结构图，如图9-1所示。

三、监控系统的主要功能

(一) 数据采集和处理功能。

厂级数据采集具有从各现地控制单元和外部数据链路采集实时数据的能力，完成数据库的刷新，并对采集来的数据进行分析、处理、计算，形成主控级监控及管理所需的数据。通常按照被测值性质的不同把他们分为模拟量、开关量、脉冲量、数码量、相关量、计算量等。

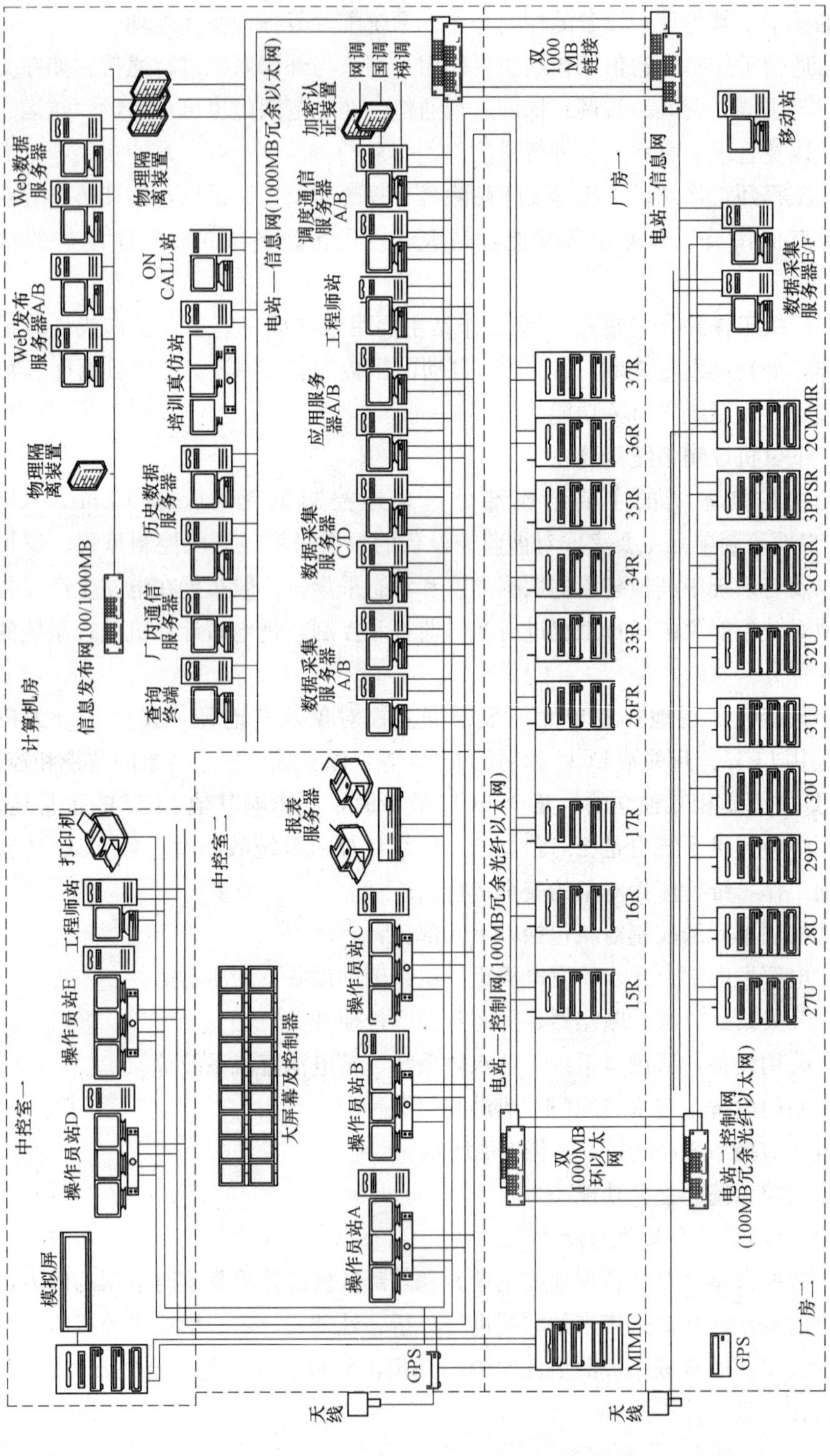

图 9-1 某电厂监控系统结构图

（二）人机接口功能

运行人员能通过人机接口设备监视、控制和管理电站运行设备，允许维护人员维护和配置计算机监控系统，具体内容如下：

(1) 运行安全监视。包括各类画面、趋势曲线、棒图的显示；事故顺序判别；故障状态显示；越、复限监视；报表显示；实时数据库、历史数据库的显示。

(2) 打印记录功能。按召唤方式控制打印机，打印各类记录、报表或完成画面拷贝功能。

(3) 操作功能。在上位机利用键盘和鼠标可进行如下功能操作：各类操作控制命令的设定执行、利用窗口技术对水轮发电机组和各电气设备进行各种运行操作和调整控制执行操作员安全级别的设定、操作员工作站控制范围的设定、系统配置操作等。现地控制单元可通过调试机或便携式工作站的人机接口功能完成对所属设备的相关操作和处理。

（三）控制与调节功能

计算机监控系统具有以下控制与调节功能：

(1) 控制调节方式的设定。控制调节方式的设定包括厂站所处控制层的设定、厂站所处调节层的设定、机组所处控制层的设定和机组所处控制方式的设定。设备的操作权一般分为远方、中控室及现地三级。远方操作命令来自上级调度，如国调、网调、省调或梯调，根据电厂实际情况而定；中控室操作属于电厂一级的控制；现地控制是在机旁完成。运行人员可以通过监控系统的人机接口设备进行设定。

(2) 现地单元的控制和调节。不论现地控制单元处于现地或远方控制方式，均具有以下控制和调节功能：机组开、停机顺序控制；事故、紧急停机控制；对断路器、隔离开关、进水口闸门等单个具有 ON/OFF 操作的设备进行控制；对辅助设备进行控制；机组转速、有功功率、电压、无功功率的控制。

(3) 自动发电控制（AGC）。是指按预定条件和要求（通常是在安全前提下考虑经济方案，实现最优控制调节方案），以迅速、经济的方式自动控制水电厂有功功率来满足系统需要的技术。它是在水轮发电机组自动控制的基础上，实现全厂自动化的一种方式。根据水库上游来水量或电力系统的要求，考虑电厂及机组的运行限制条件，在保证电厂安全运行的前提下，以经济运行为原则，确定电厂机组运行台数、运行机组的组合和机组间的负荷分配。在完成这些功能时，要避免由于电力系统负荷短时波动而导致机组的频繁启、停。

(4) 自动电压控制（AVC）。自动电压控制实现的主要功能是按照调度要求，随时维持母线电压（或特征点的电压）在一给定的范围之内，通常是通过调整发电机励磁，以及机组的无功功率来实现的，同时AVC也实现机组之间的无功功率分配。在保证机组安全运行的条件下，为系统提供可充分利用的无功功率，减少电厂的功率损耗。

（四）数据通信

水电厂计算机监控系统内部各设备之间都存在数据通信问题。其通信的方式和速率与监控系统的结构模式有关，反之，通信方式和设备的选择又直接影响监控系统的性能指标，甚至影响到监控系统是否能正常工作。除了内部通信，还有外部通信的问题，主要的通信对象是上级调度所。主要功能是上送各种数据和下达调度的命令。此外还有与厂内其他设备（如调速器、励磁、消防水系统、闸门控制系统、廊道排水系统、水轮机组监测与诊断系统等）通信。

四、几种常见的计算机监控系统

（一）H9000计算机监控系统

H9000系列分布开放系统是在20世纪90年代初推出的全新的分布开放系统。该系统在硬件选型、系统平台选型等方面，参照了当时国际最新计算机硬件产品、软件产品、实时工业控制产品及未来发展趋势，采用了系统开放技术，如64位Alpha工作站、UNIX操作系统、以太网通信、XWindows人机联系界面等，控制器广泛采用了电力行业非常熟悉的各类可编程控制器。

1996年底完成向WindowsNT平台移植，可在UNIX和WindowsNT两个操作系统平台运行完全兼容的H9000系列分布开放系统。目前，H9000系列产品经过不断充实改进和完善，包括可编程控制器直接上以太网、提供监控系统WEB浏览功能、最新国际标准通信规约库及软件包等，进一步提高了系统的可靠性和可维护性。H9000V3.0系统的技术特色如下：

（1）新型的系统结构。工业控制微机（简称IPC）结构复杂，有机械旋转部件如硬盘、风扇等，是LCU乃至监控系统的可靠性瓶颈。H9000 V3.0在系统结构有较大改进，LCU采用了可编程控制器直接上以太网的方式，在控制主回路中取消了IPC，IPC仅作为现地的辅助控制人机联系设备，系统正常运行时，IPC可以退出运行。由于控制主回路取消IPC，使LCU的可靠性大幅度提高。在进行H9000 V3.0系统设计时，充分考虑了与H9000老系统的兼容性，可确保H9000的老系统平稳升级到V3.0，并且新老系统可全兼容混合运行，因此为老系统的升级改造提供了非常便利的途径。

（2）Web浏览。由于因特网普遍采用浏览器等瘦客户端软件，系统的使用及维护十分方便，受到广大用户的欢迎。H9000V3.0增加了Web浏览功能，系统仅需增加配置Web服务器、安装woix Web服务器端软件。为了确保系统的安全性，可设硬件或软件防火墙。同样，Web浏览功能充分考虑了与H9000系统原有图形界面的兼容性，woix软件可完全识别原H9000系统的＊.dbin图形文件，并且外观效果与oix完全一致，实现了百分之百兼容。

（3）系统集成工具软件。H9000 V3.0系统在原开发工具软件的基础上，进一步充实完善，不仅提供IPM交互图形开发系统、DBgen数据库开发系统、PDC综合计算工具软件、Control Lock控制闭锁工具软件、API接口等，而且新开发研制了DEtool数据工程软件，进一步提高了系统开发集成效率和质量，也为设计部门和最终用户提供了有效的系统设计开发手段。

（4）国际标准通信规约。通过与ABB、Alstom等公司在三峡工程的合作，H9000 V3.0系统在通信规约方面获得进一步充实，不仅支持m4f、SC1801、CDC 8890 Type II、CDT及Polling等传统远动规约，而且研制开发了IEC 870-5、DNP3.0、TASE-2规约通信软件，形成了较为完善的通信软件包。

（二）NC2000计算机监控系统

NARI Access plus——NC2000是真正跨平台风格的计算机监控系统软件，它在结合国内水电厂综合自动化的新要求的基础上，总结我国水电厂计算机监控系统经验的基础，充分吸收国际上计算机科学领域中的最新技术设计而成。NC2000组态软件功能框图如图9-2所示。

NC2000采用CLIENT/SERVER体系结构，支持不同的硬件、操作系统及关

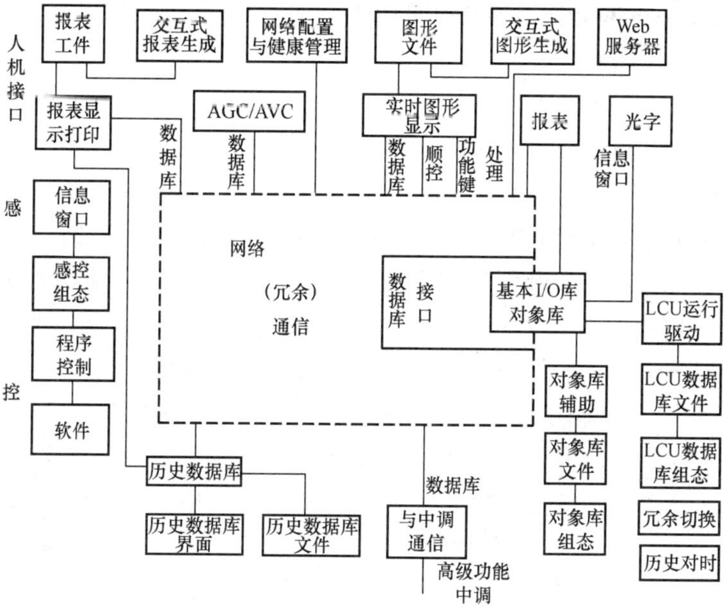

图9-2　NC2000组态软件功能框图

系型数据库系统。面向对象的开发方式，涵盖了设计和开发两个过程。它包含多层分布式对象架构，全面支持异构平台的特性，提供高效安全可靠的监控内核、功能强大的组态工具、实用方便的应用界面、多种标准的接口，紧贴水电厂和梯级调度应用需求的各种常规及高级功能。软件在系统核心、数据库、图形、网络、组态等方面都进行了较前沿的设计，采用填表、对话框、菜单方式提供强大的组态工具，以 MDI（Multi-Document Interface）作用户界面，以树形结构实现监控系统中输入采集量和输出控制量的各种参数定义，实现数据库的创建、修改、删除、查询（浏览）、保存、加载、返读、打印、在线调试及在线参数修改等。

用户无需对操作系统命令深入了解，也不需要复杂的编程技巧，不论是在 UNIX 系统上还是在 Windows 系统上，都可通过组态界面十分方便地完成以下工作：数据库测点定义、对象定义、现地控制单元的各种 I/O 模件定义、处理算法定义、通信端口、通信协议的定义，顺序控制流程生成、检测、加载等各种功能的应用定义以及维护，很多功能只需点击鼠标进行选择，既快捷方便，又避免了使用编辑程序难免产生的输入错误，真正体现了系统服务的面向对象、可靠、开放、友好、可扩展和透明化。使用户从真正意义上轻松掌握计算机监控系统技术，极大地提高了运行、维护人员对监控系统开发（或二次开发）、使用和维护的便利性，大大减轻了维护工作量；使系统不仅满足目前的应用需求，还可以根据将来的需求进行扩展；提高了系统的可用性、可维护性、可扩展性和可靠性。

（三）InTouch 和 iFix 等其他应用软件

1. InTouch 组态软件

Wonderware 公司的 InTouch 组态软件是创建人机界面的简便和快捷方法。InTouch 7.11 可以充分利用 Microsoft Windows 的关键功能，如 Active X 控件、OLE 图形和网络等，创建功能强大、齐全的 Microsoft Windows2000 和 Windows NT 操作系统下 Intouch 应用程序。Intouch 7.11 还可以通过添加自定义 Active X 控件、向导、常规对象以及创建 InTouch QuickScript 等来进行充分地扩展。

InTouch 7.11 包括三个主要程序：InTouch 应用程序管理器、Window Maker 和 Window Viewer。此外，InTouch 还包括诊断程序 Wonderware Logger。InTouch 应用程序管理器用于组织所创建的应用程序，也可以用于将 Window Viewer 配置成一个 NT 服务程序，为基于客户机和基于服务器的结构体系配置网络应用程序开发以及配置动态分辨率转换和分布式报警。Window Maker 是开发环境，在这个开发环境中可以使用面向对象的图形来创建富于动画感的触控式显示窗口。这些显示窗口可以连接到工业 I/O 系统和其他 Microsoft Windows 应用程序。WindowViewer 是用于显示在 Window Maker 中创建的图形窗口的运行时环境。

Window Viewer 执行 InTouch QuickScript、执行历史数据的记录和报告、处理报警记录和报告，并且可以充当 DDE 和 SuiteLink 通信协议的客户机和服务器。

InTouch 7.11 的设计支持独立式和分布式两种应用程序。独立式应用程序是每个监视系统只使用一个操作员界面。独立式应用程序对网络的要求很低，甚至不需要网络，并且只需简单的维护。分布式应用程序通常包含好几层网络。典型的分布式应用程序具有一个中央开发工作站，采用集中式数据存储并且有一群与中央站相互作用的客户站，这些客户站也同时相互作用。InTouch 提供了许多功能来极大地简化分布式应用程序的建立和维护，其中最强大的功能之一是网络应用程序开发。网络应用程序开发允许多个客户站共同拥有一个应用程序的备份而不限制对这个应用程序的开发，应用程序变化时会自动向这些客户站提供通知。

2. iFix 软件

iFix 软件是美国 Intellution 公司基于 MSWindows 环境开发的一套著名软件，能使用于厂、站自动化，配网自动化，调度自动化等。

IFix 本身同时具有了实时数据库和历史数据库的功能，无需在厂站侧额外购买和安装如 SQL Server、Oracle 这些商用数据库，减低了系统的复杂性，增强了系统的可维护性。iFix 的数据库管理采用与 Excel 兼容格式数据库定义模式，这样可以有利于简化系统的设计，提高数据管理的效率。

iFix 具备高效的实时数据采集效率，是专门设计用于生产过程的实时数据采集的数据库，并且其采集效率并不会因为点数的增加而下降。

iFix 提供了一个性能优越的设计平台，提供了丰富的面向生产流程的作图控件和动态图符，同时内嵌了 VBA 脚本的功能。这样的平台能够保证生产流程的画面设计过程变得十分简单。

iFix 具有开放的体系结构，此外，iFix 也可以作为 OPC 客户端和 DDE 客户端，以及支持标准的 ODBC 接口。这些灵活性再加上 HNIT 对各种 DCS 系统数据访问接口的了解，使得读取各种型号的 DCS 控制系统的数据并写入 iFix 的数据库成为可能，同时如此多的数据接口方式也使得 iFix 数据库可以作为电厂的生产数据中心，为电厂将来功能的扩展提供服务。

目前较流行监控软件，除以上介绍的以外，还有 GE 公司的 CIMPLICITY 和 Siemens 公司的 WINCC 等。

第二节 机组现地控制单元的分类

LCU 按监控对象和地理位置可分为机组 LCU、公用 LCU、开关站 LCU/等。

如果按照LCU的结构和配置来分，可以分为单板机——总线型结构的LCU、以可编程控制器为基础的LCU、智能I/O模件配工业实时网而构成的LCU等三种，结构和配置会直接影响到LCU的性能，下面分别进行介绍。

一、单板机—总线型结构的LCU

采用单板机—总线型结构的LCU在国内外比较普遍，例如SJ-400等，其基本结构是采用总线型母版。SJ-400就是采用IEEE 769总线标准，或称为多总线(Multibus)。采用的模件有美国Intel公司的iSBC 88/25和iSBC86/05A单板机，以及MB模件系列。采用的模件种类有监控板、存储器板、开入开出板、A/D或D/A转换板、面板接口板、串行或并行接口板、总线背板及I/O总线扩充板、端配板、电源及其监视板等总计近60种，其基本特点是：由引进或国产的芯片设计成各种功能的单板，并配以控制面板、输入输出匹配电路、电源等，构成现地控制装置；采用PL/M等语言编程，可用来实现数据检测及闭环控制。采用这种结构可以设计功能性能都很理想的PLC。已在早期不少水电厂成功投入使用，但由于当时我国制造水平的限制，如丹江、葛洲坝二江电厂，这种LCU的工艺水平不高，接插和焊点容易出问题，给调试和维持带来困难，这也可以说是第二种LCU出现的原因。

二、以可编程控制器为基础的LCU

（一）可编程控制器LCU的优点

我国将可编程控制器用于水电厂发电设备的监控的例子不少。究其原因是，可编程控制器一般均按工业环境标准设计，可靠性高，抗振性能好，为系统集成商省去了机械设计、加工、装配、焊接等技术和工艺要求等的工作，并且接插性能好，整机可靠性高。目前用于配置LCU的可编程控制器的种类有：美国GE公司的90系列，如90-70或90-30；日本KOYO公司的SU-5、SU-6、SG-8系列；美国AB公司的PLC-5、PLC-2和SLC系列；日本OMRON公司的C200、C500、C2000系列；美国Modicon公司的Quantum系列；德国Siemens公司的S7系列；日本MITSUBISHI公司的FX2. A系列等。

（二）几种常用PLC的比较

从19世纪60年代可编程控制器（Programmable Logic Controller，PLC）问世以来，曾经涌现出上千个品牌，经过不断的发展和淘汰，目前常用的主要有美国罗克韦尔（Rock-well）公司、美日合资通用-范纳克（GE Fanuc）公司、德国西门子（Siemens）公司和法国施耐德（Schneider）电气公司等多个公司，其中不少代表了PLC业界的最高技术水平。

1. PLC产品概况

美国Rock-well公司自动化产品部前身是美国AB公司，其产品特点完全继承了AB公司的产品特点，目前推出的高端产品为PLC5和ControlLogix系列，中低端产品主要有SLC 500系列，如SLC 501、SLC 502、SLC 504。

美日合资GE Fanuc公司是美国GE公司和日本Fanuc公司的合资公司，其高端产品主要继承原GE公司的特点；中低端产品则兼容了GE和Fanuc产品的特点。该公司的高端产品有GE Fanuc 90-70系列，中低端产品主要有GE Fanuc 90-30和GE Fanuc 90-20系列。

Siemens公司是德国著名的电气公司，该公司的高端产品为S7-400系列，中低端产品主要有S7-300和S7-200。

法国Schneider电气公司的自动化部门前身是美国原Modicon公司和法国原TE电气公司自动化部，产品主要以Modicon、TE的技术为基础，并融合了美国原Square D symax系列和法国原Merlin Gerin April系列的优点研制而成。目前所有6个系列均以Modicon TSX冠名。该公司的高端产品有Modicon TSX Quantum和Modicon TSX Premium系列，中低端产品主要有Modicon TSX Compact、Modicon TSX Micro、Modicon TSX Momentum和Modicon TSX Nano。

2. 可比条件

各种PLC设计原则差异大，有的设计时追求经济实惠、简单可靠，有的则希望达到功能完善、性能优异，这里以其代表产品为例来进行比较，所谓代表产品就是该公司的主打产品，在许多情况下或说是高端产品，如Rock-well公司的PLC5系列、GE Fanuc公司的90-70系列等。此外，有时主打产品也可能是指该公司在近期重大工程中应用最多的产品，或说是处于自身发展周期最强盛阶段的产品。比较的项目主要有模板带电插拔的能力、双机热备用的实时性和可靠性，直接上网和设备通信的能力，是否具有特殊应用模板（如中断模板等），能否实现系统最高安全组态，如双电缆、单环或双环光缆以及热备系统等，是否具有快速响应和高级运算能力，以及最好的机械和电气性能。表9-1示出了部分PLC性能比较情况，要客观比较各种PLC的性能是很困难的，此表仅做参考，宜根据实用要求进行选择。

表9-1 常用PLC性能比较

公司	Rockwell AB	Rockwell AB	GE FANUC	GE FANUC	Siemens	Schneider
产品	PLC5	Control Logix	9070	9030	S7-400	Modicon TSX Quantum
模板带电插拔能力	所有模板不能带电插拔	仅I/O模板能带电插拔	所有模板不能带电插拔	所有模板不能带电插拔	仅I/O模板能带电插拔	所有模板均可带电插拔

续表

公司	Rockwell AB	Rockwell AB	GE FANUC	GE FANUC	Siemens	Schneider
产品	PLC5	Control Logix	9070	9030	S7-400	Modicon TSX Quantum
双CPU热备的可靠性	两主机互为热备用，通过电缆连接	两主机互为热备用，通过光缆连接	两主机互为热备用，通过光缆连接	不能实现真正意思上的双机热备用	两主机互为热备用，通过电缆连接	两主机互为热备用，通过电缆连接
双CPU热备的实时性	中	软件切换	中	软件切换，较复杂	软件切换	高
直接上网能力	能直接上以太网	能直接上以太网	能直接上以太网	能直接上以太网	能直接上以太网	能直接上以太网及进行Web的连接
与调速、励磁、保护通信能力	根据设备现状选用I/O硬触点，串行口或现场总线	根据设备现状选中I/O硬触点，串行口或现场总线	根据设备现状选中I/O硬触点，串行口或现场总线	根据设备现状选中I/O硬触点，串行口或现场总线	根据设备现状选中I/O硬触点，串行口或现场总线	根据设备现状选中I/O硬触点，串行口或现场总线
双CPU热备的灵活与组态维护能力	需编特殊切换程序	需编特殊切换程序	需编特殊切换程序	（不详）	需编特殊切换程序	高，无需编程
机械与电气特性	高	中	中	中	中	高，在恶劣环境中可应用
编程软件界面友好度	RoLogix，Windows界面	RoLogix 5000，支持Windows NT	Logicmaster，DOS界面	Logicmaster，DOS界面	Step7，windows界面	Concept，windows界面
编程软件指令丰富度	高	高	中	中	高	高
支持编程方法	ST、LD、SFC、IL	仅LD	IL、LD、SFC	IL、LD、SFC	IL、LD、SFC	IL、LD、SFC、FBD、ST
产品推出时期	1987	1998	1988	1989	1995，热备刚推出	1994，成熟

3. 简要评述

大多数PLC都能实现双机热备用，其中据称作为热备用系统的发明者，Modicon公司一直处于热备用系统的技术领先地位，其584、984热备用模式构想影响了整个PLC业界热备技术的发展。目前Quantum系列的热备用系统从技术角度来讲，被认为是最佳方案。其优点是用户无需编程，而备用系统的使用和维护极方便，热备用系统中每台计算机编程和单机系统的编程没有差别，采用光缆同步传输数据，实时性高，主从机切换能实现无扰动，切换时间在13～48ms内。目前大型发电厂的LCU大多选择这种PLC。Rockwell公司的PLC 5和Control Logix、GE Fanuc的90-70和Siemens的S5都采用了类似的Modicon 984的热备用模式，可靠性高。GE Fanuc 90-70系列在双机热备用以及机械和电气性能上要优于GE Fanuc 90-30。

由表9-1可知，全部的PLC都已实现直接上以太网，不必再经过工业PC机。此外，日本三菱（MITSUBISHI）公司、欧姆龙（OMRON）公司、光洋（KOYO）公司的PLC也都已能实现直接上以太网。

在与水电厂内调速器、励磁系统和保护等设备的通信方面，可采用I/O硬触点、串行口和现场总线等方式（数字脉冲输入方式），或者两者兼用，能否采用现场总线的问题主要决定于水电厂内的现场总线型号是否能统一，这就需要统一规划，做好设计选型。

在关于模件的带电插拔能力方面，Schneider Modicon TSX Quantum被认为最好，所有模板均能带电插拔，其次是Siemens S7-400和Rockwell AB Control Logix，其I/O模板可带电插拔，其他模板不能。而GE Fanuc 90-70 PLC中所有槽装模块不能带电拔插，其他PLC所有模板均不能带电拔插。

三、智能I/O模件配工业实时网的LCU

近年来权威人士指出，计算机技术经历了“以大型机为基础的计算”、“以PC机为基础的计算”和“以网络为基础的计算”三个阶段，这个也反映到LCU研制的动向上来。类似的有以单板机为基础的LCU，以PLC为基础的LCU和以网络为基础的LCU。下面介绍这类LCU的代表产品ABB MODCELL智能数据处理模件及其国产化产品的代表SJ-600系列LCU。

大广坝水电厂计算机监控系统中的现地控制单元选用了ABBMODCELL智能数据处理模件，这种新型的I/O处理模件与以往的LCU模件相比，有以下特点。

（1）分布I/O。MODCELL每块模件上均带有CPU和电源，可配置32路I/O测点，能独立工作，全部模件通过网络构成系统无总线结构。

（2）配置灵活。MODCELL模件上的I/O测点均是以点为单位任意选配的，开入、模入及开出等都是一个小模块（犹如一个小火柴盒大小，简称单点I/O处理单元，或简称单元）构成一个小测点，可混合布置在同一块板上，配置灵活，维护方便。

（3）智能化。每块模件上均固化有采集处理程序，用户只需根据需要选配相应的I/O测点和相应的数据库即可，无需编程。数据库输入采用菜单方式，直观方便，易于掌握。

MODCELL智能I/O板由CPU、识别单元、存储器、单点I/O处理单元及通信单元等构成。CPU为16MHz 68302微处理器，存储器为64K非易失性RAM（存用户数据），控制用来管理数据库。不同的用途可有不同的配置，如数据采集可采用逻辑控制单元、具有PID调节功能的可用调节控制单元、有事件顺序记录（SOE）要求的需用SOE控制单元等。

每块板上可以根据需要配置32点各种类型的I/O单元，它们可以是±100mV或±10V模拟量输入、4～20mA模拟量输入、固态继电器输入或输出、机械继电器输出、RTD输入、ICN（Instrument Communication Network）通信单元，一般每块板上至少要配一个ICN通信单元，以支持板与板及与主机之间的通信。

ICN网络将多块MODCELL连接起来构成系统，它是双线制的无主从的局域网，以异步方式串行传送状态和信息。ICN的长度约600m，最多可连16个节点，按令牌传递协议进行，网络工作周期为250ms。由于各节点独立工作，一个节点故障对其他节点没有影响。网络节点地址由板上一个16位开关确定，导址范围为2^{16}。ICN自诊断可检测出重复地址、访问超时、报文结构、长度错、报文数目过多等。坏报文一旦被检测出将被丢弃并报警。IIN网络与上位机通信如图9-3所示。

ICN网络上的各模件通过一种智能通信模块实现与上位机的通信。这种通信模块称为Minilink，它占用ICN网的一个节点地址，可插在PC机的AT总线上，也可接在其外接串口上。

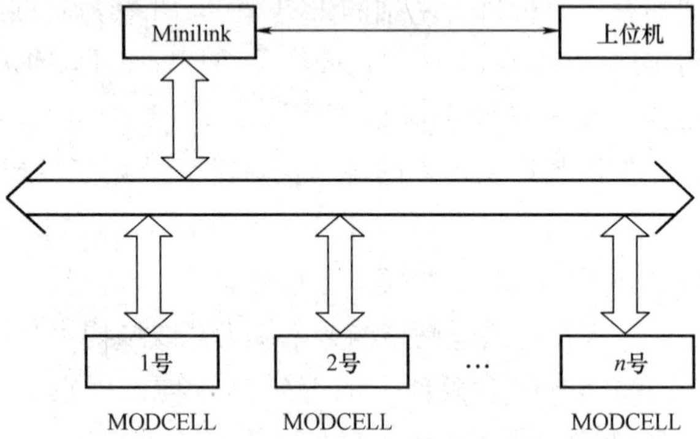

图9-3　ICN网络与上位机通信示意图

通过Minilink上位机可以为网上各模块进行数据加载、读取数据及进行控制，Minilink实际上是上位机与MODCELL之间的数据传递中心。

上位机向 MODCELL 发送的报文一般有读前景数据、读背景数据、写操作、读 SOE 数据等几种。

MODCELL 模件的处理程序全部固化在板上的控制识别单元中，所以用户不需要进行任何编程，主要工作就是构造用户数据库。专用的配置软件包可用来建立用户数据库，可在 DOS 环境下运行。数据库建立好后即可加载到非易失性 RAM 中运行，也可存放在文件中以便保持和修改。

以上介绍的 LCU 只能是结构和配置的不同，在性能和可靠性等方面也是有差异的，但从能实现的功能来看，则大体上是相同的。例如，三种类型的 LCU 均分别可以构成水电厂机组 LCU、公用 LCU 和开关站 LCU，只是其测点类型、控制输出、冗余方式等不尽相同而已。在一个水电厂一般只采用上述一种类型 LCU 来构成机组、公用、和开关站的 LCU。从常用的角度看，有许多种配置方式、如一体化工控机加可编程控制器的方式、触摸屏加 PLC 直接上网的方式、控制面板加 PLC 直接上网的方式以及交换机加 PLC 直接上网的方式等，但传输速率有快慢之分，现地数据库的建立方式也不一样。

另外对于上述列举的三种 LCU，从时间上是先后出现的，总体上来说，后出现的较先进，但不能说完全能替代原先出线的 LCU，其原因是随着工艺水平的提高，第一种微机——总线型结构的 LCU 又重新显示其很强的竞争能力，同样，随着事件分辨能力的提高，第二种以 PLC 为基础的 LCU 也表现出其更好的综合性能，此外还出现了一些新的 LCU，逐步有兼顾上述三种 LCU 的趋势。

四、LCU 的冗余结构

上位机系统的冗余方式基本上是采用同构型冗余，如二台完全相同的操作员工作站构成操作站冗余系统等，按主备方式工作。而网络的冗余方式为设备上的冗余，而功能上有所分工。按主从方式工作，只有当某一网故障停运时，才由另一网承担全部的通信任务，而 LCU 则不同，一般而言，LCU 的冗余结构有三种，即异构型冗余、同构型冗余、交叉型冗余。

1. 异构型冗余

异构型冗余结构是指由两台性能、型号、功能、原理等不尽相同的设备构成冗余系统，其中一台处于运行状态，另一台处于备用状态，且不要求其逆状态。一般冗余系统中常处于运行状态的设备性能较好，功能较齐全，而常做备用的设备往往只具备部分功能，如顺控功能等，因此这种冗余结构又称为不完全冗余，如图 9-4 所示。

2. 同构型冗余

同构型冗余是指由两台性能、型号、功能、原理均相同的设备且能以任意组合的方式构成主、备关系，即这种主、备关系完全是可逆的，应该说是一种完全的冗余结构，一个是另一个的克隆，可以实现理想的冗余效果，这种冗余的实质是以双倍的投资换取高的可靠性，如图 9-5 所示。

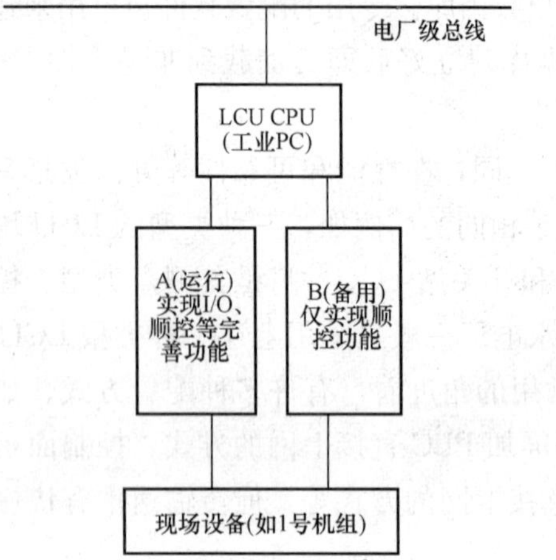

图 9-4　异构型冗余 LCU 示意图

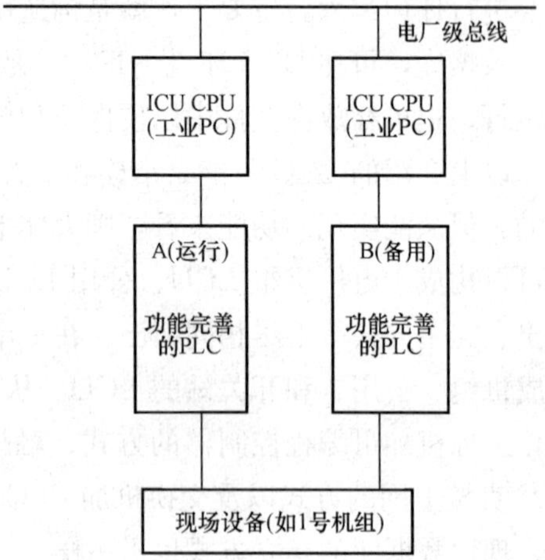

图 9-5　同构型冗余 LCU 示意图

3. 交叉型冗余

交叉型冗余结构是指两个相邻 LCU（或控制子系统）之间实现冗余，此时构成冗余系统的两设备的性能、原理、功能等均完全。与非冗余结构相比，某些部分，如测点数据库的容量此时要加倍，但与全冗余结构的双倍投资相比，这却是一种节省的方案。在现代冗余理论的研究中，曾有人提出$m:n$的备用方案，作为交叉冗余的特例是全厂公用的 1～2 个备用设备，但这仅在输入输出信号量很少时才适用，如备用励磁系统。这种 1～2 台公用备用设备的特例，在监控系统中不常用，如图 9-6 所示。

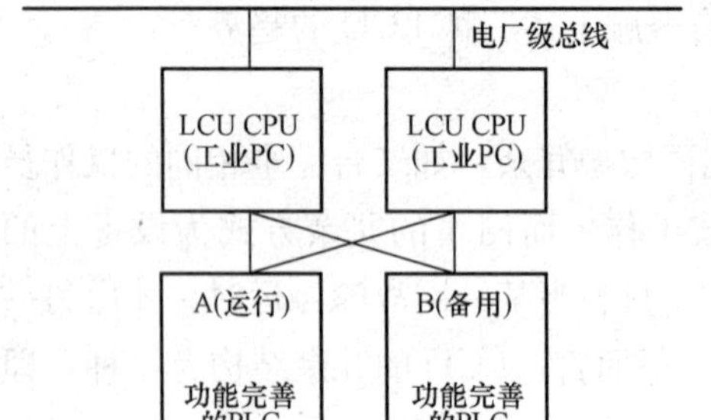

图 9-6　交叉型冗余 LCU 示意图

4. 冗余方式的选择

以上三种最基本的 LCU 冗余方式，在实际工程中还有许多变化，如在 LCU 中的双一体化工控机冗余，LCU 中的双 PLC 冗余（此时类似异构型冗余，不同之处在于双 PLC 是同型的)，或者 PLC 内的双 CPU 冗余等。

从目前 LCU 的工艺水平和可利用率来看，已经达到了一个较高的水平，如非冗余结构的 LCU 的可利用率已达 99.5%左右。因此在许多情况下，使用单系统是可行的。如果采用冗余结构，一般有两种情况：一是电网对机组发电的可利用率要求非常高，尤其是容量大，在电网中地位很重要的机组；另一种是在计算机监控系统的设计指标要求非常高的 LCU。这时采用冗余结构也是合理的。冗余结构的 LCU 实际是用几乎双倍的投资来换取并非增长很多的可利用率，因此应充分论证，合理选择方案。目前我国应用同构型冗余 LCU 的情况较多，但大多电厂只是在机组的 LCU 上采用，而同厂的专用 LCU、开关站采用异构型式不冗余也够了。采用冗余结构的 LCU 的可利用率可达 99.8%以上。

第三节 机组现地控制单元的几种常见类型

由于现代监控技术的发展，将 LCU 在某种程度上呈现综合的特征，即从某些侧面上看并不完全属于上述的某一个类型，而是兼具不同类型 LCU 的部分特征。

一、SJ-600 系列

SJ-600 是新一代智能分布式现地控制装置，采用实时多任务操作系统，带 32 位嵌入式 CPU 的智能模件，能直接上监控系统主干网，采用了新型密封防尘散热及抗干扰模块结构，模件可带电插拔，即插即用，支持遵循 IEC-1131-3 国际标准的可视化顺控流程图。

(一) 总体结构

SJ-600 由主控模件、智能 I/O 模件以及连接各模件及主控模件的 I/O 现场总线网络三部分组成，如图 9-7 所示。

新一代的现地控制装置以智能 I/O 模件、现场总线网络为主要构成部件，同时使用嵌入式控制模块和实时多任务操作系统。在系统结构上满足了分布式控制系统提出的直接上以太网及以现场总线网络构成的控制系统要求，以嵌入式主控模件代替工控机，串行口采用了以太网，现场总线网络将智能 I/O 连在一起，并可以分散式布置。而且，因为全部使用 32 位 CPU，全部使用实时操作系统。

(二) 主要构成部件

1. 主控模件

主控模件是 SJ-600 的核心，完成信息处理、通信转发、当地控制调节等功能，主控模件有单/双两种配置，在双配置下组成热备用冗余方式，自动完成硬软件主/从切换。主控模件采用符合国际标准 IEEE 1996.1 的嵌入式模块标准 PC 104，具

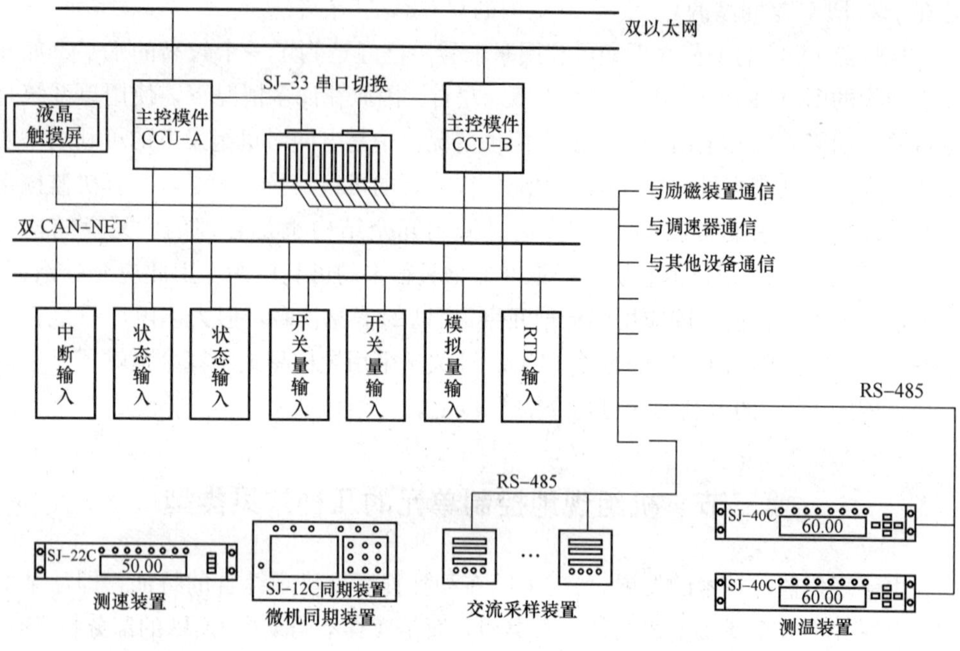

图 9-7　SJ-600 型 LCU 结构和配置示意图

有可靠性高、现场环境适应性强等特点；使用低功耗嵌入式 CPU，可选 CPU 从 486DX-66 直至 Pentium；取消硬盘、软盘而使用电子盘，也是其最重要的特色，活动硬盘永远是不可靠的一个潜在因素，而固态电子盘（有 Flash 芯片构成）的使用是解决此问题的有效手段，电子盘 4～64M 可以任意配置，一般 8M 的电子盘足以适应与绝大多数的应用，这是因为采用的是内核极小的实时操作系统。板上支持 8 个串口，用于与其他智能设备的通信。为保存非易失性数据，此模件还设有非易失型数据保存器件（NVRAM），存贮 64K 的数据和记录。

2. 智能 I/O 模件

智能 I/O 模件由 MB1000 系列模件构成，完成信号采集、预处理等功能，综合 I/O 模件还完成独立的控制调节功能。MB1000 系列模件包括 32 路开入模件、32 路开出模件、16 路模入模件、16 路温度输入模件、32 路综合 I/O 模件，模件均为模块化设计，可集中组屏和独立分散安装。

3. I/O 现场总线网络

主控模件及智能 I/O 模件由 CAN 现场总线网络连接起来，CAN 网介质为隔离的双绞线或光纤网络，并采用双网配置。CAN 网络在多主式下工作，使用非破坏性总线裁决技术，它不同于询问、应答式网络，任何节点都可以在需要的时刻启动一个通信过程；信息为短帧结构，每帧具有 CRC 校验，通信出错率低，链路层由专用控制芯片完成发送、接收、碰撞处理；CAN 的通信速度可达 1M/s，介质有双绞线及光纤两种，近年来大多采用光纤网，不用穿保护钢管且抗干扰能力强，并可混合使用；在应用层使用开放型数据通信协议 DeviceNet 标准，此标准是建立在 CAN 网上的国际标准。

4. 显示单元

显示单元为可选配置，带有智能型液晶显示触摸屏，完成当地数据显示和操作功能。

（三）技术特点

SJ-600 型除具有一般现地控制单元除应具有的数据采集、处理功能外，还具有事故追忆、控制调节、表达式运算、温度报警及事故停机功能，除此之外，装置的通信功能，可以和多种智能设备（如微机保护、调速器、励磁器等）进行数据通信，其主要特点如下：

1. 基于现场总线网络的体系结构

从图 9-7 中可以看出，系统采用的是两层网络结构，第一层是站（厂）级网，采用以太网、连接 LCU 及上位机计算机，构成分布式计算机监控系统；第二层是 I/O 总线网络，连接主控模件和智能 I/O 采用的是 CAN 现场总线网络，构成分布式现地控制装置。这样的体系结构层次清晰、简单，是一种比较先进的体系结构。从 SJ-600 型 LCU 的体系结构来讲，它的所有 I/O 模件均带有两个现场总线网络接口，数据信息和命令都在体系结构。以 32 路综合 I/O 网上模件为例，由于可以任意组成不同的 I/O 测点类型，完成一些辅助设备的测量控制功能，因此数据既能通过网络上送到系统中，还能常驻于该模件上的控制逻辑一致监视着辅助设备运行状态，自动完成对诸如油压泵、水泵、高压机等设备的控制功能。

2. LCU 直接上以太网

网络成为计算机监控系统的重要环节，现地控制装置能与上位机组成网络。以前控制器即使有的能通过网络方式上送数据，但一般也是专用网络，而不是开放式的以太网网络。SJ-600 型 LCU 能直接上以太网，是因为主控模件本身具有硬件联网能力（10M/100Mb/s）和采用了标准的 TCP/IP 网络协议标准，并支持 ftp、telnet 等网络服务功能。

3. 全部使用嵌入式实时操作系统

为了保证软件的可靠性和发挥装置的实时性能，SJ-600 型 LCU 采用了国际上最广泛使用的 32 位实时操作系统，该操作系统已在通信行业得到广发的应用，在电力行业也早已开始使用，其优先级管理、多任务调度、事件触发机制是提高实时性的最有力的支持。另外，其完全的开放性、支持 TCP/IP、C 编程也是组成开放式系统必不可少的条件。

4. 32 位智能 I/O 模件

所有模件采用 32 位嵌入式 CPU（386EX），该 CPU 专为嵌入式控制的设计，外围功能强大，并采用了大规模可编程逻辑芯片（EPLD）及 Flash 存储器，简化了系统设计，提高了可靠性。软件上采用板级实时操作系统、C 语言程序，所有模件的程序代码完全一致，只是在不同模件上运行各自的任务这样有利于维护及管理。为方便调试，模件支持串口调试。

5. 新颖的机械结构

模件为全封闭式的金属封装，防尘、防干扰，全部表面帖装工艺，分散式电源布置（所有模件均由 24V 电源供电，并具有各自的 DC/DC 转换器）。模件做到了可带电插拔，以方便维护。在维护模件时，不需要改动模件上的任何跳线，也不需关心地址。插槽有地址编码，即插即用。为了防止插错模件类型，在机械机构上对不同的模件使用了不同编码，而且插槽也有模件类型编码。

（四）软件

SJ-600 软件主要包括组态软件、主控模件软件以及 I/O 模件软件三大部分。

1. 组态软件

组态软件有数据库组态和流程组态两部分，组成实现数据库的创建、修改、删除、浏览、加载、返读、打印、在线调试及在线修改等功能。

（1）数据库组态由以太网节点组态、设备组态和功能组态三部分组成。

1）节点组态包括节点名称、节点别名、IP 地址、节点类型、字节顺序、是否允许对时等。

2）设备组态包括 CAN 网、以太网、调试、双机、显示、串口等，每个设备均需要配置设备相关信息，对于 CAN 网，则在其下一层配置 I/O 模件（如模件地址）及测点（如大排行号、板内点号、名称、描述、类型等），对于串口设备，则还需配置波特率、数据位、停止位和奇偶校验。

3）功能组态包括综合量计算、事故追忆、事件记录、功能调节、顺控、控制、虚拟点配置、双节点配置、温度保护等。

（2）流程组态软件采用全图形化的方式编辑控制流程，通过编译生成汇编代码，并下载到 SJ-600 中执行。同时，还可在线对流程进行调试，排除流程中的错误及不合理处，并能实时反映流程执行过程中的各种信息。

在流程组态时，软件预先定义了以下几种功能框：开始框、结束框、异常退出框、出错陷阱框、执行框、调用子流程模式、条件框、限时判断框、连接符、操作员确认框、大步标识框。生成一个流程，就是上面这些框的组合，常用的操作包括表达式计算、读写测点数据、推画面、设/清定时器、延时、报警显示、报警登录、语音报警、启动、终止、加锁、解锁另一流程等。

在流程调试时，以三种颜色来区分各功能框的执行情况，并可以进行连续性单步执行、设断点等调试。对于流程中使用的变量及I/O测点，在调试时都可以查看并设值。流程执行完毕后可以进行回放，重现执行过程。

2. 主控模件软件

主控模件软件采用了国际上最广泛使用的32位实时操作系统pSOSystem，该操作系统是专门为嵌入式微处理器而设计的模块化、高性能、实时的操作系统，其优先级管理、多任务调度、事件触发机制是实时的最有力的支持。另外，其完全的开放性、支持TCP/IP、C、C++编程也是组成开放式系统必不可少的条件，还能支持如文件管理、网络功能等各种服务。

主控模件软件主要包括主任务、数据库管理任务、CAN网任务、以太网任务、顺控任务、控制任务、综合量任务、追忆任务以及调节、时钟、自检、巡检、调试、双机、显示、串口等任务。上述各任务均以主任务（包含数据库）和数据库管理任务为核心来运转，实现包括各种初步化在内的各种功能。

3. I/O模件软件

I/O模件软件主要完成信息采集、预处理等功能，它一方面将生产过程的模拟量信号转变成数字信号，送到主控模件；另一方面，它接收主控模件的命令和数据，转变成相应的控制输出，完成对生产过程的监视和控制。

I/O模件软件采用高级语言—— C语言编写，由自检程序、加载程序和主程序三部分组成。模件采用了带BOOT区的FLASH芯片，自检程序和加载程序固化在FLASH的BOOT区，主程序放在Flash的MAIN区，通过设置相应的拨码开关位置来运行不同的功能程序。

主程序主要完成系统调度、CAN网通信、I/O采集控制、数据计算和诊断等功能。自检程序对I/O模件进行全面自检，通过串行口输出自检结果，便于模件调试。加载程序通过串行口将主程序加载到I/O模件中。

二、以PLC为基础的LCU

（一）总体结构

以某电厂监控改造工程中使用的LCU为例来说明，该LCU是以Madicon公司Quantum系列PLC为核心。其主要构成为：采用双CPU的PLC结构、冗余的远程I/O网、MB+网、NOE网卡和BM85网桥等，如图9-8所示。图9-8包括CPU-1和CPU-2，其中NOE用于上双以太网，CHS用于双机互联，MB+网用于双 CPU 与外网设备交流采用的时间记录装置 SOE-1 通信，全部 I/O 测点和控制输出插箱均有远程 I/O 网连接。

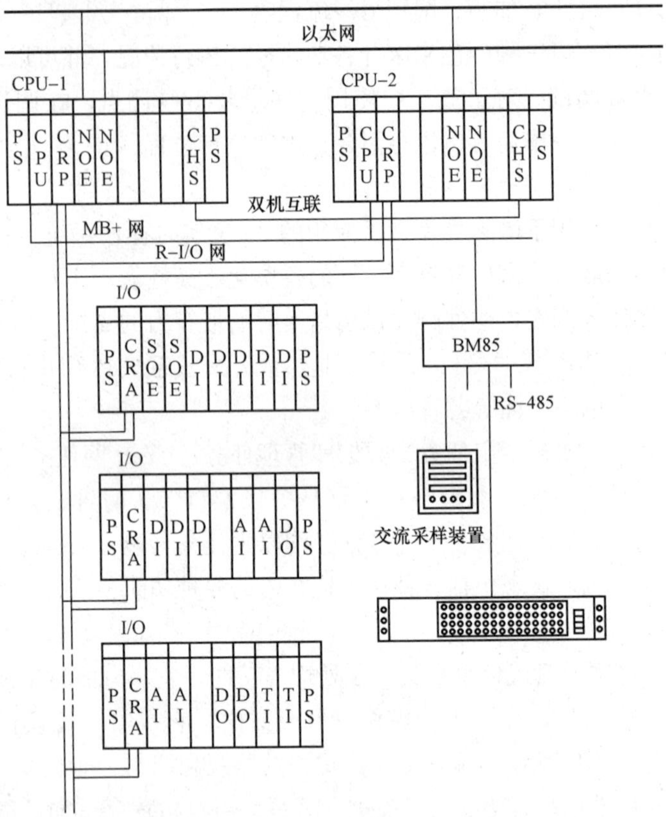

图 9-8 以 Quantum PLC 为基础的 LCU 示意图

（二）使用特点

1. 直接上网

现在国际上知名公司的 PLC 均能够实现直接上网，如施耐德公司的 Quantum 系列、Premium 系列等，通用电气公司的 GE90-70 系列、GE90-30 系列、Versa-MAX 系列等。在该计算机监控改造工程中，采用了 10M/100M 自适应网卡模件（以 100M 的速度通信），直接上双光纤以太网，自身有 RJ-45 和光纤接口 2 个接口，取消了工控机，取消了硬盘驱动器等旋转部件，提高了可靠性。

在用 PLC 代替工控机时，必须要解决 3 个问题：

（1）原有工控机完成的事件记录，包括 SOE 记录、DI 变位记录、DO 变位记录、系统自检记录、控制记录、有功/无功的 PID 调节记录等均由 PLC 完成。

（2）通信功能。当前需通信的设备由SOE采集装置和MP6000交流量采集装置，实现方法是采用了PLC厂家提供的一个规约转换器（BM85）。该设备工作时一端接入PLC内部网，可与PLC通信，另一端提供4个485通信口，分别和上述2个智能装置实现底层RS-485方式的物理连接。应用层上用C语言针对不同设备的不同规约进行编程通信，程序可下载至规约转换器中。本系统2个智能装置使用的都是Modbus规约。因为规约转换器和PLC通过高速的内部网相联，对外的通信可并行运行，所以这方案解决了PLC与多个通信设备同时通信的问题。

（3）解决调试面板的问题。即用便携式终端来替代原工控机的屏幕和键盘。该终端Windows NT操作系统和EC 2000软件平台是通过串口和PLC相连。EC 2000装在便携机内可拥有中控室操作员工作站的所有单机操作功能，如运行监视画面，辅机监视画面，开、停机操作画面，PID调节设置画面，各类报表（包括状态一览表，事件一览表，越复限报表等），同操作员站一样，I/O表上也能显示I/O的各种状态，其性能比工控机当地人机界面更为完善。

2. 冗余配置

（1）双CPU冗余。双机热备的实现有两种方式，一是硬件方式，一是软件方式。硬件方式如施耐德Quantum系列PLC双机热备、通用电气公司GE90-70系列双机热备等；软件方式有通用电气公司GE90-30系列双机热备。在该计算机监控改造工程中，采用了施耐德公司Quantum系列PLC双机热备结构。当主控CPU故障或电源失去时，自动切换到备用CPU，备用CPU自动升为主控CPU，实现无扰动切换。

（2）以太网冗余。该计算机监控系统采用了双光纤以太网。双光纤以太网采用同时工作（ALL IN WORKING）的方式。一旦1号网故障，2号网可以零时间切换过去，由此可以获得更高的性能。

（3）扩展机箱的连接冗余。一般情况，一个LCU单元需要几个扩展机箱。在Quantum系列PLC上，它有两种连接方式，一种是远程RIO（Remote Input/Output）方式，一种是分布DIO（Distributed Input/Output）方式。该监控系统采用的是RIO方式的扩展机箱称为远程RD（Remote Drop），采用双缆通信，且按同路径布置。此外，根据重要程度在输入、输出及电源上也采用了冗余方式。

（4）用于顺控的ST语言。施耐德（Shneider）公司的Quantum系列PLC，采用编程软件Concept 2.2，该软件支持国际电工委员会IEEE 1131的标准的全部5种语言，即支持FBD（Function Bock Diagram）、SFC（Sequential Function Chart顺序功能图）、LD（Ladder Diagram梯形图）、ST（Structured Text结构化文本）和IL（Instruction List指令表）5种语言。前3种语言是图形方式，后两种是文本

方式。ST语言是一种结构化的文本语言，与C语言很相似，它不仅具有丰富的逻辑处理能力，还具有IF、CASE、FOR、WHILE、REPEAT、EXIT、EMPTY等语句，数据处理能力非常强，没有GOTO、JUMP或类似的指令，有利于程序的标准化。

（5）程序跟踪与仿真。针对调试人员在工况转换过快时无法跟踪流程的变化。开发了流程执行后可以形成完整的流程执行表，可对照事先预想的过程进行校对。调试过程中一旦某一步错误，就可直接报出某步出错；仿真程序，模拟现场机组运行，出厂前能进行全部流程的调试，具有完善的自检功能，系统随时对热备工作状态、CPU运行状态、每块模件、甚至I/O通道进行自检，所有信息都有上位机报警及显示。对于重要的I/O冗余点状态也随时监控，一旦有冗余不一致，也在上位机上报上信息及显示。

（三）SAT 1703

SAT 1703是伊林公司为小浪底水电厂配置的现地控制单元，为多处理器系统，它包括了3个装有特殊接口处理器的子系统——AK 1703、AME 1703和AM 1703。每个子系统由主处理器和接口模板等构成，能够实现数据处理控制和通信任务，在LCU内部采用现场总线SMI（Serial Module Interconnect）进行通信。

AK 1703由主控模块、通信模块、处理模块和电源构成。主控模件上设有M-CPU和C-CPU，前者运行主程序和系统程序，后者运行通信程序。通信模件包括一块C-CPU，用于与SMI和LAN通信，处理模块通过总线与主控模块连接，其独立的C-CPU设计可使外围模块独立工作。AK 1703可容纳多达19块外围模块，能与160个外围AM、AME通信。

AME 1703由中心处理和通信单元2VKE、外围模板和电源构成，2VKE由一个主处理器和3个串口处理器（SIP）构成，它通过SIP与TOOLBOX、SMI通信，而通信方式有P（Periodical周期采集）、S（Spontaneous自发采集）两种，主处理器根据用户设定的参数，周期地、自发地对数据进行处理，外围模板用来采集/输出各种开关量和模拟量信号，框架中装有电压总线和内部通信总线，AME和AM的主要任务是数据采集、现地控制、上送信号到AK 1703，并记录信号的时标，两者的主要差别是：AME 1703为欧洲标准模式，工作电压位24～60V DC；AM 1703的工作电压为24～220V DC。

SAT 1703现地控制单元采用OS/2操作系统，运行的控制软件为TOOLBOX。它包含的任务有工程管理（EM2）、配置与服务（PSR）、开环与闭环逻辑控制（CAEX）、测点列表工具（DPL1703）及网络管理（DMX-NMS）等，在小浪底电站仅使用前三种。其中EM2用于LCU的配置和显示，PSR用于设置和测试，如

AK，AME 处理，数据流测试，CAEX 测试，故障诊断，以及进行程序和固件下载等。CAEX 用于控制，包括开环和闭环控制数件等。此外 TOOLBOX 还用于 LCU 硬件的维护分析，应用软件开发，以及程序及时下载。

（四）AC 450

AC 450（Advant Controller 450）是 ABB 公司生产的适用于工业环境的现地控制单元，包含了多种可选用的模块，可根据不同的应用需求采用不同的模件来构成使用的现地子系统。

CPU 包括带 8Mb 动态 RAM 或 16Mb 动态 RAM 的两种 CPU 模件（PM 511V08 或 PM 5110V016），它们的处理器都是 Motorola 68040，主频 25MHz，在 CPU 模件的前面板上装有 4 位置的旋转切换开关用于 CPU 的启动和运行模式选择。系统程序可以备份到 PCM-CIA 卡上，当 CPU 启动时自动加载到 RAM 中，但如果不配备用电源和电池时，RAM 中保存的数据在失电后只能保持 4h（在冗余 CPU 模式时只能保持 2h），所以使用时备用电源和电池。

电源模块可选用 120/230V 交流模件 SX 540、SX 541，也可用于 24～48V 直流模件 SX 555、SX 550 等，都可采用冗余配置方式，以提高电源可靠性。同时为了在失电的情况下保持 RAM 中的数据，可配置包括 Ni-Ca 电池在内的电池单元 SB 522。

AC 450 支持集中式 I/O 和分布式 I/O，集中式 I/O 采用 S 100 I/O 子系统，S 100I/O 模件直流安装在非常靠近 CPU 机架的 I/O 机架中，分布式 I/O 站（S 800-I/O）一般安装在一个独立的机箱中，最远可安装在与 CPU 机柜相距 13.3km 的地方，通过串行通信总线 Advant Fieldbus 100 与 CPU 相连。

AC 450 支持较多的通信协议，可以较方便地与其他系统连接，主要包括以下部分：

（1）Master Bus 300/300E 主要用于与同处于控制网络层的其他 Advant OCS 站的连接。

（2）GCOM 用于与 Adva Soft for Windows 和外部计算机的通信。

（3）MVI（Multi-Vendor Interface）用于与其他厂商的设备通信，协议包括 MODBUS I、Siemens 3964R 或 AB 的 DFI。

（4）Profibus DP 用于其他厂商支持该协议的设备通信。

（5）SAP 用于与继电保护设备通信。

这些协议为通信提供了较大支持，但也存在一些不足，如 Master BDS 300 要使用专用的网卡，不支持标准的 TCP/IP 协议，所以在一般工程应用中都要通过转接的方式才能连到厂级网上，而 GCOM 的速度较慢，且传输的数据量受限在一个较小的数量上。

在对可靠性要求较高的应用中，AC 450 的 CPU 模件、Master Bus 300/300E、Advant Filedbus 100、I/O 模件、电源等都可以采用冗余配置，形成一个高度冗余的可靠系统，在冗余配置时 CPU 是以热备用的方式运行的。

AC 450 提供了 AMPL（ABB Master Programming Language）语言用于软件和应用的配置与生成，该语言中的最小单元是一系列用图形符号来表示的，称为 PC element 的标准化的功能块（或称为功能函数），如 AND 操作、时间延时、PID 控制、寄存器移位等都是 PC element 功能块的例子，通过 On line Build 等工具用户可以把一系列 PC element 构成所需的顺序控制流程（程序），加载后可由 CPU 根据预定义的执行周期执行。同样用户可用 Application Build 工具通过被称做 DB element 的定义完成整个数据库定义，例如通过 DB element 可定义 AI、DI、AO、DO、Event、Alarm 等数据。而这些定义好的 PC element 和 DB element 等就构成了用户的应用，通过它们可以完成用户期望的数据采集、报警（通过 AC 500 工作站显示）、控制、调节等各项功能。

从以上例子可以看出，LCU 上连接和控制的设备较多，并且有向连接更多设备发展的趋势，LCU 内部通信已从简单的串口通信向网络发展，如各种现场总线的应用，其中有些已采用了双网和较高的传输速度，因此可以说，LCU——现地控制单元向 LCS——现地控制系统的过渡已经指日可待了。

第十章　监控系统上位机检修与维护

计算机监控系统厂站层部分是实现水电厂主辅设备监视与控制，并为故障或事故提供事故追忆记录、事件分析等重要信息的关键设备。计算机监控系统厂站层设备一般包括数据采集服务器、历史数据服务器、AGC/AVC应用程序服务器、操作员站、工程师站、培训仿真站、调度通信服务器、厂内通信服务器、电话语音报警工作站、报表服务器、报表查询工作站、状态分析数据服务器、Web发布服务器、打印机、模拟屏驱动器、大屏幕控制系统及大屏幕、GPS时钟装置、UPS不间断电源、相关网络设备及网络安全设备等。近年来很多大型电厂均取消了模拟屏驱动器和大屏幕。

为确保监控系统厂站层部分始终处于良好的运行状态，必须严格做到定期检修和故障检修，必要时需实现状态检修和改进性检修，确保系统的正常运行。监控系统厂站层部分的检修维护工作主要是定期检修、故障检修以及日常维护巡检。系统运行时，运行和维护人员应分别进行定期巡回检查和维护，发生故障应立即处理，发生异常应增加巡检次数。定期检修和技术改造项目应列入年度计划安排。定期巡回检查是为了了解设备运行状况，及时发现设备隐患，保证设备处于良好的运行工况。在巡检工作中一定要注意设备的安全性，防止设备误动误碰，同时确保各设备功能正常。在实施设备的检修工作时，必须做好相应安全措施，确保运行人员能实施对被控设备的监视与控制、确保历史数据不丢失、确保设备不误动。

监控系统厂站层设备的检修与维护人员应经过专业培训，具备如下业务素质：熟悉水电厂生产过程和相关专业知识；熟悉计算机知识；熟悉计算机的操作规程；熟悉维护规程、熟悉监控系统的控制流程、编程及设计原则。现在很多大型电厂都实现了无人值班、少人值守，其运行人员也是维护人员，他们在电厂招投标和制造过程中参与了制造厂控制流程软件功能全面跟踪，参与了监督报告、控制软件的编辑，参与了软件的开发，熟悉和掌握了计算机监控系统的软硬件知识，组成了电厂的一般的运行维护人员。

对于系统，还组织了1～3人的软件集成专用人员，由他们承担整个系统的管理员，程序员是系统安全主管人员，是维护主机系统和主设备的软件人员，系统的安全权限由他们设定。

第一节　监控系统上位机硬件维护

一、上位机基本硬件组成

（一）硬件平台环境

为提高系统的可维护性和可利用率，减少人员培训费用和系统维护费用，便于调试及运行人员掌握系统，整个系统应尽量采用相同类型的硬件平台，并且要求满足机组能够分期投运的要求。有的电厂还开发了培训仿真系统，培训运行班值长和主值班员。

为满足系统实时性要求和保证系统具有良好的开放性，硬件平台将最大限度地采用现在流行的且严格遵守当今工业标准的产品，以便为应用开发提供最大的灵活性，使系统能够方便地升级、及时优化，从而达到保护用户对系统初期投资的目的。

（二）主控级硬件配置及要求

随着安全生产、经济管理、电力市场等功能的扩展，对计算机系统的能力也提出了更高的要求，在系统级设备中64位的工作站、服务器的选用已是绝大多数系统的必然选择。高速交换式以太网技术（100M以上）的发展克服了以往低速以太网在实时应用上的不足，其更具开放性的标准，众多生产厂商的支持，使其在设备的选购、产品的更换、产品的价格、硬软件的可移植性等诸多方面都占据着无法替代的优势。

计算机监控系统基本应按下列原则选择监控系统的硬件：选择适合于工业控制、配有多任务实时操作系统的机型，还应考虑系统内机型尽可能一致；选用成熟、可靠的工业产品设备，采用分层分布式控制功能，分层分布式数据库，下位机现地层选择积木式；设备应具有较好的可维护性、可扩性和较高的性能价格比；应能满足系统的功能及性能指标的要求，容量应有相当的发展裕度。

主站设备至少应具有以下具体配置，并可在提高和保证系统可靠性和先进性的基础上提出更高配置。

1. 数据服务器

对于容量大、机组台数多、数据库点数庞大的电站，为满足数据服务器的处理速度和可靠性要求，其集群技术和磁盘阵列技术应保证其处理速度、存储容量及可用率，必要时增加该节点的计算机台数，指定2组（2×2台）计算机专门作为历史数据库站，硬盘空间应有足够的容量，存储容量分配中应留有40%以上的余量。服务器常见类型如图10-1所示。

两台（套）数据服务器为集群配置，以冗余热备方式工作，主备切换应无扰动地完成，每个 CPU 应承担一定的数据采集及记录任务。若采用两组作为历史数据库站，则每两台套为一组，每组中的两台计算机以冗余热备方式工作，主备切换应无扰动地完成。两组计算机各承担其全部任务的 50%，四台服务器配置相同；汉化功能应符合中国国标，支持双字节的汉字处理能力；电源应配置冗余的、可热插拔的电源模块；硬件应支持掉电保护和电源恢复后的自动重新启动功能。

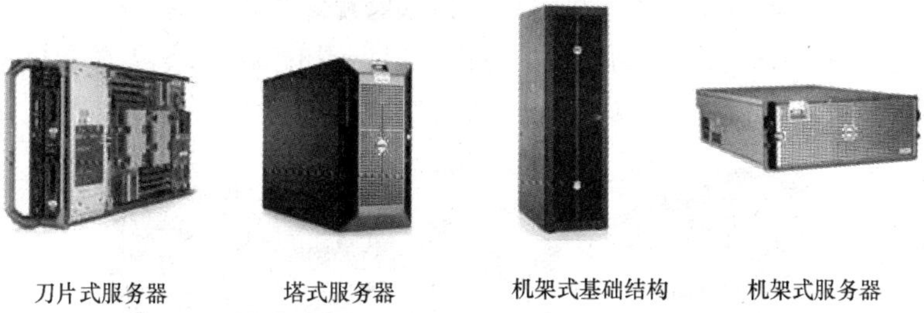

图 10-1　常见服务器

2. 工作站

全计算机和以计算机为主的监控系统宜配置两个操作人员控制台，每个控制台包括两台屏幕显示器及相应的键盘控制设备。应配置用于设备维修、程序开发的程序员终端或工程师工作站。监控系统内可配置培训仿真台，在离线时，用以仿真电厂实际运行，培训运行操作人员进行各种操作及维护（任选项）。操作员工作站、工程师工作站以及培训工作站可采用相同配置的高性能的工作站，如图 10-2 所示。

图 10-2　操作员工作站

3. 应用程序工作站

应用于 AGC/AVC 智能系统、决策系统等高级应用软件功能的工作站需采用高性能的工作站，两台工作站以冗余热备方式工作，主备切换应无扰动。

4. 网关工作站

应用于与调度系统功能的工作站需采用高性能的工作站，两台工作站以冗余热备方式工作，主备切换应无扰动。

5. 模拟屏

特大型电厂中控室还保证有模拟屏或大屏幕，对于部分中控室设立的模拟屏，屏上可设整个电厂的主接线图，安装机组及开关站状态指示灯，以便于运行人员及时掌握电站运行方式；安装需经常监视的仪表（如水情、发电量等）和各设备的总事故、总故障信号，信息直接来自生产过程；设置少量的操作、调整开关（如紧急停机、落门），作为电厂级控制手段的备用。但更多的电厂由于正在实行无人值班、少人值守，均取消了这一部分设备。某特大型电厂中控室模拟屏如图 10-3 所示。

图 10-3　某特大型电厂中控室模拟屏

6. 其他工作站

应用厂内通信（实现与消防系统、暖通系统以及 GIS 电能计量系统、工业电视系统等厂内其他子系统的通信）、报表查询、电话语音报警、查询终端等功能的工作站除有特殊要求外，采用高性能 PC 机即可。

7. 网络设备

配置两套完全相同的光纤/双绞线网络设备作为厂站层信息网络，传输速率不小于 100Mbit/s 自适应，所有的交换机、防火墙、隔离装置、纵向加密装置等网络设备均须采用双电源供电。各类网络设备如图 10-4 所示。

8. 电源

（1）系统设备用不间断电源（UPS）、稳压电源等应能在下列外电源电压范围内正常工作和不遭损坏：

1）厂内交流电源：220/380V（1±10%），单相或三相，50Hz（1±2%）。

2）厂内蓄电池直流电源：176～253V（220V 额定值）；88～127V（110V 额定值）；42～59V（48V 额定值）；21～29V（24V 额定值）。

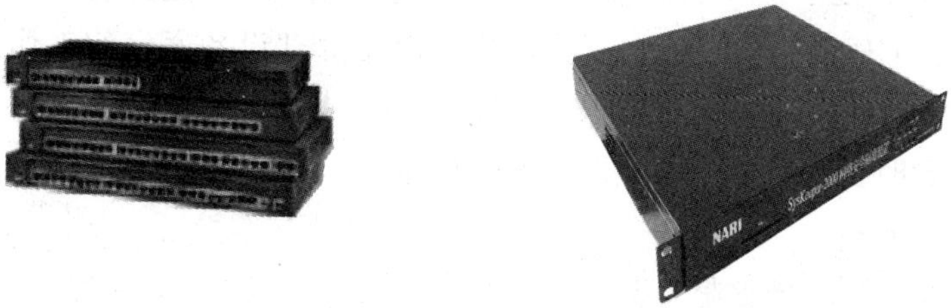

交换机

隔离装置

图 10-4 各类网络设备

（2）在外电源内阻小于 0.1Ω 时由系统设备所产生的电噪声（1～100kHz）在电源输入端上的峰—峰值电压应小于外部电源电压的 1.5%。

（3）当输入电压下降到下限以下或正负极性颠倒时，系统设备不应遭到破坏。

（4）系统电站级应配置不间断电源，现地控制单元级宜配置不间断电源或由厂内直流蓄电池供电的逆变电源。

（5）不间断电源（或逆变电源）除满足 GB 7260 有关规定外，还要满足下列具体要求：

1）额定容量：按 1.5～2 倍正常负载容量考虑。

2）输入电压：满足厂内电源的要求。

3）输出电压：AC 220V（1±2%）。

4）输出电压波形：正弦波 50kHz（1±1%）。

5）波形失真：＜5%。

6）电压超调量：＜10%额定电压（当负载突变 50%时）。

7）不间断电源备用电池维持时间：20min 或 30min。

（6）系统内部直流稳压电源应有过电压过电流保护及电源故障报警信号，电源配置应满足接口隔离要求。

（7）系统设备的电源输入回路应有隔离变压器和抑制噪声的滤波器。

（三）基本术语

（1）操作员工作站（Operator Workstation）：运行值班人员与监控系统的人机联系设备，用于监视与控制。

（2）工程师工作站（Engineer Workstation）：维护工程师（或系统管理员、程序员）与监控系统的人机联系设备，用于调试、修改程序等。

（3）培训工作站（Training Workstation）：培训人员与监控系统的人机联系设备，用于仿真培训。

（4）主机（Main server）：监控系统的实时数据及历史数据服务器。

（5）网关工作站（Gateway）：指实现与电站外部设备通信的工作站，主要实现与梯调、国调、网调的调度通信。

（6）GPS时钟：为整个监控系统提供时钟同步的全球定位时钟系统。

二、定期维护

按照计算机和系统专业知识的掌握程度，经过考试和考核确定系统的管理员、程序员、或者值长、班长、主值班员、辅助班长，不同的人员进行不同程度和范围的巡检和定期维护业务，必须有严格的责权范围和安全级别，做到可靠安全维护。

（一）设备范围

定期维护范围包括监控系统上位机各计算机设备，如数据采集服务器、历史数据服务器、AGC/AVC应用程序服务器、操作员站、工程师站、培训仿真站、调度通信服务器、厂内通信服务器、电话语音报警工作站、报表服务器、报表查询工作站、状态分析数据服务器、WEB发布服务器、打印机、模拟屏驱动器、大屏幕控制系统及大屏幕、GPS装置、UPS电源、相关网络设备及网络安全设备。

厂站层设备多为冗余配置，如数据采集服务器、历史数据服务器、AGC/AVC应用程序服务器、调度通信服务器等，因此在检修时需首先确保一台服务器正常工作，在不影响业务正常工作的情况下对冗余设备进行检修，已检修的设备工作正常后方可继续进行。与对外通信及调度应用软件相关的硬件设备需要维护停运时，应取得对方许可后方可进行。若无冗余配置，则要尽量减小设备停运对监控系统造成的影响。

（二）作业工艺要求

（1）系统设备可靠接地，防止电源短路、接地。

（2）断开服务器电源。

（3）工作时，戴防静电护套。

（4）取下的电路板，放在绝缘垫上。

（5）安装印刷电路板时，只接触其边缘部分。

（6）防止光纤尾线损坏。

（7）对计算机附属的光驱、磁带机等应用设备应使用专门的清洁工具进行清洁。

（三）周期

对厂站层计算机主机及网络设备应每年进行停电除尘一次。但由于各个厂站层系统运行方式不同，因此厂站层设备是否需要进行停运拆除或清灰等检修工作，需要视各系统自身要求，无需做任何拆除或清灰等检修工作的，需对其做功能检查等方面的工作。对显示器、键盘、鼠标（跟踪球）的清洁宜每月进行一次。

（四）工器具及材料

厂站层设备检修工具表见表10-1、表10-2。

表10-1　　厂站层设备检修工具表

序　号	名　　称	规格型号	数　量	单　位
1	网络测试仪	DSP-4000	1	台
2	防静电绝缘垫		1	条
3	防静电护套		1	个
4	数字万用表	Fluke	1	个
5	小型吸尘器		1	个
6	组合工具		1	个
7	吹风机		1	个
8	光纤测试仪		1	个
9	防护垫		1	套
10	专用笔记本电脑	该制造厂开发的专用软件和开发工具软件，调试软件	1—2	台

表10-2　　厂站层设备检修耗材表

序　号	名　　称	规格型号	数　量	单　位
1	电子器件清洗液	赛克林	1	瓶
2	除尘喷剂	美国CRC	1	瓶
3	屏幕清洗液		1	瓶
4	印字用套管	粗、中、细	1	套（袋）
5	扎带	粗（型号）	1	袋
6	扎带	细（型号）	1	袋
7	毛刷		1	把

三、主、备设备定期轮换

对冗余配置的厂站层设备宜半年冷启动一次，以消除因为由于系统硬件老化或软件的隐含缺陷对系统运行产生的不利影响。对于未作冗余配置的厂站层设备，在做好完备的安全措施以后方可冷启动。

四、巡检

硬件设备巡检每周至少应进行一次。检查的主要内容包括：

(1) 检查计算机房空调设备运行情况和机房设备盘柜内（运行中不允许开启的

除外）的温度、湿度是否在规定范围内。

（2）检查UPS电源房空调设备运行情况和温度、湿度是否在规定范围内。

（3）检查设备、盘柜冷却（通风）风机（扇）运行是否正常。

（4）检查上位机各设备工作状态指示是否正常。

（5）检查GPS装置上指示日期、时间是否正确。

（6）检查GPS装置分同步光隔工作指示灯是否正常，分同步指示灯动作是否正常。

（7）检查网络是否运行正常，各网络交换机工作指示灯是否正常。

（8）检查各主机上各个电源指示灯、板卡工作指示灯是否正常，散热风扇运转是否正常。

（9）检查大屏幕显示是否正常。

（10）检查磁盘阵列电源指示灯、硬盘工作指示灯是否正常，散热风扇运转是否正常。

（11）检查各个视频、鼠标键盘延长器工作指示灯是否正常。

（12）检查国调（网调）各网络设备的工作指示灯是否正常，散热风扇运转是否正常。

（13）检查EPMS通信机和硬件防火墙的工作指示灯是否正常，散热风扇运转是否正常。

（14）检查UPS电源上各表计指示、电压、电流、频率、负载率是否正常；各个STS装置工作指示灯是否正常，包括“整流器正在运行”指示灯应亮、“电池放电”指示灯应熄、“负载由旁路供电”指示灯应熄、“逆变器运行”指示灯应亮；两套UPS联机通信正常。

五、设备更换、改造和升级

（1）如需更换硬件设备时，需使用经通电老化处理检验合格的备件，并采取防设备误动、防静电措施，做好相关记录，更新相关台账。

（2）如需升级硬件设备，则应确认升级后的硬件和系统软件、应用程序相互兼容，并且不影响与其他计算机设备的正常通信。与对外通信及调度应用软件相关的硬件需要更换时，应取得对方许可后方可进行。

（3）系统的改造和升级，应做到统筹规划、分步实施。对于系统的改造和升级，应经过可行性论证、方案设计和审批后方可进行。

（4）新建和改造升级后的系统，应按照设计方案的规定，进行功能和性能的全面测试。测试项目参照DL/T 822—2002《水电厂计算机监控系统试验验收规程》相关条款，根据现场情况由系统承建方和业主单位共同商定，并制定测试大纲，经审批后，按照测试大纲执行。对测试结果应进行分析并提出测试报告。

（5）新建和改造升级后的系统，必须经系统测试验收合格后，才能正式投入运行。系统试运行期一般规定为30天。

六、UPS系统

UPS不间断电源是一种含有储能装置，以逆变器为主要元件，稳压稳频输出的电源保护设备，主要由整流器、蓄电池、逆变器和静态开关等几部分组成。有过载短路保护，无论外部电源的切出或分配都能保证连续供电、电压稳定、频率稳定。当外部电源供电时，UPS是一个完美的电源稳定器；在外部电源停电时，它又成为一台电源发生器。当外部电源供电时，电池保持充电；在外部电源断开时用电电源由电池来供给。UPS电源如图10-5所示。

(a)　　(b)

图10-5　UPS电源

（a）蓄电池；（b）控制柜

（一）UPS供电中断预防措施

大型电厂主计算机用的UPS电源大多设计成专线式，采用主备无扰动切换。

（1）运行人员在倒换UPS供电电源时应尽快恢复供电。发现操作员站报“UPS供电电源中断”信号时应及时处理。

（2）维护人员备份各控制器的最新应用程序，以便在事故发生时能尽快恢复控制器的运行。

（3）如有可能，尽量避免UPS处于旁路运行工况，或旁路运行工况时间应尽可能短。因为旁路电源的安全性隐患（断电、短时过电压、浪涌等）将直接作用于厂站计算机。

（二）UPS供电中断应急处理

当UPS供电中断时，应按照事故预案做好事故处理，尽快恢复对监控系统的正常供电，减小对监控系统的影响。

1. 现场检查

事故现场状况检查及事故原因分析，重要设备采用临时电源迅速恢复供电。

（1）若为开关跳开或熔断器熔断，查 UPS 事件记录，确认原因为外界引起，并且原因已消除。经测量绝缘合格后，合上开关或更换熔断器以恢复供电。

（2）若为电缆故障，应使用临时电源依次将交换机、操作员工作站、应用程序工作站、网关工作站等重要设备恢复供电，同时通知设备责任部门采用临时电缆对厂站层设备供电。

2. 事故检查、分析诊断

根据事故现场及 UPS 事件记录分析，可能为以下几种情况之一：蓄电池长时间放电导致 UPS 自动停机、UPS 负载过负荷或短路、UPS 控制柜故障、各种情况导致的 UPS 切旁路供电后旁路电源消失等。

（1）若为蓄电池长时间放电导致 UPS 自动停机，应检查 UPS 进线电源是否存在停电、过电压、掉相等情况；若进线电源无问题则可怀疑 UPS 装置整流回路故障，检查 UPS 装置运行参数中整流器电流是否正常；若 UPS 装置故障应尽快通知检修处理，重大问题通知厂家处理。

（2）若为 UPS 负载过负荷或短路，应尽快查清外接负荷情况，甩掉引起故障的负荷，检查开关及熔断器是否正常，测量回路绝缘是否正常，全部正常后可尽快恢复送电。

（3）若为 UPS 控制柜故障，应尽快通知厂家处理。

（4）若为切旁路供电后旁路电源消失，应迅速将 UPS 切回正常工作方式，同时联系运行人员尽快恢复 UPS Ⅰ、Ⅱ段进线电源及旁路电源；若无法切回正常运行，尽量保持旁路电源正常供电。

3. 事故处理（包括试验、调试主要过程）

（1）若 UPS 输入供电电源异常，联系运行人员尽快恢复对 UPS 的外线供电。

（2）若 UPS 输入电源正常，UPS 双机一并正常切换至旁路，此时应检查历史事件有无过载发生，若是过载导致切换至旁路，可观察负荷率，切回逆变工况。若无过载发生，立即检查电池熔断器，检查绝缘状况，更换熔断器。若熔断器无问题，电池电压一直异常，立即退出一台 UPS 的运行，切另一台至逆变正常工况。

（3）若电池有漏液、鼓胀或是有异常的酸性气味，立即联系厂家。

（4）若 UPS-1 和 UPS-2 并联出口等效节点短路，出口开关有可能烧损或跳开，监控系统厂站层将停电。若出口开关跳开，且有人操作劣质插座或开关时造成的短路，应更换插座，按规程顺序送电。若不知道短路点，则检查出口对地绝缘状况，若绝缘不佳，必要时断开接头，立即联系相关责任部门检查所有等效节点裸露接头。检查设备熔断器、晶闸管、隔离变压器、出口开关设备情况。

4. 状态检查

（1）测量电池电压是否正常。

（2）两套UPS面板的指示灯状态都应为："整流器正在运行"灯应亮、"电池放电"灯应熄、"负载由旁路供电"灯应熄、"逆变器运行"灯应亮，两套UPS联机通信正常。

（3）若有报警指示灯亮，可按照面板操作方法确认所有报警事件，查清报警原因，直至报警指示灯灭。

（4）检查电池浮充电流是否正常，记录电池可用小时数。

（5）检查两套UPS所带的负载率均在正常范围内。

（6）检查上位机关于两套UPS的信息均恢复正常。打印事故前后的历史纪录，以便进行抢修后的进一步分析及存档。

（三）充放电维护

宜每年对蓄电池进行一次充放电维护。

第二节　监控系统上位机软件维护

一、上位机基本软件构成

（一）软件平台环境

为适应开放化、标准化、网络化、高速化和易用化的发展技术，计算机监控系统中的软件支持平台和应用软件包趋向于通用化、开放化、规范化。从电力行业高可靠性的要求出发，在大中型水电厂监控系统中的UNIX操作系统得到广泛的应用，中小型的水电厂因较多采用PC构架的计算机，所以较多地采用Windows操作系统。在数据库方面由于商用数据库电力生产控制的实时性要求还难以充分满足，因此目前较为广泛采用的专用实时数据库和商用历史数据库相结合的形式还会继续存在。由于部分数据库的专用性带来了数据变换的不便，在现今电力行业推进信息化、数字化建设的大背景下它的不适应性就凸现出来，较好的办法是遵循统一的标准接口规范，使大家可在统一的"数字总线"上便捷地进行数据交换。

此外，Web、面向对象的Java等新技术将越来越多地引入计算机监控系统。如在大中型电厂用高性能的UNIX工作站或服务器作为全系统的主控机和数据服务器，而用PC机作为操作员站，由Java一次编译、多处运行的特性，加上Internet/Intranet，Web技术的支持，不仅可轻松地在操作员站、主处理器等监控系统内的节点获得同样的人机界面，更可在厂长、总工办公室、生技科等厂内PC联网的地方直接浏览到同样的界面，甚至于在任何地点经电话接入后也可以浏览到同样的界面。当然，为保证二次系统的安全，需增加必要的安全措施。

（二）主控级软件配置及要求

1. 操作系统

（1）提供的操作系统应是实时多重任务执行程序系统、交互式分时操作系统或多道程序通用目标虚拟存储器系统。

（2）操作系统应满足如下要求：

1）操作系统在所提供的硬件构造中应有实用成功的经验。

2）对计算机设备制造单位支持的实时操作系统不宜进行修改，对其未使用部分可进行删节。

3）为提高计算机利用率和响应时间，操作系统应具有以优先权为基础的任务调度执行、资源管理分配以及任务间通信和控制手段，优先级至少有32级。

4）应具有输入输出设备的直接控制能力。

5）应能有效地执行高级语言程序。

6）能执行诊断检查，故障自动切除。

7）对系统的启动、终止、监视、组态和其他联机活动应有交互式语言和命令程序支持。

8）应通过任务名称、数据名称和操作标号实现软件相互连接。

9）为系统生成提供服务。

2. 支持程序和应用程序

（1）系统服务软件中应该配备成熟适用的支持程序和应用程序。

（2）应提供的支持程序和应用程序及其特性要求如下：

1）具备有效的编译软件，以进行应用软件的开发。这些编译软件包括标准的汇编语言编译程序、高级语言编译程序、交互式数据库编译程序、交互式图像编译程序、交互式报告编译程序等。

2）具有容易使用和代码汇编的连接装配程序。

3）具有对应用软件进行检验和修改的应用程序。

4）具有存储器转储的应用程序。

5）应用软件应采用结构式模块化软件，功能软件模块或任务模块应具有一定的完整性和独立性。

6）应用软件环境的设计应使用户能安全地实现应用软件的补充、修改或移植。

3. 数据库

集中式或分布式数据库应能满足如下要求：

（1）数据库的结构定义应包括电厂监控和管理所需要的全部数据项、状态项，形成一次性定义生成数据库及管理系统文件。

（2）支持快速存取和实时处理。

（3）能控制数据的完整性和统一性。

（4）能在线设定或修改数据。

（5）有专门软件支持数据库建立和修改。

（6）能对模拟输入量进行测量死区、零读数死区、报警死区和越限检查处理。

（7）能对模拟输入量进行工程单位变换处理。

（8）为改善实时数据处理能力，在实时数据库中采用报警允许或控制闭锁等相关数据计算项。

4. 数据采集软件

（1）数据采集软件应配合数据库提供检测和处理电厂监控和管理所需数据的能力。

（2）数据采集软件应能满足如下要求：

1）按周期方式和请求方式实现电站设备的实时数据采集。

2）对需要计算的实时数据进行实时处理。

3）对当前产生的报警和控制点进行计算处理。

4）对各种限制值的点进行校核处理。

5）对状态点变化进行监视处理。

6）对实时数据异常点进行监视处理。

7）对外部链路数据实现采集和处理。

8）按周期方式或请求方式实现规定的数据输出。

9）数据采集和处理速度应满足实时性要求。

5. 人机接口软件

（1）人机接口软件的设计应满足系统功能设计要求。

（2）人机接口软件应使用户能按使用手册增加或修改显示画面、报表和系统配置。

6. 通信软件

用于系统的通信软件应尽可能采用开放系统互联（Open Systems Interconnection，OSI）协议或适于工业控制的标准协议。

（1）局域网络通信规约。

1）星形网络宜采用高级数据通信控制步骤（Advanced Data Communication Control Procedure，ADCCP）、同步数据链路控制（Synchronous DataLine Control，SDLC）、高级数据链路控制规程（HighLevel Data Link Control Procedures，HDLC）、分组性公用数据网（X. 25）、二进制（二元）同步通信（Binary Synchronous Communications，BISYNC）等主要形式的数据链路层协议，或采用 TTY、循环数字传送（CDT）等通信规约。

2）竞争式总线网宜采用 IEEE 802. 2 和 IEEE 802. 3 标准协议。

3）令牌总线网络宜采用 IEEE 802. 4 标准协议。

（2）电厂监控系统与上级调度自动化系统间采用远动规约互联。电站级计算机与上级调度级计算机间所采用的远程通信协议应该服从调度端的要求，常用通信规约有 IEC 101、IEC 104、TASE. 2（Telecontrol Application Service Element. 2 又称为 ICCP：Inter-Control Center Communications Protocol）。

（3）在通信协议规定的数据块传送结构中，报文类型定义宜按报警点数据、事件顺序记录点数据、状态点数据、模拟点数据、脉冲累加点数据、控制及校核数据等划分。

（4）通信软件应能监视通信通道故障，并进行故障切除（停止通信）和报警。

（5）局域网通信交换数据量及其频度应满足功能要求和特性要求。

7. 诊断软件

为了提高系统可利用率和可维修性，应该配置完备的诊断软件。

（1）周期在线诊断软件：

1）计算机内存自检。

2）硬件及接口自检，各种功能模件和外设故障诊断。

3）自恢复功能、死机原因查找及进程监视，掉电保护。

4）双机系统故障检测及自动切换。

5）系统软件诊断监控软件。

（2）在系统在线运行及人机对话控制下，对系统中某一外围设备能使用请求在线诊断软件进行测试检查。

（3）应提供离线诊断软件或工具，对系统中的计算机设备或组件进行查找故障的诊断。

（三）基本术语

（1）厂站层设备（Power Plant Level Device）：水电厂监控系统中央控制级设备，包括主机和工作站等设备。

（2）测点（Processing Point）：数据采集点，包括从现场采集和外部链路数据等。

（3）网控（Power Grid Control）：监控系统与电网调度相关功能的控制权转移至电网调度，并由其操作员工作站完成对相关设备的唯一控制。

（4）梯控（Cascade Dispatch Control）：监控系统与梯级调度相关功能的控制权转移至梯级调度，并由其操作员工作站完成对相关设备的唯一控制。

（5）站控（Station Control）：监控系统控制权在电站厂站层，并由其操作员工作站完成对设备的唯一控制。

（6）现地控制（Local Control）：监控系统控制权在现地，设备由现地控制单元唯一控制。

（7）自动发电控制（Automatic Generation Control，AGC）：在满足各项限制条件的前提下，以安全、经济的方式控制电站机组的运行方式及有功功率分配，满足电力系统的需要。

（8）自动电压控制（Automatic Voltage Control，AVC）：在满足各项限制条件的前提下，实时自动调整优化分配机组的无功功率，以满足电力系统的需要。

（9）现地控制单元（Local Control Unit，LCU）：对按单元划分的机电设备进行现地控制的装置。

二、备份

硬件故障、软件损坏、错误操作以及其他意想不到的原因，随时可能使系统崩溃而无法工作，数据、程序、资料就会丢失。这时就需要使用恢复功能，迅速将备份的数据或系统重新导入，以最短时间恢复系统的正常运行，确保电站主设备安全稳定运行。备份包括对系统整体进行备份、对重要程序、数据文件和文档资料进行备份。

而要实现真正意义上的备份，需要做到异地备份，最好是静态备份，因为复制它的目的一般是使用而不是进行修改。异地备份的介质可以选择磁带、光盘等。备份每季度至少应进行一次。

（一）系统备份

上位机包含的重要设备如操作员工作站、工程师工作站、采集服务器、数据库服务器、网关工作站、厂内通信工作站、应用程序工作站、报表服务器、语音报警服务器、趋势分析服务器等，在投运后经检验各功能运行正常的情况下，可对系统乃至整个硬盘进行全面备份。使用硬盘备份，在系统出现问题无法启动时只需更换备份的硬盘，系统便可按照备份时间点正常运行。

如图 10-6 所示是目前使用较为广泛的 Omni SCSI 硬盘复制机。

图 10-6 Omni SCSI 硬盘复制机

（二）数据、应用程序备份

1. 数据库备份

对于连续运行的监控系统，应考虑数据库破坏对其可靠性的影响，采用支持故障、自动恢复的软件技术和补救措施。数据库的故障恢复技术是指数据库从各种病态或故障中恢复过来的能力。数据库的故障恢复技术主要有备份转储、映像、导入/导出等，但归根结底都是“备份”。实时监控系统中往往采用双系统或多系统运行的系统同步存储复制技术，这对于数据库的保护是十分必要的。另一种数据库恢复技术是介质备份的导入/导出机制，数据库管理员通过不同的导出模式（如全导出、增量导出、累计导出），按照备份制度和具体备份的要求定期导出数据到安全的存储介质上，以备故障时予以恢复。

(1) 实时数据库备份。监控系统是以实时数据库为核心，配以图形界面和网络软件，完成实时状态和电气参数的接收、存储和显示，采集到的各种信号按其重要程度形成报警通知运行人员、相关领导和事故处理人员。因此，实时数据库是计算机监控系统的基础，监控系统与所有设备通信及其交换的数据都需要在实时数据库中组态，如设备组态、I/O 测点组态、功能组态、对象组态和 AGC/AVC 组态等。而在实际运行过程中，经常需要添加、删除和修改数据组态方式或属性。实时数据库的一致性、完整性对于确保上位机各功能软件的正常工作至关重要。

(2) 历史数据库备份。历史数据库系统是为提高电站安全生产、经济运行水平而开发。它将监控系统获取的实时数据和事件进行分类和处理，形成历史数据库。历史数据库系统为电站的设备维护提供依据、帮助分析事故发生的原因，使管理人员随时可了解电站的过去和现在，以及未来发展趋势，为以后的安全经济运行提供第一手资料。目前使用广泛的大型商业数据库如 Oracle、SQLSERVER 等都提供了方便的数据库备份功能，可以制订计划任务实现定期备份和手动备份。

2. 应用程序和相关文件备份

监控系统上位机的应用程序主要包括数据采集、数据处理、人机界面、AGC/AVC、语音报警、电话报警和查询、报表管理、调度通信、与其他子系统通信等程序。与应用程序相关的文件，如系统或软件配置文件、人机接口界面、运行参数等。

总之，定期做好有效的备份能够在系统出现问题时迅速恢复，将对电站设备的影响降到最低。

三、技术管理

（一）资料及台账管理

（1）投入运行的设备的技术资料应统一管理，建立资料清单，并认真履行借阅登记手续。资料包括：原理图、安装图、技术说明书、信息点参数表、设备和电缆清册等；制造厂提供的技术资料（说明书、合格证明和出厂试验报告等）；设备的运行、检验维护规程；程序框图、应用程序源码文本、软件说明书；软件安装介质、系统及数据库备份介质；调试报告。

（2）建立设备台账和故障处理记录。对监控系统所做的维护、缺陷处理、技术改进等工作应设置专用台账并及时记录相关内容，包括：设备台账（如设备技术规范、设备投运及检修履历、参数配置表、软件安装情况、变更情况、软件及硬件维护记录、现场测试记录、定检或临检报告等）、设备缺陷及故障记录和设备检修交代记录。

（3）对监控系统软件的修改，应制定相应的技术方案并经技术管理部门审定后执行。修改后的软件应经过模拟测试和现场试验，合格后方可投入正式运行。实施软件改进前，应对当前运行的应用软件进行备份并做好记录。改进实施完成后，应做好最新应用软件的备份，及时更新软件功能手册以及相关运行手册。若软件改进涉及多台设备，且不能一次完成时，宜采用软件改进跟踪表，以便跟踪记录改进的实施情况。

（二）版本管理

上位机软件版本的管理非常重要，确保保存最近 3 个版本的软件。固化类软件应确保无误后再投入运行。软件、配置文件、运行参数等改动前后都需要进行备份，改动部分做好标记。

（三）软件更新

当与对外通信及与调度高级应用软件相关的硬、软件需要更新时，应取得对方的许可后方可进行。

四、巡检

软件巡检每周至少应进行一次。检查的主要内容包括：

（1）检查各计算机设备的磁盘空间。定期做磁盘清理和文件系统清理可以释放硬盘驱动器空间，删除临时文件、Internet 缓存文件和可以安全删除不需要的文件，腾出它们占用的系统资源，保持足够的磁盘空间欲量，以提高系统性能。磁盘清理可以利用系统自带工具或者手动清除。

1）Windows 系统。对于 Windows 系统，可以使用系统工具里的磁盘清理程序，也可以手动删除不需要的用户程序日志文件。

2）UNIX 系统。对于 UNIX 系统，可以使用 df-vk 检查文件系统的磁盘空间占用情况，手动删除/tmp和/usr/tmp下的文件、应用程序运行产生的临时文件和日志文件。

(2) 检查磁盘阵列使用情况。磁盘阵列一般用来存放历史数据，数据库文件一般占分配空间的50%左右，如果偏大则要将部分数据导出或删除。磁盘阵列供应商一般都提供了功能强大磁盘阵列的检测软件。

(3) 归档、备份介质使用情况。用来做数据归档或备份的介质如磁盘、磁带、光盘等必须定期更换以保留足够空间，更换的介质做好标记，便于以后查用。

(4) 检查各计划任务执行情况。

1) 数据库维护与备份计划任务。

2) 报表定时生成任务。

3) 历史数据归档任务。

(5) 查看事件日志。事件日志包括操作系统日志、应用系统日志、安全系统日志等，通过事件日志可以获取有关硬件、软件和系统组件的信息，并可以监视本地或远程计算机上的安全事件，有无非法登录或访问记录。事件日志可帮助确定和诊断当前系统问题的根源，还可以帮助预测潜在的系统问题。

(6) 系统安全防护检查。为确保监控系统的安全，必须及时升级杀毒软件病毒特征库，并对厂站层计算机系统进行病毒扫查，并在不影响系统正常运行的情况下安装最新的系统补丁。

(7) 检查计算机设备CPU负荷率、内存使用情况、应用系统进程或服务的状态是否正常。

(8) 检查AGC/AVC控制软件工作是否正常。

(9) 检查上位机系统内部通信及系统与外部通信是否正常。

(10) 检查各节点机工作状态、双网网络状态是否正常。

(11) 检查各LCU网络、模件工作状态是否正常。

(12) 检查监控系统时钟是否正常，各设备的时钟是否同步。

(13) 检查画面调用、报表生成与打印、报警及事件打印、拷屏、语音报警等功能是否正常。

(14) 检查实时数据刷新、事件、报警是否正常。

(15) 检查通信软件的运行情况，进行数据核对，确保数据通信正确。

(16) 检查模拟屏显示是否正常。

五、安全防护

（一）电力系统二次安全防护基本知识

1. 电力二次安全防护目标

为了防范黑客及恶意代码等对电力二次系统的攻击侵害及由此引发电力系统事

故，建立电力二次系统安全防护体系，保障电力系统的安全稳定运行。

2. 电力二次安全防护的基本原则

基本原则是：安全分区、网络专用、横向隔离、纵向认证。安全防护主要针对基于网络的生产控制系统，重点强化边界防护，提高内部安全防护能力，保证电力生产控制系统及重要数据的安全。

3. 安全区之间安全隔离强度要求

生产控制大区与管理信息大区之间的隔离强度应接近或达到物理隔离。生产控制大区内部的控制区（安全区Ⅰ）与非控制区（安全区Ⅱ）之间的隔离强度是逻辑隔离。安全分区示意如图10-7所示。

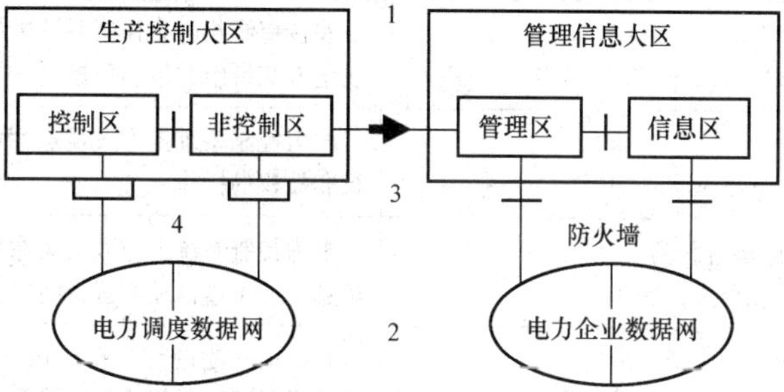

图10-7 安全分区示意图

1—安全分区；2—网络专用；3—横向隔离；4—纵向认证

4. 电力二次安全防护工作开展情况

(1) 2002年5月，国家经贸委发布30号令《电网和电厂计算机监控系统及调度数据网络安全防护的规定》。

(2) 2002年《国家电网调度中心安全防护体系研究及示范》列入国家863计划和国家电网科技项目。

(3) 2003年6月国家商密办为电力二次系统配备专用密码算法和芯片。

(4) 2003年完成《全国电力二次系统安全防护总体方案》第7.2稿，并在全国省级以上调度中心实施。

(5) 2004年12月电监会下发第5号令《电力二次系统安全防护规定》。

(6) 2006年，电监会下发第34号文关于印发《电力二次系统安全防护方案》等安全防护方案的通知。

5. 电力二次系统安全防护相关法规

为了贯彻落实国家电力监管委员会第5号令《电力二次系统安全防护规定》（简称《5号令》）和原国家经贸委［2002］第30号令《电网和电厂计算机监控系统及调度数据网络安全防护的规定》（简称《30号令》），构建电力二次系统安全防护体系，保障电力二次系统的安全和电力系统的安全稳定运行，制定了电力二次系统安全防护总体方案。方案适用于电力二次系统中各类与电力生产和输配过程直接相关的电力监控系统及调度数据网络。电力二次系统的规划设计、项目审查、工程实施、系统改造、运行管理等应当符合方案的要求。

6. 电力二次系统主要安全风险（见表 10-3）

表 10-3　　电力二次系统主要安全风险

优先级	风　险	说明/举例
0	旁路控制 (Bypassing Controls)	入侵者对发电厂、变电站发送非法控制命令，导致电力系统事故，甚至系统瓦解
1	完整性破坏 (Integrity Violation)	非授权修改电力控制系统配置或程序；非授权修改电力交易中的敏感数据
2	违反授权 (Authorization Violation)	电力控制系统工作人员利用授权身份或设备，执行非授权的操作
3	工作人员的随意行为 (Indiscretion)	电力控制系统工作人员无意识地泄露口令等敏感信息，或不谨慎地配置访问控制规则等
4	拦截/篡改 (Intercept/Alter)	拦截或篡改调度数据广域网传输中的控制命令、参数设置、交易报价等敏感数据
5	非法使用 (Illegitimate Use)	非授权使用计算机或网络资源
6	信息泄露 (Information Leakage)	口令、证书等敏感信息泄密
7	欺骗 (Spoof)	Web 服务欺骗攻击；IP 欺骗攻击
8	伪装 (Masquerade)	入侵者伪装合法身份，进入电力监控系统
9	拒绝服务 (Availability，e. g. DoS)	向电力调度数据网络或通信网关发送大量雪崩数据，造成拒绝服务
10	窃听 (Eavesdropping，e. g. Data Confidentiality)	黑客在调度数据网或专线通道上搭线窃听明文传输的敏感信息，为后续攻击准备数据

7. 电力二次安全防护的防护模型和技术路线

电力二次安全防护综合采用通用安全技术，开发关键专用安全技术。安全防护的 P2DR 模型如图 10-8 所示。

8. 计算机监控系统安全管理措施

(1) 计算机机房应建立严格的安全管理制度，按应用需求对人员进行安全等级

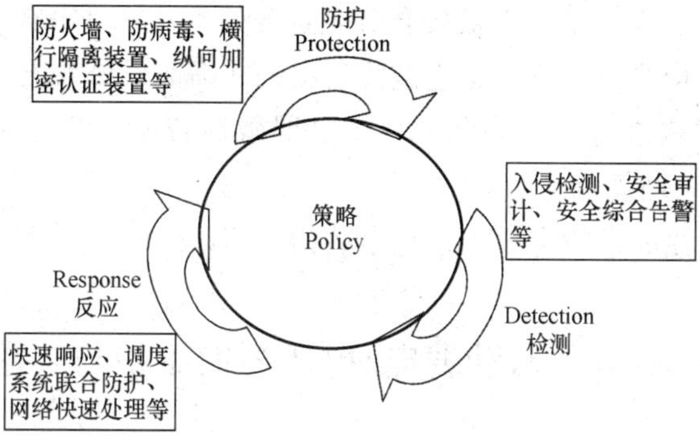

图 10-8 安全防护的 P2DR 模型

划分，指定专人负责网络安全管理。

(2) 生产控制大区边界上部署入侵检测系统 IDS。

(3) 加固主机、数据库、网络设备的登录口令，关闭不需要的服务。

(4) 监控系统不应与管理信息系统（MIS）直接网络通信，以防止病毒的侵蚀和破坏。如果需要网络通信，则必须按照《电力二次系统安全防护规定》(国家电力监管委员会第 5 号令 2004 年 12 月 20 日）的要求，选用单向物理隔离装置进行安全隔离，并按照《计算机病毒防治管理办法》(中华人民共和国公安部令第 51 号 2000 年 4 月 26 日）进行病毒检测和防护管理。监控系统的运行维护单位应定期对防病毒软件进行升级，并及时安装操作系统安全补丁。

(5) 严格禁止非监控系统专用便携计算机接入计算机监控系统网络。

(6) 严格禁止使用非监控系统专用移动存储介质（软盘、移动硬盘、光盘、U 盘）接入计算机监控系统主机。

(7) 离线修改监控系统数据和程序时，应使用专用工具。

(8) 对于具有远程范围功能的计算机监控系统，使用远程登录进行系统诊断和维护必须处于受控状态；对于远程登录诊断和维护，必须由系统管理员履行工作票许可手续后予以开放，一旦工作结束应及时关闭远程登录访问功能。

9. 计算机房的管理

(1) 人员和设备进入计算机房必须进行防尘处理。

(2) 除必须的工作外，任何人不得随意进入计算机主机房；现场具备条件的，进入主机房的人员必须经过身份验证（门禁系统或运行值班人员许可）。

(3) 机房内温度和湿度应符合 GB/T 2887—2000《电子计算机场地通用规范》的规定。

(4) 机房的消防设施如火警探测器、自动灭火系统、灭火器等均应按 GB 9361—

1988《计算机场地安全要求》规定配置齐全，并处于良好可用状态。

(5) 机房火灾报警系统每半年应试验一次，并确保报警系统运行正常。

(6) 机房每年应进行一次防雷、接地、屏蔽检查，并符合 GB/T 2887—2000《电子计算机场地通用规范》的规定。

(7) 机房的备用钥匙应存放在运行事故钥匙柜，以备紧急情况时使用。

第三节　自动发电/电压控制维护与实验

一、自动发电/电压控制（AGC/AVC）基本概念

随着大容量、高电压等级、跨区域电网的迅速发展，电网规模不断扩大，对电网的安全、稳定、优质、经济运行提出了更高更严格的要求。调度或电站运行人员仅凭经验调整全网发电出力与全网负荷平衡，保持电网频率、电压稳定，并控制网际联络线潮流的劳动强度大大提高，而且控制粗糙，调节难度也大为增强，易造成频率和电压品质的下降。由计算机系统辅助人工调节保证电网安全稳定、经济运行已成为大电网发展的趋势。AGC/AVC 正是实现这一目标的重要手段。

自动发电控制（Automatic Generation Control，AGC）是能量管理系统（EMS）的重要组成部分，按电网调度中心的控制目标将指令发送给有关发电厂或机组，在满足各项限制条件的前提下，以安全、经济的方式控制电站机组的运行方式及有功功率分配，通过电厂或机组的自动控制调节装置，实现对发电机功率的自动控制，满足电力系统的需要。

自动电压控制（Automatic Voltage Control，AVC）。按电网调度中心的控制目标将指令发送给有关发电厂或机组，在满足各项限制条件的前提下，实时自动调整优化分配机组的无功功率，提高各发电厂高压母线或特征点的电压水平，从而达到提高本地区的供电电压水平、改善地区电网的电能质量的目的，以满足电力系统的需要。

目前，AGC/AVC 在各电网、电厂都得到广泛的应用，各电厂根据自身的特点和需要提示不同的限制条件，在提高电网的运行控制水平和管理水平，减轻调度人员和现场人员劳动强度等方面发挥了重要作用。

下面主要围绕 AGC/AVC 在水力发电厂的应用，介绍 AGC/AVC 高级应用软件的典型配置。

(一) 控制目标

对于水电厂机组紧跟目标负荷的情况下，在最佳效率下运行，同时减少机组开/停机次数、有功功率调节频率和跨越机组振动区次数（不同的水电厂机组振动区不

同），从而减少机组磨损，兼顾运行效率和机组运行安全。根据各机组的开停、所带有功功率情况、等功率因素法、机组无功功率限制以及电压设定目标等约束条件来分配各机组的无功功率负荷。水电厂各机型效率曲线如图 10-9 所示。

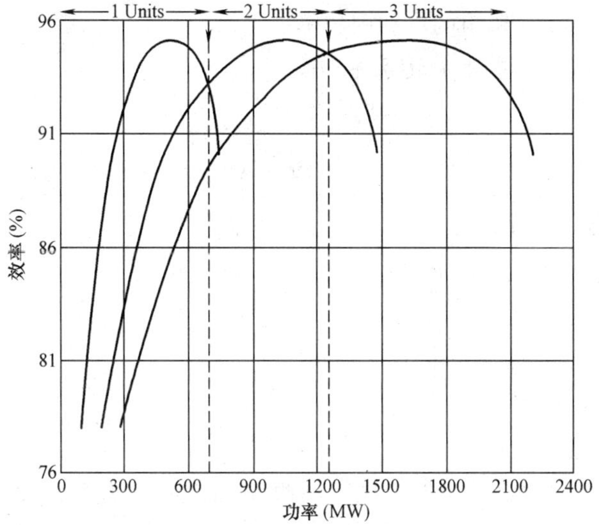

图 10-9　水电厂各机型效率曲线

1. 目标函数

在满足各项限制的条件下，用最小的水流量发出所需的电厂功率。

$$Q_{st}=\sum_{i=1}^{n}Q_i\,(P_i,H)\Rightarrow \min$$

式中　Q_{st}——发电总流量；

Q_i——第 i 台机组流量；

P_i——第 i 台机组功率；

H——当前水头；

n——运行机组台数。

2. 约束条件

(1) 电厂功率平衡

$$P_{st}=\sum_{i=1}^{n}P_i$$

式中　P_{st}——全厂需发功率。

(2) 机组功率限制

$$P_{i\min}\leqslant P_i\leqslant P_{i\max}$$

式中　$P_{i\min}$、$P_{i\max}$——单台机组所能发出的最小、最大功率。

（3）电厂备用容量限制

$$\sum_{i=1}^{n} P_{av,i} - P_{st} \geqslant P_{res}$$

式中　$P_{av,i}$ ——第 i 台机组的可利用功率；

P_{res} ——全厂需要的旋转备用功率。

（4）等功率因素法

$$\Delta q_1/\Delta p_1 = \Delta q_2/\Delta p_2 = \Delta q_3/\Delta p_3 = \cdots = \Delta q_n/\Delta p_n$$

式中　q_1 ——第一台机组的流量；

q_n ——第 n 台机组的流量；

p_1 ——第一台机组的功率；

p_n ——第 n 台机组的功率。

（5）机组不在振动区运行。

（二）软件功能

（1）核心软件的主要功能是完成有功功率/无功功率的优化分配，并实现机组自动开停机功能。

（2）核心软件的输入是全厂总有功功率设定值、全厂总无功功率设定值以及旋转备用值。

（3）核心软件的输出是参加 AGC/AVC 机组的有功功率/无功功率分配值，以及开停机请求与命令。

（三）控制模式

1. AGC 控制模式

AGC 包含两种控制模式，即有功功率设定值控制模式和频率控制模式。正常运行时，AGC 主要工作在有功功率设定值控制模式，可兼顾频率监视功能。频率模式又可划分为频率补偿模式和频率控制模式。

（1）有功功率设定值控制模式。

1）在站控方式下，当 AGC 投入且至少有一台机组加入 AGC，AGC 未投入全频率控制模式，有功功率未投调度曲线模式，则 AGC 处于有功功率设定值控制模式。

2）在频率监视模式下，操作员有功功率设定值是 AGC 总有功功率设定值的数据源，AGC 不进行频率调节。当母线频率越过用户设定限值时，AGC 只会产生报警。

（2）频率控制模式。

1）频率补偿模式。频率调节模块通过调节有功功率来使频率保持在设定值附近。在这一模式下，操作员输入的总有功功率设定值占主导地位，决定了全厂所发的总有功功率。频率调节模块在一定范围内（有功功率调节范围可人工设定）调节有功功率，保持频率接近设定值。

2）全频率控制模式。频率调节模块通过调节有功功率来使频率保持在设定值附近。在这一模式下，操作员不能改变有功功率设定值，有功功率调节将完全根据母线频率的变化进行。有功功率设定值变化量的计算公式为

有功功率设定值变化量=[(频率设定值－实际频率)/频率设定值]

×调频系数×系数调节因子×总有功功率实发值

其中调频系数可修改、系数调节因子在一定范围内变动，当频率在设定值上下反复波动时系数调节因子减小，当频率偏移量加大时系数调节因子增大。

2. AVC控制模式

AVC包含两种控制模式，即无功功率设定值控制模式和电压控制模式。正常运行时，AVC主要工作在电压控制模式，可兼顾电压监视功能。电压模式又可划分为电压补偿模式和电压控制模式。

（1）无功功率设定值控制模式。

1）在站控方式下，当AVC投入且至少有一台机组加入AVC，AVC未投全电压控制，未投电压调度曲线模式，则AVC处于无功功率设定值控制模式。

2）电压监视模式。在电压监视模式下，操作员无功功率设定值是AVC总无功功率设定值的数据源，AVC不进行电压调节。当母线电压越过用户设定限值时，AVC只会产生报警。

（2）电压控制模式。

1）电压补偿模式。电压调节模块通过改变实发无功功率来使母线电压接近设定值。在这一模式下，操作员输入的无功功率设定值占主导地位，决定了全厂所发的总无功功率。电压调节模块只能在一定的范围内（无功功率调节范围可人工设定）调节无功功率来保持电压。

2）全电压控制模式。电压调节模块通过改变实发无功功率来使母线电压接近设定值。在这一模式下，操作员不能改变无功功率设定值，无功功率调节将完全根据母线电压的变化进行。无功功率设定值变化量的计算公式为

无功功率设定值变化量=[(电压设定值－实际电压)/电压设定值]

×调压系数×系数调节因子×总有功功率实发值

其中调压系数可修改、系数调节因子在一定范围内变动，当电压在设定值上下反复波动时系数调节因子减小，当电压偏移量加大时系数调节因子增大。

（四）工作模式

1. AGC 工作模式

（1）开环模式：AGC 只进行负荷分配计算，不自动把分配值下发给机组 LCU。只有在操作员在控制画面中点击“确认”按钮后，AGC 分配值才会下发给机组 LCU。

（2）半开环模式：AGC 会自动把计算的分配值下发给机组 LCU。如果 AGC 需要开停机时，会首先向操作员发出请求，在操作员点击“确认”按钮后才会向机组 LCU 发出开停机命令。

（3）闭环模式：AGC 的分配值和开停机令都是自动下发给机组 LCU，不需要操作员干预。

2. AVC 工作模式

（1）开环模式：AVC 只进行负荷分配计算，不自动把分配值下发给机组 LCU。只有在操作员在控制画面中点击“确认”按钮后，AVC 分配值才会下发给机组 LCU。

（2）闭环模式：AVC 自动把计算的分配值下发给机组 LCU。

3. 设定值来源

（1）操作员设定：在站控方式下，当 AGC 投入，且至少有一台机组加入 AGC，AGC 未投全频率控制，有功功率未投调度曲线模式，操作员设定值就是 AGC 总有功功率的数据来源；在站控方式下，当 AVC 投入，且至少有一台机组加入 AVC，AVC 未投全电压控制，未投电压调度曲线模式，操作员设定值就是 AVC 总无功功率的数据来源。

（2）调度远方设定：当 AGC 由站控切至梯调或国调（网调）控制方式时，AGC 总有功功率数据源就切换到梯调或国调（网调）设定值。在站控模式时，梯调和国调（网调）的设定值跟踪实发值。调度下发的设定值与实发值的差值必须小于某一预先设定的死区范围，否则被认为是无效设定值。当 AGC 接收到一个有效设定值后会产生事件通知运行人员。AVC 只具备站控调节模式，设定值不能由调度远方实时下发。

（3）曲线方式：调度曲线方式即调度中心每天通过通信网关机向电厂下发第二天的调度曲线文件，包含有功功率曲线、旋转备用曲线和电压曲线。每种类型曲线都由 96 个设定值点组成，每隔 15min 有一个设定值点。当 AGC 由站控设定值方式切到有功功率调度曲线方式后，AGC 总有功功率设定值就由调度曲线调节程序根据调度曲线中的有功功率设定值，采用分步调节和提前调节算法给出；当 AVC 在全电压控制模式下投入电压调度曲线方式时，调度曲线调节程序会把当前时刻的电压设定值发送给 AVC 联控程序。

(4) 频率/电压模式下计算值：当 AGC 投入全频率控制模式时，总有功功率设定值就完全由 AGC 联控程序中的频率控制模块根据母线频率的变化给定。频率控制模块根据母线频率的变化，在当前实发总有功功率的基础上增减有功功率设定值，达到使频率稳定在设定值附近的目的；当 AVC 投入全电压控制模式时，总无功功率设定值就完全由 AVC 联控程序中的电压控制模块根据母线电压的变化给定。电压控制模块根据母线电压的变化，在当前实发总无功功率的基础上增减无功功率设定值，达到使电压稳定在设定值附近的目的。

运行人员可通过模式切换来实现设定值数据源的切换，切换逻辑如图 10-10 所示，以 AGC 总有功功率设定值数据源切换为例说明。根据不同的模式，切换有功功率设定值的来源，AGC 有功功率联控分配模块在收到总有功功率设定值后，计算并将分配联控机组的有功功率设定值。核心模块同时还应考虑开/停机请求、功率限制、振动区等。

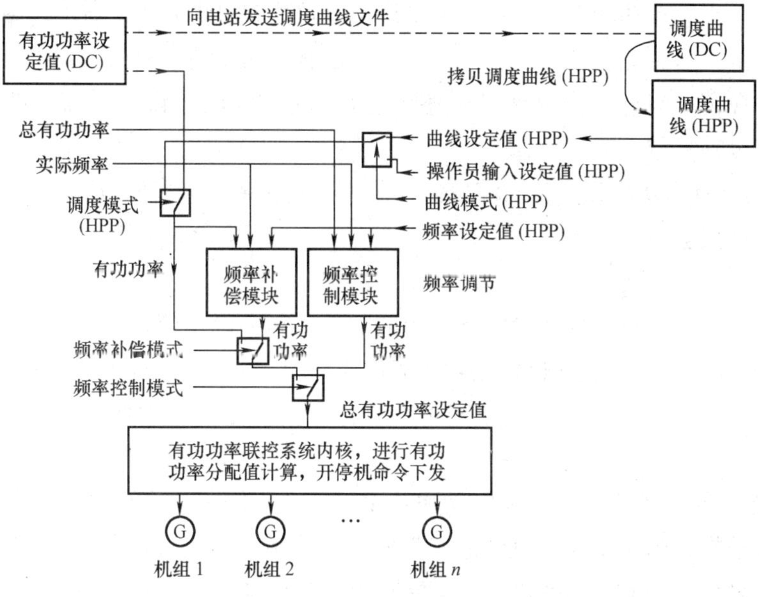

图 10-10 AGC 总有功功率设定值数据源切换逻辑示意图

DC—调度中心；HPP—厂站

(五) 关键参数

(1) 有功功率死区。

1) 当单控机组（即未加入 AGC 联控的机组）总有功功率变化量达到有功功率死区后一定时间，AGC 重新进行负荷分配，把单控机组变化的有功功率分配到参加 AGC 的机组，保持全厂总出力不变。

2）在 AGC 频率补偿模式或全频率控制模式下，当两次总有功功率设定值差＞有功功率死区时，重新进行计算 AGC 分配计算。

3）当有功功率设定值＞实际有功功率设定最大限值，产生有功功率设定值越高限事件报警；当有功功率设定值＜实际有功功率设定最大限值－有功功率死区，则该报警复位；当有功功率设定值＜实际有功功率设定最小限值，产生有功功率设定值越低限事件报警；当有功功率设定值＞实际有功功率设定最小限值＋有功功率死区，则该报警复位。其中实际有功功率设定最大限值＝MIN（当前未参加 AGC 机组的实际出力＋参加 AGC 机组当前水头下的最大出力，用户设定的最大值）、实际有功功率设定最小限值＝MAX（当前未参加 AGC 机组的实际出力＋参加 AGC 机组当前水头下的最小出力，用户设定的最小值）。

4）当有功功率分配值总和与总有功功率设定值之差 ＞ 有功功率死区，产生有功功率无法调节至设定值的事件报警。

5）当总有功功率实发值＞人工设定有功功率最大限值，产生有功功率越高限事件报警；当总有功功率实发值＜人工设定有功功率最大限值－有功功率死区，则该报警复位；当总有功功率实发值＜人工设定有功功率最小限值，产生有功功率越低限事件报警；当总有功功率实发值＞人工设定有功功率最小限值＋有功功率死区，则该报警复位。

6）当总有功功率设定值与实发值差值＞有功功率死区×2，产生有功功率控制失败的事件报警。

（2）无功功率死区。

1）在 AVC 全电压控制模式下，当两次无功功率设定值之差 ＞ 无功功率死区时，AVC 接受新设定值并进行无功功率负荷分配。

2）当单控机组实发无功功率变化＞无功功率死区时，AVC 重新进行负荷分配计算，补偿无功功率变化。

3）当无功功率设定值＞实际无功功率设定最大限值，产生无功功率设定值越高限事件报警；当无功功率设定值＜实际无功功率设定最大限值－无功功率死区，则该报警复位；当无功功率设定值＜实际无功功率设定最小限值，产生无功功率设定值越低限事件报警；当无功功率设定值＞实际无功功率设定最小限值＋无功功率死区，报警复位；其中实际无功功率设定最大、小限值与实际有功功率设定最大、小限值类似。

4）当无功功率实发值＞人工设定无功功率最大限值，产生无功功率越高限事件报警；当总无功功率实发值＜人工设定无功功率最大限值－无功功率死区，则该报警复位；当无功功率实发值＜人工设定无功功率最小限值，产生无功功率越低限事件报警；当总无功功率实发值＞人工设定无功功率最小限值＋无功功率死区，则该报警复位；

5）当总无功功率设定值与实发值差值＞无功功率死区×4，产生无功功率控制失败事件报警。

（3）频率死区。

1）在频率补偿模式或全频率控制模式下，当频率偏移＞频率死区时，频率调节模块重新进行总有功功率设定值计算。

2）在频率补偿模式或全频率控制模式下，当频率偏移＞频率死区×系数时，产生频率控制失败事件报警。

（4）电压死区。

1）在电压补偿模式或全电压控制模式下，当电压偏移＞电压死区时，电压调节模块重新进行总无功功率设定值计算。

2）在电压补偿模式或全电压控制模式下，当电压偏移＞电压死区×系数时，产生电压控制失败事件报警。

（5）开停机调节死区：用于减少 AGC 开停机次数。

（6）跨振动区调节死区：当不跨振动区的设定值偏差－跨过振动区的设定值偏差＞跨振动区调节死区，则选择跨过振动区。

（7）有功功率最大变幅：如果两次有功功率设定值之差＞有功功率最大变幅，则设定值被限制在最大变幅。

（8）无功功率最大变幅：在 AVC 无功功率设定值模式下，如果两次无功功率设定值之差＞无功功率最大变幅，则设定值被限制在最大变幅。

（9）频率最大变幅：在 AGC 频率控制模式下，如果两次频率设定值之差＞频率最大变幅，则设定值被限制在最大变幅。

（10）电压最大变幅：在 AVC 电压控制模式下，如果两次电压设定值之差＞电压最大变幅，则设定值被限制在最大变幅。

（11）旋转备用最大变幅：如果两次旋转备用设定值之差＞旋转备用最大变幅，则设定值被限制在最大变幅。

（12）频率补偿模式有功功率调节死区：在频率补偿模式下，为调节频率，在操作员有功功率设定值基础上最大有功功率调节量。

（13）电压补偿模式无功功率调节死区：在电压补偿模式下，为调节电压，在操作员无功功率设定值基础上最大无功功率调节量。

（六）应用实例

某特大型水电站计算机监控系统全面投运以来，AGC/AVC 软件运行为该电站经济运行以及减轻运行人员的劳动强度作出了很大的贡献，总体说来，软件投运状况良好；同时，该电站根据实际运行中存在的问题，对软件进行了持续改进。

1. 功能设计

电站根据母线运行方式的不同，可划分为全站、站一和站二。全站包含所有机组，站一和站二各包含一部分机组。因此，AGC/AVC 联控系统在功能设计时，根据母线的运行方式，可能运行在全站联控或站一联控、站二联控的方式。母线在合母方式下运行时，可投入全站联控；母线在分母方式下运行时，可投入站一、站二联控。3 种方式的联控系统独立计算，互不干扰。

电站安装有 2 种类型机组，它们在相同水头下的出力限制和振动区都有可能不同，即使是同类型机组，实际运行中机组的特性曲线也有可能不同。考虑以上情况，联控软件设计可最多配置 10 种类型的机组，对每类机组可设置合理水头范围内的 25 个水头数据、各水头下的效率—出力曲线和 P—Q 曲线、每条效率—出力曲线最多定义 5 个振动区。对于相邻水头的效率—出力曲线、P—Q 曲线、振动区和机组出力上下限由插值计算得出。联控系统根据这些配置曲线和出力限制，计算不同水头下 AGC/AVC 的分配值。

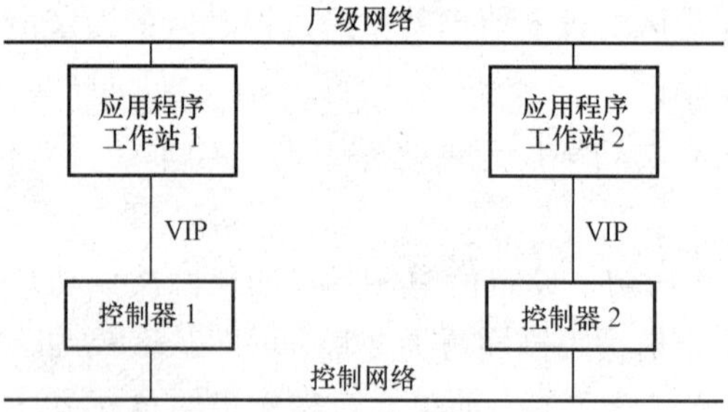

图 10-11　AGC/AVC 系统结构图

2. 硬件设计

AGC/AVC 高级应用系统由两套互为冗余的系统组成。每套由一台应用程序工作站和一台控制器组成，如图 10-11 所示。应用程序工作站与控制器之间采用 VIP 通信协议进行通信。两套系统中第一套缺省为主系统，第二套为备用系统，主系统出现故障时，备用系统自动切为主系统。应用程序工作站主要完成 AGC/AVC 的设定值计算和分配值计算；控制器主要作为应用程序工作站和现地层设备之间的通信接口。同时，控制器中还包含部分简单的 AGC/AVC 程序，如有功功率和无功功率设定值数据源选择、调度曲线方式下有功功率总设定值计算等。

3. 负荷分配原则

AGC 联控系统在进行有功功率分配值计算时，必须考虑多方面的因素：不同水头下水轮机组的功率限制、避免机组运行在振动区、减少机组跨越振动区的次数、减少机组调节次数、补偿单控机组的有功功率变化等，同时还应考虑效率最优原则。该电站 AGC 的分配算法采用了修正等功率分配法，依照机组的调节优先级，把变化的有功功率设定值以一定的步长（40MW）循环分配给各 AGC 机组，该算法循环计算，设定值同时下发。考虑振动区运行时，只有当机组不跨越振动区所产生的有功功率设定值缺额与机组跨越振动区后产生的有功功率设定值的缺额之差大于设定的死区（20MW）时，才允许机组跨越振动区。根据这样的设计，机组跨越振动区的次数将显著减少。修正等功率分配法简单实用，在减少机组调节次数的同时，又能有效避免机组负荷较大的波动，保证机组负荷的平稳，适用于容量大、振动区少且小的机组，但对有多个振动区且振动区较大的机组，该算法并不适用。

AVC无功功率分配计算考虑了以下原则：补偿单控机组的无功功率变化、考虑机组无功功率限制（过励/欠励限制）、等功率因素法、小幅度无功功率变化时，仅调整单台机组。AVC无功功率分配采用了与有功功率分配类似的算法，当总无功功率设定值发生变化时，AVC按照机组序号把变化的无功功率以相同步长（25 Mvar）循环分配给加入AVC联控的机组，各机组设定值同时下发。循环分配的起始机组为上一次调节的最后一台机组。当总无功功率设定值增加时，循环分配按照机组序号的增序进行；当总无功功率设定值减少时，循环分配按照机组序号的降序进行。

4. 人机界面（如图10-12～图10-14所示）

图10-12　电站联控画面

图 10-13　机组联控画面

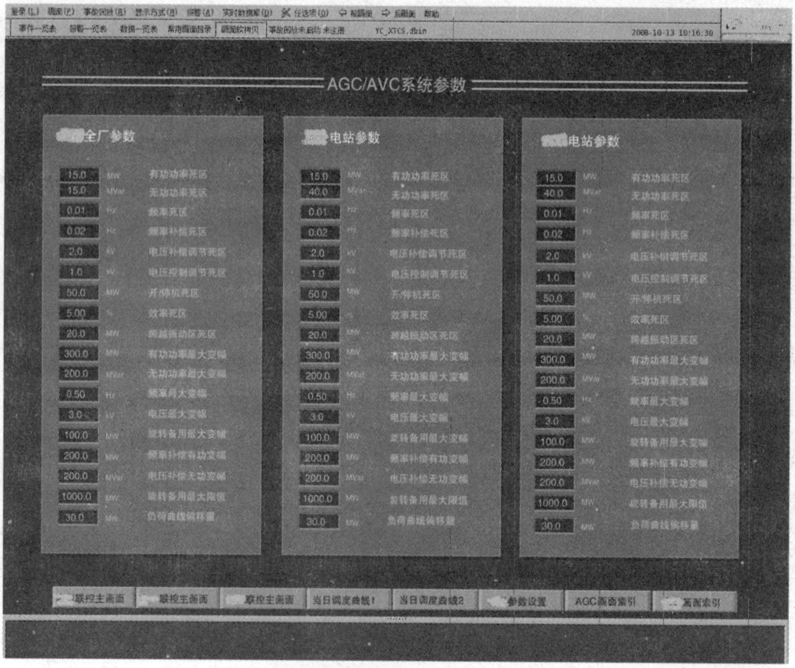

图 10-14　参数一览画面

二、AGC/AVC软件维护

电站AGC/AVC属于监控系统的高级应用功能，关系到电网的安全稳定与电站的经济运行。现在AGC/AVC的程序在设计之初就需考虑全面，不同类型机组在相同水头下的出力限制和振动区可能不同，同时即使是同类型机组，实际运行中机组的特性曲线也可能有所不同。考虑以上情况，对于机组的特性曲线及重要参数等多采用文件化的参数设置，客户化程度较高。对于水电厂而言，在大坝分期蓄水过程中，水头不断变化，这是AGC/AVC面临的一个挑战。在实际运行中，需要掌握AGC/AVC的设计理念，总结运行经验，根据机组在新水位下的运行工况来完善AGC/AVC功能，发挥AGC/AVC在电站经济运行中的巨大作用。

（一）软件缺陷维护

水电厂生产过程中，随着新机组不断投运，加入AGC/AVC的机型和台数不断变化，并且考虑水位的变化，维护和运行人员要密切关注AGC/AVC是否存在运行缺陷，包括与调速和励磁系统的相互配合，如：是否存在超调、响应速度等，跨振动区判断逻辑是否合理，调节是否正确、快速，水头刷新死区影响等，其次对于造成全厂或单机不止常退出AGC/AVC的原因要进行分析改进，避免由于AGC/AVC频繁投退影响电站稳定运行。

其中比较典型的是有功功率调度曲线模式调节算法的改进和跨振动区判断逻辑的改进。

1. 有功功率调度曲线模式的改进

目前常用的有功功率调度曲线为96点设计，每隔15min设置1个点。因此，有功功率调度曲线模式下，原设计思路是当时间到达设值点时刻时，立刻执行该设值点的设定值。对于某些特大型电站，单机容量大，机组台数多，这一调节存在着有功功率一次调节量过大的缺点，当2个设值点的设定值之差较大时，一次性调节可能对系统频率产生较大的影响。同时，调度对电厂AGC也提出了更高要求：电网要求整个调节过程尽可能平滑，到设值点时刻，设定值正好调节到位。因此，到设值点时间才开始调节的方式已不能满足调度要求。根据运行中提出的实际问题，在调度曲线仍采用96点设计的情况下，改进了有功功率调度曲线调节算法。

如图10-15所示为改进后的有功功率曲线模式调节效果。把有功功率调度曲线相邻2个设值点分解为15个子步（达到每分钟一个设值点），设定值的变化量平均分配到15个子步中。当某一子步的设定值与上一次的有效设定值之差大于50MW时，这一子步的设定值作为新的有效设定值进行分配。为了确保调度曲线的96个

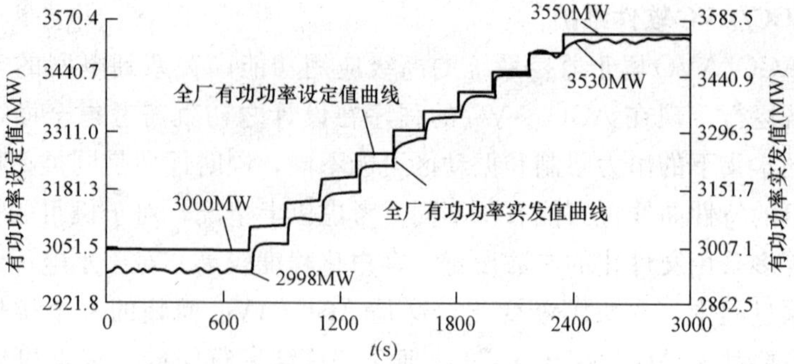

图 10-15　改进后的有功功率曲线模式调节效果

设值点都能调节到位，第 15 个子步无条件执行。同时根据机组的调节时间，每个有效设定值提前 40s 下发，保证了在设值点时间到达时，该点的设定值已调节到位。

2. 跨振动区判断逻辑的改进

在有功功率分配计算过程中，判断机组是否应跨越振动区时，原设计思想是以不跨越振动区为最高优先级，即只要能计算出一种分配方案使所有联控机组都不跨越振动区，且分配值不超过机组出力限值，AGC 就采用这个分配方案。这个设计原则虽然减少了机组的磨损，但在运行过程中发现，由于电站两种类型机组的振动区个数不一致，在有些情况下，一部分机组运行在振动区上沿，其他机组运行在出力下限，极端情况下两类机组所带负荷相差达 137MW，对全厂经济运行产生较大影响。由于机组振动区的区间都比较狭窄，跨越振动区不会对机组产生太大影响，因此，程序设计中只需考虑防止机组反复跨越振动区即可。

由于原跨越振动区判断逻辑并不适合电站的实际情况，电站根据机组两年多的运行经验，对跨振动区的判断逻辑提出改进，在保留原判断条件的前提下，增加两个新的判据判断机组是否应跨越振动区：①机组跨越振动区后，全厂效率的提升超过设定的死区，则选择机组跨越振动区；②运行在振动区边沿的机组有功功率设定值与其他不在振动区边沿运行的机组有功功率设定值差值的最大值超过 60MW，则选择机组跨越振动区。

算法改进前、后的负荷分配试验结果见表 10-4 和表 10-5，试验在 72m 水头完成，A 类机组出力下限为 452MW、上限为 605MW，B 类机组出力下限为 452MW、上限为 595MW。B 类机组在这个水头下有一个 574～589MW 的振动区。

表 10-4 跨振动区算法改进前负荷分配试验记录

机组号	机组类型	优先级	负荷分配（MW）								
			4800	4700	4600	4500	4400	4300	4200	4100	4000
1	B	9	600	573	560	533	520	493	480	452	480
2	B	2	605	600	593	560	553	520	513	480	520
3	B	5	605	600	560	560	520	520	480	480	520
4	A	1	595	589	589	589	589	589	589	589	520
5	A	3	595	589	589	589	589	589	589	589	520
6	A	6	595	589	589	589	589	589	589	589	480
7	B	10	600	560	560	520	520	480	480	452	480
8	B	8	605	600	560	560	520	520	480	469	480

注 表头数据为有功功率设定值，单位 MW。

表 10-5 跨振动区算法改进后负荷分配试验记录

机组号	机组类型	优先级	负荷分配（MW）								
			4800	4700	4600	4500	4400	4300	4200	4100	4000
1	B	9	600	573	560	533	520	520	520	500	480
2	B	2	605	600	593	560	553	520	520	520	520
3	B	5	605	600	560	560	520	520	520	520	520
4	A	1	595	589	589	589	589	551	560	520	520
5	A	3	595	589	589	589	589	560	520	520	520
6	A	6	595	589	589	589	589	589	520	520	480
7	B	10	600	560	560	520	520	520	520	480	480
8	B	8	605	600	560	560	520	520	520	520	480

注 表头数据为有功功率设定值，单位 MW。

（二）运行参数维护

电站 AGC/AVC 属于监控系统的高级应用功能，关系到电网的安全稳定与电站的经济运行。AGC/AVC 的设计考虑内容全面，一般对于机组的特性曲线及重要参数、AGC/AVC 约束条件等均采用文件化的参数设置，客户化程度较高。

特别对于大坝蓄水过程，这是 AGC/AVC 面临的一大挑战。在实际运行中，需要掌握 AGC/AVC 的设计理念，总结运行经验，根据机组在新水位下的运行工况来完善 AGC/AVC 功能，继续发挥 AGC/AVC 在电站经济运行中的作用。

AGC/AVC 运行参数包括单机最小/最大有功功率出力、单机最小/最大无功功率出力、调频系数、调压系数、有功/无功功率最大变幅、频率/电压最大变幅、频率补偿模式有功功率调节死区、电压补偿模式无功功率调节死区、旋转备用最小/最大变幅、各水头下机组的特性曲线等，这些参数都需要根据电站运行方式的不同进行实时修正。

（三）运行管理

（1）应规定机组有功/无功功率的调节死区、机组负荷设定、AGC和AVC投入/退出、曲线方式/定值方式、机组启停优先权设置和母线电压选择的操作方法及注意事项。

（2）机组检修后进行监控系统调试时或单机带母线时应注意AGC、AVC对全厂有功、无功功率的影响。

（3）紧急调频值、AGC与AVC调节曲线、低频自启动机组的启动频率、相关调节死区值等需经批准设定。

（4）AGC、AVC、低频控制、高频控制装置应按电力调度机构要求投入网控或站控方式运行。因故退出，要向调度报告并应及时恢复，其投退原因和时间应予记录。

（5）应明确规定以下AGC、AVC运行方式切换及参数设定的权限：

1）AGC日负荷曲线方式，曲线数据接收、输入。

2）AGC总功率给定方式，给定值的接收、输入。

3）AGC、AVC控制方式切换及允许时间。

4）AGC水位控制参数设定。

5）AGC负荷分配、机组启停优先权设定。

6）AGC水头的接收、输入。

7）电网发生频率过高、过低时负荷调整参数。

8）AVC日高压母线电压曲线方式，曲线数据接收、输入。

9）AVC给定高压母线电压方式，给定值的接收、输入。

10）AVC给定发电机出口母线电压方式，给定值的接收、输入。

11）AVC给定总无功功率方式，给定值的接收、输入。

12）AVC无功功率负荷分配参数设定。

13）AVC按功率因数方式，参数设定。

14）AGC与泄水闸门的联控条件，参数设定。

15）AGC向LCU下发水头参数方式，给定值的接收、输入。

16）AGC、AVC的限制条件等。

（6）AGC、AVC投入运行时，运行值班人员应做好监视工作，保证频率、电压在允许范围内。发现异常应进行调整，并汇报上级调度。

（7）在AGC、AVC退出运行时，运行值班人员应根据调度令进行调整有功功率、无功功率（电压）。当已达到规定的设备最大、最小容量，而无法保证频率、电压在正常允许范围时，应及时汇报相关调度。

三、AGC、AVC 试验

（一）试验目的

对 AGC、AVC 联控系统做一次全面测试，检查 AGC、AVC 联控系统各项功能是否达到设计要求。测试内容包括：机组从单控模式到有功功率联控模式的切换；全厂有功功率设定值变化试验；单控机组有功功率变化，有功功率联控机组进行补偿试验；频率控制试验；将机组从单控模式切换到无功功率联控模式试验；全厂无功功率设定值变化试验；单控机组无功功率变化，无功功率联控机组进行补偿试验；电压控制试验；与梯调、国调（网调）联调试验；站控模式下 AGC、AVC 基本功能测试；AGC 自动开停机试验；调度曲线试验；AGC、AVC 主从机切换试验；分母、合母运行方式下 AGC、AVC 功能测试。

（二）试验条件

（1）××台机组参与测试。

（2）可通过联控程序启停机组。

（3）测试期间日负荷变动范围最大能达到×× MW。

（4）测试期间日无功功率变动范围最大能达到×× Mvar。

（5）母联开关可操作。

（6）电厂与梯调、国调（网调）通信正常，可正确从梯调接收调度曲线文件。

（7）试验时间约为××天。

（三）试验方案

1. 模拟试验

试验条件及安全措施：选择一台 AGC/AVC 应用程序服务器试验，断开其与控制系统所有联系，确保不会对正在运行的监控系统造成任何影响，在该机上强制条件模拟试验。

（1）AGC/AVC 相关条件试验。检验由多个条件决定的状态、逻辑、显示结果是否正确，检验人机界面上 AGC/AVC 投退、工作方式切换、控制方式切换是否正确。

（2）AGC/AVC 计算结果正确性试验。检验机组最佳运行组合、开停机顺序、负荷分配等是否正确。

（3）AGC/AVC 约束条件试验。检验对给定有功功率/无功功率的最大最小限制、负荷变化梯度、各种参数设置、避开机组振动区等是否正确。

（4）AGC 水头试验。检验 AGC 水头数据来源计算是否正确，是否具备跳变闭锁、滤波功能。

(5) 保护功能试验。检验各种事故时，AGC/AVC 全部或部分自动退出功能是否正确。

2. 开环试验

(1) 有功/无功功率给定试验。操作员设定有功/无功功率给定值，试验程序分配有功/无功功率是否正确。

(2) AGC 越限保护试验。检验 AGC 越限保护功能是否完善，包括 AGC 有功功率设定越限保护试验、AGC 有功功率变幅保护试验、AGC 频率变幅保护试验、AGC 频率设定越限保护试验。

(3) AGC 重计算分配试验。检验 AGC 重新计算条件满足后是否重新计算分配，包括两次有功功率给定工作值变化、未加入联控机组实发值超过死区、联控可调机组台数发生变化、联控可调机组有功功率限值发生变化、当 AGC 水头变化超过死区时 AGC 重新计算当前水头上下限和振动区。

(4) AGC 控制权切换试验。检验 AGC 控制权切换时，程序是否能够读取相应有功功率设定值，不在当前控制权下的有功功率给定值跟踪实发值。

(5) 跨振动区试验。检验 AGC 跨越振动区逻辑是否正确，是否符合跨越振动区原则。

(6) 负荷曲线功能试验。检验程序是否能够正确读取当前曲线有功功率值，负荷曲线分步和提前调节功能是否正确，负荷曲线偏移量能否起作用。

(7) AGC 报警。包括有功功率调节失败报警、频率控制失败报警。

(8) 全频率控制功能试验。检验当实发频率与目标频率偏差小于全频率控制死区，程序不进行计算；当偏差大于全频率控制死区时，程序才进行计算。程序能根据频率偏差计算需要调节的有功功率值。

(9) 频率补偿功能试验。检验当实发频率与目标频率偏差小于频率补偿死区时，程序不进行计算；当偏差大于频率补偿死区时，程序才进行计算。程序根据频率偏差计算需要调节的有功功率值，且补偿的最大值等于频率补偿有功功率变幅。

(10) AVC 越限保护试验。检验 AVC 越限保护功能是否完善，包括 AVC 无功功率设定越限保护试验、AVC 无功功率变幅保护试验、AVC 电压变幅保护试验、AVC 电压设定越限保护试验。

(11) AVC 重计算分配试验。检验 AVC 重新计算条件满足后是否重新计算分配，包括两次无功功率给定工作值变化、未加入联控机组实发值超过死区、联控可调机组台数发生变化、联控可调机组无功功率限值发生变化。

(12) AVC 报警。包括电压控制失败报警、无功功率控制失败报警。

(13) 全电压控制功能试验。检验程序能否根据实发电压与给定电压值偏差，正确计算所需调整的无功功率值。

(14) 电压补偿模式功能试验。检验试验电压偏差在死区范围内程序是否处理，当偏差超出死区范围时程序是否计算调节；电压上下波动时无功功率最大补偿范围是否小于电压补偿模式无功功率变幅，包括电压补偿死区试验、电压补偿无功功率计算值试验。

(15) 电压曲线。检验程序是否能够正确读取当前曲线电压值，并根据电压偏差是否能够计算出正确目标无功功率值。

(16) 双机切换试验。检验两台机程序同步运行，互为热备功能。当操作员通过命令菜单切换主备机时，主控机变为备用机，备用机升为主控机，不影响 AGC/AVC 程序运行；当备用机程序退出或机器出故障时，不影响主控站 AGC/AVC 程序运行；主控机程序退出或机器出故障时，备用机自动升为主控，不影响 AGC/AVC 程序运行。

3. AGC 半开环/AVC 闭环试验

通过对机组有功功率和无功功率调节，检查有功功率、无功功率分配是否正确，检验调频、调压效果。通知国调（网调）、梯调，此项试验需调度进行配合。调整负荷时，机调速器旁派人职守，当调速器出现背离目标值的调整时，将调速器切现地。

(1) 有功功率/无功功率给定试验。同开环方式。

(2) 跨振动区试验。同开环方式。

(3) 有功功率调节监视试验。检查机组实发值无法调节至设定值时，程序是否能将该机退出联控。

(4) 负荷曲线功能试验。同开环方式。

(5) 全频率控制功能及频率补偿试验。同开环方式。

(6) 无功功率调节监视。检查机组实发值无法调节至设定值时，程序是否能将该机退出联控。

(7) 全电压控制功能试验。同开环方式。

(8) 电压补偿模式功能试验。同开环方式。

(9) 电压曲线功能试验。同开环方式。

(10) 双机切换试验。同开环方式。

（四）实验报告

通过记录分析 AGC/AVC 在不同运行方式、不同工作模式条件下的试验数据，验证 AGC/AVC 功能是否按设计要求完成。试验过程中存在不完善的地方需在报告中体现出来。

第十一章　计算机现地控制单元检修

计算机现地控制单元（LCU）检修技术规定了计算机现地控制单元的电气系统的检修周期、维护、检修项目、检修技术要求与标准。适用于电气维修人员进行设备检修及维护，也可供运行人员和有关生产管理人员参考。

第一节　一般检修项目与工艺要求

一、检修类别

机组现地控制单元是机组正常运行的重要组成部分，因此必须严格做到定期检查，及时消缺，计划修理，以确保 LCU 处于良好的运行状态下。在对其检修时，必须做好相应安全措施，确保机组安全稳定的运行。机组现地控制单元电气检修工作主要是检查、维修和试验，并在部件检修和电气模拟试验的基础上进行控制设备联调联动试验，具体可分为整体检修、部件检修和日常维护。

1. 整体检修

根据计算机现地控制单元的检修周期和有关规定，参照有关的规程规范和厂家资料、根据计算机现地控制单元各子系统相应部分缺陷和问题整理以及全面检查、控制流程优化的检修项目，对整套计算机现地控制单元进行的全面检修工作。

2. 部件检修

根据单个部件的检修周期和有关规定及具体部件的缺陷情况，对其进行的检修工作。

3. 维护保养

指日常维护及定期检查工作。

4. 检修周期

设备新投运或经检修投入运行至下一次检修之间的时间间隔。

二、检修等级

1. A 级检修

指根据现地控制单元的检修周期、设备评估或有关规定，对 LCU 所属各子部件进行全面的解体检查和维修，以达到定期保养、消除隐患目的，从而保证 LCU

各项功能均能正常投运且运行工况良好。

2. B级检修

指根据现地控制单元的检修周期、设备评估或缺陷记录情况，对LCU所属各子部件中存在的问题，进行有针对性的解体检查和维修，保证LCU主要功能均能正常投运且运行工况良好。

3. C级检修

指根据计算机现地控制单元各部件的使用寿命、老化规律，有重点地对设备进行检查、评估、修理、清扫。C级检修可进行少量零件的更换、设备的消缺、调整、预防性试验等作业以及实施部分A级检修项目。

4. D级检修

D级检修是指据计算机现地控制单元总体运行状况良好，而对主要设备的附属系统和设备进行维护、保养与消缺。D级检修还可根据设备状态的评估结果，安排部分C级检修项目。

5. 故障检修

故障检修是指根据具体设备在运行中出现的故障而安排的检修或进行的紧急检修。

三、检修周期

(1) 全部检修项目每3～6年一次（包括A级检修、B级检修）。

(2) 部分检验项目每年1～2次（包括C级检修、D级检修）。

四、检修项目（见表11-1）

表11-1　　标准检修项目

序号	项目名称	检修需人日数	检修级别			
			A级	B级	C级	D级
1	装置内外检查清扫	2×0.5	★	★	★	★
2	技改方案的实施	2×3	★	★	★	
3	回路检查及标识整顿	2×3	★	★	★	★
4	装置及回路的绝缘检查	2×2	★	★		
5	装置电源检验	2×2	★	★		
6	装置继电器检验	2×2	★	★		
7	LCU模件检查	2×3	★	★	★	
7.1	数字量数据采集与处理功能测试	1				
7.2	数据输出通道测试	1				
7.3	模拟量数据采集与处理功能测试	1				

续表

序号	项目名称	检修需人日数	检修级别			
			A级	B级	C级	D级
8	数据库定值及软件功能检查	2×5	★	★	★	
9	辅助设备流程检验	2×2	★	★		
10	转速装置检查	2×1	★	★		
11	同期装置检验	2×1	★	★	★	
12	测温装置检查	2×1	★	★		
13	LCU 通信检查（串口设备）	2×0.25	★	★	★	
14	触摸屏功能检查	2×0.5	★	★		
15	LCU 开、停机及事故停机流程检验	2×1	★	★		
16	常规事故停机模拟试验	2×1	★	★		
17	上位机联调及流程检验	2×2	★	★		
18	整组试验	2×0.5	★	★	★	
19	升速试验	2×0.25	★	★		
20	LCU 自动开、停机试验	2×1	★	★		
21	假同期试验	2×0.5	★	★		

注　★表示应进行检修。

五、工器具与材料清单

工作负责人和工作班成员，根据工作内容，选用适当的安全设备、检修工具及材料。

(1) 人员安全用具（例如安全靴、安全帽、手套等）。

(2) 防静电腕带。

(3) 手套和口罩。

(4) 小型标准的一字和十字起子、小型套筒扳手。

(5) 手电筒、尖嘴钳、剥线钳、斜口钳等个人工具。

(6) 绝缘胶布、扎带、白布带、聚氯乙烯带等电气胶带。

(7) 清洁干布和软毛刷子、无水酒精等清洁剂。

(8) 吸尘器、吹尘机或干的低压压缩空气源。

(9) 数字表（比如 FLUK）、相序表。

(10) 绝缘电阻表（100、500V）。

(11) 电源插座、对线灯。

(12) 调试计算机（专用笔记本电脑）。

(13) 继电保护测试仪。

(14) 同期试验仪。

(15) 更换的元器件、熔丝、导线、电缆、风扇等。

(16) 电烙铁、吸锡器、焊锡丝等焊锡工具。

(17) 号头机、号头套管、标签机、标签纸。

(18) 手电钻。

(19) 低频信号发生器。

(20) 交流单相调压器 (0～250V)。

(21) 直流稳压电源 (0～48V 可调)。

六、检修准备

(1) 工作负责人编写检修工作所需技术资料清单（包括检修项目、计划安排、安全措施、软/硬件功能文件、调整试验大纲等)，并按清单准备相关资料。

(2) 开工前工作负责人必须对检修中要执行的所有技改、反措、施工等方案，组织讲解并做好记录。

(3) 工作负责人编写检修工作所需工器具及物资材料清单，按清单准备相关工器具及物资材料，并确保工器具功能正常。

(4) 工作负责人应提前准备好工单及安全措施卡，组织工作班成员开展危险源分析及环境因素辨识，并编制清单。

(5) 工作现场须设置安全警示牌，张贴施工进度表、工单、安全措施卡、危险源分析及环境因素辨识清单等。

(6) 办理工作票许可手续。

(7) 召开开工会。检修作业开工前召开开工会，由工作负责人向工作班成员交代工作任务、工作地点、安全措施及安全注意事项。

七、设备检修

(1) 认真执行“一票两卡”制度，严格遵守安全规程，加强现场安全检查，确保检修安全。

(2) 按照施工进度表控制检修工期，遇到影响工期的情况及时反馈。

(3) 按照设备检修作业指导书进行作业，不漏项、不超标，保证检修质量。

(4) 工作负责人参与检修关键过程，并检查关键点。

(5) 工作中应及时做好现场记录，记录工单号、工作班负责人、工作成员、工作时间、仪器仪表编号及具体检修内容等，保证记录的完整性。

(6) 工作负责人每天做好检修日志，记录当天各作业面的进展情况、安全情况、重大或特别事项的联系、汇报、协调等情况。

(7) 工停场清、工完场净。

八、试验与验收

(1) 工作负责人组织设备的检修作业并进行安全质量进度控制完成设备一级验收。

(2) 工作负责人按照作业指导书进行设备的送电试验。

(3) 技术部门负责设备检修、协调及安全质量进度监控，负责设备二、三级验收并对项目的关键控制点进行跟踪和督促。

九、总结与台账更新

工作负责人及时对设备检修情况统计表、二次设备规范统计表、二次设备明细统计表、设备定值执行统计表等台账进行更新，并填写二次设备检修履历表、生产设备软件统计表。

十、关键过程控制清单（见表 11-2）

表 11-2　关键过程控制表

序号	作业流程	质量要求
1	执行安全措施	安全措施卡必须由相关部门审核、签字、批准。工作人员严格按照安全措施卡逐项执行，一人做安全措施一人监护，并做好记录
2	恢复安全措施	严格按照安全措施卡逐项恢复，一人恢复一人监护，并做好记录
合计	关键过程：2 个	

十一、机组 LCU 检修作业危险源控制清单（见表 11-3）

表 11-3　机组 LCU 检修作业危险源控制表

序号	工艺（作业）活动	危险因素	可能导致的事故	风险评价				风险等级	控制措施
				L	E	C	D		
1	做安全措施	安全措施不全	相关设备跳闸	1	1	1	1	1	安全措施卡必须由相关部门审核，按照安全措施卡逐项执行，一人做安全措施一人监护，并做好记录
		触电	危及人员人身安全	1	1	1	1	1	带电回路应小心谨慎，用绝缘胶带包扎好线头，并站在绝缘垫上
2	LCU 装置清灰，除尘	使用非绝缘工具对元器件通电部位和端子排做卫生	造成相关回路短路	1	1	1	1	1	对元器件通电部位和端子排做卫生只能使用绝缘、易挥发、无腐蚀溶剂

续表

序号	工艺（作业）活动	危险因素	可能导致的事故	风险评价				风险等级	控制措施
				L	E	C	D		
3	装置电源检验	检修过程中对电源规格、型号、电压等级使用不当	造成设备绝缘损害，危及人员生命安全	0.5	1	1	0.5	1	严格按照设备规格、型号、电压等级检修
4	开出继电器检验	试验仪器接线错误	损坏试验仪器	0.5	1	1	0.5	1	试验仪器接线由一人执行，再由另一人检查是否正确
5	绝缘检查	相关回路有人工作	危及人员生命安全	1	1	1	1	1	确保相关回路无人工作
6	流程、数据库检查	蜗壳有人工作	危及人员生命安全	1	1	1	1	1	确保蜗壳无人工作
7	转速、同期、测温、交流采样装置检查	试验仪器接线错误	损坏试验仪器	0.5	1	1	0.5	1	试验仪器接线由一人执行，再由另一人检查是否正确
8	现场接线及各控制功能检查	水车室拐臂有人工作	危及人员生命安全	1	1	1	1	1	确保水车室无人工作
		蜗壳有人工作	危及人员生命安全	1	1	1	1	1	确保蜗壳无人工作
9	装置各模件检验、开关量输入、输出模拟试验	试验仪器接线错误	损坏试验仪器	0.5	1	1	0.5	1	试验仪器接线由一人执行，再由另一人检查是否正确
10	开入信号测值检验	试验仪器接线错误	损坏试验仪器	0.5	1	1	0.5	1	试验仪器接线由一人执行，再由另一人检查是否正确
		水车室有人工作	危及试验人员生命安全	1	1	1	1	1	断开 LCU 开出电源
11	开出试验	试验仪器接线错误	损坏试验仪器	0.5	1	1	0.5	1	试验仪器接线由一人执行，再由另一人检查是否正确
		水车室有人工作	危及试验人员生命安全	1	1	1	1	1	确保水车室检修工作完毕
12	与上位机、辅设 PLC、调速器通信检查	试验仪器接线错误	损坏试验仪器	0.5	1	1	0.5	1	试验仪器接线由一人执行，再由另一人检查是否正确

续表

序号	工艺（作业）活动	危险因素	可能导致的事故	风险评价				风险等级	控制措施
				L	E	C	D		
13	LCU流程调试及常规停机模拟试验	试验完成后，恢复接线不当	危及试验人员生命安全	0.5	1	1	0.5	1	试验完成后，必须按原接线恢复
		励磁、调速器有人工作	危及试验人员生命安全	0.5	1	1	0.5	1	确保励磁、调速器工作完毕；调速器导、轮叶切手动
14	电气联动试验	试验前准备不充分，试验过程中相互协调不够，对可能出现的事故没有应对措施	试验过程中导致人员设备损害	1	1	1	1	1	试验前仔细阅读开机试验方案试验过程中统一协调，做好可能发生事故预想和应对方案
		试验接线不正确或绝缘不能满足回路绝缘要求	导致试验过程中试验仪器和人员伤害，严重时会烧毁运行设备	0.5	1	1	0.5	1	试验接线必须满足回路绝缘要求，试验过程中确保安全距离
		与相关部门协调不够，安全措施不力	造成误动，损害设备、伤害人员	0.5	1	1	0.5	1	加强部门间的协调，完善安全措施
15	升速试验	试验仪器接线错误升速限制太大	损坏试验仪器损坏设备	0.5	1	1	0.5	1	试验仪器接线由一人执行，再由另一人检查是否正确
		水车室拐臂有人工作	危及人员生命安全	1	1	1	1	1	确保水车室无人工作
		蜗壳有人工作	危及人员生命安全	1	1	1	1	1	确保蜗壳无人工作
16	开机试验	试验前准备不充分、试验过程中相互协调不够，对可能出现的事故没有应对措施	试验过程中导致人员设备损害	1	1	1	1	1	试验前仔细阅读开机试验方案试验过程中统一协调，做好可能发生事故预想和应对方案
		试验接线不正确或绝缘不能满足回路绝缘要求	导致试验过程中试验仪器和人员伤害，严重时会烧毁运行设备	0.5	1	1	0.5	1	试验接线必须满足回路绝缘要求，试验过程中确保安全距离
17	动火工作	电缆着火	火灾	1	1	1	1	1	现场派专人监护，准备足够的灭火器材
18	恢复安全措施	安全措施恢复不全	造成保护设备异常运行	1	1	1	1	1	按照安全措施卡逐项恢复，一人恢复一人监护，并做好记录
		触电	危及人员人身安全	1	1	1	1	1	带电回路应小心谨慎，并站在绝缘垫上

十二、检修项目工艺要求

1. 装置内外检查清扫项目工艺要求

(1) 模件板、接线端子清洁无灰尘，并戴屏蔽手套采取防静电措施进行操作。

(2) 检查装置内各开关、旋钮、熔断器座、插件、继电器安装、转接插头、端子排接线无松动现象。

(3) 各盘柜门开关正常，电指示仪表、指示灯应牢固、无破损现象。

2. 技改方案的实施

检修人员严格按照设备的技术改进报告、方案和施工方案、图纸等进行技改项目的实施工作。

3. 二次回路接线的检查

(1) 所有导线的号牌书写格式统一，做到端子号、回路号、电缆号清楚明了，号牌粗细统一，长短相等。

(2) 输入信号要从相关设备一直检查到 LCU 装置端子排，端子排接线牢固可靠、无松脱现象，不用的线头用绝缘胶布包好。

(3) 装置盘柜内各不同类型输入信号的公共端短接在一起，并检查接线牢固可靠、接触良好。

(4) 端子排接线牢固可靠，无松脱现象。

(5) 端子排布置整齐美观，对锈蚀部分及时处理，更换新的端子排。

4. 装置及回路的绝缘检查

装置及回路无破损，无放电，绝缘满足要求。

5. 电源检验

(1) 输出电压值符合技术要求，稳定范围和带负载能力符合出厂要求，过电压短路保护完善。

(2) 继电器检验符合有关校验规程或与原记录（出厂或交接试验记录）相比无明显差别。

6. 模件检查

(1) 装置各模件插入位置正确，插接到位，各连接电缆连接完毕、正确无误、牢固接触、通道逐点检查完善。

(2) 模件前面板上的指示灯指示正常。

7. 辅助设备流程检验

流程动作逻辑关系正确。

8. 转速装置检查

(1) 面板灯与背板触点输出的动作关系正确。

（2）线形关系正确。

（3）面板显示正确。

9. 同期装置检验

合闸输出的波形，应达到相角差小于 20°、电压差小于＋10V、频率差小于＋0.20Hz，导前时间满足要求。

10. 测温装置检查

（1）温度采集值是与实际一致。

（2）温度曲线线形关系正确。

（3）断线闭锁完好。

11. 通信检查（串口设备）

（1）检查发送和接受灯正常。

（2）数据库中通信部分定义完好，通道无故障。

（3）通信时序正常、报文正确，误码率检查。

12. 触摸屏功能检查

（1）触摸屏显示正确。

（2）触摸屏功能键动作正确。

13. 开、停机及事故停机流程检验

（1）流程启动条件正确（包括连续，单步，远控，与调速器、接力器保护联调正确）。

（2）流程控制对象及动作逻辑关系正确。

14. 常规事故停机模拟试验

（1）启动条件正确（硬关机、软关机、正常停机）。

（2）控制对象及动作逻辑关系正确。

（3）与微机控制回路接口动作正确。

15. 上位机联调及流程检验

（1）上、下位机画面显示一致（所有测点点对点正确）。

（2）下发命令正确。

（3）上位机历史记录及内部功能正确。

16. 整组试验

（1）检查 LCU 正常开机、停机、事故停机、后备保护停机能否正常运行。

（2）检查 LCU 装置、保护装置、励磁装置和调速器装置能否及时、准确动作。

（3）检查 LCU 装置、保护装置、励磁装置和调速器装置各设备是否能正常操作，增减调整反馈信息是否正确。

17. 升速试验

通过试验填写表 11-4 并记录相关现象，以完成动作值的整定。

表 11-4 升 速 试 验

转速（$\%n_0$）/导叶开度	100%	115%	152%
动作值			
返回值			

18. 自动开、停机试验

(1) 检查 LCU 开机、停机流程动作否正常。

(2) 检查各辅助设备动作否正常。

(3) 检查 LCU 装置、上位机设备动作反馈信息是否正确。

19. 假同期试验

选定同期点合闸导前时间（并录波确认）。

20. 负荷调整试验

校验 LCU 装置采集的机组 P、Q、U、I、n、f、φ 等量的调整范围和精度。

第二节 可编程序控制器系统的组成

不同的可编程序控制器（PLC）系统包括不同的组成部分，但可以用三个大的部分来概括，如图 11-1～图 11-3 所示。

图 11-1 功能最强大实现最复杂的控制任务大型 PLC

图 11-2 中等和低端性能范围针对中小型自控应用

一、PLC 特性

(1) 节省空间，模块化设计，没有槽位规则，适用于紧凑型的机械控制。

图 11-3 微型 PLC

(2) 无风扇运行，没有可旋转部件。

(3) 通用的连接方法：

1) 螺钉型端子。

2) 弹簧型端子。

3) 预制连接（TOP 连接）。

(4) 高效的处理速度可极大地缩短设备的循环时间。

(5) 分级的 CPU 性能——从入门级的 CPU 到高性能的 CPU。

(6) 通过集成的接口进行网络通信。

二、以西门子 S7-300 PLC 为重点，简要介绍各组成部分及其作用

（一）安装顺序

安装系统时，必须遵循步骤顺序。安装顺序如图 11-4 所示。

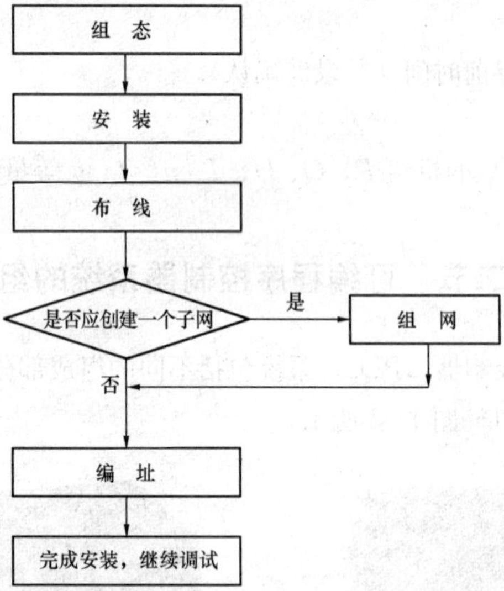

图 11-4 西门子 S7-300 PLC 安装顺序

（二）S7-300 的主要模板概述

常用的主要模板及其功能说明见表 11-5。

表 11-5 常用的主要模板及其功能

部　件	功　能
导轨 附件：屏蔽端子	S7-300 的模板机架
电源模板（PS）	PS 可以将市电电压 120/230V AC 转换为 24V DC 的工作电压，为 S7-300 和 24V DC 负载电路提供电源

续表

部　件	功　能
CPU 附件：前连接器 （仅对 CPU 31 xC）	CPU 执行用户程序；为 S7-300 背板总线提供 5V 电源；通过 MPI（多点接口）与 MPI 网络中的其他节点进行通信。 专用 CPU 的其他特性： （1）PROFIBUS 子网中的 DP 主站或 DP 从站。 （2）点对点通信。 （3）经由集成 PROFInet 接口的以太网通信
信号模板（SM） 数字量输入模板 数字量输出模板 数字量 I/O 模板 模拟量输入模板 模拟量输出模板 模拟量 I/O 模板 附件：前连接器	SM 可使不同级的过程信号电平和 S7-300 的内部信号电平相匹配
功能模板（FM） 附件：前连接器	FM 用于时间要求苛刻、存储器容量要求较大的过程信号处理任务，例如定位或控制
通信处理器（CP） 附件：连接电缆	CP 可全面减轻 PLC 的通信任务，例如用于与 PROFIBUS DP 连接的 CP342-5 DP
SIMATIC TOP 连接 附件：带有带状电缆端子的前连接器模板	数字量模板的接线
接口模板（IM） 附件：连接电缆	IM 可连接 S7-300 的各个排（机架排）
带总线连接器的 PROFIBUS 总线电缆	MPI 或 PROFIBUS 子网上各个节点的内部连接
编程电缆	将编程器/工控机与 CPU 相连接
RS-485 中继器	中继器用于放大信号，耦合 MPI 网段或 PROFIBUS 子网
开关	开关用于通过以太网相互连接节点
带有 RJ45 连接器的双绞线电缆	带有以太网接口的设备可相互连接在一起（例如配有 CPU 317-2 PN/DP 的开关）
带 STEP 7 软件包的编程器 （PG）或工控机（PC）	S7-300 进行组态、参数设定、编程和测试

（三）基本组成原则

1. 中央单元（CU）和扩展模板（EM）

（1）一台 S7-300 PLC 有一个中央处理单元（CU）和（如果需要的话）一个或多个扩展模板（EM）组成。

(2) 安装有 CPU 的机架可以用作中央处理单元 (CU)。安装有模板的机架可以用作扩展模板 (EM) 与系统的 CU 相连。

2. 扩展模板 (EM) 的用途

(1) 如果 CU 插槽的数量不能满足应用，可以使用扩展模板 (EM)。

(2) 在使用扩展模板时，除了另需模板机架和接口模板 (IM) 以外，可能还需要另加电源模板。

(3) 在使用接口模板时，必须保证与相连站的兼容性。

3. 机架

S7-300 的模板机架是一种导轨，可以使用导轨安装 S7-300 系统的所有模板。

(1) S7-300 既可以水平安装，也可以垂直安装。允许周围空气温度：

1) 垂直安装：0～40℃。

2) 水平安装：0～60℃。

(2) CPU 和电源始终安装在下部或左边，如图 11-5 所示。

图 11-5　S7-300 的模板机架

(3) 模板高度：125mm。

(4) 带有屏蔽端子器件的模板高度：185mm。

(5) 最大安装深度：130mm。

(6) CPU 的最大安装深度 (包括插入式 DP 连接器和角形电缆槽)：140mm。

(7) 带有开式铰接前面板 (CPU) 的最大安装深度：180mm。

4. 屏蔽的连接器件

由于屏蔽连接器件直接连接到导轨上，可以很方便地将所有 S7 模板的屏蔽电缆进行接地连接，如图 11-6 所示。

5. 模件安装所需间隙

必须保持如图 11-7 中所示的间隙，以提供足够的模板安装空间，确保模板散热良好。

对于安装在多模板机架上的 S7-300 系统，规定了模板机架以及相邻组件、电缆槽和机柜柜壁等之间的间隙。例如，如果使用电缆槽对模板接线，屏蔽连接器件底边和电缆槽之间的间隙必须为 40mm。

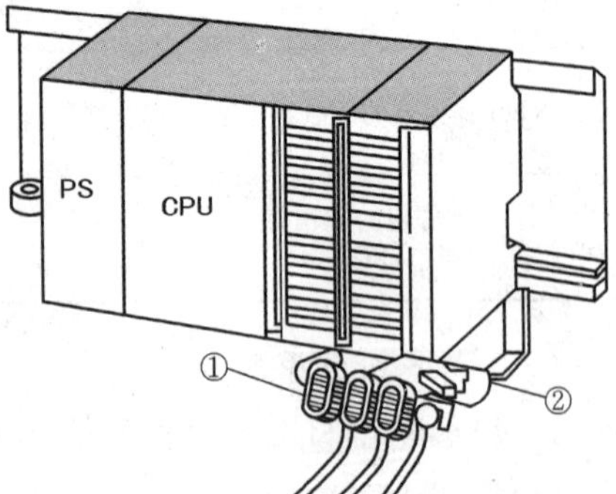

图 11-6　屏蔽连接器件

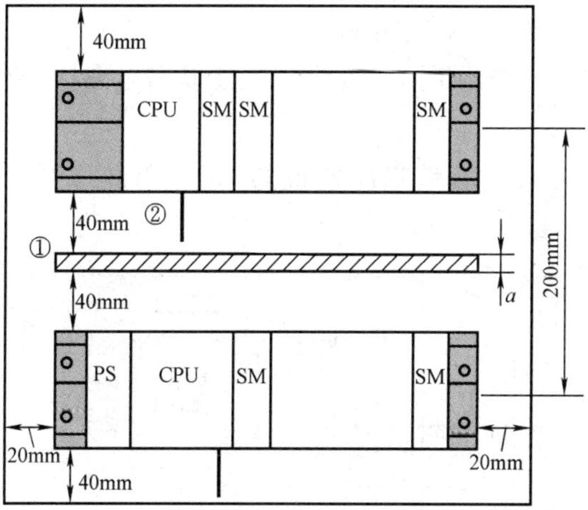

图 11-7　模件安装所需间隙

6. 在机架上安排模板

(1) 使用单机架的优点：

1) 结构紧凑、需要节约空间的模板应用。

2) 集中使用模板。

3) 所需处理的信号量少。

(2) 使用多机架的优点：

1) 所需处理的信号量大。

2) 插槽不够。

(3) 在一个单模板机架上安排模板。单机架模板安装规则：在 CPU 右边可以安装不超过 8 个的模板（SM，FM，CP）。装在一个单模板机架上的全部模板的 S7-300 背板总线上的全部电流不超过 1.2 A。如图 11-8 所示为一台有 8 个信号模板的 S7-300 PLC。

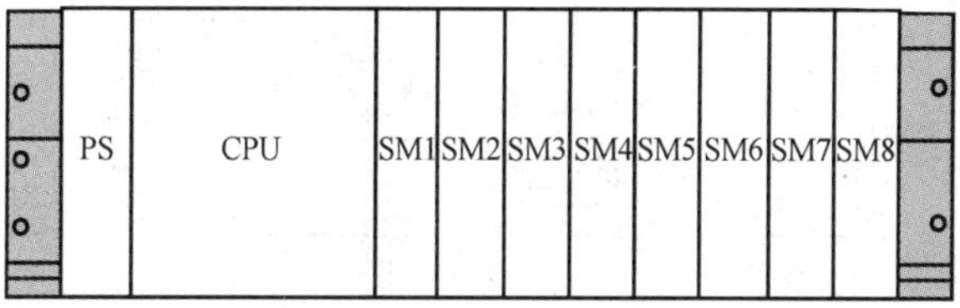

图 11-8　模板安排

(四) 绝缘或非绝缘模板

1. 带隔离的模板

如果安装的是带隔离的模板，则控制回路的参考电位（Minternal）和负载回路的参考电位（Mexternal）电气隔离。

应使用带隔离的模板的情况为：①所有交流负载电路；②有单独参考电位的直流负载电路。

如图 11-9 所示为安装有带隔离模板的 CPU 31xC 的组态举例。对于 CPU 31xC，则自动建立连接。

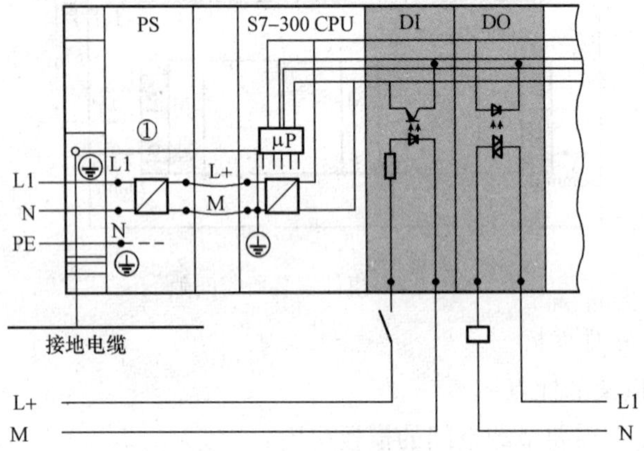

图 11-9 安装有带隔离模板的 CPU 31xC

2. 不带隔离的模板

如果安装的是不带隔离的模板，则控制回路的参考电位（Minternal）和模拟回路的参考电位（Manalog）进行电气隔离。例如：对于使用 SM 334 AI 4/AO 2 模拟 I/O 模板的情况，必须将一个接地端子 Manalog 连接至 CPU 的机架接地。如图 11-10 所示为安装有不带隔离模板的 CPU 31xC。

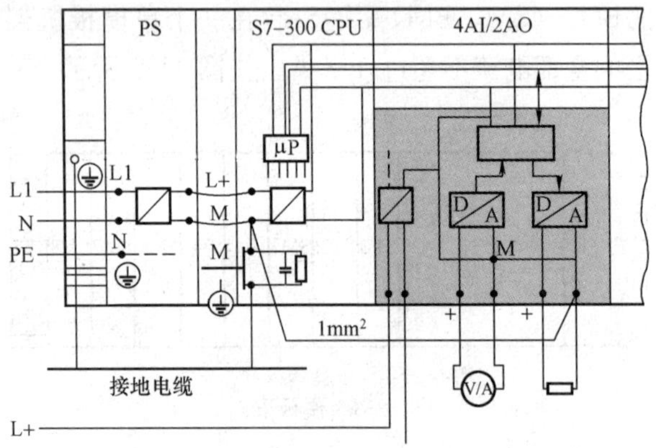

图 11-10 安装有不带隔离模板的 CPU 31xC

（五）接地措施

低电阻接地连接可以减少短路或系统故障时的电击危险。低阻抗连接（大表面，大表面触点）可以降低干扰对系统的影响或干扰信号的发射。因此，有效的电缆和设备屏蔽非常重要。保护接地的主要措施见表 11-6。

电缆屏蔽接地必须将电缆屏蔽的两端连接接地和功能性接地，由此可以很好的抑制高频干扰。如果只连接了屏蔽的一端接地（即电缆的一端接地），只能衰减低频干扰。在以下情况下最好采用单侧屏蔽连接：①不允许安装等电位搭接导体时；②传送模拟信号时（mA 或 μA）；③使用薄膜屏蔽时（静态屏蔽）。

注意，两个接地点之间的电位差可能会造成等电位电流，流过两端连接的屏蔽。在这种情况下，应另外安装一个等电位搭接导体。

表 11-6　　保护接地的主要措施

装　　置	措　　施
机柜/安装结构	通过带有优质保护导体的电缆连接中央接地（例如等电位母线）
机架/导轨	如果在机柜中没有安装导轨并且没有连接大型金属部件，可以使用最小截面积为 $10mm^2$ 的电缆连接集中接地
模板	无
I/O 设备	通过接地插头接地
传感器和执行器	根据系统适用规程接地

（六）选择负载电源

1. 负载电源的作用

负载电源除了给传感器和执行器供电外，还给输入和输出回路（负载回路）供电。

电源必须提供有一个超低电压为 60V DC，并且必须与总电源安全隔离。与总电源的安全隔离可以根据 VDE 0100 Part 410 / HD 384-4-41 / IEC 364-4-41（安全隔离功能性超低电压）、VDE 0805 / EN 60950 / IEC 950（安全超低电压 SELV）或 VDE0106 Part 101 来实现。

2. 负载电流的确定

所需负载电流取决于连接至输出的所有传感器和执行器的负载电流总和。如果出现短路，在定时电子短路保护生效之前，直流输出会载入为额定输出电流 2～3 倍的电流。因此，在选择负载电源单元时，必须考虑到这种短路电流的增加。未控负载电源一般提供有这种额外电流。使用受控负载电源，尤其是低功率输出电源（最大 20A），必须保证电源可以处理这种额外电流。图 11-11 所示为使用 TN-S 电源的 S7-300 的总体组态（负载电源单元和接地概念）。PS 307 除了给 CPU 供电外，还给 24V 直流模板提供负载电流。

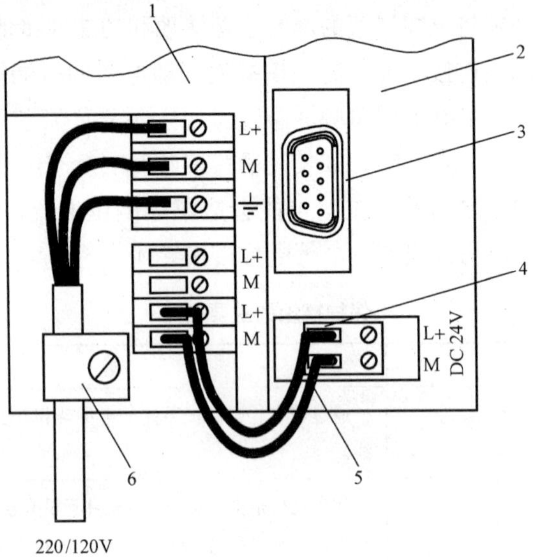

图 11-11 使用 TN-S 电源的 S7-300 的总体组态

1—电源（PS）；2—CPU；3—用于连接 PG 的 MPI 接口；4—可拆卸的电源连接；5—PS 和 CPU 之间的连接电缆；6—电缆夹

（七）子网规划

根据不同的自动化水平（过程级、单元级、现场级和执行器/传感器级），SIMATIC可以提供以下子网：①多点接口（MPI）；②PROFIBUS；③PROFInet（工业以太网）；④点对点通信（PtP）；⑤执行器/传感器接口（ASI）。

1. 多点接口（MPI）

多点接口是一种场级和单元级节点数量极少的小子网。它是 SIMATIC S7/M7 和 C7 中的一个多功能接口，可用作几个 CPU 组网编程器接口，或用于与编程器进行少量数据交换。

多点接口总是保持有传输速率、节点数和最大 MPI 地址的最新组态，即使在存储器复位、电压故障或 CPU 参数组态删除后，也在保持。

对于 MPI 网络组态，建议在 PROFIBUS-DP 网络组态中使用相同的网络组件。在这种情况下，可以使用相同的组态规则。此外，在 MPI 网络中不允许有 OWG 模板。

2. PROFIBUS

名称中带有“DP”字样的 CPU 都有一个 PROFIBUS 接口（例如 CPU 315-2

DP)，PROFIBUS 在 SIMATIC 开放式、多厂家通信系统中表示单元级和现场级网络。

PROFIBUS 有两种型式：

(1) 用于快速循环数据交换的 PROFIBUS-DP 现场总线和用于本安应用的 PROFIBUS-PA（需要 DP/PA 耦合器）。

(2) 单元级 PROFIBUS（FDL 或 PROFIBUS-FMS)，用于与具有同等权力通信伙伴之间进行快速数据交换（只能通过通信处理器实现）。

3. PROFInet（工业以太网）

名称中带有“PN”字样的 CPU 都有一个 PROFInet 接口作为第二个接口（例如 CPU 317-2 PN/DP)。使用 S7-300 CPU，借助于 PROFInet 接口或通信处理器，可以实现工业以太网的连接。

工业以太网在开放式多厂家通信系统中代表过程级和单元级 SIMATIC 网络。通过 CbA 通信，对于 PROFInet CPU，还支持现场层的实时通信，另外也可实现 S7 通信。工业以太网适用于快速、大容量的数据交换，可以提供通过网关的异地组网选项。

4. 点对点通信（PtP)

名称中带有“PtP”的 CPU 都有一个 PtP 接口作为第二个接口（例如 CPU 314C-2PtP)，点对点通信由于是只有两个站点互联，一般不认为是一个子网。如果没有 PtP 接口，则需要使用 PtP 通信处理器（CP)。

5. 执行器/传感器接口（ASI)

ASI，又称执行器/传感器接口，是一种用于自动化系统最低过程级的子网系统，尤其适用于数字传感器和执行器的组网。每个从站的最大数据量为 4 位，使用 S7-300 CPU，只需要通信处理器，就可以连接一个 ASI 接口。

6. MPI 和 PROFIBUS 子网的配置

(1) MPI 和 PROFIBUS 子网的基本原理：

1) 约定：设备＝节点。

2) 所有 MPI 或 PROFIBUS 网络中的组网设备都称为“节点”。

(2) 总线段。在两个端接电阻之间的总线链接称为段。一个段可最多包含有 32 个节点。根据传输速率，一个段也会受到允许线路长度的限制。

(3) 传输速率。最大传输速率为：

1) MPI：CPU 317；12Mbit/s；所有其他 CPU：187.5kbit/s。

2) PROFIBUS DP：12Mbit/s。

(4) 节点数量。每个子网的最大节点数见表 11-7。

表 11-7　　　　每个子网的最大节点数

参　数	MPI	PROFIBUS DP
数量	127	126
模拟量模板	模板 0～126	0～125
	默认：预留 32 个地址，地址 0 用于编程器、地址 1 用于 OP	其中：一个主站（预留），一个编程器接口（地址 0 预留），124 个从站或其他主站

(5) MPI/PROFIBUS-DP 地址。为了使所有节点能相互通信，必须为它们分配一个地址：

1）在 MPI 网络中，一个 MPI 地址。

2）在 PROFIBUS-DP 网络中，一个 PROFIBUS-DP 地址。

通过编程器可以给每个节点单独分配 MPI/PROFIBUS 地址（在某些 PROFIBUS-DP 从站上也可以使用选择编码开关）。S7-300 中 CP/FM 的 MPI 地址的区别见表 11-8。

表 11-8　　　　S7-300 中 CP/FM 的 MPI 地址的区别

选　件	示　例			
例如：一个 S7-300 系统中包含有 1 个 CPU 和 2 个 CP。可以分配一个 S7-300 系统中的 CP/FM 的 MPI 地址	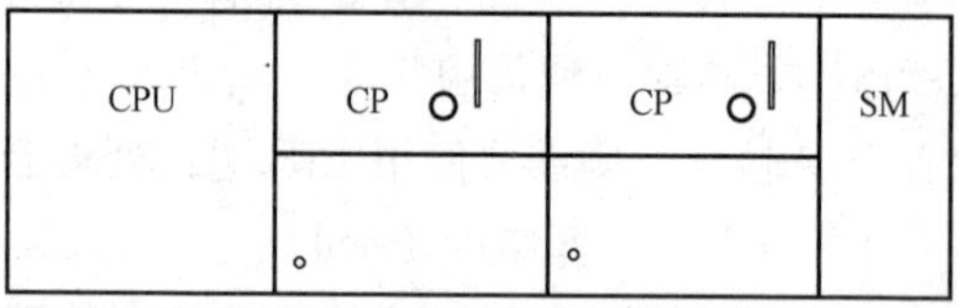			
第一个选项：CPU 采用 STEP 7 中规定的 CP MPI 地址	MPI 地址	MPI 地址＋x	MPI 地址＋y	…
第二个选项：CPU 自动确定如下组态中的 CP MPI 地址：CPU 的 MPI 地址；MPI 地址 ＋1；MPI 地址 ＋2	MPI 地址	MPI 地址＋1	MPI 地址＋2	…
特性	如果 FM/CP 在 S7-300 的中央机架中有其自己的 MPI 地址，则 CPU 通过背板总线使用这些与其他子网隔离的 FM/CP 构成其自身的通信总线。 此时，FM/CP 的 MPI 地址与其他网络不再有关联，通过 CPU 的 MPI 地址与 FM/CP 进行通信			

7. 多点接口（MPI）

MPI（多点接口）用于编程器/OP 或 MPI 子网中的 CPU 通信接口。对于所有 CPU 来说，一般（默认）传输速率为 187.5kbit/s。如果与 S7-200 进行通信，也可以指定 19.2kbit/s 的传输速率。只有 CPU 317 才能指定其他传输速率（最大 12Mbit/s）。CPU 可以通过 MPI 接口发布其总线参数组态（例如传输速率）。然后，编程器可以检索正确的参数，并自动连接至一个 MPI 子网。

注意，在“RUN”模式，只能将编程器连接至 MPI 子网。其他站（例如 OP、TP 等）在系统处于运行模式时，就不能连接至 MPI 子网，否则，由于干扰，传送数据可能会损坏或全局数据包丢失。

可通过 MPI 连接的设备有：①编程器/PC；②OP/TP；③S7-300/S7-400，带有 MPI；④S7-200（只适用于 19.2kbit/s）。

8. PROFIBUS DP 接口

PROFIBUS DP 接口主要用于连接分布式 I/O。使用 PROFIBUS-DP 可以创建扩展子网。PROFIBUS DP 接口既可组态为主站，也可组态为从站，传输速率可达 12Mbit/s。

CPU 可将其总线参数（例如波特率）发送到 PROFIBUS DP 接口（如果它用作主站），然后，编程器可以自动检索正确的参数，并连接至一个 PROFIBUS 子网。在组态中，也可以禁用这种总线参数广播。

对于从站模式下的 DP 接口，如果禁用了 STEP 7 中 DP 接口属性中的“调试/测试”模式复选框，则已设定的波特率将被忽略，并自动适用主站波特率，并将不能再通过该接口传送。

可通过 PROFIBUS DP 连接的设备有：①编程器/PC；②OP/TP；③DP 从站；④DP 主站；⑤执行器/传感器；⑥S7-300/S7-400，带有 PROFIBUS-DP 接口。

9. MPI/DP 的网络部件以及电缆长度

(1) MPI 子网段。一个 MPI 子网段的电缆长度最长为 50m。这个电缆长度是按照一个段中第一个节点到最后一个节点来计量的。一个 MPI 子网段所允许的电缆长度见表 11-9。

表 11-9　　一个 MPI 子网段所允许的电缆长度

传输速率	S7-300 CPU（不带隔离的 MPI，不包括 CPU 317）	CPU 317
19.2kbit/s	50m	1000m
187.5kbit/s		
1.5Mbit/s	20m	200m
3.0Mbit/s		100m
6.0Mbit/s		
12.0Mbit/s		

(2) PROFIBUS 子网段。PROFIBUS 子网中一个段的最大电缆长度取决于其波特率，见表 11-10。

表 11-10　　PROFIBUS 子网中一个段的最大电缆长度

传输速率	一个段中的最大电缆长度（m）
9.6～187.5kbit/s	1000
500kbit/s	400
1.5Mbit/s	200
3～12Mbit/s	100

10. 点对点通信（PtP）

名称中带有“PtP”字样的 CPU 都有一个 PtP X2 接口。使用 CPU 的 PtP 接口，可连接外部设备与串行接口。

(1) 传输速率：半双工，38.4kbit/s；全双工，19.2kbit/s。

(2) 在 CPU 中安装有以下 PtP 通信驱动器为：ASCII 驱动器；3964（R）协议；RK 512（只适用于 CPU 314C-2 PtP）。

(3) 可通过 PtP 连接的设备为配装有串口的设备，例如条码阅读器、打印机等。

11. 执行器/传感器接口（ASI）

执行器/传感器接口（ASI）使用通信处理器（CP）实现。ASI，又称执行器/传感器接口，是一种用于自动化系统最低过程级的子网系统，尤其适用于数字传感器和执行器的组网。每个从站的最大数据量为 4 位。使用 S7-300 CPU，只需要通信处理器，就可以连接一个 ASI 接口。

（八）模板安装

(1) 模板安装要求：自动化系统组态已完成；已安装导轨。

(2) 模板安装顺序：从左边开始，按照电源模板、CPU、信号模板、功能模板、通信模板、接口模板顺序，将模板安装在导轨上，见表 11-11。

表 11-11　　模 板 安 装 顺 序

序号	安装方法	图　示
1	将总线连接器插入 CPU 和信号模板/功能模板/通信模板/接口模板。 每个模板（除了 CPU 以外）都有一个总线连接器。 在插入总线连接器中时，必须总是从 CPU 开始。为此，应取出最后一个模板的总线连接器。 将总线连接器插入另一个模板。 最后一块模板不能安装总线连接器	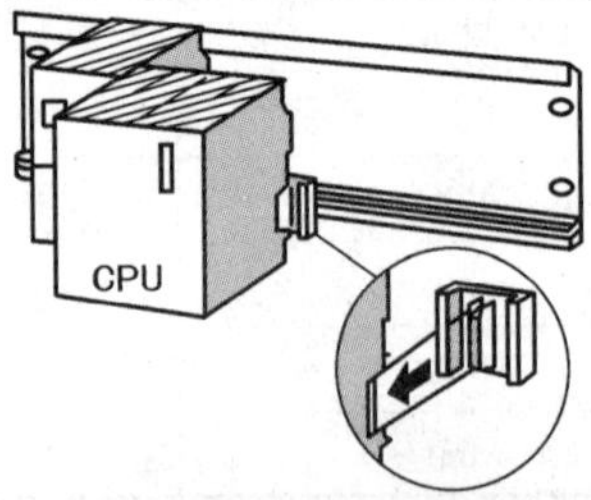

续表

序号	安装方法	图　示
2	按照模板的规定顺序，将所有模板悬挂在导轨上（1），将模板滑到左边的模板上（2），然后向下回转模板（3）	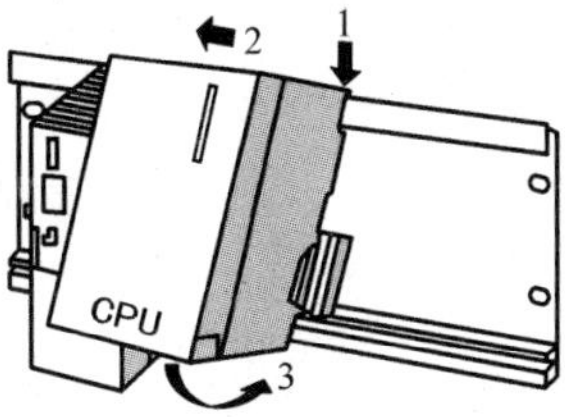
3	手动拧紧模板螺钉	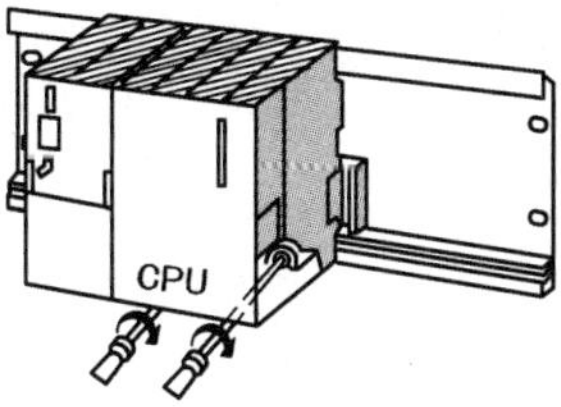

（3）电源和 CPU 的接线条件见表 11-12。

表 11-12　　电源和 CPU 的接线条件

连接电缆		电源和 CPU
实心导线		
软导线	没有线鼻子 有线鼻子	0.25～2.5mm² 0.25～2.5mm²
每个端子连接的导线数量		一根或两根导线并在一起，在一个线鼻子内的最大截面（总）为 1.5mm²
导线绝缘直径		最大 3.8mm
剥线长度		11mm
符合 DIN 46228 的线鼻子	没有绝缘护套 有绝缘护套	A 型，10～12mm 长 E 型，最长 12mm

（4）前连接器接线见表 11-13。

表 11-13　　前连接器接线

连接电缆		前连接器	
		20 针	40 针
实心导线		×	×
软导线	没有线鼻子	0.25～1.5mm²	0.25～0.75mm²
	有线鼻子	0.25～1.5mm²	0.25～0.75mm²
	电源线		1.5mm²

续表

连接电缆		前连接器	
		20针	40针
每个端子连接的导线数量		一根或两根导线并在一起，在一个线鼻子内的最大截面（总）为1.5mm²	一根或两根导线并在一起，在一个线鼻子内的最大截面（总）为0.75mm²
导线绝缘直径		最大3.1mm	40根导线最大为2.0mm 20根导线最大为3.1mm
剥线长度		6mm	6mm
符合DIN 46228的线鼻子	没有绝缘护套 有绝缘护套	A型，5～7mm长 E型，最大6mm	A型，5～7mm长 E型，最大6mm

（5）保护接地导线和导轨的连接。

1）导轨已固定在安装表面上。

2）编程器保护接地导体。

3）使用M6保护接地导线螺栓连接保护接地导线至导轨。

4）保护接地导线的最小截面积为10mm²。

保护接地导线与导轨连接如图11-12所示。

（6）前连接器（见图11-13）接线。20针和40针前连接器有两种类型：弹簧负载型端子和螺钉型端子。对于CPU 31xC和32通道信号模板，需要使用40针前连接器。准备前连接器和电缆，关闭电源，打开前盖。将前连接器置于接线位置，将前连接器划入信号模板，并锁定。剥开导线6mm长度。压接电缆端套，例如将2根导线端接在一个端子上。前连接器接线见表11-14。

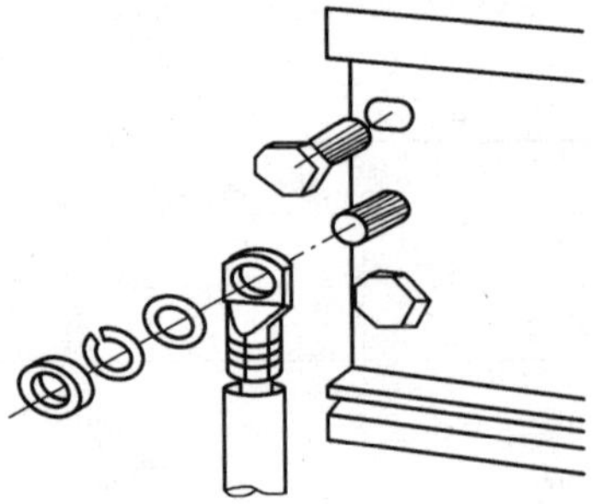

图11-12　保护接地导线和导轨连接

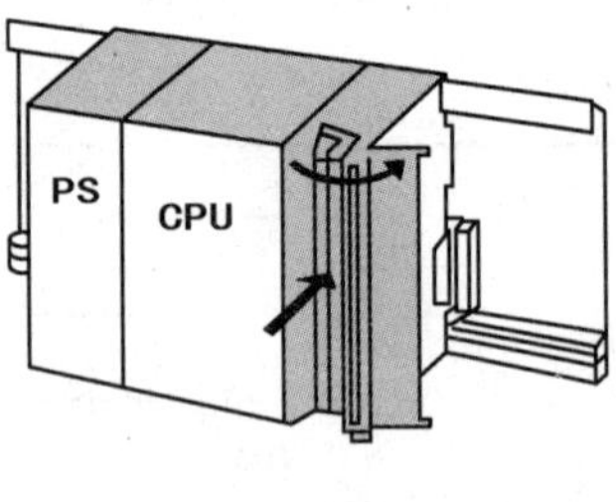

图11-13　前连接器

表 11-14　　　　前连接器接线

<table>
<tr><th>步骤</th><th>20 针前连接器</th><th>40 针前连接器</th></tr>
<tr><td>1</td><td>将电缆的松紧件穿入前连接器</td><td></td></tr>
<tr><td rowspan="3">2</td><td colspan="2">是否需要将电缆从模板的底部引出</td></tr>
<tr><td>如果一致：从端子 20 开始，一直到端子 1</td><td>从端子 40 或 20 开始，从端子 39、19、38、18 等穿过接线连接器，直到到达端子 21 和 1</td></tr>
<tr><td>如不是，从端子 1 开始，一直到端子 20</td><td>从端子 1 或 21 开始，从端子 2、22、3、23 等穿过接线连接器，直到到达端子 20 和 40</td></tr>
<tr><td>3</td><td colspan="2">带有螺钉端子的前连接器：
螺钉拧紧未使用的端子</td></tr>
<tr><td>4</td><td>—</td><td>将电缆线穿入捆扎带</td></tr>
<tr><td rowspan="4">5</td><td colspan="2">接紧电缆松紧件。从左边拉出松紧件，这能使结构紧凑</td></tr>
<tr><td>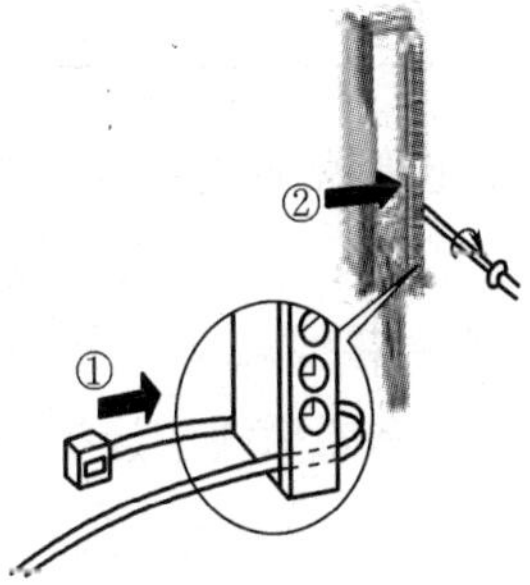</td><td>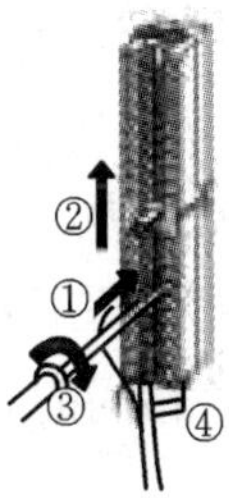</td></tr>
<tr><td colspan="2">应如上图所示步骤顺序操作</td></tr>
<tr><td>①横穿松紧件。
②给端子接线</td><td>①～③给端子接线。
④拧紧松紧件</td></tr>
</table>

前连接器完全接好线后，将前连接器插入模板，步骤见表 11-15。

表 11-15　　　　插入前连接器

<table>
<tr><th>步骤</th><th>20 针前连接器</th><th>40 针前连接器</th></tr>
<tr><td rowspan="2">1</td><td>（1）将开启机构推在模板上方。
（2）按住锁紧机构，将前连接器插入模板。
（3）所提供的前连接器在模板中正确定位，开启机构在释放后将自动返回初始位置</td><td>拧紧连接器中心的安装螺钉，这可使前连接器与模板完全接触</td></tr>
<tr><td colspan="2">注意：当将前连接器插入模板中时，可以在前连接器中安装一个编码机构，由此可保证前连接器只能安装在相同类型的模板中</td></tr>
</table>

续表

<table>
<tr><th>步骤</th><th>20 针前连接器</th><th>40 针前连接器</th></tr>
<tr><td rowspan="4">2</td><td>盖上前盖板</td><td>盖上前盖板</td></tr>
<tr><td>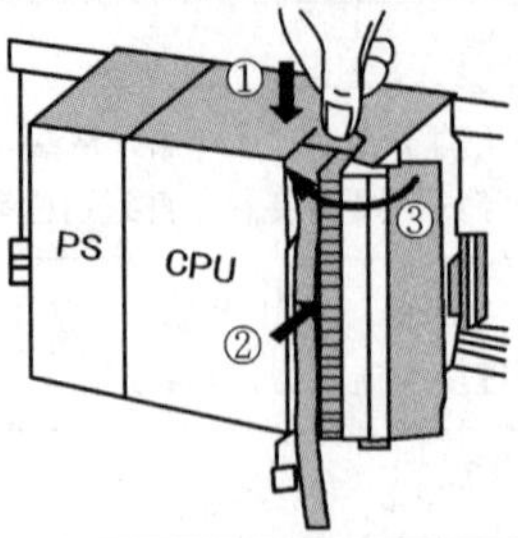</td><td>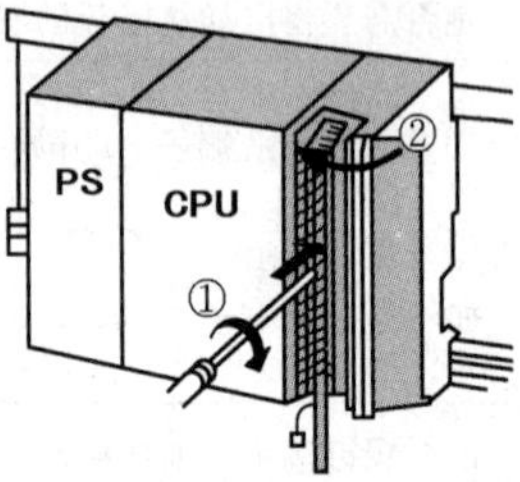</td></tr>
<tr><td colspan="2">应如上图所示步骤顺序操作</td></tr>
<tr><td>① 按住开启机构。
② 插入前连接器。
③ 盖上前盖板</td><td>① 拧紧安装螺钉。
② 盖上前盖板</td></tr>
</table>

1）总线连接器接线。带有螺钉端子的总线连接器接线步骤：剥开总线电缆；打开总线连接器外壳，将绿线和红线插入螺钉端子排；将电缆护套压入电缆夹中，注意电缆裸露部分与屏蔽连接表面接触；螺钉拧紧导线端子；关闭总线连接器外壳。注意必须将相同的导线连接到相同的端子上（例如绿线应连接到端子 A，红线连接到端子 B）。

2）快速连接总线连接器接线：剥开总线电缆；松开总线连接器的松紧件；将绿线和红线插入打开的盖中；盖上盖；将导线压入绝缘置换端子；螺钉拧紧松紧件。注意电缆裸露部分与屏蔽连接表面接触；将端接电阻安装在总线连接器上。且必须将相同的导线连接到相同的端子上。

3）将总线连接器插在模板上：将接好线的总线连接器插入模板；将总线连接器用螺钉拧紧在模板上；如总线连接器安装在网段的起点或终点，必须接通端接电阻（将开关置为“ON”）。

（九）调试步骤（见表 11-16）

表 11-16　　调 试 步 骤

任　　务	备　　注
根据检查清单进行安装和布线检查	—
断开驱动装置和控制元件的连接	这可防止对系统的不利影响，避免程序错误。 提示：将输出数据直接传输到一个数据模块，可以在任何时候检查输出状态

续表

任务	备注
准备 CPU	连接编程器
中央处理器单元（CU）：调试 CPU 和电源，检查 LED	使用插入的电源模板和 CPU，调试 CU。 首先，接通安装有一个辅助电源模板的扩展设备（ED），然后打开 CD 的电源模板。检查两个模板上的 LED 显示
初始化 CPU，并检查 LED	—
CU：调试所有其他模板	将其他模板插入 CU 中，成功调试
扩展模板（EM）：连接	如果需要的话，连接 CU 和 EM：只将发送 IM 插入 CU 中，将相应的接收 IM 插入 EM 中
EM： 调试	将其他模板插入 EM 中，成功调试

（十）插入/更换一个微存储卡（MMC）

CPU 可使用 SIMATIC 微型存储卡（MMC）作为其存储模板，使用 MMC 作为负载存储器或便携式数据保存媒体。

插入/更换一个微存储卡，如图 11-14 所示。

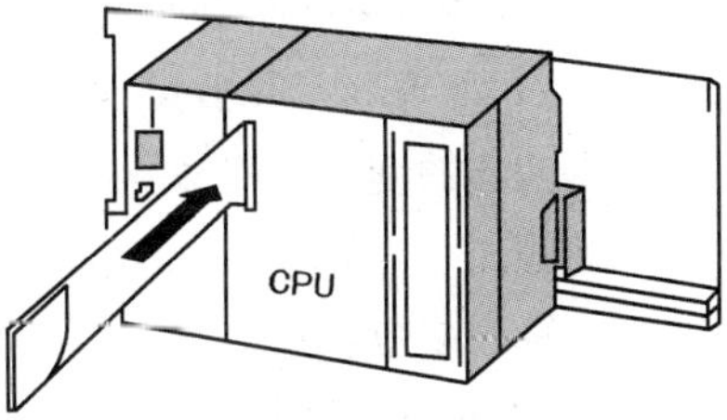

图 11-14 插入/更换一个微存储卡

(1) 切换 CPU 为“STOP”状态。

(2) 检查是否已插入一个微存储卡，如果已插入，则应确保在编程器中没有运行写操作（例如块的装载）。如果不能保证这种状态，应断开 CPU 的所有通信线路。

(3) 推入推顶器，拔下微存储卡。

(4) 使用一个小改锥或圆珠笔拔下微存储卡。

(5) 将（新）微存储卡插入卡槽中，使微存储卡的斜边对着推顶器。

(6) 轻轻将微存储卡插入 CPU，直到微存储卡定位。

(7) 复位存储器。

如果在断电时更换微存储卡，则 CPU 将识别内容更改的物理相同微存储卡，新的微存储卡将与旧的微存储卡内容相同。在上电后，将自动进行存储器复位。

（十一）SIMATIC MANAGER

SIMATIC MANAGER 是一种图形用户界面，用以在线/离线编辑 S7 对象（项目、用户程序、块、硬件站和工具）。使用 SIMATIC MANAGER，可以管理项目和库、调用 STEP 7 工具、在线访问 PLC（AS）、编辑存储器卡。

1. 启动 SIMATIC MANAGER 的方法

(1) 安装后，Windows 桌面将显示“SIMATIC MANAGER”图标，并在“Start（开始）”菜单的“SIMATIC”项下显示程序项“SIMATIC MANAGER”。

(2) 双击图标或通过“开始”菜单（与其他 Windows 程序相同），启动 SIMATIC MANAGER。

(3) 打开相应的对象时，将弹出编辑工具。双击程序块，可以启动程序编辑器，进行程序块编辑（面向对象的启动）。

2. 监测和修改 I/O

(1) 监视和修改变量工具。使用 STEP 7 变量的监视和修改工具，可以完成以下工作：

1) 监控任何格式的程序变量。

2) 编辑 CPU 中变量的状态或数据（修改）。

(2) 生成一个变量表。有两种方法可以生成一个变量表（VAT）：

1) 在梯形图/顺序功能图/语句表编辑器中，通过菜单命令 PLC > Monitor/Modify/Variables。

2) 变量表也可直接在线提供。在 SIMATIC 管理器中，通过菜单命令 Insert New Object > Variable table，打开程序块库。

离线创建的变量表可以保存供以后使用，也可以在切换到在线模式后，对变量表进行测试。

(3) 修改变量。可以通过以下方法修改变量：

1) 左击每个变量的“Modify value”区。

2) 根据数据类型输入修改值。

3) 选择菜单命令 Variable > Activate Modify Value，可以刷新修改值；或通过菜单命令 Variable > Modify，永久使能修改值。

4) 在“Monitor”测试功能，可以校验变量中的修改值输入。

(4) 设置触发点。

1) 触发点。监测触发点可以决定被监测变量数值的刷新时间，修改触发点可以决定将修改值赋值给修改变量的时间。

2) 触发条件。监测触发条件可以确定是在达到触发点时一次刷新数值，还是每次达到触发点时连续刷新数值。修改触发条件可以是一次还是永久将修改数值赋值给被修改变量。

(5) 调试。使用菜单命令 Variable > Set Trigger 中的“监测和修改变量”工具，可以自定义触发点。如果“监测触发条件”被设定为“once（一次）”，菜单命令 Variable > Update statusvalue 或 Variable > Monitor 具有相同的效果，即一次刷新。

如果“修改触发条件”被设定为“once（一次）”，菜单命令 Variable > Update StatusValue 或 Variable > Modify 具有相同的效果，即一次刷新。

如果“触发条件”被设为“permanent（永久）”，相应的菜单命令具有不同效果。

如果监测和修改被设定为相同的触发点，将首先执行监测。

对于某些型号 CPU（例如 CPU 314-1AE03），如果被设定为“permanent control（永久控制）”，则在每次循环时不被赋值。

（6）保存/打开变量表。

1）保存变量表。在放弃或完成一个测试阶段后，可以将变量表保存到存储器中。变量表的名称将以字母“VAT”打头，后面跟着一个数字（0～65535），例如 VAT5。

2）打开变量表。

①选择菜单命令 Table > Open。

②在“Open（打开）”对话框中选择项目名称。

③在项目窗口选择相应的程序，并标记“Blocks（块）”图标。

④在块窗口中，选择所需的变量表。

⑤用“OK”确认。

（7）建立与 CPU 的连接。变量表中的变量表示一个用户程序的变量数量。为了监测或修改变量，需要建立与相应 CPU 的连接。每个变量表都可以链接到另外一个 CPU。

使用菜单命令 PLC > Connect to …，可以建立与下列 CPU 的连接：

1）已组态的 CPU。

2）直接连接的 CPU。

3）可用 CPU。

（8）在 CPU STOP 模式下修改输出。“Enable PO”功能可以关闭输出，对外围输出（PO）禁用，这样可以在 CPU STOP 模式下进行 PO 修改。为了起用外围输出，可按如下进行：

1）使用菜单命令 Table > Open the variable table（VAT），打开包含要修改的外围输出的变量表（VAT），或者激活包含所需变量表的窗口。

2）要修改激活变量表的外围输出，在菜单命令 PLC > Connect to…中选择 CPU 连接。

3）用菜单命令 PLC > Operating Mode，打开“Operating Mode（操作模式）”对话框，并将 CPU 转换为“STOP”模式。

4）在“Modify value（修改值）”一栏输入想修改的外围输出的数值。例如：

PO：POB7 modify value：2＃0100 0011

P0W2 W＃16＃0027

POD 4 DW＃16＃0001

5）用菜单命令 Variable > Enable PO，切换为“Enable PO”模式。

6）通过菜单命令 Variable > Activate Modify Values，修改外围输出。“Enable PO”模式将保持到再次通过菜单命令 Variable > Enable PO 关闭。当断开与编程器的连接时，也可以关闭“Enable PO”模式。

7）如果想规定一个新的数值，返回第 4）步。

第三节　可编程序控制器装置检修

可编程序控制器（PLC）是一种新型的通用自动化控制装置，但是工业生产现场的工作环境较为恶劣，为确保可编程控制器控制系统稳定可靠，应当尽量使可编程控制器有良好的工作环境条件，并采取必要的抗干扰措施。

（1）可编程控制器使用注意事项。

1）可编程控制器的所有单元必须在断电时安装和拆卸（可带电热插拔除外）。

2）为防止静电对可编程控制器组件的影响，在接触可编程控制器前，先用手接触某一接地的金属物体，以释放人体所带静电。

3）注意可编程控制器机体周围的通风和散热条件，切勿将导线头、铁屑等杂物通过通风窗落入机体内。

（2）装置的全部检验项目安全措施。根据工作性质和内容，填写相应工作票，采取适当的安全技术措施。

1）机组停机，落快速闸门。

2）机组检修闸门已落下，蜗壳无水压。

3）调速器油系统已解除备用。

4）压油装置已撤压。

5）发电机母线室已解除备用。

6）发电机励磁系统已解除备用。

7）发电机保护系统已解除备用。

8）机组技术供水系统已解除备用。

9）机组高、低压风系统已解除备用。

10）主变压器风机已解除备用。

11）开关站该机组单元已解除备用。

12）机组其他辅助设备系统已解除备用。

13）断开发电机励磁启励电源开关。

14）断开水车直流电源开关。

一、装置内外检查清扫

（1）对装置的模件板，接线端子进行清灰、除尘。

（2）检查装置内各开关、旋钮、熔断器座、插件、继电器安装、转接插头、端子排接线无松动现象。

（3）指示仪表、指示灯应牢固，无破损现象。

（4）对装置的接线端子进行紧固。

（5）各PLC单元固定是否牢固，各种I/O模块端子是否松动，PLC通信电缆的子母连接器是否完全插入并旋紧，外部连接线有无损伤。

（6）检查PLC供电是否正常。若POWER指示灯不亮，可检查供电线路和熔断器。

（7）检查PLC系统。启动PLC查看“RUN”指示是否正常，有无报警发生。通常正在使用的PLC系统很难发生这种故障。

（8）检测输入输出端口的信号及对应端口指示灯显示是否正常，指示灯不亮是固件故障。

二、供电电源的检查

供电电源的质量直接影响PLC的使用可靠性，也是故障率较高的部件，检查电压是否满足额定范围的85%～110%及考察电压波动是否频繁。输入电源：AC 220V（1±10%），5A，50Hz（1±5%）。

（1）试验接线如图11-15所示。

（2）调节U_x至交流220V，调节负载R_x，直至电流表A2指示电流为5A。

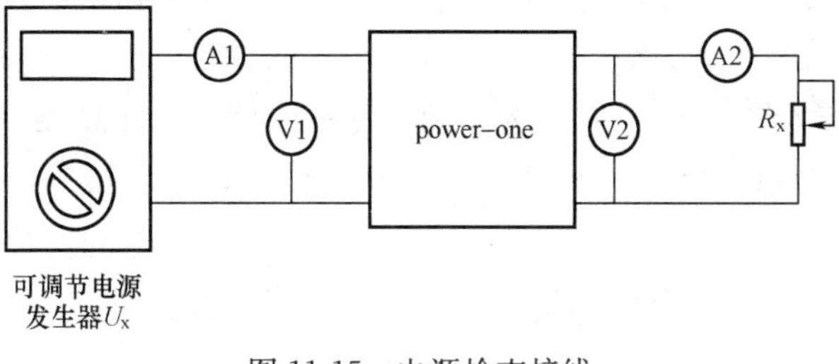

图11-15　电源检查接线

(3) 调节 U_x 在 85～264V AC 之间变化，观察输出电压与输出电流的波动情况，并填写数据，见表 11-17。

表 11-17　　电源检查试验数据 1

U_x (V)	V1 (V)	A1 (A)	V2 (V)	A2 (A)	记录人	备注
85						
130						
175						
220						
264						

(4) 调节 U_x 至直流 220V，调节负载 R_x，直至电流表 A2 指示电流为 5A。

(5) 调节 U_x 在 90～350V DC 之间变化，观察输出电压与输出电流的波动情况，并填写数据，见表 11-18。

表 11-18　　电源检查试验数据 2

U_x (V)	V1 (V)	A1 (A)	V2 (V)	A2 (A)	记录人	备注
90						
155						
220						
285						
350						

(6) 根据以上记录与观察结果，如输出电压或电流在调节过程中波动较大，则应对该电源模块予以更换。

(7) 电源的过载能力和短路保护检查。

三、运行环境的检查

(1) PLC 运行环境温度在 0～60℃。温度过高将使得 PLC 内部元件性能恶化和故障增加，尤其是 CPU 会因“电子迁移”现象的加速而降低 PLC 的寿命。温度偏低，模拟回路的安全系数也会变小，超低温时可能引起控制系统动作不正常。解决的办法是在控制柜安装合适的轴流风扇或者加装空调，并注意经常检查。

(2) 环境相对湿度在 5%～95%之间。在湿度较大的环境中，水分容易通过模块上的 IC 的金属表面的缺陷侵入内部，引起内部元件性能的恶化，使内部绝缘性能降低，会因高压或浪涌电压而引起短路；在极其干燥的环境下，MOS 集成电路会因静电而引起击穿。

(3) 定期吹扫内部灰尘，以保证风道的畅通和元件的绝缘。建议 PLC 的电控柜使用密封式结构，并且电控柜的进风口和出风口加装滤网过滤器或百叶窗滤网过滤器，可阻挡绝大部分灰尘的进入。

四、装置及回路的绝缘检查

根据被试回路额定绝缘电压，用绝缘电阻表对装置不直接接地的带电部分和非带电金属部分及外壳之间，以及电气上无联系的各电路之间的绝缘电阻进行测试，测量时间不小于 5s，对直接接地的带电回路还应在断开接地或拔出有关模件的情况下进行上述测试。

(1) 断开回路中的接地点，拔出所有的插件板，断开与其他控制盘间的连接线。

(2) 用 500V 绝缘电阻表测量 24V 及以下回路的绝缘电阻应不小于 0.5MΩ；用 1000V 绝缘电阻表测量所有 220V 及以上回路对地绝缘阻值及不相连接的回路间的绝缘阻值，其绝缘值不小于 1MΩ（与其他盘柜相连的电缆，测量前应通知相关盘柜的检修人员，并做好安全措施）。

五、装置继电器检验

装置回路的继电器检验见继电器校验标准。

六、装置模件及通道检查

(一) 检验方法

(1) 装置各模件插入位置正确，插接到位，各连接电缆连接完毕、正确无误、牢固接触（模件可带电插拔，不需断电），装置的各测点、I/O 通道和点自检功能检验完好。

(2) 装置供电正常。

(二) 数字量数据采集与处理功能测试

数字量输入数据的类别：根据输入信号的不同数字量输入数据可分为状态量数码量脉冲量和事件顺序记录量。

(1) 状态变位测试。从数字量输入端子接入相应的数字量信号发生器，按具体测点要求，进行输入信号变位及防触点抖动的性能试验，通过监控系统的人机接口检查显示及有关记录，应与实际输入及受检产品技术条件规定一致。

(2) 事件顺序记录输入通道测试。对事件顺序记录量输入通道，除进行所规定的状态变位测试外，为了检验事件分辨率，每一台现地控制单元还应增加事件分辨率测试，每项测试重复三次。

(3) 事件分辨率测试。将分辨率测试仪的两路以上输出信号接至现地控制单元的事件顺序记录量输入端子，按受检产品技术条件规定的事件分辨率值设置分辨率测试仪的时间定值，启动分辨率测试仪，在人机接口设备上除了应有正确的画块变位、报警、事件登录外，所登录的事件顺序及时间间隔应满足受检产品技术条件要求。若该现地控制单元的事件分辨率输入通道由几个模件组成，则测试点应在不同模件中选取。

(三) 数据输出通道测试

根据输出方式的不同，数据输出通道一般可分为数字量输出通道和模拟量输出通道。

1. 数字量输出通道测试

(1) 在数字量输出通道的输出端子上接入监测输出状态的万用表或示波器等其他监测器具。

(2) 从监控系统人机接口或调试终端将数字量输出置为“0”或“1”。通过监控系统人机接口模件级输出状态显示器件及接于输出端子上的外接万用表，检查输出通道动作的正确性应与实际设置一致。

2. 模拟量输出通道测试

(1) 从监控系统人机接口或调试终端将模拟量输出置为4～20mA或0～5V。

(2) 在模拟量输出通道的输出端子上接入监测输出状态的万用表或示波器等其他监测器具。

(3) 在输出端子上的外接万用表检查输出通道动作的正确性应与实际设置一致。

(四) 模入点及其模件板的检验

对于电压型模拟量，在其输入端接入0～10V精密标准稳压电源，并串接一滑线电阻R，如图11-16所示。调节滑线电阻阻值，使输入到模件板的A、C端电压为0～10V，并检查该模拟量测值与输入电压一致。

对于电流型模拟量，在其输入端接入4～20mA电流源，调节电流源输出为4～20mA，并检查该模拟量测值与输入电流一致，如图11-17所示。

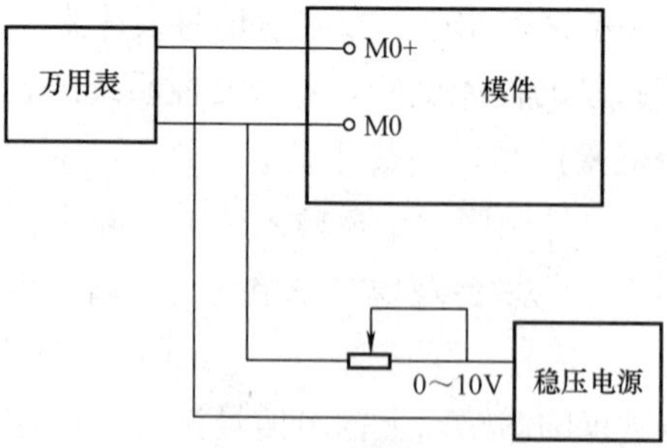

图11-16 电压型模拟量检验

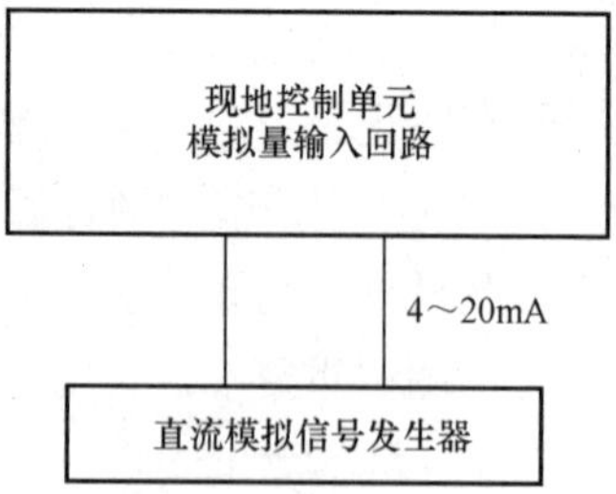

图11-17 电流型模拟量检验

七、通信检查

1. 串口通信

（1）检查发送和接受灯是否正常。

（2）数据库中通信部分定义检查。

（3）检查通信点的通信时序。

2. 以太网

以太网双网冗余试验步骤见表 11-19。

表 11-19　　双网冗余试验步骤

序号	检　修　步　骤	执行情况
1	检查以太网通信数据	
2	断开一路通信连接光纤，LCU 能正常工作，通信收发正常。恢复光纤连接	
3	断开另一路通信连接光纤，LCU 能正常工作，通信收发正常。恢复光纤连接	

八、锂电池检查

锂电池的作用是保护存放在 RAM（随机存储器）中的程序和计数器中的内容。在 25℃时，锂电池的寿命是 5 年，温度越高其寿命越短。当电池失效时，CPU 的 ALARM 指示灯闪烁，此后一周内，必须更换锂电池。

更换步骤如下：

（1）断开 PLC 的供电电源。若开始 PLC 的电源是断开的，则需先接通至少 10s 后，再断开。

（2）打开 CPU 盖板（视不同厂家的产品，其打开方式不同，应参照其说明书，以免损坏设备）。

（3）在 5min 内（当然越快越好），从支架上取下旧电池，并装上新电池。

（4）重新装好 CPU 盖板。

（5）清除 ALARM。

第四节　自动化元件检修、试验

一、测温电阻的校验

（1）用途：用于测定发电机的推力瓦，上导瓦、水导瓦，空气冷却器温度及油槽油温，当温度升到一定值时，通过监控系统报警和事故停机。

（2）原理：测温电阻采用 WZP-200-PT100 铂电阻或 WZP-300-PT100 铂电阻，

三线制接法，其电阻值随温度的变化而线形变化。在0℃时其电阻值为100Ω，其后电阻值每变化1℃其温度变化0.385Ω。

(3) 校验方法及要求。

1) 校验前测量其绝缘电阻在100MΩ以上，其2，3接线端应短接，常温下测的电阻应与环境温度相符，外壳应光滑无氧化物，若有氧化物及灰尘，可以用无水酒精砂纸反复进行清洗。

2) 将测温电阻悬挂起来，把热筒全部埋入盛有油的加热器中用电炉进行加热，校验过程中经常搅拌油液，使其温度上下一致。

3) 用标准温度计测量油温，记录10个温度点的下电阻值，校验应分上升和下降，记录温升曲线，其线性度误差不超过±3%。

(4) 测温电阻安装。用于推力瓦、上导瓦、水导瓦的测温电阻插入瓦中应拧紧，走线应固定好，不得随油循环来回摇动，以免折断。安装时应特别注意螺钉或工具不得遗留在油槽内。

二、电磁阀的校验

(1) 用途：电磁阀是用来控制流体的自动化基础元件。

(2) 动作原理：电磁阀主要由吸引线圈、动铁芯、动作连杆、弹簧、阀体本身组成。当吸引线圈通电后，动铁芯在磁场力的作用下吸合，带动连杆接通或关闭管路；当吸引线圈失电时，动作连杆在弹簧回复力作用下回到原始位置。

(3) 校验：测量线圈直流电阻，其值不得超过原始数据的±10%。用500V绝缘电阻表测量电磁铁导电部分对外壳绝缘的电阻值，不应小于50MΩ。

(4) 动作电压的测定：先对吸引线圈加额定电压下，电磁阀应当动作可靠和灵活，然后通过滑线电阻分压，对线圈由0V逐渐递加电压，直至电磁阀动作，记录其最低动作值，逐步减少电压记录其返回值。在阀体带实际压力下还应重复检查阀动作可靠性，在实际压力下尽可能调低阀体工作电压。

不论通电还是手动，阀体动作均应灵活，无卡滞摩擦现象，发现动作不灵，其原因多由于阀体安装不正或阀面不清洁所致，因此必须取下阀体，用汽油清洗。

(5) 注意事项。试验工作中经动作几次后适当停止一段时间，否则会因为线圈温度升高而降低动作电流，使阀体动作不明确。

三、示流信号器检验

(1) 用途：示流信号器主要用于发电机组的冷却水系统，监视冷却水管路中流量是否正常。当管路中的液体流量低于整定值时，示流器发出信号，以保护机组或主设备的安全。对于带数字显示的示流信号器，在检修中进行校准，并与计算机中显示值进行校对。

（2）安装：示流信号器的安装尺寸和内部接线参见其使用说明书，安装地点应符合技术性能中规定的工作条件：安装在无风雨侵袭的室内，周围无爆炸危险的介质，且介质无腐蚀金属和破坏绝缘的气体，不应有直接漏水或溅水在示流器上。安装方式为水平布置，管路振动必须小，管路中完全充满流体，正常工作时，液流速度应大于 0.5m/s。示流信号器挡板应置于管子的中心，并与液流方向垂直，否则影响正确发信。

（3）校验：500V 绝缘电阻表测量触点部分对外壳的绝缘电阻不应小于 50MΩ。增加试验管路流量，此瞬间动合触点闭合，动断触点断开，且触点无抖动。减小管路中流量，触点动作可靠返回。

（4）使用与维护：使用示流器前应检查安装是否正确，各紧固件是否有松动，然后接通水源试动作几次，若无卡阻、抖动等现象即可投入运行。示流器在正常运行中不要随便打开外罩。

四、油混水信号器检验

（1）用途：油混水信号器由油混水监视仪和油混水变送器组成油混水监视系统，用于监测和显示发电机组自动化控制油系统中混入油箱内水的含量。当油箱混入水分的含量超过一定限量时，装置即自动发出警告信号，以提醒运行人员注意并通知维护人员处理。

（2）安装：油混水变送器安装在油箱顶部，注意变送器的电极测量范围一定要在油槽正常工作最低油位范围内，且电极底部要距油箱底部 3mm 以上。

（3）仪表的调整：变送器和显示仪表连接后，接通电源使仪表预热 0.5h，用调零电位器调零，仪表机自动工作。

（4）试验：把油混水信号器装置电源接上，人为地在油混水信号器电极上注入少量水，使得电极被水连接，油混水监视仪装置即自动发出警告信号并显示发电机组自动化控制油系统中混入油箱内水的含量。试验完后应打开阀排除油中的水，直到装置自动发出警告信号停止。

此试验随机组大小修进行。

五、电缆浮球液位开关的检验

（1）用途：电缆浮球液位开关用于监测发电机组顶盖水位、检修井水位、渗漏井水位，推力油盆、上导油盆、水导油盆油位，集油槽油位。当顶盖水位上升接触到浮球时，浮球会随水位上升做角度变化，当浮球上仰角超过一定角度时，开关处会有 ON 或 OFF 的触点信号输出，从而按设定值分别启动 3 台顶盖泵。

（2）安装注意事项：

1）浮球扎线距离为 150mm。

2）浮球与槽壁的距离必须大于150mm。

3）安装位置与水流入口应保持适当距离，以避免被水冲击造成误动。

（3）试验：在电缆浮球液位开关安装好后，将浮球做人为地上升角度的变化，当浮球上仰角超过一定角度时，检查开关处是否会有ON或OFF的触点信号输出。

六、压力开关检验

（1）用途：压力开关用于监测发电机组压油装置主/备油罐压力，当压油装置主/备油罐压力超过设定值时，开关处会有ON或OFF的触点信号输出，从而按照设定值分别启停3台压油泵。

（2）试验：将压油泵控制方式切为开关量控制，打开压油装置排油阀，手动排油，检查压油泵是否按设定值启动，如果有偏差，可细微调节压力开关中的调节螺杆加以整定。

此试验随机组大小修进行。

七、压力变送器检验

（1）用途：压力（液位）变送器主要用于发电机组的回油箱、顶盖、主/备油罐压、冷却水压力，监视发电机组的油压（油位）、水位是否正常。当油压（油位）、水位低于整定值时，压力（液位）变送器发出信号，以保护机组或主设备的安全。

（2）安装：各种压力（液位）变送器的安装尺寸和内部接线见使用说明书，安装地点应符和技术性能中规定的工作条件，将探头直接投入液体中，当测量的液体流动性较大时，为防止压力（液位）变送器摆动，应固定好。

（3）校验：从设备上拆下压力（液位）变送器送检时，甩开的接线必须用绝缘布包好，以防止接地和短路。拆下的压力（液位）变送器的校验由试验室进行。

（4）试验：给上变送器的直流电源24V，注意正负极不能接错。在无压力的情况下变送器应输出4mA，在满量程时输出20mA。根据变送器的量程平分5～6个点来调整压力，不能超过额定测量压力。查看直流输出和计算值相差不应超过0.5级，否则应根据试验结果进行输出值调整。若变送器线性度较好，也可以在监控系统数据库里补偿后使用。

（5）回装：将校好的变送器安装回原设备上，并防止泄漏，在正、负极核对无误后，才可将甩开的线接回。

八、自动补气电磁阀检验

（1）结构：该装置由两个二位二通电磁阀、二个手动球阀、一个手动排气阀、一个单向阀、一个空气过滤器及管件组成。

（2）自动补气方式：关闭手动补气球阀，关闭手动排气阀，打开手动进气球阀，当自动控制回路接通电磁铁电源，使两电磁铁同时励磁时常闭阀打开，常开阀关闭，此时进行自动补气，直到达到规定值时停止补气。

（3）手动补气方式：关闭手动进气球阀，关闭手动排气阀，打开手动补气球阀至手动补气位置，高压气体直接由手动补气球阀进入气罐至规定值时关闭手动补气球阀即可停止补气。

（4）安装及检修事项：

1）电磁阀应铅垂安装并避免机械撞击。

2）更换电磁铁时应小心防止损坏电磁铁上的电源插座。

3）更换电磁铁后必须拧紧螺母并锁住。

（5）试验：打开压油装置排油阀，手动排油，当油罐压力 $p \leqslant 3.80$MPa、油罐油位 $h \geqslant 1.70$m 时，检查补气电磁阀是否停止启动；当油罐压力 $p \geqslant 3.90$MPa，油罐油位 $h \leqslant 1.40$m 时，检查补气电磁阀是否停止工作。

九、磁翻柱液位计检验

（1）工作原理：磁翻柱液位计是旁路管通过法兰连接到储液罐上，随着罐内液体的上升、下降变化，带动含磁钢的浮子上下移动，而在旁路管的外部是磁翻柱，磁翻柱的一半是白色，另一半是红色，随着浮子的上下移动，浮子内的永久磁钢的束性磁场将磁翻柱推转 180°，从而改变它们的颜色。通过观察磁翻柱的颜色可知储液罐里的液体高度。另在磁翻柱液位计上加装液位传感器和磁性开关用于监控系统的报警和控制功能。

（2）组成：磁翻柱液位计由磁钢组件、磁翻柱、浮子、旁路管组成，另连接液位传感器和磁性开关。

（3）试验：将压油泵控制方式切为模拟量控制，打开压油装置排油阀，手动排油，检查压油泵是否按设定值启动，并检查磁翻柱液位计上显示是否正确，如果有偏差，可细微调节磁翻柱液位计及磁性开关。

第五节 同期装置的检修

一、同期方式及其应用

水电厂发电机的并网方式有两种，一是自同期方式，二是准同期方式。

自同期并网法是发电机并网前不加励磁，开机后，当其转速接近电网的同步转速时，将发电机并网，随即给发电机加上励磁，在原动转矩、同步转矩的作用下，将发电机并入电网。但由于发电机未加励磁并入电网，会产生较大的冲击电流，同时在合闸瞬间会引起电网电压的短时下降。随着机组单机容量的不断增大，自同期方式因对系统冲击太大，已很少采用（只用在小型机组并网上）。

准同期并网法是发电机并网前加上励磁，当满足同期条件时，将发电机断路器合闸。准同期的条件是：

（1）发电机电压与系统电压大小相等，误差不应超过5%～10%。

（2）发电机电压与系统电压的频率相等，误差不超过0.2%～0.5%。

（3）发电机电压与系统电压的相角差，在断路器触点闭合瞬间应相同或不大于10%（同步稳定继电器的闭锁角整定在30°以下）。

当发电机满足上述3个同期条件时，就可以在不大的冲击下将发电机平稳地并入电网。

准同期方式可分为手动准同期和自动准同期。目前，二者在水电厂中均广泛采用，大型电厂多是采用自动准同期。

二、装置检修

装置检修的目的是测量机组自动准同期时同期装置发出合闸命令（脉冲）的导前时间、导前相角以及实际合闸时间。

（一）条件

（1）发电机在停机态。

（2）拉开待并断路器两侧隔离开关，并取下隔离开关电动机操作熔断器。

（3）断开待并断路器及其操作电源。

（二）检修内容

记录机端电压、电网电压、合闸命令（脉冲）、油断路器状态，系统自动计算脉动电压、自动判断试验结束时间。试验结束后确定包络线、计算合闸命令（脉冲）的导前时间、导前相角，实际合闸时间。

（三）试验方法

1. 检查输入信号

（1）电压：网频，95～105V AC；机频，90～110V AC。

（2）频率：45～65Hz。

2. 检查输出信号

（1）FLT：同期失败信号。

（2）CLO：合闸输出信号。

3. 技术指标

（1）允许频率差：$\Delta f \leqslant 0.5$Hz，通过面板显示菜单或调节旋钮整定。

（2）允许电压差：$\Delta u \leqslant \pm 10\% U_s$（$U_s$为系统电压），通过面板显示菜单或调节旋钮整定。

（3）在频率不大于0.3Hz时，合闸相角差不大于1.5°。

4. 通电前检查

(1) 检查端子排、电路板完好，各开关完好、操作灵活，各指示灯显示正常。

(2) 电源开关处于 OFF 位置。

5. 通电

(1) 装置送电。

(2) 合上装置电源开关。

(3) 若出现异常情况，应将装置的电源开关置于 OFF 位置，再进行检查。

6. 同期装置模拟同期试验

试验接线如图 11-18 所示。

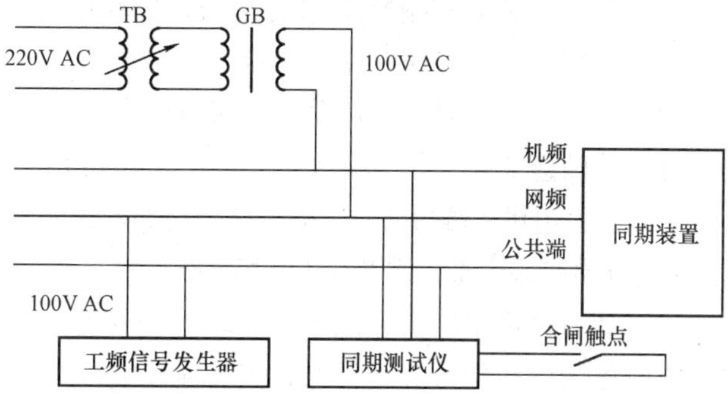

图 11-18 同期装置模拟同期试验接线

(1) 调节 TB 到零位置，断开工频信号发生器电源。

(2) 投交流电源，调节 TB 输出 100V AC，启动工频信号发生器，调节频率在 50Hz 附近，调节输出至 100V AC，启动示波器，观察两路波形。

(3) 拉开隔离开关、断开断路器及其操作电源后，在断路器合闸继电器上引出一对空触点作为同期测试仪的触发信号。

(4) 打开调机终端，进行投同期操作。

(5) 升高发电机侧电压，使自动准同期装置发降压指令，检查降压继电器动作正确，在发电机励磁调节柜处测量应收到减压信号，并测量脉冲宽度。

(6) 降低发电机侧电压，使自动准同期装置发升压指令，检查升压继电器动作正确，在发电机励磁调节柜处测量应收到升压信号，并测量脉冲宽度。

(7) 升高发电机侧频率，使自动准同期装置发减速指令，检查减速继电器动作正确，检查调速器应收到减速信号，并测量脉冲宽度。

(8) 降低发电机侧频率，使自动准同期装置发升速指令，检查升速继电器动作正确，检查调速器应收到升速信号，并测量脉冲宽度。

(9) 同期成功后，分析记忆示波器的波形，应达到相角差小于 20°、电压差小于+10V、频率差小于+0.20Hz，导前时间满足要求。

(10) 重复同期试验 3 次，并做详细记录，恢复接线。

第六节 测速装置检修

一、测速装置种类

（一）从发电机的机端电压互感器取得机端电压（残压测频）

这种方法的优点是信号源简单、可靠，无须专用设备，而且额定转速下频率为工频值，因而广泛采用。其缺点有：

（1）发电机启动初始阶段没有励磁，机端电压为残压，约为有励磁情况下的1%～2%，在测量低转速时受到一定限制。

（2）在并网运行时，电压受电网影响较大，以至频率常有快速跳动，并不完全反映机组的转速变化。

（3）在发电机机端短路时，电压信号消失，无法测量频率，这给发电机短路试验时的频率测量带来困难；或者在机端短路故障情况下，机组的转速控制会发生问题。

（4）从发电机中性点电流互感器取得发电机的电流信号，这种频率信号可在机端短路时作为上述信号源的补充，因为在发电机空载时该信号为零。

（二）专用齿盘转速信号

这种信号来自于固定在机组大轴上专用齿盘。通过永久磁钢和线圈，在电磁感应作用下产生的。这种信号的优点是：转速信号电压与发电机是否励磁无关，信号较强且稳定，不受电网电压波动影响，干扰小，也不受机端短路影响。但是，齿盘一般是后装在大轴上的，受偏心度和机组摆度影响，转速信号会随机组旋转脉动。

二、转速及蠕动检测工作原理

转速检测单元由测速齿盘、测速探头（接近开关）、转速继电器等部分组成。测速齿盘安装在水轮机主轴上，齿盘上沿圆周均匀分布凸凹相间的齿，齿数等于发电机的磁对极数。测速齿盘与主轴同步旋转时在测速探头上感应出频率与主轴转速成正比的电气脉冲信号，此脉冲信号经过滤波整形为方波信号给可编程控制器，可编程控制器检测方波信号的周期，进而计算得出水轮机主轴机组转速。通过内部逻辑判断输出给相应的出口继电器。

测量机组转速的方式可以为单探头方式、双探头方式、机端TV方式。

（1）单探头方式是指转速继电器仅依据单个探头信号的周期计算水轮机组转速。

（2）双探头方式指依据齿盘的每个齿先后经过安装在不同圆周位置的两个探头的时间差计算齿盘的线速度，进而计算出水轮机组转速。

（3）机端TV方式是指根据发电机机端TV信号计算机组转速。

三种测频方式同时测量，冗余采用。采用的优先级分配是：双探头方式＞单探头方式>机端 TV 方式。

（一）转速检测

（1）转速继电器工作信号流如图 11-19 所示。

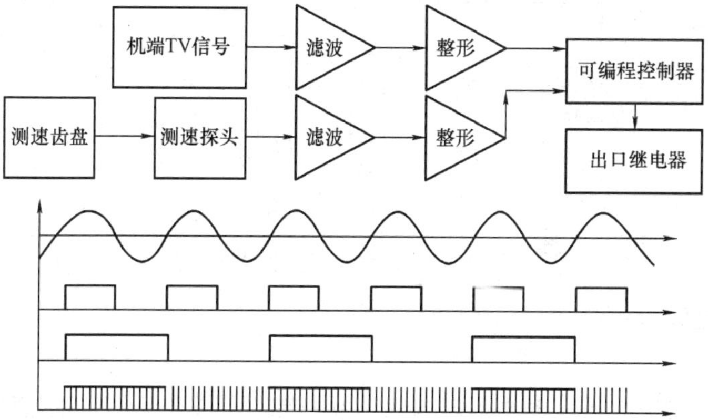

图 11-19　转速继电器工作信号流图

（2）测速齿盘及探头工作原理示意图如图 11-20 所示。

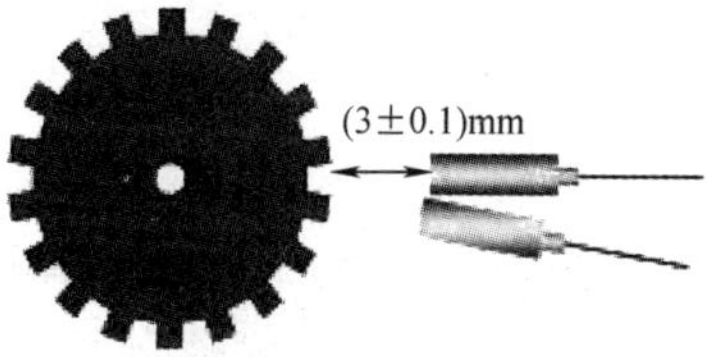

图 11-20　测速齿盘及探头工作原理示意图

（二）蠕动检测

大型水力发电机组，由于不断优化，水轮机的效率高，水力机械损失小，导叶漏水要求高，因此在导叶漏水偏大时，水轮机出现蠕动，蠕动检测器就是检测机组蠕动的装置。

蠕动检测部分由蠕动检测齿盘、蠕动检测探头（接近开关）、蠕动检测装置等部分组成。

蠕动检测齿盘与测速齿盘相似，固定在水轮机组主轴上，沿圆周均匀分布凸凹相间的方形齿；方形齿随主轴转动时被蠕动检测探头感知，探头信号经滤波整形后送可编程控制器。为提高检测精度，在蠕动齿盘一个齿距内的不同角度均匀布置多个探头，蠕动齿盘只要转动距离达“齿距/探头数”，蠕动检测装置就能够检测到主轴蠕动，发出机组蠕动报警信号。

蠕动检测信号流程如图 11-21 所示。

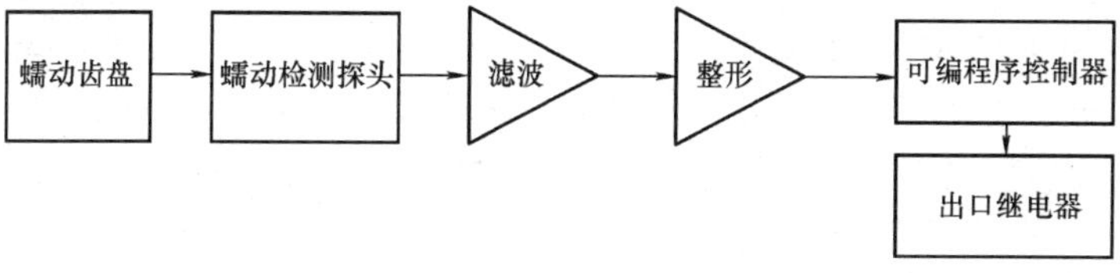

图 11-21　蠕动检测信号流图

蠕动检测探头工作示意图如图 11-22 所示。

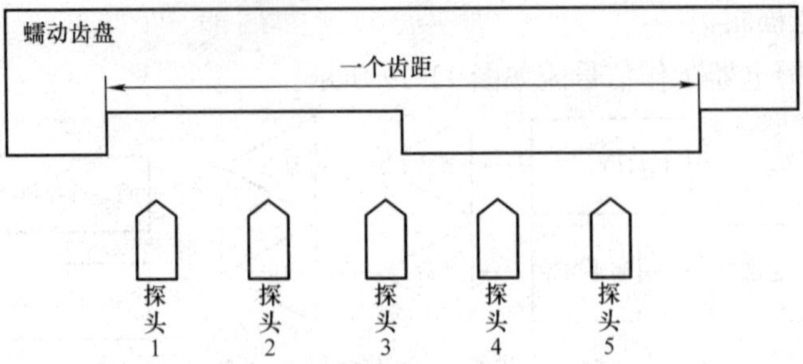

图 11-22　蠕动检测探头工作示意图

三、测速装置检修

（一）目的

测量机组测速装置实时显示转速百分比/转速实际值/频率实际值的精度，校验测速装置输出动作正确性。

（二）条件

（1）发电机在停机态。

（2）将测速装置断电，解开盘外接线。

（三）检修内容

改变频率信号发生器频率。观察面板显示频率是否与实际一致，以及触点输出的动作关系是否正确。

（四）试验方法

1. 外观检查

检查端子排、电路板完好，各开关完好、操作灵活，各指示灯显示正常。

2. 绝缘检查

将插件全部拔出后，用 500V 绝缘电阻表测量电源回路和信号回路对地绝缘，应不小于 100MΩ。

3. 转速装置输入模式

转速装置有两种输入模式：机械脉冲测速方式，如图 11-23 所示；电压测频测速方式（电气残压、永磁机电压）。

4. 电压测频测速试验

（1）将测速装置断电，解开盘外接线，用绝缘胶布包好，将电线号头置于醒目处。接入低频信号发生器（调节范围 0～100Hz），将测速装置与频率信号发生器上电。

（2）缓慢升高频率信号发生器频率（0～76Hz），观察面板显示频率是否与实

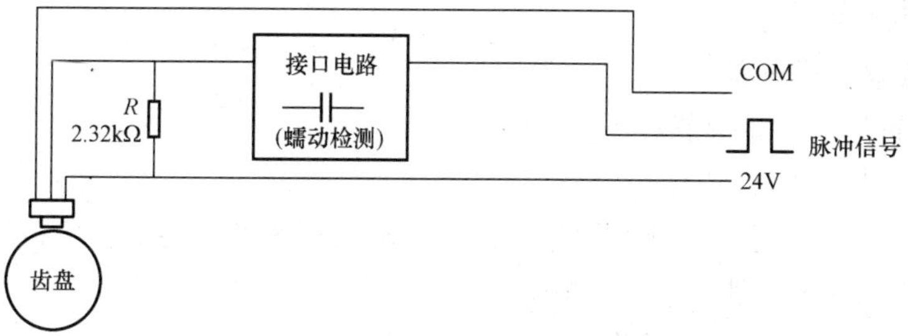

图 11-23 机械脉冲测速方式

际一致，以及<5%n_N、<15%n_N、<60%n_N、<80%n_N、>95%n_N、>105%n_N、>115n_N、>152%n_N 面板灯与背板触点输出的动作关系是否正确，以及 LCU 数据库中相应值的变化情况。

（3）缓慢降低频率信号发生器频率（76Hz～0），观察面板显示频率是否与实际一致，以及<5%n_N、<15%n_N、<60%n_N、<80%n_N、>95%n_N、>105%n_N、>115%n_N、>152%n_N 面板灯与背板触点输出的动作关系是否正确，以及 LCU 数据库中相应值的变化情况。

（4）改变频率信号发生器的输出频率（0～100Hz），检查测速装置模拟输出信号是否正确，以及线形关系是否正确。

（5）模拟外部突然断线，检查报警信号是否能发出。

（6）恢复接线，整理数据并做好记录。

第七节 现地控制单元装置现场试验

一、现地控制单元（LCU）开、停机及事故停机流程检验

（一）开、停机模拟试验（无水）

1. 试验条件

（1）机组处于停机态，上、下游闸门落下，蜗壳无水压。

（2）拉开机组隔离开关，并取下隔离开关操作熔断器。

（3）断开励磁系统启励电源。

（4）调速器、励磁调节器恢复备用。

（5）技术供水系统恢复备用。

（6）机组机械、电气部分检修完毕，具备动作条件。

（7）连接调试机并运行调试程序。

2. 试验步骤

(1) 无水开机试验。

1) 调速器、励磁调节器在"自动"方式。

2) 在人机界面上键入"机组空载"控制命令。

3) 在调试机终端上监视"机组空载"流程及调用的相关流程的执行情况，相应的流程启动标志应处于接通状态。

4) 检查技术供水系统动作正常，水压正常。

5) 检查锁锭已拔出。

6) 检查开机电磁铁已动作。

7) 检查调速器、励磁调节器已收到开机令。

8) 检查导叶已开至"空载"位置。

9) 将测速装置停电，模拟95%n_H转速信号。

10) 检查启励接触器动作正常。

11) 检查装置报"启励失败"，控制流程退出。

12) 撤除试验连线，恢复测速装置电源。

(2) 无水停机试验。

1) 模拟"机组空载"态。

2) 在人机界面上键入"机组停运"控制命令，或在中控室发令。

3) 在调机终端上监视"机组停运"流程及调用的相关流程的执行情况，相应的流程启动标志应处于接通状态。

4) 检查励磁调节器已收到停机、逆变令。

5) 检查调速器已收到停机令，导叶全关。

6) 撤除模拟95%n_H转速信号，恢复测速装置电源。

7) 检查风闸已投入。

8) 检查励磁风机已停止。

9) 检查技术供水已停止。

10) 检查锁锭已投入。

11) 检查风闸已撤除。

12) 检查停机流程已结束。

(二) LCU装置事故停机模拟试验

模拟内部处理流程的启动条件（模入或开入信号），检查装置相应的内部处理流程应启动，并执行正确。

1. 试验条件

（1）机组停机态。

（2）调速器切手动。

（3）导叶全关，锁锭投入。

（4）风闸投入。

2. 试验步骤

（1）低油压事故停机试验。

1）将压油泵操作把手全部放“停止”位置。

2）由运行人员手动操作压油罐排油压至2.8MPa以下（低油压机组）。

3）检查油压低于2.8MPa时，LCU收到“压油罐油压过低”信号，模拟量测值越低低限。

4）检查水机事故信号已登录，故障光字已点亮。

5）检查装置已进“低油压事故”流程，且调用相关停机流程正常。

6）检查保护装置已收到“水机事故”信号。

7）检查中控室“水机事故”光字、语音正常。

8）检查水车常规PLC、调速器、励磁调节器已收到停机令。

9）检查紧急停机电磁铁投入正常。

10）复归事故停机，清事故停机标志。

11）将压油泵全部放“自动”，恢复油压。

（2）机组紧急停机试验（中控室及机旁按钮）。

1）连接调试机并运行调试软件。

2）在中控室（或机旁）按“紧急停机”按钮。

3）检查装置已进“电气及常规水机保护”流程，且调用相关停机流程正常。

4）检查保护已收到“水机事故”信号。

5）检查紧急停机电磁铁投入正常。

6）检查中控室“水机事故”光字正常。

7）检查调速器、励磁调节器已收到停机令。

8）复归事故停机，清事故停机标志。

9）复归紧急停机电磁铁。

（3）过速115%停机试验。

1）连接调试机并运行调试软件。

2）解开机频和网频的盘外接线，用绝缘胶布包好。

3）接入低频信号发生器（调节范围0～100Hz），将测速装置与频率信号发生器上电。

4）投入过速115%保护连接片。

5）断开断路器。

6）用频率发生器模拟转速装置输入信号，使大于105%n_N 和大于115%n_N 动作。

7）检查水机事故信号已登录。

8）检查装置已进“过速115%”流程，且调用相关停机流程正常。

9）检查保护已收到“水机事故”信号。

10）检查紧急停机电磁铁投入正常。

11）检查中控室“水机事故”光字、语音正常。

12）检查水车常规PLC、调速器、励磁调节器已收到停机令。

13）将频率发生器模拟的转速降低，查大于105%n_N 和大于115%n_N 复归。

14）复归事故停机，清事故停机标志。

15）复归紧急停机电磁铁。

16）恢复试验接线。

（4）LCU过速152%停机试验。

1）连接调试机并运行调试软件。

2）解开机频和网频的盘外接线，用绝缘胶布包好。

3）接入低频信号发生器（调节范围0～100Hz），将测速装置与频率信号发生器上电。

4）投入LCU过速152%保护连接片。

5）频率发生器模拟转速装置输入信号，使大于105%n_N 和大于152%n_N 动作。

6）检查水机事故信号已登录。

7）“事故停机”已点亮。

8）检查装置已进“过速152%”流程，且调用相关停机流程正常。

9）检查保护已收到“水机事故”信号。

10）检查紧急停机电磁铁投入正常。

11）检查中控室“水机事故”光字、语音正常。

12）检查调速器、励磁调节器已收到停机令。

13）将频率发生器模拟的转速降低，查大于105%n_N 和大于152%n_N 复归。

14）复归事故停机，清事故停机标志。

15）复归紧急停机电磁铁。

16）恢复试验接线。

（5）温度保护停机。

1）投入温度保护连接片。

2）模拟机组上导、推力、水导任意一组轴承两侧各两点越高高限（HH）。

3）检查水机事故信号已登录。

4）检查装置已进“温度保护”流程，且调用相关停机流程正常。

5）检查保护已收到“水机事故”信号。

6）检查紧急停机电磁铁投入正常。

7）检查中控室“水机事故”光字亮。

8）检查调速器、励磁调节器已收到停机令。

9）复归事故停机，清事故停机标志。

10）复归紧急停机电磁铁。

11）恢复试验接线。

二、上位机联调及流程检验

（1）所有画面均须重新逐一校对。

（2）流程调试：从上位机发令，用调试机监视流程启动标志。

三、二次联动试验

1. 试验目的

（1）检查 LCU 正常开机、停机、事故停机、后备保护停机能否正常运行。

（2）检查 LCU 自动控制能否及时、准确动作。

（3）检查各设备是否能正常操作，反馈信息是否正确。

（4）检查各类操作把手、按钮、保护连接片的可靠性，以符合安全生产要求。

（5）检查 LCU 装置的工作性能及各项技术参数。

2. 试验条件

（1）机组在停机状态。

（2）水车室、发电机转子及定子内无人工作。

（3）单元控制室内各盘内交、直流操作熔断器、控制开关投入，门关好。

（4）调速系统满足机电联调试验要求。

（5）相关专业人员配合。

（6）连接并开放调机终端。

3. 试验方法及步骤

（1）模拟“机组空载”状态。

（2）由保护人员模拟电气事故信号。

1）检查“保护出口动作”信号已登录，装置“电气事故”、“事故停机”已点亮。

2）检查装置已进“电气及常规水机保护”流程，且调用相关停机流程正常。

3）检查调速器、励磁调节器已收到停机令。

4）复归事故停机，清事故停机标志。

5）模拟“机组空载”状态。

6）按“紧急停机”按钮。

7）检查水机事故信号已登录，装置“事故停机”已点亮。

8）检查装置已进“水机保护”流程，且调用相关停机流程正常。

9）检查保护已收到“水机事故”信号。

10）检查调速器、励磁调节器已收到停机令。

11）检查中控室“水机事故”光字亮。

12）复归事故停机，清事故停机标志。

13）撤除试验连线。

四、LCU 自动开、停机试验

（1）机组停机态在键入“机组空转”控制命令，或在主站控制台上发“机组空转”令。

（2）在调试终端或人机界面上监视“停机→空转”流程的执行情况。

（3）锁锭拔出，技术供水系统动作正常，围带撤除，开机电磁铁动作，导叶开至“空载”位置。

（4）机组转速升至 $100\%n_N$。

（5）键入“机组停运”控制命令。

（6）在调试机终端或触摸屏停机画面上监视“机组空转→机组停机”流程的执行情况。

（7）机组转速从 $95\%n_N \to 15\%n_N \to 5\%n_N \to 0$。检查：①制动电磁阀动作；②导叶全关；③锁锭投入；④水系统主供水电磁阀全关。

五、假同期试验

1. 试验条件

（1）发电机在空载态。

（2）断开断路器，拉开发电机出口隔离开关，并取下隔离开关电动机操作熔断器。

2. 试验步骤

（1）推上待并母线隔离开关。

（2）发断路器假同期令。

（3）启动示波器，选定同期点合闸导前时间。

六、负荷调整试验

1. 有功功率调节试验

（1）检查与有功功率调节有关的各项限值及保护参数，应确保无误。

（2）退出有功功率及无功功率自动调节流程。

（3）执行机组“发电”流程，使机组开机、并网。

（4）手动将机组有功功率带至振动区以外。

（5）投入有功功率调节流程。

（6）在避开振动区的前提下，有功功率给定值突变±10%或其整数倍，直至运行中可能出现的最大突变值，改变有功功率调节参数，使有功功率调节品质满足现场运行要求。

（7）根据电厂水头变化情况，必要时应在不同水头时重复有功功率调节试验，以确定各种水头下对应的最佳有功功率调节参数。

（8）在试验过程中监视并手动调整机组无功功率，以满足运行需要。

2. 无功功率调节试验

（1）检查与无功功率调节有关的各项限值及保护参数，应确保无误。

（2）退出有功功率及无功功率调节流程。

（3）执行机组“发电”流程，使机组开机、并网。

（4）投入无功功率调节流程。

（5）在机组运行条件允许的前提下，无功功率给定值突变±10%或其整数倍，直到运行中可能出现的最大突变值，改变无功功率调节参数，使无功功率调节品质满足现场运行要求。

（6）在试验过程中监视并手动调整机组有功功率，以满足运行需要。

第十二章　现地控制单元维护及常见故障处理

现地控制单元维护及常见故障处理应遵守国家、行业或企业的相关标准和安全规程。

第一节　现地控制单元维护

一、现地控制单元的定期巡视检查

现地控制单元的运行、检修维护人员应坚持对现地控制单元设备的定期巡视。运行人员要每班巡检一次；检修维护人员至少每周巡检一次，特殊情况下可增加至每周进行两次。

巡回检查至少由两人组成，巡检应该按照预先制定的路线进行，巡检必须到位。巡回检查时不得误碰运行设备。巡回检查时认真观察和仔细倾听，判断其是否处于正常运行状态。发现设备处于非正常运行状态时，应开票及时处理。

现地控制单元巡视的主要内容如下：

(1) 模件状态是否正常。

(2) 装置电源部分是否正常。

(3) 相关设备通信状态是否正常。

(4) 画面内容是否正常。

(5) 监视相关数据是否刷新，事件、报警是否正常。

(6) 查看光字状态。

(7) 监控系统时钟是否正常，各设备的时钟是否同步。

(8) 温度巡检装置指示是否正常。

(9) 转速装置是否正常。

(10) 同期装置显示是否正常。

(11) 有关设备、元器件是否在运行要求的状态。

(12) 有关设备、元器件有无过热等异常现象等。

作为检修维护人员要对设备正常状态做到心中有数，对数据测值和定值清楚。对一些重要模拟量、温度量越、复限提示应及时核对其限值。检查现地控制单元上是否有故障报警，若有应立即报告运行值班负责人及维护人员。检查现地控制单元电源工作情况，当任一路电源消失时，应及时联系处理。

二、现地控制单元的日常维护

1. 现地控制单元的日常维护工作

(1) 现地控制单元设备的普通和特殊巡检。

(2) 现地控制单元设备应每年进行停电除尘一次。

(3) 定期更换 PLC 装置电池。

(4) 定期备份现地控制单元软件，无软件修改的备份一年一次；有软件修改的，修改前后各备份一次。

(5) 冗余配置的现地控制单元（含冗余配置的 CPU 模件）应每半年进行一次主备切换。

(6) 运行中发现的缺陷应尽快组织检修人员处理，防止故障扩大。

(7) 定值修改。

(8) 定期分析装置的健康状况。

(9) 现地控制单元随被监控的设备定检进行相应的检查和维护。

2. 维护管理规定

(1) 对现地控制单元的模拟量限值、模拟量量程、保护定值的修改，应持技术管理部门审定下发的定值通知单进行。

(2) 对现地控制单元所做的维护、缺陷处理、技术改进等工作应设置专用台账并及时记录相关内容。

(3) 对现地控制单元软件的修改，应制定相应的技术方案并经技术管理部门审定后执行。修改后的软件应经过模拟测试和现场试验，合格后方可投入正式运行。实施软件改进前，应对当前运行的应用软件进行备份并做好记录。改进实施完成后，应做好最新应用软件的备份，及时更新软件功能手册以及相关运行手册。若软件改进涉及多台设备，且不能一次完成时，宜采用软件改进跟踪表，以便跟踪记录改进的实施情况。

(4) 遇有硬件设备需要更换时，应使用经通电老化处理检测合格的备件。

(5) 更换硬件设备时，应采取防设备误动、防静电措施，并做好相关记录，更新相关台账。

第二节　现地控制单元常见故障处理

一、处理现地控制单元故障时应遵守的原则

(1) 应避免故障扩大。处理故障时，应避免在故障原因未清楚的情况下，更换设备或重投电源引起事故扩大或重复烧毁设备。

（2）测点故障的识别及退出、重投测点等处理原则。发现测点数据值异常突变、频繁跳变等情况，应退出该测点，并采取必要措施，防止设备误动或监控系统资源占用；对与机组功率测量有关的电气模拟量，应退出相应的功率调节控制功能。

（3）网络通信中断的类型、现象及设备监视手段。测点故障、通信中断、掉电、程序锁死、失控、离线等引起设备缺乏保护或远方监视手段时，应采取现场监视方式或将设备转换到安全工况。当出现上述故障时，应立即在现地控制单元上，将“远控方式”切换至“现地”，将设备转换到安全工况，并在现地加强监视。

（4）设备故障、事故报警后的自动处理内容、人工干预措施。发生设备故障、事故时，应查阅事件顺序记录、事故追忆记录及相关监视画面，进行综合分析判断，依据现场规程进行处理。

二、常见故障处理

1. 现地控制单元与厂站层设备通信中断

（1）退出与该现地控制单元相关的控制与调节功能。

（2）检查厂站与对应现地控制单元通信进程。

（3）检查现地控制单元工作状态。

（4）检查现地控制单元网络接口模件以及相关网络设备。

（5）检查通信连接介质。

（6）必要时，做好相关安全措施后在厂站层设备和现地控制单元侧分别重启通信进程。

2. 模拟量测点异常

（1）退出与该测点相关的控制与调节功能。

（2）采用标准信号源检测对应现地控制单元模拟量采集通道是否正常。

（3）检查相关电量变送器或非电量传感器是否正常。

（4）检查数据库中相关模拟量组态参数（如工程值范围、死区值等）是否正确。

3. 温度量测点异常

（1）退出与该测点相关的控制与调节功能。

（2）用标准电阻检验对应现地控制单元温度量测点采集通道是否正常。

（3）检查温度传感元件。

（4）检查现地控制单元数据库中相关温度量的组态参数（如工程值范围、死区值等）是否正确。

4. 开关量测点异常

(1) 退出与该测点相关的控制与调节功能。

(2) 短接或开断对应现地控制单元开关量采集通道，以检测模件是否正常。

(3) 检查现场开关量输入回路是否短接或断线。

(4) 检查现场设备是否正常。

5. 控制操作命令无响应

(1) 检查监控系统网络通信是否正常。

(2) 检查相关控制流程是否出错。

(3) 检查联动设备动作条件是否满足。

(4) 检查相关对象是否定义了不正确的约束条件。

6. 系统控制命令发出后现场设备拒动

(1) 检查开关量输出模件是否故障。

(2) 检查开关量输出继电器是否故障。

(3) 检查开关量输出工作电源是否未投入或故障。

(4) 检查柜内接线是否松动，控制回路电缆或连接是否故障。

(5) 检查被控设备本身是否故障（含控制、电气、机械）。

7. 系统控制调节命令发出后现场设备动作不正常

(1) 检查现场被控设备是否故障。

(2) 检查控制输出脉冲宽度是否正常。

(3) 检查调节参数设置是否合适。

8. 控制流程退出

(1) 检查相应判据条件是否出现测值错误。

(2) 检查判据条件所对应的设备状态是否不满足控制流程要求。

(3) 检查判据条件限值是否错误。

9. 机组有功、无功功率调节异常处理

(1) 退出该机组自动发电控制、自动电压控制，退出该机组的单机功率调节功能。

(2) 检查调节程序保护功能（如负荷差保护、调节最大时间保护、定子电流和转子电流保护等）是否动作。

(3) 检查现地控制单元有功、无功功率控制调节输出通道（包括 I/O 通道和通信通道）是否工作正常。

(4) 检查调速器或励磁调节器工作是否正常。

10. 机组自动退出自动发电控制、自动电压控制

(1) 检查调速器是否故障。

(2) 检查励磁装置是否故障。

(3) 检查机组给定值调节是否失败或超调。

(4) 检查是否因测点错误而出现机组状态不明的现象。

(5) 检查计算机现地控制单元是否故障。

(6) 检查计算机现地控制单元与厂站层设备之间的通信是否中断。

11. 不能打印报表、报警列表、事件列表

(1) 检查打印机是否缺纸、打印介质是否需更换。

(2) 检查打印机自检是否正常。

(3) 检查打印队列是否阻塞。

12. 部分现地控制单元报警事件显示滞后

(1) 检查事件列表，确认其他节点的事件正常。

(2) 检查对应现地控制单元时钟是否同步。

(3) 检查对应现地控制单元是否出现事件、报警异常频繁。

(4) 检查对应现地控制单元 CPU 负荷率。

(5) 检查对应现地控制单元网络节点网络通信负荷。

13. 报表无法正常自动生成

(1) 检查历史数据库的数据采集功能。

(2) 检查报表自动生成进程工作是否正常。

(3) 检查报表自动生成定义是否正确。

14. AGC/AVC 异常

(1) 检查 AGC/AVC 运行中异常退出原因。

(2) 检查 AGC/AVC 参数。

(3) 检查服务器和远动装置的通信。

15. 系统时间不同步

(1) 检查 GPS 装置和天线。

(2) 检查通信工作站设时进程。

(3) 检查其他节点的时钟接收进程。

(4) 检查服务器对 LCU 设时进程。

(5) 检查处理 GPS 装置的分同步输出信号。

(6) 检查 LCU 的分同步信号电缆。

16. 历史数据库运行异常

(1) 检查数据库是否实例退出。

(2) 检查磁盘阵列硬盘是否损坏。

(3) 检查测点是否进入数据库。

17. 语音报警异常

(1) 检查语音报警进程。

(2) 检查数据库填写参数。

18. 上位机画面显示异常

(1) 检查本机的监控系统应用软件。

(2) 检查画面的动态连接是否正确。

(3) 检查数据源。

19. 工作站与其他节点的通信异常

(1) 检查通信进程。

(2) 检查系统物理连接。

(3) 检查监控连接的路由器。

(4) 检查工作站上的数据库。

20. 同期超时报同期失败

(1) 检查同期装置信号采集是否正常。

(2) 检查同期装置输入信号是否正常。

(3) 检查同期信号滑差是否正常，可将调速器进行手/自动切换。

(4) 检查同期装置参数是否整定错误。

21. 同期装置报合闸成功实际断路器未合

(1) 检查同期装置是否损坏。

(2) 检查同期合闸回路是否正常。

(3) 检查断路器操作回路是否正常。

(4) 检查同期闭锁继电器是否正常。

(5) 检查同期装置和同期闭锁继电器是否发令不同步。

22. 同期装置并网时机组冲击电流较大

(1) 检查同期装置参数整定是否合理。

(2) 检查同期闭锁继电器整定是否合理。

23. 机组非同期合闸

(1) 检查同期装置是否损坏。

(2) 检查合闸回路是否误接线。

(3) 检查同期输入信号是否有错误。

(4) 做同期回路正确性实验及假同期试验。

24. UPS 电池故障

(1) 检查是否有非常大的气味和见到铜或黄铜部件被氧化。

(2) 检查电池是否膨胀。

(3) 检查电池端子紧固情况。

(4) 检查分流器取样和返回的信息。

(5) 检查充电器的工作情况。

25. UPS 电源过载

(1) 首先判断负载是否真的过载。

(2) 逐个启动负载，看哪个负载启动电流过大或机械堵转。

26. UPS 风机故障

(1) 检查风机接线、插头有无松动。

(2) 检查有无异常噪声。

(3) 检查风机熔断器是否正常。

(4) 检查风机电源电压是否正常。

27. PLC 常见故障

(1) PLC 的电源干扰故障。PLC 本身的抗干扰能力一般都很强。通常，只能将 PLC 的电源与系统的动力设备电源分开配线，对于电源线来的干扰，一般都有足够强的抑制能力。但是，如果遇上特殊情况，电源干扰特别严重，可加接一个带屏蔽层的隔离变压器以减少设备与地之间的干扰，提高系统的可靠性。如果一个系统中含有扩展单元，则其电源必须与基本单元共用一个开关控制，也就是说，它们的上电与断电必须同时进行。良好的接地是保证 PLC 安全可靠运行的重要条件，为了抑制附加在电源及输入端、输出端的干扰，应给 PLC 接专用地线，并且接地点要与其他设备分开。若达不到这种要求，也可采用公共接地方式。此外，接地线要足够粗，接地电阻要小，接地点应尽可能靠近 PLC。

(2) 电源灯不亮。

1) 检查供电是否正常。

2) 检查电源熔断器。

3) 检查接线是否正确。

4) 更换电源模件。

(3) 电源正常，运行指示灯不亮。

1) 检查 PLC 是否处于运行状态。

2) 检查内存芯片是否正常。

3) 检查系统组态是否正常。

4）更换CPU模件。

（4）输入输出故障。

1）检查输入输出指示是否正常。

2）测量正确输入输出电压。

3）断开外部接线，接上模拟接线后检查输入是否正常。

4）检查输入输出设备。

5）用编程器监视功能检查输入通断状态。

6）更换输入输出模件。

（5）输入全部不接通。

1）检查外部输入电源。

2）检查端子螺钉。

3）检查端子板连接器。

4）更换模件。

（6）输出全部不接通。

1）检查开出电源。

2）检查负载电源。

3）检查端子螺钉。

4）检查端子板连接器。

5）检查输出接通时间。

6）更换模件。

第四篇

发电机励磁系统检修

励磁系统是同步发电机的一个重要组成部分，其主要任务是向发电机的转子提供一个可调的直流励磁电源，从而达到控制发电机机端电压恒定，满足发电机正常发电的需要。同时，励磁系统还具有合理分配并联机组无功功率和提高电力系统稳定性的重要作用。因此，保证励磁系统的安全稳定运行至关重要，提高励磁设备的检修试验技术也至关重要。

目前我国励磁系统的种类很多，设备多种多样，技术水平参差不齐，给励磁设备的检修试验带来难度。为了规范和提高我国水电励磁系统的检修试验技术水平，特编写本篇作为电气二次设备检修技术的一部分。

本篇主要指导常规直流励磁系统的检修，对于交流励磁系统，可以作为检修参考。目前，风力发电机一般采用交流励磁系统，通过控制三相转子绕组的励磁电流幅度、频率和相位，即可以控制发电机的无功和有功功率输出，从而实现风力发电机组的变速恒频运行。

发电机励磁系统检修试验，以国内大中型励磁系统的 A 修为主线，适当介绍一些运行维护和常见故障的处理方法。介绍方式按照励磁系统的主要部件来编写检修内容，按照励磁系统整体来编写试验内容，其编排顺序尽量与实际检修试验顺序一致。

第十三章　发电机励磁系统检修概述

第一节　发电机励磁系统的分类

根据励磁电源的不同，将励磁系统分为直流励磁机系统、交流励磁机系统、无刷（旋转）励磁系统和静态励磁系统。这种分类，基本反映了励磁系统的发展进程。从直流励磁机发展到交流励磁机，从交流励磁机又发展成两个方向，一个发展方向为无刷励磁系统，另一个发展方向发展为自并励静止励磁系统。本励磁检修试验技术主要针对自并励静止励磁系统。

另外，发电机灭磁技术发展迅速，我国正在使用的灭磁类型和设备种类也很多，对此进行简单分类，有助于励磁系统的检修试验技术的学习。

下面对发电机各种励磁系统和灭磁设备类型作一简单介绍。

一、直流励磁机系统

在电力系统发展初期，同步发电机容量较小，励磁电流通常由与发电机组同轴的直流发电机供给，用专门的直流发电机向同步发电机转子回路提供励磁电流，即直流励磁机系统。

直流励磁机系统又分为自励与他励两种方式。所谓自励，就是励磁电源取自发电机本身，而他励的励磁电源取自其他发电机或厂用电等。自励直流励磁系统原理如图 13-1 所示。

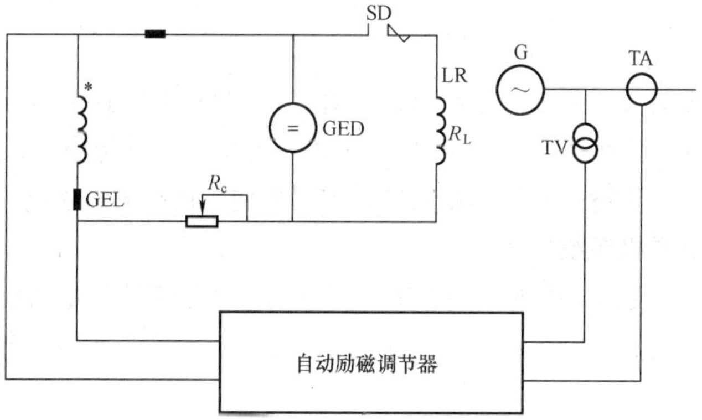

图 13-1 直流励磁机系统接线原理

GEL—励磁机绕组；GED—直流励磁机；SD—发电机灭磁开关；TV—电压互感器；TA—电流互感器；LR—转子绕组

发电机（G）的转子绕组（LR）由专门的自励式直流励磁机（L）供电，Rc 为励磁机磁场调节电阻。该励磁系统可以手动调节 Rc 的大小，也可以由自动励磁调节器改变励磁机磁场电流，达到自动调节发电机端电压的目的。

直流励磁机励磁系统在我国老式机组上使用，其数量在不断减少。原配用的机械式或电磁式自动调节器都已逐步淘汰，取而代之的是以绝缘栅极双极晶体管 IGBT 为功率元件的半导体自动调节器。这种将 IGBT 串入直流励磁机的磁场回路内，通过改变 IGBT 导通时间与关断时间的比例，来控制磁场电流的大小，称作开关式励磁系统或开关式励磁调节器，其接线原理如图 13-2 所示。这里，IGBT 控制励磁机（EL）的励磁绕组（L2）电流，VDXL 是续流二极管，Rx 是限流电阻，L1 是发电机 G 的转子绕组。图 13-2 中的照片是采用直流励磁机的小型水电厂厂房，在直流励磁机下面才是发电机和水轮机，三者同轴。

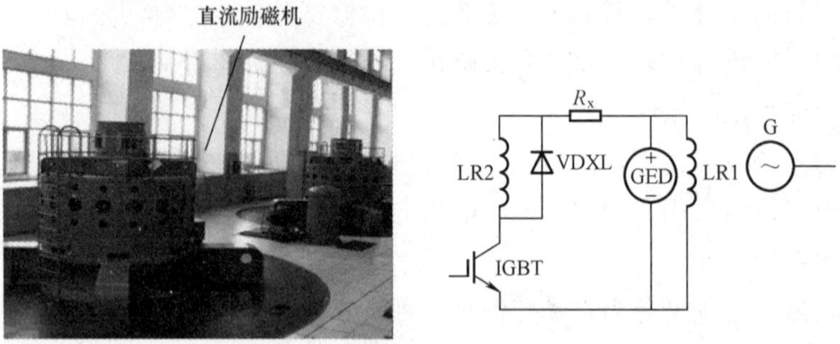

图 13-2　直流励磁机开关励磁接线原理

G—发电机；LR1—发电机励磁绕组；LR2—励磁机励磁绕组；
GED—直流励磁机；IGBT—双机晶体管

开关式励磁调节器的优点是：可利用直流机本身实现自并励，无需另配电源，因此，结构紧凑，体积小，且励磁电源可靠，不受电力系统电压波动的影响。另外，不存在可控整流桥的触发同步问题，控制简便，运行可靠性高。

二、交流励磁机系统

20 世纪 60 年代初，国外开始在中型发电机上采用交流发电机加半导体整流器的励磁方式，即交流励磁机系统。交流励磁机系统是汽轮发电机组较为主要的励磁方式。

交流励磁机系统的具体接线方式很多，但究其整流器的区别可以归纳为：同步发电机采用二极管整流励磁，交流发电机（交流励磁机）采用晶闸管整流励磁。下面给出几种典型的接线方式。

1. 他励交流励磁机系统（三机他励励磁系统）

他励交流励磁机系统原理如图 13-3 所示。图 13-3 中的照片是一个采用三机他励方式的大型汽轮发电机，从左到右排列的设备是汽轮机、发电机、交流主励磁机、交流副励磁机，四者同轴。

交流主励磁机和交流副励磁机都是交流发电机，均与同步发电机同轴。副励磁机是自励式的，其磁场绕组由副励磁机机端电压经自动恒压装置控制。也有用永磁发电机作副励磁机的，也称三机他励励磁系统。主励磁机磁场绕组由自动励磁调节器控制，采用晶闸管整流电路。主励磁机定子绕组经过二极管整流器向发电机转子提供励磁电流。

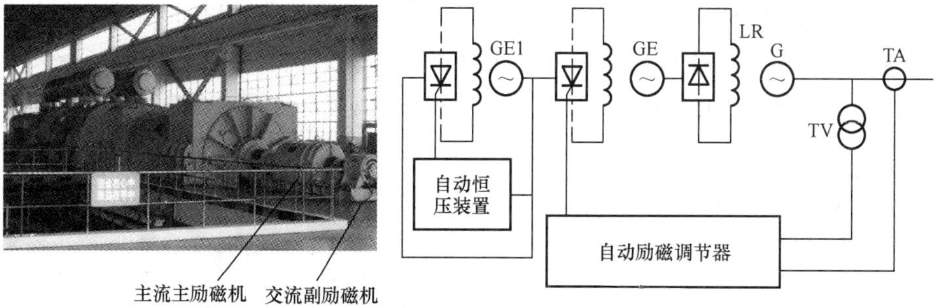

图 13-3　交流励磁机系统接线原理一（三机他励）

G—发电机；LR—发电机励磁绕组；GE—励磁机；GE1—副励磁机

2. 自励交流励磁机系统

自励交流励磁机系统没有副励磁机。交流励磁机的励磁电源是从主励磁机的出口电压直接获得。交流主励磁机经过二极管整流装置向发电机转子回路提供励磁电流；自动励磁调节器控制晶闸管的触发角，调整其输出电流，控制主励磁机的出口电压。其原理接线二如图 13-4 所示。

图 13-5 也是自励交流励磁机励磁系统，交流励磁机的励磁电源由发电机出口电压经励磁变压器后获得，自动励磁调节器控制晶闸管的触发角，以调节交流励磁机励磁电流，交流励磁机输出电压经硅二极管整流后接至发电机转子，亦称为两机一变励磁系统。

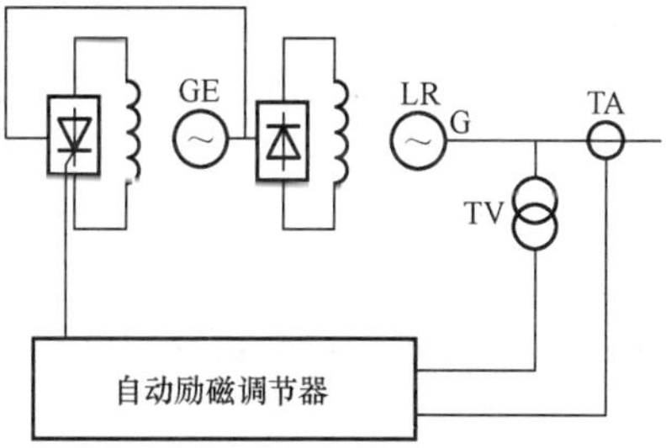

图 13-4　交流励磁机系统接线原理二

G—发电机；LR—发电机励磁绕组；

GE—励磁机

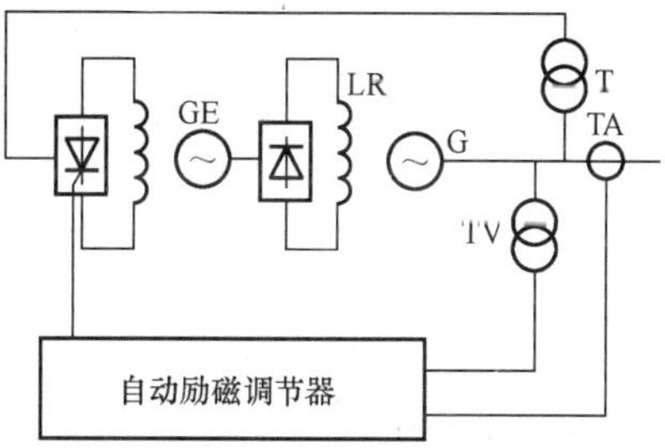

图 13-5　交流励磁机系统接线原理三

G—发电机；LR—发电机励磁绕组；

GE—励磁机；T—励磁变压器（并联变压器）

三、无刷励磁系统

上述交流励磁机系统，励磁机的电枢与整流装置都是静止的。虽然由硅整流元件或晶闸管代替了机械式换向器，但是静止的励磁系统需要通过滑环与发电机转子回路相连。滑环是一种转动的接触部件，仍然是励磁系统的薄弱环节。图 13-6 是某大型水轮发电机碳刷和滑环照片。随着巨型发电机组的出现，转子电流大大增加，可能产生个别滑环过热和冒火花的现象（俗称碳刷打火现象）。为了解决大容量机组励磁系统中大电流滑环的制造和维护问题，提高励磁系统的可靠性，出现了一种无刷励磁方式。这种励磁方式整个系统没有任何转动接触元件，故无刷励磁系统也称为旋转励磁系统，其原理图如图 13-7 和图 13-8 所示，虚线框内的设备安装在发电机转子内，由于主励磁机电枢及其硅整流器与主发电机转子都在同一根轴上旋转，所以它们之间不需要任何滑环及电刷等转动接触元件。

图 13-7 是他励无刷励磁系统原理接线，主励磁机发出的三相交流电经旋转的二极管整流桥整流后直接送发电机转子回路，副励磁机是一个永磁式中频发电机，它与发电机同轴旋转。主励磁机的磁场绕组是静止的，即它是一个磁极静止、电枢旋转的交流发电机。

图13-6　大型水轮发电机滑环和碳刷照片

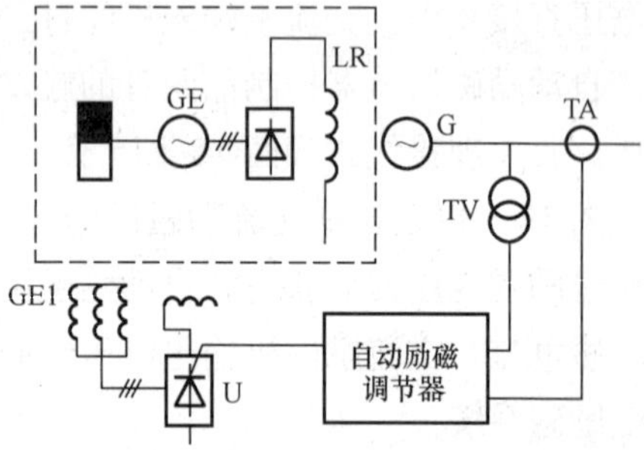

图 13-7　他励无刷励磁系统接线原理

G—发电机；LR—发电机励磁绕组；

GE—励磁机；GE1—中频副励磁机

图 13-8 是自励无刷励磁系统原理接线，励磁机定子绕组电源取自发电机励磁变压器，励磁调节器通过晶闸管控制励磁机转子绕组的三相交流输出，再经旋转的二极管整流桥整流后送发电机转子回路。图 13-9 是某大型自励无刷励磁汽轮发电机照片。

无刷励磁系统彻底革除了滑环、碳刷等转动接触元件，提高了运行可靠性，减少了机组维护工作量。但旋转半导体无刷励磁方式对硅元件的可靠性要求高，不能采用传统的灭磁装置进行灭磁，转子电流、电压及温度不便直接测量。这些都是不同于其他励磁系统类型的新问题。尽管无刷励磁系统也是采用交流励磁机，很多人也将无刷励磁系统归纳于交流励磁机类型。但是，鉴于无刷励磁系统的特殊性，这里单独归纳为一种励磁系统。

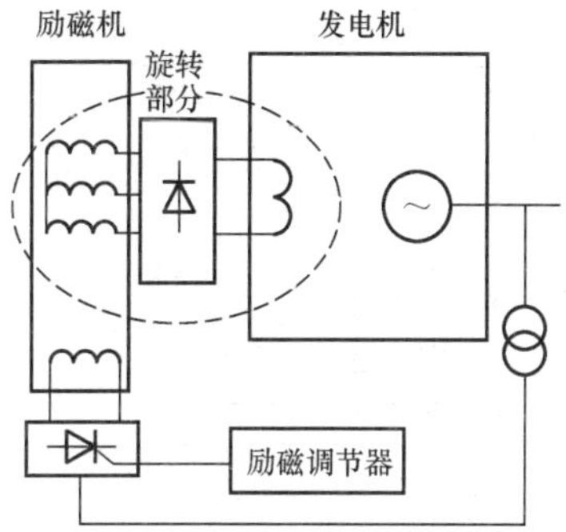

图 13-8 自励无刷励磁系统接线原理

图 13-9 大型自励无刷励磁发电机照片

四、静止励磁系统

静止励磁系统取消了励磁机，采用变压器作为交流励磁电源，励磁变压器接在发电机出口或系统及厂用母线上。因励磁电源取自发电机自身或发电机所在的电力系统，故这种励磁方式称为自励静止励磁系统，简称自励系统。如果励磁变压器取自厂用电，则称为他励静止系统，简称他励系统。电站备用励磁系统，是他励系统；自励系统的发电机进行零起升压升流试验，有时候也将自励改为他励方式进行。

与电机式励磁方式相比，在自励系统中，励磁变压器、整流器等都是静止元件，励磁电流需要通过发电机的碳刷和滑环进入发电机转子绕组，故自励磁系统又称为静止励磁系统。

静止励磁系统也有几种不同的励磁方式。如果只用一台励磁变压器并联在机端，则称为自并励方式。如果除了并联的励磁变压器外，还有与发电机定子电流回路串联的励磁变流器（或串联变压器），二者结合起来，则构成所谓自复励方式。主要结合的方案有下列两种：直流侧并联自复励方式和交流侧串联自复励方式。

1. 自并励方式

自并励是自励系统中接线最简单的励磁方式，其典型原理图如图 13-10 所示。只用一台接在机端的励磁变压器作为励磁电源，通过晶闸管整流装置直接控制发电机的励磁。这种励磁方式又称为简单自励系统，目前国内比较普遍地称为自并励（自并励）方式。图 13-10 中照片只有汽轮机和发电机，没有励磁机，采用的就是自并励静止励磁系统。

自并励方式的优点是：设备和接线比较简单；由于无转动部分，具有较高的可靠性；造价低；励磁变压器放置自由，缩短了机组轴长度；励磁调节速度快。但对

(a)

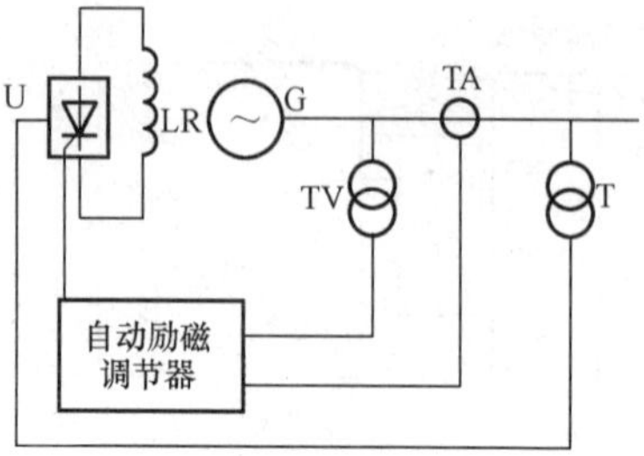

(b)

图 13-10　自并激励磁系统接线原理

(a) 照片；(b) 接线原理

G—发电机；LR—发电机励磁绕组；U—三相全控整流桥；T—励磁变压器

采用这种励磁方式，以前人们普遍有两点顾虑：第一，发电机近端短路时能否满足强励要求，机组是否失磁；第二，由于短路电流的迅速衰减，带时限的继电保护可能会拒绝动作。国内外的分析和试验以及工程实践表明，目前，这些问题在技术上是可以解决的。自并励方式越来越普遍地得到采用。

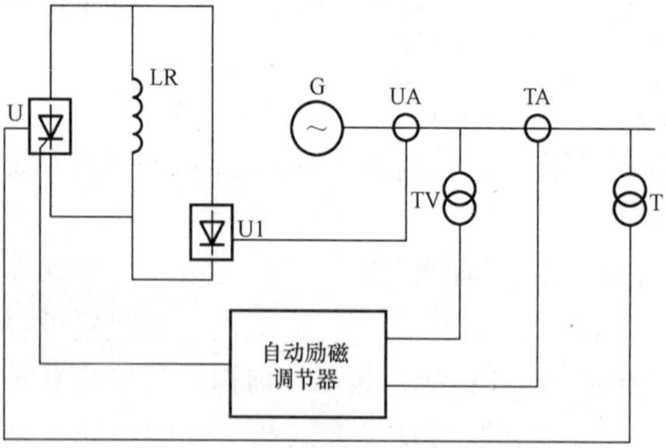

图 13-11　直流侧并联的自复激励磁系统

G—发电机；LR—发电机励磁绕组；U—三相全控整流桥；

U1—三相全波整流桥；UA—串联变流器

2. 直流侧叠加的自复励方式

在自并励的基础上加一台与发电机定子回路串联的励磁变流器，后者另供给一套硅整流装置，二者在直流侧叠加，则构成直流侧叠加的自励方式。叠加方式分为电流叠加（直流侧并联）和电压叠加（直流侧串联）两种。图 13-11 为直流侧并联自复励方式原理图。发电机 F 的转子励磁电流由硅整流桥 GZ 与晶闸管整流桥并联供给。硅整流桥由励磁串联变流器供电，晶闸管桥由励磁变压器供电。励磁变压器并接于机端，UA 串接于发电机出口侧或中性点侧。发电机空载时由晶闸管桥单独供给励磁电流，发电机负载时，由晶闸管桥与硅整流桥共同供给励磁电流。其中硅整流桥的输出电流与发电机定子电流成正比，晶闸管桥的输出电压受励磁调节器的控制，起电压校正作用。

这种直流侧并联的自复激方式，在我国一些中、小型汽轮发电机和水轮发电机上采用较早，有一定的运行经验，但未得到推广。因为在系统中短路时，复励部分与自并励部分协调配合较差，此外，励磁变流器二次侧尖峰过电压问题也比较严重。

3. 交流侧电压叠加的自复励方式

励磁变压器的输出与串联变流器的输出，先叠加再经过整流供给发电机励磁，则构成交流侧叠加的自复励方式，注意这时励磁变流器一次侧电流要转换成二次侧电压信号，变流器铁芯必须加有空气隙，这将大大增加变流器的体积。图 13-12 为交流侧串联的自复励方式，励磁变压器 T 的二次侧电压与串联变流器 UA 的二次侧电压相量相加，然后加在晶闸管整流桥 U 上，经整流后供给发电机的励磁绕组。当发电机负载情况变化时，例如电流增大或功率因数降低，则加到晶闸管整流桥上的阳极电压增大，故这种励磁方式具有相复励作用。

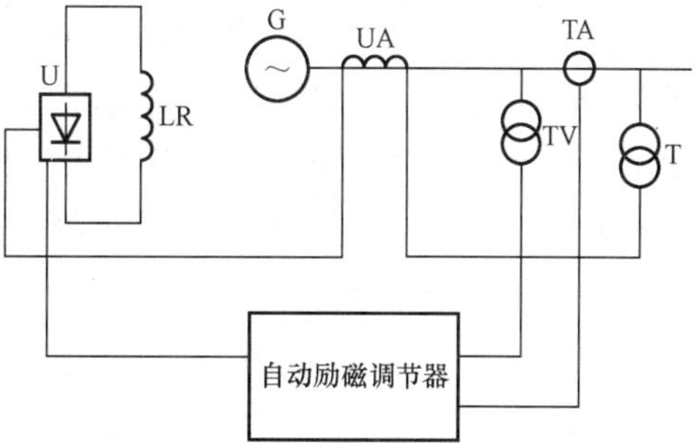

图 13-12 交流侧串联的自复激励磁系统

交流侧叠加的自复励方式，由于反应发电机的电压、电流及功率因数，故又称为相补偿自复励方式。

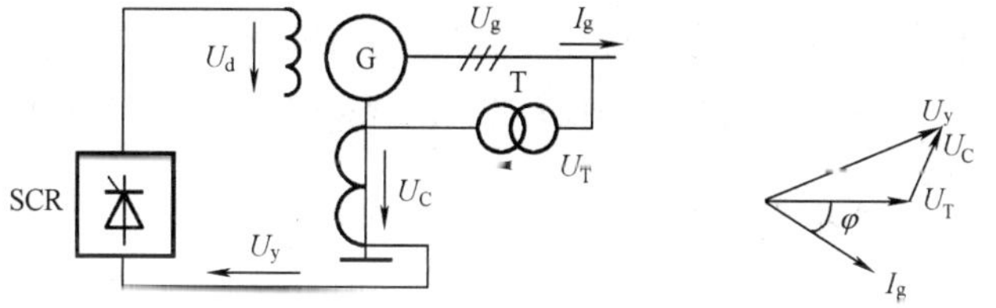

图 13-13 交流侧串联自复励电源相量图

实际上，串联变压器一般安装在发电机的中性点侧，图 13-13 就反映这种实际位置接线图原理，其晶闸管阳极电压（励磁变压器二次电压）相量图则显示其独有的相复励作用。由相量图可知

$$U_y = U_T + U_c = U_g/K_T + jI_gX_u$$

$$U_d = 1.35U_y\cos\alpha$$

式中 U_y——晶闸管整流桥阳极电压；

U_T——并联变压器二次侧电压；

U_c——串联变压器二次侧电压；

X_u——串联变压器互感阻抗；

K_T——整流变压器变比；

I_g——发电机定子电流；

U_g——发电机定子电压；

U_d——整流桥输出电压。

因此，交流侧串联型自复励的晶闸管阳极电压，不仅反映了发电机机端电压的水平，而且也反映了发电机实际负载情况，其整流输出电压不仅与阳极电压和控制角 α 有关，而且也与机组工况密切相关。特别是，当发电机机端发生三相短路，尽管机端电压下降了，造成 U_T 变小，但短路电流的上升，却使 U_T 变大，其结果可以维持较高的晶闸管整流桥阳极电压 U_y，从而保证励磁装置的强励能力。

大型水电厂采用交流侧串联型自复励，其目的是担心在机端发生三相短路时，励磁强励得不到足够的阳极电源，继电后备保护得不到足够的短路电流而拒动。但随着发电机变压器单元接线采用封闭母线，基本上杜绝了机端三相短路的可能性，再加上继电保护采取技术措施，采用自并励足以保证机组和电力系统安全性，自复励也就退出市场，已经使用的自复励正逐步改为自并励。

对于三相晶闸管整流电路来说，由于串联变压器的存在，使得阳极回路的总电抗增大，从而造成换相缺口大，过电压很高。图 13-14 是某大型电厂两种励磁阳极电压波形，前者为自复励系统波形，后者为自并励系统的波形。换向缺口大，所产生的晶闸管换向过电压也大。过高的换相电压，使转子电压和阳极电压的过电压毛刺尖峰极高，不仅损害电气设备的绝缘，还加重晶闸管阻容保护的负担，这一切都使得励磁系统主回路设备极易损坏。因此，新设计的励磁系统基本上不再采用自复励系统。

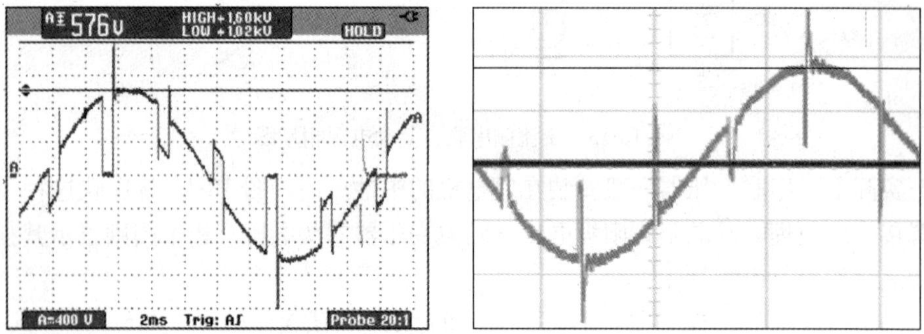

2F 阳极电压波形

(a)

(b)

图 13-14　自复励和自并励阳极电压波形比较

（a）自复励；（b）自并励

静止半导体励磁系统是现代励磁的主要方式，也是励磁检修的主要对象。励磁方式分类如下：

- 励磁方式（励磁电源）
  - 他励：励磁电源取自厂用电，发电机零起升压试验或备用励磁装置采用
  - 自励
    - 自并励：励磁电源取自发电机机端的励磁变压器
    - 自复励
      - 交流侧串联自复励
      - （既有励磁并联变压器还有励磁串联变压器）
      - 直流侧并联自复励

五、发电机灭磁系统

同步发电机安全可靠的灭磁，是一个不仅关系到励磁系统本身安全，而且直接关系到整个电力系统安全运行的大问题。

发电机灭磁技术的演变，基本上沿着灭磁开关灭弧栅灭磁→线性电阻灭磁→非线性电阻灭磁发展，其间，逆变灭磁和交流灭磁，伴随着现代励磁的基础即三相全控桥整流电路的出现而发展。

在灭磁系统中，灭磁开关占据很重要的地位，其分类复杂。按照灭磁开关是否参与吸收灭磁能量，分为耗能型（灭弧栅灭磁）和移能型（电阻灭磁）；按照灭磁开关的断口数量，分为多断口（正极断口、负极断口、动断断口、主断口、弧断口）和单断口；按照灭弧栅片是金属还是非金属，分为短弧原理灭弧栅和长弧原理灭弧栅；按照灭磁开关安装位置，分为直流灭磁开关和交流灭磁开关。一般来说，带动断断口的开关是专门用于灭磁的开关；双断口灭磁开关，在停机后可以隔离发电机转子与励磁装置回路，有利于检修试验。

由于励磁装置灭磁设备主要考虑的是安全、快速地吸收转子能量，因而灭磁方式的分类主要是按吸收能量方式来划分的：

- 灭磁
  - 正常停机：逆变灭磁，将灭磁能量反馈到发电机交流系统
  - 事故停机
    - 开关灭磁：短弧灭弧栅灭磁，耗能型灭磁
    - 电阻灭磁（移能放电灭磁方式）
      - 线性电阻灭磁：汽轮发电机主要灭磁方式
      - 非线性电阻灭磁（水轮发电机主要灭磁方式）
        - 氧化锌电阻（ZnO）（国产设备多采用）
        - 碳化硅电阻（SiC）（进口设备多采用）

需要说明的是，移能放电灭磁系统中也有灭磁开关，但是其主要作用是切断励磁电流回路，即利用灭磁开关断开励磁绕组时产生的反电动势，将励磁电流转移到灭磁电阻中，并通过灭磁电阻来吸收磁场能量。因此，放电灭磁系统中的灭磁开关也称为磁场断路器。而开关灭磁系统中的灭磁开关，不仅要切断励磁电流回路，还要利用灭弧栅片来吸收整个灭磁能量，此时，开关的负担很大，往往不能满足大型水电厂的灭磁需要，故纯粹的开关灭磁方式越来越少见，电阻灭磁方式越来越普遍。

第二节　发电机励磁系统的组成

尽管不同的发电机励磁系统，包括不同的组成部分，但依然可以用三个大的部分来概括：调节控制部分，包括自动励磁调节器、自动恒压装置、手动调节器电阻等；电源部分，包括直流励磁机、交流励磁机、励磁整流装置、励磁变压器等；灭磁与启励部分，包括灭磁开关、灭磁电阻、过电压保护和启励回路等。

下面。以自并励静止励磁系统为重点，简要介绍各组成部分及其作用。

一、自并励静止励磁系统的组成

自并励静止励磁系统主要由励磁变压器、晶闸管整流桥、自动励磁调节器及启励装置、转子过电压保护与灭磁装置等组成，其原理接线如图 13-15 所示。目前，水电厂都采用自并励静止励磁系统。

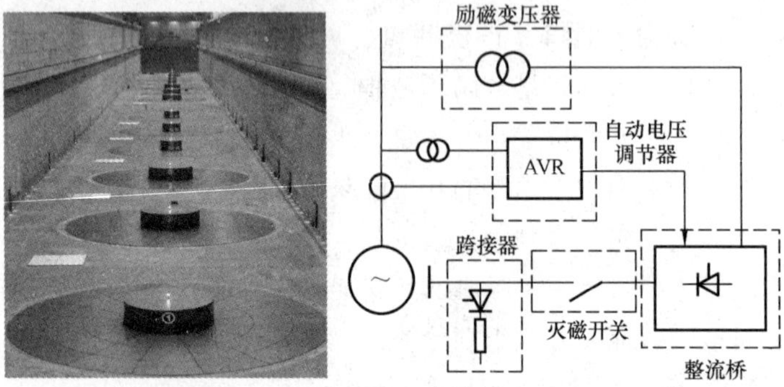

图 13-15　某大型水电厂及自并励静止励磁系统接线原理图

1. 励磁变压器

励磁变压器为励磁系统提供励磁能源。对于励磁变压器二次侧自动开关，如果这个开关联动灭磁电阻的投切，则是交流灭磁开关；如果不联动灭磁电阻，这个开关仅仅起了隔离作用，则是交流隔离开关。无论是交流灭磁开关还是交流隔离开关，可以在停机后隔离励磁装置和励磁变压器回路，方便检修试验。但交流隔离开关严禁运行中操作，需要采取有效措施防止误动。

励磁变压器可设置过电流保护、速断保护、温度保护。小容量励磁变压器一般自己不设保护。变压器高压侧接线必须包括在发电机的差动保护范围之内。

早期的励磁变压器一般都采用油浸式变压器。近年来，随着干式变压器制造技术的进步及考虑防火、维护等因素的影响，现在都采用 H 级环氧树脂变压器。对于大容量的励磁变压器，往往采用三个单相干式变压器组合而成。励磁变压器的联接组别通常采用 Yd 组别。与普通配电变压器一样，励磁变压器的短路压降为 4%～8%。

2. 晶闸管整流桥

自并励励磁系统中的大功率整流装置均采用三相桥式接法。这种接法的优点是半导体元件承受的电压低，励磁变压器的利用率高。三相桥式电路可采用半控或全控桥方式。这两者增磁的能力相同，但在减磁时，半控桥只能把励磁电压控制到零，而全控桥在逆变运行时可产生负的励磁电压，把励磁电流急速下降到零，并将能量反馈到电网和发电机中。现在自并励励磁系统中几乎全部采用全控桥。

晶闸管整流桥采用相控方式。对三相全控桥，当负载为感性负载时，控制角在 0°～90°之间为整流状态（产生正向电压与正向电流）；控制角在 90°～150°（理论上控制角可以达到 180°，考虑到实际存在换流重叠角，以及触发脉冲有一定的宽度，所以一般最大控制角取 150°）之间为逆变状态（产生负向电压与正向电流）。因此当发电机负载发生变化时，通过改变晶闸管的控制角来调整励磁电流的大小，以保证发电机的机端电压恒定。

对于大型励磁系统，为保证足够的励磁电流，采用数个整流桥并联。整流桥并联支路数的选取原则为 $N+1$（N 为保证发电机正常励磁的整流桥个数），即当一个整流桥因故障退出时，不影响励磁系统的正常励磁能力。有些资料用 $N-1$ 方式来表达励磁整流柜的冗余，其含义同 $N+1$。

3. 励磁控制装置

励磁控制装置包括自动电压调节器和启励控制回路。对于大型机组的自并励励磁系统中的自动电压调节器（AVR），多采用微机型数字电压调节器。励磁调节器测量发电机机端电压，并与给定值（设定值）进行比较，当机端电压高于给定值时，增大晶闸管的控制角，减小励磁电流，使发电机机端电压回到设定值。当机端电压低于给定值时，减小晶闸管的控制角，增大励磁电流，维持发电机机端电压为设定值。

4. 灭磁及转子过电压保护

发电机灭磁就是由灭磁开关和灭磁电阻配合，安全迅速的切断励磁电流并吸收转子能量。非线性电阻灭磁方式在大型发电机组，特别是水轮发电机组中得到了大量应用。对于灭磁电阻，国内一般采用高能氧化锌阀片（ZnO），而国外采用碳化硅电阻（SiC）。对于采用线性电阻或采用灭弧栅方式灭磁时，必须设单独的转子过电压保护装置（跨接器）。而采用非线性电阻灭磁时，可以同时兼顾转子的过电压保护。

二、UNITROL 5000 励磁系统的配置介绍

UNITROL 5000 是瑞士 ABB 公司生产的大型静止励磁装置，在我国得到广泛应用，其装置整体前视图如图 13-16 所示。左起第一个柜是励磁调节器柜；第二个柜是灭磁柜兼直流出线柜，包括灭磁开关、灭磁电阻、转子过电压保护装置等；第三～第五个柜是整流柜，包括交流侧过电压保护装置；第六个柜是交流进线柜和启励回路等。

图 13-16　UNITROL 5000 励磁装置整体前视图

UNITROL 5000 自并励系统典型原理如图 13-17 所示，主要由励磁变压器（T02)、晶闸管整流装置（EG31～EG34)、双自动电压调节器（A10 和 A20)、灭磁开关（Q02)、灭磁非线性电阻 R02、跨接器（F02、A02)、直流侧阻容吸收器（F04、R04、C04)、启励装置（Q03、V03、R03)、分流器 R06 和必要的监测、保护、报警辅助装置等组成。

在自动电压调节器框图中，由测量板 MUB、主控板 COB 和阳极电源信号接口板 PSI1/2、快速 IO 接口板 FIO1/2、LCP 就地控制面板、手持编程器 SPA、Modbus 通信适配器 MBA、CMT 调试和维护电脑、ARCnet 现场总线等组成。在整流柜原理框图中，主回路由整流柜输入输出隔离开关（可选）、快速熔断器、晶闸管、正负极电流测量传感器组成。脉冲回路由整流器接口板 CIN、脉冲驱动板 GDI、整流柜显示板 CDP 组成。风机回路由风机电源开关、风机切换继电器和风机组成。F05、T05、Q05、Z05、G05 组成自用电交流输入稳压电源回路，Q80、Q15、G15 组成直流输入稳压电源回路，Q90 是厂用交流辅助电源开关。UNITROL 5000 还可以选配独立的扩展门极控制板（EGC）作为后备通道，也就是一个手动通道。

UNITROL 5000 具有强大的串行通信功能。一方面，它可以通过串行通信实现与电站监控系统的接口，支持 MODUS 和 PROFIBUS 等协议。另一方面在励磁系统内，控制和状态信号的交换是通过 ARCNET 现场总线实现连接的，这些连接板有现场总线连接器 FBC、开关量输入接口板 DII、继电器输出接口板 ROI、开关量输入输出接口板 DIO、模拟量输入输出接口板 AIO、PT100 接口板等。

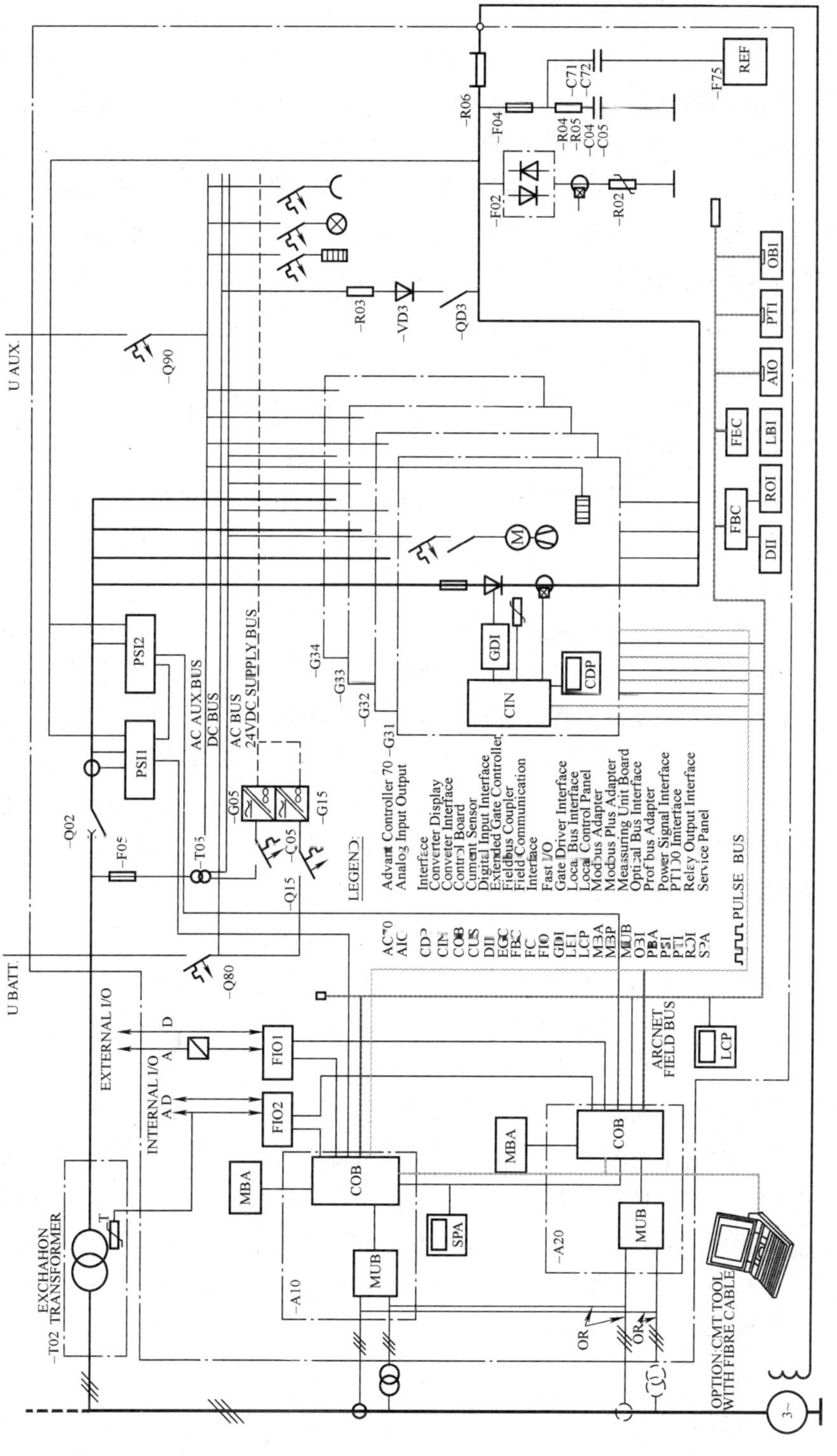

图 13-17　UNITROL 5000 自并励系统原理图

1. 自动电压调节装置（AVR）

AVR 采用双通道数字式微机励磁调节器，具有稳定发电机电压和合理分配无功以及提高电力系统稳定性的作用。该调节器具有双自动通道和一个独立的手动通道（选配），各通道之间相互独立，可随时停用任一通道进行检修。各备用通道可相互跟踪，保证无扰动切换。AVR 与监控装置 DCS 接口实现控制室内对 AVR 的远方操作。

AVR 采用强迫通风，风机故障时能保证 AVR 正常运行。AVR 柜为封闭式，进风口有空气过滤器，柜体的保护接地与工作接地分开，以提高设备的抗干扰能力。

UNITROL 5000 励磁装置的主要配置及其功能和技术参数如下：

（1）电压调节、监测和保护功能：

1）发电机电压调节：给定值调整；有功补偿和无功功率补偿；U/f 限制器；软启励；自动跟踪；PID 控制器。

2）监视和保护功能：TV 故障检测；转子温度测量；励磁变压器温度测量；反时限过电流保护和瞬时过电流保护；失励保护（P/Q 保护）；过励磁保护（U/f 继电器）；电子控制板自诊断功能。

3）具有下列晶闸管整流器监视功能：电力电子器件具有带熔断报警触点的熔断器；导通监视；冷却流量及风机监视；整流桥温度监视；整流桥柜门锁闭监视。

（2）交流侧过电压保护具有带熔断报警触点的熔断器。

（3）AVR 的自动调节模式为 PID+PSS，手动调节采用 PI 方式。

（4）AVR 各通道设恒电流调节手动控制环节，手动跟踪自动，切换无扰动。

（5）AVR 两个通道设独立 TV 接口，每个通道功能齐全，都具有独立工作能力。

（6）AVR 可显示和修改参数并可故障自检。

（7）AVR 工作逻辑：正常时，双通道自动运行，同时发脉冲；运行通道故障时，故障通道无扰动退出、报警。

（8）AVR 主要性能：空载到额定负载调压精度不大于±0.5%，调差率±10%可调。

（9）调节范围：自动调节范围 $20\%\sim110\%U_n$；手动调节范围 $10\%I_{f0}\sim110\%I_{fn}$。

（10）AVR 报警信号和显示：AVR1 通道故障；AVR2 通道故障；EGC 故障（选配）；过磁通报警；低励限制动作报警；转子反时限限制动作报警；有功/无功限制（欠励限制）报警；励磁电流限制报警；定子电流限制/过励限制报警；TV 断线报警；强励动作信号；励磁控制回路电源消失信号；自动运行显示；手动运行显示；AVR 正常运行显示；PSS 投入显示；PSS 退出显示。

2. 晶闸管整流装置

（1）整流方式为三相全控桥，具有逆变能力。

（2）整流柜数量 4～5 个，如一个柜故障退出报警，剩下的柜可满足包括 1.1 倍额定励磁和强励在内的各种运行工况的要求；退出二个柜能保证发电机在额定工况下连续运行。

（3）每个晶闸管元件设快速熔断器保护，可及时切除短路故障电流。

（4）每柜交流侧设尖峰过电压吸收器。

（5）冷却方式采用强迫开启风冷，具有 100%容量备用。在风压或风量不足时备用风机能自动投入。提供二路冷却风机电源，二路电源能自动切换。

（6）晶闸管整流装置报警信号：任一个整流柜退出运行报警；晶闸管熔丝熔断报警；散热器或空气过热报警；冷却风扇故障报警；空气流量过低报警。

3. 交流侧过压保护装置

置于每个整流桥的交流侧过电压保护装置可吸收晶闸管换相过电压尖峰。主要由 1 个三相二极管整流桥及其直流侧连接的电容组成。在出现高频过电压时，电容器呈现出低阻抗特性，起到滤波作用。将一个放电电阻器与电容并联，可以吸收电容器内储存的过电压能量。在二极管整流桥的交流侧装有带报警触点的保护熔断器。

4. 灭磁与过电压保护装置

灭磁与过电压保护装置主要由直流单端口灭磁开关、跨接器（触发电子板、雪崩转折二极管 BOD、两个正反相连接的晶闸管）及相串联的碳化硅非线性电阻组成。其作用是在发电机正常或故障时迅速切除励磁电源并灭磁、抑制正向和反向转子过电压或出现发电机大滑差以及非全相运行时保护转子。

发电机正常停机时，可切断灭磁开关或使晶闸管桥逆变退励磁；当发电机故障时，直接跳开灭磁开关的同时触发跨接器，使发电机磁场回路与整流器断开而与非线性电阻短接成回路。当发电机转子回路中产生正或反向过电压时，跨接器中的雪崩二极管被击穿，相连的晶闸管被触发，立即将灭磁电阻器串联到转子回路中，同时发跳闸令使灭磁开关断开。

5. 转子接地保护装置

转子接地保护的目的是监视转子绕组对地的绝缘水平。保护的测量回路采用惠斯顿电桥原理，由两个电容建立测量桥的平衡；一个连接在正极和地之间，另一个连接在负极和地之间。该继电器不仅能检测励磁绕组的绝缘水平，还能检测包括励磁变压器的二次绕组在内的所有主回路设备的绝缘水平。继电器具有两段设置，接地电阻整定值和延时时间分别可调的。接地故障报警具有自保持功能，可以由继电器面板上的按钮复归。继电器还具有在线试验功能。

6. 启励回路

该启励回路具有如下功能：启励时，当发电机电压不大于 $10\%U_{gn}$，启励装置应保证AVR能可靠投入；当发电机电压上升到规定值时，启励回路自动脱开；设有“启励投入”和“启励故障”远方信号。

一般情况下，UNITROL 5000可实现残压启励。控制回路能够正常工作所需的整流桥输入电压为10～20V。如果电压大于或等于该值，首先使用残压启励，连续触发晶闸管整流桥，将电压升至额定值；如果整流桥输入电压小于10～20V，启励回路会自动闭合，为整流桥提供输入电压；当机端电压达到发电机额定电压的10%U_{gn}时（根据软件参数设定），整流桥已能正常工作，启励开关自动退出，软启励过程开始并将发电机电压升到额定值。整个启励过程的控制和监测都是由AVR软件实现的。

三、EX 2100励磁系统的配置简介

EX 2100是美国GE公司生产的大型静止励磁装置，在我国火电应用较为广泛。图13-18是EX 2100励磁装置典型配置整体图。左起第一个柜是励磁控制柜，前面是励磁调节器，后面是灭磁电阻、跨接器和启励回路；第二～第三个柜是整流

图13-18　EX2100励磁装置整体图

(a) 正面外观；(b) 正面内部

柜，上面是脉冲控制板，中间是晶闸管组件，下面是输入输出五极隔离开关；第四个柜是励磁控制辅助柜，主要是阳极过电压保护装置和主回路测量熔断器；第五个柜是直流灭磁开关柜和直流出线母排。值得注意的是，上述五个柜子是整体布置设计，单柜不可分开布置。

EX 2100 励磁控制器采用 GE 通用控制器，内外通信连接简单，三冗余控制模式，3 选 2 表决输出。励磁功率柜采用 4in 晶闸管、密齿散热器、并联风道，单柜输出功率大；采用五极隔离开关，可实现在线维护检修。典型灭磁配置采用单端口灭磁开关配线性灭磁电阻。另外，还配有具有专利权的转子接地保护和发电机大轴阻容吸收器。EX 2100 采用逻辑功能块图形语言，运行显示直观，参数改变方便，还具有测试和诊断功能。图 13-19 是 EX 2100 励磁控制主页，上面列出了所有软件功能，凸显的实线框属于用户控制主页，虚框属于高级功能，普通用户不能使用。

EX 2100 励磁装置最明显特征是整体布置且柜体内的铜排尺寸大，软件控制工具箱（GE Control System Tool Box）先进实用，除了可以方便进行普通调试外，还可以进行励磁控制系统的频域分析（波特图）和仿真计算（Simulator）。

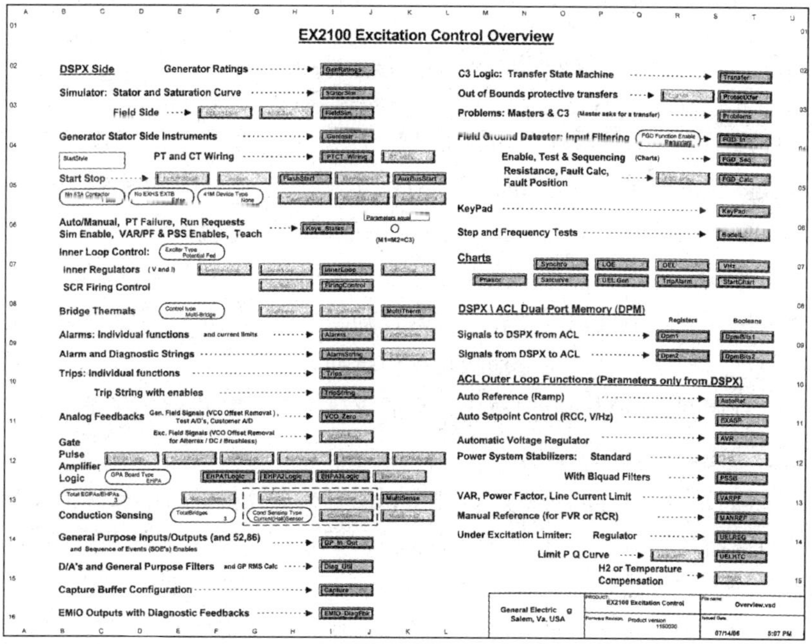

图 13-19　EX 2100 励磁软件控制主页

四、THYRIPOL 励磁系统的配置简介

THYRIPOL 是德国西门子公司生产的大型静止励磁系统，在我国水火电都有应用。图 13-20 是某大型水电厂所采用的西门子 THYRIPOL 励磁装置整体前视。左起第一个柜是励磁调节器柜；第二个柜是励磁控制辅助柜，包括电源变压器、接触器和继电器等；第三～第七个柜是整流柜；第八、第九个柜是直流灭磁开关柜，包括启励回路；第十个柜灭磁电阻柜（后面），前面是交流辅助灭磁开关和制动输出开关；第十一个柜是电气制动整流柜。THYRIPOL 励磁调节器工艺先进、软件透明；励磁功率柜维护方便、运行干净；灭磁设备冗余配置、安全可靠。

图 13-20　THYRIPOL 励磁装置整体前视图

该 THYRIPOL 励磁系统图如图 13-21 所示。这里最显著的特点是采用交直流双灭磁开关，交流侧采用 SIEMENSI 3AH3 078-8 真空开关，直流侧采用 LENOIR 2CEX98 55004.2 灭磁开关。正常停机逆变灭磁后再跳交流灭磁开关，事故停机先跳直流灭磁开关，紧接着再跳交流灭磁开关，采用 SiC 非线性电阻灭磁。

交流灭磁开关，不仅是因为安装位置在励磁整流柜交流侧，更重要的是采取了交流灭磁原理，即跳灭磁开关前切除功率柜脉冲，让功率柜交流输入电源进入发电机转子侧，利用交流电源的反向电压，导通灭磁电阻，从而将转子能量转移到 SiC 灭磁电阻上，完成灭磁任务。

交流灭磁技术的科学和巧妙，体现在利用三相全控桥运行中脉冲丢失输出电源交流波的自然特性，再利用交流电源负半波，降低了灭磁移能开关电弧电压要求，降低了设备成本，提高了灭磁安全性，代表了灭磁技术的一个新领域。

直流灭磁开关配合灭磁电阻灭磁即移能灭磁，直流灭磁开关弧压必须大于整流器输出电压与灭磁电阻残压之和，转子磁量才能转移到灭磁电阻。然而，灭磁开关弧压和灭磁电阻残压受诸多限制影响，改变困难，只有整流器输出电压很方便改

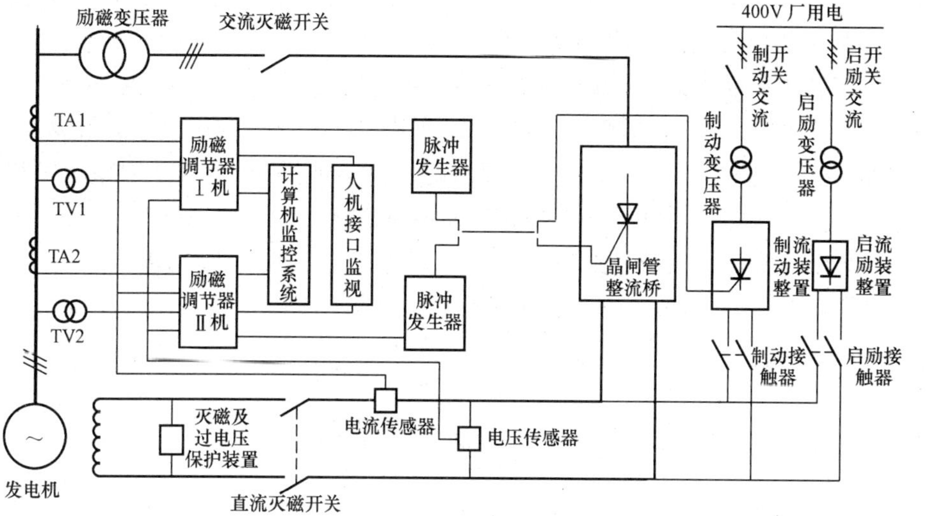

图 13-21　THYRIPOL 自并励系统原理接线图

变。如灭磁前整流器逆变输出反向电压，再如封闭整流器脉冲产生正反交变电压，正向电压不利于移能灭磁，但负向电压有利于移能灭磁，这就降低了对灭磁开关的弧压要求，提高了灭磁的安全性。

西门子 THYRIPOL 交流灭磁和转子过电压保护方案，最早使用在我国广东某抽水蓄能电站，其典型原理接线如图 13-22 所示。正常停机灭磁时，首先置晶闸管控制角为 150°进行逆变，待大部分转子磁能反送到发电机交流系统之后，接着切除晶闸管脉冲、投入 K611 接触器、分断 S101 开关，将灭磁电阻 R101 并入转子回

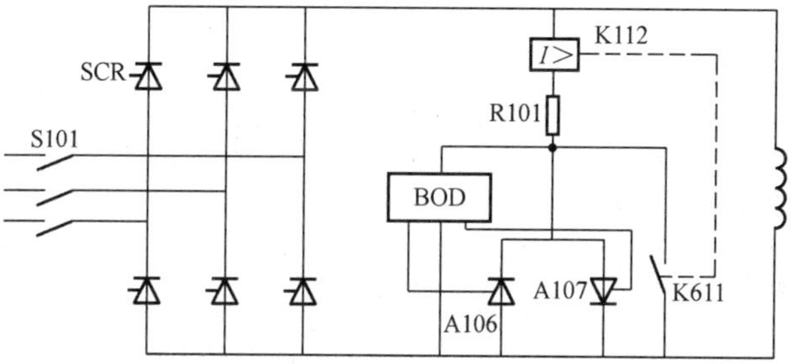

图 13-22　THYRIPOL 交流灭磁原理接线图

SCR—三峡全控桥晶闸管；S101—交流灭磁开关；R101—线性灭磁电阻；K112—过电流继电器；K611—直流接触器；BOD—过电压测量（转折二极管 Break Over Diode）；A106—反向过电压保护晶闸管；A107—正向过电压保护晶闸管

路，一方面吸收剩余磁能，另一方面将停机后的发电机转子短接。事故停机时首先切除晶闸管脉冲，接着合 K611 接触器、跳 S101 开关，由 R101 进行线性电阻放电灭磁。当转子在运行中发生反向或正向过电压且超过 BOD 的设定值时，BOD 动作产生触发 A106 或 A107 的脉冲，将 R101 并在转子两端，利用灭磁电阻吸收过电压能量。如果过电压只是一个尖峰波且随后消失，则 BOD 返回并解除触发脉冲，A106 或 A107 截止并将灭磁电阻退出，发电机继续运行；如果过电压不消失致使灭磁电阻流过的电流大于过流继电器 K112 的整定值，则 K112 动作，合 K611、投 R101、切脉冲、分 S101，进行事故停机灭磁。

第十四章 发电机励磁系统检修

第一节 检修项目与工艺要求

一、励磁系统检修试验项目

励磁系统的检修试验项目主要是定期检查试验，是指对已投入运行的励磁系统设备和装置进行定期A、B级检修期间，为确保其安全、可靠运行所做的定期检查试验。其试验周期一般与机组检修周期相同或根据装置运行的情况而定。励磁系统所有检修试验项目见表14-1。

表14-1 励磁系统检修试验项目

序号	试验项目	型式试验	出厂试验	交接试验	定期检查试验
1	励磁变压器试验	A			
1.1	绝缘和耐压试验	√	√	√	√
1.2	三相不对称试验	√	√	√	
1.3	温升试验	√	√		
1.4	1.3倍工频感应耐压试验	√	√		
2	磁场断路器及灭磁开关试验	A			
2.1	绝缘和耐压试验	√	√	√	√
2.2	导电性能检查	√	√	√	√
2.3	操作性能试验	√	√	√	√
2.4	同步性能测试	√	√	√	√
2.5	分断电流试验	√	√	√	√
3	非线性电阻及过电压保护器部件试验	A			
3.1	绝缘和耐压试验	√	√	√	√
3.2	灭磁电阻试验	√	√	√	D
3.3	跨接器试验	√	√	√	√
4	功率整流器试验				
4.1	绝缘和耐压试验	√	√	√	√
4.2	功率元件试验	B	B		D

续表

序号	试 验 项 目	型式试验	出厂试验	交接试验	定期检查试验
4.3	脉冲变压器试验	√	√	B	D
4.4	电气二次回路试验	√	√	√	√
5	自动励磁调节器试验				
5.1	电气调整试验	√	√	√	D
5.2	绝缘和耐压试验	√	√	√	√
5.3	振动和环境试验	√			
5.4	电磁兼容性试验	√			
6	励磁系统试验				
6.1	开环高压小电流试验	√	√		
6.2	开环低压大电流试验	√	√		
6.3	零起升压，自动升压，软启励试验	√		√	√
6.4	发电机逆变灭磁特性试验	√		√	√
6.5	自动手动及两套独立调节通道的切换试验	√	√	√	√
6.6	空载状态下10%阶跃响应试验	√		√	√
6.7	调压精度测试	√		C	
6.8	电压给定值整定范围及变化速度测试	√	√	√	
6.9	测量自动励磁调节器的发电机电压—频率特性	√		√	
6.10	电压/频率限制试验	√		√	
6.11	TV断线模拟试验	√	√	√	D
6.12	整流功率柜的噪声试验	√	√	√	
6.13	励磁系统整流功率柜的均流试验	√		√	√
6.14	发电机电压调差率的测定	√		√	
6.15	发电机无功负荷调整及甩负荷试验	√		√	D
6.16	发电机在空载和额定工况下的灭磁试验	√		√	
6.17	励磁系统顶值电压及电压响应时间的测定	√		D	
6.18	过励磁限制功能试验	√		√	
6.19	欠励磁限制功能试验	√		√	D
6.20	电力系统稳定器PSS试验	√		D	
6.21	励磁系统各部分的温升试验	√	√	√	√
6.22	励磁系统在额定工况下的72h连续试运行	√		√	

注 1. 每一型号产品由制造厂提供有关按照国家和行业标准所进行的型式和出厂试验文件。

2. 出具有关元件参数文件和功率组件全动态试验报告。

3. 出具新产品测试报告或在用户特别要求下做。

4. 可选项。

表中的型式试验，是对产品电气性能的正确性和完整性、环境适应性、电磁兼容性及达到标称参数的能力等方面进行检验。出厂试验，是对产品的部分电气性能及产品铭牌参数（或合同中的产品参数）进行校核验证。对组成励磁系统的设备和装置，每台（套）均应进行出厂试验。在制造厂无条件进行的出厂试验项目，可与励磁系统安装后的交接试验一起进行。交接试验，是为励磁设备安全投产运行所做的工业性试验，是对产品的主要性能指标的综合测试。

二、励磁定期检修试验准备

1. 人员要求及其工具图纸准备

根据实际情况适当安排工作负责人和工作班成员，根据工作内容带上相应的图纸和检修规程或作业指导书。根据工作内容，选用适当的安全设备和检修工具如下：

（1）人员安全用具（例如安全靴、安全帽、高电压手套等）。

（2）高电压 AC/DC 检测器（具有适当长度的绝缘棒）。

（3）防静电腕带。

（4）帆布手套和口罩。

（5）小型标准的一字和十字起子、小型套筒扳手。

（6）手电筒、尖嘴钳、剥线钳、斜口钳等个人工具。

（7）绝缘胶布、扎带、白布带、聚氯乙烯带等电气胶带。

（8）清洁干布和软毛刷子、无水乙醇等清洁剂。

（9）吸尘器、吹尘机或干的低压压缩空气源。

（10）力矩扳手。

（11）数字表、相序表。

（12）绝缘电阻表（100、500、1000、2500V）。

（13）单臂直流电桥、小型钳形电流表（AC/DC）。

（14）高电阻测试表（可以做从 500V～5kV 的直流测试）。

（15）电压互感器等试验 TV（例如 6/0.1kV）。

（16）承载 3A 及以上电流和顶值电压的试验电阻。

（17）电源插座、对线灯。

（18）调试计算机（装有励磁调试软件的笔记本电脑）。

（19）继电保护测试仪（标准三相交流电压源和电流源）。

（20）氧化锌阀片测试仪（比如 WCY-50C）。

（21）电量记录分析仪。

（22）示波器（双踪示波器）。

(23) 更换的元件，还应包括熔丝、接线、电缆、风扇等。

(24) 电烙铁、吸锡器、焊锡丝等焊锡工具。

(25) 号头机、号头套管、标签机、标签纸等。

(26) 手电钻。

2. 现场检修试验安全技术措施

根据工作性质和内容，填写相应工作票，采取适当的安全技术措施。检修作业开工前，由工作负责人向工作班成员交代工作任务、工作地点、安全措施及安全注意事项。

(1) 机组处于停机状态。

(2) 在励磁变压器二次侧挂一组三相短路接地线。

(3) 断开交流和直流灭磁开关，拉开整流柜输入输出隔离开关。

(4) 断开灭磁开关交流或直流操作电源开关。

(5) 断开启励电源开关。

(6) 断开励磁装置交流和直流操作电源，并挂上“禁止合闸，有人工作”标示牌。

(7) 取下各控制熔断器熔芯。

(8) 必要时应解开的相应回路，解开前做好记录，并将号头用绝缘胶布包好。

(9) 检查回路绝缘及通电耐压试验时做好安全措施。

(10) 试验接线应相互检查，仪器、仪表量程应放置正确。

(11) 回路联动试验，应按有关规程的规定进行。

(12) 灭磁开关合跳试验时，远离开关机构，以防人身伤害。

(13) 工作结束后对所有动过的线头，开关和有关器具均应恢复原位。

三、现场检修周期与检修质量标准

现场检修周期见表 14-2，项目与质量标准见表 14-3～表 14-8 所示。

表 14-2　　检 修 周 期

检修类别	周　期	工　期（天）	备　注
A、B级检修（大修）	4～6年	30～60	随机组大修
C级检修（小修）	1年	5～10	随机组小修
D级检修		1	缺陷处理
巡回检查/设备点检	1～2周	0.5	

表 14-3 励磁回路及器件检修项目与质量标准

检修试验项目	质量标准
设备吹灰、清扫、外观检查	清洁无灰尘，无过热，破损，松脱
电缆、端子、接线及器具检查	无破损，器具清洁完整
电阻、电容元件检查参数检查	螺钉紧固、无松动，电阻没有严重过热，电容不漏电
SCR、二极管检测	无破损，接线正确、螺钉紧固、无松动
继电器、接触器检查	符合有关校验规程或与原记录（出厂或交接试验记录）比无明显差别
电磁元件检查	符合铭牌参数，与原记录比无明显差别
快熔、电抗器检查	外观正常、无松脱、螺钉紧固，快熔指示器正常
脉冲变压器及主回路绝缘检查，耐压试验	无破损，无放电，绝缘满足要求
报警、励磁跳闸回路动作试验	动作正确、可靠
二次回路操作模拟	动作正确、可靠

表 14-4 自动励磁调节器检修项目与质量标准

检验试验项目	质量标准
外部检查，用吸尘器清扫	应无过热、松脱和破损情况，板架、导线清洁无灰尘
调节器内各端子、接线器具检查、紧固	外观正常、无松脱、螺钉紧固
稳压电源检查	输出电压值符合技术要求
调节器单板检查，静态特性测试	符合要求或与原出厂试验一致
调差单元、欠励限制单元、电力系统稳定器单元检查，静态特性测试，动作点整定	符合调试方案要求或与原记录（出厂或交接试验记录）无明显差别

表 14-5 发电机运行状况下调节器试验

检修试验项目	质量标准
发电机空载运行时	发电机空载运行时
主励“自动”启励、逆变和自动电压调节范围试验	主励自动通道工作正常；整流装置正常，录波波形正确
主励“手动”启励逆变试验	手动通道工作正常；录波波形正常
自动手动模式切换，自动双通道试验切换试验	切换时，U_g、U_f、I_f 无波动
励磁系统空载灭磁试验（自动和手动模式下正常停机灭磁，事故停机灭磁配合机组保护试验进行）	录波波形正确，主要参量与原波形（出厂或交接试验记录）无明显差别

续表

检修试验项目	质　量　标　准
转子一点接地试验	正确动作
发电机负载运行时	发电机负载运行时
调差极性，调差率试验	调差极性和调差率正确
欠励限制单元试验	欠励动作正确
电力系统稳定器 PSS 投切稳定性试验	PSS 投切时，机组运行稳定
配合机组负荷调整试验，AVC 调整试验	满足运行和设计要求

表 14-6　　磁场断路器检修项目与质量标准

检验试验项目	质　量　标　准
开关外部检查，柜内及开关本体清扫	螺钉应紧固，盘内及开关本体应清洁无灰尘
灭弧栅检查，吹弧线圈、弧道等检查清理	所有连线牢固，无损伤，无断裂，绝缘良好
触头（主触头、弧触头、动断辅助触头）检查和维护保养	无严重缺陷和烧伤痕迹，主弧触头压力行程足够，间距满足要求
操动机构检查和保养	操动机构动作灵活可靠，无破损
辅助触点，限位触点，接触器合闸跳闸线圈检查调整	线圈阻值应与原记录无明显差别，辅助触点通断可靠边触点闭合应有一定压力，开启应有一定间隙
绝缘检查	绝缘电阻阻值与原记录无明显差别
轴承、滚筒润滑保养	轴承、滚筒润滑正常，润滑油适当
手动、电动操作试验	动作可靠
开关通电、拉合电源试验，跳合闸操作	动作可靠，不误动
开关时间测定（跳合闸时间，主辅触头时差）	满足技术要求，与原记录相符

表 14-7　　励磁冷却风机检修项目与质量标准

检验试验项目	质　量　标　准
风机过滤网清洗及修整	整洁，无灰尘，过滤网仔细均匀
风机座及电动机清扫	整洁，无灰尘，无松动现象
电动机检验及保养	绝缘及线圈电阻值与原记录无差别
风压继电器检验	二次接线整洁，无松动，动作正确

表 14-8　　励磁巡回检查项目与质量标准

检查试验项目	质量标准
检查正常运行中运行监视灯	运行指示灯显示正确
进风过滤网是否很脏，风机运行时有无机械异常声响	过滤网不是很脏，无凹陷，功率柜出风口风压正常，风机无异常声响
检查所有继电器盖子是否完整，触点有无振动声，变压器、变流器及阻容保护器件有无过热，端子排接线完整，熔断器器件完好	各器具及二次线清洁完整，无过热，松脱现象
观察调节器前门各表计指示值，是否正常并做好记录	各参数显示正确

四、励磁机检修试验项目与要求

1. 励磁机检修试验主要项目

(1) 空气间隙测量，调整。

(2) 励磁机各部及引线检查清扫。

(3) 碳刷装置检查、调整。

(4) 励磁机整流子圆度测量，表面清扫，云母槽修刮。

(5) 励磁回路各元件清扫、检查、电气性能试验。

(6) 励磁机槽楔松动处理。

(7) 励磁机摆度测量和调整。

(8) 励磁机空载及负荷特性试验。

2. 永磁机检修

(1) 检查定子绕组、绑绳有无损伤、松脱。

(2) 检查定子槽楔有无松动。

(3) 检查定子铁芯有无松动、过热现象。

(4) 检查定子绕组绝缘有无损伤，接头有无断裂、过热现象。

(5) 检查转子磁极有无松动、损伤、断裂。

(6) 用干燥压缩空气吹扫定子绕组端部及转子磁极。

(7) 绕组端部、铁芯、转子磁极油垢清扫。

(8) 测量磁极磁感应强度应满足使用要求，否则应充磁。

3. 励磁机定子检修

(1) 检查磁极及绕组固定是否牢靠。

(2) 检查磁极绝缘有无损伤。

(3) 检查极间连线绝缘及接头是否完好，是否局部过热变色。

（4）铁芯及绕组清洗。

（5）测量磁极绕组的交流阻抗。

4. 励磁机电枢检修

（1）检查电枢绑线有无损伤或松脱。

（2）检查电枢槽楔有无松动。

（3）检查电枢铁芯有无松动、过热现象。

（4）检查电枢绝缘有无损伤，接头有无断裂、开焊、过热，升高片有无断裂短路现象。

5. 整流子及碳刷检修

（1）检查换向片磨损情况。当磨损凹沟大于1.5～2mm，且运行中火花无法消除时，应车削换向片，车后应进行表面研磨。

（2）换向片云母应刮深至1～1.5mm，沟壁不应有残留云母。外侧应倒角45°，刮云母沟槽时应特别小心，勿划伤整流子表面。倒角刮好的整流子应进行表面研磨。

（3）检查碳刷，当碳刷接触面损坏，刷瓣断股超出1/4或碳刷铆钉以下长度小于4～8mm致使碳刷压力不均时应更换碳刷。每次更换碳刷数量不得大于1/3，且每排最多不大于1/2。更换新碳刷应加以打磨，使其碳刷与换向片间接触面达3/4以上。所换碳刷必须用同一规格型号。

（4）碳刷架无特殊工作，不得移动。移动后必须根据中性位置试验予以调整。

（5）用弹簧秤测量碳刷压力应为0.15～0.20MPa，同一刷架上其最大与最小压力差值不应超过±10%。

第二节　励磁调节器检修

一、励磁调节器定期检查试验项目

励磁调节器定期检修主要针对微机励磁调节器，其检修试验项目见表14-9。

表14-9　微机励磁调节器型式试验、出厂试验、交接试验及定期检查试验项目

序号	试验项目	型式试验	出厂试验	交接试验	定期检查试验
1	电气单元特性试验				
1.1	直流稳压电源单元试验	√	√	*	*
1.2	模拟量测量环节试验	√	√	*	*
1.3	开关量输入输出环节试验	√	√	*	*

续表

序号	试验项目	型式试验	出厂试验	交接试验	定期检查试验
1.4	同步信号及移相特性环节试验	√	√	*	
1.5	脉冲特性试验	√	√	*	
2	微机励磁调节器参数整定和静态模拟试验				
2.1	自动和手动环节调节范围测定	√	√	*	*
2.2	自动手动环节给定调节速度测定	√	√	*	*
2.3	两套调节通道切换试验	√	√	*	*
2.4	过励限制参数整定和静态模拟试验	√	√	*	*
2.5	欠励限制参数整定和静态模拟试验	√	√	*	*
2.6	强励反时限参数整定和静态模拟试验	√	√	*	*
2.7	电压/频率限制参数整定和静态模拟试验	√		*	*
2.8	TV 断线功能模拟试验	√	√	*	*
3	微机励磁调节器动态模拟和仿真试验				
3.1	启励试验	√	*	√	*
3.2	零起升压试验	√	*	√	*
3.3	逆变灭磁试验	√	*	√	*
3.4	空载自动方式 10%阶跃响应试验（PID 参数整定）	√	*	√	*
3.5	空载电流闭环阶跃响应试验（PID 参数整定）	√	*	√	*
3.6	自动/手动/两套调节通道切换试验	√	*	√	*
3.7	电压/频率限制试验	√	*	√	*
3.8	TV 断线试验	√	*	√	*
3.9	过励限制试验	√	*	√	*
3.10	欠励限制试验	√	*	√	*
3.11	强励反时限限制试验	√	*	√	
3.12	三相短路试验	√			
3.13	两相短路试验	√			
3.14	两相接地短路试验	√			
3.15	单相接地短路试验	√			
3.16	PSS 试验	√	*	√	*
3.17	甩负荷试验	√	*	√	*

* 为可选做项目。也可选做项目中某些内容。

二、励磁调节器电气单元试验与调整

1. 检修电气单元板安全事项

微机励磁调节器电路板，大都采用CMOS集成电路，即互补型金属氧化物半导体。CMOS集成电路具有强抗干扰性、功耗低、大功率输出、对工作电源要求高等优点。但CMOS电路具有很高的输入阻抗（$10^{12}\Omega$），不注意正确运用可能由于静电电荷的积累损坏集成块。如人在塑料地板上行走时产生的静电可能达到4～15kV，即使CMOS片内部设有保护也仍有可能被破坏。这里，首先介绍励磁电路板在检修调试时，如何防止静电的危害。如图14-1所示是腕带连接方法示意图。

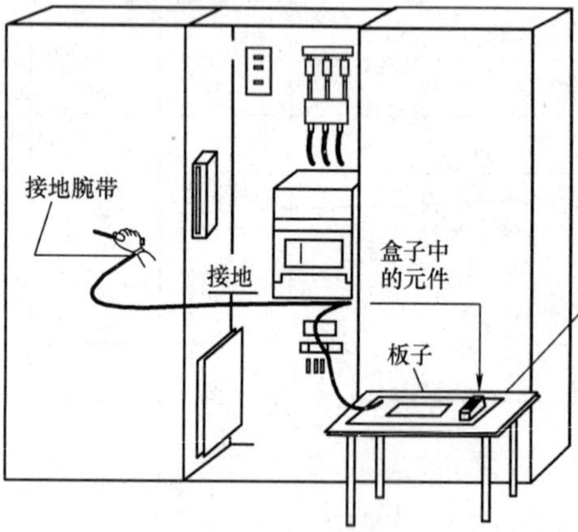

图14-1　腕带连接方法示意图

（1）单板的拆卸和装入：

1）从插座上切掉所有电源。

2）两手触地（接地金属）放掉人体上的静电能量。

3）带上静电屏蔽腕带。

4）拆卸时，拉出插件板，立即放入屏蔽袋内。

5）装入时，拿住插件板的边框，并将它插入框架内。

（2）单板试验，检修：

1）插件板应在无电时拆装。

2）试验设备，固定件及工具均接地。

3）当切除工作电源后，不许在单元板的输入加任何信号。

4）当单板元件输出高于5V时，IC的输入脚不许接地。

5）若有条件可在工作地面铺设一小块地毯，以释放检修人员身体上的静电。

（3）CMOS单片：

1）所有CMOS集成电路均应用导电泡沫或用铝铂包装，使用时取出。

2）烙铁头应接地，且电烙铁应绝缘良好（即交流不漏电）。

3）设备、仪表工具均应接地。

4）最好在金属工作台上工作。

5）从单板上装卸CMOS集成块，两手触地（接地盘柜等）放掉人体上的静电能量。

2. 直流稳压电源单元

（1）试验目的：检验微机励磁调节器直流稳压电源的基本特性。

（2）试验条件：单相调压器，滑线变阻器，电流表、电压表等试验仪器。

（3）试验方法：

1）稳压范围。稳压电源单元接额定电流的等值负载，通过调压器改变输入电压使得稳压电源输入电压在－20%～＋15%额定电压值之间。测量输出电压的变化，绘出曲线。

2）外特性曲线。输入电压为额定值，改变负载电流，使负载电流在零与额定值之间变化，测量输出电压的变化，绘出曲线。

3）输出纹波系数。保持输入、输出电压和负载均为额定值，测量输出电压的纹波值。一般稳压纹波峰峰值应不大于1%的电压额定值，电压纹波系数为直流电源电压波动的峰峰值与电压额定值之比。

4）短路保护性能测定。模拟负载侧发生短路，稳压电源的短路保护正确动作。

5）电源检测回路检查。模拟稳压电源输出消失，电源检测回路正确报警输出。

3. 模拟量测量环节整定

（1）试验目的：校验模拟量信号的测量精度、线性度和范围。

（2）试验条件：标准三相交流电压源（输出0～150V，50Hz，不低于精度0.5级），标准三相交流电流源（输出0～10A，不低于精度0.5级），毫伏标准电源和毫伏电压表（精度不低于0.5级），实践中大都采用继电保护仪作为标准三相交流电压源和电流源。示波器、万用表等试验仪器。型式试验电源精度要求为0.2级。

（3）试验方法：

1）三相模拟量输入一致性整定。微机励磁调节器三相输入端子（发电机定子电压、发电机定子电流、代表发电机转子电流的整流器阳极电流等）并联后接入单相标准源（电流源、电压源）。

2）交流直接采样。将三通道示波器连接在A/D转换器前，观测三相信号交流波形（相位、幅值）。要求相位误差不得大于1°，幅值误差小于0.5%。波形不能畸变。如三相一致性不能满足要求，检查输入通道的互感器、滤波器所引起的相移和幅值衰减，并进行调整，使其满足要求。

3）整流型采样。将万用表连接在A/D转换器前，观测各相信号电压有效值是否相同，要求误差小于0.5%。如三相一致性不能满足要求，检查输入通道的互感器、滤波器所引起的衰减，并进行调整，使其满足要求。

4）A/D转换器前信号调理电路调整好后，观测微机励磁调节器模拟信号的测量显示值。要求显示值测量误差在0.5%以内。

5）三相模拟量输入测量精度、线性度和范围的检查。微机励磁调节器接入三相标准源。电压源有效值变化范围为0～150%（微机励磁调节器设计输入值），电流源有效值变化范围为0～200%。设置若干测试点，测试点不少于15个，其中要求有0和最大值两点。在设计的额定值附近测试点可以密集些，不要求测试点等间距。观测微机励磁调节器测量显示值并记录。

6）转子电流模拟量测量。采用分流器原理的，接入毫伏电源和毫伏表计进行校验；采用直流电流互感器原理的，进行精度校验，必要时输入交流电源进行响应测量。

7）转子电压模拟里测量。采用分压电阻原理的，接入毫伏电源和毫伏表计进行校验；采用转子电压专用互感器原理的，进行精度校验，必要时输入交流电源进行响应测量。

4. 开关量输入输出环节测试

（1）试验目的：检验微机励磁调节器开关量输入输出环节的正确性。

（2）试验条件：模拟开关量信号输入或短接端子。开关量信号输出可用发光二极管加附加电源。

（3）试验方法：

1）开关量输入环节试验。手动改变输入开关量状态，通过微机励磁调节器模件指示或界面显示逐一检查开关量输入的正确性。

2）开关量输出环节试验。通过微机励磁调节器监控界面或其他方式，模拟每路开关量的输出，并检查对应开关量输出环节的正确性。

5. 同步信号及移相特性环节试验

（1）试验目的：校验微机励磁调节器同步信号、移相特性及变化范围的正确性。

（2）试验条件：标准三相交流电压源、示波器等试验仪器。

（3）试验方法：

1）移相特性测试。按照正确的相序要求，将带有移相特性的标准三相交流电压源连接到微机励磁调节器同步输入端子。此时同步电压设定在额定值。微机励磁调节器触发控制角置于固定角度。使用双通道隔离的示波器或采取相应的隔离措施，示波器一个通道接同步电压输入端（如U_{ab}或U_a），另一通道接脉冲输出端，即脉冲变压器的一次侧或二次侧。观测脉冲前沿和同步电压的相移关系。测试开始通过微机励磁调节器触发控制角置于固定角度，如30°角。用示波器校核同步电压信号和触发脉冲之间的移相。然后从强励角到最大逆变角按等间隔设置不少于 15 个点的测试相角点。测试点要求包含强励角、90°角、最大逆变角。观测触发角度的上、下限和变化范围并进行记录。所有点测试记录以后，分析移相特性是否正确。如不正确，找出相角移动的原因并进行校正。

2）同步信号幅值变化的测试。接线与移相特性测试相同。微机励磁调节器触发控制角置于固定角度。将同步电压频率值设定在额定值。调节输入同步电压有效值，使其变化范围为 0～150%。用示波器观测校核同步电压信号和触发脉冲之间的移相，并记录。观察同步信号幅值变化和移相角之间的关系。在同步电压的最低分辨电压值（调节器正常工作的最低同步电压）以上，移相角应无大变化。不断降低同步电压，使移相触发脉冲消失，此时的同步电压即为同步电压的最低分辨电压值。该电压值也就是过程启励励磁装置投入工作的起始电压。

3）同步信号频率变化的测试。同上接线。微机励磁调节器触发控制角置于固定角度。将同步电压有效值设定在额定值。改变输入同步电压频率值，使其在 0.9～1.6 倍额定频率范围内变化。用示波器观测校核同步电压信号和触发脉冲之间的移相，并记录。分析同步信号频率值变化和移相角正确度之间的关系，确定微机励磁调节器正确工作的同步电压频率值上限和下限值。

6. 脉冲特性试验

（1）试验目的：校验微机励磁调节器脉冲输出及移相特性。

（2）试验条件：三相同步电源和整流电源（同相）、试验用三相整流桥、直流负载、示波器等试验仪器。

（3）试验方法：

1）触发脉冲检查。用示波器观测脉冲变压器一次侧和晶闸管控制极的脉冲波形，脉冲波形应正确。如双脉冲应是相差 60°角的两个脉冲。脉冲序列应和设计波形相同。触发脉冲前沿的陡度应小于 1μs。脉冲应光滑、干净，没有多余的毛刺；脉冲宽度一般不小于 5°（360°对应 20ms）；晶闸管控制极脉冲应可见脉冲前沿的开通尖峰和脉冲后沿的导通平台。如不正确应进行检查。

2）触发脉冲一致性检查。使微机励磁调节器带试验用晶闸管整流桥，连接电抗性负载做开环小电流试验状态。微机励磁调节器输出一个固定的触发控制角，用示波器观测负载上的直流电压和同步电压。当三相同步电压、三相整流电源各相电压幅值相等而且相角准确相差 120°时，负载上的锯齿波形状的直流电压一致性应很好。20ms 应有 6 个波头。每相锯齿波应波形相同、面积相等、幅值相等。当微机励磁调节器变化相角时，锯齿波 6 个波头仍应对称、一致。如有不同应检查电路和控制程序，特别是在小导通角度下检查三相整流波形对称性，判断晶闸管触发性能的一致性。

三、励磁调节器现场检修试验

（一）调节器清灰与检查

励磁调节器的清灰，应同励磁装置的清灰统一安排考虑。对调节器电路板和励磁整体清灰，最有效的办法就是采用吹尘器吹，因为吹尘器的力量很大，能够将设备上包括电路板上的灰尘吹得干干净净，但是，使用时一定要同设备和器件保持一定的距离，以免损害设备。最安全的办法就是用毛刷和吸尘器，先刷后吸，效果也可以。图 14-2 是常用的吹尘器、吸尘器和管道毛刷，管道毛刷对于清理晶闸管散热器的灰垢特别有效。

(a) (b) (c)

图 14-2　吹尘器、吸尘器和管道毛刷

（a）吹尘器；（b）吸尘器；（c）管道毛刷

调节器清灰，必要时清洁电路板，特别是对于采用强迫风冷的励磁调节器，基本上要每年进行一次。检查线路板上插拔元器件的管脚是否有灰尘，插头连接处是否有灰尘。如果这些地方积聚灰尘、污垢，则可能导致线路板功能失常。有条件的地方，用压缩空气（压力不能太大）或真空吸尘器对其进行清洁，切勿使用任何溶剂清洁剂。没有条件的地方，采用吹尘器也行，效果也好，但是至少要保证 1m 以上的距离。图 14-3 则是使用吹尘器的清灰效果图。

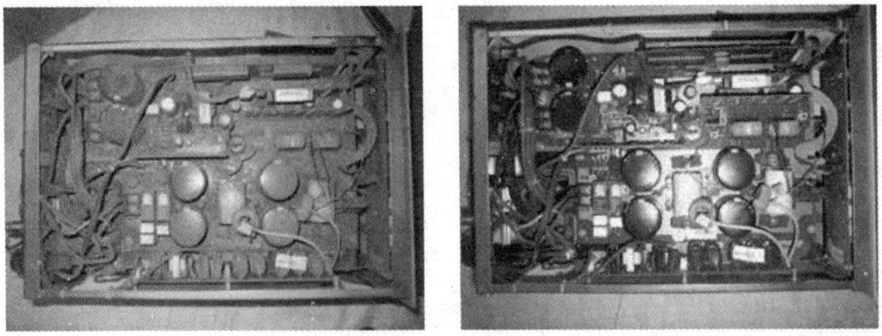

图 14-3　使用吹尘器的效果图

清洁调节器电路板，尽量不要卸下电路板，以免引起接插不良。此时，如果吹尘器不能吹到电路板内部，建议给吹尘器出风口增加一个软管，让出口的风改变方向。如果一定要卸下电路板清灰，请保护好电路板，同时恢复后要进行多方面的通电试验，确保没有发生接触不良的地方。

如果需要检查调节器电路板，应仔细检查单元板上所有元器件的焊接是否牢固可靠，有无虚漏焊，跳线及连接线是否正确，元器件有无断脚，印刷板有无霉变、腐蚀、断线等故障。若发现有故障应予以处理。处理过的单元板应用酒精及其他无腐蚀性清洁剂进行较彻底地清洗并干燥，以满足绝缘要求。

（二）调节器元器件检验

励磁调节器元器件，包括继电器、接触器、变压器、电压互感器、电流互感器和各种变送器。检验励磁调节器的元器件时，对励磁整流柜和灭磁柜的元器件，一起安排检验，提高工作效率。按照励磁回路原理，统一安排励磁装置绝缘检查。

1. 继电器、接触器元件检查要点

（1）在线测量继电器和接触器的直流电阻是最简单的检查，必要时模拟重要回路的继电器和接触器动作，建议C修采用。

（2）结合调节器I/O检查，全面模拟继电器和接触器动作，确定报警信号的正确性，是最常见的检查方法，建议A、B修后采用。

（3）对于正常开停机和运行中长期不励磁动作的继电器和接触器，C修中需要模拟动作，确保该器件不出现拒动。

（4）对于很重要的继电器和接触器，在A、B修中按照校验规程进行常规校验，但要确保回装过程的正确性。

（5）对于灭磁开关以及操作接触器，在跳合闸正常情况下、实测跳合闸线圈电阻即可；如果需要再进行跳合闸时间和时差的测量；必要时测定线圈的动作和返回电压。

（6）对于继电器、接触器和灭磁开关触头，要检查有无弧光灼伤、变色，进行清理调整。

2. 继电器、接触器元件的校验

取下继电器或接触器，打开线圈引线，做好标注，用电阻表测试线圈电阻值，符合技术参数或与原记录无明显差别。

检查继电器或接触器线圈两端的续流二极管或阻容元件，用电阻表测量其阻值，电容有无击穿，回路应无短路开路现象。

继电器和接触器元件的校验应按有关规程的标准进行，校验项目如下：

（1）机械部分检查：要求继电器外观良好，触点接触良好。若继电器触点有氧化现象，接触电阻偏大，要用酒精擦拭触点，擦掉氧化层。

（2）线圈直流电阻和绝缘电阻测定。

（3）电气特性试验：动作值测定、返回值测定以及返回系数计算。

3. 电磁元件的检查

电磁元件指励磁回路的变压器、电抗器、电感和电容以及 TV、TA 等，其校验仅限于 A、B 修和器件更换后进行，平时检查其绝缘电阻和测量回路电压和电流即可。

（1）打开一、二次侧接线，做好标记，测量一、二次侧直流电阻，与原记录无明显差别。外观检查无破损、无过热和松脱现象，必要时做伏安特性试验和变比测定。

（2）绝缘电阻测定：测量时应将元件的一、二次及其他附加绕组分别对地和相互之间进行测量。

（3）直流电阻测量：变流器二次绕组的直流电阻测定应使用双臂直流电桥进行，变压器和电压互感器二次绕组的直流电阻测定应使用单臂直流电桥进行，对多绕组（或多抽头）变压器，只需检测使用绕组的直流电阻。但是新安装的变压器则应对全部绕组（或抽头）进行测试。

4. 电磁元件伏安特性检测

伏安特性检测方法：在电源变压器的 220V 侧、互感器的低压侧加额定电压（TV）或额定电流（TA），记录回路的电流，作出伏安特性曲线。电磁元件伏安特性接线原理图及典型伏安特性曲线如图 14-4 所示。

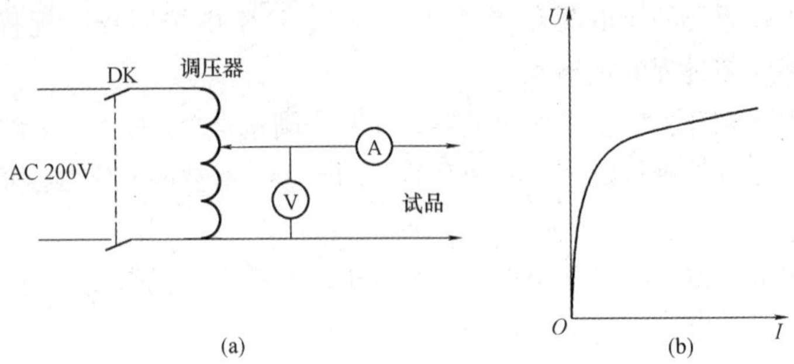

图 14-4　电磁元件试验接线原理以及伏安特性

（a）试验接线；（b）伏安特性

测试时，电流表 A 应根据前次试验记录选择合适的量程，以免影响测试的准确性。电磁元件的各项试验数据应与原始记录进行比较，其最大偏差应不超过±10%。

电压互感器：试验时在二次绕组加 0～120%额定电压（按二次侧额定相电压计算）。记录 $I=f(U)$特性曲线。

电流互感器：试验时在二次绕组加 0～100%额定二次电流，记录 $U = f(I)$ 特性曲线。

变压器：试验时在一次绕组加 0～110%额定电压，记录 $I = f(U)$ 特性曲线。根据变压器原理，由测得的 U_1、U_2 电压可计算出各绕组的变比。

电抗器：测定交流阻抗。

电容器：测量电容值。对于大电解电容用钳型表测量冲击电流值。

5. 励磁控制回路绝缘检查

(1) 检查不同带电回路之间、各带电回路与金属支架底板之间绝缘电阻。

(2) 测绝缘前要确定回路没有电，测前可用万用表测量回路对地电压。

(3) 短接必要回路测绝缘，如短接正负极测绝缘，可以提高工作效率。

(4) 按照端子排顺序逐个测绝缘，也是一个常用的方法。

(5) 更换设备后要全面测绝缘，平时只对改造过回路或总回路测绝缘。

测量绝缘电阻应选择合适的电压等级测表：额定电压 100V 以下电气设备或回路使用 100 绝缘电阻表；额定电压 100～500V 的电气设备或回路使用 500 绝缘电阻表；额定电压 500V～1000V 的电气设备或回路使用 1000 绝缘电阻表；晶闸管阳极回路及脉冲变压器一、二次侧绝缘电阻检测使用 2500 绝缘电阻表。图 14-5 是常用绝缘电阻表和继电保护测试仪。

(a)

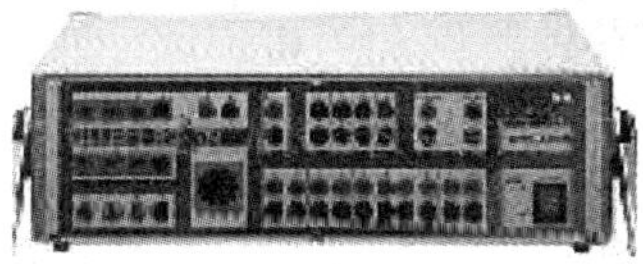

(b)

图 14-5　常用电子绝缘电阻表和继电保护测试仪照片

(a) 绝缘电阻表；(b) 继电保护测试仪

四、励磁调节器现场通电校验

1. 通电检查要点

(1) 励磁系统已检修完毕，恢复正常接线，填写工作票进入静态通电调试。

(2) 通电前确认励磁控制回路的绝缘已经检查，最次要用万用表检查绝缘电阻，防止短路和接地。

(3) 通电前确认对外回路的安全措施，解开不能送电或不能接受外部命令的回路。

（4）采取逐步通电方式送电，通电前应该知晓正常结果，并做好异常情况下的处理方法。按照事先准备好的表格，记录逐步通电的数据。

（5）每次送电后，记录电压值，确认电源正常；对于有互相闭锁的回路，应该分别送电，并观察互相切换过程。

（6）直流 220V 回路送电后，测对地电压，检查是否接地。

（7）分别投入励磁调节器的稳压电源，用万用表检测稳压电源的输出值并记录，检查结果应符合装置设计要求。

（8）投入励磁设备全部工作电源，检查励磁设备各器件的状态，发现问题及时断电检查。

2. 调节器面板以及 I/O 检查要点

（1）调节器面板指示和数据显示正确，双通道面板指示和显示数据一致。

（2）操作励磁调节器面板控制器件，其操作结果要正确。

（3）利用面板指示或接入调试计算机，短接或断开外部触点，进行开关量输入回路正确性检查。

（4）利用操作和短接方法，模拟励磁装置继电器动作，检查开关量输出回路正确性。

3. 励磁控制回路操作模拟试验要点

（1）励磁系统操作模拟试验，应在励磁设备通电完成后进行。试验前先断开启励电源开关，然后分别送上交、直流操作电源和合闸电源。对于励磁系统事故动作于机组断路器跳闸和停机回路、联跳回路要仔细检查，所有动作必须到位。另外，在励磁直流回路双套电源切换、投切过程中。励磁系统操作回路器件均不能误动。

（2）直流回路操作模拟，按照励磁系统直流操作原理图依次启动各继电器，观察其动作情况，要求正确可靠。直流操作回路模拟试验项目主要有开机令模拟、停机逆变令模拟、启励模拟、灭磁开关跳合闸（次数尽量少）、励磁回路故障信号开出模拟等。

（3）交流操作回路动作模拟试验，按照励磁系统交流操作原理图依次启动各接触器，观察其动作情况，要求正确可靠。交流操作回路模拟试验项目主要有厂用电源（Ⅰ、Ⅱ段）切换的动作模拟、风机启动、停止模拟、风机故障信号动作模拟。

（4）励磁设备操作模拟试验，应结合励磁调节器 I/O 检测试验一起进行，并且要联系机组监控装置一起观察上报信号的正确性。

4. 励磁调节器参数校验

（1）发电机定子电气参数测量校验。先将励磁调节器测量 TV 和 TA 外部接线从端子上断开，然后外接继电保护测试仪，改变继电保护测试仪三相电压 U_g 和三

相电流 I_g 的输出值以及相位关系，观察并记录励磁调节器的定子电气参数计算和显示值：P、Q、U_g（U_{g1}、U_{g2}）、I_g、频率和功率因数。

（2）试验中继电保护测试仪的输出交流电压为100V，当输出交流电流为发电机额定值时，改变电压和电流的相角，调节器面板显示的电气量相应变化。试验前，应制作相应的电子表格，按照表格进行试验。

（3）有的励磁调节器需要同步信号 U_t 才能进入发电机定子电气参数的计算，则还要将 U_t 的外部接线从端子上断开，将继电保护测量仪的 U_g 信号接到 U_t 回路，让励磁调节器的同步中断程序运行起来。

（4）发电机转子电气参数测量校验。先将励磁调节器测量励磁电压 U_f 和励磁电流 I_f 外部接线从端子上断开，然后外接信号源仪器，改变信号源输出，观察并记录励磁调节器的转子电气参数计算和显示值。

五、调节器的控制调节功能检查

通过继电保护测试仪为励磁控制器模拟输入定子电压、定子电流或转子电流，并根据试验要求适当改变它们相应的幅值和相位。试验前应确保启励电源开关断开。

1. *启励检查*

（1）启励前测量发电机残压和同步电压。如果利用残压启励，可以测量启励成功的最小残压和最小同步电压。

（2）选择启励方式为机端电压（U_g），面板上机端电压给定值显示正确，调整给定值，发出启励控制命令，励磁控制器自动进入电压闭环调节状态。

（3）选择启励方式为励磁电流（I_f），面板上励磁电流给定值显示正确，调整给定值，发出启励控制命令，励磁控制器自动进入电流闭环调节状态。

（4）选择启励方式为系统电压（U_s），面板上系统电压给定值显示正确，发出启励控制命令，励磁控制器自动进入电压闭环调节状态。

（5）检查投初励条件：有自动启励（或手动起励）令、转速令以及调节器需要的其他命令，在磁场断路器合、晶闸管冷却风机投的条件下，启励接触器应动作。

（6）检查启励失败条件：投初励数秒以后且发电机电压小于设定值。

闭环调节功能检查

（1）检查起励成功后的调节输出脉冲，若模拟输入信号（U_g 或 I_f）小于给定值，α 值将为强励角。若模拟输入信号大于给定值，励磁控制器将输出逆变角。用示波器检查触发脉冲六相相位正确，脉冲对称无毛刺、无丢失、波形正常。

（2）调节输入信号等于额定值后再调节增减磁使给定值等于输入信号。则励磁控制器输出一固定角度控制脉冲。当模拟输入信号大于给定值时，α 增大。当模拟输入信号小于给定值时，α 减小。改变给定值与改变输入信号应有相同变化规律。

α 的变化速率由调节速度和软件设置的积分时间决定。调试中发现变化规律异常，要认真检查硬件和软件。

（3）励磁控制器进入闭环调节状态，模拟输入无功功率。励磁控制器经切换到无功闭环方式下运行。改变给定值或无功功率。励磁控制器应在 Q 大于给定值时 α 增大，Q 小于给定值时 α 减小情况下变化。

（4）励磁控制器进入远方控制状态，进行监控装置远方增减机端电压(无功负荷)试验，计算调节速度，必要时记录单位时间或单位电压(无功)下的调节脉冲个数。

2. 逆变功能检查

（1）按照调节器软件要求，检查逆变有效条件和逆变结束条件。励磁调节器在自动闭环调节状态，发出逆变控制命令，励磁调节器应立即进行逆变。α 角由工作控制角跳变到逆变控制角。

（2）一般情况下，模拟发电机出口断路器合上，励磁调节器将进入控制流程，此时，即使发出逆变控制命令，励磁调节器应不改变原工作状态，即不逆变。只有当发电机出口断路器分断，调节器才接受逆变命令。

3. 自动跟踪及自动切换功能检查

（1）双机以上励磁调节器全部投电工作后，选择其中一套作为在线机（主机）。模拟开机投励磁命令，所有励磁控制器都应全部自动进入控制流程，但输出脉冲仅受在线工作主机控制。另一套自动检测并跟踪在线机的工况。

（2）改变在线机的给定值，非在线机 α 角也自动跟踪变化。

（3）模拟在线机硬件或软件故障，控制器应自动切换到非在线机运行。

六、励磁调节器静态限制参数校验

结合励磁调节器测量信号校验，可以方便进行励磁调节器静态限制参数校验，即通过继电保护测量仪为励磁调节器模拟输入定子电压、定子电流或转子电流，并按试验要求改变它们的幅值、相位和频率，校验励磁调节器各种限制功能。

利用发电机定子电气参数测量校验，可以进行欠励限制、过无功限制（定子电流限制）、伏赫限制、TV 断线、同步电压断线等限制和保护功能的静态校验。

利用发电机转子电气参数测量校验，可以进行过励限制，包括强励限制倍数限制。

励磁调节器静态限制参数校验，可以替代励磁调节器在发电机空载和负载运行状态下的部分限制功能校验试验。

励磁调节器静态下的限制功能校验，一般都要模拟外部条件让调节器进入工作状态，如外接同步信号、转速信号等，可以考虑同励磁装置的小电流试验一起进行。

下面，结合国内励磁调节器，简述励磁调节器静态功能试验方法。

1. 瞬时/延时过励限制

瞬时/延时过励限制又称为强励限制，限制运行中的励磁电流。限制曲线按发热量大小作成反时限特性，并考虑当电力系统中发生短路，应保证机组强励倍数不受限制。反时限特性的设计曲线示意如图 14-6 所示，这两个曲线大致一样，只是强励倍数和强励时间不同而已。

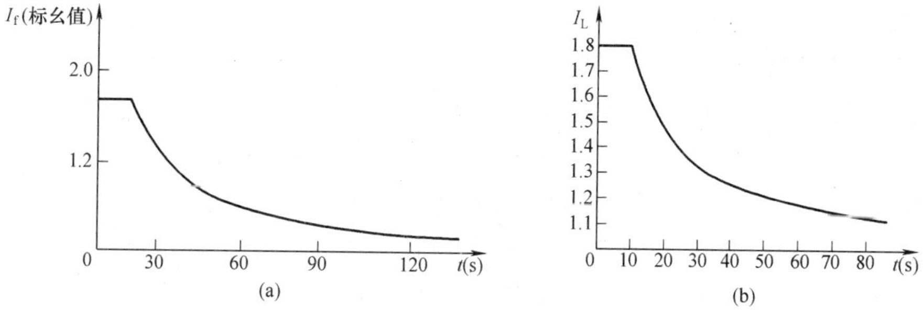

图 14-6 瞬时/延时过励磁电流限制曲线

（a）2 倍强励及过励限制曲线；（b）1.8 倍强励及过励限制曲线

当励磁电流不大于额定励磁电流的 1.1 倍时，不限制；当励磁电流超过 1.1 倍时，则经过相应的延时后立即限制到 1.1 倍额定励磁电流运行；当励磁电流不小于额定励磁电流的 1.8～2.0 倍时，则快速限制，限制参数可根据实际要求设定。

2. 无功过载限制

无功过载限制又称为过励限制，设置无功过载限制的目的是防止人为或计算机监控系统自动增加无功过多，以至于定子电流过大造成过热。无功过载限制线如图 14-7 所示。限制参数可根据实际要求设定。无功过载限制只针对增磁误操作时限

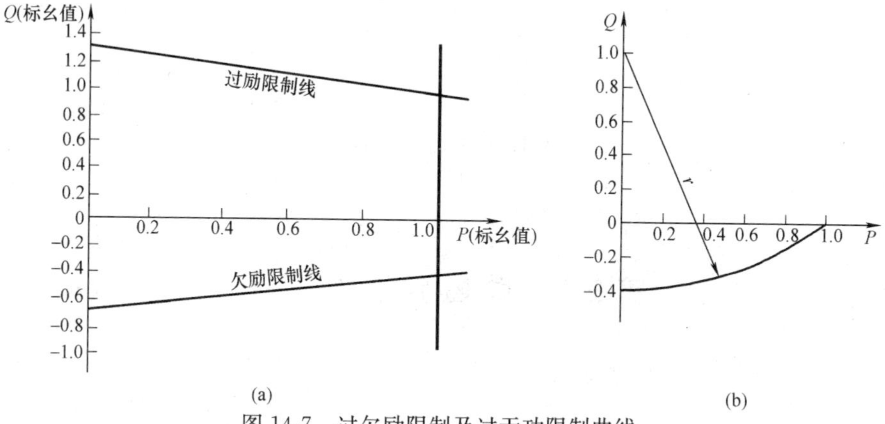

图 14-7 过欠励限制及过无功限制曲线

（a）按照直线整定；（b）按照发电机功率圆整定

制无功增加过多。当电力系统发生短路、系统电压降低时，机组送出的无功应不受限制，以维持系统稳定。

3. 欠励限制

欠励限制线示意图如图 14-7 所示，整定值可在线修改。欠励限制线以上、无功过载限制线以下、有功限制线（由调速器设定）以左围成的区域为机组 P、Q 安全运行区。

4. 伏赫限制（U/f 或 V/Hz）

伏赫限制基本原理是使发电机在低转速区（45～47Hz）的 U（标幺值）/f（标幺值）保持常数。该常数根据要求设置，一般取为 1.1，即在低转速区间铁芯中磁通密度最高限制到 110%，以防过热。在发电机空载额定运行时，当机组频率小于 47Hz，U/f 限制动作，励磁调节器自动降低发电机运行电压；当机组频率超过 47Hz 以上，U/f 限制返回，即不限制，发电机运行电压与 U/f 限制器无关，只随给定值调节变化；当机组频率小于 45Hz，励磁调节器自动逆变灭磁。国内励磁调节器，一般在机组并网后封锁 U/f 限制功能，而国外励磁调节器，无论机组空载还是负载都投入 U/f 限制。U/f 限制曲线如图 14-8 所示。左右两个曲线大致一样，只是左边的曲线逆变，而右边的曲线，当频率低于 45Hz 时，调节器不逆变，设计成保持机端电压 0.7（标幺值）不变。

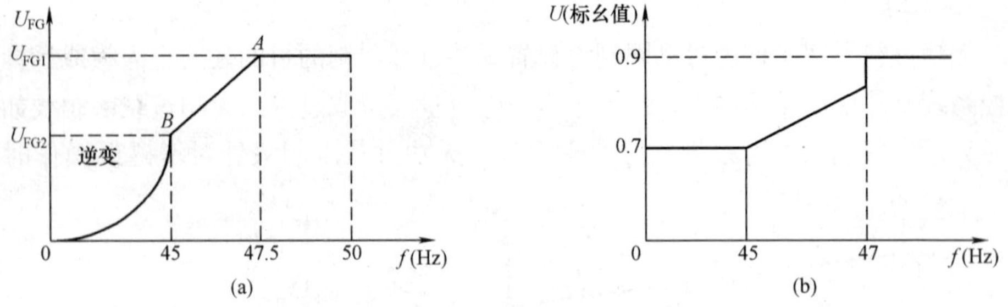

图 14-8 U/f 限制曲线

（a）逆变；（b）不逆变（f<45Hz 时）

第三节 励磁整流柜检修

一、整流柜检修试验基本方法与要求

1. 晶闸管元件试验

对于单只容量通态平均电流 $I_{T(av)}$ 在 1500A 以上的晶闸管功率组件（压装散热

器后），可进行全动态试验，测试功率组件的相关参数时，至少包括以下参数：

（1）静态：门极触发电压 U_{GT}、门极触发电流 I_{GT}、断态重复峰值电压 U_{DRM}、漏电流。

（2）动态：通态平均电流 $I_{T(av)}$、通态平均压降 U_{T0}、反向重复峰值电压 U_{RRM}、漏电流、壳温、风速。

2. 脉冲变压器的试验

（1）输入及输出特性测试。通过移相或脉冲放大单元输入触发脉冲，在带晶闸管和不带晶闸管两种情况下用示波器测量输出脉冲的幅值及宽度等参数，应符合产品技术要求。脉冲前沿应小于 1μs，输出脉冲形状不应畸变和产生振荡。

（2）电气绝缘强度试验。脉冲变压器输出绕组在运行中要承受转子灭磁及感应过电压的高电位，其绕组之间的绝缘电阻不应低于制造厂的规定，介电强度试验标准不应低于国家标准的规定，最低不能低于发电机转子耐压水平。

3. 开环高压小电流试验

（1）试验目的：检验调节器的同步、移相、触发和晶闸管控制触发性能，进行功率整流柜的参数验证。

（2）试验条件：励磁调节器与晶闸管整流装置完成高压小电流试验接线，励磁调节器工作正常，试验仪器齐备。

（3）试验方法：使励磁调节器工作在恒定角度控制方式下，将输入晶闸管整流装置的交流侧电压调整至励磁变压器二次额定交流电压的 1.3 倍，通过励磁调节器控制增磁使整流装置输出 2 倍额定励磁电压，利用示波器观察晶闸管输出直流侧波形，晶闸管整流特性应平滑，整流锯齿波形应基本对称。试验时注意核实负载电阻阻值及容量。负载电阻阻值的选择，通常以小电流试验时通过的电流不小于 1A 为宜，保证晶闸管触发的维持电流足够，并依此选取相应的电阻容量。

4. 开环低压大电流试验

（1）试验目的：检验晶闸管控制触发性能、晶闸管整流装置输出能力及大电流工况下的温升参数验证。

（2）试验条件：励磁调节器与晶闸管整流装置完成低压大电流试验接线，励磁调节器工作正常，整流装置的冷却系统工作正常，试验仪器齐备。

（3）试验方法：

1）将输入晶闸管整流装置的交流侧电压调整至 20V 左右，直流侧采用通流铜排进行短接或接低值大电流负载电阻。开启晶闸管整流装置的冷却系统，励磁调节器工作在恒角度控制方式下，通过励磁调节器控制增磁使整流装置输出电流逐渐上升，观测输出锯齿波形应有稳定的 6 个波峰，且一致性好。

2）观测输出电流指示至50%额定电流时应停留30min左右，测量直流输出、交流三相电流值及整流器各部温升等有关量。然后继续增磁改变控制角度，直至晶闸管整流装置输出电流达额定值，运行2h以上（型式试验需做72h），在此期间每30min左右测量各电气量及温度量一次，直至测点温度稳定，不再上升。

3）晶闸管整流装置最大励磁电流试验，将电流进一步升至顶值电流倍数（功率整流柜额定输出电流），持续20s。当电流减至额定值后测量各点温升并记录。

4）建议各测温点为：散热器端部、散热器根部（和管壳相接处）、散热器汇流排及连接螺母、螺栓等。

二、励磁整流柜现场检修试验

（一）整流柜清灰与检查

励磁整流柜清灰，是励磁系统最重要的检修与维护工作。保证整流设备的清洁，对于提高励磁系统安全运行至关重要。励磁整流柜的清灰，一般同整个励磁设备一起进行。

如果整流柜冷却风机系统有专用风道，且风道的出口方向是厂房外或控制室外，此时，强制启动的风机，拿着吹尘器对着晶闸管散热器，顺着风道方向吹，大量的灰尘就被风机排到外面，如图14-9所示。对于抽屉式晶闸管组件，可将组件抽出来，放到厂房外面或厂房清洁室进行吹灰。

图14-9　整流柜清灰示意图

如果整流柜冷却风机系统没有专用风道，其清灰方法就是先用毛刷刷，再用吸尘器吸，最后用吹尘器吹。此时的工作灰尘很大，工作人员应戴上口罩。

在励磁A、B修中，对于散热器内长期形成的灰垢，如果无法用吹尘器清理，可以考虑用管道毛刷清洁，效果很好。

对于励磁变压器的清灰，用干布、吹尘器、吸尘器，仔细清除变压器外表及导体连接处的灰尘，污垢等，不要使用任何溶剂型清洁剂。

励磁整流柜的检查，主要进行外观检查。检查晶闸管和快熔外观是否完好，检查连接母排的螺钉是否松动。检查整流柜的输入输出隔离开关，应操作灵活，必要时给操动机构上润滑油。

检查门柜上空气过滤器，如果空气过滤器很脏，且难以清洗时，则必须更换。

（二）整流柜晶闸管组件的检查

晶闸管现场检查最简单的法是用对线灯进行触发导通检测，其原理接线如图14-10 所示。平时维护只是测量晶闸管控制极的电阻。晶闸管测试仪可以全面检测晶闸管特性，但现场很少使用。

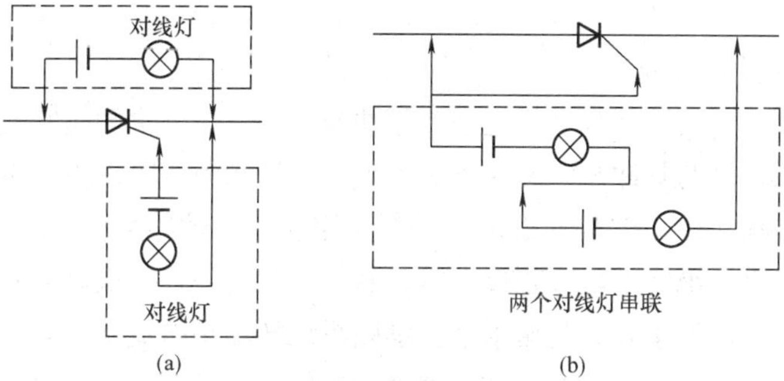

图 14-10 对线灯检查晶闸管原理接线示意图

（a）双对线；（b）单对线

晶闸管组件检查，包括晶闸管元件、阻容保护以及脉冲变压器的检查等。图14-11 是西门子 THYRIPOL 晶闸管组件图。

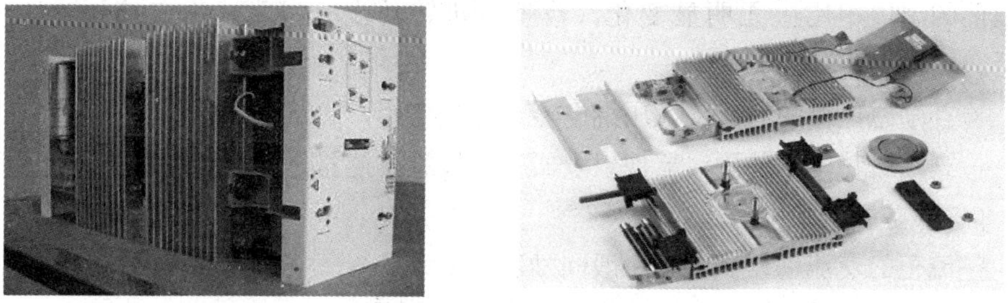

图 14-11 THYRIPOL 晶闸管组件图

1. 晶闸管元件的检查

拉开功率柜阳极隔离开关和直流输出隔离开关，用万用表检查功率柜交流之间、交流与直流之间、直流之间、晶闸管阴极和阳极之间以及整个功率柜对地的绝缘电阻，应无短路现象。

断开晶闸管阴极和控制极与脉冲变压器的连接线，用万用表测量晶闸管阴极与控制极电阻，阻值一般在10Ω左右。用对线灯在晶闸管阳极和阴极之间加一个正电压，在晶闸管控制极和阴极之间加一个短时的正电压，晶闸管应保持导通，即连接在晶闸管阳极和阴极的对线灯应保持亮的状态。以上方法可以对晶闸管的好坏做一个初步判断。实践中还有采用电池加可变电阻来判断晶闸管的性能。要准确判断晶闸管的状况，还必须做励磁系统开环小电流试验。

2. 晶闸管RC回路检查

用万用表检查桥臂阻容和RC保护的电阻的阻值和电容的值，电阻值应与电阻标称值相同，电容值由于受到分布电容的影响，测量值会偏大，但电容不能有开路和短路现象。

3. 脉冲变压器检查

先检查脉冲变压器外观是否完好，脉冲变压器一、二次侧电路板应无器件过热痕迹，一、二次侧的脉冲及电源接线应无绝缘破损和断线等现象，再断开脉冲变压器一、二次侧脉冲线，用至少2.5kV绝缘电阻表检查脉冲边一、二次侧之间，一、二次侧对地绝缘，绝缘电阻应趋近无穷，脉冲变压器一、二次侧之间耐压同晶闸管主回路，至少不能低于转子耐压水平。励磁系统开环小电流试验时用示波器观察脉冲变压器一、二次侧脉冲波形、脉冲宽度和幅值应满足厂家设计要求。检查脉冲变压器一、二次侧电路是否正常，正常的脉冲一般为双脉冲或脉冲列，脉冲之间无干扰波。

4. 励磁风机及其回路检查

解开端子排上励磁风机电源接线，用单臂电桥检查风机电阻，三相电阻平衡，与以前的阻值相比应无明显变化，检查风机转动没有异常，出口挡板是否转动灵活。

检查励磁风机的风速或风压继电器，外观完好，回路正确。

检查励磁功率柜的测温器件以及回路。校验温控器，可以用热风机简单进行。

（三）整流柜交流耐压试验

整流柜的交流耐压试验，一般同励磁其他设备统一安排，如灭磁设备和控制回路的耐压。耐压前先测绝缘，绝缘良好，方可耐压。

交流耐压试验电压应为正弦波，频率为50Hz。在规定试验电压值下的持续时间为1min。在承受交流耐压试验电压值（有效值）的时间内，应不被击穿、不产生绝缘损坏或闪络现象。试验电压（有效值）如下：

（1）额定励磁电压为500V及以下者：

1）出厂试验电压为10倍额定励磁电压，且最小值不得低于1500V。

2）交接试验电压为85%出厂试验电压，但最小值不得低于1200V。

3）定期检验试验电压为 85％交接试验电压，但最小值不得低于 1000V。或按预防性试验规程规定进行。

（2）额定励磁电压为 500V 以上者：

1）出厂试验电压为 2 倍额定励磁电压加 4000V。

2）交接试验电压为 85％出厂试验电压。

3）定期检验试验电压为 85％交接试验电压，或按预防性试验规程规定进行。

交流耐压试验的原理接线如图 14-12 所示。

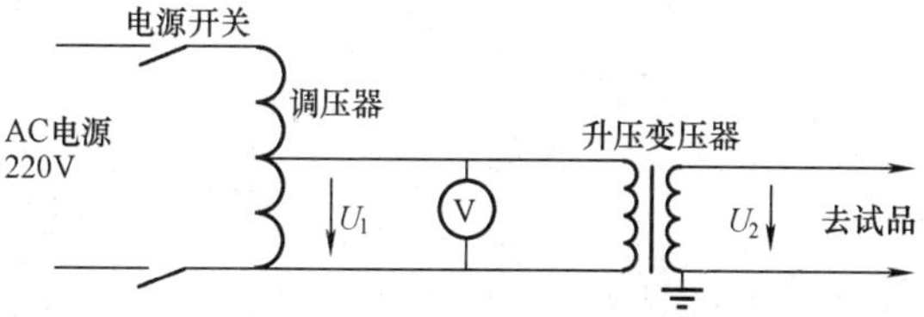

图 14-12　交流耐压试验原理接线图

交流耐压试验注意事项如下：

（1）试验变压器的铁芯和外壳必须妥善可靠接地，应采取升压变压器的 X 端接地。

（2）对于有可能串电的相关回路也必须接地，防止串电伤人。

（3）电压表应根据试验电压的要求和升压变压器变比选择合适的量程。试验前首先不接负载升压一次，以判断回路正确性。

（4）绝缘测试应分别在耐压试验前、后各进行一次。

（5）硅元件的耐压试验，应该短接晶闸管阳极、阴极、控制极。

整流柜的整体耐压试验，首先断开并隔离整流柜的输入输出，短接柜内三相输入部位和两相输出部位，短接整流柜的外部主回路，防止高压外串。如果能够将脉冲变压器的一次侧接地，那么该耐压试验就包括了脉冲变压器。如图 14-13 所示，就是一个励磁整流柜整体耐压试验原理接线实例。

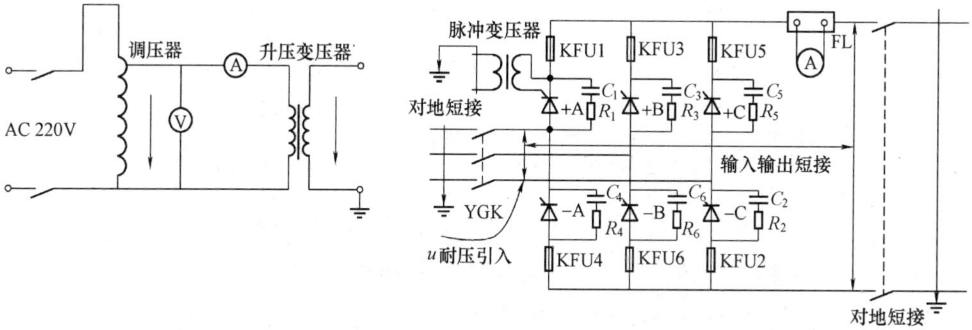

图 14-13　整流柜整体交流耐压试验原理接线图

励磁整流柜整体耐压试验注意要点：

（1）将功率柜内三相输入和两相输出回路短接（保护柜内器件）。

(2) 将功率柜三相和两相开关的外部回路对地短接(防止串电伤人)。

(3) 断开六个脉冲变压器一次侧与调节器回路,并对地短接(脉冲变压器耐压)。

(4) 先用1000V绝缘电阻表测绝缘,耐压后再测绝缘。耐压电压按照标准应为交接试验电压的80%,但现场一般比国标规定小一个档次。检修试验可按预防性试验标准执行,等同于转子耐压水平,确保设备检修安全。

(四) 整流柜通电试验

1. 整流柜脉冲检查

合上脉冲电源开关,调节器发出脉冲,检查整流柜脉冲指示灯是否正常,脉冲放大回路温度是否正常,脉冲变压器是否工作正常。必要时,用示波器检查晶闸管控制极脉冲,检查脉冲宽度、脉冲前沿、脉冲幅值、脉冲列的频率等。图14-14是某三相全控桥整流电路双窄脉冲关系图。

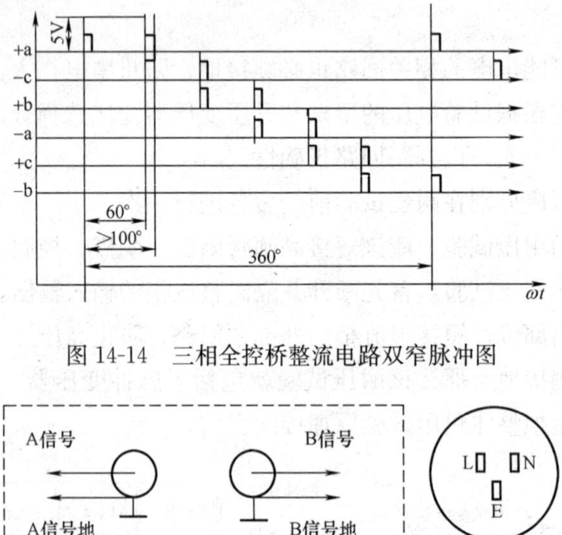

图14-14　三相全控桥整流电路双窄脉冲图

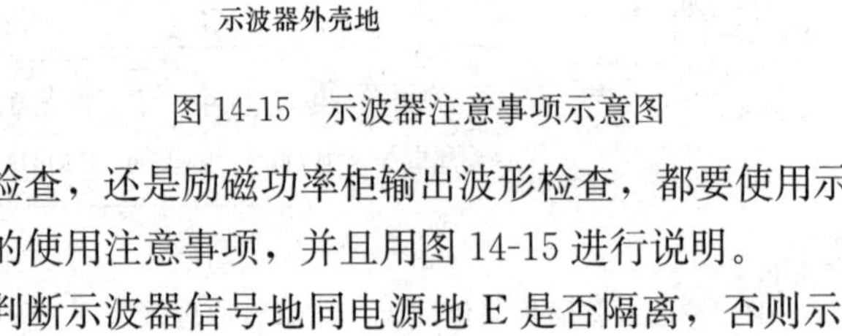

图14-15　示波器注意事项示意图

无论是脉冲检查,还是励磁功率柜输出波形检查,都要使用示波器。因此,有必要强调示波器的使用注意事项,并且用图14-15进行说明。

(1) 使用前判断示波器信号地同电源地E是否隔离,否则示波器电源需要隔离电源变压器。

(2) 双输入通道的信号地是否隔离,如果非隔离,只有在选好公共点后才能观察两个波形，否则容易造成短路。

（3）观察晶闸管移相特性，如图 14-16 所示，需要同时测量晶闸管两端电压与触发脉冲，此时一定要采取相应的技术措施才能进行。

图 14-16 是德国西门子励磁试验室所测得的移相特性，所采取的技术措施是：用示波器的一个探头测晶闸管阳极电压，用另一个探头测晶闸管的脉冲电流，这个探头采用隔离的电流钳形表。为了能够方便进行此项试验，西门子 THYRIPOL 励磁整流晶闸管组件，其面板专门设计有晶闸管脉冲电流测试点 IG1，考虑非常周全和独特。

励磁整流柜的通电检查，还要合上风机电源开关，投切风机，检查风机电源是否正常，检查风机运行是否异常，检查风速继电器或风压继电器是否正常。对于双风机系统，还要进行风机切换试验。

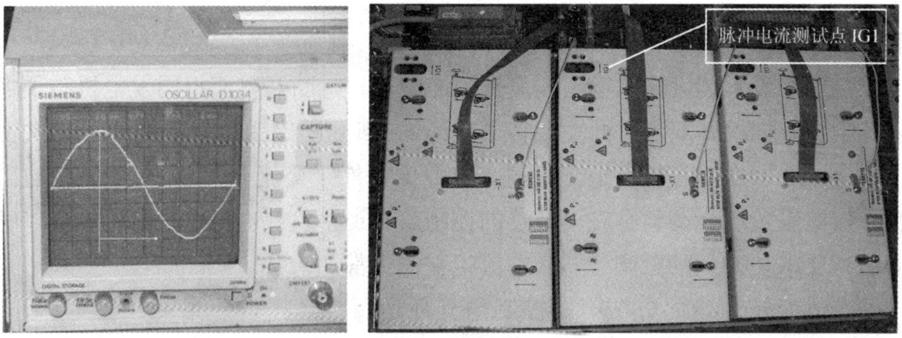

图 14-16 THYRIPOL 移相特性与双脉冲测试图

对于带有智能化均流和温控装置的整流柜，还要通电检查智能均流装置的指示是否正确，检查温控装置的工作是否正常。

2. 整流柜小电流试验

励磁整流柜小电流试验是指：在整流柜的阳极输入侧外加厂用电交流 380V，直流输出接电阻负载，调整控制角，通过观察负载电压波形变化，综合检查励磁控制器测量、脉冲等回路和整流柜元件的一种试验方式。励磁小电流试验接线原理如图 14-17 所示。调压器可以用继电保护测量仪代替，示波器也可以用记录仪代替。

励磁整流柜小电流试验要点如下，实际工作可参照此选择进行。

（1）对于装设有输入输出隔离开关的整流柜，依次断开各个整流柜交流输入和直流输出隔离开关，并在这些隔离开关的内侧即整流柜侧，外接交流 380V 和电阻负载；调整励磁调节器的控制角，观察负载电阻上的电压波形，确认波形和励磁调

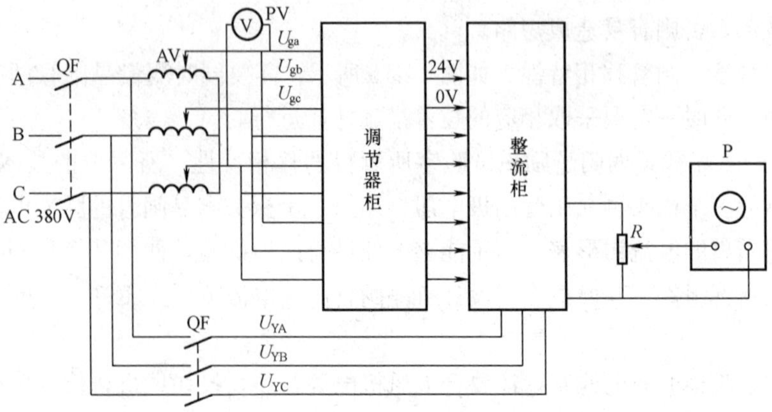

图 14-17　整流柜小电流试验原理接线图

QF—A 型断路器；AV—三相调压器；P—示波器；R—负载电阻

节器和整流柜工作正常。

（2）对于没有装设输入输出隔离开关的整流柜，断开整流柜同发电机转子之间的电气联系（如跳开双断口开关或转子电缆）。断开励磁变压器一次或者二次主回路。在变压器一次或者整流柜交流输入电缆侧，外接交流 380V。在整流柜输出电缆侧外接电阻负载。调整励磁调节器的控制角，观察负载电阻上的电压波形，确认波形达到要求，确认励磁调节器和整流柜工作正常。

（3）改变控制角的方法有：控制角开环运行，直接设定角度，从 150°开始，在电阻负载允许的情况下逐步减小；改变外接 TV 电压输入值，让控制角变化，注意电阻负载的容量。

如图 14-18 所示是小电流试验需要观察的波形。特殊情况下需要观察晶闸管脉冲，需要观察脉冲变压器一、二次侧脉冲。

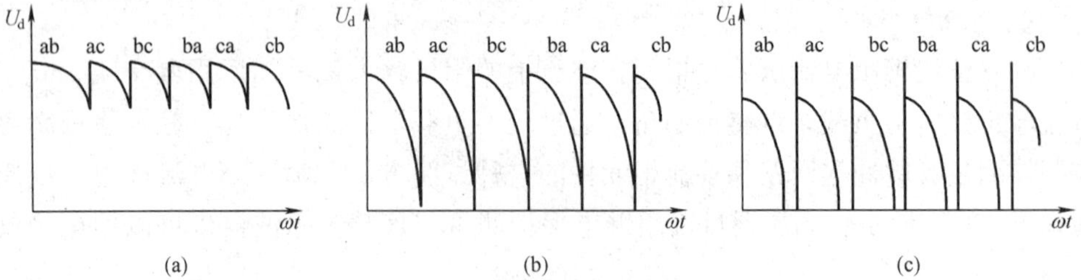

图 14-18　整流柜小电流输出波形示意图

（a）$0°\leqslant\alpha\leqslant60°$；（b）$\alpha=60°$；（c）$60°\leqslant\alpha\leqslant90°$

3. 整流柜高压小电流试验

由于大型励磁系统，其励磁变压器二次电压都很高，特殊情况下，如励磁整流柜型式试验、整流柜更换后的静态试验等，需要进行整流柜高压小电流试验，其方法是：利用一个升压变压器将 380V 升到励磁变压器二次电压后再进行小电流试验，此时示波器应使用电源隔离变压器。

安全措施：断开整流柜阳极开关，拉开整流柜直流输出隔离开关，断开灭磁开关，并取下其合闸电源熔断器，断开启励电源开关，并设专人监护，防止人员误碰带电部位。励磁整流柜高压小电流试验原理接线如图 14-19 所示。

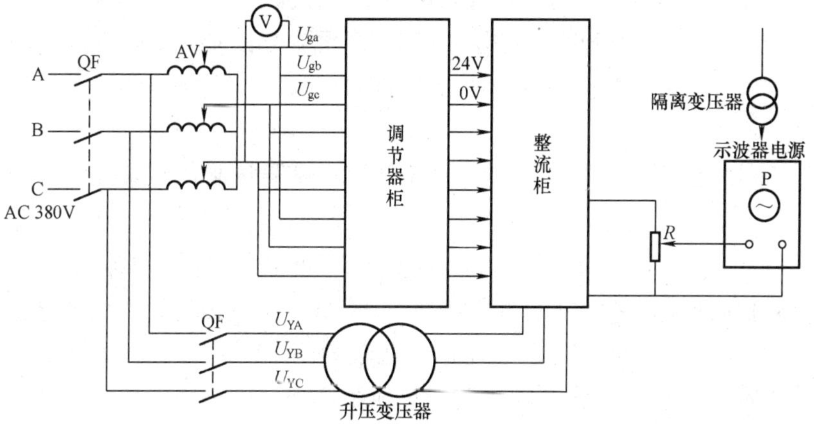

图 14-19　整流柜高压小电流试验原理接线图

QF—A 型断路器；AV—三相调压器；P—示波器；R—负载电阻

第四节　灭磁设备检修

一、灭磁设备检修试验基本方法与要求

1. 灭磁开关（磁场断路器）试验

（1）绝缘电阻测定及介电强度试验。介电强度试验按前述方法和要求进行。用 2500V 绝缘电阻表测量断开的两极触头间和主回路中所有导电部分与地之间绝缘电阻，不应小于 5MΩ。

（2）导电性能检查。灭磁开关或磁场断路器主触头中通以 100A 以上电流，连续接通和分断 3 次，测量主触头的电压降。其 3 次测量结果的平均值应不大于制造厂的规定。电压降不应有明显变化。双断口或多断口电压降要尽可能一致。另可附加测试灭磁开关或磁场断路器各触头的合闸压力，应符合厂家规定。导电性能检查还可以用微欧表测量触头的接触电阻，一般小于 20μΩ 或小于设计要求。但现场一般不进行此项试验。

（3）操作性能试验。在控制回路施加的合闸电压为 80%额定操作电压时，合闸 5 次。在控制回路施加的分闸电压为 65%额定操作电压时，分断 5 次。灭磁开关或磁场断路器动作应正确、可靠。

（4）同步性能测试。多断口磁场开关的各断口间动作的同时性均应符合厂家规定要求。测试使用毫秒计和电气录波仪测量开关各断口的动作时差，如各主断口间的分闸时差、合闸时差，主、辅断口间的分闸时差、合闸时差等。动断辅助触点的动作领先时间应满足灭磁功能的要求。

（5）分断电流试验。灭磁开关及磁场断路器分别以最小分断电流、空载励磁电流、50%和 100%的额定励磁电流各进行 1～2 次分断试验。试验后检查触头及栅片间隙等，应无明显异常。该试验可结合发电机负载试验进行。

2. 非线性电阻试验

（1）ZnO 非线性电阻试验。型式试验及出厂试验按制造厂家规定进行。对于高能氧化锌压敏电阻元件，交接试验中应逐支路测试记录元件压敏电压 U_{10mA} 测试元件泄漏电流，对元件施加相当于 0.5 倍 U_{10mA} 直流电压时其漏电流应小于 100μA，定期检验时按同样标准检测元件泄漏电流。A、B 修时，测定元件压敏电压，在同样外部条件下与初始值比较，压敏电压变化率大于 10%应视元件为老化失效。当失效元件数量大于整体数量的 20%时应更换整个非线性电阻。现场定期检验，采用 ZnO 测试仪测量阀片组件的伏安特性或采用恒定直流电源测量组件的漏电流，其记录符合技术要求或与原始记录一致。

（2）SiC 非线性电阻试验。型式试验及出厂试验按制造厂家规定进行。交接试验采用红外热像测测量 SiC 组件空载灭磁温度和温升，要求符合厂家技术规范和合同技术要求。现场定期检验，可采用外加电源测量 SiC 组件的温度和温升的方法，测量计算的技术指标应满足发电机最大灭磁能量的安全灭磁要求。

在我国使用的 SiC 灭磁电阻，大都是英国 M&I 公司产品。以组件型号 600A/US16/P Spec. 6298 为例，其主要技术指标如下：

1）尺寸和质量：直径为 152mm，厚度为 15mm，质量为 15kg。

2）试验电压：50Hz、5kV、1min。

3）伏安特性：典型值为 $U=35I^{0.4}$（100～6000A）；最大 $U=40I^{0.4}$；最小 $U=29I^{0.4}$。

4）最大电流：6000A。

5）额定值：400A，320～440V；4000A，800～1100V。

6）温升和运行温度参数：单一组件吸收 680kJ 的温升为 80K，吸收 1100kJ 的温升为 145K。105℃为长期运行温度，160℃为允许最大温度，250℃为破坏温度，发电机的 SiC 灭磁电阻的环境温度和温升允许值以此为准核算。

3. 跨接器试验

对晶闸管的测试和电气元器件试验按前述方法进行。

跨接器动作值的校验。应在发电机投入试运行前按制造厂产品说明书或调试说明书对其动作值进行校验。校验时应断开其相关回路，接入外加试验电源（最好电压可调）。试验回路中串联限流电阻，以免造成电源或设备损坏。投入试验电源后，模拟过电压触发跨接器动作值，录制动作值应符合整定要求。

二、灭磁设备现场检修试验

1. 清灰与检查

灭磁设备包括灭磁开关、灭磁电阻、转子过电压保护等。对其清灰工作，同励磁设备整体统一考虑，按照整流柜清灰方法进行。

灭磁和启励设备的检查工作，在机组 C 修中，只进行设备的外观检查，回路连接螺钉检查，灭磁电阻电阻简单测量。检查中一般不要断开回路，如果必须断开回路，拆线测量前应先校对一遍图纸，要做好拆卸记录和标记，并及时恢复接线。接线螺钉务必紧固。

检查灭磁和启励回路的绝缘电阻时，其绝缘电阻值不应小于 1MΩ。必要时还要进行灭磁和启励设备的交流耐压试验。在实施交流耐压试验前后，分别使用绝缘电阻表测试绝缘电阻并进行记录，比较试验前后两阻值，该值不应有较大差异，如有差异应分析并查找原因。

在机组 A、B 修中，对灭磁等设备的检查要点如下（实际工作可参照此选择进行）：

（1）检查灭磁开关灰尘、污垢及触点烧灼情况。用干布或毛刷清洁开关本体，打开灭弧室，检查触头，如有烧伤，可用什锦锉对烧伤点进行打磨修整。

（2）检查螺钉连接处和铜排螺钉连接处，包括晶闸管跨接器和灭磁电阻的连接处螺钉、分流器、母线、夹件、支撑连接件，要求弹簧垫和平垫齐全，螺钉紧固无松动，号头明确。

（3）检查灭磁电阻，电阻表检查应无短路，外观检查无破损，必要时可做灭磁电阻的伏安特性。用电阻表测量阻值与原记录比较，阻值不应相差超过±10%。

（4）检查启励回路的电阻、电容、二极管等，要求外观检查无过热、破损、漏油、接线松脱虚焊等现象，将电阻电容、二极管元件两端接线打开，测量电阻值、电容值与原记录无明显差别，二极管无短路、开路。

2. 国产 FMB32 灭磁及过电压保护装置检查方法举例

国产 FMB32 灭磁及过电压保护装置原理如图 14-20 所示。FMB32 灭磁及过电压保护装置检查方法要点如下，实际工作可参照此选择进行。

（1）断开回路测量 RZ 直流电阻。

（2）拔下熔断器 FU1、FU2 检测 FR1 和 FR2。

（3）断开回路检测 FR3、FR4、FR5。

（4）用万用表检测二极管以及各个熔断器是否开路，用对线灯检测晶闸管。

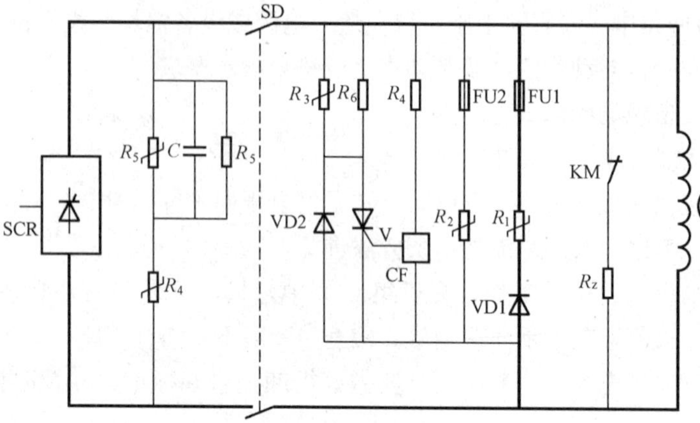

图 14-20　国产 FMB32 灭磁及过电压保护装置原理图

SD—灭磁开关；KM—接触器；R_Z—转子保护电阻；R_1—灭磁电阻；R_2—转子过电压保护电阻；R_3—发电机异步过电压保护电阻；R_4、R_5—整流器过电压保护电阻；CF—跨接器触发器

3．DM4 系列磁场断路器的检修与调试

国产 DM4 双断口灭磁开关，结构紧凑合理，体积小、质量轻，适用于中小容量发电机的励磁回路，在我国各类电厂都有使用。DM4 双断口灭磁开关如图 14-21 所示。

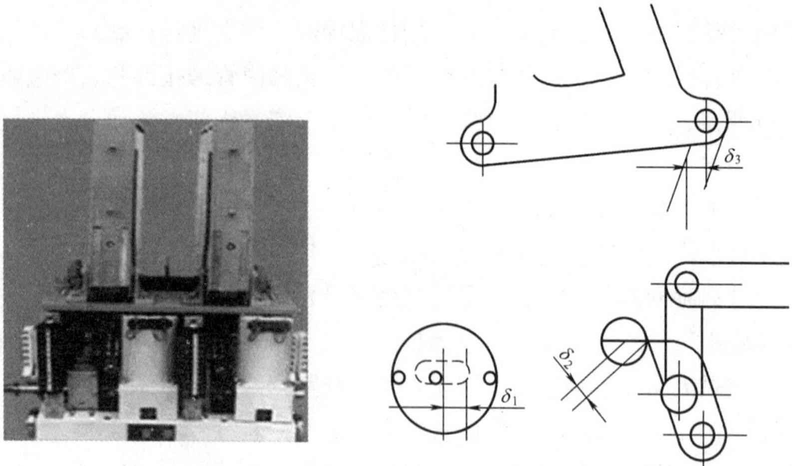

(a)　　(b)

图 14-21　国产 DM4 灭磁开关及其各部间隙示意图

DM4 双断口灭磁开关机械部分的检查如下，实际工作可参照此选择进行。

（1）主触头应接触良好，接触面积应不小于整个触头的 2/3（检查时可以蓝色复写纸衬在触头之间观察测量接触面积）。触头表面不应有毛刺、凹痕及其他损伤。触头修整应使用细纹什锦锉，不得使用砂布或粗纹锉刀。修整完毕应认真清理开关，不得在开关上遗留铜屑或其他物品。

（2）合闸静压力调整：开关合闸状态下用弹簧秤检查合闸静压力应不小于（206±25）N。不合格时调整合闸压力拉簧。

（3）开关在分闸状态下检测静、动触头开距应不小于 26mm，不合格应作调整。

（4）动触头杆主动轴间隙 δ_1 为 7～10mm，连杆与半圆轴的搭接部分 δ_2 为 1.5mm。

（5）合闸后开关应稳定可靠。跳闸时应灵活，不应出现拒分现象。机构过死点距离 δ_3 为 3～4mm。

（6）各辅助触点状态应良好，不应出现接触不良或拒动现象。

DM4 双断口灭磁开关电气部分的检测如下，实际工作可参照此选择进行：

（1）用直流电桥检测分、合闸线圈的直流电阻。

（2）测量分闸线圈的动作电压值应不大于 176V（80%U_N），返回电压值应不低于 22V（>10%U_N）。

（3）测量正、负极断口的分闸时间和二者之间的时差。分闸时间应小于 100ms，分闸时差应小于 10ms。

（4）用微欧计测量灭弧触头（主触头）的接触电阻，要求小于 20μΩ。

DM4 灭磁开关的交流耐压试验属预防性试验，也应与整个励磁装置一起进行。表 14-10 就是某大型励磁装置交流耐压试验表及其试验参数，实际工作可参照此选择进行。这里，SD 是发电机灭磁开关的简称；T 是励磁自用变压器的简称；61TA 是励磁用发电机出口电流互感器。

表 14-10　　某励磁装置交流耐压试验完整项目表格

序号	试验项目	试验电压（kV）	绝缘电阻（MΩ）	备　注
1	SD 正负断口对地	3.0	≥10	合上 SD
2	SD 正负断口之间	3.0	≥10	断开 SD
3	转子侧主回路对地	2.0	≥5	断开转子引线
4	整流侧主回路对地	2.0	≥5	拉开整流柜隔离开关
5	整流柜对地	2.0	≥5	阳极电源与正负极短路

续表

序号	试验项目	试验电压（kV）	绝缘电阻（MΩ）	备　注
6	脉冲变压器一、二次侧之间	2.0	≥300	一、二次侧引线各自短路
7	T一、二次侧地间	2.0	≥10	二次侧接地
8	61TA 二次侧及引线对地	1.0	≥ 10	断开引线
9	直流操作回路对地	1.0	≥1	短接 601、602（正负极）
10	合闸回路对地	1.0	≥5	短接 Z601、Z602（正负极）
11	交流 380V 回路对地	1.0	≥5	三相短路、断开零线

4. CEX-98 系列磁场断路器的检修与调试

CEX 系列灭磁开关是由法国 LENOIR 公司生产的模块化开关，规格齐全、应用广泛。我国某特大型电站使用双 CEX 98 5000A 4.2 型，某大型电站使用 CEX 98 2560 4.2 型。

图 14-22　CEX98 2560 4.2 灭磁开关

CEX98 2560 4.2 灭磁开关如图 14-22 所示。该类灭磁开关的检修调试方法，参照前述内容，检修调试内容，参照表 14-11 进行。实际工作可参照此选择进行。

表 14-11　　CEX98 2560 4.2 性能测试表

开关型号/开关编号：		检测日期：		环境温度：
序号	测　试　项　目	要求值	实测值	备　注
1	合闸线圈直流电阻（Ω）		6.0	
2	分闸线圈 1 直流电阻（Ω）		151.5	
3	分闸线圈 2 直流电阻（Ω）		153.5	
4	动合弧触头最小压力（N）		230	
5	动断触头最小压力（N）		220	
6	动合弧触头开距/开距差（mm）		21.4/0.2	
7	动断弧触头开距/开距差（mm）		21.4/0.3	
8	合闸时间/合闸同步时差（ms）	/≤1	300.5/0.2	额定操作电压
9	固有分闸时间/分闸同步时差（ms）	/≤1	41.6/0.2	额定操作电压
10	最低合闸电压（V）	≤80%U_N	170	U_N 额定电压
11	最低分闸电压（V）	≤80%U_N	150	U_N 额定电压
12	主回路对接地框架绝缘电阻（MΩ）	≥2.5	2000	1000V 绝缘电阻表

续表

序号	测 试 项 目	要求值	实测值	备　注
13	二次回路对接地框架绝缘电阻（MΩ）	≥1.5	1000	1000V 绝缘电阻表
14	主回路对接地框架耐压	4kV，1min	4	工频耐压
15	二次回路对接地框架耐压	2kV，1min	2	工频耐压
结论：		测试人：		

三、灭磁电阻和跨接器的检修试验

1. 灭磁电阻的检查要点

（1）线性灭磁电阻测量电阻即可，最好是在碳刷拔下的情况下在线测量，防止拆线恢复时带来接线错误，确保灭磁电阻回路正确。

（2）碳化硅灭磁电阻平时也仅仅测量一下整体直流电阻即可，大修时用万用表测量各个组件的电阻。如果电阻很高，则用低压绝缘电阻表接在电阻两端测量，观察电阻的导通情况。

（3）碳化硅灭磁电阻的检修维护检验，可以采用外加电源测量电阻表面温度和温升的办法进行。具体来说，给并联的组件外加 220V 或 380V 交流电源，用钳型表等仪器测量各组件电流，外加电源时间按照预定规定，一般取额定容量的 1/3 以下。在加热过程中用红外热像仪等仪器观察温度，防止温度过高造成 SiC 电阻的损坏。当加热结束则立即开始测温，多测几遍，直到温度开始下降。随后根据所测温度文件，读出各个阀片的最高温度，并计算平均温升和均温系数。如果在同样的焦耳数下，有的阀片温度过高，则要引起注意，并需要利用空载灭磁试验的测温来校核确认。确实阀片有问题，应进行更换。

（4）氧化锌电阻的简单测试也是用绝缘电阻表测量电阻两端，绝缘电阻表电压低时电阻高，绝缘电阻表电压高时电阻低。比较同一个绝缘电阻表的数次记录来判断电阻的压敏的变化是否过大。

（5）氧化锌电阻的全面测试采用氧化锌电阻测试仪测试电阻组件的压敏电压和漏电流。第一次的测量记录很重要，要长期保存，是以后判断电阻特性是否超标或是否失效的重要依据。

2. 转子过电压保护装置（跨接器）的检查要点

（1）对跨接器中的晶闸管采用对线灯方式进行检测。

（2）对跨接器的非线性电阻按照灭磁电阻简单方式进行检测，必要时对跨接器的动作电压进行测定。

（3）整体回路绝缘检测和耐压试验按照常规方式进行，恢复接线要保证正确。

3. 氧化锌电阻（ZnO）的检测

在我国发电机励磁回路中已大量采用ZnO。ZnO在工作中既要承受长期的励磁电压，还要承受灭磁时来自转子绕组的能量和过电压冲击。长期的励磁电压作用会使ZnO阀片产生静态老化，而灭磁和过电压冲击会使ZnO阀片产生动态老化。不管是静态老化还是动态老化，均会使ZnO阀片的晶粒结构发生变化，造成伏安特性退化。静态老化是一个缓慢的物理化学过程，其老化速度的快慢可以用漏电流或功率损耗的增长速度来衡量。故定期检测ZnO阀片小电流伏安特性、检测其漏电流增长速度、预测使用寿命就显得比较重要。

目前，许多单位在进行ZnO阀片的现场测试时，采用调压器、升压变压器、电流表、电压表等临时拼装组合进行工作，其接线复杂，工作强度大，读数单一，无法对ZnO阀片进行全面综合的评判。目前，国产WCY-50氧化锌阀片测试仪，实现了ZnO阀片现场综合测试的目的。WCY-50氧化锌阀片测试仪原理接线图如图14-23所示，测试步骤和方法如下，使用前请仔细阅读仪器的使用说明书。

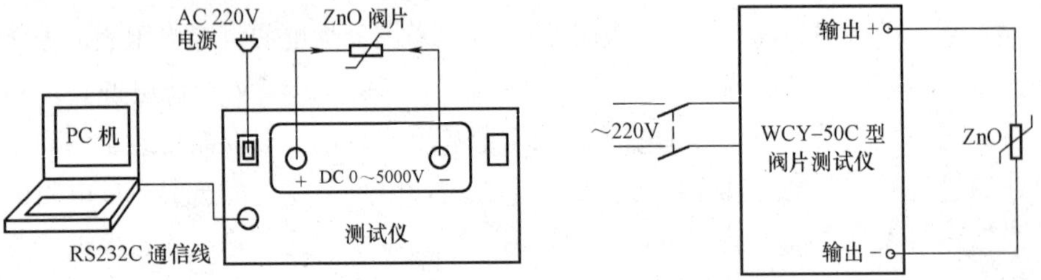

图14-23　WCY-50氧化锌阀片测试仪原理接线图

将ZnO电阻从主回路断开，取下与ZnO电阻串联的快熔保险，用阀片测试仪（WCY-50C型）对ZnO电阻进行逐一检测，检测接线如下所示：

将量程选择开关选为10mA挡，测试/试验开关选为“测试”位置，投入电源，按下“测试”按钮，仪器将对ZnO电阻自动进行加压测试，测试时，仪器会显示串号、输出电压和输出电流值，可根据这些值初步判断ZnO电阻的好坏。当一个ZnO电阻测试完毕，测试仪停止输出电压后，再测试下一个ZnO电阻。所有ZnO电阻测试完毕后，将测试数据传送到电脑，测试仪的软件可以将这些数据绘制出对应ZnO电阻的伏—安特性曲线。

（1）氧化锌电阻的压敏电压定义为U_{10mA}时，主要性能应达标如下：

1）压敏电压U_{10mA}的变化率<±5%。

2）漏电流（50%U_{10mA}电压值下）<100μA。

3）残压比U_{100A}/U_{10mA}≤1.6。

(2) 氧化锌压敏电压定义为U_{1mA}时，主要性能应达标如下：

1) 压敏电压U_{1mA}的电压变化率<±5%。

2) 漏电流(75%U_{1mA}电压下)<100μA。

3) 残压比U_{100A}/U_{1mA}应不大于1.7。

压敏电压变化率的计算式

$$\Delta=(\Delta U_{amA}/U_{amA})\times100\%$$

式中 ΔU_{amA}——使用若干年后的压敏电阻标称电压与初次检测值之间的差值；

U_{amA}——使用若干年后的压敏电阻实测标称电压值。

4. 跨接器的检测

将转子过电压保护装置（跨接器）从转子和电源回路彻底断开，试验接线如图14-24所示，图中RY为100∶1电阻分压器。

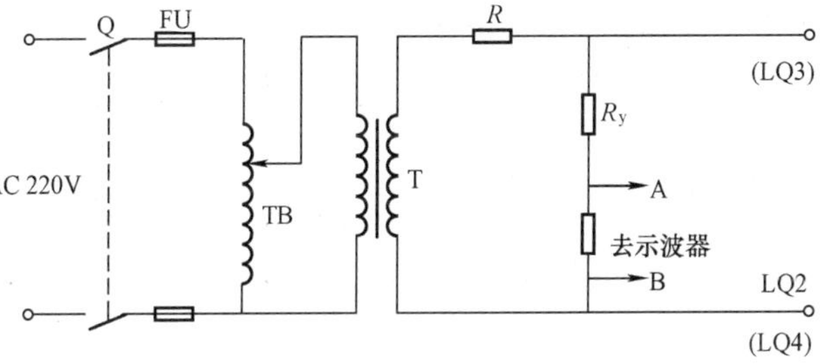

图 14-24 跨接器检验接线

Q—电源开关；TB—调压器；T—升压变；R 限流电阻；R_y—分压电阻

观察A、B间的电压波形。调整调压器TB，使电压逐渐升高，当正弦波峰值高于装置的电压保护动作值时，其峰顶值被削平，如图14-25所示。

这里的跨接器是一个正向过电压保护跨接器，采用氧化锌电阻。跨接器的动作值就是正向试验电压的峰值，跨接器动作后，外加试验电压被氧化锌电阻的残压限制，图14-25中正向试验电压的平台为U_p。反向过电压保护采用氧化锌灭磁电阻本身，其试验波形是反向试验电压的平台U_p，其值是氧化锌电阻的残压。

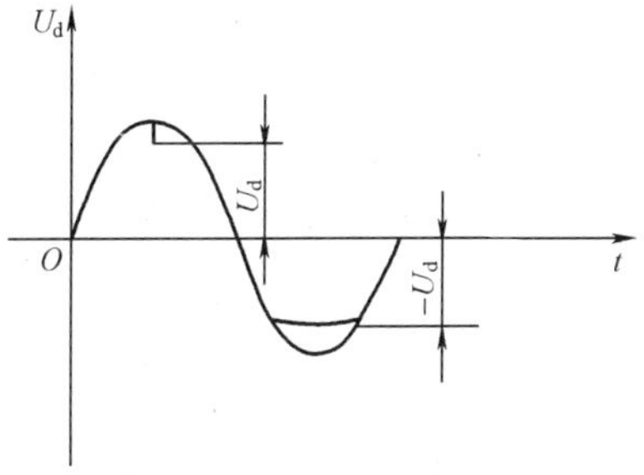

图 14-25 跨接器检验波形图

U_d—跨接器动作电压值

图14-26是采用碳化硅电阻的跨接器试验前后的实际波形，该跨接器为转子正反向过电压保护装置，跨接器动作后，外加试验电压均被碳化硅电阻所限制。左面是动作前波形，右边是动作后波形。比较这两个波形，可以看出跨接器动作的效果。

国产跨接器，一般还有信号报警回路。因此，检测跨接器还包括其信号报警回路的检测：信号电路接上220V直流工作电源，在电流继电器的线圈两端，加上瞬时冲击电流10～15A，冲击脉宽为T（10s>T>1ms）。电流继电器动作，其触点闭合，计数器计数一次，信号灯亮灯，指示过压动作，按下复归按钮，信号解除，信号灯熄灭，表明信号回路正确。

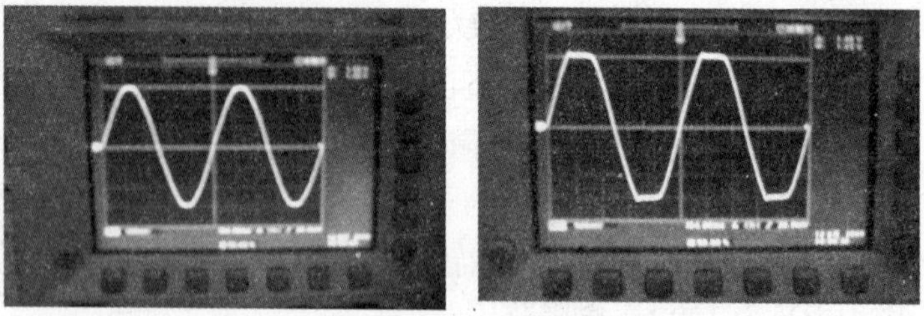

图14-26　某跨接器动作前后试验波形

国产跨接器，一般也串联保护熔断器。检测保护熔断器检查，可通过外观或用数值万用表检查好坏。

第十五章　发电机励磁系统现场试验

第一节　励磁系统静态试验

一、静态试验基本方法与要求

1. 自动和手动环节调节范围测定试验

（1）试验目的：检测微机励磁调节器在自动、手动方式下的调节范围及上、下限幅整定。

（2）试验条件：三相电源模拟同步电压源；利用三相电压源和电流源接入微机励磁调节器模拟定子电压、定子电流、代表转子电流的整流器阳极电流等信号。

（3）试验方法：

1）发电机微机励磁调节器工作电源投入，微机励磁调节器工作正常。

2）微机励磁调节器模拟工作在发电机空载工况下，分别按恒发电机定子电压闭环调节方式及恒发电机转子电流闭环调节方式运行。通过对发电机微机励磁调节器进行增、减给定值操作，观测发电机定子电压给定值、转子电流给定值的上、下限，并进行记录。检查和设计规范要求是否一致。

3）微机励磁调节器模拟工作在发电机并网工况下，按恒发电机定子电压闭环调节方式及恒发电机转了电流闭环调节方式下，通过对发电机微机励磁调节器进行增、减给定值操作，观测发电机定子电压给定值、转子电流给定值的上、下限，并做记录。检查和设计规范要求是否一致。如不满足要求应整定、修改，直到符合要求为止。

4）自动电压调节器应能在发电机空载电压10%～110%额定值范围内进行稳定、平滑地调节，手动励磁调节单元应保证在发电机空载电压10%～110%额定值范围内进行稳定、平滑地调节。

2. 自动和手动环节给定调节速度测定

（1）试验目的：检测微机励磁调节器在自动、手动方式下电压调节速度。

（2）试验条件：三相电源模拟同步电压源。

（3）试验方法：

1）微机励磁调节器工作电源投入，微机励磁调节器工作正常。

2）在恒发电机定子电压闭环调节方式下，通过对微机励磁调节器进行增、减励磁操作，在某时间段中，记录发电机定子电压给定值变化量。然后，计算出单位时间（1s）的发电机定子电压给定值百分数值，并做记录。

3）在恒发电机转子电流闭环调节方式下，通过对微机励磁调节器进行增、减励磁操作，在某时间段中，记录发电机转子电流给定值变化量。然后，计算出单位时间（1s）的发电机转子电流给定值百分数值，并做记录。

4）试验结果应满足在发电机空载运行状态下，自动励磁调节器和手动调节单元的整定电压变化速度，应不大于额定电压1%/s，不小于额定电压0.3%/s。否则进行调整，直到符合要求为止。

3. 两套调节通道跟踪切换试验

（1）试验目的：测定发电机微机励磁调节器双通道的相互跟踪情况，是否可快速跟踪并能够实现无扰动切换。

（2）试验条件：三相调压器作为晶闸管整流桥阳极电源和微机励磁调节器同步信号源；向微机励磁调节器送入三相电压作为发电机定子电压信号；晶闸管整流器带滑线变阻器和电感作为负载。

（3）试验方法：将微机励磁调节器设置在恒电压控制方式下，分别调整触发控制角度为强励角或强减角。也可切除积分环节将触发控制角稳定在一个值上。对微机励磁调节器做主从通道切换试验，用示波器观测晶闸管输出直流侧波形是否有变化，并做记录。应无变化，否则找出变化的原因并进行改正。

4. 过励限制参数整定和静态模拟试验

（1）试验目的：测试微机励磁调节器过励限制参数整定值和限制动作功能。

（2）试验条件：三相电源模拟同步电压源；利用三相电压源和电流源接入微机励磁调节器模拟的定子电压、定子电流等信号；由用户提供的实际过励磁限制曲线。

（3）试验方法：

1）模拟微机励磁调节器工作在发电机并网的负载工况下，采用恒发电机定子电压调节方式运行。整定并输入实际的过励磁限制曲线。计算出有功功率为0、$0.5P_N$、$1.0P_N$时的无功功率值。通过模拟输入改变有功功率、无功功率大小，逐点进行试验。检验微机励磁调节器是否会准确动作及动作时间是否与设计值一致，检验过励磁限制信号是否发出，分别记录过励磁限制功能动作值。

2）过励磁限制功能动作后，增磁应无效。连接3点绘出曲线，检查是否符合输入的实际过励磁限制曲线。如不符应修正输入曲线。减小无功功率使其满足过励磁限制的返回条件，过励磁限制信号应返回。

5. 欠励磁限制参数整定和静态模拟试验

（1）试验目的：测试微机励磁调节器欠励磁限制参数整定值和限制动作

功能。

（2）试验条件：三相电源模拟同步电压源；利用三相电压源和电流源接入微机励磁调节器模拟的定子电压、定子电流等信号；由用户提供的实际欠励磁限制曲线。

（3）试验方法：

1）模拟微机励磁调节器工作在发电机并网的负载工况下，采用恒发电机定子电压闭环调节方式运行。

2）整定并输入实际的欠励限制曲线。计算出有功功率为 0、0.5P_N、1.0P_N 时的无功功率值。通过模拟输入改变有功功率、无功功率大小，逐点进行试验。检验微机励磁调节器是否会准确动作及动作时间是否与设计值一致，检验欠励磁限制信号是否报出，分别记录欠励限制功能的各点动作值。

3）欠励限制功能动作后，减励磁应无效。连接 3 点绘出曲线，检查是否符合输入的实际欠励磁限制曲线。如不符应修正输入曲线。增加无功功率使其满足欠励限制的返回条件，欠励磁限制信号应返回。

6. 强励磁反时限限制参数整定和静态模拟试验

（1）试验目的：测试微机励磁调节器强励磁反时限限制参数整定值和限制动作功能。

（2）试验条件：三相电源模拟同步电压源；利用三相电流源接入微机励磁调节器模拟的转子电流等信号；已有实际的强励磁反时限限制曲线。

（3）试验方法：

1）模拟微机励磁调节器工作在发电机并网的负载工况下，采用恒发电机定子电压闭环调节方式运行。

2）整定并输入实际的强励磁反时限限制曲线。将模拟转子电流测量值分别调整为发电机额定转子电流的 1.2、1.4、1.6、1.8 倍和 2 倍，分别检验微机励磁调节器是否会准确动作及动作时间是否与设计值一致，检验强励磁反时限限制信号是否报出，并做记录。连接记录点绘出强励磁反时限曲线。检查是否符合输入实际的强励磁反时限限制曲线。如不符应修正输入曲线。

3）将模拟转子电流调整至 1.1 倍额定值以下，满足强励磁反时限限制的返回条件，限制信号应返回。

4）将模拟转子电流调整至输出顶值电流情况下，允许持续时间不小于 20s。

7. 电压/频率限制环节参数整定和静态模拟试验

（1）试验目的：测试微机励磁调节器电压的频率限制环节参数整定值。

（2）试验条件：选用可变频率三相电压源做同步信号源；设计的电压/频率限

制曲线。

（3）试验方法：

1）模拟微机励磁调节器工作在空载工况。

2）整定并输入设计的电压/频率限制曲线。调整三相电压源的频率，使电压频率在45～52Hz范围内改变。选择不少于4个以上的频率点（其中包含有限制动作的初始点和逆变灭磁点），测量微机励磁调节器的电压整定值和频率值并做记录。检查微机励磁调节器电压/频率限制动作信号是否发出。连接记录点绘出电压/频率限制曲线。检查是否符合输入设计的限制曲线。如不符应修正输入曲线。

8. TV断线功能模拟试验

（1）试验目的：测试微机励磁调节器TV断线检测保护功能。

（2）试验条件：三相调压器作为晶闸管整流桥阳极电源和微机励磁调节器同步信号源，并将三相100V电压接入微机励磁调节器机端电压输入端子；晶闸管整流桥带滑线变阻器作负载；另有示波器、万用表等仪器。

（3）试验方法：微机励磁调节器设置在恒电压闭环调节方式下，人为模拟任意TV一相断线。双通道微机励磁调节器将从主通道自动切换到备用通道，运行方式不变。单通道微机励磁调节器则从自动方式切换到手动方式运行。恢复TV断线后，微机励磁调节器的TV断线信号应自动复归。

二、静态现场试验方法介绍

励磁系统静态现场试验，是指发电机开机前的励磁整体试验。包括励磁调节器、励磁整流柜、灭磁、启励回路以及与计算机监控系统的整体联动试验。励磁静态试验应该同励磁装置的检修结合起来统一安排和考虑，在检修中已经进行过的试验，在静态试验就不再进行。

励磁静态试验，常常是励磁新设备安装完成后的试验。为了保证励磁新设备顺利安全投产试验，需要进行新励磁设备安装检查。

（一）新设备通电前的检查

1. 电气连接线

励磁装置与电厂其他设备的连接需由设计或安装单位实施，这包括信号回路、控制回路和电源回路等。当选择电缆和导线时，要注意电缆要有足够的长度和如何铺设。随着压降的增加会引起干扰灵敏度的增加，同样电缆的长度也会引起对干扰灵敏度的增加。

来自和连接到控制室的控制电缆通常是接到调节柜或灭磁柜的端子上（或通过接口、光缆与主控室连接），在电路图中详细规定了电缆的最小截面。

绑扎电缆用的电缆夹或电缆带应该安装在机箱的底部，要防止电缆连接头受拉力拉得太紧而造成电缆受损。要仔细检查电缆电磁屏蔽的接地。

2. 连接铜排

在铜排连接前，用户应将铜排底部擦净，用软布将铜排的连接面彻底地擦干净。如果连接面很脏，可以用清洁剂（例如酒精）或软刷清洁。连接面绝对不能有污垢和油脂。用海绵橡皮垫将合适的导电油脂均匀地涂在接触面，但只能涂很薄的一层。处理完后立即接好铜排。

各单元电气连接的螺钉，除另有规定，应该按照表 15-1 规定的扭矩拧紧。

表 15-1　　螺钉与力矩的关系表

螺钉尺寸	M5	M6	M8	M10	M12	M16	M20	M24
扭矩（N·m）	2.2	3.7	9	18.8	31.2	75.5	146.2	152.5

铜缆和铜排的连接如图 15-1 所示。

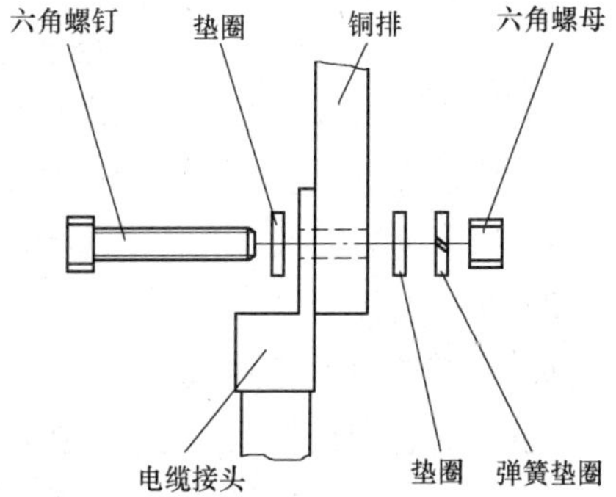

图 15-1　电缆连接示意图

3. 接地连接和屏蔽接地

主要接地铜排应安装在柜子的底部，主要接地电缆采用螺钉连接到接地铜排。屏蔽接地很重要，应按照图纸要求进行检查。

4. 密封和电缆洞封堵

根据设计和要求的防护等级，在柜体底架和基础的交接处必须用密封垫密封。对于盘柜下的电缆洞，一般采用防火泥进行封堵。

5. 励磁装置设备标签粘贴

励磁静态试验前，应给设备粘贴完整的标签，必要时贴上调试用系统图。

6. 励磁装置整体盘面清洁

清洁励磁盘柜盘面，一般采用潮湿抹布进行。

7. 励磁变压器测温电阻检查

近几年陆续发生因 RTD 测温元件误碰励磁变压器高低压绕组，轻者造成励磁变压器温度显控装置故障，重者造成励磁绕组接地、机组事故停机，甚至造成励磁变压器铁芯烧坏，不得不更换励磁变压器。为此，这里特别提醒：检查励磁变压器绕组间的 RTD，是否误碰励磁绕组，是否固定牢靠，温控仪是否工作可靠等。

（二）检修设备静态试验前的检查

（1）检查所有的电气端子连接都是紧固的，确认柜子已正确接地。

（2）检查励磁柜中的熔断器以及其熔芯的参数符合说明书要求。

（3）核实所有控制电源开关都是在断开或打开位置。

（4）用手操作每一个磁力设备，以确认所有的运动部件操作自如。

（5）核实引入和引出的母线都有没有接地。做法如下：可以使用一块电阻表，测量所有接到励磁装置的母线对地点，以确保绝缘的完整性。或者按照下列顺序检查绝缘：

1）检查整流桥交流电源（即励磁变压器二次电源）和所有的控制电源都已闭锁并有标牌。

2）断开所有的控制电源输入和功率整流模块中的交流输入隔离开关。

3）断开励磁输出开关或从发电机刷架上取下所有集电环碳刷，在测试过程中，在刷架处设置适当的遮栏和警告牌。

4）用电压表，检查需要绝缘电阻表试验回路中，其电压已放电到低于1V。

5）使用跳线或短接线，将需要绝缘电阻表试验回路短接。

6）将绝缘电阻表的一端接到某需要绝缘电阻表试验回路上，而另一端则接地。

7）如果读数较低，在往下进行之前，查明并解决该问题。

8）在加上任何电源前，从母线上拆除所有的跳线和短接线。

（三）励磁系统开环试验

励磁系统开环试验，就是励磁系统的小电流试验，它是励磁静态试验的主要内容。如果在此前已经进行过，就不要再重复进行。

励磁系统开环方法很多，有前述的基本方法，这里再介绍两种具体方法。

1. 发电机机端断开引线用系统倒送电方式

此方式使用励磁系统本身的电压互感器、电流互感器、整流变压器等，可以一并对整个励磁系统进行检测。接线原理系统图如图15-2所示。在此方式中，发电机端出口三相解开，该出口电缆或母排在试验时需带电，注意采取必要的安全措施。

2. 用三相调压器模拟PT输入及整流变输入方式

接线原理图如图15-3所示。在此方式中，应将机端电压互感器二次侧引至励磁调节柜端子处引线拆除，同时应断开整流桥交流输入开关，以免试验过程中有电压感应至互感器或变压器一次侧；另外，如果整流变二次侧电额定电压很高，则试验时同步变压器一次侧输入应调整变比到较低挡，以保证同步变压器输入较低时，同步信号正常。

两种方式均应解开灭磁开关出口的转子电缆，接上电炉或电阻器作为负载（应考虑功率，一般每个功率柜的励磁电流有0.5A以上晶闸管便可可靠导通）。选择

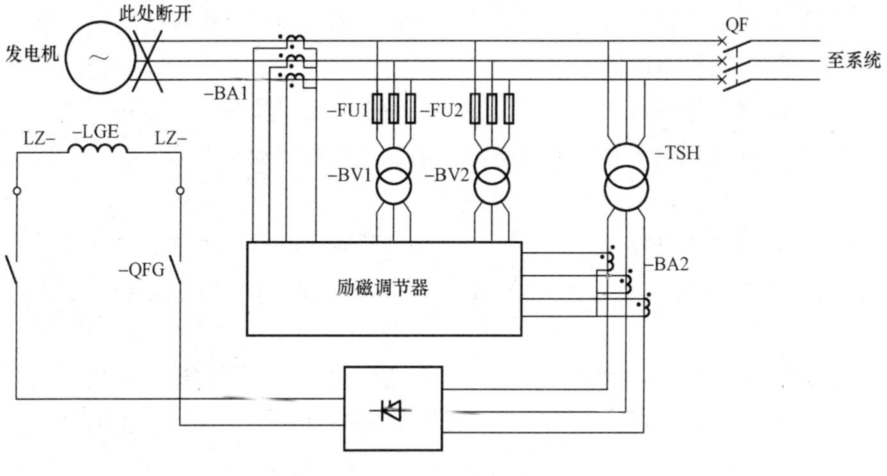

图 15-2 系统倒送电小电流试验接线图

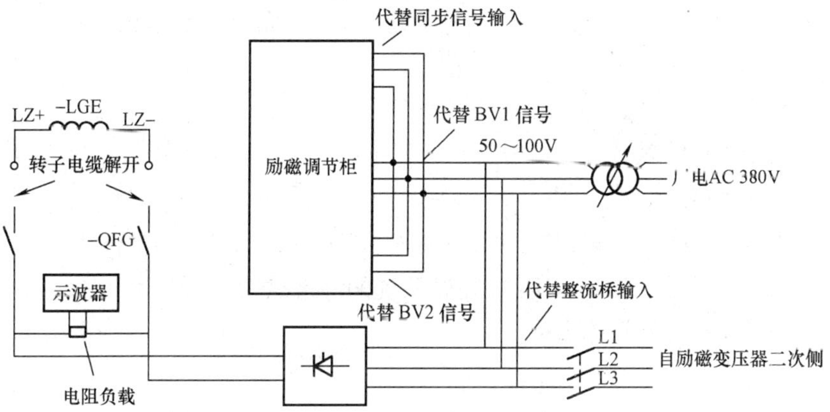

图 15-3 使用调压器小电流试验接线图

负载时，同时注意其容量，当晶闸管全开时，直流侧输出电压可达额定励磁电压的2倍。在负载两端接入示波器，以便观测晶闸管的输出波形。当输出最高电压超过示波器量程时，应考虑外接衰减电阻。

开环试验过程：励磁调节器各按钮处于运行位置，分别在各个通道进行开环小电流试验，分别调节增减按钮可从示波器上观察到励磁输出波形。晶闸管的输出波形正常时，输出波形为对称不缺相的六波头，且随给定大小变化（按增磁或减磁）波形从最小到最大平滑变化，不失控。

（四）*励磁联动试验*

励磁联动试验条件：断开启励电源开关，投入厂用交流电和直流操作以及合闸电源，励磁设备处于热备用状况，没有任何故障信号和异常点。

励磁联动试验内容：自动开机试验、自动启励试验、事故跳闸试验、停机逆变试验、中控远方操作试验等。

励磁联动试验注意事项：励磁设备已经处于准备好状态，不要随便再增加检修项目，不要随便解开端子和拔下继电器，不要随便投切励磁调节器电源，尽量少跳灭磁开关。

励磁调节器投切电源注意事项：在励磁调节器停电检修完毕后，一旦投电就尽量不要断电，因为投切电源对硬件有冲击。需要程序重启，一般采用复位方式进行。

励磁设备检修完毕，除了灭磁开关、启励电源开关必须由运行人员投入外，励磁设备内部所有开关已经合上就不要再断开，关好盘柜门，进入热备用状态，等待开机。

三、THYRIPOL 励磁系统静态调试实例

解析德国西门子 THYRIPOL 自并励励磁系统的静态调试实例，有利于学习和借鉴国外先进的检修试验经验。

1. 调试资料和记录表格

THYRIPOL 励磁装置调试资料，非常全面和详细，主要由一个既是调试方法又是调试记录的表格文件组成。完成这个表格文件，也就完成了整个励磁装置的调试工作，就会形成一个 100 多页的记录表格和 50 多份的录波图文件。

表 15-2 是西门子 THYRIPOL 励磁系统的静态试验目录，表 15-3 是调试项目编号为 ComEx005a 的具体表格。

表 15-2　　THYRIPOL 励磁调试项目目录

调试项目编号	调试项目名称	中文注释
ComEx001	Test of secondary TV and TA circuits	TV 和 TA 二次通电模拟试验
ComEx002	High voltage test of excitation transformers	励磁变压器和制动变压器耐压试验
ComEx003	Measurement of the insulation resistance of the excitation Transformer	励磁变压器和制动变压器绝缘电阻检测
ComEx004	High Voltage Test of power circuits	功率柜交流耐压试验
ComEx005a	Measurement of the insulation resistance of the power circuit of the excitation system	励磁主回路绝缘电阻检测
ComEx005b	Measurement of the insulation resistance pulse transformer	脉冲变压器绝缘电阻检测

续表

调试项目编号	调试项目名称	中文注释
ComEx006a	Test of the over-voltage protection	转子过电压保护校验
ComEx006b	Test of non-linear de-excitation. resistor	非线性电阻检测校验
ComEx007	Test of the external power supplies	外部交直流供电电源检测
ComEx008	Test and adjustment of offset of actual field current/voltage measurement	励磁电流和电压变送器偏移量检测调整
ComEx009	Test of all external binary input signals	外部开关量输入信号检测
ComEx010	Test of all internal binary input signals	内部开关量输入信号检测
ComEx011	Test of all external analog signals	外部模拟量输入信号校验
ComEx012	Test of all binary output signals	开关量输出信号检测
ComEx013	Test of all analog output signals	模拟量输出信号校验
ComEx014	Test of switch over of the OP1 operating panel	操作面板上通道切换试验
ComEx015	Test of the serial link 1 to CSCS	1 通道 Profibus 通信试验
ComEx016	Test of the serial link 2 to CSCS	2 通道 Profibus 通信试验
ComEx017	Test of the temperature supervision for the excitation transformer	励磁变压器温度检测试验
ComEx018	Tests of logic，alarms and trips	励磁操作，报警和跳闸试验
ComEx019	Test of the power circuit with temporary power supply 400V and resistance as load；Check of Firing Pulses	励磁小电流试验（励磁变压器二次侧外接电源 400V，外接电阻假负载）
ComEx020	Test of the power circuit with temporary power supply via 10 kV station service and with Braking—Transformer and the rotor of the generator as load	励磁装置大电流试验（励磁变压器一次侧外接电源 10kV，接转子负载；调节器励磁电流闭环调节）

表 15-3　　THYRIPOL ComEx005a 子项目文件内容

ComEx005a　　励磁装置一次回路绝缘电阻检测

MEASUREMENT OF THE INSULATION RESISTANCE OF THE POWER CIRCUIT OF THE EXCITATION SYSTEM

1. GENERAL 前言

The insulation resistance of the power circuit of the excitation system has to be tested.

2. METHOD 方法

L1，L2，L3 short circuited. Insulation test with 500 to 2500V DC to ground.

续表

	Test Voltage in V	Resistance in MOhm	Time
Main Circuit 整流主回路	2625	266	1 minute
Braking Circuit 制动回路	1041	286	1 minute
Field Flashing Circuit 启励回路	531	17600	1 minute
Pf 转子正极	1053	436	1 minute
Nf 转子负极	1053	456	1 minute

Temperature 温度：19℃

Humidity 湿度：59%

INSTRUMENTS 仪器

Insulation tester 500-5000V。

3. TEST CONDITIONS 试验条件

No erection work possible, DANGER FOR LIVE！

4. REMARKS 备注

EVALUATION 结论

2. 试验内容和方法简介

（1）励磁变压器和制动变压器耐压及绝缘试验：常规电气试验，主要包括电阻测量、变比和组别试验，耐压试验等。

（2）晶闸管模块外观检查：常规检查，主要检查晶闸管模块有无破损，有无杂物等情况。

（3）脉冲变压器绝缘检查：晶闸管模块绝缘检查，DC 1000V＋30″（时间30s）。

（4）功率柜 4000V 交流耐压试验：功率柜阳极电缆未接，短接三相阳极母排和直流输出母排，AC 4000V＋1′交流耐压。耐压前进行 DC 2500V＋30″绝缘电阻检查。此试验实际上也就是晶闸管和脉冲变压器的绝缘电阻和耐压试验。

（5）励磁装置主回路绝缘电阻检测：根据回路的不同，选用不同的直流电压进行绝缘电阻检查。

（6）转子过电压保护校验：卸下跨接器电缆，首先进行 DC 2500V＋30″绝缘电阻检查，然后使用电压发生器，分别校验正向和反向过电压动作值。

（7）灭磁电阻试验：按要求应进行伏安特性试验，但现场只检查绝缘电阻。

（8）外部交直流供电电源检测：这是励磁装置投电检查，检测输入电压值和相序，检测稳压电源输出电压值；合上所有开关，检查投电后的各种指示；采取临时措施屏蔽故障信号，使整个装置投电后正常运行，为下一步的试验做好准备。

(9) 直流灭磁开关时差试验：跳直流灭磁开关，记录放电动断断口与主断口之间的时差，记录正负主断口之间的跳闸时差。

(10) TV和TA二次通电模拟试验：使用继电保护仪，在TV回路外加额定二次电压100V，在TA回路外加额定二次电流，并改变相位，检查调节器采样计算和显示的正确性。

(11) 励磁电压和励磁电流变送器试验：使用毫伏直流电压发生器，在励磁电压和电流变送器二次侧外加毫伏电压，从零到额定值，检查调节器采样计算和显示的正确性。

(12) 励磁变压器温度检测试验：常规仪表试验，校验测温电阻和温度监视器。

(13) 励磁装置小电流开环试验：在励磁变压器二次侧（交流灭磁开关进线端）外接电源400V，断开转子负载，功率柜外接电阻假负载，调节器开环 α 角控制，检查脉冲和功率柜输出电压波形。

(14) 输入和输出信号试验：检查调节器I/O，A/D和D/A环节。

(15) 通信、报警及跳闸试验：同保护和监控装置对点。

(16) 励磁装置大电流试验：断开励磁变压器一次侧与发电机连接母排，在励磁变压器一次侧外接电源10kV，转子负载接入；调节器励磁电流闭环控制。

第二节　励磁系统空载试验

一、空载试验基本方法与要求

1. 零起升压、自动升压、软启励试验

(1) 试验目的：测试励磁调节器零起升压、自动升压、软启励特性。

(2) 试验条件：发电机转速在0.95～1.05倍额定转速范围内，励磁系统工作正常，启励电源投入，励磁系统具备升压条件。

(3) 试验方法：

1) 零起升压。首先退出启励电源，调整励磁调节器电压给定值至最低值（如10%）。然后对励磁调节器进行开机启励操作，通过残压发电机机端电压应自动上升至电压给定值，然后增磁操作将发电机机端电压逐渐上升至额定值。对试验过程的相关数据进行记录。发电机机端电压上升过程应平稳、无波动。

2) 自动升压。首先调整励磁调节器电压给定值至额定值，然后对励磁调节器进行开机启励操作，发电机机端电压应快速上升至额定值，对试验过程的相关数据进行录波。试验结果应满足电压超调量不大于额定电压的10%，振荡次数不超过3

次，调节时间不大于5s。

3）软启励。首先将励磁调节器置于软启励方式，然后进行开机启励操作，发电机机端电压应按一定的速率逐渐上升至额定值或设定值，电压上升过程应平稳无超调。

2. 升降压及逆变灭磁特性试验

（1）试验目的：检验励磁调节器升降压及逆变灭磁性能。

（2）试验条件：发电机运行在空载工况下。

（3）试验方法：

1）通过增磁、减磁操作增加或减少发电机机端电压，机端电压变化应平稳。

2）当发电机机端电压升至额定值后，通过励磁调节器发出手动逆变令及通过远方发出停机令进行逆变灭磁操作，励磁系统应可靠灭磁，无逆变颠覆现象。

3）对逆变灭磁试验进行录波。

3. 自动/手动以及两套独立调节通道的切换试验

（1）试验目的：检查发电机励磁调节器自动/手动及双通道的各种切换过程中励磁电流的波动和机端电压变化情况。检验相互跟踪情况，是否可快速正确跟踪并能够实现无扰切换。

（2）试验条件：发电机空载运行情况下，调节器双通道工作正常。

（3）试验方法：调节器做自动/手动通道切换试验，观测机组机端电压是否出现波动及波动量，并进行录波。然后对调节器做主从通道切换试验，观测机组机端电压是否出现波动及波动量，并进行录波。

4. 10%阶跃响应试验

（1）试验目的：检验励磁调节器的调节性能。

（2）试验条件：发电机处于空载运行状态，维持在额定转速下。

（3）试验方法：

1）励磁调节器工作在自动方式。将发电机定子电压调整在额定值，突减调节器给定值相当于发电机额定电压的10%的阶跃信号，录制施加阶跃信号后的发电机电压、励磁电流波形。

2）然后，突加励磁调节器给定值发电机额定电压的10%的阶跃信号，重复录制上述各量的波形。

3）试验结果应满足电压超调量不大于额定电压的10%，振荡次数不超过3次，调节时间不大于5s。

5. 电压给定值整定范围及变化速度测试

（1）试验目的：测试励磁调节器在自动、手动方式下的调节范围并测试调节器电压调节速度。

（2）试验条件：发电机运行在空载状态。

（3）试验方法：

1）发电机工作在空载状态。分别在恒发电机定子电压闭环调节方式以及恒发电机转子电流闭环调节方式下，通过对发电机励磁调节器进行增、减（磁）给定值操作观测发电机定子电压给定值、转子电流给定值的上下限，并做记录。

2）发电机工作在空载状态下。在恒发电机定子电压闭环调节方式下，对发电机励磁调节器进行增、减励磁操作，记录某时间段中发电机机端电压变化量。然后，计算出单位时间（1s）的机端电压变化百分数值。试验结果应满足：自动电压调节器和手动调节单元的电压给定值变化速度，应不大于 $1\% U_{gn}/s$，不小于 $0.3\% U_{gn}/s$。

6. 测试带自动励磁调节器的发电机电压—频率特性

（1）试验目的：测试发电机空载情况下的频率变化对机端电压调节性能的影响。

（2）试验条件：发电机运行在空载工况下，机组频率在 47～52Hz 范围内变化。退出电压/频率限制器功能。

（3）试验方法：

1）发电机频率在 47～52Hz 范围内变化，测量发电机机端电压的变化值，并进行计算。其结果应符合频率值每变化 1%时，发电机电压的变化值不大于额定值的±0.25%。发电机变压器单元接线进行此项试验，要监视记录变压器激磁电流的变化情况。

2）继续加大试验频率，励磁系统应能在 45～82.5Hz 范围内维持正确工作。

7. 电压—频率限制试验

（1）试验目的：测试励磁调节器的电压—频率限制特性。

（2）试验条件：发电机运行在空载工况下，机组频率变化在 45～50Hz 范围内，投入电压—频率限制器功能。

（3）试验方法：发电机在空载额定转速及额定电压下，励磁调节器处于自动方式运行，逐步缓慢降低机组频率。当机组频率降低至 47.5Hz 时，频率限制功能应开始动作。随着机组频率的逐步降低，发电机机端电压逐步自动下降，观察转子电流没有明显增大。当机组频率降低至 45Hz 时，发电机逆变灭磁，机端电压降到最低。

8. TV 断线模拟试验

（1）试验目的：测试励磁调节器的 TV 断线检测功能，并验证 TV 断线后励磁调节器自动切换动作的正确性。

(2) 试验条件：发电机运行在空载工况下。

(3) 试验方法：

1) 发电机在空载额定转速下，发电机机端电压带至额定值，励磁调节器处于恒电压闭环自动方式运行。

2) 人为模拟任意 TV 断一相，微机励磁调节器应发出报警信号同时从主通道自动切换至备用通道（也可从自动切至手动）。对双自动通道调节器则进行通道切换后仍保持自动方式运行。TV 断线调节器切换后，发电机仍应保持稳定运行，机端电压或无功功率应基本保持不变。TV 断线恢复后，励磁调节器的 TV 断线信号应自动复归。

9. 发电机在空载工况下的灭磁试验

(1) 试验目的：检验励磁系统灭磁性能。

(2) 试验条件：发电机运行在空载工况下。

(3) 试验方法：

1) 发电机在空载额定转速及额定电压下跳灭磁开关或磁场断路器进行灭磁，录制发电机电压、转子电压、转子电流和断路器断口电压、灭磁电阻电流的波形。测量灭磁电阻试验前后的温度。

2) 发电机在额定工况下，跳发电机出口断路器，联动跳灭磁开关或磁场断路器进行灭磁。录制发电机电压、转子电流、转子电压和断路器断口电压、灭磁电阻电流的波形。新设备投产灭磁试验，第一次可先在 50%额定电压下进行，无问题后再进行 100%试验。

3) 检查灭磁时间、磁场电压控制值是否达到设计要求。

4) 检查灭磁电阻的温升和均温系数是否满足设计要求。

二、空载试验现场方法介绍

1. 发电机空载升压和短路升流试验

新机组投产或机组大修后，需要进行发电机空载升压（100%U_g）和短路升流（100%I_g）试验，励磁设备需要提供可以调节的转子电流。如果有备用励磁装置，一般采用备用励磁进行试验。如果没有备用励磁，则将机组励磁系统由自励改为他励，如图 15-4 所示。此时励磁调节器 ECR 模式运行，励磁设备零起升流。

在图 15-4 中，上部分是采用备用励磁进行发电机空载升流升压试验，此时备励开关合上、主励开关断开。下部分是在机组没有备励的情况下，将自并励改他励方式进行，此时，断开励磁变压器一次侧主回路，将厂用电接到励磁变压器一次侧。

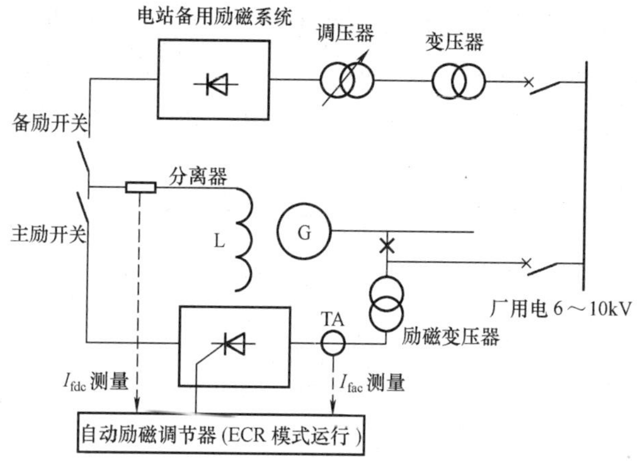

图 15-4　励磁零起升压升流试验接线图

2. 励磁空载试验

在发电机空载升压和短路升流试验后，励磁系统由他励改回原来的自励状态，在机组转速系统正常条件下，进行试验。

励磁空载试验主要项目及方法要点如下（前两项必做，后面可选做，可以用励磁调节器静态限制参数校验代替）：

（1）励磁启励逆变试验：ECR 启励升压，ECR 通道切换，ECR 和 AVR 切换，AVR 调节试验，10%U_{gn}阶跃试验，ECR 逆变和跳闸灭磁；AVR 启励升压，AVR 通道切换，AVR 逆变和跳闸灭磁等。试验时应始终设专人监视机端电压和转子电流变化。

（2）TV 断线和双通道故障切换试验：模拟 TV 断线和通道失电故障、AC 380V 和 DC 220V 失电故障，记录调节器切换过程。

（3）过励磁电流限制试验：无论是反时限过励磁限制（慢速过励磁限制），还是强励磁限制（快速过励磁限制），都是通过改变整定值小于实际值来使其动作，并观察限制效果。

（4）电压—频率限制试验：在 100%U_{gn}下，降低机组频率至 45Hz，机端电压自动降为 90%U_{gn}，进一步下降，有的励磁系统则逆变。

（5）机组建压稳定后，应检查并记录下列参数：U_{gref}、U_g、U_f、I_{fref}、I_f、功率柜电流。特殊情况录制励磁阳极电压波形。

3. 励磁空载试验录波要点

（1）励磁空载试验录波，可以利用调节器自带的录波功能进行录波，也可以另外配置专用录波仪进行录波。

（2）专用录波仪录波量采用变送器输出弱电量，其响应速度应达到要求；如果直接输入励磁回路的强电量，则应该采取只有一个公共点的正确的接线方法和隔离措施，如图 15-5 所示。特别是录波仪的电源要采用隔离变压器，保证人身安全。

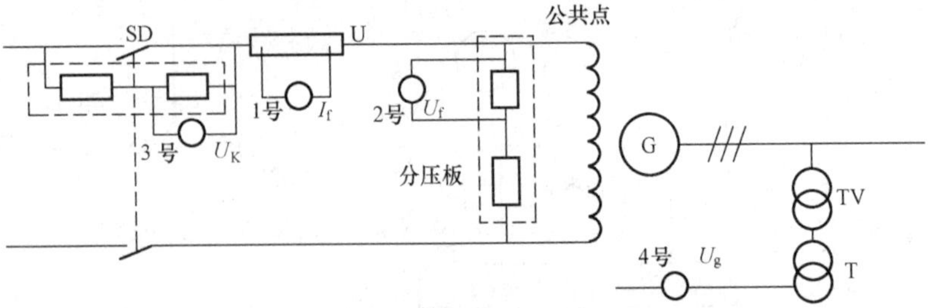

图 15-5　发电机灭磁试验接线图

SD—灭磁开关；T—测量降压变压器

三、THYRIPOL 励磁系统空载调试实例

1. 记录表格

THYRIPOL 励磁系统空载调试记录表格见表 15-4。

表 15-4　　THYRIPOL 励磁系统空载调试表格

调试项目编号	调试项目名称	中文注释
ComEx021	Test of the power circuit with temporary power supply via 10 kV station service and the rotor of the generator as load	励磁装置他励开机试验（励磁变压器一次侧外接电源 10kV）
ComEx022a	Test of the excitation current regulator	他励调节试验
ComEx022b	Test of electrical brake	制动调节试验
ComEx023	Short circuit characteristic of generator and protection tests	发电机他励短路升流试验
ComEx024	Open circuit characteristic of generator and protection tests	发电机他励开路升压试验
ComEx025	Field flashing test	发电机自励启励试验
ComEx026	Change over from manual to automatic voltage regulator (AVR) and back (both Systems), from AVR 1 to AVR 2 and back	调节器手自动切换试验，调节器双通道切换试验
ComEx027	Automatic voltage regulator (AVR) in no load condition	发电机空载阶跃调节试验
ComEx029	Measurement of ceiling voltage	强励试验
ComEx030	Over-excitation limiter; field current limiter	励磁电流限制试验
ComEx031	V/Hz limiter	电压—频率限制试验

2. 空载调试步骤及其内容解析

（1）励磁装置他励开机试验：相当于开机条件下的励磁大电流试验。

（2）发电机升流升压试验：在发电机机端短路或开路情况下，励磁装置他励开机，使用调节器1通道调节励磁电流，记录发电机电流和电压。

（3）发电机变压器组升流升压试验：在主变压器高压侧短路或开路情况下，励磁装置他励开机，使用调节器2通道调节励磁电流，记录发电机电流和电压。

（4）励磁启励、逆变试验：包括ECR启励升压试验，5%励磁电流阶跃试验，ECR模式下通道切换试验，ECR和AVR模式切换，AVR模式下调节试验，10% U_{gn}发电机电压阶跃试验，ECR模式下逆变和跳闸灭磁试验，AVR启励升压试验，AVR模式下通道切换试验，AVR模式下逆变和跳闸灭磁试验等。

（5）TV断线和双通道故障切换试验：模拟TV断线和通道失电故障，记录调节器通道切换过程。

（6）强励试验：在AVR模式下，将机端电压降至80% U_{gn}时，再进行+20% U_{gn}电压阶跃，记录励磁电压的强励过程。当励磁电压达到80% U_{gn}最大值，且持续8ms则进行通道切换。

（7）励磁电流限制试验：励磁电流限制有两种，一种是反时限过励限制（慢速过励限制），另一种强励限制（快速过励限制）。励磁电流限制试验，都是通过改变整定值来观察限制效果。

（8）电压-频率试验：在109% U_{gn}时降低机组频率至45Hz，机端电压自动降为90% U_{gn}。

励磁调节器空载试验可以按照表15-5的顺序进行（这里只列出通道一的试验）。

表15-5　　励磁调节器通道一试验项目顺序

1	ON command ECR1	10%手动（ECR）启励
2	Set point step 5% ECR1	5%励磁电流阶跃
3	Change ECR1 to ECR 2 to ECR 1	手动方式下通道切换
4	Change ECR1 to AVR1	手动和自动方式切换
5	Set point step 10% AVR1	10%发电机电压阶跃
6	Change AVR1 to ECR1	自动和手动切换
7	Trip command ECR1	手动方式下跳闸灭磁
8	ON command AVR1	100%自动（AVR）启励
9	Change AVR1 to AVR 2 to AVR 1	自动方式下通道切换

续表

10	OFF command AVR1	自动方式下逆变
11	ON command AVR1	100%自动（AVR）启励
12	Trip command AVR1	自动方式下跳闸灭磁
13	ON command AVR1	100%自动（AVR）启励
14	Ceiling voltage step 20% AVR1 change to AVR2	强励试验（80%U_{gn}）
15	V/Hz limiter AVR1	电压—频率限制试验
16	Show over excitation limiter AVR1	励磁电流限制试验
17	Loss control supply F201 off AVR1 change to AVR2	双通道故障切换试验
18	Loss TV1 voltage off AVR1 change to AVR2 and AVR1to ECR	TV 断线切换试验

第三节 励磁系统负载试验

一、励磁负载试验基本方法与要求

1. 自动/手动以及两套独立调节通道的切换试验

（1）试验目的：检查发电机励磁调节器自动/手动及双通道的各种切换过程中励磁电流的波动和机端电压变化情况。检验相互跟踪情况，是否可快速正确跟踪并能够实现无扰切换。

（2）试验条件：发电机并网运行情况下，带一定负荷。调节器双通道工作正常。

（3）试验方法：

1）调节器做自动/手动通道切换试验，观测机组机端电压是否出现波动及波动量，并进行录波。然后对调节器做主从通道切换试验，观测机组无功是否出现波动及波动量，并进行录波。在切换时，发电机机端电压或无功功率均不应有明显的波动。调节通道切换应进行无故障切换和模拟运行通道故障时切换两种方式。

2）励磁系统采用的两套调节通道应互为热备用、相互自动跟踪，应能手动切换，运行通道故障时能自动切换和 TV 断线自动切换至备用通道。自动跟踪部件应具有防止跟踪异常情况或故障情况的措施。

3）保证当运行调节通道故障时，能正确、自动地切换到备用调节通道。切换时发电机机端电压或无功功率应无明显波动。

4）励磁系统调节通道设有自动/手动运行方式时，应具有双向跟踪、切换功能。跟踪部件应能正确、自动地进行跟踪。切换应具有手动和 TV 断线自动切换能力。切换时保证发电机机端电压和无功功率无明显波动。

2. 励磁系统整流功率柜的均流试验

（1）试验目的：检查并联功率柜的均流情况。

（2）试验条件：现场机组带额定无功功率。如果达不到额定无功，可以是当时试验条件下的最大无功。

（3）试验方法：

1）测量每个整流桥的电流，并计算均流系数。均流系数计算方法是并联运行各支路电流平均值与支路最大电流之比。

2）测得的均流系数应不低于0.85。

3. 调压精度测试

（1）试验目的：由于调压精度测试上的困难，因此以测试发电机电压静差率来代替。确定励磁调节器所具有的调节性能。

（2）试验条件：发电机运行在负载工况下，自动励磁调节器的调差单元退出。

（3）试验方法：电压给定值不变，退出发电机解列后自动返回空载给定值功能。使发电机负载从额定视在功率值减到零（可通过跳出口断路器），同时记录对应发电机机端电压，然后计算发电机电压负载变化时的调压精度。计算公式

$$E(\%)=\frac{U_{g0}-U_{gn}}{U_{gn}}\times100\%$$

测得的调压精度应优于±0.5%。

4. 带自动励磁调节器的发电机电压调差率的测定

（1）试验目的：检查调差极性是否符合设计或电网的要求，测量励磁调节器发电机电压调差率整定的正确性。

（2）试验条件：发电机并网运行，在功率因数为零的情况下，将自动励磁调节器调差单元投入。自动励磁调节器投入“自动”位置，电压给定值固定。解除电压给定值自动返回空载功能。

（3）试验方法：

1）首先确认调差极性是否符合设计或电网的要求。通过改变电厂内相邻机组的无功功率或电厂母线电压，使得试验发电机无功功率达到一定数值（越大越好），记录该点的机端电压 U_{g1}。然后，跳发电机出口断路器，记录发电机机端电压 U_{g0}。按照 $D(\%)=[(U_{g0}-U_{g1})/U_{gn}]\times100\%$ 计算发电机电压调差率 $D(\%)$。

2）也可以首先通过增加励磁将发电机无功带到额定，记录该点电压值。然后跳发电机出口断路器，再记录一点电压值。将两点电压值代入调差率公式进行计算。

3）发电机机端电压调差率整定范围为±15%，级差不大于1%。调差特性应有

较好的线性度。

5. 发电机无功负荷调整试验及甩负荷试验

(1) 试验目的：试验通过励磁调节器调整无功负荷的能力，并测试励磁调节器在发电机甩无功时的调节特性。

(2) 试验条件：发电机并网运行，有功功率分别为 0，100% P_N 下，调整发电机无功负荷到额定值（可加做一次 50% Q_N 无功）。调节器给定值固定。机组解列后灭磁开关不跳，维持空载运行。

(3) 试验方法：

1) 通过手动跳出口断路器，机组甩负荷解列。记录甩负荷前、后发电机的有关数据。并录制甩负荷时发电机电压、励磁电压和励磁电流波形。观测励磁调节器在发电机甩无功时的调节特性。

2) 该试验一般同机组甩负荷试验结合起来进行，可以在正常甩负荷和事故甩负荷试验中观察灭磁情况。

3) 通过甩负荷试验确定调节器能否满足发电机甩无功时，将机端电压及时回到空载位置。以及调节器调节性能能否满足在额定功率因数下，当发电机突然甩掉额定负载后，发电机电压超调量不大于 15%额定值，振荡次数不超过 3 次，调节时间不大于 5s。若不能满足则调整调节器有关参数。

6. 各辅助功能单元及保护、检测装置的整定与动作正确性试验

(1) 试验目的：检测励磁系统各限制、保护功能参数整定与动作正确性。

(2) 试验条件：发电机处于并网状态。

(3) 试验方法：

1) 过励磁限制功能试验。发电机处于滞相区间运行，过励磁限制功能限制曲线整定好以后，调节器在自动调节方式下，投入过励磁限制功能。将有功功率稳定在一定值上，无功功率保持在较小的数值，使发电机运行点处于过励磁限制功能限制曲线以内。增加励磁电流，使无功功率逐步增加，最终超出限制曲线，过励磁限制功能动作。延时数秒后，发电机无功功率应被限定在限制曲线整定值上，要求无功功率无明显的摆动。

2) 欠励磁限制功能试验。发电机于进相区间运行。欠励磁限制功能限制曲线整定好以后，调节器在自动调节方式下，投入欠励磁限制功能。将有功功率稳定在一定值上。试验开始，无功功率可以为零数值，使发电机运行点处于欠励磁限制功能限制曲线以内。减少励磁电流，使发电机进相无功功率逐步增加，最终超出限制曲线。欠励磁限制功能应瞬时动作。动作后，继续减磁无效。

3) 发电机无功功率应被限定在限制曲线整定值上，要求无功功率无明显的摆

动。应注意欠励磁限制功能应先于失磁保护动作。

7. 电力系统稳定器（PSS）试验

（1）试验目的：整定PSS的相频特性和幅频特性。测试PSS对有功低频振荡抑制的有效性。考核PSS对抑制低频振荡的作用。

（2）试验条件：进行PSS试验时，要求被试机组尽可能带满负荷运行，功率因数尽量接近1；励磁系统运行状况正常；被试机组调速系统性能正常。

（3）试验仪器：波形记录仪，频谱分析仪或动态信号分析仪，低延迟时间交流电压变送器等。

（4）试验方法：

1）将发电机有功功率升至接近额定负载、功率因数接近1.0的工况下运行。励磁系统及调节器工作正常。首先做PSS不投入情况下的励磁控制系统相频和幅频特性的测试，获得励磁系统在0.1～2Hz范围内的频率特性。

2）根据励磁控制系统的相频特性、可能发生的振荡频率（试验和仿真结果），整定PSS环节相频特性，也即整定PSS超前和滞后时间及回路增益。然后投入PSS检验其抑制有功低频振荡的效果。可以用不同的方法来检验PSS的抑制有功低频振荡的效果。常用的方法有发电机负载阶跃响应法、系统阻抗突变法和正弦扰动强迫振荡法三种，较常用的是发电机负载阶跃响应法。

（5）试验过程：

1）测量被试机组励磁系统PSS不投入情况下的相频特性。无补偿频率特性即励磁控制系统滞后特性，为自动电压调节器信号综合点（和点）到发电机端电压的相频特性。在自动电压调节器信号综合点加不同频率的小干扰信号（白噪声），用分析仪测量发电机机端电压，得到励磁控制系统PSS不投入情况下的相频特性。

2）PSS参数整定计算。整定PSS环节参数。根据上面测量的结果和线路上有功功率低频振荡时的振荡频率，计算被试机组PSS的校正参数。要求在线路发生有功功率低频振荡时，PSS输出的力矩向量对应ω轴在超前10°～滞后45°以内，并使发电机本机有功功率振荡时PSS输出的力矩对应ω轴在0°～滞后30°之间。

3）校核被试机组励磁系统的相位校正特性。励磁控制系统PSS投入后的频率特性由无补偿频率特性、PSS单元相频特性和PSS信号测量环节相频特性相加得到，其应有较宽的频带。

4）测试PSS临界增益。将发电机有功功率调整在某稳定值，投入PSS和切除PSS，观察机组各有关量应无扰动，特别注意励磁电压的波动情况。然后投入PSS，将PSS增益从零逐渐增加，测试发电机励磁电压直到出现轻微持续的振荡为止，此时的增益即为PSS的临界增益。PSS增益实际整定值一般为临界增益的

1/3～1/5。

5）测试 PSS 对有功低频振荡的抑制效果。常用的方法是发电机负载阶跃响应法测试。通过人为的机端电压不大于 5%的额定值阶跃扰动，迫使机组的有功功率振荡。然后录取投入 PSS 和没有投入 PSS 两种情况下的有功功率、机端电压等量的变化波形。通过计算有功功率波形的衰减阻尼比及波形的振荡频率比较可以看出 PSS 抑制有功低频振荡的效果。

6）另外也可以使用系统阻抗突变法和强迫振荡响应法。

7）检查 PSS 是否存在"反调"现象。投入 PSS，按机组增减有功功率最快的速度调节机组出力，使之变化额定有功功率的 10%，测录调节中有功功率和无功功率的变化波形，PSS 应无明显的反调现象。一般可接受不超过 30%的额定无功功率的波动。

二、励磁负载试验现场方法介绍

1. 励磁负载试验主要项目及方法要点

励磁负载试验要点如下（前三项是必做，后面的选做，可以用励磁调节器静态限制参数校验数据代替）：

（1）发电机并网调节试验：并网后，调节 P 和 Q，观察稳定性。

（2）甩负荷试验，建议录波，但如果只能采用强电输入信号录波，则取消录波，观察记录即可。

（3）低励限制试验：在 $P=0$ 时，减磁使欠励动作，继续减磁，Q 不变；增加 P，欠励继续动作，Q 不变，但励磁电流增加。如果欠励限制值太大致使试验困难，建议减小整定值后进行。

（4）定子电流限制试验：在 $P=(80\%\sim100\%)P_N$、$Q=-30\%Q_N$ 左右时，改变限制整定值，使之比测量值少 5%，延时后，限制器动作，Q 增加；在 $P=(80\%\sim100\%)P_N$、$Q=30\%Q_N$ 左右时，改变限制整定值，使之比测量值少 5%，延时后限制器动作，Q 减小。

（5）过无功限制试验：在 $P=(80\%\sim100\%)P_N$、$Q=30\%Q_N$ 左右时，改变限制整定值，使之比测量值少 5%，延时后限制器动作，此时 Q 减小。

2. 励磁 PSS 试验主要项目及方法要点

励磁 PSS 试验要点如下（前两项是选做，且必须在 PSS 专家的指导下进行，后两项也是选做，但可以由现场技术人员进行）：

（1）励磁系统无补偿特性测量和有补偿特性试验。

（2）PSS 临界增益测量和 PSS 增益整定。

（3）发电机电压阶跃试验：在 $P=100\%P_N$、$Q=5\%Q_N$ 左右，PSS 投切条件

下，分别进行（2%～3%）U_{gn}机端电压阶跃，并记录PSS投切的稳定性。比较PSS投入和退出两种情况下有功功率的波动情况，确定PSS参数的合理性。

（4）PSS反调试验：在PSS投入的情况下，按照运行时可能出现的最快调节速度进行原动机功率调节，观察发电机无功功率的波动即反调情况。一般来说，在Q不变情况下，要求1min内，先将P减少10%P_N，记录PSS的反调；再将P增加10%P_N，记录PSS的反调。

三、西门子THYRIPOL励磁系统负载调试实例

1. 记录表格

THYRIPOL励磁系统负载调试表格见表15-6。

表15-6　THYRIPOL励磁系统负载调试表格

LIST OF TESTS (Wetcommissioning) 负载试验（开机后调试）项目表		
调试项目编号	调试项目名称	中文注释
ComEx032	Optimizing the AVR with the generator synchronized	发电机并网参数优化试验
ComEx033	ACTIVE and REACTIVE Load rejections	发电机有功无功调节试验
ComEx034	Under—excitation limiter	低励限制试验
ComEx035	Stator current limiter	定子电流限制试验
ComEx036	Reactive power controller	发电机无功调节试验
ComEx037	Power system stabilizer	PSS试验
ComEx038	Measurement of the current balance of the 5 thyristor bridges	励磁整流柜均流测试
Com EX100	Test of DC—field circuit breaker	直流灭磁开关时差试验
ComEX110	Noise Level Measurement	励磁装置噪声测试

2. 负载调试步骤及其内容简介

（1）发电机并网调节试验：发电机并网后，调节P和Q，观察稳定性。记录各功率柜输出电流，计算均流系数。

（2）甩负荷试验，建议励磁录波量：转速、U_g、I_g、U_f、I_f等。

（3）低励限制试验：在$P=0$时，减磁使$Q=-140$Mvar左右，欠励动作，继续减磁，Q不变；增加$P=550$MW，欠励继续动作，Q不变，但励磁电流增加。

（4）定子电流限制试验：在$P=550$MW、$Q=-120$Mvar时，改变限制整定值，使之比测量值少4%，延时后，限制器动作，此时Q由-120Mvar增加为-80Mvar左右；在$P=550$MW、$Q=160$Mvar时，改变限制整定值，使之比测量

值少4%，延时后，限制器动作，此时Q由160Mvar增加为100Mvar左右。

（5）励磁电流限制试验：在负载情况下校验励磁电流限制，对于慢速过励限制，改变整定值小于测量值，延时后动作；对于快速过励限制，改变整定值大于整定值，然后进行+3%阶跃，限制器动作。

（6）PSS试验：在$P=550$MW、$Q=150$Mvar，PSS投切条件下，分别进行3%机端电压阶跃，并记录PSS投切的稳定性。在Q不变情况下，要求1min内，先将P减少100MW，记录PSS的反调情况；再将P增加100 MW，记录PSS的反调情况。

第十六章　励磁系统维护及常见故障处理

第一节　励磁系统运行与维护

一、励磁系统的定期巡视检查

励磁系统的运行、检修维护人员应坚持对励磁设备的定期巡视。运行人员要每班巡检一次，检修维护人员至少每周巡检一次。特殊情况下可增加至每周进行两次。

巡回检查至少由两人组成，巡检应该按照预先制定的路线进行，巡检必须到位。巡回检查时不得误碰运行设备。巡回检查时认真观察和仔细地听，判断其是否处于正常运行状态。发现设备处于非正常运行状态时，应开票及时处理。

励磁设备巡视的主要内容如下：

（1）调节器显示参数是否与实际工况相符。

（2）调节器运行状态及稳压电源工作状态。

（3）整流功率柜运行状态及均流情况，检查各种信号指示是否正确。

（4）冷却系统是否正常，进风口滤网是否清洁。

（5）励磁变压器运行情况，励磁变压器温控显示是否正常。

（6）励磁机运行情况，冷却风机是否正常运行，有无金属摩擦声。

（7）励磁系统各表计指示和信号显示是否正常。

（8）有关设备、元器件是否在运行要求的状态。

（9）有关设备、元器件有无过热等异常现象等。

根据设备实际情况，可以参照表 16-1 格式制定巡检记录表。有些电站是用设备点检制度来强化设备的巡检，表 16-2 是某大型电站的励磁设备点检表。

表 16-1　　励磁系统巡检记录表　　年　月　日

巡检项目	1F	2F	巡检项目	1F	2F
调节器运行模式	AVR1	AVR2	励磁电流（A）	3180	3400
调节器运行情况	√	√	功率柜信号指示情况	√	√
有功 P（MW）	650	700	功率柜均流情况	√	√
无功 Q（Mvar）	200	250	励磁开关柜运行情况	√	√

续表

巡检项目	1F	2F	巡检项目	1F	2F
交直流电源运行情况	√	√	励磁变压器B相温度	76	82
单元控制室温度情况	20	22	励磁变压器C相温度	74	79
励磁变压器温控器运行情况	√	√	阳极过电压保护柜温度	40	45
励磁变压器A相温度	75	80			
巡检人员			结论	正常	

表16-2　　　　励磁设备点检表

<table>
<tr><td colspan="20">励磁系统点检表</td></tr>
<tr><td rowspan="2">序号</td><td rowspan="2">点检日期</td><td colspan="2">点检状态</td><td colspan="2">运行通道</td><td rowspan="2" colspan="2">励磁小间温、湿度（℃，MAX）</td><td colspan="2">励磁装置运行情况</td><td colspan="3">励磁特性</td><td colspan="2">风机滤网</td><td rowspan="2">励磁变压器温度（℃，MAX）</td><td rowspan="2">1号功率柜电流</td><td rowspan="2">N号功率柜电流</td><td rowspan="2">点检员</td><td rowspan="2">备注</td></tr>
<tr><td>停电</td><td>运行</td><td>AVR1</td><td>AVR2</td><td>正常</td><td>异常</td><td>励磁电压（V）</td><td>励磁电流（A）</td><td>无功功率（Mvar）</td><td>清洁</td><td>脏污</td></tr>
<tr><td></td><td></td><td></td><td></td><td></td><td></td><td></td><td></td><td></td><td></td><td></td><td></td><td></td><td></td><td></td><td></td><td></td><td></td><td></td><td></td></tr>
<tr><td></td><td></td><td></td><td></td><td></td><td></td><td></td><td></td><td></td><td></td><td></td><td></td><td></td><td></td><td></td><td></td><td></td><td></td><td></td><td></td></tr>
<tr><td></td><td></td><td></td><td></td><td></td><td></td><td></td><td></td><td></td><td></td><td></td><td></td><td></td><td></td><td></td><td></td><td></td><td></td><td></td><td></td></tr>
<tr><td></td><td></td><td></td><td></td><td></td><td></td><td></td><td></td><td></td><td></td><td></td><td></td><td></td><td></td><td></td><td></td><td></td><td></td><td></td><td></td></tr>
</table>

二、励磁系统的日常维护

励磁系统的日常维护由励磁系统检修人员负责。其日常维护工作主要有：

（1）励磁设备的普通和特殊巡检。

（2）定期清洗励磁冷却系统的过滤网，建议停机备用时及时更换。

（3）检查励磁系统各表计、灯具，发现损坏应及时修理或更换。

（4）定期检查励磁变压器、功率柜的运行温度及各开关、电缆有无过热现象。

（5）励磁运行中发现的缺陷应尽快组织检修人员处理，防止故障扩大。

（6）定期分析励磁系统及装置的健康状况。

作为检修维护人员，除了日常的励磁设备巡检外，还需要进行一些特殊的或重点部位的巡检。

1. 普通例行巡检

（1）路线设计要科学合理。

（2）巡检的首要任务是观察设备声音、气味等。

（3）运行参数记录要少而精：U_f、I_f、α、功率柜电流。

（4）开关门要注意安全，普通巡检一般不要打开盘柜门。

2. 特殊重点巡检

（1）异常设备的重点巡检，通过巡检得出结论。

（2）冬夏两季主要工况下运行参数记录，做到心中有数。

（3）红外线温度仪等巡检设备运行温度。图 16-1 是普通红外线测温仪和红外热像仪显示照片。使用红外线测温仪测量电缆，电缆头、铜排和整流子等发热设备。

（4）灭磁开关触头温度，可以用万用表测量两端的电压值，一般是 40～80mV，但要注意安全。

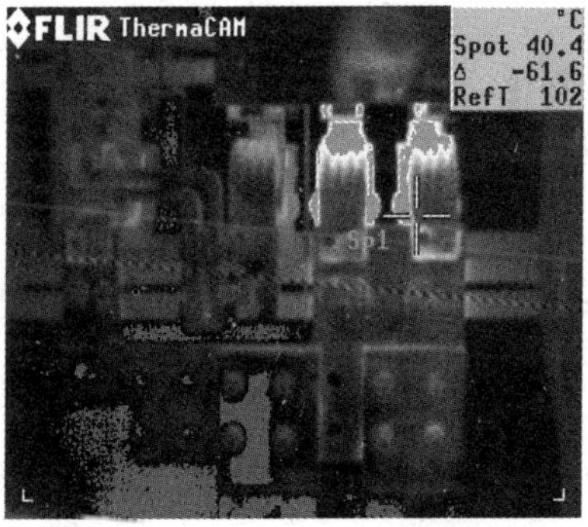

图 16-1 普通红外线测温仪和红外线热像仪显示照片

三、EX 2100 励磁装置预防性维护实例

1. 概述

预防性维护有利于防止、检测和更正那些可能引起设备故障的状态。它包括对损坏和磨损的检查、测试和定期地对设备的清洁。

2. 维修计划

为取得最大的效益，预防性维护应当按照由有资格的技术人员制定的维修时间间隔来进行。每一项维修步骤所要求的频率取决于设备使用了多少和周围环境条件。

预防性维护，在环境不满足规范要求的条件下，推荐每半年至少进行一次。在环境方面满足环境规范的条件下，也应在正常计划停机时进行预防性维护。如果需要，空气过滤器应当检查和更换得更为频繁。

预防性计划应当包括通电前对接线和元件的检查。

3. 维修记录

对每台励磁装置，用户应保持一本详细的维修记录（例如一本日志本），这本记录用于两个目的：

（1）确认所有的设备都进行了常规的检查。

（2）提供设备维修和问题的历史，以帮助故障处理和防止设备故障。

4. 维修步骤

这些步骤包括清洁设备、通过视察和功能测试、检查磨损和损伤。

为防止触电，确认所有加于励磁柜的电源都已断开，在进行任何调整、维护，或其他需要与电气元件或接线接触的行动之前，将设备接地和放电。

5. 维修步骤表

下面的维修操作步骤应按照由环境决定的适当的时间间隔周期地进行，详细的操作步骤可参考励磁说明书。

（1）从柜子和电气元件上清除灰尘和尘土。

（2）清扫和更换所有柜子前面的过滤器（可以不使励磁装置断电）。

（3）检查所有的螺母和螺栓连接。

（4）检查接线的磨损、烧伤或绝缘熔化。

（5）检查所有板的插头、连接器、接线、光纤连接。

（6）检查风机是否正常运行和旋转。

（7）检查继电器和接触器。

（8）核实加热器的完整性和正常运行（位于控制柜和辅助柜中）。

当各项检查都完成以后，给控制系统上电，并确认它正常运行。使用 PC 或键盘进行控制通信，并更正系统所报告的报警和故障。

6. 风扇和风机的更换时间间隔

电源和控制机箱的风扇，至少每 7 年要进行更换。如果控制柜的环境温度超过 40℃（104℉），风扇应每 4 年进行更换。

功率整流柜的风机，至少每 4 年进行更换［如果环境温度超过 40℃（104℉，更换时间间隔要更短些)］。

7. 清除灰尘

在电气元件和接线上积聚的灰尘，可能损坏元件和引起误动作。电气元件上积聚灰尘，会增加运行温度，减少它们的正常寿命。在绝缘体上积聚的灰尘，可能吸收足够的湿气，而形成从母线到接地底盘之间的泄漏电流的路径。在电线表面的灰尘（特别是金属性灰尘）可能引起接头上针之间的放电。放电通常是容性的，它与沿导线表面的电荷积累有关，能引起间歇性的故障，很难检查出来。

在清扫以后，检查部件上是否有腐蚀斑点或其他金属沉积物在绝缘部件上。如果部件上有斑痕，就不要再使用。

8. 松动的连接

在设备运行中的振动可能使机械的和电气的连接松动，并可能引起间歇性的设备故障。再者，在松动的连接点上的灰尘和潮湿，会引起端子板上低电压信号的丢失，或在母线连接处引起发热。

为防止由静电引起的元件损坏，对所有的电路板和设备都要采取静电敏感操作技术。当电路板或元件已经从可能带电的设备上拆下以后，只能在正常接地的工作站中戴上接地腕带进行处理。为防止设备损坏，当电源加在设备上时，不能拆下、插入或调整板的连接。

9. 导线和电缆的检查

（1）检查所有的导线和电缆，是否有磨损、碎片、缺口或动物咬伤等。

（2）检查所有的导线和电缆，是否有过热或碳化的迹象。

（3）修理次要的低压绝缘损伤可以用高级的绝缘胶带。如果损伤的电缆是承受高电压，就更换该电缆。

（4）更换任何超过轻微损伤的电缆或导线。

10. 接触器和继电器检查

（1）在接触器和继电器断开（与闭合状态相反）时，检查触头表面的变色和粗糙是否正常。

（2）如果有由于严重的电弧而形成的金属珠粒：

1）以细锉处理触头的表面，不要用金刚砂布或砂纸。

2）核实和改正电弧烧伤的原因。

3）参看该元件的关于维护，修理和更换的操作步骤指导文件。

11. 印刷电路板/模块检查

（1）在拔出前后，用真空吸尘器从板的连接附近，除去灰尘。

（2）用真空吸尘器清除板上和连接处的灰尘，可以用软毛刷子清理积灰。

（3）如果有过多的脏污，板子可能需要清洗。

12. 短路处理

如果出现短路，回路上的过电流保护设备应当切断流向设备的电源。这一般可防止短路点以外的电气损伤。然而，电弧产生的热量可能使某些有机绝缘材料碳化，这将损伤绝缘的质量。

在处理短路的原因之后，在使励磁装置再带电之前，应当：

（1）彻底检查系统是否有导体、绝缘或设备损坏，如果发现有就更换。

（2）检查绝缘电阻。

（3）检查过电流保护设备是否有绝缘和触头损坏。当需要时，进行修理或更换。

（4）检查和更换任何断开的熔丝。

（5）对于由多柜并联的功率柜之间的隔板一定要装上，防止一柜故障扩大为多柜故障。

第二节　励磁系统常见故障处理

一、励磁系统处理故障时的安全事项

1. 安全规则

当在励磁系统装置内工作时，一定要有警示。否则接触到带电的部件就可能引起严重的人身伤害。正因为如此，在设计时就考虑到将装置内所有带电超过 50V 的部件都加以防护。没有经过一定的培训和必要的预防措施，维护人员不得进入柜内工作。

励磁柜内直接接到励磁变压器二次侧和发电机转子磁场绕组的部件（散热器、铜排等），都带有很高的电压，如果接触它们就有触电的危险。所以，必须设置安全屏障以防止意外触电。为了对运行装置进行电器元件测量，这个安全防护装置必须距带电物体有一定的距离。特别注意的是，维护人员必须要经过培训，这是绝对必要的工作，是必须做的。

特别指出的是，由于灭磁开关和磁场回路的放电电阻是直接接到发电机转子绕组的，所以存在着很大的触电危险。因此，柜体应安装防护设备以保护人身安全。如果移开了防护设备，维护人员必须远离高电压和大电流的装置。

柜门上必须有警告标记，以警告维护人员控制柜内存在电压（超过 50 V），但最重要的是警告：整流柜内的电压可能超过 1000V，电流也非常大。在运行期间，当控制柜的门被打开时，这些警告是一种保护。

维护工作只能是在切断电源和有保护措施的情况下才可以进行。如果不是则应做以下预防工作：不能随便的靠近工作区域，工作区域要用黄色的标记标出“高压！危险！”

为了避免由于控制错误或其他人员的原因，将已断开的开关又闭合，要有相应的系统保护措施（例如采用带钥匙的开关，以避免错误的再次闭合此开关）。

2. 疏忽大意引起的后果

如果不遵循安全规程将对设备引起严重的损坏。如果系统带电而柜体内却没有防护设备，这时，不仅对运行人员而且对其他任何靠近带电设备的人员都增加了触电的危险。

如果对于规定的维修工作没有全部做完或只完成了一部分，可能会产生危险造成很大的经济损失。特别是在整流柜中还残留有污垢和灰尘，将会引起高压闪络危险。

3. 对工作人员的要求

维护人员必须熟悉资料，必须熟悉安装操作，并经过了有关维护和维修工作的培训。对于新员工和实习人员，必须由熟练技术人员监护工作。

维护人员必须熟悉控制原理和相关操作，对无论是励磁装置本身（就地控制），还是在控制室发出的有关励磁系统的报警都要熟悉。既要对励磁设备的电源，也要对紧急停机等事故都有着非常丰富的经验，并且有能力在紧急情况下关闭系统。

维护人员必须熟悉在工作现场预防意外事件的措施，必须经过有关能提供第一帮助和灭火的培训。

4. 紧急情况说明

工作人员必须知道灭火器和紧急出口的位置，并且要会使用灭火器。灭火器分卤素灭火剂、二氧化碳（CO_2）或泡沫等几种。

(1) CO_2灭火器专门用于电气设备的灭火，它对人身没有直接的伤害。

(2) 泡沫灭火器是专门用于非电气设备的灭火。它们不能用于电气设备的灭火。它会对人身造成直接的伤害。

(3) 当在带电的柜中灭火时，只能使用 CO_2 灭火器，绝不能用泡沫灭火器或水。

系统起火时，首先从就地或从控制室切断励磁，如果有必要就动用紧急停机装置，然后断开系统的所有的电源。

二、励磁系统常见故障基本处理方法

1. 发电机转子一点接地故障的处理

(1) 立即停止转子回路上的工作。

(2) 检查励磁回路是否正常，重点检查灭磁开关到转子滑环这一段电缆，如有接地点应设法排除。

(3) 如确认转子一点接地，一时无法排除应立即报告值班调度，申请停机处理。

2. 励磁整流变压器温升过高的处理

(1) 现场进行温度检测，确认温度升高的部位。

(2) 检查励磁系统是否过负荷运行。

(3) 检查整流桥是否掉相运行。

(4) 若在运行中不能恢复正常，应向调度申请倒备励或停机处理。

3. 励磁功率整流柜故障的处理

（1）可以分柜运行的功率整流柜发生单柜故障，可以退出故障的功率整流柜进行处理。

（2）不能分柜运行的功率整流柜发生故障时，有备励系统者倒备励运行；无备励系统者可向调度申请临检，停机处理。

（3）功率整流柜发生多桥臂故障时，可做如下处理：

1）若励磁电流可以调节，立即倒换至备励运行；无备励系统者可向调度申请机组解列，灭磁后处理。

2）若励磁电流无法转移至备励，可将机组解列，退出主励，然后用备励升压并网。

3）多桥臂故障造成失磁保护动作跳闸的，按机组保护动作处理。

4）多桥臂故障时若失磁保护未动作跳闸，但是机组已失步，应立即将机组解列灭磁。有备励系统者可用备励系统升压并网。

5）多桥臂故障使机组进相但未造成机组失步，立即减有功至空载，同时增加励磁电流。若调整无效则倒换至备励或将机组解列。

4. 励磁冷却系统故障的处理

（1）采用单柜独立风机的功率整流柜发生单柜冷却故障时，可退出冷却故障的整流柜以便检修风机。

（2）采用双风机运行系统，一个风机故障，另一个风机运行，可以采取倒备励或申请低谷停机消缺进行处理维修。

（3）采用集中冷却方式的功率整流系统发生冷却系统故障时，可立即减少发电机的无功负荷，并在短时间内启动备用冷却系统或倒换至备励运行，否则应将机组解列灭磁。

5. 励磁电流及无功负荷异常的处理

（1）若机组进相过深但尚未失步，立即降有功负荷至空载，同时增加励磁电流。

（2）若励磁电流调节无效应倒备励运行或将机组解列灭磁。

（3）励磁系统误强励造成无功过负荷及转子电流异常，应立即减少励磁电流；若不能减到正常运行电流值，而实际电流又未超过允许的最大励磁电流时可设法倒换至备励运行；若减磁无效或无法倒换至备励应立即停机灭磁。

6. 启励失败的处理

（1）检查励磁系统的阳极回路，直流输出回路的开关，隔离开关是否合上，灭磁开关合闸是否到位。

（2）检查启励电源、脉冲电源、阳极同步电源、稳压电源等是否投入，熔断器是否完好。

（3）检查励磁操作控制回路是否正常。

（4）检查自动励磁调节器的各种反馈调节信号是否接入。

（5）检查微机励磁调节器是否进入监控状态。

（6）通过以上检查处理后再手动启励一次，若仍不成功则停机处理。

7. 自动励磁调节器测量信号断线（电压互感器断线）的处理

（1）只有一套自动调节通道或以手动控制作为备用调节通道的自动励磁调节器应切至手动运行。

（2）多通道自动励磁调节器应自动或手动切换至备用通道运行。

（3）运行中处理断线的电压互感器二次回路故障时，应采取防止短路的措施，无法在运行中处理的应提出停机申请。

8. 失磁保护动作或磁场断路器（灭磁开关）跳闸的处理

（1）检查是否励磁装置故障引起失磁，如短时不能处理好，在转子的绝缘电阻及回路正常情况下可用备励升压并网。

（2）检查转子回路及整流装置阳极回路是否存在短路故障点。

（3）磁场断路器（灭磁开关）跳闸应查明原因，消除故障原因以后方可升压并网。

（4）如果是误碰、误动引起失磁保护动作，可立即升压并网。

9. 励磁整流变压器过电流保护动作的处理

（1）对励磁装置进行检查，确认是否整流桥失控。

（2）对励磁整流变压器等一次设备进行全面检查，确认是否有短路点。

（3）故障消除或未发现明显故障点，在检查励磁变压器绝缘电阻正常情况下，可用备励或主励对机组带励磁变压器零起递升加压，无异常后再正式投运。

三、励磁系统故障信息处理指南

1. TV 故障

调节器发 TV 故障信号是指调节器通道测量电压互感器回路有故障。这时，显示屏会弹出故障报警画面并闪烁报警，面板上的故障通道的 TV 故障灯也会被点亮。

当故障发生在当前运行通道时，调节器会自动切换到备用通道运行。

TV 故障一般都由 TV 三相不平衡引起的。首先检查 TV 回路的熔断器是否完好，再检查调节柜对外接线端子排电压端子的三相电压是否平衡，若不平衡则故障出在励磁柜外，这时应检查 TV 的高压熔断器是否完好或各转接点是否接触良好；

若三相电压平衡则说明故障在励磁柜内，这时应按图纸顺着接线端子号往下查，找出不平衡点，然后再采取相应的处理措施。如果只是导线接触不良，可以在运行中处理。

2. 厂用电消失

厂用电消失是指厂用电源消失或者是供电回路的交流接触器均不带电，即厂用电Ⅰ段、Ⅱ段均消失。厂用电为励磁系统的照明灯、加热器、风机等提供电源，特殊情况下还作为同步信号电源。由于功率柜停风机运行有一定的时间限制。所以厂用电消失后，虽然励磁调节器仍能正常工作，但还是应该尽快处理。

发生厂用电消失故障时，显示屏会弹出故障报警画面并闪烁报警。

发生厂用电消失故障时，首先应检查厂用电供电回路的交流断路器是否全部合上，如果合上故障仍然存在则应检查电厂的两段厂用电是否送到励磁屏。

3. 自用电消失

自用电消失是励磁专用交流 380V 电源消失，该电源由励磁整流变压器二次侧经励磁自用电源变压器取得，供给励磁调节器稳压电源和功率柜双风机电源，它的处理方法与厂用电消失类似。

4. 直流电消失

直流电消失是指直流 220V 操作电源故障。发电机并网时，直流电源消失虽然励磁系统仍能正常运行，但此时已不能对灭磁开关进行操作，所以必须尽快地处理。

直流电消失故障信号时，显示屏会弹出故障报警画面并闪烁报警。

发生直流电消失故障时，首先应检查直流电源输入回路熔断器的对外接线端是否有 220V 直流电压，若没有便是励磁柜外的原因。若有，则应先检查该熔断器是否完好。若完好则应参照图纸检查直流电回路监视继电器不带电的原因。若熔断器熔断，则应更换熔断器，更换前，应确保励磁系统操作回路无短路现象。

5. 过电压保护

过电压保护是指转子过电压保护动作，这里特指检测过电压保护回路电流的计数器动作结果。转子过电压保护动作包括正向过电压保护动作和反向过电压保护动作。

过电压保护动作时，显示屏会闪烁报警，灭磁柜过电压保护指示灯被点亮。

过电压保护装置主要是通过非线性电阻来吸收各种情况下转子上可能产生的正、反向过电压。每次出现过电压保护信号后，应及时将信号复归，以备下次能正常地动作和计数。另外，还须检查非线性电阻。为了准确记录过电压保护动作次数，计数器不能被随意清零。需要说明的是，当灭磁开关带负荷分断时，过电压保护信号也将动作。

6. 过励保护

过励保护是指励磁电流超过了额定励磁电流的 2～3 倍，这种情况比较严重，它很可能是转子短路或励磁失控误强励引起的。过励保护动作时，励磁装置会同时发出命令给发电机保护，发电机保护再来跳发电机断路器和灭磁开关。

过励保护的动作值一般设定为额定励磁电流的 2～3 倍，准确数据需查阅出厂试验报告。

发生过励保护时，应对转子回路和励磁系统进行全面的检查。首先应确认转子回路有无短路现象，功率柜晶闸管和快熔、灭磁柜非线性电阻和快熔是否损坏。然后再利用小电流实验看励磁系统是否工作正常，开机之前还应该着重检查 TV、励磁变压器二次侧 TA、励磁变压器二次侧的同步变压器，以确认回路和相位正常。若不能找出故障原因就不要轻易开机启励。

7. 启励失败

启励失败是指从自动启励开始，在一定时间内（一般 10s）机端电压还小于 10%的额定机端电压。此时调节器便发启励失败信号，其判断值可以根据现场实际整定。

发启励失败信号时应首先检查调节器在启励前是否处于正常的准备开机状态，如功率柜交、直流隔离开关，灭磁开关，TV 高压侧隔离开关，启励电源开关均合上。而且无停机信号。然后再检查是否有启励电源，TV 熔断器是否熔断，TV 回路的接线是否松动。如果这些都正常，此时可以重新给调节器上一次电，或者另换一个通道启励，如果可以正常启励则说明是调节器通道内的原因。如果也不能正常启励则应该检查启励回路、脉冲公共回路、晶闸管整流器、转子回路是否有接地或短路等。

若调节器没有发出启励失败命令，但机组仍无法自动启励，可在励磁盘近方启励或远方人工启励。无法自动启励的原因应检查机组 95%转速令及投励磁令信号是否正常送入励磁盘，以及信号触点是否有抖动等。

若远方近方均不能人工启励，应检查机组频率是否达到 45Hz 以上。

若励磁装置已有励磁电流输入发电机励磁绕组，但机组仍不能建压成功，则应考虑是否存在机组启励电流不够的问题，可以适当调节启励限流电阻，加大启励电流进行试验和检查。

若励磁装置已有励磁电压而没有励磁电流，则重点检查转子回路是否开路或短路。

8. 逆变灭磁失败

逆变灭磁失败是指发电机在解列的情况下，励磁装置在接收到停机令后，5s内，机端电压还大于10%的额定机端电压。逆变灭磁失败的判断值可以根据现场实际整定，必须逐级查找逆变颠覆的原因。

调节器在发逆变灭磁失败的同时，会发出信号去跳灭磁开关灭磁。

9. 电源故障

当调节器通道面板上的电源故障灯亮时，指的是A或B通道内调节器的12V和5V电源故障。此时显示屏显示的是A通道电源故障或B通道电源故障。

当前运行通道发生此故障时，调节器会自动切换到备用通道运行。

发生电源故障时首先应检查电源开关是否合上、电源模块输出是否正常，然后再检查操作面板。

10. 24V电源故障

24V电源故障是指由同步变压器提供的24V电源有故障。此时显示屏显示24V电源故障并闪烁报警。

24V电源故障主要是查电源模块的输入输出，以确定电源模块是否损坏，然后再做相应的处理。

11. 调节器通道故障

调节器通道故障是指励磁调节器通道的调节器CPU板有硬件故障、软件跑飞或无中断信号。这时显示屏会闪烁报警，通道面板上相应的发光二极管也会被点亮。

当运行通道发生此故障时，调节器会自动切换到备用通道运行。

如果是由于干扰等引起的软件故障，则可尝试关闭调节器电源一次，看故障是否消失。

发生调节器通道故障时，如果面板上的脉冲故障灯也一直亮着，则说明调节器通道CPU板无中断信号，此时应主要检查连接CPU板以及连接操作面板的扁线。如果没有其他的灯亮，则首先应对调节器进行重新复位。如果故障仍存在，则可通过更换故障通道的CPU板、开关量输出板或连接CPU板和开关量输出板的扁线以缩小故障查找的范围，然后再做相应的处理。

12. 调节器脉冲故障

调节器脉冲故障是指运行通道的脉冲发生了故障。这时面板上的脉冲故障灯被点亮。显示屏报警画面显示调节器故障，故障追忆画面显示通道脉冲故障。

当运行通道发生此故障时，调节器会自动切换到备用通道运行。

如果通道面板上脉冲故障灯一直都亮着，则可能无同步中断信号。处理方法参见“调节器通道故障”。如果面板上的脉冲故障灯只有在强行切换到该通道运行时才亮，则应该有丢脉冲现象或操作面板上有硬件故障，这时最好通过更换开关量输出板及其扁线以及操作接口板来缩小故障查找范围，然后再做相应的处理。

13. 功率柜故障或退出

功率柜故障或退出是指功率柜退出或功率柜有故障，这时显示屏都会显示功率柜故障或退出，并闪烁报警。

功率柜退出是指功率柜的交流开关没有合上、直流开关没有合上或脉冲切除。功率柜故障包括脉冲故障、风机故障、快熔熔断、桥臂断流、风温过高、风量过低等。

14. 功率柜脉冲故障

功率柜脉冲故障是指脉冲送到励磁整流柜之后有故障。这时应该用示波器观察发生故障功率柜的直流输出波形，看是否有标准的6个波头。同时用示波器检查从调节器抽屉脉冲线到晶闸管脉冲板的各路脉冲，看是否有正确的双窄脉冲。其中应着重检查脉冲放大板的输入输出脉冲波形。

15. 快熔熔断

快熔熔断是指功率柜与晶闸管串联的快熔有熔断现象，是比较严重的故障。

这时首先应该检查是哪个快熔熔断，此时熔断的快熔上面的信号点会自动弹出，然后还要检查与之串联的晶闸管是否损坏，一般来说此时晶闸管损坏，阴极阳极会呈现短路状态。此时应该检查所有晶闸管，开机之前应该做小电流试验，看功率柜输出波形是否正常。没有查出快熔的原因并排除之前，不能开机启励。

16. 风机故障

风机故障包括风机停和风机断相两种情况。一般只有智能功率柜才具备此功能。

风机断相是由断相保护继电器来检测的。当发生风机断相情况时，风机的运转声音异常，断相保护继电器的指示灯也会被点亮。此时应手动退出该风机，首先检查风机电源是否三相平衡，然后再检查风机内部是否正常。

当风机停转时，功率柜上相应的指示灯会被点亮。这时也应手动退出风机的电源，然后再逐步检测风机电源和内部是否正常。

当风机电动机损坏或风叶损伤造成风道内部风压减小，风压继电器动作时，励磁系统也将发出功率柜风机故障。

17. C通道故障（只适用于具有三个通道的调节器）

C通道故障是指调节器的后备通道（第三通道）有故障，可能原因是硬件故障，如触发模块故障、电源故障等。显示屏显示C通道故障并闪烁报警。

发生C通道故障时首先检查电源是否正常，再检查该通道的测量回路是否正常。若有，可能是触发模块故障，这时可在停机后重新上电进行复位，看故障能否消失，若不消失，则可更换硬件。

18. 功率柜通信故障（只适用于智能功率柜）

功率柜通信故障是指功率柜与调节柜之间的通信出现故障。此时，显示屏上的功率柜画面中相应的功率柜信息不能正确显示，并有通信故障字样闪烁报警。

发生功率柜通信故障时应检查相应功率柜与调节柜之间的通信线是否连接好。然后再检查相应功率柜中与调节柜中的通信模块是否工作正常。

19. 风量低（只适用于智能功率柜）

功率柜的风量是通过风压继电器来检测的，如果功率柜停风或风机损坏造成风压过低不能使风压继电器动作，功率柜都会发故障信号。这时应检查风机是否损坏。

20. 桥臂断流（只适用于智能功率柜）

桥臂断流是指正常运行时某个支臂的晶闸管没有电流通过，即功率柜掉相。如果该桥臂的快熔没有熔断，则应该检查该桥臂的脉冲和脉冲板是否正常。

21. 风温过高（只适用于智能功率柜）

风温过高是指功率整流柜风道温度过高。此时应检查功率柜是否同时有其他异常告警信号（如风机故障、桥臂断流）发出，若同时存在其他故障，则风道温度证明可能确实超过设定警戒点，应采取退柜、减小本柜电流输出及强迫通风等方法降低风道温度。

若没有发生其他异常情况，则应检查风道内的测温电阻，检测其是否损坏，从而发出误告警信号。

四、励磁系统故障处理实例

（一）一例启励接触器烧毁故障处理

1. 故障现象

某水电厂1号机自动开机启励，当机端电压上升到约20%额定电压时，启励接触器突然燃烧。此时机端电压还在继续上升，最高达到约30%额定电压，最后电压下降到零，同时保护报“转子一点接地”故障。

2. 故障分析

1号机启励解除的条件有两个：一是机端电压达到额定电压的8%，二是启励时间达到5s。二者满足其一，调节器即解除启励令。

1号机在开机启励的初始阶段，调节器开出启励令，启励接触器动作都是正常的，启励接触器烧毁发生在启励解除的过程中。

当机端电压达到8%额定电压时，励磁调节器启励令解除，启励接触器分闸。由于此时机端电压较低，励磁功率柜提供给转子的电流很小，转子电流主要由直流系统通过启励接触器提供，因此，此时启励接触器必须分断较大的直流电流。

启励接触器的合闸是靠线圈的电磁力吸合，分闸靠弹簧力。如果弹簧力太小，或动触头与灭弧罩有摩擦等原因使分闸速度变慢，而分闸电流较大，则会形成电弧效应，导致电弧无法分断而烧毁启励接触器。1号机启励接触器烧毁就是如此。

3. 故障处理

更换启励接触器，选择工艺质量更好的接触器，并在平时的检修和维护工作中加强检查。同时建议在启励回路加装限流电阻，合理减小启励电流。

（二）励磁装置启励误强励事故处理

1. 事故现象

某小水电机组自动开机带主变压器空载升压时，监控系统报励磁系统强励限制动作、无功过载动作，发电机定子过压1.25倍，机组停机灭磁。

现场检查主变压器、励磁变压器及励磁装置无异常，保护装置无信号。发电机零起升压至额定正常。励磁装置就地逆变灭磁后，再远方零起升压也正常。

2. 事故分析

从机组监控录波图看，励磁电压开始强励，励磁电流已经上升，发电机机端电压达到125%额定电压。机组事件记录如下：21：22：00，FMK合；21：22：10，启励；21：22：10，投初励；21：22：10，脉冲检测允许；21：22：11，初励退出；21：22：13，断路器合（定子电流>5%）：负载；21：22：15，断路分（定子电流<5%）：空载；21：22：15，启励结束；21：22：15，停机：逆变；21：22：15，强励限制；21：22：18，停机完毕：逆变结束；21：22：18，强励限制结束；21：22：18，脉冲检测闭锁；21：22：18，停机等待；21：25：00，FMK分。

分析录波图和事件记录，发现机组带主变压器升压启励，出口断路器并没有合闸，但励磁调节器却误判为机组负载运行。原来该励磁调节器对于机组是否负载的判断加入了定子电流的判断：若发电机出口断路器处于断开位置，调节器则进行定子电流判断，当定子电流大于5%额定电流就认为机组处于负载状态。造成定子电流过高的原因是机组转速过低。正是在励磁调节器判断发电机并网负载，此时启励过程刚结束，如果是空载状态，调节器按照“软启励”启励，其励磁给定值会从低到高上升。如果此时直接进行负载控制调节，励磁给定值就直接切换到额定范围。又由于该调节器在负载状态时有一个低电压强励功能，当发电机电压低于80%额定电压直接输出强励角度，于是此时励磁装置进行“硬启励”，相当于一个大阶跃。当励磁电流因这个误强励造成强励限制动作，调节器切换到恒励磁电流控制方式，其给定值为切换时的强励电流，于是造成定子过电压。当定子电压达到 1.25 倍额定时，励磁调节器空载过压瞬时动作，励磁调节器逆变。

3. 事故处理

在带空变压器升压时，调节器给定机端电压小于 30%或给定励磁电流小于 10%，启励过程完成后，逐步升电压到额定，然后并网。

（三）新机组投产试验启励不成功故障处理

1. 故障现象

某电厂新投运机组启励不能建压，具体现象为：机组励磁投初励后转子电流表指示初励电流正确，但机端电压表没有电压指示。

机组停机后机组励磁启励回路正常，励磁变压器和励磁 TV 相序极性也正确，静态测量转子回路绝缘合格。现场检查发电机转子时，发现滑环表面有油污，且碳刷与滑环接触面积过小，这样增大了接触电阻。将机组开至空转后测量转子对地电阻，阻值接近于零，投初励后转子电压无冲击，机端电压无反应，初步怀疑为转子两点接地。

2. 故障分析

后经发电机保护装置厂家核实，开机时曾有转子一点接地信号报出，但电站技术人员认为是保护误发信号，退出了转子一点接地保护。主机厂家表示，转子内部工艺处理不当时，可能导致旋转状态下的转子接地，但转子两点接地现象非常罕见。

在机组空转状态下再次测量转子对地绝缘，发现绝缘有突然下降的现象，确认转子存在接地。

3. 故障处理

主机厂家技术人员对发电机转子进行了检查，发现转子确有接地，且接地点有烧黑痕迹，说明至少存在两点接地。经处理后，机组再次开机建压正常。

（四）因 TV 断线造成启励失败故障处理

1. 故障现象

某大型水电机组双微机励磁调节器，自动启励后，励磁现地显示 $100\%U_{gn}$，启励成功，但机组保护装置发过励磁报警，机组监控显示发电机电压为 $110\%U_{gn}$ 多。逆变灭磁后再手动零起升压，发现励磁测量机端电压确实比保护和监控装置所测的电压值低，用万用表测量励磁调节器两个测量 TV 电压，发现缺少 C 相电压，进一步检查，发现这两个 TV 二次侧开关的 C 相不通。

2. 故障分析

由于该机组 TV 没有装设一次侧熔断器，故在 TV 二次侧装有辅助位置触点的空气开关。该励磁调节器采用两种方法来判断 TV 断线：第一是判断 TV 二次侧空气开关位置，当开关处于断开位置就认为 TV 断线，于是调节器进行通道切换，当双通道的 TV 都断线，调节器不切换但控制模式转为励磁电流控制方式；第二是调节器计算发电机零序电压来判断是否有 TV 断线，当零序电压大于 20%额定机端电压且延时 20ms，就认为该通道 TV 断线。但当双通道同时都检测到有零序电压，就不认为是 TV 断线。正是由于两个 TV 开关的 C 相同时断线，调节器认为 TV 正常。但是由于缺一相电压，调节器计算的发电机机端电压就比正常小，于是当调节器按照 100%额定电压启励后，发电机机端电压就过电压，造成机组过励磁保护动作报警。

3. 故障处理

申请停机处理，进入发电机 TV 二次侧空气开关控制盘现场，确认励磁调节器的两个开关 C 相接触不良，且时好时坏。检查中发现这两个励磁测量 TV 开关的型号都为 C32（额定电流 32A），而其他装置所用 TV 开关为 C6（额度电流 6A）。于是将两套励磁 TV 开关都换为 C6 型号。随后开机启励升压成功。

由于正常运行中，TV 开关只有很小的电流流过，原安装的 32A 开关极不合理，不过现在的 6A 空气开关也有不妥之处，因为其他机组的励磁 TV 开关采用的是 ABB 额定电流只有 2A 的开关，运行情况表明，该开关动作可靠，运行稳定。为了保证该回路的可靠运行，建议将该机组励磁 TV 开关也更换为 2A 开关。

（五）励磁调节器测量 TV 接触不良故障处理

1. 故障现象

某火电厂进口励磁调节器运行中报“MB-3：Stop following a measurement discrepancy”（REG MB-3 测量偏差停止跟随），这个故障表明该通道故障，如此时另一个通道有故障，则不能进行切换，只能停机。

第一次出现该故障后，拔出 CPRT1 卡进行清洁，该故障消失。但没过多久该故障再次出现，此时分别更换 ESVI 卡（A20A3 和 A20A4）、ICPR1 卡、CPRT1 卡和 IRVI 1 卡，但该故障仍然存在。

2. 故障分析

针对测量偏差这个问题，用维护计算机检查调节器的测量值，发现通道 1 和 2 的发电机定子电压测量值是有明显差异：通道 1 为 22.72398V，通道 2 为 16.06866V。

进一步检查发电机定子电压测量值，用万用表在励磁柜检查 TV 二次侧电压值，发现通道 1 和 2 的发电机定子电压 TV 二次侧电压值也有明显差异的。以上数据表明问题很可能出现在 TV 上，初步判断该故障是由励磁测量 TV 故障引起。

3. 处理过程

利用停机的机会，将 TV 隔离出来，发现连接 TV 一次的固定装置松脱，这样就造成电压不正常，稍后对松脱部分进行了固定。然后在二次注入试验中，确认故障“REG MB-3”已经消失。后来发电机并网后，通过切换通道实验，调节器各种功能正常，故障没有再出现过。

本次故障处理说明：对于 AVR 故障信号，通过维护手册给的信息来频繁地更换卡件是盲目的，多关注一次回路很有必要。

(六) 励磁调节器通信故障处理

1. 故障现象

某进口双通道励磁调节器运行中报“励磁故障”，现场检查发现该调节器第二套第二块 CPU 报“C”故障，两套调节器之间的通信模块信号灯熄灭，显示 OP 面板上有励磁系统故障的报警。

2. 故障分析

该双通道励磁调节器之间的通信由第二块 CPU 的通信主板 CS7 上的通信子板 SS4 负责，正常运行时该 CPU 显示“2”，如果显示“C”，说明通信故障。另外，两套调节器之间的通信模块信号灯正常运行时亮，现在也熄灭，进一步表明双机通信确实故障。

申请停机处理，用调试电脑连接到调节器上，通过 IBS 调试软件检测出了故障点，并下载了 SIMADNY D 硬件故障代码 0x6961，然后在 P32 通信错误代码表中查找 0x6961 的具体信息，查得如下内容：

6961 Hex

F：DUST1 firmware has reverted to an error status or the SS4 module insert is missing.

R：@CSD01 reverts to the dead status.

A：Insert SS4 module in the CS7 board；Contact Siemens AG.

EQ：ZF _ ERR _ NUM _ CSD1 _ DUST _ TOT

EM：ZP. CSF

AM：_ CSD01. CSF

AA：7-Seg. C’

以上信息中的 F 表示出错原因，R 表示系统做出的反应，A 表示解决办法。通过以上故障代码信息可以知道，出现该故障的原因是 CS7 板子上用于两套调节器间通信的模块 SS4 错误，需更换 SS4 模块。

3. 故障处理

断开第二套调节器的24V电源开关F205，调节器退出运行，将CS7板上面的SS4模块取出，更换一块新的SS4模块，恢复接线以后合上电源开关F205，故障消除，调节器恢复正常。

（七）解决因双通道通信模板损坏不能启励的事故处理

1. 事故现象

某大型水电厂进口励磁装置，在汛期进行励磁调节器PSS软件升级，采用机组运行中双通道轮流停电更换程序卡的方法进行。当更换完第二通道的程序卡上电后，第二通道CPU2数码显示“C”通信故障，同时发现本通道与计算机监控系统的PROFIBUS通信模板（SS52）运行指示灯熄灭。SS52这个通信子板是集成在一个通信主板CS7上，该主板集成了三个通信子板，另外两个分别是双机通信和调试计算机通信子板SS4。由于当时现场没有SS52备件，考虑到这个通信故障也有可能是通信主板故障造成，再加之有时候上电复位可以消除这个“C”故障，于是外方励磁调试专家主动采取停电上电和更换通信主板的方式，试图消除这个故障。然而就在一次上电过程中，灭磁开关意外跳闸，机组失磁停机。

该机组汛期跳闸就意味着水库弃水，立即再次启动机组开机并网成为当务之急。然而，该进口励磁调节器可以在通信故障下运行，但是不能在通信故障下启励升压，启励前必须保证没有任何故障信息。在事故停机后，外方调试专家将两个通道的SS52通信子板互换，结果发现两个通道的CPU2均出现“C”故障，且无论怎样更换通信板，这个故障都无法消除。外方调试专家称需要紧急进口SS52备件，机组被迫停机。

励磁调节器双通道显示面板始终出现下列故障信息：“PROFIBUS COMMUNICATION FAULT”（PROFIBUS通信故障）；“SYSTEM FAULT SIMADYN D”（SIMADYN D硬件系统故障）；“GROUP ALARM”（励磁故障整组报警）。

2. 事故分析

面对着水电厂弃水现实，中方励磁专家首先考虑如何消除“C”故障，让机组尽快并网。在进行硬件检查中，确认两个通道的SS52通信子板都已经故障后，对调节器发出的故障信息进行了分析。

该双通道微机装置，每个通道有3个CPU，CPU1主管励磁计算和调节，CPU2主管输入输出及通信，CPU3主管脉冲输出。每个CUP都有一个硬件自检系统，励磁应用软件同CUP硬件自检系统通信。当SS52故障，CPU2自检系统显示“C”故障，同时将这个故障信息传递给励磁软件，励磁调节器就发出：“PROFIBUS COMMUNICATION FAULT”；“SYSTEM FAULT SIMADYN D”和

“GROUP ALARM”。

该进口励磁调节器同监控装置的主要通信方式仍然是常规点对点方式，PROFIBUS只是一个辅助单向通信方式，即励磁调节器只向计算机监控系统传递一些状态和电气量，而不接受监控命令。既然目前缺少SS52备件，无法消除“PROFIBUS COMMUNICATION FAULT”，那就在励磁软件中闭锁这个信号。

至于这次故障处理引起灭磁开关误跳，初步分析是在线检修时随意更换电路板所造成，以后需要严格规范运行中更换调节器硬件模板的措施。

3. 事故处理

将励磁软件程序中的SIMLEB模块中的I由原设置0更改为1，就闭锁了“PROFIBUS COMMUNICATION FAULT”信息，复位调节器操作面板，此时只剩下另外两个故障信号。

励磁软件中的“SYSTEM FAULT SIMADYN D”，源于CPU2自检系统发出的“C”故障信息，此信息进入励磁软件前，首先经过一个名为“MASKE”的与门，该与门的另一个输入端IS2原设置为0HFFFF，将其更改为0H0000后，即闭锁了CPU2自检信息。复位调节器操作面板，原来显示的两个故障信号消失。虽然CPU2数码依然显示“C”故障，但励磁软件已经不接受这个“C”故障信息，励磁调节器满足启励升压条件。

检查该励磁调节器，通道切换正常，所有输入输出信号正常。随后在发电机励磁系统空载升压的情况下，进行诸如通道切换、逆变灭磁等常规试验后，将该发电机并网发电。

（八）近端负荷设置负调差引起发电机无功波动故障分析

1. 故障现象

某大型自备电厂60MW机组，原励磁系统为老式模拟式励磁调节器，利用检修期间更换为微机型励磁调节器，励磁调节器调试完成后，发电机进行并网试验，试验期间发电机无功功率运行稳定，数天后，发电机重新开机，发电机机端电压和无功功率出现长期不平息的波动现象。

2. 故障分析

故障发生后，电厂和厂家技术人员对故障进行技术分析，对试验期间的录波数据和故障时的录波数据进行对比分析，发现前后显示结果不同：试验期间发电机的负荷主要输出至高压母线（35kV），再经由高压母线（35kV）供给企业使用；而故障时发电机的负荷主要供给低压母线（6.3kV）使用。重新对定值进行核算，无功调差系数设置为−4%，由于发电机主接线采用单元接线，因此调试人员根据励磁标准中无功功率调差设定的建议，选择无功调差系数为−4%，这样就忽略低压母线负荷的作用，对于母线负荷而言，发电机定子与负荷之间阻抗为零，根据无功功率调差系数的物理意义，对于机端负荷较重的发电机组，其无功功率调差系数必须为正。

3. 故障处理

将无功功率调差系数更改为4%后，发电机无功功率波动很快平息，机组运行稳定。

（九）无功调差参数设置不一致切换导致发电机误强励事故分析

1. 事故现象

某电厂200MW机组处于发电状态，有功200MW，无功+100Mvar。励磁调节器正常工作中，A通道为主通道，B通道为从通道，处于备用状态，励磁调试人员观察励磁电流，进行通道切换试验，通道切换命令（A通道至B通道）发出后，励磁电流突然增大，励磁变压器保护动作，作用于发电机解列灭磁。

2. 事故分析

事故发生后，检查B通道和励磁变压器保护装置，结果表明B通道和励磁变压器保护装置均工作正常，重新开机，B通道也能正常带负荷运行。但发现当发电机空载时，进行A通道和B通道切换，发电机定子电压无扰动；当发电机负载时，进行A通道和B通道切换，发电机定子电压有明显的偏移，遂将事故原因分析重点放在A通道和B通道参数设置上，比较发现：A通道无功调差系数为0，B通道无功调差系数误设置为−15%。

无功调差系数的定义为发电机无功功率为额定容量时，叠加在电压测量值的发电机定子电压的百分数。无功功率调差系数为−15%的含义为当发电机无功功率为额定容量时，发电机定子电压测量等效降低−15%，即相当于增加励磁电流直至发电机定子电压增加15%，事故发生时，无功功率（100Mvar）近似为额定容量（235MVA）的42.5%，由于A通道无功功率调差系数为0，B通道无功功率调差系数为−15%，当励磁从A通道运行切换至B通道运行时，相当于发电机电压要增加6.37%，励磁电流急剧增加，超过励磁变压器保护启动值，延时后动作跳闸，发电机解列灭磁。

3. 事故处理

重新设置无功功率调差系数，A通道和B通道定值相同，发电机并网后重新做A通道和B通道切换试验，试验顺利完成，发电机定子电压、无功功率和励磁电流无明显变化。

检查励磁调节器励磁电流过励限制定值和励磁变压器保护装置定值配合情况，保证出现误强励时，励磁调节器励磁电流过励限制先动作降低励磁电流，不能出现励磁变压器保护先动作于发电机解列。

(十) 正常调节有功功率引起机组解列的事故处理

1. 事故现象

某电厂发电机组正常运行中，根据中调要求进行升负荷操作，在增加有功功率过程中，发电机输出无功功率由50Mvar突然降低至－80Mvar，励磁调节装置发出低励限制信号，发变组保护装置报失磁保护动作，发电机解列，灭磁开关跳闸。

2. 事故分析

事故发生后，检查所有的保护及异常信号，发电机变压器组保护装置除了失磁保护动作外没有其他任何事故报警，故障录波显示事故障发生时，发电机机端电压下降，无功功率进相至80Mvar，失磁保护正确动作。

励磁调节器只发出低励限制信号，从装置波形录波可以看出，电力系统稳定器输出突降至下限幅值（5%额定机端电压），发电机无功急剧下降，进相运行后，励磁调节装置低励限制启动，但未来得及调节，发电机进相深度已满足失磁保护动作条件。

根据当时只有有功功率增加操作，发电机励磁调节器采用PSS-1A型电力系统稳定器，因此分析认为事故的发生是由于PSS反调引起的。对于PSS-1A型电力系统稳定器来说，PSS本身无法判断发电机有功功率的增加是系统低频振荡引起的还是由原动机调节引起的，当原动机增大有功功率输出时，PSS输出会降低发电机励磁电流，进而降低发电机无功功率，这就是PSS-1A型的“反调”现象。PSS-1A根据有功功率的变化调节发电机励磁电流，当发电机有功功率向上变化时，其“反调”幅度与有功功率变化幅度成正比，由于本次增加发电机有功功率幅度较大，速度较快，PSS的“反调”直接导致励磁电流的突然降低造成深度进相，导致发电机失磁保护动作解列。

3. 事故处理

PSS-1A的“反调”现象对电厂和系统都是不利的，对于PSS-1A型电力系统稳定器，可以在调节有功功率时增加闭锁PSS输出的功能，但目前电力系统不推荐这种方法；要消除这种“反调”现象最有效的方法就是采用PSS-2A或PSS-2B模型，目前国内外多家励磁调节器已具有该类模型电力系统稳定器，并在工程中得到大量使用。

对励磁调节器的低励限制功能进行完善，由于事故过程励磁调节器最先发出低励磁限制信号，但低励限制功能作用太慢，没有限制发电机无功功率降低才导致发电机失磁保护动作。目前业界中低励限制调节方法有两种：一种采用在低励限制时增加电压参考值的方法限制无功功率下降，这种方法调节过程较平稳，但调节速度较慢；另一种在低励限制动作时直接切换为无功功率闭环调节，根据无功功率下降的幅度及速度进行调节，这种方法调节速度快，有助于发电机无功功率快速恢复至正常运行范围。

（十一）停机减负荷过程中无功越限故障处理

1. 故障现象

某水电机组6号机，运行人员手动操作停机，首先退出计算机监控AVC和AGC调节，接着在6号机就地调速柜上将导叶切手动位置。为了防止水轮机导叶在停机过程中被水中杂物卡着，于是采取人为增加和减少负荷操作方法，将导叶上的杂物冲走。第一次增减有功功率，手动减有功功率至40MW，再增有功功率至70MW；第二次减有功功率至40MW，再增有功功率至110MW；第三次减有功功率至650MW时，无功功率突然过载至150Mvar。当时LCU盘Q调节未退出，运行人员在中控室设置无功为零，但无效。于是到励磁调节器现场减无功至零。

监控上位机报有"6号机强励限制动作"、"6号机转子过载"信号。励磁调节器事件记录有：无功过载限制动作；强励限制动作；强励限制复归；无功过载限制复归；停机。

2. 故障分析

从计算机监控记录和保护故障录波看出，无功的突变与减有功的速度和幅值有关。初步分析这是励磁调节器电力系统稳定环节引起的"反调"所致。

该励磁调节器采用线性最优励磁控制方式，而这种控制方式所带来的效果等同于PID+PSS。该调节器计算模型如下列公式所示

$$\Delta\alpha = -D(K_{\mathrm{p}}\Delta P + K\omega\Delta\omega + K\Delta U)$$

式中 ΔP——实测值与前3s平均值之差；

ΔU——实测值与给定值之差。

从上述计算模型看，由于$K_{\mathrm{p}}\Delta P$项存在，"反调"一直存在。当$K_{\mathrm{p}}\Delta P$小于$K\Delta U$时，无功不会变化；当$K_{\mathrm{p}}\Delta P$大于$K\Delta U$时，无功变化很大。无功增加，超过无功限制值，无功过载限制动作，励磁调节器把当时实测电压值作为电压给定值，因此会保持无功过载状态，直到强励限制动作或手动减磁返回。

分析结论如下：当有功功率变化速率较大时，励磁调节器反调动作，导致6号机无功过载，因此6号机无功限制功能设计上也存在不足。

3. 故障处理

首先要求运行人员进行手动停机操作时，按照先减无功、再减有功顺序进行，同时有功减少的速率和幅值要控制。鉴于此次故障所带来的危害，该电厂已经决定取消这种手动停机时人为增减有功的做法。

（十二）转子一点接地故障处理

1. 故障现象

某火电厂 25MW 汽轮发电机，机端电压 6.3kV，$U_{fe}=182V$，$I_{fe}=375A$，励磁变压器 6.3kV/310V，励磁变压器二次侧至功率整流桥用的是 1kV 四芯 $150mm^2$ 电缆。

机组运行中继电保护报转子一点接地信号。

机械表（20kΩ/V）测量，转子正对地直流电压＋86V，负对地直流电压－85V，转子电压 173V。正对地电压、负对地电压各约一半。励磁系统转备励运行，励磁功率整流柜交直流侧隔离开关断开，接地信号消失。

2. 故障分析

励磁系统是不接地系统，用表测量对地电压时，实质上是通过转子正负极对地分布电容构成回路，分布电容值较小，相对于表计输入阻抗来说，容抗应该很大，所以测量时表计两端的分压应该很小才算正常。退出功率整流柜后，接地信号消失，说明问题应该出在励磁部分。

励磁系统断电，2500V 绝缘电阻表测功率柜主回路对地绝缘，电阻 500MΩ，绝缘良好。隔离开关下口励磁变压器进线为三相四线铠装电缆，绝缘电阻表测电缆各相对地电阻，发现各相不一致，其中 A 相对地 800MΩ、B 相对地 10MΩ、C 相对地 200MΩ，怀疑电缆绝缘水平下降。

3. 故障处理

打开电缆沟，更换电缆，2500V 绝缘电阻表测绝缘电阻，三相平衡，约 1000MΩ。重新投入运行，机械表（20kΩ/V）测转子对地电压，正负对地很小，分别约 10V，接地信号消失。

（十三）保护装置误报“转子回路一点接地”故障处理

1. 故障现象

励磁调节器启励，发电机机端电压逐步建立，经过一个过渡过程后趋于稳定值，然而此时保护装置报“转子回路一点接地”故障，发电机运行正常。

利用转子电压表通过测量发电机转子正、负极对地电压，两极对地电压均不为零，说明发电机转子没有发生一点接地故障。按保护装置的复归按钮，“转子回路一点接地”故障信号消失。

2. 故障分析

分析保护装置中“转子回路一点接地”动作原理知道，保护装置根据转子电压判断转子接地故障。当励磁调节装置刚启励时，发出初励电源投入命令，转子电压升高，发电机电压上升，经过一段时间延迟后，励磁调节装置自动退出初励电源，

由于励磁调节器机端电压初始参考值低于初励电源产生的机端电压，所以当初励电源退出后，转子电压会突然下降很多，进而转子电压反馈给保护，则保护装置认为是转子回路发生了短路致使转子电压突然下降了，所以保护报信号。将励磁装置逆变灭磁后重新做试验，在励磁调节器启励前，手动增加励磁调节器电压参考值，保证大于初励电源产生的发电机端电压，重新启励升压后，发电机运行正常，保护装置没有发“转子回路一点接地”故障报警。

3. 故障处理

本次故障说明保护装置的“转子回路一点接地”功能不够完善，其动作机理不够科学，容易误动，建议完善“转子回路一点接地”功能，或者更换为更为可靠的“转子回路一点接地”保护装置。

在“转子回路一点接地”保护功能未完善前，调整励磁调节装置启励初始参考值，要求电压初始参考值大于初励电源产生的发电机端电压。

（十四）励磁调节器自用电源变压器（T102）故障处理

1. 故障现象

某大型水电厂18号机运行中报励磁系统故障信号，现场检查调节器两套显示面板均有如下故障信息：“GROUP ALARM”；“FUSE FALL-F140/141”；“UNDERVOLTAGE POWER SUPPLY G201”。励磁调节器内G201电源模块运行指示绿灯熄火，但其电源输入开关Q201未跳闸；自用变压器T102熔断器F140的A相和B相熔芯熔断。

用万用表测量该自用变压器T102的二次侧电压为零。注意，不能用普通万用表测量T102一次高压侧。

2. 故障分析

T102是该励磁调节器其中一套稳压电源G201的交流输入电源变压器。该电源来自励磁功率柜的阳极侧，即励磁整流变压器二次侧，经过一个三相熔断器F140后到T102，T102将励磁阳极高压1024V降为380V，再通过一个交流电源开关Q201给G201，G201输出直流24V，作为双通道可编程控制器的工作电源之一。

正常工作时，F140熔断器和Q201开关均合上，G201绿色运行指示灯亮。而现在F140熔断器熔断，Q201开关又没有出现过电流或短路跳开现象，说明F140熔断器熔断不是由于G201电源损坏造成，只能是T102变压器损坏。

3. 故障处理

利用停机机会，更换T102变压器。工作前准备好工具、熔断器和自用变压器等备品备件。

首先对拆下的T102变压器进行初步检查，外观正常，用万用表测各绕组的直流电阻没有问题。接着检查变压器T102负载回路，为更换新变压器做准备：用万用表测量各相间阻抗均为16.3Ω，正常；使用500V绝缘电阻表检查负载相间和相对地绝缘均大于2000MΩ，正常；外接380V交流通过Q201开关给G201电源模块通电后，G201模块正常。

更换T102，检查新变压器的直流电阻和绝缘均正常，再申请开机，励磁调节器工作正常。

事后对故障变压器进行绝缘和伏安特性试验，证明该变压器存在匝间短路现象。

（十五）某励磁变A相低压a绕组测温电阻损坏处理

1. 故障现象

在某电厂4号发电机C修表计检定中，发现励磁变压器A相温控器显示a绕组测温电阻RTD开路，经过检查励磁变压器A相低压a绕组至励磁变压器A相温控器的测温电阻RTD，发现在插入低压绕组孔口RTD引线根部有一根线断线，且RTD引线外套黄蜡管已有严重老化、烤焦现象。拔出RTD，发现其探头金属固定件与引线固定处发热较严重，这两个RTD需要更换。

2. 故障分析

励磁变压器每一相低压绕组有两个绕组并联，每一个绕组装设两个RTD，一个送到计算机监控系统自动监视温度，另一个送到励磁变压器现地温度控制器测量，其触点作为励磁变压器温度保护。

A相低压a绕组测温电阻损坏的主要原因是励磁变压器在运行时，温度在80～90℃之间，温度较高，长时间运行，使RTD引线及黄蜡管烤焦、老化。另外，机组检修过程中，清扫励磁变压器灰尘时误碰到引线也可能造成RTD引线断线。

3. 故障处理

更换两个新RTD，安装在备用孔中，并在安装洞口处不涂固定胶，方便以后更换。

励磁变压器测温电阻RTD故障从机组投运以来，是第一次发生。随着时间的发展，这样的缺陷有可能会越来越多，需要准备更多的备品备件，同时也需要考虑选择耐高温不易老化的RTD及引线。在处理过程中，还发现安装遗留的一个问题，励磁变压器六组高、低压绕组，在低压绕组安装六组RTD及引线，安装后RTD引线多余的线盘在一起用尼龙扎带固定在励磁变压器安全网架内或放在支架上，时间久了，励磁变压器内温度高，尼龙扎带易老化，多余的线盘又有重量，随时都有可能从空中落下来，可能影响励磁变压器安全运行，存在一定安全隐患。建议将多余的引线退到端子排和温控器，剪掉多余的线，重新配线。

（十六）机组励磁变压器损坏停机事故处理

1. 事故现象

某电厂3号机机组运行中发生励磁变压器损坏造成停机。事故前发电机负荷有功145MW、无功24Mvar，定子电压14.1kV，定子三相电流为A相6047A、B相6082A、C相6065A，励磁电压156V，励磁电流1225A，主变压器高压侧电流325A，励磁变压器温度82℃、主变压器温度38℃。

事故后，检查发电机变压器组保护跳闸信号为：发电机比率差动、差动速断、工频变化量差动、发电机过电流Ⅰ段动作，各种保护动作正确。6kVⅢA、ⅢB段母线厂用快切装置动作，厂用电源自动切换成功。故障录波图显示A、C相电流首先突然增大，经5ms后B相亦突然增大。

事故现场检查，发现3号机励磁变压器B相绕组外部有较严重的烧伤，线圈上部也有烧伤情况；B相铁芯柱上有7～8片硅钢片被烧伤，A相和C相高压绕组外部也被烧伤；支撑导线的绝缘子被拉断；C相上部上夹件拉紧螺杆与夹件接触处有一处被烧伤；下铁轭和下夹件上端发现硅钢片被烧化的铁镏；下部三只互感器均已被烧伤；A、C相引线（ϕ12铜棒）烧断，B相铜排引线烧断。

2. 事故分析

通过发电机变压器组保护故障录波及故障录波器所录波形计算分析，此次故障为3号机发电机励磁变压器高压侧三相短路故障，故障电流为3.4964kA。现场查看故障点在发电机励磁变压器高压侧引线交叉处。

通过对发电机励磁变压器进行外观检查、线圈直流电阻测量及故障录波图的分析，发现以下异常情况：励磁变压器上部上夹件拉紧螺杆与夹件接触处有放电痕迹、C相高压侧热态直流电阻为7mΩ（正常值为566mΩ）。初步分析认定为励磁变压器存在质量问题，导致C相内部发生短路。故障电流引起的电动力导致励磁变压器柜内引线变形，造成A、C相短路进而发展为三相短路。

3. 事故处理

拆除损坏的励磁变压器，更换一台新的励磁变压器和三只互感器，同时加强对新更换励磁变压器的监视。

对本次短路受冲击的3号机发电机、主变压器、槽形母线支持绝缘子等进行检查。

由于4号机发电机励磁变压器与3号机励磁变压器为同一型号，利用4号机机组停机机会对4号机发电机励磁变压器进行全面检查，改进引接线布置方式。

（十七）甩负荷过速导致晶闸管击穿事故处理

1. 事故现象

某7MW水轮发电机，机端电压10.5kV，空载励磁电压/空载励磁电流为47V/235A，额定励磁电压/额定励磁电流为125V/420A，励磁系统为自并励励磁方式。

励磁系统投入试运行72h正常，试运行结束，进行甩负荷试验。第一次甩50%负荷，有功$P=3.5$MW，$Q=2.6$Mvar，励磁电压74V，励磁电流290A。跳主油开关，机端电压快速上升至10.65kV，后迅速下降至10.55kV维持稳定；再次并网，带满负荷，有功$P=7$MW，$Q=5$Mvar，励磁电压120V，励磁电流410A。跳主油开关，机端电压快速上升至约12kV，无下降趋势，机组过电压保护动作，灭磁开关跳闸灭磁。励磁调节器报C相快熔熔断，检查C相晶闸管击穿。

2. 事故分析

C相快熔击穿应该是由晶闸管击穿短路所致，晶闸管击穿的原因很多，如过电压击穿、过电流热击穿、电压上升率过高击穿、电流上升率过高击穿等。经分析认为，可能是短路过电流所致。观察甩负荷时控制角为最大角130°，怀疑甩负荷后电压升高，TV电压高于调节器给定值，调节器逆变，有可能是逆变颠覆所致。调阅故障记录，过压跳闸时刻发电机频率65Hz，调阅调节器软件，发现发脉冲部分按固定50 Hz处理，未加上频率校正。如130°控制角，即在同步点后$(130/360)\times 20=7.222$(ms)后发脉冲，而甩负荷过程中频率高达65Hz，7.222ms相对于65Hz的角度为$7.222/(1000/65)\times 360=169(^\circ)$，考虑加上晶闸管换相重叠角，实际角度很有可能在180°以上，所以造成逆变颠覆，晶闸管短路击穿。

3. 事故处理

修改AVR软件，脉冲部分加上频率校正，保证实际触发角与实际同步频率对应。经由上述处理后，再次开机带满负荷，跳油开关，发电机电压上升至约10.9kV，后迅速返回至约10.6kV维持稳定，机组过压、晶闸管击穿现象消失。

（十八）无刷励磁旋转二极管检查装置电缆接地故障处理

1. 故障现象

某汽轮发电机无刷励磁系统在大修完毕后，将旋转二极管检测装置DNC部分送电时，在F2P3卡上出现DEF 1st红色故障灯亮，三个TRD卡上的1DEF、2DEF、3DEF红灯亮，后来测量各个探头侧的电压数值见表16-3，用示波器测量三个探头的波形，可以看出波形丢失。

表 16-3　　　　各探头电压测量表

UNITE 01		UNITE 02		正常值
端子排号	DC 电压(V)	端子排号	DC 电压(V)	DC 电压(V)
X40：7-9	15.16	X40：7-9	15.16	15
X40：8-9	13.58	X40：8-9	8.17	6～9
X40：11-13	15.16	X40：11-13	15.16	15
X40：12-13	12.17	X40：12-13	7.9	6～9
X40：15-17	15.16	X40：15-17	15.16	15
X40：16-17	13.86	X40：16-17	7.49	6～9

2. 故障分析

端子排 X40：7-9 和 X40：11-13 和 X40：15-17 是三个探头的输入电源，正常工作时电压数值应为 DC 15V。端子排 X40：8-9 和 X40：12-13 和 X40：16-17 是三个探头的反馈电压，正常工作时应是 6～9V。现在卡件上面的故障灯亮和电压不正常，说明已经出现故障。造成该故障的原因有两个：第一，励磁机整流部分的旋转二极管有损坏现象；第二，从探头到 DNC 柜的连接电缆出现绝缘受损现象。

3. 故障处理

在停机状态下，打开励磁机盖，检查旋转二极管，内部一切正常。再检查电缆，通过测量电缆相间和相对地绝缘电阻，发现电缆绝缘偏低，后来通过甩掉连接电缆头的插件，再测量电缆相间和相对地绝缘，正常，则问题出现在插件上。由于没有相应的备件，只能将其重新连接上，并且将其出口“二级故障”线甩掉，让其不跳励磁开关。并网后，检查励磁电流正常，所以排除了旋转二极管的故障问题。

(十九) 油泥脏污引发励磁机转子接地故障处理

1. 故障现象

某厂 8 号机组发电机“励磁回路接地”信号发出。励磁机为 ZL 105-3000 型(105kW/230V/456A/3000r/min)。停机后检查、测量励磁机和发电机转子绕组。在现场用量程 500MΩ/500V 绝缘电阻表测量励磁机转子绝缘电阻为零。解体检查发现定、转子的碳、灰油泥脏污严重。

2. 故障分析

解体后，首先用高压空气吹去浮灰。然后，用带电清洗剂反复喷洗干净后，进行烘干处理。干燥后用数字万用表测量励磁机转子绝缘电阻近 200Ω，测量换向片间电阻并进行比较，全在合格范围内。但用量程 500MΩ/500V 绝缘电阻表测量励磁机转子绝缘电阻依然为零，初步判断励磁机转子绕组对转轴有碳、灰油泥脏污短路接地故障。

3. 故障处理

确定故障性质以后，利用自制的钩刀和电动喷枪，拆除整流子端的环氧树脂包箍，取出升高片间的全部绝缘垫片后，用钩刀钩刮升高片内侧间隙和带电清洗剂喷洗清理交替反复多次，在每次处理后用万用表测量其绝缘有逐渐升高之势，但依然达不到规定值（≥0.5MΩ）。经过现场检查和讨论，查找资料后，决定用通流烧穿法来确定具体的接地点，这样可通过观察通入短路电流的大小和测量发热的部位来找到接地点，也可通过通入的短路电流将短路接地的介质烧穿以便于清除。具体做法是：在励磁机转子绕组（换向片处）与转轴之间施加一交流电压（电流≤5A），缓慢提升电压使通入的电流由0逐渐升高至1.3A时，发现升高片间有多处冒烟，继续观察发现冒烟处皆有结垢的脏污碳粉，此即为短路介质。然后断开施加的交流电压，对发现的冒烟处用钩刀钩刮和带电清洗剂喷洗清理交替反复进行后，再次用数字万用表和绝缘电阻表测量，发现绝缘大幅度上升至近2.0MΩ。再一次在励磁机转子绕组（换向片处）与转轴之间施加交流电压升高到250V时，电流表指示为零，说明接地点已消除。然后，对励磁机转子绕组进行500V交流耐压和泄漏电流试验合格。拆除试验设备，用量程500MΩ/500V绝缘电阻表测量励磁机转子绝缘电阻稳定在1.5MΩ。至此，励磁机转子绕组接地故障消除。将转子进行烘干浸漆处理，恢复各升高片间绝缘垫块，包扎好整流子端的环氧树脂包箍，其他附件做工艺处理后，设备完全恢复到备用状态，又测量其绝缘电阻不大于0.5MΩ，符合规程要求。

（二十）励磁系统短路试验故障处理

1. 故障现象

某水电厂35MW水轮发电机，机端电压10.5kV，空载励磁电压/空载励磁电流为63V/468A，额定励磁电压/额定励磁电流为158V/790A，自并励励磁方式，励磁变压器变比10.5/0.32kV。发电机开机前用励磁系统以他励开环运行模式进行短路试验，他励电源取自厂用电。

发电机升速至额定，合功率整流柜交直流侧开关，合灭磁开关，调节器给定值置最小，控制角$\alpha=90°$，投调节器脉冲。缓慢增加调节器给定，控制角由90°逐渐减小至约80°，晶闸管不开通，励磁无输出，继续减小控制角至约75°，晶闸管突然开通，励磁电流约400A，发电机定子电流由零阶跃性上升至约额定值。减调节器给定，控制角由75°下降至90°，转子电流、发电机定子电流平滑下降。励磁电流的上升过程不受控。

2. 故障分析

示波器测量晶闸管脉冲波形、相位正确。分灭磁开关，在晶闸管整流桥直流侧加 20Ω/2kW 电阻进行小电流试验。控制角由 90°至最小 10°，再由 10°增至 90°，直流输出电压升降平稳，示波器测量输出波形光滑，升降平稳。由此判断励磁系统自身没有故障，怀疑是由于晶闸管带上发电机转子大电感负载后导通不良所致。转子为一电感性负载，晶闸管导通后，转子电流按指数规律上升，示波器测量脉冲宽度 800μs，如果在 800μs 时段内，转子电流上升没达到晶闸管的擎住电流，则在脉冲消失后，晶闸管关断，输出电流不能由小至大逐步增加。

3. 故障处理

整流桥直流侧加装一 1.3kΩ/150W 电阻两只，为晶闸管的小电流试验改善开通条件；减小脉冲触发回路的限流电阻，增大触发功率；脉冲宽度由原 800μs 延长至 1.1ms，以保证转子电流上升至擎住电流前晶闸管触发脉冲一直存在。

经由上述处理后，重做短路试验，控制角由 90°逐渐减小，转子电流平稳上升，定子电流由零逐渐平滑上升，异常现象消失。

（二十一）水电机组电气制动失败故障处理

1. 故障现象

某大型水电厂数台机组在停机投电气制动过程中，励磁系统已经接受机组监控下达的电制动命令，励磁调节器由原来的 AVR 模式切换到 ECR 模式，调节器的给定值正确，脉冲也已经发出。励磁功率柜电制动回路的输入输出开关 S104 和 S105 都已经合上，但是功率柜没有电流输出，即机组没有励磁电压和励磁电流。最后励磁调节器报制动超时，励磁系统退出制动状态，电气制动失败。

2. 故障分析

近年来国内不少大型机组采用电气制动与机械制动相配合的制动方式，如在转速达降到 60%额定转速时投入电气制动，当转速继续降到 10%～15%时退出电气制动，再投入机械制动，这样减少了制动时间，同时还减少制动风闸损耗以及由此产生的烟尘污染。另外，为了防止大型机组因转动惯量大造成长时间低转速运行，可能使推力轴瓦受到损伤，也需要采用电气制动。

该大型机组的电气制动方案是，在机组转速降到 50%额定转速时，合上发电机出线侧的三相制动短路开关，合上励磁功率柜制动回路的输入输出开关，将机组厂用电引入到功率柜，励磁调节器转手动运行并发出触发脉冲，此时功率柜输出恒定的励磁电流，发电机输出恒定的短路电流，于是发电机产生制动力矩，使机组转速快速下降，当机组转速降到 15%额定转速时，监控发出电制动结束命令，励磁系统结束电制动流程。

该大型机组电气制动采用柔性制动技术，即电制动的励磁装置就是正常运行中的励磁装置，只不过设立了专用的制动回路开关。励磁功率柜采用五柜并联，且采用 3.5in 晶闸管。

初步分析该故障，认为大功率晶闸管擎住电流一般比较大且有一定的分散性，由于制动运行时的励磁整流柜太多，使得每个晶闸管流过的电流太小，再加上发电机转子大电感对励磁电流上升的阻碍作用，造成制动回路中电流还没达到晶闸管所需要的擎住电流值时脉冲就消失了，因此晶闸管立即关断，导致功率柜没有输出电流产生，电气制动失败。

3. 故障处理

按照故障分析结论，首先进行验证试验：第一个方法，电制动前在转子两端即功率柜输出外接一个大功率线性电阻，俗称续流电阻，接着进行电气制动试验，电制动成功。可见，增加了续流电阻后，功率柜输出电流避开了转子大电感而迅速建立起来，电气制动成功。第二个方法，电制动前卸下两个功率柜的脉冲电缆即采用 3 个整流柜工作，此时电气制动也正常。这说明减少并联的功率柜数量，使得流过的晶闸管电流大于其擎住电流，电气制动成功。

通过验证试验，确认故障分析正确。解决这种制动故障的方法，从理论上有三个方案可供选择：增加晶闸管脉冲宽度；减少制动时功率柜数量；并联转子续流电阻。最后从工程上以及安全性的考虑，选择电气制动时减少功率柜数量，采用修改励磁软件的方法，在励磁进入电气制动流程时，封闭两个功率柜的触发脉冲，成功解决这个难题。

第五篇

电气测量系统检修

第十七章　电气测量系统检修概述

电气测量是以电磁规律为基础的测量技术，在日益发展的电力系统中，电能的生产、传输、分配和使用都离不开电工测量，它不仅具有准确、灵敏、操作简单、反应迅速及容易进行遥测等优点，还可以进行非电量（如温度、振动、摆度、行程等）的测量，因而，电力系统的正常运行和电工测量是密切相关的，电气仪表随时都在准确无误地反映或累计电气量和非电气量的各种变化值。

本篇主要以测量系统的A修为主线，重点介绍电气测量系统的一些运行维护和常见故障的处理方法，在相关章节中适当介绍非电量的测量。

第一节　电气测量系统作用

测量仪表是运行人员的“耳目”，借助于测量仪表，运行人员能够对发电机变压器和配电装置的运行情况进行监视。它主要由仪表测量、电能计量、温度测量三部分组成，随着计算机网络通信和控制技术的发展，智能抄表系统也逐渐得到广泛应用。

电能计量是采用电能表对其发电、输电、配电和用电的电能进行准确的测量。

温度测量主要为了监视发电机定子绕组和铁芯及三部轴承的温度及变压器、电抗器等设备的运行温度。

电子式电能表与采集终端技术相结合形成智能抄表系统，它应用计算机网络通信和控制技术，对所有参与电力市场机组的电能量计量关口点和电网间交换电能量计量关口点进行自动采集、传输、存储、分析、计费、管理、监控和发布。通过智能抄表系统可实现各种电费自动结算，并通过支持实现与其他系统（如MIS）的集成连接，为电力企业的商业化运营提供决策依据。

第二节　发电厂主要电路的电气测量仪表的配置与选用

发电厂主要电路的电气测量仪表的配置见表 17-1。

表 17-1　　发电厂主要电路应装设的电气仪表

序号	电路名称	装设的仪表	说　明
1	发电机	定子：A、B、C 三相交流电流表，交流电压表，有功功率表，无功功率表，有功电能表，无功电能表 转子：励磁电流表，励磁电压表	无功功率表的指针的零位于中央，并具有双向刻度
2	变压器	交流电流表，有功功率表，无功功率表，有功电能表	发电机变压器组的仪表，按发电机定子回路的表计装设
3	母　线	交流电压表，频率表	装于发电机电压各段母线上，电压表还应装于各升高电压母线上
4	电动机	交流电流表	
5	110kV 及以上线路	A、B、C 三相交流电流表，有功功率表，无功功率表	
6	110kV 及以线路	交流电流表，有功功率表，无功功率表	
7	高压厂用电	交流电流表，有功功率表，有功电能表	

（一）发电机定子回路装设的仪表

为了监视发电机定子回路的电流，在定子回路中，装设两组交流电流表，每组三相，一组装于中控室，一组装在机旁盘上。由于水轮发电机允许三相不平衡电流可达额定值的 20%，而实际运行中不会达到此值，所以容量不大的水轮发电机，每组只装设 1 只电流表。通常在电流表上用红线标出允许的极限电流（如额定电流）。

为了监视和测量发电机在启动过程中的电压和频率，应在发电机出口处装设电压表和频率表，电压表通常安装 U_a、U_b、U_c 三相表，以测量三相电压平衡，也可只装一只，用多挡开关选测，可分别测量三相相电压和三相线电压。

为了监视和测量发电机的有功和无功负荷，应分别在机旁屏及中控室返回屏上各装设一只有功功率表和无功功率表。若中控室与机旁屏相距较远，可通过有功功率变送器和无功功率变送器将功率信号转变为直流弱电信号（0～1mA、4～20mA）供功率表头用。

为了计量发电机发出的有功和无功电能，应装设三相有功和无功电能表各一只，如果机组兼作调相运行时，应装设两个具有逆止装置的单相有功电能表，以区分发电机输出和输入的电能。目前大多厂站采用全电子式多功能电能表，该电表可计量四象限的有功、无功电能，集计量、监视、控制、管理等功能为一体，可最大限度地减少电能表的数量。

为了监视水轮机的转速，在机旁盘上还应装设一只频率表，该表由永磁测速发电机供电，以便在发电机灭磁情况下仍能监视水轮机的转速。

（二）发电机转子回路装设的仪表

为了监视发电机转子回路的励磁电流，应装设一只直流电流表。不论发电机处于输出最大负荷或低功率因数运行状态，励磁电流都不能超过最大允许值。

为了监视发电机励磁电压，应装设一只电压表。若附有切换开关，还能够测量正极和负极的对地电压，以检查转子绕组对地绝缘情况。

（三）温度测量

为了监视发电机定子绕组和铁芯及各轴承的温度，在机旁盘的水机自动化屏上装温度测量装置，让运行值班人员定时观察的发电机定子绕组和铁芯及各轴承的温度。

（四）互感器的配置

测量仪表的电源由接于主回路的电流、电压互感器供给，互感器的数量、型式和准确度等级，一般由所接仪表决定。

各类电能计量装置应配置的电能表、互感器的准确度等级不应低于表17-2所示值。

表17-2　　准确度等级

电能计量装置类别	准确度等级			
	有功电能表	无功电能表	电压互感器	电流互感器
Ⅰ	0.2S或0.5S	2.0	0.2	0.2S或0.2*
Ⅱ	0.5S或0.5	2.0	0.2	0.2S或0.2*
Ⅲ	1.0	2.0	0.5	0.5S
Ⅳ	2.0	3.0	0.5	0.5S
Ⅴ	2.0	—	—	0.5S

*　0.2级电流互感器仅指发电机出口电能计量装置中配用。

（五）测量仪表选用的基本要求

(1) 用于发电机上的交流仪表的准确等级不低于1.5级，用于其他设备和线路上的交流仪表不应低于2.5。计量用的有功电能表的准确级一般为1级（贸易结算用关口电能表一般为0.5级及以上），无功电能表为2级。直流仪表不应低于1.5级。

(2) 测量频率的仪表一般采用测量范围为45～55Hz的频率表，其基本误差不应大于±0.25Hz，并在49～51Hz范围内，其实际误差不应大于±0.15Hz。监视电力系统频率的发电厂宜采用测量范围为45～55Hz的频率表，在49～51Hz的范围内，其基本误差不应大于±0.02Hz。

(3) 与仪表连接的分流器、附加电阻和互感器的准确度等级不应低于0.5级，对发电机计量电能用的电流互感器其实际准确度应尽可能不低于0.2级。但仅作电流或电压测量用时，1.5级和2.5级的仪表可使用1.0级互感器，非重要回路的2.5级电流表，可使用3.0级电流互感器。

(4) 互感器和仪表测量范围的选择，应尽量保证发电机、变压器等电力设备在正常运行时，仪表指示在标度尺部分上量限的2/3以上，并应考虑过负荷运行时，能有适当的指示。

(5) 如果测量仪表的装设地点离电流互感器很远，可以采用二次电流为5A或1A的电流互感器和仪表。

(6) 一般电气测量仪表与继电保护装置共用电流互感器时，应将仪表和继电保护装置分别接在不同的二次绕组上。若受条件限制而共用电流互感器的一个二次绕组时，仪表应经中间互感器接入。

计量器具检定周期（见表17-3）。

表17-3　　计量器具检定周期

序号	计量器具名称	用　途	准确度	检定周期
1	直流电流表	最高标准、工作标准	0.2%及以上	1年
2	直流电流表	试验用	0.2%及以下	1年
3	直流电流表	现场测量	1.0%及以下	随主设备检修
4	直流电流表	现场监视	1.0%及以下	一次性
5	直流电压表	最高标准、工作标准	0.2%及以上	1年
6	直流电压表	试验用	0.2%及以下	1年
7	直流电压表	现场测量	1.0%及以下	随主设备检修
8	直流电压表	现场监视	1.0%及以下	一次性
9	交流电流表	最高标准、工作标准	0.2%及以上	1年
10	交流电流表	试验用	0.2%及以下	1年
11	交流电流表	现场测量	1.0%及以下	随主设备检修
12	交流电流表	现场监视	1.0%及以下	一次性

续表

序号	计量器具名称	用　途	准确度	检定周期
13	交流电压表	最高标准、工作标准	0.2%及以上	1年
14	交流电压表	试验用	0.2%及以下	1年
15	交流电压表	现场测量	1.0%及以下	随主设备检修
16	交流电压表	现场监视	1.0%及以下	一次性
17	频率表	试验用	0.2%及以下	1年
18	频率表	现场测量	0.5%及以下	随主设备检修
19	有功功率表	最高标准	0.05%及以上	1年
20	有功功率表	试验用	0.5%及以下	1年
21	有功功率表	现场测量	1.0%及以下	随主设备检修
22	无功功率表	现场测量	1.0%及以下	随主设备检修
23	电测量变送器	现场测量	0.2%及以下	随主设备检修
24	携带型直流单臂电桥	试验用	0.2%及以下	1年
25	携带型直流双臂电桥	试验用	0.2%及以下	1年
26	直流电阻箱	试验用	0.2%及以下	1年
27	接地电阻表（测试仪）	试验用	1.0%及以下	2年
28	绝缘电阻表（测试仪）	试验用	1.0%及以下	2年
29	万用表	试验用	0.5%及以下	4年
30	钳形表	试验用	0.5%及以下	4年
31	电子式电能表	贸易结算	0.2S	3个月（现场测试），5年轮换
32	三相电子式电能表	机组发电量	0.5%及以下	5年
33	三相电子式电能表	厂用电电量	0.5%及以下	5年
34	三相电子式电能表	6kV系统电量	0.5%及以下	5年
35	单相电子式电能表	家用	1.0%及以下	5年轮换
36	三相有功电磁感应式电能表	现场测量	0.5%及以下	1年；5年轮换
37	感应式无功电能表	现场测量	1.0%及以下	5年
38	电磁感应式单相电能表	家用	2.0%及以下	5年轮换

注　各等级的标准表应送往国家认可的具有相应检验资质的单位进行检验。

第十八章 电气测量系统检修

第一节 一般检修项目与工艺要求

一、检修、试验的准备工作

（一）技改方案的准备

由技术负责人完成技术改进方案的编写、审批、下发、宣讲工作，使所有检修工作人员对将要进行的技术改进方案做到心中有数。

（二）检修、试验项目的确定

全部检修项目的确定见表18-1。

表18-1　检修项目的确定

序号	检修内容	项目确定		
		A修	B修	C修
1	测量盘清扫除尘	√	√	√
2	电气测量指示仪表调试、校验	√	√	随校验周期确定
3	电量变送器调试、校验	√	√	随校验周期确定
4	测温电阻检查	√	√	√
5	全部测温电阻更换	√		
6	电能表拆卸、送校	√	√	
7	技改方案的实施	√	√	√
8	电气测量系统回路检查	√	√	√
9	测温系统回路检查	√	√	√
10	电缆绝缘情况检查	√	√	
11	整体通电试验	√	√	
12	与外界相关信号通道调试、检查	√	√	
13	螺钉、连接端子紧固	√	√	√
14	检修报告整理和图纸修订	√	√	

注　“√”为检修项目。

（三）危险源、环境因素辨识

电气测量系统设备检修作业危险因素清单及控制措施见表18-2。环境因素识别及控制措施见表18-3。

表18-2　　电气测量系统设备检修作业危险因素清单及控制措施

序号	工艺（作业）活动	危险因素	可能导致的事故	控制措施
1	测量盘柜清灰	盘顶小母线带电	人员触电、小母线短路	使用绝缘工具
2	测量元器件清灰	测量元器件带电	人员触电	断开测量元器件工作电源
3	测量元器件拆卸、回装	脚底支撑物不稳	人员跌落受伤	用三步梯或方凳、严禁用消防器材作支撑物
4	仪器仪表校验	标准表型号、规格、精度选择不准	校验不准及仪表受损	正确选择标准表
5	电缆绝缘情况检查	绝缘电阻表的选择	耐压过高、损害绝缘	正确选择绝缘电阻表
		被测设备未对地放电	被测设备未放电使人员触电	正确使用绝缘电阻表
6	测温电阻的拆卸、回装	轴承瓦放置不稳	人员砸伤、致残	轴承瓦放置稳定，搬动时注意安全
		地面有油、水	人员滑倒摔伤	穿防滑绝缘鞋，严格遵守劳保条例有关规定
7	测温电阻焊接	电缆接头有油、水、发生虚焊	轴承瓦温测量不准、温度保护动作有误	认真检查各焊点，严防虚焊
8	电流互感器、电压互感器回路检查及绝缘试验	电压互感器二次回路短路接地	人员重伤、设备损害	恢复接线时认真检查，严禁电压互感器回路短路
		电流互感器二次回路开路	人员重伤、设备损害	恢复接线时认真检查，严禁电压互感器回路短路
		高空作业	人员跌落受伤	高空作业、防止跌落
9	测量单元通电试验	相关班组回路未断开	损害相关班组设备或误伤人员	检查断开所有外部回路，只对本单元通电

表18-3　　环境因素识别及控制措施

项目	作业流程	环境因素	类别	环境影响	时态	状态	控制措施
环	执行技改	废旧电缆	固体废弃物	土壤污染	现在	异常	集中回收

（四）检修负责人、工作班成员确定

生产管理部门主任确定该项作业检修负责人及工作班成员，人员要求见表18-4。

表 18-4 检修人员要求

序号	劳动组织要求	作业人数	备注
1	检修负责人	2	
2	工作班成员	6	根据实际情况适当增减

（五）物资材料的准备

检修负责人负责检修作业所需物资材料、备品备件的准备。

（六）工器具、仪器仪表的准备

检修负责人负责准备检修所需的工具、仪器、仪表，专用仪器应预先检查无故障并合格。

检修常用仪器仪表见表 18-5。

表 18-5 检修常用仪器仪表

序号	编号	名称	型号规格	单位	数量	精度	状态	备注
1		多段式绝缘电阻表		块	1		检验合格	
2		钳形电流表		块	1	5	检验合格	
3		便携式三相功率源		台	1		检验合格	
4		三相交直流仪表检定装置		台	1	0.1	检验合格	
5		电量变送器校验仪		台	1	0.1	检验合格	
6		标准直流电流表		块	1	0.2	检验合格	
7		标准交流电流表		块	1	0.2	检验合格	
8		标准电阻箱		块	2	0.2	检验合格	
9		交流电流表		块	3	0.5	检验合格	
10		交流电压表		块	2	0.5	检验合格	
11		频率表		块	1	0.5	检验合格	
12		标准交流电压表		块	1	0.2	检验合格	
13		标准直流电压表		块	1	0.2	检验合格	
14		标准电能表		块	1	0.1	检验合格	

注 各仪器仪表已由国家认可的具有相应检验资质的检验单位进行检验合格。

检修常用工器具见表 18-6。

表 18-6 常用工器具表

序号	名　　称	型号规格	单位	数量	备注
1	扳手	6、8、10mm	把	2	
2	一字起子	3、6、8mm	把	2	
3	十字起子	3、6、8mm	把	2	
4	钟表起子		套	1	
5	电工刀		把	1	
6	尖嘴钳		把	1	
7	剥线钳		把	1	
8	斜口钳		把	1	
9	电烙铁		把	1	
10	手电筒		把	1	
11	对线灯		个	2	
12	万用表		块	2	
13	多功能电源板		块	2	
14	便携机		台	1	
15	镊子		把	1	
16	放大镜		把	1	
17	电吹风		把	1	

（七）原始记录的准备

检修负责人根据设备检修计划、更改项目，准备设备的原始资料、图纸、上次检修报告及现场试验的记录表格和记录本。

（八）缺陷统计、技术资料的准备

检修负责人统计检修设备存在的缺陷，并在本次检修中消除。

检修负责人负责准备设备检修的技术改进报告、方案、图纸等技术资料。

（九）办理工作票许可手续

电气测量系统的检修按工作票管理程序在相关部门办理检修工作票，做好安全措施。

（十）召开开工会

检修作业开工前召开开工会，由检修负责人向工作班成员交代工作任务、工作地点、安全措施及安全注意事项。

二、主要检修项目及要求

（一）测量系统主要检修项目及要求

电气测量系统主要检修项目及要求见表18-7。

表18-7　　电气测量系统主要检修项目及要求

序号	主要项目	要求
1	测量盘清扫除尘	使用绝缘工具或绝缘清洗剂等对测量盘柜及盘柜内元器件、端子排等进行清灰除尘，保持测量盘柜及盘柜内测量元器件的清洁卫生
2	电气测量元器件的拆卸、校验、调试、回装	在拆卸过程中要注意做好现场记录及现场标示，在回装时严格按标示回装，同时防止损坏测量元器件。 电气测量元器件的校验、调试应严格按照相关规程要求进行。 所有测量仪器仪表满足精度和准确度的要求并检验合格，对不合格仪表进行检修、更换
3	测温电阻检查、更换	在机组检修工作开始，即对机组三部轴承测温电阻进行拆装检查，在拆装过程，应认真做好现场记录及现场标示，并对测温电阻进行检查，必要时利用加温方法测定测温电阻的温升曲线，并做好记录。要求测温电阻良好，对不合格的电阻进行及时更换，确保测温回路正确。回装后，所有焊点无虚焊，并画出三部轴承测温电阻号、轴承瓦号、机架号对应图
4	技改方案的实施	按照本次设备的技术改进报告、方案和施工方案、图纸等进行技改项目的实施工作
5	设备消缺	在检修过程中要对设备中存在的缺陷进行彻底消除
6	电气测量系统回路检查	绝缘合格、回路正确。 电流互感器回路无开路现象，电压互感器回路无短路接地现象
7	测温系统回路检查	电阻、电缆绝缘合格、显示与测点一一对应
8	螺钉、连接端子紧固	端子排端子接线正确，无松动、断裂及滑扣现象。 对于电流回路一定要采用电流型端子，并配备好短路片。 所有元器件上端子接线正确，无松动、断裂及滑扣现象
9	通电试验	现地测量盘各指示仪表指示正确。 各变送器输出量在中控室返回屏、励磁盘的指示仪表指示正确。 RTU显示正确、百抄表显示正确、电能表工作正常、各输出信号正确。 检查测温电阻回路正确性、RTU回路所发信号及出口动作正确

续表

序号	主要项目	要求
10	与外界相关信号通道调试、检查	远动信号通道正常。 与监控系统相关通道正常。 与保护系统相关通道正常。 与本地智能抄表系统相关通道正常
11	验收	严格执行三级验收制度，对重要回路进行严格把关，对验收不合格项目进行整改，确保检修质量

（二）检修过程记录

在整个检修过程中随时做好检修记录，各类型记录说明如下：

1. 缺陷及处理

检修过程中发现的缺陷和处理情况（包括测量的数据、采取的措施、处理结果等）。

2. 测试

检修过程中的测量记录和试验记录（包括采用的仪器、工具等）。

3. 技改

检修过程中更换的零部件或依据技术方案进行的改进与完善，并标明改进的原因、更改后的效果等；有方案者应关联技术方案。

4. 备份

记录软件备份的基本情况，包括时间、备份内容和人员等。

5. 遗留

项目完工后，对于未实施的项目，应记录遗留问题，并说明未实施的原因，对设备运行造成的影响，下一步的实施计划等。

6. 验收

记录验收的简要信息，包括验收人、验收结论（包括存在的问题）等。

7. 其他

记录检修工作中较重要的事件。

过程记录的信息应与具体项目对应，记录内容应完整、准确，记录应及时，如果延后记录，在时间上应记录清楚。如发现的缺陷，应说明缺陷的主要内容，包括发现和处理的时间，是否处理，如何处理；如未处理，说明未处理的原因。有图片的应将图片导入文档并关联。属“测试”内容，少量数据可直接记录到过程记录中，否则应关联文档，并在过程记录中写明何项工作、作何测量或试验、效果如何，对于遗留问题，应注明具体遗留的内容和原因等。

三、检修流程图

电气测量系统检修作业流程图如图 18-1 所示。

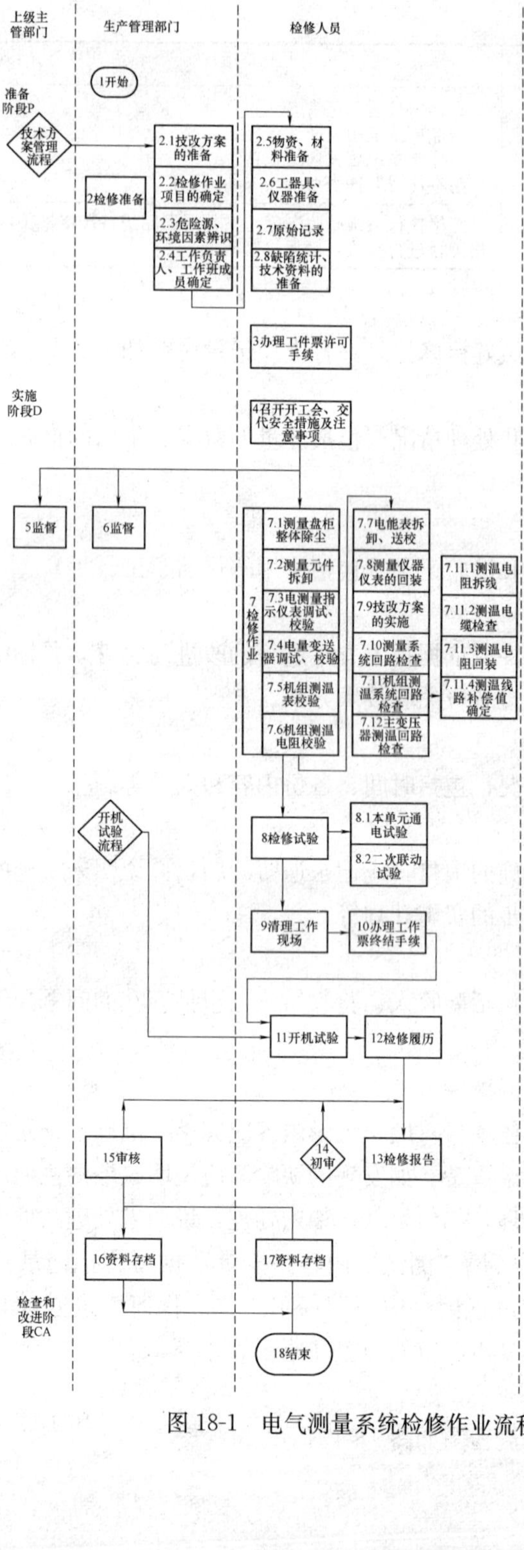

过程描述

1. 检修工作开始。
2. 按流程做检修准备，包括图纸、资料、工器具、仪器仪表、原始记录等。
3. 检修负责人按照办理工作许可流程办理工作票许可手续。
4. 由检修负责人向检修人员交代安全措施及安全注意事项。
5. 上级主管部门对检修全过程实施监督。
6. 生产管理部门对检修全过程实施监督。
7. 开始检修作业：
7.1对测量盘柜进行整体清扫除尘。
7.2将检修单元上的电量变送器、指示仪表拆下，送校验室校验。
7.3按《电气指示仪表检定规程》对机旁盘指示仪表、动力盘指示仪表、中控室指示仪表、励磁盘柜指示仪表、调速柜指示仪表、压油装置指示仪表、技术供水盘指示仪表等进行校验、调试，对不合格仪表进行修理、更换。
7.4按《电测量变送器检定规程》对机组有功功率变送器、无功功率变送器、电流变送器、电压变送器、转子电流变送器、转子电压变送器等进行校验、调试，对不合格变送器进行修理、更换。
7.5、7.6按《热工仪表检定规程》对机组测温表及测温电阻进行检定、调试，对不合格的测温表、测温电阻进行修理、更换。
7.7机组电能表送具有检定资质的标准室检定。
7.8所有指示仪表、电量变送器检定合格后进行回装。
7.9严格按照技改方案及施工方案完成设备的改进。
7.10对测量系统整个回路进行：检查：包括TV、TA电缆绝缘情况检查，盘内、盘外TV回路直流电阻测试及接线正确性检查。所有接线端子正确，无松动现象。
7.11机组测温系统包括上导测温、水导测温、推力测稳、空气冷却器测温系统。
7.11.1测温电阻拆卸时须联系机械检修人员做相应的安全措施。
7.11.2对电缆绝缘情况进行检查，根据检查情况确定是否更换测温电缆。
7.11.3测温电阻安装牢固，电阻线与电缆无虚焊，防止开路与短路。
7.11.4测温装置通电后，用点温计检测现场温度并与计算温度值相比，确定线路电阻补偿值。
7.12整个发电机—变压器组单元停电时检查主变压器测温回路。
8.严格按照检修试验规程开始检修试验，检验检修质量。
8.1验收合格后对本单元进行通电试验，所有仪器、仪表指示正确、盘内回路正确。
8.2(1)按上级主管部门提供的机组温度定值，采用外接电阻方式检验温度表、RTU回路发信号及出口动作情况。
(2)按上级主管部门提供的温度定值检查主变压器测温系统是否发信号及风机启动情况。
9清理工作现场。
10检修负责人到设备运行管理部门填写检修交代并办理工作票终结手续。
11按照机组检修后开机试验流程和方案，进行开机试验。
12检修负责人召集工作班成员，对检修工作进行总结，填写检修履历台账。
13由检修负责人按照标准编写检修报告、修改图纸、规程。
14由生产管理部门初审检修报告。
15由上级主管部门审核检修报告。
16、17各部门资料存档。
18检修结束。

图 18-1　电气测量系统检修作业流程图

第二节 电气测量元器件的检验

一、电量变送器检验

（一）电量变送器的组成与应用

电量变送器是将各种被测电气量（电流、电压、有功功率、无功功率、频率、相角和功率因数等）转换成与之成比例、有电气隔离的直流恒流（或直流恒压）输出信号的传感器，它实质上是一种测量值变换器，它输出的直流信号可与系统的远动装置、计算机、测量显示仪表的输入匹配，组成自动化测量和监控系统。

电量变送器和其他一些二次测量仪表一样，不能直接测量高电压和大电流，高电压和大电流应首先经电压互感器（TV）和电流互感器（TA）降压和降流以后才能加到变送器的测量输入端，互感器二次输出值一般为电压 100V、电流 5A（或 1A），因此对于不同的一次线路电压、电流，应选择不同变比的电压互感器和电流互感器。变送器的输出端信号可用作测量信号和远动控制信号。当用作测量信号时，它可通过电缆线直接与测量仪表相连；当用作控制信号时，一般与计算机相连。在与计算机相连前，尚需经过模拟量—数字量转换装置，将变送器的输出信号转换为计算机所能接受的数字量。因此要求电测量变送器的输出电压（电流）在很大范围内不随负载阻抗而变化，也就是说要求电测量变送器的输出量具有接近恒压（恒流）的特性，使其输出信号仅反应输入量的大小而与负载阻抗无关。为了使变送器具有一定的通用性及准确性，必须要求其输入量与输出量之间保持比例关系。

电量变送器在电力系统中测量的应用如图 18 2 所示。

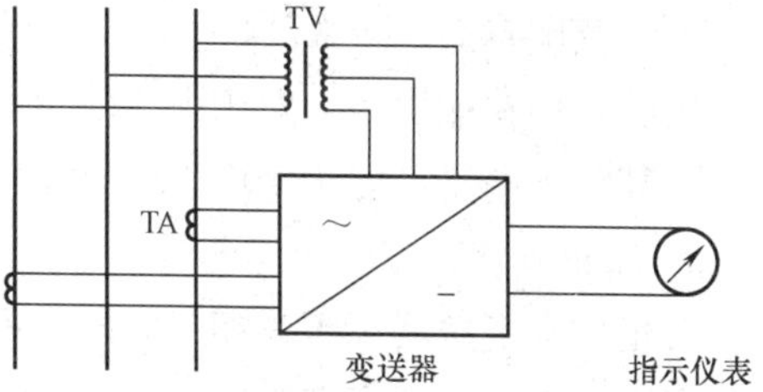

图 18-2 变送器与外围测量仪表相连示意图

目前在发供电部门使用的与各制造厂家生产的变送器等级一般为 0.2、0.5 级。变送器的基本误差是以基准值的百分数来表示的。当前应用最广泛的是交流电流变送器、交流电压变送器、直流电流变送器、直流电压变器、三相有功功率变送器、三相无率变送器、相位角变送器及频率变送器等。

交流电流、电压变送器

电流、电压变送器是将被测的交流电流、电压变换为与之成正比的直流电压，以测量电力系统中的工频电流和电压，其原理框图如图 18-3 所示。

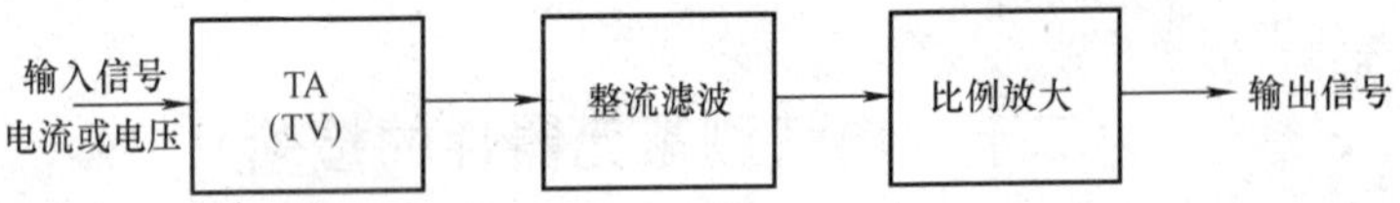

图 18-3　电流电压变送器原理框图

这种变送器电路由输入互感器 TA（TV）、整流滤波、比例放大三部分所组成，其工作过程简述如下：

（1）输入互感器：被测交流电流（电压）信号加到输入电流（电压）互感器的一次，经互感器转换后加到整流、滤波电路，本级的作用主要是将被测交流信号变为小信号且使其与输入信号进行电气隔离。

（2）整流滤波：经互感器后的被测信号送入本级，将交流信号经桥堆整流、滤波后变为直流信号，同时一般在本级还增设了输入保护器，以防止当输入信号过大时，损坏电路。

（3）比例放大：比例放大部分电路是把经整流滤波以后的信号转换为可以带一定负载能力的直流电压或直流电流输出。

实现以上功能的电路方案有很多，这可以从制造商的说明书上找到。

交流电流变送器输入的交流电流的量程一般为 0～1A 和 0～5A，使用较普遍的是 0～5A，这是因为交流电流互感器的二次电流一般是 5A。

交流电压变送器输入的交流电压的量程一般为 0～100V、0～240V、0～400V，使用较普遍的是 0～100V，这是因为交流电压互感器的二次电压是 100V。

交流电流、电压变送器一般均能同时输出直流电流信号和直流电压信号。输出直流电流范围有 0～1mA、4～20mA；输出直流电压范围一般有 0～5V、0～10V。

负载及传输能力为：对于电压输出，其驱动电流一般应小于 5 mA；对于电流输出，其输出电压一般为 10V 或 15V，目前，已有变送器能达到 20V。

2. 三相有功、无功功率变送器

三相功率变送器用于三相工频电网中测量线路、发电机等的三相有功或无功功率。它能把三相功率变换为输出直流电压（或直流电流），并能反映线路功率的输送方向，即在输入电压不变而输入电流反相时变送器的输出信号方向反向。变送器内的输出驱动电路，还能将输出直流电压转换为直流电流量，使变送器能同时输出直流电压与直流电流。

三相三线有功功率变送器的电路原理框图如图 18-4 所示。

三相三线功率变送器主要由五个部分组成：

（1）输入电路：通用的两元件变送器输入电路包括两个电压互感器和
互感器以及取样电路。它主要完成两项任务：①将系统的电流互感器、

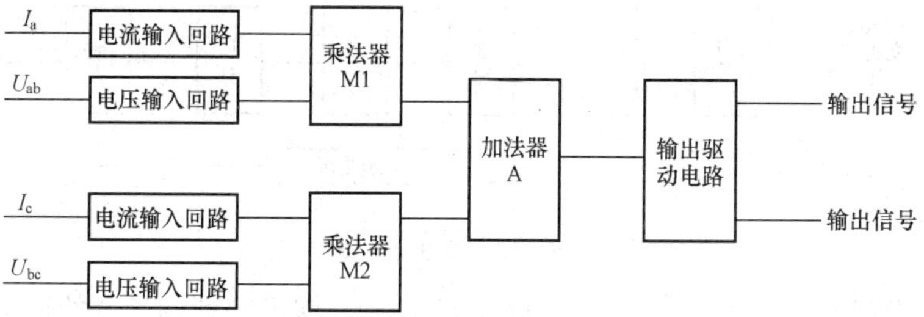

图 18-4　三相功率变送器原理框图

回路同变压器的处理电路进行电气隔离；②将较高的电压互感器回路电压和较大的电流互感器回路电流变换为适合电子线路处理的弱电信号。

（2）乘法电路：两个乘法器是功率变送器的核心电路，它完成了 A 相电流 I_a 和 U_{ab} 及 C 相电流 I_c 和 U_{cb} 的相乘后变成一模拟量输出，相当于两个功率表。

（3）加法电路：用一个加法器将两个乘法器 M1 和 M2 的输出相加，求其代数和即为三相三线系统的功率。

（4）输出驱动电路：它将加法器的输出进行驱动，增强其负载能力并使输出具有恒压或恒流输出。

（5）辅助电源：辅助电源是为乘法器、加法器和驱动电路提供直流工作电源。目前，有许多变送器已可采用交直流电源。

在这些电路中，每一个乘法器被集成为一个模块，加法器和输出驱动电路被集成为一个模块，辅助电源被集成为一个模块。

三相无功功率变送器所采用的电路基本上与有功相同，也是由以上这些基本单元所组成。其主要区别是无功功率变送器所采用的计算方法与有功有所不同，即输入到乘法器前对信号的处理接线及接线方法与所采用原理有关。如有的变送器有内部 90°的移相电路或采用跨相法，有的则在电流回路上有不同的处理方法。

3. 频率变送器

频率变送器是将被测频率变换为按线性比例的直流电流或直流电压输出，频率变送器的输入信号的额定电压一般为交流电压 100V，被测频率范围为 45～55Hz，中心频率为 50Hz，其输出的直流信号为 0～±5V，电流为 0～±1mA、4～送mA 等。

功功把频率变换为直流信号的方法有很多，图 18-5 是比较常用的一种变换电路。

1. 交流电压频率信号经电压互感器隔离取样，然后经脉冲整形电路得到方波

交流电信号再经过“微分”变成尖脉冲，且滤去正向脉冲信号后去触发单稳态

流或直流电，从而得到具有恒定间隔 T_M 且恒定幅值 U_P 的方波信号。对该信号积分

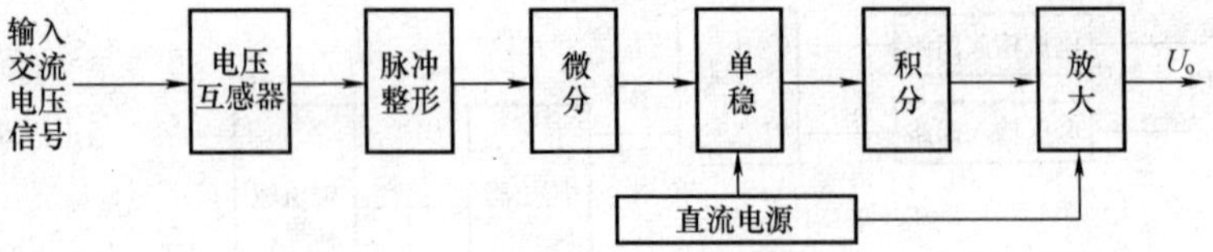

图 18-5　频率变送器原理框图

取平均值即得到直流电压 U。将 U 放大 K 倍后，就可得到变送器的输出电压 U_o。设单稳态输出方波的幅值为 U_P，其脉冲宽度为 T_M，则经积分器积分后的输出信号为

$$U=\frac{1}{T}\int_{0}^{T_M}U_P\mathrm{d}t=\frac{1}{T}U_P T_M$$

而 $\frac{1}{T}=f$，即交流输入信号的频率，则上式可以变为

$$U=U_P T_M f$$

由于单稳态电路的 U_P 与 T_M 是由其内部的电路所决定的，它是一个常数，这样积分器的输出信号就和输入信号的频率成正比，对 U 进行放大并使其能具有带一定负载能力的直流电压或电流输出，从而实现了频率的转换。

（二）电量变送器的检验

电量变送器的周期检验项目包括外观检查、绝缘电阻测定、基本误差测定、输出纹波含量测定等。

1. 变送器外观检查

（1）标志检查。变送器应在外壳的一个外部表面上有下列标志：产品名称及型号、制造厂名或商标、制造年月及出厂编号、准确度等级、被测量种类和线路、被测量的较低和较高标称值、输出电压（电流）的范围及输出负载、辅助电源值、接线端上用途的标记或接线图等。

（2）电路板检查：

1）变送器外壳应无裂缝和明显的损伤，接线螺钉齐全无松动，轻摇时，内部无撞击声。

2）内部元件无损坏、烧糊现象。

3）内部接线无开焊或虚焊。

4）印刷电路板焊点无短路或虚焊。

5）清洗接插件，检查插件接触良好。

2. 变送器绝缘电阻测定

在连接在一起的所有线路（输入线路和辅助线路）与参考接地点之间测量绝缘

电阻，测量应在施加500V直流电压1min后进行，绝缘电阻要求大于5MΩ。

3. 线性误差测定

(1) 标准表的选择。用于测定电量变送器误差的成套校验设备通常称为电量变送器校验装置，目前国内有许多检验电量变送器的标准检验装置，这些校验装置不论在稳定度还是在精度上都已达到了很高的标准，功能也非常强大，可以对各种交流采样装置和电量变送器进行全自动检定和管理，电气量变送器线性误差测定可根据需要选用标准变送器检定装置。

1) 检定变送器时所用的检定装置的等级指数及其对被检变送器的测量误差见表18-8。

表18-8　检定装置的等级指数和允许的测量误差

等级指数	允许的测量误差				
被检变送器的等级指数	0.1	0.2(0.2S)	0.5	1.0	1.5
检定装置的等级指数	0.03	0.05	0.1	0.2	0.3
检定装置允许的测量误差(以被检变送器测量上限的百分数表示,%)	±0.03	±0.05	±0.1	±0.2	±0.3

2) 检定装置中配套使用的标准表或标准变送器、变送器输出电压和电流测量仪表、输出电压微差和电流微差测量用仪表等仪表的测量误差（分别以被检变送器被测量上限、基准值、输出微差上限的百分数表示,%），应不超过表18-9的规定；标准变送器输出调节用直流电阻箱和电流、电压互感器的等级指数，应不大于表18-9的规定。

表18-9　检定装置中配套仪器仪表和互感器的等级指数

配套设备名称	检定装置的等级指数				
	0.03	0.05	0.1	0.2	0.3
	配套仪器仪表允许的测量误差(%)				
标准表或标准变送器	±0.02	±0.05 (±0.03)	±0.1 (±0.05)	±0.2 (±0.1)	±0.2
变送器输出电压和电流测量用仪表	±0.01	±0.01	±0.02	±0.05	±0.05
输出电压微差和电流微差测量用仪表	±0.1				
	直流电阻箱和电流、电压互感器的等级指数				
标准变送器输出调节用直流电阻箱	0.01	0.01	0.02	0.05	0.05
电流、电压互感器	0.005	0.005	0.01	0.02	0.05

3) 检定装置的量程应该不小于被检变送器的量程，但不能超过后者的150%。

4）检定装置的电流、电压调节器应能平稳地从零值调节到120%标称值。其调节细度应能保证检定装置输出量的分辨力优于其基本误差极限的1/5。

5）检定装置的检定周期应不超过3年。其中配套仪表的检定周期应不超过1年。

（2）变送器的输入满度值及输出满值的确定：

1）交流电流变送器的输入满度值及输出满值的确定。交流电流变送器的输入满度值是根据其所带指示仪表的满度值与所接电流互感器变比计算所得。例如，现场指示仪表的满度显示值为8000A，电流互感器变比为8000/5A，则二次电流值即变送器的输入满值电流为8000/(8000/5)=5(A)。交流电流变送器的输出满度值，根据现场与之连接的遥测装置实际要求确定为0～5V、0～1mA、4～20mA的输出。

2）直流电流变送器的输入满度值及输出满值的确定。对转子电流变送器，变送器接于分流器二次侧，其输入满值为75mV。直流电流变送器的输出满度值，根据现场与之连接的遥测装置实际要求确定为0～5V、0～1mA、4～20mA的输出。

3）直流电压变送器的输入满度值及输出满值的确定。对转子电压变送器，变送器直接接与灭磁开关输入的正负极，其输入满值为1000V；直流电压变送器的输出满度值，根据现场与之连接的遥测装置实际要求确定为0～5V、0～1mA、4～20mA的输出。

4）三相功率变送器的输入有功功率满值及输出满值的确定。三相功率变送器输入满度值是根据其所带指示仪表的一次满度值与所接电流互感器变比计算所得，如一次满值功率为250MW，电压变比为13800/100V，电流变比为10000/5A，则二次功率值即变送器的二次输入满值功率为$250\times10^6/(13800/100)\times10000/5=905.8$(W)。功率变送器的输出满度值，根据现场与之连接的遥测装置实际要求确定为0～5V、0～1mA、4～20mA的输出。

5）交流电压变送器满值及输出满值的确定。交流电压变送器输入满度值是根据其所带指示仪表的一次满度值与所接电压互感器变比计算所得，如一次满值电压为250kV，电压变比为220000/100V，则二次电压功率值即变送器的二次输入满值功率为$250\times10^3/(220000/100)=113.6$(V)。变送器的输出满度值，根据现场与之连接的遥测装置实际要求确定为0～5V、0～1mA、4～20mA的输出。

6）频率变送器满值及输出满值的确定。频率表的盘面显示一般选为45～55Hz，则变送器的输入也为45～55Hz，对应输出根据现场与之连接的遥测装置实际要求确定为0～5V、0～1mA、4～20mA的输出。

(3) 检验点的确定。检验变送器时，试验点按等分原则选取，通常取 6 个检验点。

(4) 校验步骤（以 CL3601 三相交直流仪表检定装置为例）。

1) 功率变送器校验。

①按校验接线图接好线，打开微机校验台，进入功率变送器校验程序。

②设置交流输入电压为 100V，将变送器、标准表和数字电压表通电，预热 15～30min，数字电压表自校合格后，即可调试。

③测功单板满值调整：三相有功功率变送器应在 $\cos\varphi=1$ 和三相线电压为 100V 的情况下进行，三相无功功率变送器应在 $\sin\varphi=1$ 和三相线电压为 100V 的情况下进行。

④当两块变送器单板满值调整好后，观察变送器的线性。当三相输入电压 $U_{ab}=U_{bc}=U_{ca}=100$V 时，有功功率变送器线性误差应在 $\cos\varphi$ 分别为 1、0.5、−1、−0.5 情况下，无功功率变送器应在 $\sin\varphi$ 分别为 1、0.5、−1、−0.5 情况下测定，变送器线性误差不应超过±0.5%。

⑤三相有功功率变送器 $\cos\varphi$ 由 1 变至 0.5（滞后）、三相相无功功率变送器 $\sin\varphi$ 由 1 变至 0.5（滞后），输出直流电压和电流的误差应小于±0.5%。

2) 交流电流、交流电压变送器校验。

①按校验接线图接好线，打开微机校验台，进入交流电流（或电压）变送器校验程序。

②对交流电流变送器，设置交流输入电流为 5A，将变送器、标准表和数字电压表通电，预热 15～30min，数字电压表自校合格后，即可调试。

③对交流电压变送器，设置交流输入电压为 100V，将变送器、标准表和数字电压表通电，预热 15～30min，数字电压表自校合格后，即可调试。

④交流电流、交流电压变送器，当输入变送器的交流电流和交流电压由满值按一定比例降至零，则输出直流电压和电流也应按同一比例由满值降至零，各点的相对引用误差应不大于±0.5%。

对于无特殊校验装置的小型电厂，可采用通用电流、电压发生装置，移相装置，脉冲发生器及各种标准表等，通过常规接线对使用的表计及变送器进行检验，逐点读取数据，取其平均值。

4. 校验结果分析

变送器校验完毕，填写电量变送器校验记录，判断变送器是否在合格范围内。对不合格变送器进行修理及更换。

在输出较高和较低标称值之间任一点上的误差不超过表 18-10 规定。

表 18-10　以基准值的百分数表示的基本误差极限与等级指数的关系

等级指数	0.1	0.2	0.5	1.0	1.5
误差极限（%）	±0.1	±0.2	±0.5	±1.0	±1.5

5. 检验周期

变送器的周期检定应尽可能与该变送器所连接的一次设备的检修配合进行。

主要测点所使用的变送器以及其他有重要用途的变送器每年至少检定一次，其他用途的变送器每三年至少检定一次。

二、电能表检验

（一）电能表的发展及应用

在电力系统发展早期，感应性电能表被广泛应用于工频（50Hz或60Hz）电能的测量。它是利用处在交变磁场的金属圆盘中的感应电流与有关磁场形成力的原理制成的，具有制造简单、可靠性好等优点，但一般的感应性电能表的准确度为2.0级和1.0级，其能达到的最高准确度受制造和机理所限只能达到0.5级，随着用电量的急剧增长，对大电网和大用户的电能管理日益重视，高准确度对电能计量管理十分必要，加之现代电能管理强调自动化、智能化，以求更高的供用电效率，这便对电能计量仪表提出了多功能化的要求。

为使电能计量仪器仪表适应工业现代化和电能管理现代化飞速发展的需求，多功能电子式电能表应运而生。它由测量单元和数据处理单元等组成，除计量有功（无功）电能量外，还具有分时、测量需量等两种以上功能，并能显示、储存和输出数据的电能表，称多功能电能表。多功能电能表按工作原理分为机电式多功能电能表和电子式多功能电能表。电子式多功能电能表代表着电能表发展的方向。

图 18-6　某厂电能表

电子式多功能电能表的基本功能有十多种，加上辅助功能，据文献介绍，国外某些型号的工业用电子式电能表的功能多达上百种。电子式电能表的功能可分为用电计量、监视、控制、管理等四类。某厂电能表如图18-6所示。

（二）多功能电能表的检验

电能表的检修应按照JJG 307—2006《机电式交流电能表检定规程》、JJG 596—1999《电子式电能表检定规程》、JJF 1055—1997《交流电能表现场校准技术规范》等要求进行。

1. 外观检查

电能表和互感器上的标志应清晰、符合国家标准和相应技术条件的规定；电能表和测量用互感器的接线正确无误，相序为正相序。

在每只多功能电能表上应有下列标志：

（1）名称及型号（名称及型号应经归口主管部门正式颁发）。

（2）标准的编号（按国家标准规定）。

（3）制造厂名称及注册商标。

（4）产品编号（编号应置入内存）。

（5）准确度等级(置于一圆圈内或以“CL.××”表示）。

（6）制造年份。

（7）计量单位(kW、kWh、kvar、kvar·h 等)。

（8）基本电流和额定最大电流(A)，如“3×1.5(6)A”。

（9）相数、线数和参比电压(V)，如“3×220(380)V”。

（10）参比频率(Hz)。

（11）参比温度(不是 23℃时的参比温度)。

（12）电能表常数为 x，单位是 r/kWh(r/kvar·h)或 Wh/r（var·h/r)；脉冲常数为 x，单位是 imp/kWh(imp/kvar·h)或 Wh/imp(var·h/imp)。

（13）标明有关功能的识别符号或文字。

2. 基本功能检查

（1）显示检查。

1）电能表通电后，液晶屏上应有全屏显示的画面，屏幕上的组合汉字及相关符号可提示显示内容，检查其液晶全显画面的内容是否齐全，笔画是否完整。

2）通电后，如果屏幕上显示错误代码提示，应对应产品使用说明书所提示的代码进行检查。

3）检查计量单位和各种识别符号是否正确。

4）断开交流电源，检查显示器能否通过外接电源接口显示当前数据或进行停电抄表。

（2）RS485 通信接口的检查。用万用表在电能表的 RS485 通信接口测试其输出电压，在 0.5～4.8V 范围以内时，可以判断其接口是好的。

3. 检验

非贸易结算用的电能表检定周期按规定为 5～6 年，目前安装式电子电能表的检定一般采用电子式电能表校验装置进行，主要检定项目有工频耐压试验、启动潜动试验、校核计度器示数、确定电能测量基本误差等项目其方法及要求详见

JJG 307—2006《电子式电能表检定规程》。

4. 现场校准

（1）在现场进行校准的项目。

1）一般检查：检查电能表检定标记和证书、校准证书是否有效；保护标记、封缄和防止非授权人员改变接线、输入数据或操作的措施是否受到破坏等。

2）接线检查：用相序表或相位表检查接入电能表电源相序的正确性；用电流表、电压表、功率表、相位表检查电能表的接线，也可用六角图法或用带有接线检查功能的现场校准仪检查接线。

3）电能表工作误差校准：电能表的现场误差校准常用实负荷法，即电能校准仪的电流回路与被校电能表的电流回路串联，电能校准仪的电压回路与被校电能表的电压回路并联，在电网的实际电压、电流、功率因数和频率下，将电能校准仪与被校电能表进行比较，给出被校准电能表在校准点的误差。

（2）现场复校间隔。电能计量装置准确度等级及复校间隔见表 18-11。

表 18-11　　电能计量装置准确度等级及复校间隔

电能计量装置类别	准确度等级		复校间隔
	有功电能表	无功电能表	
Ⅰ	0.2S 或 0.5S	2.0	3 个月
Ⅱ	0.5S 或 0.5	2.0	6 个月
Ⅲ	1.0	2.0	1 年
Ⅳ	2.0	3.0	2 年

注　Ⅰ类电能计量装置：月平均用电量 500 万 kWh 及以上或变压器容量为 10000kVA 及以上的高压计费用户、200MW 及以上发电机、发电企业上网电量、电网经营企业之间的电量交换点、省级电网经营企业与其供电企业的供电关口计量点的电能计量装置。

Ⅱ类电能计量装置：月平均用电量 100 万 kWh 及以上或变压器容量为 2000kVA 及以上的高压计费用户、100MW 及以上发电机、供电企业之间的电量交换点的电能计量装置。

Ⅲ类电能计量装置：月平均用电量 10 万 kWh 及以上或变压器容量为 315kVA 及以上的计费用户、100MW 以下发电机、发电企业厂（站）用电量、供电企业内部用于承包考核的计量点、考核有功电量平衡的 110kV 及以上的送电线路电能计量装置。

Ⅳ类电能计量装置：负荷容量为 315kVA 以下的计费用户、发供电企业内部经济技术指标分析、考核用的电能计量装置。

（3）现场检验电能表应注意事项。现场检验电能表应采用标准电能表法，利用光电采样控制或被试表所发电信号控制开展检验。宜使用可测量电压、电流、相位和带有错接线判别功能的电能表现场检验仪。现场检验仪应有数据存储和通信功能。

现场检验时不允许打开电能表罩壳和现场调整电能表误差。当现场检验电能表误差超过电能表准确度等级值时，应在三个工作日内更换。

三、指示仪表检验

（一）指示仪表的组成与应用

电测量模拟指示仪表是“指示器与可动部分机械连接，能随时显示被测量而不记录其值的电测量仪表”，简称指示仪表。

1. 组成

电测量指示仪表的特点是将被测量（或相关量）转换为可动部分的偏转，该偏转与被测量有一定的对应关系，因此，可根据偏转角的大小直接读取被测量的大小，其组成框图如图 18-7 所示。

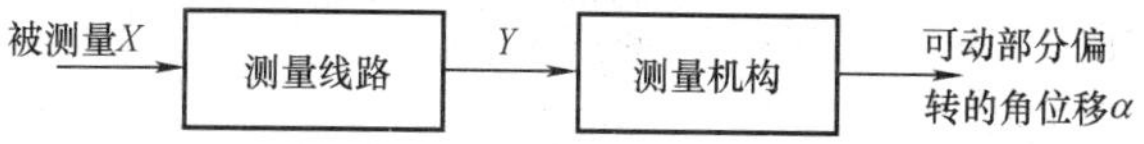

图 18-7　指示仪表组成框图

由框图可看出：

（1）被测量 X（电流、电压、功率）通过测量线路，如电压表的附加电阻、电流表的分流器等，变换为测量机构可直接测量的电磁量 Y。

（2）测量机构是指示仪表的核心部分，其作用是将来自测量线路的电磁能量变换为机械能量——仪表可动部分偏转角位移 α。

（3）测量机构由固定和可动两大部分组成，固定部分通常包括磁路系统或固定线圈、标度盘及支架等，可动部分包括可动线圈或可动铁芯、指示器以及阻尼片等，可动部分与固定部分通过轴尖、轴承或张丝（悬丝）来支承。当仪表在被测量作用下，可动部分相应的偏转就反映了被测量的数值。

2. 作用

指示仪表不仅可以直接测量像电流、电压、功率、相位、频率这样的电量，还可以通过传感器测量如温度、压力、流量等非电量，具有读数直观、指示响应速度快、稳定可靠、使用维护方便、成本低、寿命长等优点，应用十分普遍。

指示仪表的分类方法很多：按工作方法分类，即按工作原理或产生转动力矩的方式来分类，可分为磁电系、电动系、电磁系、动磁系、极化电磁系、铁磁电动系、感应系、电热系、整流系、静电系、指针式频率表、振簧系频率表、相位表、功率因数表等；按其测量对象分类，可分为电流表、电压表、功率表、无功功率表、功率因数表、相位表、同步指示器、电阻表、阻抗表、频率表及上述形式的多功能仪表等；按使用方法分，可分为固定式（安装式）仪表与便携式仪表等。

常见指示仪表特点及使用场合见表 18-12。

表 18-12　　常见指示仪表特点及使用场合

序号	名　称	主要技术特性	使　　用
1	磁电系仪表	准确度高、灵敏度高、自身功耗小、标度尺的分度是均匀的、过载能力小，与整流器或变送器配合，可扩大其使用范围，从而用于交流量或非电量的测量	只能用于直流电路
2	整流系仪表	标度尺的分度在开始有些压缩，其余部分近似于直线；测量机构反映的是整流平均值，而以正弦波有效值来定度，所以该表对波形畸变敏感；整流元件电容的存在，频率会影响误差，其大小由当时线路来确定；整流元件电阻的大小与温度有密切的关系	特别适合测量音频范围以内的小电流或小电压
3	电磁系仪表	由于测量机构有可动线圈，游丝（或张丝）不通过电流，所以结构简单，过载能力强。其不足为：准确度较低、灵敏度也较磁电系仪表低得多，不宜用于频率较高的电路、受外界磁场影响较大	是一种交直流两用表，在交流电压、电流测量中占有重要地位
4	电动系仪表	准确度高：可达 0.05％级；用途广，电流表、电压表标度尺分度不均匀，但功率表分度较均匀。缺点是：本身功耗大、易受外磁场影响、过载能力弱	不仅可以测量交直流电流、电压、功率，还可以测量相位、频率、电容、电感等

（二）指示仪表的检验

1. 检验周期

使用中的电测量指示仪表应按下列规定周期进行检验：

（1）控制盘和配电盘仪表的定期检验应与该仪表所连接的主要设备的大修日期一致，不应延误。但主要设备主要线路的仪表应每年检验一次，其他盘的仪表每四年至少检验一次。

（2）对运行中设备的控制盘仪表的指示发生疑问时，可用标准仪表在其工作点上用比较法进行核对。

（3）可携式仪表（包括台表）的检验，每年至少一次，常用的仪表每半年至少一次。经两次以上检验，证明质量好的仪表，可以延长检验期一倍。

（4）万用电表、钳形表每四年至少检验一次。绝缘电阻表和接地电阻测定器每两年至少检验一次，但用于高压电路使用的钳形表和作吸收比用的绝缘电阻表每年至少检验一次。

2. 仪表外观检查

（1）表盘上或外壳上至少应有下述标志符号：

1）仪表名称或被测之量的标志符号。

2）型号。

3）系别符号。

4）准确度等级。

5）厂家或厂标。

6）制造标准号。

7）制造年月或出厂编号。

8）电流种类。

9）正常工作位置。

10）互感器的变比。

（2）从外观看，仪表零部件完整，无松动，无裂缝，无明显残缺或污损。当倾斜或轻摇仪表时，内部无撞击声。

（3）向左右两方向旋转机械调零器，指示器应转动灵活，左右对称。

（4）指针不应弯曲，与标度盘表面间的距离要适当，没有卡针或擦针现象。

（5）具有机械零位的仪表，预热之前应将仪表置于工作位置，用调零器将指示器调至机械零位，以后不再调整；若无机械零位，应通电使指示器指示在起始分度线。

（6）轻敲外壳，检查变差：轻敲仪表外壳，当仪表指针停止振动时，最终回到机械零位。

（7）被检仪表自工作位置向前后左右四个方向倾斜30℃，倾斜情况下的指示值与工作位置时的指示值之差，应不超过1.5%。

3. 电源、检验装置和标准表的选择

（1）检验用电源和检验装置应满足DL/T 1112—2009《交、直流仪表检验装置检定规程》有关规定。

（2）检验装置（包括标准表在内）的综合误差与被检表基本误差之比宜为1∶5，最低要求应为1∶3。

（3）当用直接比较法检验电流表、电压表、功率表、万用电表、钳形表时，标准表的系别应尽可能与被检表相同。标准表的准确度等级和与之配套使用的附件（互感器、分流器、标准电阻、分压器、变送器等）的准确度等级应不低于表18-13的要求。

表18-13　　标准表的选择

被检表准确度等级	标准表准确度等级		标准附件的相对误差	
	不考虑更正	考虑更正	不考虑更正	考虑更正
0.1	0.02	0.05	0.01	0.02
0.2	0.05	0.1	0.02	0.05

续表

被检表准确度等级	标准表准确度等级		标准附件的相对误差	
	不考虑更正	考虑更正	不考虑更正	考虑更正
0.5	0.1	0.2	0.05	0.1
1.0	0.2	0.5	0.1	0.2
1.5	0.2	0.5	0.1	—
2.5	0.5	—	0.2	—
5.0	0.5	—	0.2	—

（4）当标准表和被检表的量限不一致时，所用标准表的准确度等级和上量限可按下式选择

$$K_0 \leqslant \frac{K_x}{a} \cdot \frac{A_{xm}}{A_{0m}}$$

式中 K_0、K_x——分别为标准表和被检表准确度等级的数字；

A_{xm}、A_{0m}——分别为被检表和标准表的上量限；

a——某一规定常数，若不更正标准表的读数时宜选为 5，若更正时，可选为 3。

4. 检验接线

电流指示仪表校验接线见图 18-8。

电压指示仪表校验接线见图 18-9。

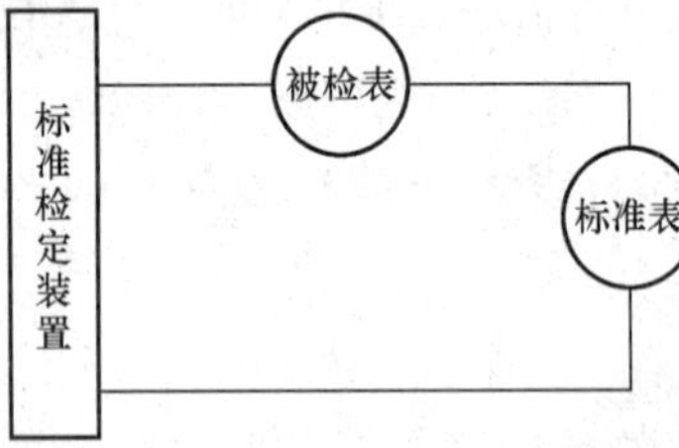

图 18-8　电流指示仪表校验接线

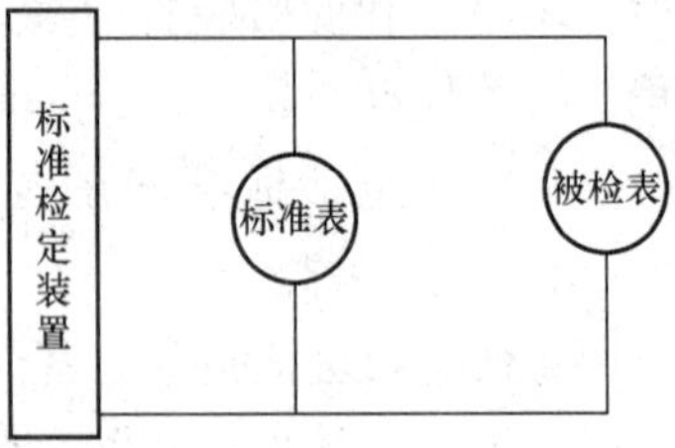

图 18-9　电压指示仪表校验接线

5. 测定步骤

（1）基本误差测定。试验前仪表和附件的温度应与环境温度相同，湿度应在 85%以下。

1）通电预热：对于长期通电使用的安装式仪表，在测定基本误差之前应通电预热 15min。预热时所加电压为额定电压，所加电流为 80%额定电流。

2）在测定误差之前，应通电使仪表指示器缓慢上升，然后缓慢下降，观察指

示器有无受阻情况。

3）检验仪表时应对标度尺的工作部分每一个带数字的分度线进行检验，填写电气指示仪表校验记录。

4）所加信号应平稳地上升或下降。

（2）升降变差的测定。测定升降变差可与测定基本误差一同进行。根据国家标准规定，对于精确度为 1.5 级的指示仪表，在仪表标度尺工作部分的所有分度线上升降变差不应超过±1.5%，若有一个标度尺分度线的变差超过允许值，即判断为升降变差不合格。

（3）指示器不回零位的测定。测定指示器不回零位时，可在测定基本误差过程中进行。当指示器在标度尺有效范围的终点分度线停留 30s，再平稳地将被测量减少至零（断开线路），在 10s 之内读取指示器不回零位值不应超过 0.6mm。

（4）绝缘电阻的测定。仪表和附件的所有线路与外壳之间的绝缘电阻，在室温和相对湿度为 85%以下的条件下，用不大于 1000V 绝缘电阻测定器测定，其绝缘电阻值应不低于 5MΩ。

6. 基本误差的计算及基本误差的极限值

（1）基本误差的计算。SD 110—1983《电测量指示仪表检验规程》的规定，仪表基本误差按下式计算

$$\gamma = \frac{x - x_0}{x_m} \times 100\%$$

式中　x——被检表指示值；

x_0——被测量的实际值；

x_m——测量上限或规定值。

各类仪表 x_m 规定如下：

1）单向标尺仪表，x_m 为标尺工作部分上量限。

2）双向标尺仪表，x_m 为标尺工作部分两上量限绝对值之和。

3）无零位标尺仪表：

①对频率表：以（D）31—61 标准生产的指针式频率表 x_m 为上、下量限和的 1/2；以 GB 7676—1987 标准生产的指针式频率表和振簧系频率表 x_m 为上量限；以 GB 776—1976 标准生产的振簧系频率表 x_m 指示值。

②对相位表和功率因数表 x_m 为标尺工作部分长度（现行标准为 90°电角度）。

（2）基本误差的极限值。SD 110—1983 规定：仪表基本误差在标尺工作部分的所有带数字分度线应不超过表 18-14 的要求。

表 18-14　　基本误差的极限值

仪表准确度等级	0.1	0.2	0.5	1.0	1.5	2.5	5.0
基本误差的极限值（%）	±0.1	±0.2	±0.5	±1.0	±1.5	±2.5	±5.0

四、测温元件检验

测温元件是水电厂最重要的传感器，水电厂测温元件运行情况直接影响发电机组是否能够安全运行。

测温装置包括测温电阻、测温表及温控器：

(1) 测温电阻主要用于主变压器的油温测量、机组三部轴承温度测量，电阻接入测温表或机组监控装置，作为测温表或机组监控装置的输入量。

(2) 测温表主要用于主变压器温度的测量，反应主变压器的温度变化，并输出 4～20mA 送给监控系统，只监视不报警。

(3) 温控器主要用于主变压器、联络变压器、主变压器中性点电抗器的温度监控，它又分为绕组温度测量和油温的测量，它既监视设备的温度，同时还报警（超过整定值），并启动相应的冷却器。

（一）测温表的检查及校验

1. 测温表的检查

检查测温表的显示值与实际温度值（减去线路补偿值电阻）是否一致，检查测温表的输出值 4～20mA 与实际温度值是否线性对应；对有问题的测温表应进行校验，对校验不合格的测温表再进行更换。更换前应对测温表进行校验。

2. 测温表的检验

(1) 外观检查：

1) 内部元件是否有损坏。

2) 内部接线是否有开焊或虚焊。

3) 印刷电路板焊点是否有短路或虚焊。

(2) 绝缘检查：

1) 输入回路之间。

2) 输入回路对外壳。

3) 工作电源对外壳。

4) 工作电源 L 对 N 之间。

以上四项用 1000V 绝缘电阻表测量，绝缘电阻要求大于 10MΩ。

5) 测温表输出回路对外壳。用 500V 绝缘电阻表测量，绝缘电阻要求大于 10MΩ。

(3) 电源、检验装置和标准表的选择：

1) 检验用电源和检验装置应满足水利电力部《直流仪表检验装置的检定方法》和《交流仪表检验装置的检定方法》的有关规定。

2) 检验装置采用 DO30 多功能三用仪表。

标准表选择精度为 0.2 级、型号为 C41 型直流毫安表。

标准电阻箱。

(4) 校验步骤：

1) 将测温表通电，即接入交流 220V 工作电源。

2) 判定该表外接电阻的规格是 Cu53 还是 Pt100。

3) 根据规格设定测温表的参数。

4) 将标准电阻箱接入输入回路。

5) 输出端接入型号为 C41 型直流毫安表。

6) 调节标准电阻箱的阻值进行线性检定，看温度值和输出电流值是否与电阻值线性对应，线性误差不应超过±0.5%，否则进行线性补偿修订，使线性误差在规定的范围内。

7) 对校验后安装的测温表，还应根据线路电阻值进行补偿，使其与实际电阻温度指示一致。

(二) 温控器的检查及校验

对联络变压器、主变压器及主变压器中性点电抗器温控器（联络变压器还包括绕组温控器）进行检查、校验。

1. 温控器的外观检查

检查温度计指示是否正常，检查温控器感温包电缆有无折损，检查温度计内有无结霜和水珠，对于指示异常、温控器感温包电缆有折损的、温度计内有水珠的温控器应于更换；对于外观检查合格的温控器可现场使用热水加温对其整定值进行全范围检查，对于整定值不准的可进行调整。

2. 温控器整定值检查

电抗器温控器实际整定值与温度定值表应一致，温度达到整定值时，温控器应准确动作，触点应可靠接通．温度降低到一定值时，动作应可靠返回。

3. 温控器的输出触点检查

用绝缘表检查温控器的输出触点对地、或触点之间的绝缘应大于 0.5MΩ，否则该温控器应予更换。

4. 温控器的校验

对于检查发现需更换的温控器全部送至具有检验资质的单位按相关规程规定进

行校验，并调校好相应的定值。对校验好的温控器应校对整定值是否正确，核实正确后应予回装。

（三）测温电阻检查

1. 测温电阻值检查

以实际环境温度，依据电阻温度换算值进行换算确定测温电阻的阻值，用万用表对测温电阻进行现场检查，测温电阻阻值与室温对应电阻相符。

对 Cu50 电阻，测得值应为 50＋0.214×环境温度。

对 Cu53 电阻，测得值应为 53＋0.225×环境温度。

对 Pt100 电阻，测得值应为 100＋0.384×环境温度。

2. 测温电阻绝缘检查

使用 250V 绝缘表，电阻引线对电阻外壳要求绝缘电阻值不低于 10MΩ。

五、数字多功能表

目前数字多功能表的使用已越来越普遍，它比以往的模拟式指针仪表具有各种明显的优点：读数清晰直观、测量速度快、测量准确度高、测量范围宽、灵敏度高、输入阻抗大，使用方便等，且大多数数字表具有接口电路，可以与计算机连接，便于自动测试。

数字多用表在使用时要着重考虑以下问题：

（1）测量功能与测量范围：应了解使用表可以测量的功能及对应每一功能的测量范围，各测量功能的量程是否能自动切换，哪一个量程是基本量程。

（2）测量准确度：各功能所对应的各量程可允许的最大误差是多少，其分辨率是多少，保证误差的工作条件是什么，预热时间要多少，是否需要预调整等。

（3）响应特性：表的采样速率是多少，能否满足要求，交流量测量的频率范围、交流量是平均值响应、峰值响应还是有效值响应。

六、测量用互感器

（一）测量用互感器的作用

电力系统上安装的测量用电流与电压互感器，一方面用来隔离一次侧的高电压，保护二次侧仪表设备以及操作人员的安全；另一方面通过电流电压比例变换的作用，把一次侧的高电压、大电流变换成普通仪表能直接接入的常规电压和电流，从而扩大仪表的量程，可以使仪表的生产与制造规范化，有利于降低成本，提高测量准确度。

测量用电流与电压互感器，与二次测量仪表一起，时刻监视着电力系统的运行状况，提供电能的生产与消费的信息，是电力系统不可缺少的重要设备。

目前，发电厂的变损率、电力线路的线损率和用电大户耗用的电量都是通过现场电能计量确定的。在计量过程中，互感器把高电压大电流按比例送到电能表电流与电压线圈上，电能表积算出二次电能后，再乘上变换系数。一般情况下，由于互感器的变比不准确对电能表计量误差的影响，并不比电能表对电能计量误差的影响小。

（二）测量用互感器的现场检验

测量用互感器是国家强制检定的计量器具，大部分测量用互感器直接与电力系统连接，需要在现场检验。原水利电力部为此颁发 SD 109—1983《电能计量装置检验规程》，对电力系统中使用的测量用互感器规定了现场检验方法，在电力部颁布的 DL 448—2000《电能计量装置技术管理规程》中对互感器的配置也做了具体的规定。

互感器的现场检验与实验室检定相同的地方，是都对互感器的误差进行测量，判断是否符合准确度等级。但现场检验还有其他检验项目，它要求测量或计量互感器在实际二次符合下的误差，包括电压互感器二次引线压降引起的误差，并计算出三相电流电压互感器组整体的合成误差，其中电流互感器测量点应包括经常性一次负荷电流或月平均一次负荷电流值，其大小根据实际情况决定。DL 448—2000《电能计量装置技术管理规程》规定：互感器实际二次负荷应在 25%～100%额定二次负荷范围内；电流互感器额定二次负荷的功率因数应为 0.8～1.0；电压互感器额定二次功率因数应与实际二次负荷的功率因数接近；电流互感器额定一次电流的确定，应保证其在正常运行中的实际负荷电流达到额定值的 60%左右，至少应不小于 30%，否则应选用高动热稳定电流互感器以减小变比。Ⅰ、Ⅱ类用于贸易结算的电能计量装置中电压互感器二次回路电压降应不大于其额定二次电压的 0.2%；其他电能计量装置中电压互感器二次回路电压降应不大于其额定二次电压的 0.5%。

互感器的检验必须由具有检验资质的单位进行，一般情况下可委托高一级的计量单位进行。

（三）测量用互感器的使用方法及注意事项

为使互感器能准确可靠地配合仪表进行测量，而不致造成人身与设备事故，必须正确使用互感器。

1. 互感器的接线原则

（1）电压互感器应并联于线路中。即使用电压互感器测量时，被测电路应并接于互感器的一次线圈的端钮 A－X 上，电压表应接于二次线圈的端钮。

（2）电流互感器应串联于线路中。即使用电流互感器测量时，要注意将电流互感器的一次线圈的端钮 L1－L2 串联接入被测电路中，二次线圈的端钮 K1－K2 接被测仪表，且二次线圈与所有仪表和负载串联，其目的是使所有的仪表和负载都通过电流互感器的二次电流。

(3) 对某些转动力矩与电流方向有关的仪表（如功率表、电能表等），在接入测量互感器时，必须遵守仪表的同名端与互感器的同名端相连接的原则。使仪表与测量互感器连接后，仪表内部电流的方向与不同测量互感器而直接接入时相同。

2. 负载的匹配

互感器与测量仪表相连时必须注意两个问题：一是正确选择量限，即互感器的量限一定要与被测参数及测量仪表的量限一致；二是互感器与测量仪表组合使用时，必须注意两者之间负载匹配问题，即互感器二次所带的全部负载阻抗应与互感器铭牌上规定的负载范围一致。如果负载不匹配，轻者使互感器误差变大，重者可导致互感器过载烧坏。

3. 安全接地

无论是电流互感器还是电压互感器，在高压电路中，必须将其二次电路的低电位端以及铁芯与外壳一同可靠接地。这样，即使在绕组的绝缘被击穿时，二次电路中的电压也不会升高。

4. 电压互感器二次绕组的要求

电压互感器的二次绕组不允许短路。因为当二次绕组短路时，会出现很大的电流，电压互感器有被烧毁的危险。因此，运行中的电压互感器的一、二次绕组都要装熔丝，以防意外短路事故。

5. 电流互感器二次电路的要求

电流互感器的二次电路不允许开路。这是因为当二次绕组开路时，铁芯会由于过度饱和磁化而使其损耗大大增加，使铁芯过分发热而烧毁其上的线圈；同时还会在二次绕组上感应出很高的电压（有时可达正常值的几百倍），可能损坏电流互感器的绝缘而危及操作人员的安全，在操作时应特别注意。因此，在电流互感器的二次绕组电路中禁止安装熔丝。

在接出回路的电流接线端子应为配有短路片的电流端子，以供校验、短路、改变极性用。

第三节　电气测量系统回路检查

一、回路正确性检查

按图纸检查回路，要求回路正确，接线美观正确。电压回路无短路现象，电流回路无开路情况。

二、回路绝缘情况进行检查

用500V绝缘电阻表对盘内回路进行绝缘测试，要求绝缘电阻值不低于10MΩ。

三、直流电阻测试

测互感器直流电阻：用万用表测量测互感器直流电阻在合格范围内。

测盘内直流电阻：用万用表测量测互感器直流电阻在合格范围内，电压回路无短路接地现象，电流回路无开路现象。

四、接线情况检查

检查回路的接地点，要求回路接地点安全可靠。

检查端子排端子接线正确，无松动、断裂及滑扣现象。

检查所有元器件上端子接线正确，无松动、断裂及滑扣现象。

互感器二次回路的连接导线应采用铜质单芯绝缘线。对电流二次回路，连接导线截面积应按电流互感器的额定二次负荷计算确定，至少应不小于$4mm^2$。对电压二次回路，连接导线截面积应按允许的电压降确定，至少应不小于$2.5mm^2$。

第四节　测温回路检查

一、电阻部分

(1) 推力瓦测温电阻检查：电阻拆装，型号确定，回路检查。

(2) 上导瓦测温电阻检查：电阻拆装，型号确定，回路检查。

(3) 水导瓦测温电阻检查：电阻拆装，型号确定，回路检查。

(4) 定子测温测温电阻检查：型号确定、回路检查。

(5) 空气冷却器冷风热风测温电阻检查，电阻拆装，型号确定，回路检查。

在机组检修工作开始，即对机组三部轴承测温电阻、空气冷却器冷风热风测温电阻进行拆装检查，在拆装过程应认真做好现场记录及现场标示，并对测温电阻进行检查。要求测温电阻良好，对不合格的电阻进行及时更换，确保测温回路正确。回装后，所有焊点无虚焊，并画出三部轴承测温电阻号、瓦号、机架号对应图。

定子测温电阻按绕组分布图对各测点进行检查并做好记录。

二、测温电缆部分

在对机组三部轴承测温电阻进行拆装检查的同时，对测温电缆也进行检查，检查测温电缆是否损坏、断裂，绝缘外皮是否损伤等，使用1000V绝缘表进行线缆对地绝缘试验。对不合格的电缆进行更换。

三、测温线路补偿值确定

对于与计算机连接的各传感器、温度测量仪的重要测点需带整个回路进行点对点的校准，如 RTU 测温装置通电后，联系其分管部门，用点温计检测现场温度并与计算温度值相比，确定线路电阻补偿值。对 RTU 装置测温电阻整定值进行补偿。

四、测温定值整定

检查或设定报警整定值应与定值单相同。

第五节　整 体 通 电 试 验

一、安全措施

（1）断开盘外至盘内电压互感器二次输入回路。

（2）断开盘外至盘内电流互感器二次输入回路。

（3）退出 AGC、AVC 。

通电试验前通知相关生产管理部门派检修人员配合试验。

二、试验仪器

使用便携式三相功率源对盘内回路进行通电试验。

三、试验步骤

（1）对测量盘内电压输入回路 AN、BN、CN 施加 57.7V 的三相交流电压，电流输入回路施加额定二次三相交流电流，然后施加一个功率因数角。

（2）检查测量盘各指示仪表指示正确。

（3）各变送器输出量在中控室返回屏、励磁盘的指示仪表指示正确。

（4）RTU 显示电压、电流、频率、功率值正确，百抄表显示正确，电能表工作正常，各分相电压与电流、读数变化与各输出信号正确，表计无报警信号。

（5）所有检验工作完成后，正确恢复盘内接线。

（6）与分管 RTU 装置的部门配合检查测温电阻回路接线准确性、RTU 回路所发信号及出口动作点一一对应，检查报警、跳闸、故障信号是否传到中控室监控系统。

第六节　检修总结及检修报告

一、检修工作监督、验收

从检修工作开始到检修工作结束，上级主管部门专责人员及生产管理部门专责人员对检修全过程实施监督、验收，对施工中的不安全现象及时予以制止，对不符合检修质量及检修工艺要求的责令返工，并对工作中存在的疑问予以指导，协同检修负责人顺利完成检修工作。

二、办理工作票终结手续

全部工作完毕后，检修负责人应先周密检查，待全体工作人员撤离工作地点后，再到设备运行管理部门办票室填写检修交代，内容包括所修项目、发现的问题、试验结果和存在的问题等，并与运行值班人员共同检查设备状况，所做安全措施是否正确恢复，有无遗留物件，是否清洁等，然后在工作票上皖明工作终结时间，经双方签名后，工作票方告终结。

三、开机试验

按照机组检修后开机试验方案，进行开机试验。

四、检修总结和技术文件整理

1. 检修总结

电气测量系统检修完毕后，应召开收工会，检修负责人及工作班成员应认真总结检修经验和整理检修资料，对材料、费用消耗进行统计。特殊、有创造性的技术和工艺，成功的技术革新和设备改造成果应进行专题总结，并填写检修履历。检修履历在检修工作结束后 3 天内完成。

2. 图纸和技术资料的修订

电气测量系统检修完毕后，检修负责人应协同生产管理部门技术专责及时修订图纸和技术资料。局部变动的应在线路正式投运前修订完成并发送到上级主管部门。较大变动的应在施工前提出异动方案，施工结束后按实际接线和功能修订图纸和技术说明书。正式竣工图纸和技术说明书应在设备投运后 20 天内交付使用。

3. 检修报告的整理和审批、存档

检修工作结束后 3 天内检修负责人应做出检修报告，整理好技术文件，由生产管理部门初审后报告上级主管部门审核、审批、存档。

4. 检修报告的基本内容

（1）检修机组的编号，主要设备的编号、型号、生产厂家、产品编号。

（2）机组计划检修和实际检修的起止日期。

（3）检修的计划人工和实际消耗工日。

（4）检修的试验记录报告和结果分析报告。

（5）遗留的问题。

（6）检修、试验检修负责人和工作班成员名单。

5. 检修记录

检修记录见表 18-15。

表 18-15　　　　检修记录表

序号	记录编号	记录名称	保管场所	保存期限
1		指示仪表校验原始记录		5年
2		电量变送器校验原始记录		5年
3		电气测量系统设备检修现场记录		10年
4		电气测量系统设备检修履历		10年
5		电气测量系统设备检修报告		10年

第十九章　电气测量系统维护与常见故障处理

第一节　电测量系统的维护

一、电测量系统的定期巡检

运行人员、检修维护人员应坚持对测量设备的定期巡视。运行人员要每班巡检一次，检修维护人员至少每周巡检一次。特殊情况下可增加至每周进行两次。

巡回检查至少由两人组成，巡检应该按照预先制定的路线进行，巡检必须到位。巡回检查时不得误碰运行设备。巡回检查时认真观察和比对，判断其是否处于正常运行状态。发现设备处于非正常运行状态时，应通知相关人员开票检查处理。

电测量设备巡视的主要内容如下：

1. 机组测量设备巡检

(1) 机组的三相电压、三相电流、有功、无功各显示是否正常，并且与实际工况是否相符；机组励磁电流、转子电流、转子电压显示是否正常。未通电表计指针是否回零。

(2) 机组电能表走字是否正常，表计有无报警信号。

(3) 机组测量及计量电流互感器、电压互感器二次回路接线是否正常，有无烧红等接触不良现象。

(4) 机组上导瓦、推力瓦、水导瓦、定子及空气冷却器温度是否正常，表计有无越限报警信号。

2. 线路及变压器设备巡检

(1) 线路三相电压、三相电流、有功、无功各显示是否正常，并且与实际工况是否相符；母线电压及频率是否显示正常；电抗器电流及无功显示是否正常；电抗器温度显示是否正常，是否能正常启、停冷却器和正常温升报警。

(2) 主变压器电流显示是否正常；变压器温度显示是否正常；能否正常启、停冷却器和正常温升报警。

(3) 关口电能表走字是否正常，与线路电能输送情况是否一致。

(4) 线路测量及计量电流互感器、电压互感器二次回路接线是否正常，有无烧红等接触不良现象。

3. 厂用电及直流系统系统

（1）厂用电母线电压显示是否正常。

（2）厂用电测量及计量电流互感器、电压互感器二次回路接线是否正常，有无烧红等接触不良现象。

（3）厂用变压器温度显示是否正常，能否正常报警。

（4）直流母线电压显示是否正常。

（5）厂用电各负荷电能表走字是否正常、准确。

二、电测量设备的日常维护

电测量系统的维护由电测量检修人员负责。其日常维护工作主要有：

（1）电能表误差的定期校验，电能表应按照规程规定的周期进行校验，在运行中发现电能表走字不正常的应提出申请进行及时校验。

关口电能表每季度进行在线校验一次，对于在校验时线路未运行的电能表在线路投运后进行补校。关口电能表的封铅不可随意拆卸，如确实要动封铅时，应向调度部门申请批准后方可拆卸。

机组电能表校验周期原则上每 4～6 年进行规程检定一次，一般随主设备大修拆下进行送检。

厂用电及辅助设备电能表按照 4～6 年进行规程检定一次。

（2）关口计量电流互感器、电压互感器二次负荷及电压互感器二次压降的定期测试，其测试周期应该为每 2 年一次。对于怀疑关口计量电流互感器、电压互感器二次负荷及电压互感器二次压降有问题的，应及时申请进行测试。

在对电压互感器二次压降使用有线测试时，测试前应检查电压互感器二次测试线的直流电阻和绝缘应满足要求，试验接线应正确，测试过程中沿途应设专人监护，防止测试中将引线折断造成电压互感器二次回路短路或接地。

测试结束后，将检定结果进行分析，对于测试结果不合格的，对设备及回路进行检查分析，并针对存在的问题制定解决方案，并按照计划进行处理。

（3）变送器、指示仪表、多功能数显表诊断性校验及更换。运行中更换上述测量设备的，需要动电流互感器、电压互感器回路的，应考虑是否会影响电能计量，是否涉及保护回路，是否会引起设备 AGC、AVC 自动调节等，应做好相应的措施，编写检修大纲，经领导批准后或设备停电后方可进行，并做好详细的记录。

（4）变压器及电抗器的温控器诊断性检查和更换，发电机、变压器及电抗器测温电阻诊断性检查和更换。

（5）运行中发现的缺陷应尽快组织检修人员处理，防止故障扩大。对涉及计量回路的缺陷应认真分析，对引起少计的电量根据分析情况进行追补。

（6）定期进行设备缺陷统计分析，并针对设备易出现的问题制定出解决方案，对遗留缺陷进行分类和分析，制订解决方案和计划。

（7）定期进行测量设备分析和评估设备的健康状况，并针对设备存在的问题制订计划进行技改和设备改造。

三、测量元器件的维护

测量元器件主要包括变送器、指示仪表、多功能数显表及数显仪、电能表、温控器、测温电阻等。对测量元器件进行维护，应比较透彻地了解测量元器件的系统配置、测量元器件的接入和输出方式、测量元器件的所具备的功能和所使用的功能、测量元器件的参数、辅助电源等。

（一）变送器的维护

1. 变送器的定期巡检

变送器主要用于数据远传，实现监控设备、远动设备、指示仪表的远程监视，在巡检时应检查相关设备的数据显示、指示是否一致，数据是否正常，有无数据跳变，所显示的值与设备实际运行状况是否一致，工作电源是否正常，有无接线松动等。

2. 变送器的校验

变送器检验应按照变送器的检定规程逐项进行。可进行现场校验，也可拆下在实验室校验。

（1）在现场校验时，一般是带着整个回路进行的，因此应防止回路倒送电，特别是在电压互感器二次回路加电时，坚决防止二次侧倒送电，因此应解开会引起倒送电的盘外接线，同时还应考虑其输出是否会引起设备自动调节，若是，应解开其输出回路接线，校验结束后，应恢复所有接线，并进行二次回路检查。

（2）变送器拆下进行实验室校验，校验结束进行设备回装，应进行二次回路检查，比较复杂的接线还应进行设备的整组通电试验，在通电试验时，同样应防止回路倒送电、还应考虑有否引起设备调节的，并做好相应的措施。

（二）指示仪表的维护

1. 指示仪表的定期巡检

检查指示仪表指示安装是否牢固，指示是否正常，有无卡针现象、表盘有无破损。

2. 指示仪表的校验

指示仪表应按照指示仪表的检定规程逐项进行。

（三）多功能数显表及数显仪的维护

1. 多功能数显表及数显仪的定期巡检

多功能数显表及数显仪可用于当地的数据显示、其输出触点可用于设备的控制和报警、其模拟输出可实现数据远传（实现变送器的功能），其通信接口可直接接入计算机监控系统等，如目前使用的ION-6200多功能表、MTW1E2B-S093型百抄表、PLJ-1型电脑频率计、TDS5000油温表等。因此，在巡检时应检查其数据显示值是否正常，有模拟输出的（送入监控）还应检查与监控系统指示是否一致、整定值是否正确、有无控制输出和报警输出等，还应检查工作电源是否正常。

2. 多功能数显表及数显仪的校验

多功能数显表及数显仪的检定按照数显表的规程要求进行，可进行现场校验，也可拆下在实验室校验。

（1）在现场校验时，一般是带着整个回路进行的，因此应防止回路倒送电，应解开会引起倒送电的盘外接线，还应考虑其模拟输出有否引起设备调节（如全厂AGC、AVC调节）的，否则应解开其输出回路接线，对有控制和报警功能的应校验其整定值，校验结束后应恢复所有接线，并进行二次回路检查。

（2）多功能数显表及数显仪拆下进行实验室校验，校验结束进行设备回装，应进行二次回路检查，比较复杂的接线还应进行设备的整组通电试验，在通电试验时，同样应防止回路倒送电、还应考虑有否引起设备调节的，并做好相应的措施。

（四）电子式电能表的维护

应确保电能表走字正确，防止该走字时不走字和不该走字时确走字的事件发生。

1. 电子式多功能电能表的定期巡检

应检查其走字是否正常、工作电源及电池是否正常、有无报警，接入远程抄表系统的还应检查与抄表系统通信是否正常，抄表系统的抄表数据与电能表实际走字是否一致。

2. 电能表的定期检定

电能表的检定周期应按照DL 448—2000《电能计量装置技术管理规程》的要求进行，电能表的检定应按照量值传递的原则进行，现场维护人员应配合相应的检定部门进行定期检定。新电能表安装前，应送到系统调度指定的相应检定部门进行检定合格后，再行安装。

（1）现场检定。

1）现场检定一般是电能表带电运行时进行，电能表检定不得影响电能的正常计量，校验仪电流的接入可采用钳形夹和将仪器电流回路直接串入电能表电流互感器二次回路、电压都是采用直接接入式，因此在配合接线时，应严格防止电流互感器二次回路开路、电压互感器二次回路短路或接地。

2）校验仪器在接入电能表的电流互感器及电压互感器二次回路前，应检查试验线的直流电阻和绝缘，防止断线和绝缘皮损坏的试验线接入电能表的二次回路，引起不良事故。

3）电流互感器二次回路直接接入式，先将电压互感器二次回路接入，观察校验设备电压显示应正常，再将试验线接入电流互感器回路，并检查接线应可靠、极性应正确，解开电流互感器端子连接片，观察校验设备电流显示情况，发现异常应迅速连接电流互感器端子连接片，接线中应防止电压互感器二次回路短路或接地、电流互感器二次回路开路。校验结束后，应先连接电流互感器端子连接片，观察校验设备电流变小或接近零时，再解开电流试验线和电压试验线。

4）电流互感器二次回路嵌形夹接入式，接入电流嵌形夹时，动作要轻，防止将电流互感器二次回路开路，并且极性应正确。

（2）电能表送检。电能表的送检一般是在设备停止运行时进行，拆表前应将电能表的底数（正反向有功和正反向无功）、电能表编号做好记录，拆下的线应用绝缘胶布包好。电能表回装时，接线应正确，并将电能表的底码值做好记录。

（五）温控器的维护

温控器主要用于变压器及电抗器的油温和绕组温度的现场监视、变压器及电抗器备用冷却器的启动、停止、温升跳闸和温升报警，因此温度监视的准确性和动作的可靠性直接关系到主设备安全运行。

1. 温控器的定期巡检

检查温控器的毛细管是否有磨损、外壳有否破裂，温控器的显示是否正常、密封是否完好，温控器的整定值是否正确。

2. 温控器的校验

温控器的校验按照检定规程的要求进行，对启、停备用冷却器及温升跳闸和报警的应按照所下达的整定值的要求进行整定，并做好相关记录。

（六）测温表的维护

测温表一般与热电阻和热电偶配合使用，测量设备的温度，可用于温度的监视、温升报警及模拟量输出（可接入计算机），用户可根据自己的需要选用不同的功能。

1. 测温表的定期巡检

检查测温表的温度显示值是否正常，有无温升报警输出，报警值与测温表的整定值是否一致等。

2. 测温表的校验

测温表的校验按照检定规程的要求进行，并按照所使用不同的类型（热电阻、热电偶）进行校验，对温升跳闸和报警的应按照所下达的整定值的要求进行整定，并做好相关记录。

（七）测温电阻

测温电阻可用于设备的温度测量，它一般与测温表、温度变送器及监控系统配合使用，用于设备温度的监视和控制。

测温电阻一般安装和预埋在设备里面，因此定期巡检时只能通过测温表、温度变送器和监控系统所显示的值来判断测温电阻是否正常。当测温表、温度变送器和监控系统所显示的值不正常时，通过测量电阻的值进行温度值换算来确认电阻是否正常，对有问题的电阻进行停用并选择适当的机会进行更换。

测温电阻在更换使用前应进行外观检查，引线连接处是否牢固、引线有无破损，电阻值是否正常、绝缘是否良好，然后按照规程的要求对其进行线性检定。

第二节　智能抄表系统的维护

智能抄表系统也称电能量自动抄表系统，是实现厂站计量点（机组电量、线路关口电量、厂用电及其他用电量）电量数据的自动采集、电量自动计算、母线电量平衡计算、厂站变损及线损统计分析等功能，并通过实现与其他系统（如 MIS）的集成连接，实现电量管理自动化。为确保抄表系统始终处于良好的运行状态，必须严格做到定期维护和故障及时处理，必要时需实现智能抄表系统的改造和升级，确保系统的正常运行。

抄表系统是连续不间断的运行模式，因此设备维护都是在设备带电运行情况下进行，抄表系统的维护工作主要是定期巡检、设备清灰及系统故障处理、设备的改造和升级，定期巡回检查是为了了解设备运行状况，及时发现和处理设备隐患，保证设备处于良好的运行工况。

一、智能抄表系统的配置

智能抄表系统目前普遍采用分层分布式开放结构，就其硬件设备的配置来看，顶层为主站计算机及网络设备，中间层为远端数据采集终端即 ERTU，底层为当地电能表计。而主站由数据库服务器、前置采集机、磁盘阵列、网络交换机、计量维护工作站、操作员工作站、GPS 时钟、数据采集的前置通信设备（终端服务器＋MODEM 池）、网络打印机、UPS 电源、防火墙及路由器等。

1. 数据管理服务器

数据管理服务器采用双机 CLUSTER 冗余结构，当系统在运行中有一个 CPU 或其相应的硬件发生故障时，系统能自动将其任务交给另一套 CPU 运行，从而保证系统的正常工作。

数据管理服务器支持跨硬件平台，支持 RAID，支持磁带机或 DVD-ROM 备份装置。支持单服务器/双服务器+Cluster 结构；使用 UNIX 操作系统；数据库支持 ORACLE 或 SYBASE 通用商业型关系数据库。

电能量采集及计费自动化系统典型配置如图 19-1 所示。

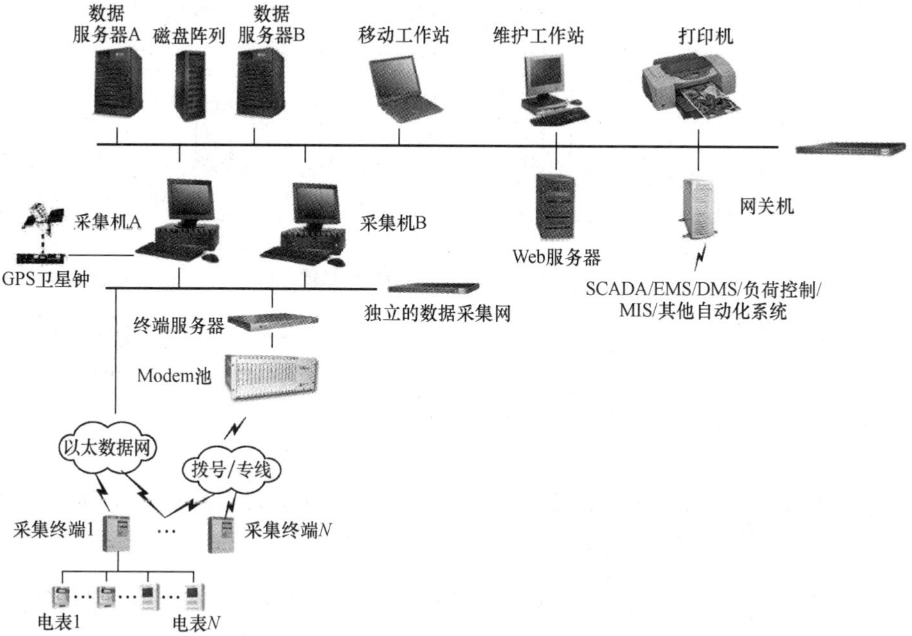

图 19-1 电能量采集及计费自动化系统典型配置图

2. 前置采集机（也称数据采集工作站）

通过通信软件将各 ERTU 采集的电量数据汇集到主站服务器。

前置采集机采用双机模式和分流数据模式。

前置采集机通过多种通信方式与电能量厂站系统（采集器、集中器、电表处理器等）之间的数据通信，实现电能量、电能质量数据的自动周期采集、数据补测以及参数下装等功能，能采集、处理厂站设备传送的与电能量相关的重要信息（如电压互感器缺相、电流互感器断线、相序错误、失电等事件、报警状态），系统支持随时抄表（包括按设定周期抄表），储存密度可调，数据可保存，可备份。

主要通信方式包括：电话拨号通信方式和专线（光纤）通信方式。

3. 电能量采集装置

电能量采集装置的作用是用来采集、存储电子式电能表或脉冲电能表的电能数据，并实现与抄表系统主站的通信和电量数据的上传及与主站的对时功能。电能量采集装置硬件配置框图如图 19-2 所示。

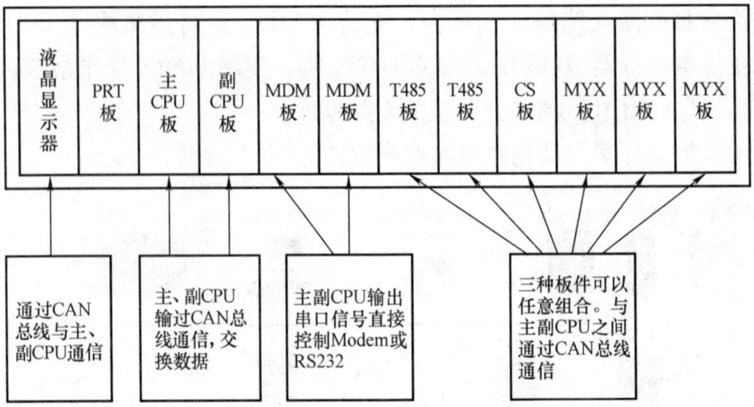

图 19-2　电能量采集装置硬件配置框图

电能量采集装置采用模块化结构设计，功能模块包括 CPU 插件板、MDM 插件板、T485 插件板、CS 插件板、MYX 插件板、PRT 插件板、电源插件板、液晶显示操作箱。

4. GPS 时钟

系统配备一台 GPS 实时时钟，通过串行口连接到前置采集机。系统其他设备都可以与前置采集机进行时间同步。

前置采集机会定时下发对时命令，或者前置采集机得到厂站端时钟偏差信号即发对时命令。

5. 维护工作站（计量维护工作站、操作员工作站）

提供维护人员对智能抄表系统进行日常维护的工作平台，提供运行人员对电量的监视和计算，提供上级主管部门人员对全厂电量的统计分析及变损电量的分析计算。

系统可根据用户需要配备多台 PC 工作站，为各职能部门的用户使用。每台用户工作站都有自己的工作权限的范围。如用户还要增加各职能部门的用户工作站，只要在网上挂接用户工作站和配置即可。

6. Web 服务器

系统配备一台 Web 服务器，系统提供有关电能量和线损分析、电能质量数据等 Web 服务，实现对其他办公系统（MIS）数据发布，用户可通过浏览器查阅或打印网页及报表。

二、清灰

1. 设备范围

抄表系统主站数据库服务器、前置采集机、磁盘阵列、网络交换机、计量维护工作站、操作员工作站、GPS 时钟、数据采集的前置通信设备（终端服务器＋MODEM 池）、网络打印机、UPS 电源、防火墙及路由器等。

中间层电量数据采集终端所有设备清灰都是在运行状况下进行的。

2. 作业工艺要求

（1）主站各设备及电量数据采集终端的清灰维护工作主要针对外围设备进行，不得停运各设备，不得拆卸各设备及其连接线（设备已坏的情况除外）。

（2）系统设备可靠接地，防止电源短路、接地。

（3）工作时，戴防静电护套。

（4）防止光纤尾线损坏。

（5）防止通信线损坏和通信线插头松动。

（6）防止工作电源掉电。

3. 周期

抄表系统主站各设备的清灰维护工作一年一次。

三、主、备设备定期轮换

对冗余配置的前置采集机宜半年切换一次，以消除因为由于系统软件的隐含缺陷对系统运行产生的不利影响。

四、UPS 系统

检查 UPS 电源系统，宜每年对蓄电池进行一次充放电维护。

五、智能抄表系统系统设备的巡检

（1）检查主站工作室空调设备运行情况，主站工作室应密封、无灰尘，温度和湿度是否在规定范围内。

（2）检查设备冷却（通风）风机（扇）运行是否正常。

（3）检查主站数据服务器及前置采集机工作状态指示灯是否正常。

（4）检查磁盘阵列运行指示灯和硬盘工作指示灯是否正常。

（5）检查通信 Modem 池运行指示灯是否正常。

（6）检查 GPS 日期、时间是否正常，检查 GPS 装置各指示灯是否正常，秒同步指示灯是否闪烁正常，检查前置采集机与 GPS 装置的时间是否一致。

（7）检查前置采集机与 GPS 装置的时间是否一致。

（8）检查系统各应用程序的运行情况应正常：即采集服务程序、计算管理程序、计算服务程序、网络管理程序、报表发布程序、内外网数据发送接收等。

（9）从主站查看系统各设备的通信状态是否正常、电量数据是否连续和正确。

（10）从维护工作站查看报表数据是否齐全、正确。

（11）检查智能抄表系统主交换机及各个从主交换机的工作指示灯是否正常。

(12) 检查各路光电转换器指示灯是否正常。

(13) 检查 UPS 电源指示灯是否正常，输入及输出电压是否正常。

六、改造和升级

(1) 如需更换主站系统硬件设备时，首先应做好过度系统的建立和数库的备份，以确保设备改造和升级期间不影响系统的正常运行及改造和升级后数据库的恢复。

(2) 如需进行系统软件升级时，应做好数据库的备份，防止升级后的数据丢失。

(3) 如需升级硬件设备，则应确认升级后的硬件和系统软件、应用程序相互兼容，并且不影响系统正常运行。

(4) 系统的改造和升级，应做到统筹规划、分步实施。对于系统的改造和升级，应经过可行性论证、方案设计和审批后方可进行。

(5) 改造和升级后的系统，应按照设计方案的规定，进行功能和性能的全面测试，新建和改造升级后的系统，须经系统测试验收合格后，才能正式投入运行；系统试运行期一般规定为 30 天。

七、智能抄表系统软件维护

(一) 备份

备份的目的就是未雨绸缪。硬件故障、软件损坏、错误操作以及其他意想不到的原因，随时可能使系统崩溃而无法工作，数据、程序、资料就会丢失。这时就需要使用恢复功能，迅速将备份的数据或系统重新导入，以最短时间恢复系统的正常运行。备份包括对系统整体进行备份，对重要程序、数据文件和文档资料进行备份。

而要实现真正意义上的备份，需要做到异地备份，最好是静态备份，因为复制它的目的一般是使用而不是进行修改。异地备份的介质可以选择磁带、光盘等。备份每季度至少应进行一次。

1. 系统参数备份

系统参数备份只有管理员有此权限，系统投入运行后进行系统参数备份，当系统参数有修改和增添后也应进行系统参数备份。

2. 电能数据备份

在系统中有自动数据库备份，不需要人工过多管理，但是建议定期再人工备份一次，最好每季度或半年做一次备份，同时将备份文件异地保存，电能数据备份可能需要较长的时间。建议采取较短的时间范围进行备份，也有利于提高数据恢复时间。

(二) 数据采集维护

数据采集（前置机）系统主要完成电能量主站系统与采集终端（采集器、集中器等）的通信，可以根据预先设置的采集方案自动定时召测采集终端的电能量数据，也可以人工下发数据召测命令进行人工召测。召测的数据包括历史数据和当前数据。

1. 系统复位

前置机在安装配置好以后，系统可以按照设定的采集方案自动进行数据采集和数据存储，无需人工干预。当修改相关参数以后，需要重新启动（或者复位）前置机程序，即重新运行数据采集程序。

2. 数据召唤

当需要查看当前数据时（因为抄表系统是根据采集方案进行数据采集的，一般按照采集周期进行的），可采用手动召唤当前数据，当因为采集装置通信中断造成历史数据未能及时采集上来时或系统原因造成的数据采集不连续，可采用补测历史数据方式。

3. 终端状态

显示当前各个可用的采集终端的参数。动态显示当前每个可用的采集终端的当前通信状况，可通过通信状况查看各采集终端的通信和运行状态。

4. 通道状态

显示每个通道的有关参数和当前通信状况。

5. 数据浏览程序

查看前置机中内存中的数据：电量表码数据、需量数据、瞬时量数据、事项数据、合格率信息、极值数据、报警数据、失压数据、失压断相等。

（三）采集参数维护程序

采集参数维护模块用于构建数据采集系统参数，以实现电能数据的自动采集。该模块分为基础参数维护和采集参数维护两部分，其中基础参数维护包括系统约定和采集工作站定义，采集参数维护包括定时采集方案、采集通道、采集终端、计量点和信息体地址设置维护、设置GPS卫星钟参数维护。

另外，当采集参数修改时，应该通过“修改通知”按钮通知采集服务进行系统复位。

（四）数据浏览和分析软件

实现计量点原始数据、计量点电量、考核对象电量和线损（不平衡）分析数据浏览，可以打印和输出为Excel文件。

（五）系统管理程序

实现权限管理、事件（日志）查看和数据库管理功能。系统管理员通过权限管理为系统用户分配权限，保障系统安全有效运行；事件（日志）查看实现日志和事项查看，包括主站系统日志、参数修改日志、采集服务日志、计算服务日志、采集系统事项、计量点数据检查日志、考核对象数据检查日志、计量业务事项；数据库管理实现数据库空间监视、系统参数备份、电能数据备份、备份数据恢复。

（六）网络管理程序

网络管理子系统实现对抄表系统内主干网络节点的状态监视；实现对主干网络各节点之间的信息交换（包括数据信息和控制信息）；实现数据采集工作站主备通信资源控制、计算服务工作站的主备切换等；实现对节点重要进程的守护；实现系统异常状态的告警。

目前系统网络节点之间网络通信采用多播（multicast）方式，主要用于系统主要节点（数据采集工作站、数据库服务器、计算服务工作站）状态的监视；支持单网/双网模式。

（七）结算参数程序

结算参数设置模块用于定义电网设备和各种考核对象，以及各种对象的结算公式，以实现电量和线损数据的统计分析。

（八）计量业务程序

计量业务维护模块主要采用向导界面，完成换表、换电流互感器，表码修改、电量修改业务。具体业务包括：

（1）计量参数维护：电压互感器、电流互感器、电表。

（2）计量装置变更业务：换表、换电流互感器、拆表业务。

（3）旁路事件录入。

（4）计量点表码修正。

（5）计量点电量修正、追加等。

1. 换电流互感器变比维护

当电流互感器变比更改时，则在“计量业务模块”进行录入，记录变比更改时间，更改前后电流互感器、电压互感器的变比的参数。

2. 换表维护

更换电能表后，则在“计量业务模块”进行录入，先录入计量点电表类型，然后录入拆除电表的底码和新表底码，并录入旧表拆除和新表安装的时间。

3. 新计量点加装维护

有新加装的计量点，需在“计量业务模块”进行录入，分别录入电流互感器、电压互感器的参数，电能表的参数，电能表的底码值等。

（九）自动计算服务程序

自动计算服务子系统采用后台服务方式，按设定的统计方案统计计量点的分钟、日、月电量，并兼顾考虑换表、旁路电量、修改电量等情况，同时按设备、管理对象的计算关系统计设备对象、管理对象的输入、输出电量。

计算服务在安装配置好以后，系统可以按照设定的统计方案自动进行电量统计和数据存储，无需人工干预。当修改相关参数以后，需要重新启动（或者重载参数）计算服务程序。

（十）报表系统

报表系统主要功能是读取系统其他模块的统计、存储结果，进行简单的统计计算，自动产生用户想要得到的各式各样的报表，并把生成的报表自动打印和发布。

八、电量采集装置的维护

电能量采集装置的作用是用来采集、存储电子式电能表或脉冲电能表的电能数据，并通过多种通信方式将电能数据的实时数据或历史数据以约定的通信规约传输到智能抄表主站。因此电能量采集装置的故障、电源掉电或通信中断，会造成电能表的数据不能上传主站，因此应加强对电能量采集装置的维护，确保采集装置的正常运行。

（一）电量采集装置的主要功能

1. 采集功能

(1) 采集脉冲电能表的输出脉冲，并根据设定的脉冲参数计算并存储窗口电能、费率电能。

(2) 通过 RS485 口，根据设定的抄表周期自动采集数字电能表的数据。

2. 存储功能

内置可移动式电子盘，用于存储电能历史数据。

(1) 存储容量 64M（16～256M 可选）。

(2) 存储数据种类，根据需要进行设置。

(3) 存储周期设置为 60min。

(4) 掉电后数据可保持 10 年以上。

当采集装置与主站通信故障，可以通过便携式笔记本、掌上电脑读取数据。

3. 通信功能

(1) 10Base-T 网络：光纤通信为与主站的通信的主通道，采用 TCP/IP 通信协议。

(2) Modem 口：电话拨号是与主站通信的备用通道。

(3) RS485 口：用于电量采集装置与数字电能表之间进行通信。

(4) 维护口：通过随机配备的维护电缆同便携式电脑连接，进行当地维护。

4. 维护功能

与当地液晶或笔记本进行现场维护。

5. 校时功能

实现与前置采集机（主站系统）的对时。

（二）电能量采集装置的主要工作原理

1. CPU 插件板

（1）控制 T485、CS 插件板，采集数字电能表。

（2）采集 MYX 插件板的脉冲/遥信数据。

（3）管理键盘、液晶、打印。

（4）存储电能历史数据。

（5）控制 MDM 插件板、TCP/IP 网络接口接收主站抄表命令或远程维护命令。

（6）主备机通信，交换数据。

（7）主备机切换，控制外部各种接口板。

（8）管理维护串口。

2. T485 插件板

（1）管理 6 路 RS485 接口，用于连接数字电能表（RS485 接口）。

（2）完成与 CPU 插件通信，传递通信数据。

3. MDM 插件板

（1）提供 2 路 56K 高速 Modem 接口，用于连接计费系统主站。

（2）提供复用 2 路 RS232 接口，通过跳线实现与两路 Modem 接口的复用。

4. 电源插件板

安装 2 个电源插件板，实现双电源（交、直流）供电方式。

5. 液晶显示

用于显示信息和参数设置等操作。

（三）电能量采集装置的日常巡检

电能量采集装置主要检查电能量采集装置及其光端机工作电源是否正常，检查电源保护板、电话保护板、RS485 串口保护板指示灯是否正常，检查电能量采集装置各插件板的各指示灯运行是否正常，检查光端机的指示灯运行是否正常。

检查各通信线和光纤尾纤是否完好。

1. CPU 插件板

CPU 插件板前面板上有 6 个指示灯用以显示 CPU 的运行状态：

（1）“PWR”电源灯，红色，正常时发光。

（2）“RUN”运行灯，绿色，正常时均匀闪烁。

（3）“CAN1”总线 1 灯，绿色，正常时闪烁。

(4)“CAN2”总线 2 灯，绿色，正常时闪烁。

(5)“NET”网络灯，绿色，正常时闪烁。

(6)“M/S”主备灯，红色，主机点亮。

2. PRT 插件板

PRT 插件板前面板上有 4 个指示灯用以显示液晶显示器的运行状态：

(1)“RUN”运行灯，绿色，液晶正常时均匀闪烁。

(2)“MPWR”主电源灯，红色，供电时发光。

(3)“SPWR”副电源灯，红色，供电正常时发光。

(4)“CAN”总线灯，绿色，正常时闪烁。

3. MDM 插件板

MDM 插件板前面板上有 9 个指示灯用以显示 MDM 插件板的运行状态：

(1)“PWR”电源灯，红色，正常发光。

(2)“TX1”COM1 发送灯，红色，闪烁时工作。

(3)“RX1”COM1 接收灯，绿色，闪烁时工作。

(4)“RTS1”COM1 指示灯，红色，正常时发光。

(5)“DCD1”COM1 载波检测灯，绿色，联络正常时发光。

(6)“TX2”COM2 发送灯，红色，闪烁时工作。

(7)“RX2”COM2 接收灯，绿色，闪烁时工作。

(8)“RTS2”COM2 指示灯，红色，正常时发光。

(9)“DCD2”COM2 载波检测灯，绿色，联络正常时发光。

以上有两路复用的，用了哪一路，哪路灯正常工作。

4. T485 插件板

T485 插件板前面板上有 9 个指示灯用以显示 T485 的运行状态：

(1)“PWR”电源灯，红色，正常发光。

(2)“RUN”运行灯，绿色，正常时均匀闪烁。

(3)“CAN”总线灯，绿色，正常时闪烁。

(4)“T1/R1”，1 口指示灯，红色发送，绿色接收。

(5)“T2/R2”，2 口指示灯，红色发送，绿色接收。

(6)“T3/R3”，3 口指示灯，红色发送，绿色接收。

(7)“T4/R4”，4 口指示灯，红色发送，绿色接收。

(8)“T5/R5”，5 口指示灯，红色发送，绿色接收。

(9)“T6/R6”，6 口指示灯，红色发送，绿色接收。

以上“T1/R1”～“T6/R6”主要看装置用了哪几个口，使用的口才能正常闪烁，其他未使用的口灯是不亮的。

（四）电能量采集装置常见故障和日常维护

（1）打开电源开关，电源灯不亮，液晶无显示：

1）检查供电电源是否输入正确（范围、极性）。

2）检查熔断器是否损坏。

3）检查电源损坏，启动备用电源。

（2）电源灯（PWR）亮，插件不运行（“RUN”灯不闪）：

1）检查插件工作电源低于4.75V，导致硬件复位电路保护。

2）检查复位按钮卡住弹不起来。

3）检查插件内部电路损坏，返修。

（3）MPWR或SPWR电源灯亮，液晶无显示：

1）检查与PRT插件的连接电缆松动。

2）检查PRT插件的复位按钮卡住弹不起来。

3）检查液晶对比度调整。

4）内部电路损坏，返修。

（4）插件运行灯（“RUN”）亮，“CAN”灯不闪：

1）检查总线插座接触是否不好。

2）检查板号设置是否重叠。

3）检查是否插件故障，更换插件即可。对于更换CPU插件板的，其内置可移动式电子盘应不予更换，应将换下CPU插件板的内置可移动式电子盘更换在新的CPU插件板上。

（5）查询数字电能表数据，与窗口显示值不一致：

1）数字电能表RS485口（或者CS口）是否正常。

2）数字电能表RS485通信线接线是否正确。

3）数字电能表相关参数（表地址、开关号、序号、规约、采集方案、采集间隔）设置是否正确。

4）T485插件板“CAN”灯是否正常闪烁，“RUN”灯是否正常闪烁。

5）CPU插件板“CAN”灯是否正常闪烁，“RUN”灯是否正常闪烁。

6）RS485接口电路损坏，返修。

（6）没有历史数据或者历史数据不正常：

1）存储方案是否设置正确。

2）系统时间是否正常。

3）CPU插件板的内置可移动式电子盘是否损坏。

(7) 与主站通信:

1) 网络交换机运行是否正常。

2) 光端机运行是否正常。

3) 光纤、尾纤、网线是否完好。

4) 尾纤、网线接线是否正常。

5) 与主站接口参数(规约、转发表)设置是否正常。

6) 通信接口损坏的,进行返修。

九、安全防护

(1) 抄表系统机房应建立严格的安全管理制度,按应用需求对人员进行安全等级划分,指定专人负责网络安全管理。

(2) 抄表系统不应与管理信息系统(MIS)直接网络通信,以防止病毒的侵蚀和破坏。如果需要网络通信,则必须按照《电力二次系统安全防护规定》(国家电力监管委员会第5号令2004年12月20日)的要求,选用单向物理隔离装置进行安全隔离,并按照《计算机病毒防治管理办法》(中华人民共和国公安部令第51号2000年4月26日)进行病毒检测和防护管理。监控系统的运行维护单位应定期对防病毒软件进行升级。

(3) 严格禁止非抄表系统专用便携计算机接入抄表系统网络。

(4) 严格禁止使用非抄表系统专用移动存储介质(软盘、移动硬盘、光盘、U盘)。

对于具有远程范围功能的抄表系统,使用远程登录进行系统诊断和维护必须处于受控状态,对于远程登录诊断和维护必须由系统管理员履行工作票许可手续后予以开放,一旦工作结束应及时关闭远程登录访问功能。

第三节 常见故障处理

一、常见故障处理

1. 交流电压表指示不正常

(1) 检查电压表二次回路的接线情况。

(2) 电压表的熔断器是否熔断,接触是否良好。

(3) 切换开关是否完好。

(4) 用万用表测量表计的电压输入值,并进行换算,看与表计指示是否一致,一致时,说明电压表指示正常;不一致时,还应综合比较,以确认是表计问题、回路问题,还是一次设备本身问题。是表计问题的,更换表计并进行校验;是回路问题，对回路进行检查处理；是一次设备问题，应汇报相关部门进行处理。

2. 交流电流表指示不正常

（1）检查回路接线情况有否松动。

（2）检查电流互感器变比与电流表的满度值是否一致。

（3）用钳形电流表检查电流表的二次电流，测得的值进行换算，看与指示表指示是否一致。

（4）进行综合比较，以确认是否表计问题：是表计问题，进行封电流互感器，更换表计并对拆下表计进行校验，以进一步核实；是电流互感器问题，汇报相关部门进行检查处理。

（5）接入变送器输出回路的表计。测量变送器输出值并进行换算，看是否与表计指示一致，指示不一致时，是表计问题，更换表计，并对拆下的表计进行校验。指示一致时，检查变送器。

3. 电压变送器输出不正常

（1）检查电压二次回路的熔断器是否熔断、接触是否良好。熔断器熔断的应检查回路有否短路，处理好后，再更换熔断器。

（2）检查变送器的参数是否正确，即变送器的输入与输出参数、工作电源参数。

（3）检查接线有无松动。

（4）用万用表测量变送器的工作电源是否正常，工作电源不正常也会影响变送器正常工作。

（5）用万用表测量变送器的输入电压，计算其所对应的输出值，即可判断电压变送器工作是否正常。如变送器输入电压为100V，若输出值达不到计算要求，甚至调不到满度值，则需逐级检查排除故障，如属变送器问题，需取下其测量熔断器和工作电源熔断器，并进行变送器更换和校验。

4. 电流变送器输出不正常

（1）检查接线有无松动或接触不良，假如输入二次接线接触不良，应封电流互感器，进行处理。

（2）用万用表测量变送器的工作电源是否正常，电源不正常的，应检查电源回路，并进行处理。

（3）检查变送器的参数是否正确，即变送器的输入与输出参数、工作电源参数。参数不对，需封电流互感器或停电进行变送器更换。

（4）用钳形电流表测量变送器的输入电流，计算其所对应的输出值，以判断电压变送器工作是否正常：若输出值异常，需逐级检查原因，如属变送器问题，需封电流互感器或停电进行变送器更换，并进行校验。

5. 功率变送器输出不正常

(1) 检查二次接线是否正常，电流的极性和电压的相序是否接错。是电流极性问题的，需封电流互感器（或停电），更换接线，并防止电流互感器回路开路；相序错误的，可直接更换接线，但防止电压互感器二次回路短路或接地。

(2) 检查变送器的参数是否正确，即变送器的输入与输出参数、工作电源参数。参数不正确的，需更换变送器，对于电流互感器回路需封电流互感器或停电，电压互感器回路需取下电压测量的二次熔断器，然后进行变送器更换。

(3) 用万用表测量变送器的工作电源是否正常。

(4) 将标准的便携式检验仪接入变送器的二次电压或电流回路，与标准的校验仪进行比较，以核实变送器是否正常。若变送器故障，需更换变送器。

6. 温控器误报温升报警信号

(1) 检查温控器的显示值是否到温度整定的报警值。

(2) 检查温度整定值是否正确。

(3) 检查温控器的输出触点是否接通。

(4) 温控器密封是否完好，查看玻璃罩有无水雾和水珠；是密封问题应对温控器进行干燥处理并密封好，检查表计输出触点绝缘正常后即可投入正常运行。

(5) 测量盘外引线有否短路。

(6) 假如整定值正确，温度又未到报警值，温控器密封完好，将温控器输出报警线解开，测量盘外引线有否短路。假如以上情况都排除，而输出触点接通，应认为是温控器误报警，择机更换温控器。如是引线绝缘问题，则更换引线。

7. 电能表走字不正常

(1) 检查电能表接线是否正常，电流的极性和电压的相序有否接错。

(2) 用万用表检查电能表的电压互感器，测量熔断器接触是否良好，电压互感器熔断器有否熔断。熔断器熔断还应检查电压互感器二次回路，正常后更换熔断器，对熔断器熔断应认真检查并查明原因。

(3) 检查电能表的型号规格是否正常，不正常可考虑申请停电或封电流互感器带电更换电能表。

以上情况都不存在，可能电能表有问题，可申请更换电能表，并进行送检。带电更换电能表应防止电流互感器二次回路开路、电压互感器二次回路短路或接地。

8. 三相多功能表显示异常

(1) 用万用表检查工作电源是否正常。

(2) 检查二次接线是否正常，电流的极性和电压的相序有否接错；是电流极性问题的，需封电流互感器（或停电）更换接线，并防止电流互感器回路开路，电压相序错误的，可直接更换接线，但防止电压互感器二次回路短路或接地。在封电流互感器和取下电压互感器测量熔断器时，应核实该三相多功能表的输出是否接入监控，有否参与机组的 AGC、AVC 调节，否则应做好措施，退出该机组的 AGC、AVC 调节。

（3）检查三相多功能表的参数设置是否正确，即电流互感器、电压互感器变比等参数，参数不正确的，应修改参数。

（4）将标准的便携式检验仪接入变送器的二次电压或电流回路，与标准的校验仪进行比较，以核实三相多功能表显示是否正常。

9. 测温表温度值跳变

（1）测温表接入温度保护的，应退出温度保护连接片。

（2）检查测温表工作电源是否正常。

（3）检查测温电阻的回路接线，是否松动和接触不良。

（4）假如回路都正常，检查测温电阻是否正常，解开测温表的输入接线，用万用表检查测温电阻值有否跳变，如电阻值跳变，应退出该电阻运行。

（5）测温电阻正常，再检查测温表；用标准电阻箱，对测温表进行在线校验。

10. 智能抄表系统某一数据采集中端的数据不能采集

（1）检查该数据采集终端和光端机工作电源是否正常，不正常恢复工作电源。

（2）根据通信方式分别采取 PING（网络）或直接拨号方式测试。

（3）网络方式：检查该数据采集终端的两侧光端机指示灯是否正常。是光端机指示灯不正常，应进一步检查尾纤和网线接触是否良好、有否折断，然后检查光纤通道是否正常，并针对问题进行处理。

（4）拨号方式：手动拨号检查该数据采集终端的 Modem 电话拨号音频是否正常，不正常通知相关部门处理电话通道。

（5）检查数据采集终端的各插件模块（主要是 CPU 插件、工作电源插件、485 串口板、Modem 板）工作指示灯是否正常。是模件问题，更换模件；更换 CPU 插件时，应将原记忆卡保留。

（6）在主站进行手动数据召测，能进行数据召测，说明通信都已恢复正常。通信恢复正常后，主站可自动对未采集的数据进行补采，不能补采的和恢复数据较慢时，可人工在主站对电量采集终端的历史数据进行补采。假如因为是采集终端的模块和电源问题的，丢掉的时间段的电能表数据将不能采集上来。

11. 智能抄表系统磁盘阵列过热

（1）现象：①所有电量数据不能自动采集；②前置采集机及操作员工作站死

机，数据采集服务器死机；③在智能抄表系统磁盘阵列主机显示屏报磁盘阵列主机过热。

（2）检查机房温度是否偏高，并应迅速降低主站抄表系统机房室内温度。

（3）依次停运采集服务器1、采集服务器2、数据库服务器1、数据库服务器2、磁盘阵列、Web等。

（4）待机房温度降低后，依次启动磁盘阵列（等完全启动后）、数据库服务器1、数据库服务器2、采集服务器1、采集服务器2、Web等。

（5）还应检查磁盘阵列风扇是否运转正常，检查磁盘阵列有否灰尘较大，对于风扇有问题应联系厂家进行处理，对于灰尘较大的应制订计划联系厂家和专业清灰公司进行处理。在处理以上问题应做好电量数据备份，并防止损坏磁盘等设备。

12. 外网Web报表数据有时是空的，但是内网数据是全的

（1）观察系统电量数据是否是定时采集的，因报表发布是定时完成的，假如到报表发布时间电量数据不全，就会出现缺数现象。

（2）查找电量数据不能定时采集原因并进行处理，主要是采集终端与主站通信等问题。

（3）对系统进行病毒查杀。

（4）处理：把发布时间推迟或手动发布一次，对发布程序进行修改（一次发布不成功，可间隔一定时间再发布）。

二、故障处理实例

1. 线路侧电能表走字不正常

（1）故障现象：机组带线路单机单变压器运行送电，机组带有功2万kW，而线路有功功率显示几乎为零，且线路电能表不走字。

（2）接线方式：机组和线路的功率变送器、电能表的接线方式都采用三相三线接线；线路测量和计量回路的电压互感器采用同一个绕组，测量和计量回路的电流互感器回路也采用同一个绕组。

（3）用万用表检查线路测量盘电压U_{ab}、U_{bc}、U_{ca}三相电压均正常，用钳形电流表检查A、C相电流正常。

（4）用万用表的两表笔分别测量相临保护盘A相电压和测量盘A相电压差值，测量结果电压差值为100.9V，同样测量保护盘B相电压和测量盘B相电压差值为零，测量保护盘C相电压和测量盘C相电压差值为100.9V。因此判断造成线路测量和计量不正确的原因就是A、C两相电压接反造成的。

（5）更换线测量盘A、C两相电压接线，线路有功功率指示正常，线路电能表走字恢复正常。

2. 线路运行中检查发现线路A相电压表指示偏低

(1) 接线方式：线路保护、测量、计量都采用同一组电压互感器绕组。

(2) 用万用表测量二次回路电压，测量结果如下：$U_a=53.5V$，$U_b=60.5V$，$U_c=60.2V$，$U_{ab}=101.8V$，$U_{bc}=104.3V$，$U_{ca}=94.5V$。因此分析检查结果，判定为电压互感器二次电压不正常，通知一次检查电压互感器本体。

(3) 线路停电，一次检查电压互感器高压熔断器接触不良，对高压熔断器接触处进行处理完毕后，线路进行送电，送电检查后二次电压恢复正常。

(4) 高压熔断器接触不良产生压降，使二次测量电压值偏低，因计量采用的是同一电压互感器，所以需对电能计量因高压熔断器接触不良产生的压降进行补偿。

(5) 向电量核算部门提出申请，补偿线路因高压熔断器接触不良产生的压降所引起的少计电量部分。

3. 甲、乙两机组电压互感器二次电压串电检查处理

(1) 故障情况：运行时发现乙机组无功摆动，现场检查励磁系统及1TA一次设备无异常，机旁盘电压显示为11kV，励磁盘电压显示90%，监控系统显示线电压均为11kV，返回屏选测机端电压$U_{ac}=6kV$。

准备开甲机组，检查甲机组发现，监控系统显示甲机组$U_{ab}=11kV$（注：机组额定电压为13.8kV）、$U_{ac}=6kV$、$U_{bc}=11.6kV$，甲机组电压（此时甲机组还在停机状态）与乙机组电压一样，取下甲机组1TV二次熔断器，甲机组电压显示额定值，频率显示额定值（注：此时甲机组在停机状态），乙机组电压恢复至额定值。

(2) 机组电压测量接线。

1) 机组测量盘的二次电压接线：现地电压互感器二次侧—机组测量盘JP电压互感器二次测量熔断器—电压互感器测量端子—测量设备。

2) 监控系统的电压接线：监控系统电压检测取自机组测量盘上的百抄表。

3) 机组选测电压取自测量盘JP电压互感器测量端子。

以上测量都是取自同一个电压互感器二次电压。百抄表采用三相三线接线，可测量机组线电压；选测回路接入的三相四线，通过选测回路，再经过电压切换开关可以测量A、B、C相相电压及AC线电压。

(3) 故障分析。分别解开甲机组、乙机组测量盘JP至选测盘XP的电压互感器测量回路，检查发现选测回路闭锁继电器KCB线圈直流电阻为50MΩ，线圈的正常直流电阻应在650Ω左右，说明闭锁继电器线圈已开路。

多台机组电压选测测量原理图如图19-3～图19-5所示。

从以上原理图可以看出：若闭锁继电器KCB不能进行励磁，造成KCB的动断触点不能打开，从而使闭锁回路失去作用；同时机组的选测回路没有选测状态监视

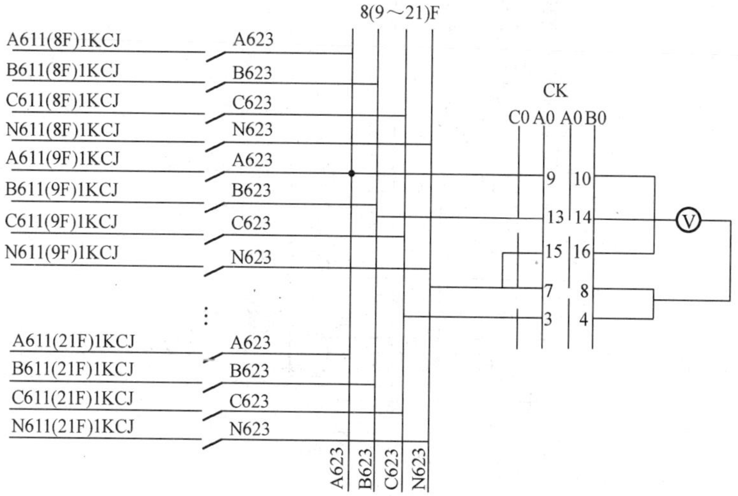

图 19-3 机组电压选测测量原理图 1

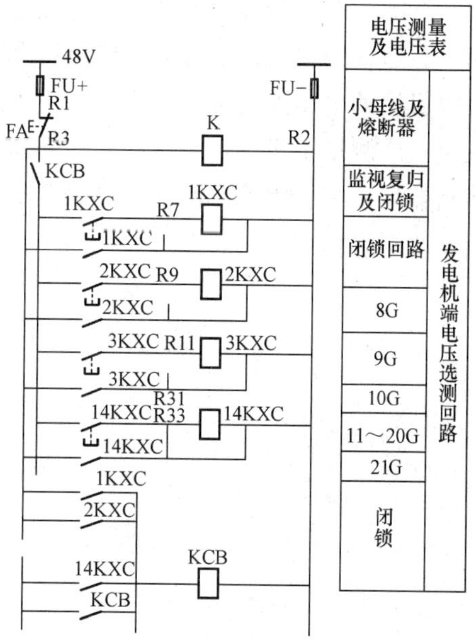

图 19-4 机组电压选测测量原理图 2

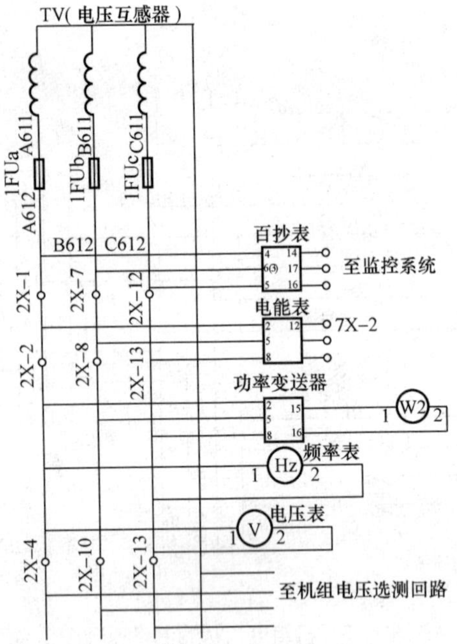

图 19-5　机组电压选测测量原理图 3

灯，无法判断哪台机组在选测状态，假如已选测过甲机组电压，而此时选测乙机组电压前，未按复归按钮，会造成两台机组的选测继电器都励磁，乙机组的机端电压就通过选测回路串接至甲机组的电压互感器二次回路。从而造成在甲机组停机时，选测乙机组电压，乙机组电压测量不正确，甲机组电压互感器有电压。在取下甲机组电压互感器的二次熔断器后，甲机组实际测量的就是乙机组的电压。并造成甲机组电压互感器二次熔断器熔断等情况。

附录A　几个大型水力发电厂的继电保护配置

一、　A电厂继电保护配置

A电厂继电保护配置见附表A.1～附表A.3。

附表A.1　　**发电机变压器组保护配置**

保护名称	VGS机组（SIEMENS产品）		ALSOTOM机组（ABB产品）	
	A	B	A	B
发电机保护				
发电机完全纵差			√	√
发电机不完全纵差	√	√	√	√
发电机不完全裂相横差	√	√	√	√
零序电流型横差	√	√	√	√
发电机阻抗保护		√		
不平衡差动保护	√		√	
中性点不平衡保护		√		√
失磁保护	√	√	√	√
失步保护	√		√	
断路器失灵		√	√	√
过电压	√		√	√
过励磁		√		√
过频率				√
低压过电流	√	√	√	
负序过电流	√	√		√
定子过负荷	√		√	
定子一点接地	√	√	√	√
转子一点接地		√	√	
电流互感器断线			√	
电压互感器断线		√	√	√
励磁变压器过负荷过电流	√		√	√
励磁变压器差动		√		√
厂用变压器过负荷过电流	√		√	
厂用变压器差动		√		√
轴电流保护				√
变压器保护				
主变压器完全差动	√	√	√	√
主变压器零序差动	√	√	√	√
机组故障录波	√		√	

注　机组故障录波装置型号：GTW-1603F，每机一台。

附表 A.2　　500kV GIS 开关站保护装置

保护装置	型号	备注
开关站站控监控系统	SMS530 系统	
开关站站控总线	LON BUS	
开关站与电厂主计算机接口	SMS530 系统	双冗余接口
开关站站与站内每套保护装置接口	SMS530 系统	
电站侧接往开关站 7 套短引线保护	RET326.4	短引线差动保护（双套）
母线保护装置第一套（数字式低阻抗差动保护）	REB500	500kV 母线保护装置共计 4 组，每组有两套母线保护装置
母线保护第二套（阻抗差动保护）	REB103	
1 条进线、8 条出线组成 15 个 T 区电流保护	REL 316×4 数字式电流保护	每个 T 区两套，但线路检修，线路保护或进线侧短引线保护退出运行时投入，否则闭锁
断路器保护		共 25 台装于线路侧

附表 A.3　　500kV 线路保护配置

线路保护	型号	备注
三峡—万县Ⅰ回第 1 套	MCD-H2	数字式光纤差动
三峡—万县Ⅱ回第 2 套	LFP-902A	数字式线路纵联距离
	LFP-925	数字式故障量启动装置
三峡—龙泉换流站Ⅰ（Ⅱ、Ⅲ）回第 1 套	REL-561	数字式光纤差动
三峡—龙泉换流站Ⅰ（Ⅱ、Ⅲ）回第 2 套	REL-561	数字式光纤差动
三峡—荆州Ⅰ（Ⅱ、Ⅲ）第 1 套	RCS-931	数字式光纤差动
	RCS-925A	数字式故障量启动装置
三峡—荆州Ⅰ（Ⅱ、Ⅲ）回第 2 套	CSL-101A-S	数字式线路纵联保护
	CSL-125A	数字式故障量启动装置

注　500kV 系统故障录波装置由 GIS 厂家提供 Inda 电流互感器 ic650 装置。

二、B电厂配备的继电保护装置

1. 发电机主变压器保护（见附表A.4）

附表A.4 发电机主变压器保护

保护装置名称	型号	第一套A	第二套B	保护动作情况	备注
发电机纵差保护	87G-A(B)	√	√	解列、停机、跳灭磁开关、启动消防系统	
发电机不完全纵差保护	87GSP—A(B)	√	√	解列、停机、跳灭磁开关、启动消防系统	采集机端全电流、中性点3分支电流
发电机不完全裂相横差保护	87GUP-A(B)	√	√	解列、停机、跳灭磁开关、启动消防系统	每相一组1、2分支电流，一组4、5分支电流
发电机定子一点接地保护	64G-A(B)	√	√	解列、停机、跳灭磁开关	外部注入20Hz低频交流电源原理，发电机停机时仍有效
发电机定子过电压	59G-A(B)	√	√	动作延时、解列、灭磁	
发电机定子过负荷	51G-A(B)	√	√	延时发信号、反时限、速断动作于解列	
发电机负序电流保护	46G-A(B)	√	√	定时不对称负荷发信号，非全相、不对称短路反时限发信号，反时限跳闸，速断跳闸，解列	中性点电流互感器三相电流、检测不对称负荷、非全相、不对称短路
失磁保护	40G-A(B)	√	√	延时解列	异步阻抗圆，励磁电流作辅助判据
失步保护	78G-A(B)	√	√	动作解列，当电流过大影响断路器跳闸安全时闭锁出口	系统稳定振荡与失步振荡，后者振荡进入机组主变压器振荡次数超过规定值
发电机后备保护低压过电流	11G-A(B)	√	√	第一段时限动作于解列，第二段长时限动作于停机	
发电机—变压器组过励磁保护	24G-A(B)	√	√	第一段大定值短时限解列、跳灭磁开关，第二段小定值长延时降励磁电流，反时限发信号、速断动作解列、跳灭磁开关	发电机电压升高或频率降低

续表

保护装置名称	型号	第一套A	第二套B	保护动作情况	备　注
励磁绕组一点接地	64E-A(B)	√	√	第一段发信号、第二段延时跳闸	
主变压器纵差保护	87T-A(B)	√	√	速动解列、停机、跳灭磁开关	
主变压器零序电流保护	51TN-A(B)	√	√	保护延时动作、解列	检测 500kV 侧发生接地故障
励磁绕组过负荷	51E-A(B)	√	√	第一段解列灭磁，第二段降励磁电流	
逆功率保护	32-A(B)	√	√	第一段时限发信号，第二段作用于解列	导叶误关闭时发电机未跳闸前，电动机运行引起机组异常振动
机组误上电保护	97-A(B)	√	√	保护动作解列	对于大型发电机，在停机或盘车时，启动升速但开关未合闸，发生机端断路器(或主变高压侧断路器)误合闸，造成发电机处异步启动工况，造成转子过热而损坏
主变压器冷却器故障保护	54T-A(B)	√	√	保护动作延时解列	冷却器全停、电源消失
厂用变压器保护、过电流过负荷速断、厂用变压器纵差	51STL-A，51ST-A，50ST-A	√	√	延时发信号，延时解列停机跳灭磁开关，瞬时动作解列停机跳灭磁开关	
励磁变压器保护、过负荷过电流、速断、励磁变压器纵差	51ETL-A，51ET-A，50ET-A	√		解列停机跳灭磁开关；延时发信，延时解列停机，跳灭磁开关；瞬时解列停机，跳灭磁开关	
发电机出口断路器失灵保护	50QF-A(B)	√		失灵启动后瞬时重跳本断路器，不成功则延时联跳与之有关联其他断路器(主变压器高压侧等)	仅 2F、3F 有
机组故障录波器	1 套/台机			发电机变压器主保护、后备保护均启动录波	只测量电气量
变压器重瓦斯保护	80TH-C				
变压器轻瓦斯保护	80TL-C				在另外的盘上
变压器温升保护	49T-C				

2. 500kV 开关站保护装置

(1) 500kV 开关站采用单母线分段接线。

1) 每个断路器失灵保护为 PRS-721A 型。

2) 每个 PRS-721 型具有综合重合闸装置。

3) 每个 PRS-721 具有三相不一致保护。

(2) 母线保护：

1) 两段母线各配有两套母线保护装置：①第一套母线保护装置，BP-2B 型；②第二套母线保护装置，GSGB750 型。

2) 每套均采用低阻抗比率制动原理，具有抗电流互感器暂态饱和功能，用复合电压元件闭锁。保护动作跳开主变压器高压侧 4 台断路器，停机启动远跳线路对侧断路器。每段母线第一套保护动作于断路器第一跳闸线圈，第二套保护动作于断路器第二跳闸线圈。

3. 线路保护装置

B 电厂，4 台 460MW 机组发电量通过 2 发电机 2 变压器一线（双回路线路）送入 5km 之外的水布垭 500kV 枢纽开关站，再送出给潜江双回、三峡换流站一回，两条线路各自均为双套保护装置。

(1) 第一套线路保护：RCS-931A 数字式光纤纵联差动保护装置，RCS-925A 型数字式故障启动判别装置。

(2) 第二套线路保护：CSC-103C 型数字式光纤纵联差动，CSC-125A 型数字式故障启动判别装置。

(3) 每套保护均以光纤分相电流差动作为主保护，配有三段式相间距离保护、接地距离保护、4 段接地方向电流保护。

(4) 第一套主保护配置 2 个光纤通信接口。这 2 个光纤通信接口装置将分别与 2 回输电线路的 OPGW 的专用光纤芯连接，实现该保护通道的热冗余配置。

(5) 第二套主保护本侧配置 2 个光纤通信接口装置，对侧仅配置了 1 个光纤通信接口装置。

(6) 保护装置设有电流互感器监视回路，当发生交流电流断线时，保护装置不应误动，并能发出告警信号。

4. 500kV 开关站配置一套故障录波装置

故障录波装置能够正确记录 500kV 开关站包括线路所有故障状态正确启动录波器进行扰动全过程录波，并记录事故发生时间和保护装置的动作过程。

5. 配置两套安全稳定装置

主要检测 500kV 母线的 4 回发电机变压器单元进线电流、2 回出线电流、2 段母线电压。两套安全装置分别经各线专用光纤通道至水布垭枢纽开关站，收到系统切机命令，经本侧装置确认后根据系统运行情况自动切机，保持电力系统的稳定。

6. 功角测量装置

包括数据集中处理单元，GPS 授时单元、显示装置、以太网交换机、以太网光电转换器、同步相量采集装置、4 台机组电动势测量装置。

三、C 抽水蓄能电站继电保护配置

1. C 电站采用 DRS 微机数字型发变保护

（1）发电机保护：

1）A 套：纵联差动保护、低压过电流保护、负序过电流保护、100%定子接地保护、低频保护、逆功率保护、失磁保护、定子过负荷保护、过电压保护、轴电流保护、发电机电压相序保护。

2）B 套：纵联差动保护、负序过电流保护、定子过负荷保护、电动机电压相序保护、定子匝间短路保护、低频电流保护、95%定子接地保护、低功率保护、失步保护、过励磁保护、转子接地保护、励磁变压器过电流保护。

（2）主变压器保护：

1）A 套：主变压器纵差保护、零序电流保护、过励磁保护、压力释放保护、重瓦斯保护、轻瓦斯保护、油温升高保护、绕组温度保护、冷却器故障。

2）B 套：主变压器纵差保护、零序电流保护、压力释放保护、油温升高保护、绕组温度保护、冷却器故障、主变压器过电流保护、主变压器低电压侧接地保护、调压装置重瓦斯、调压装置压力释放。

2. 500kV 线路保护

（1）第一组（主保护）：LFCB102-B，光纤数字电流差动保护，GEC 公司生产；LF2P111-A，距离继电器后备保护，GEC 公司生产。

（2）第二组：LF2P111-A，距离载波允许式速动主保护，GEC 公司生产；LF2P111-A，距离Ⅲ段和接地距离后备保护，GEC 公司生产。

3. 500kV 母线保护

ABB 公司双套 RADSS 母线差动保护。

四、D 水电厂继电保护配置情况

D 水电厂 9 台 700MW（最大出力 777.8MVA），发电机电压 18kV，电流 25kA，每相分支数为 8，中性点接地变压器，保护装置为南瑞继保出品。

1. 发电机变压器组保护装置配置

（1）配置：

发电机保护装置 RCS-985GW。

励磁变压器保护装置 RCS-985T。

变压器保护装置 RCS-985TW。

厂用变压器保护装置 RCS-985T。

变压器非电量保护装置 RCS-974A。

(2) 保护装置：发电机不完全差动保护、发电机裂相横差保护、发电机中性点不平衡保护、带记忆的低压过电流保护、定子接地保护、叠加方波电压式转子一点接地保护、失磁保护、定子过负荷保护、定子过电压保护、发电机过励磁保护、转子表层负序过负荷保护、失步保护、发电机断路器失灵保护、发电机轴电流保护、定子误上电保护、主变压器差动保护、主变压器负序过电流保护、主变压器过负荷保护、主变压器过励磁保护、主变压器零序电流保护、主变压器非电量保护、励磁变压器差动保护、厂用变压器差动保护、厂用高压变压器速断保护、厂高变压器(励磁变压器)过电流保护、厂用高压变压器(励磁变压器)过负荷保护。

2. 500kV 联络电缆保护

配置2套光纤差动保护：保护功能配置有电流差动和零序电流差动。

3. 500kV GIS 保护

断路器保护装置 RCS-921A，配置有断路器失灵、三相不一致。

短引线保护装置 RCS-922A，配置有死区保护、充电保护。

500kV 母差保护，配置有重合闸、短引线保护。

4. 线路保护

每条线路按双重化配置：PSL 602GSN、RCS-931DSMM。

数字式远跳判别装置 SSR530A。

数字式过电压。

附录B 励磁系统检修试验实例

一、SAVR-2000励磁系统开机前静态试验

1. 装置通电前检查（□打"√"的为正确，否则为错误）

励磁装置内部回路拽线，无松动 □

内部焊点检查，无脱落 □

设备外观检查，正常 □

机械结构检查，正常 □

插件检查，正常 □

元件检查，正常 □

端子紧固检查，无松动 □

2. 装置外围回路线路检查

端子外部接线检查，正确 □

励磁装置接入电源检查，正确 □

开关量输入检查，正确 □

开关量输出检查，正确 □

3. 励磁小电流试验

SAVR-2000励磁小电流试验原理如附图B.1所示。

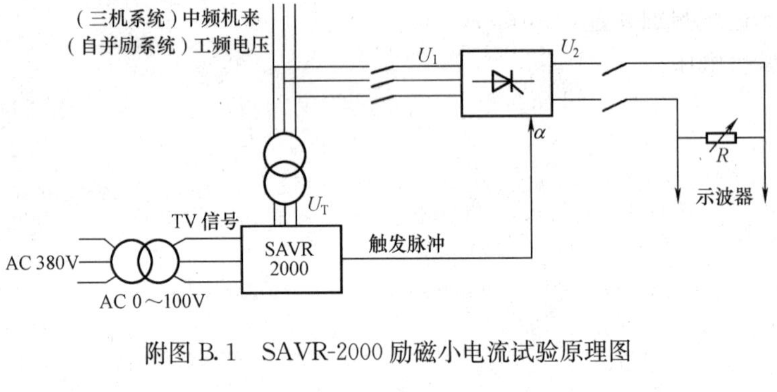

附图B.1 SAVR-2000励磁小电流试验原理图

检查：

晶闸管功率桥均能可靠触发 □

晶闸管输出波形触发一致性较好 □

调节器电压闭环调节功能正常 □

测量：U_1=__________V，U_2=__________V。

计算：触发角度 $\alpha=\arccos U_2/(1.35U_1)$ =__________。

结果：A 套角度补偿 $\Delta\alpha$=__________。

B 套角度补偿 $\Delta\alpha$=__________。

A、B 套切换 ΔU_2=__________。

同步改线记录__________。

4. 励磁调节装置模拟量及开关量校验

(1) 模拟量测量校验：

励磁 TV U_{f1} 正确 □

仪用 TV U_{f2} 正确 □

转子 TA I_L 正确 □

定子 TA I_F 正确 □

采样系数修改记录：____________________。

(2) 开关量输入输出校验（校验表见附表 B.1）。

附表 B.1　　开关量输入输出校验表

开入量	X1	X2	X3	X4	X5	X6	X7	X8	X9	X10
开出量	Y1	Y2	Y3	Y4	Y5	Y6	Y7	Y8	Y9	Y10

5. 励磁调节装置功能模拟试验

(1) 空载给定值上下限检查：

电压给定 U_{grefmin}=__________V，U_{grefmax}=__________V。

电流给定 I_{frefmin}=__________A，I_{frefmax}=__________A。

检查结果____。

(2) 负载给定值上下限检查：

电压给定 U_{grefmin}=__________V，U_{grefmax}=__________V。

电流给定 I_{frefmin}=__________A，I_{frefmax}=__________A。

检查结果____。

(3) 双通道通信与双机切换功能试验：

B 通道通信正常 □

B 套切换，波形无扰动 □

(4) 逆变模拟试验：

人为投逆变灭磁，输出波形正确 □

(5) TV 断线模拟试验：

A套为主，模拟TV1断线，主套切为B套，A套报出“TV断线”故障 □

B套为主，模拟TV2断线，主套切为A套，B套报出“TV断线”故障 □

（6）过、欠励模拟试验：

过励模拟：定值 P_1=____ MW，Q_1=____ Mvar，P_2=____ MW，Q_2=____ Mvar。

经过20s后，调节器发出过励限制，增磁无效。 □

欠励模拟：定值 P_1=____ MW，Q_1=____ Mvar，P_2=____ MW，Q_2=____ Mvar。

调节器发出欠励限制，减磁无效。 □

（7）TV断线模拟试验：

A套为主，模拟TV1断线，主套切为B套，A套报出“TV断线”故障 □

B套为主，模拟TV2断线，主套切为A套，B套报出“TV断线”故障 □

（8）过、欠励模拟试验：

过励模拟：定值 P_1=______ MW，Q_1=______ Mvar，P_2=______ MW，Q_2=______ Mvar。经过20s后，调节器发出过励限制，增磁无效。 □

欠励模拟：定值 P_1=______ MW，Q_1=______ Mvar，P_2=______ MW，Q_2=______ Mvar。

调节器发出欠励限制，减磁无效。 □

6. 励磁系统功率柜、灭磁柜及其他辅助柜试验

（1）整流柜风机回路操作正常。 □

（2）整流柜快熔熔断模拟正常。 □

（3）整流柜电动开关操作正常。 □

（4）灭磁柜灭磁开关操作正常。 □

（5）初励动作正常。 □

（6）其他辅助柜相关试验记录：________________________________。

二、SAVR-2000励磁系统开机后空载试验

1. 短路升流试验

调节器运行在“定角度”方式，阳极电压=______ V，记录表格见附表B.2。

附表B.2　　励磁开机短路升流试验记录表

I_f（A）								
U_f（V）								
I_g（A）								
α（°）								

2. 零起升压试验（试验记录表见附表 B.3）

附表 B.3　　励磁开机零起升压试验记录表

I_f（A）							
U_f（V）							
U_g（V）							
α（°）							

3. 机端电压阶跃响应试验

在电压闭环运行方式下，进行机端电压±10%阶跃响应试验。记录表见附表 B.4。根据最终选定参数的录波，计算超调量、振荡次数和调节时间。参考波形如附图 B.2 所示。

附表 B.4　　SAVR-2000 机端电压阶跃响应试验记录表

序号	机端电压（%）	K_P	K_I	K_D	录波文件编号
1					
2					
3					
最终					

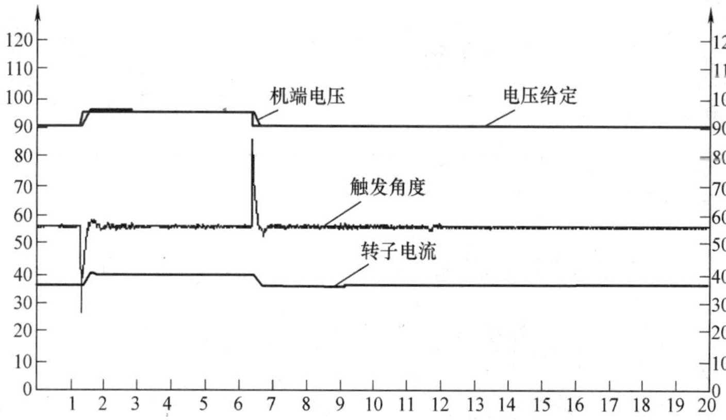

附图 B.2　电压闭环 5%上阶跃录波图

4. 自动升压试验

调节器运行在电压闭环方式，起励电压设为______$\%U_{gn}$，录波文件：______。根据录波图计算超调量、起励时间。参考波形如附图 B.3 所示。

5. 运行方式切换试验

机端电压为______$\%U_{gn}$时，做“电压闭环”、“电流闭环”切换试验，切换过

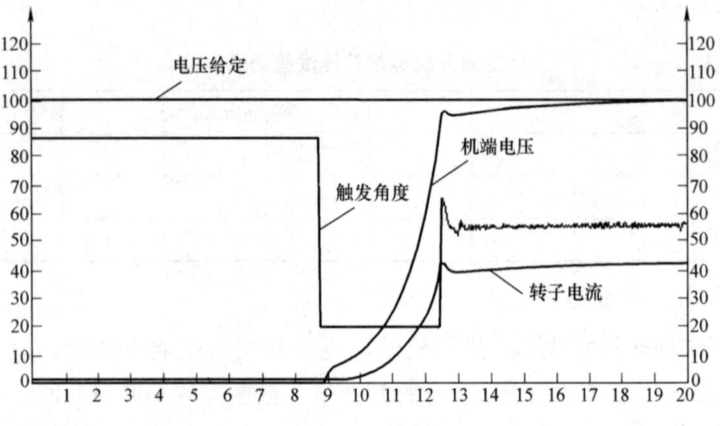

附图 B.3　自动启励升压录波图

程中机端电压 ΔU_g=______，录波文件：______。

机端电压为______%U_{gn}时，做 A、B 套切换试验，切换过程中机端电压 ΔU_g=______，录波文件：______。参考波形如附图 B.4 所示。

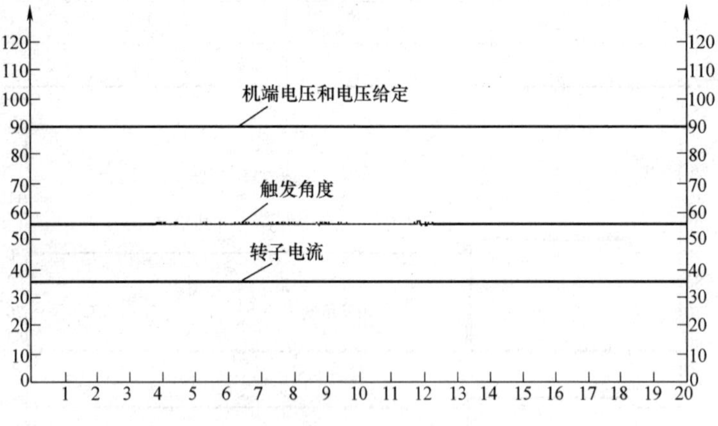

附图 B.4　A、B 套切换录波图

6. 逆变灭磁试验

在机端电压为 100%U_{fn}时，投调节器“现地停机”按钮，调节装置能可靠逆变灭磁，录波文件：______。根据录波图，计算灭磁时间。参考波形如附图 B.5 所示。

7. 转子电流阶跃试验

调节装置置“电流闭环”运行方式，做转子电流+5%阶跃试验，记录表格见附表 B.5。根据最终选定参数的录波，计算超调量、振荡次数和调节时间。参考波形如附图 B.6 所示。

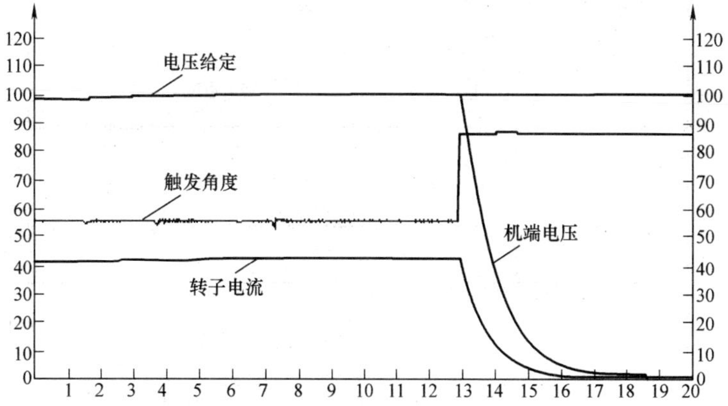

附图 B.5 逆变灭磁录波图

附表 B.5 **转子电流阶跃响应试验记录表**

序号	转子电流（A）	K_P	K_I	K_D	录波文件编号
1					
2					
3					
最终					

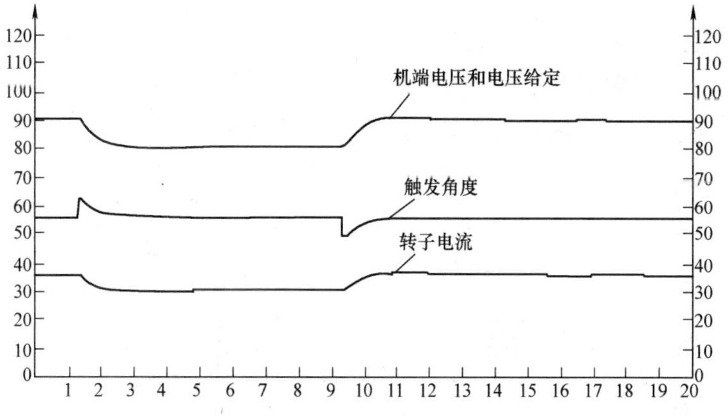

附图 B.6 电流闭环 5%下阶跃录波图

8. 空载 TV 断线试验

A 套为主时，模拟 TV1 断线，主套切为 B 套，A 套报出“TV 断线”故障，录波文件：______。参考波形如附图 B.7 所示。B 套为主时，模拟 TV2 断线，主套切为 A 套，B 套报出“TV 断线”故障。录波文件：______。

9. 频率特性及 V/Hz 限制试验（试验记录表见附表 B.6）

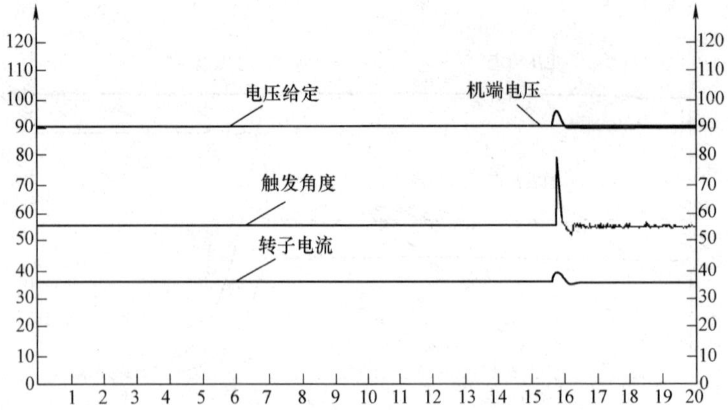

附图 B.7　TV 断线录波图

附表 B.6　　V/Hz 限制试验记录表

序　号	U_g（%）	U_{gref}（%）	α（°）	f（Hz）	I_f（A）
1					
2					
3					
机组频率低于 45Hz 时，调节装置逆变灭磁					
录波文件：					

10. 空载跳灭磁开关试验

机端电压为额定，跳灭磁开关，灭磁性能良好。录波文件：______。根据录波文件计算灭磁电压和灭磁时间。参考波形如附图 B.8 所示。

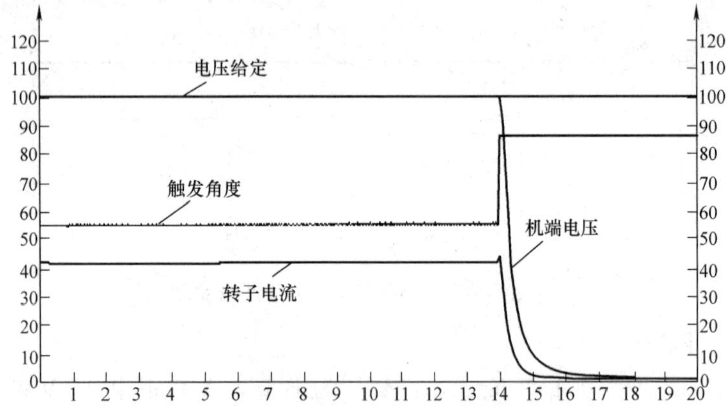

附图 B.8　跳灭磁开关录波图

11. 补充试验记录

记录 U_g、U_f、I_f 的启励和逆变录波图，参考波形如附图 B.9 所示，前面是启励，后面是逆变波形。

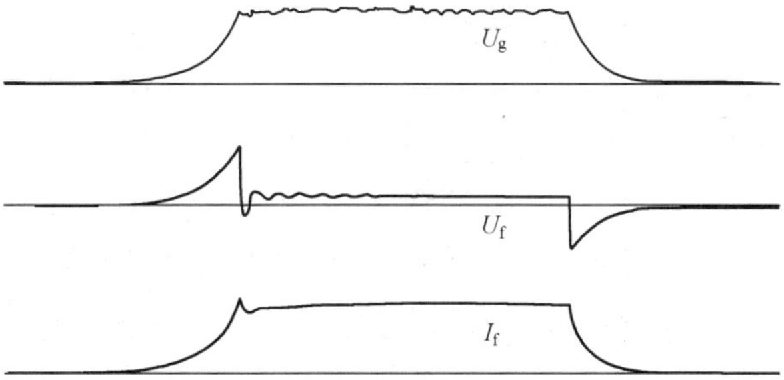

附图 B.9 跳灭磁开关录波图

三、SAVR-2000 励磁系统并网试验

1. 校验 P、Q 测量

P 测量正常 □

Q 测量正常 □

采样系数修改记录：______________________________。

2. A、B 套切换试验

在 $P=$______ MW，$Q=$______ Mvar，做 A、B 套切换试验，机组无功 $\Delta Q=$______，录波：______。 □

3. 电流闭环试验

在 $P=$______ MW，$Q=$______ Mvar，做电压闭环、电流闭环切换试验，机组无功 $\Delta Q=$______，录波：______。 □

4. 电流闭环方式下的 A、B 套切换

调节装置在电流闭环运行方式下，当 $P=$______ MW，$Q=$______ Mvar 时，进行 A、B 套切换试验，机组无功 $\Delta Q=$______，录波：______。电流闭环方式下增、减无功，无功变化正常。 □

5. 欠励试验

试验选用参数为：

□ 原设定参数 $P=$______ MW，$Q=$______ Mvar

$P=$______ MW，$Q=$______ Mvar

□ 临时修改参数 $P=$______ MW，$Q=$______ Mvar

$P=$______ MW，$Q=$______ Mvar

在 $P=$______ MW，$Q=$______ Mvar，调整无功至欠励限制值，调节装置欠励限制动作，欠励指示灯亮，此时减磁无功不变，增磁返回。录波：______。 □

6. 过励试验

试验选用参数为：

□ 原设定参数　　$P=$______ MW，$Q=$______ Mvar

　　　　　　　　$P=$______ MW，$Q=$______ Mvar

□ 临时修改参数　$P=$______ MW，$Q=$______ Mvar

　　　　　　　　$P=$______ MW，$Q=$______ Mvar

在 $P=$______ MW，$Q=$______ Mvar，调整无功至过励限制值，调节装置过励限制动作，过励指示灯亮，此时增磁无功不变，减磁返回。录波：______。 □

7. 功率柜均流测试

在 $P=$______ MW，$Q=$______ Mvar 时，记录功率柜输入和输出输出，记录表格见附表 B.7。根据记录计算功率柜均流______。 □

附表 B.7　　功率柜均流试验记录表

参　数	1 柜	2 柜	3 柜	4 柜	5 柜
U_1					
I_1					
U_2					
I_2					

8. 甩负荷试验

在 $P=$______ MW，$Q=$______ Mvar 时，机组甩负荷，调节器稳定机端电压在额定，录波：______。根据录波文件计算机端电压超调量，调节时间。参考波形如附图 B.10 所示。

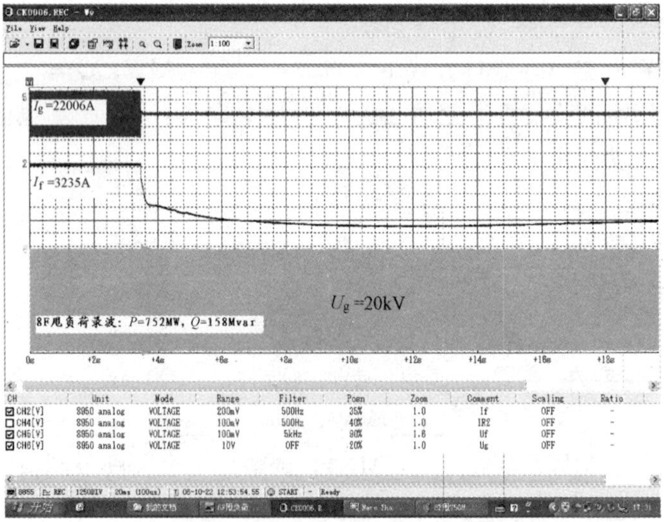

附图 B.10　机组甩负荷录波图

可以利用机组事故甩负荷停机试验，进行励磁系统调节和灭磁试验，记录分析发电机电压和电流以及转子电压和电流的过渡过程，计算励磁系统的调节性能指标和灭磁时间。

9. PSS电力稳定器功能试验

PSS投切状态下的负载阶跃响应试验，参考波形如附图B.11所示。波形的前部分是没有投PSS的下阶跃波形，波形的后部分是投PSS的上阶跃波形，比较二者，其有功的振荡次数和幅度明显减小，PSS的作用很明显。

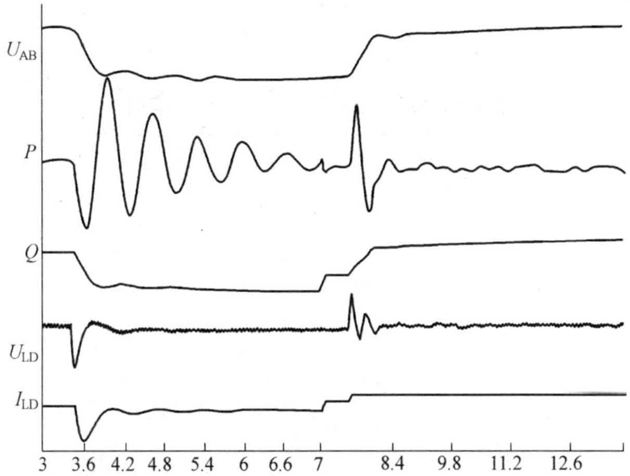

附图B.11 PSS投切负载阶跃响应试验录波图

10. 补充试验及励磁系统改动记录

四、UNITROL 5000定期检验项目

1. 检验前的准备工作

（1）熟悉励磁系统检验规程及图纸资料。

（2）准备好设备说明书、与现场实际状况一致的图纸、上次检验的记录、最新整定通知单、检验规程和检修文件包等。

（3）准备好合格的仪器仪表、设备的备品备件、调试工具和连接导线等。

2. 检验过程中的注意事项

（1）必须严格执行继电保护安全措施票中的内容，做好安全措施，并经验收合格，方可开始检修工作。

（2）对二次电压回路通电时，必须可靠断开至电压互感器二次侧的回路，防止反充电。

（3）检验用的试验电源：交流试验电源和相应调整设备应采用专用电源并有足够的容量，以保证在最大试验负载下，通入装置的电压及电流均为正弦波。

（4）检验过程中如出现开关跳闸、直流接地或误发报警信号时应立即停止工作，待查明与本身工作确实无关后方可继续进行检验工作。

（5）测量绝缘前应将交、直流母线短接，做好安全措施。测量绝缘结束后及时恢复。

（6）试验接线必须经过第二个人核对确认接线正确后，方可通电试验。

（7）检查印刷电路板时应戴好防静电环。

3. 检验内容（见附表 B.8）

附表 B.8　　UNITROL 5000 励磁系统检验内容表

检验项目			周期	检验方法	备注
1	外部检查	1.1　设备清扫	A 级修 B 级修 C 级修	利用毛刷、吸尘器对励磁系统中的灭磁开关柜、整流柜、励磁调节器柜、交流进线柜及直流出线柜的柜顶，内部端子排及各元器件（包括励磁调节器、晶闸管、散热片、电容、电阻、印刷电路板、开关、熔断器、电源装置及风扇电动机和交直流母线排等）进行清扫；保证检验后的设备清洁无污垢、无灰尘	
		1.2　端子紧固	A 级修 B 级修 C 级修	对盘柜内的各个螺钉逐个进行紧固，检查接线压接良好	
		1.3　装置内部板卡检查	A 级修 B 级修	戴好防静电环，检查 COB、MUB、EGC、CIN 和 GDI、FIO、PSI 板卡的各个芯片、电气元件应正常，焊接无松动，连接线压接良好；各端子的接线与图纸一一对应	
		1.4　跨接器、非线性电阻检查	A 级修 B 级修 C 级修	外观良好，无过热痕迹	
2	开关量信号核对试验	2.1　开入量信号核对	A 级修 B 级修 C 级修	模拟各开入量信号，检查励磁调节器响应符合设计要求。 模拟调节器各报警信号，远传信号应与 DCS 系统画面显示一一对应	
		2.2　开出量信号核对			

续表

检验项目				周期	检验方法	备注
3	励磁系统各部件绝缘试验	3.1 准备工作		A级修	断开励磁交流进线柜入口与励磁变压器封闭母线的软连接；将整流桥的输出＋、－和整流桥三相输入A、B、C之间短接；直流操作回路的＋、－短接；励磁备用电源交流回路短接。合上灭磁开关和励磁备用电源交流开关并将接触器的输入与输出短接；退出可以退出的弱电元件，不能退出将其短接。将半导体器件各端子、非线性电阻和电容器短路。将非试验回路和每一个柜体的外壳连接在一起并接地	
		3.2 绝缘测量			用1000V绝缘电阻表测量交、直流回路的绝缘电阻应大于1MΩ	
4	励磁调节装置各单元特性测定	4.1 电源的检验	4.1.1 交流电源特性检验	A级修	在励磁调节器交流电源接线端子输入试验电压，调节试验电压在额定电压的（85%～110%）范围内变动，测量调节器电源的输出电压值应稳定	利用继电保护测试仪对励磁系统中的电源模块、继电器、接触器、灭磁开关分合闸最低动作电压及励磁调节器各通道的电流、电压、相位角、有功和无功功率的精度进行检验
			4.1.2 直流电源特性检验		在励磁调节器直流电源接线端子输入试验电压，调节试验电压在额定电压的（80%～110%）范围内变动，测量调节器电源的输出电压值应稳定	
		4.2 继电器检验	4.2.1 线圈电阻的检验		用数字万用表测定线圈电阻，测量值与出厂值比较误差应在±10%以内	
			4.2.2 动作电压及返回电压检验		施加直流电压使继电器动作和返回，记录动作和返回值。动作值应在30%～70%额定电压范围内，返回值不应小于5%额定电压	
			4.2.3 动作（返回）时间测定		在额定直流电压下，测定继电器的动作和返回时间	
			4.2.4 检查触点通断情况应正确		检查触点通断情况应正确	

续表

检验项目				周期	检验方法	备注
4	励磁调节装置各单元特性测定	4.3 励磁调节器软件检查		A级修	下载励磁调节器程序和参数，检查程序版本和参数与最新定值单相符	
		4.4 调节器各通道精度检查	4.4.1 各通道的TV测量精度检验		在励磁调节器电压端子加入三相电压，调节试验电压值，在不同的电压值时，记录相应的励磁调节器测量到的电压值，要求电压的平均值误差不大于1%	
			4.4.2 各通道TA测量检验		在励磁调节器电流端子加入三相电流，调节试验电流值，在不同的电流值时，记录相应的励磁调节器测量到的电流值，要求电流的平均值误差不大于1%	
			4.4.3 各通道的P、Q测量功能检验		在励磁调节器端子加入三相电压、电流，改变电压、电流的角度，比较输入的有功、无功功率值和励磁调节器显示的有功、无功功率值误差应不大于1%；角度误差不大于2%	
		4.5 开关分合闸最低动作电压测试			在灭磁开关的合闸和跳闸线圈分别通入试验电压，测量灭磁开关的分合闸最低动作电压值。灭磁开关在操作电压额定值的80%时应可靠合闸，在30%～65%之间应能可靠分闸。 检查灭磁开关的触头完好，无过热现象，无碳化现象，保证灭磁开关动作可靠，通断良好。 注意：在测试时加在线圈上的试验电压不要太长	
		4.6 变送器输入输出特性检验			检验励磁系统中各个交、直流变送器的输入输出特性，变送器精度应合格	
		4.7 转子一点接地保护检验	4.7.1 动作值检验		外接试验用电阻箱，模拟转子接地故障，将转子一点接地保护的动作时间设置为最小，调节电阻数值，使转子一点接地保护在整定值处正确动作	
			4.7.2 动作时间检验		在0.7倍的动作值时测量转子一点接地保护的动作时间	
			4.7.3 保护出口触点检查		检查转子一点保护的动作触点通断良好	

续表

检验项目				周期	检验方法	备注
5	转子过电压保护单元试验			A级修	将转子过电压保护与励磁主回路断开，在转子过电压保护装置两端施加高电压，同时用示波器观察电压波形的变化，当正弦波电压波峰被削平、正向或反向平顶电压峰值不再随电源电压升高而有明显变化时，表明过电压保护动作限压，记录波形，读取动作电压值，转子过电压保护动作值应与整定值相符	
6	整流柜开环特性试验			A级修	断开励磁交流进线柜入口与励磁变封闭母线的软连接，在励磁交流进线侧加入三相380V试验电源，直流侧输出接模拟负载，合上灭磁开关，改变励磁功率柜晶闸管的触发角，逐个测量各个整流柜的输出电压，并用录波器测录输出电压的波形，检查晶闸管导通正确	
7	核相试验			A级修	用相序表检查交流进线相序正确	
8	发电机空载情况下的励磁试验	8.1 启励试验	8.1.1 手动方式启励试验	A级修	将调节器工作通道的控制方式设置为手动方式，设置启励电压值应不大于50%，检查启励电源投入且正常，合上灭磁开关，进行发电机启励试验，启励成功后检查调节器各个通道的发电机电压、发电机励磁电流和电压、触发控制电压，录取手动方式下启励的发电机电压曲线	励磁系统的各种措施恢复为正常状态；在发电机空载情况下进行励磁系统的手动或自动通道空载特性试验
			8.1.2 自动方式启励试验		将调节器工作通道的控制方式设置为自动方式，设置启励电压值为最小值，检查启励电源投入且正常，合上灭磁开关，进行发电机启励试验，启励成功后检查调节器各个通道的发电机电压、发电机励磁电流和电压、触发控制电压，录取手动方式下启励的发电机电压曲线	

续表

检验项目				周期	检验方法	备注
8	发电机空载情况下的励磁试验	8.2 自动和手动调节范围检验	8.2.1 手动电压调节器调节范围检验	A级修	设置调节器通道为手动方式，对手动通道给定值范围和启励预设值检查确认，启励后进行增、减磁操作，直至达到要求的调节范围的上下限，调节范围应为发电机空载额定电压的20%～110%，记录发电机电压、发电机励磁电流和电压、给定值及触发角	
			8.2.2 自动电压调节器调节范围检验		设置调节器通道为自动方式，对手动通道给定值范围和启励预设值检查确认，启励后进行增、减磁操作，直至达到要求的调节范围的上下限，调节范围应为发电机空载额定电压的70%～110%，记录发电机电压、发电机励磁电流和电压、给定值及触发角	
		8.3 发电机空载下的阶跃试验	8.3.1 手动方式下阶跃试验		设置通道在手动方式时，调节发电机电压为90%额定电压，进行手动给定值±5%阶跃试验，检验手动通道的动态调节性能，并录波	励磁控制系统空载阶跃响应应满足以下要求：阶跃量为发电机额定电压的5%，超调量不大于阶跃量的30%，振荡次数不大于3次，上升时间不大于0.6s，调节时间不大于5s
			8.3.2 自动方式下阶跃试验		设置通道在自动方式时，调节发电机电压为90%额定电压，进行自动给定值±5%阶跃试验，检验自动通道的动态调节性能，并录波	

续表

<table>
<tr><th colspan="4">检验项目</th><th>周期</th><th>检验方法</th><th>备注</th></tr>
<tr><td rowspan="7">8</td><td rowspan="7">发电机空载情况下的励磁试验</td><td colspan="2">8.4 V/Hz 限制试验</td><td>A 级修</td><td>保持发电机额定转速，调整 V/Hz 限制定值为 98%额定电压，发电机电压调整为 95%额定电压，进行＋5%阶跃试验，检查 V/Hz 限制器动作，限制发电机电压在 98%额定电压，并录波检验限制功能正确，恢复 V/Hz 限制定值</td><td></td></tr>
<tr><td rowspan="2">8.5 励磁调节器切换试验</td><td>8.5.1 自动一手动方式切换试验</td><td rowspan="2">A 级修
B 级修
C 级修</td><td>自动一手动方式切换试验</td><td rowspan="2"></td></tr>
<tr><td>8.5.2 自动方式下通道切换试验</td><td>励磁调节器的通道在自动方式，调节发电机在额定电压，进行通道之间的切换并录波，切换过程中应无扰动</td></tr>
<tr><td colspan="2">8.6 TV 断线试验</td><td>A 级修</td><td>模拟运行自动通道的 TV 断线，应自动切换至备用自动通道运行；模拟双路 TV 断线应切换至手动方式运行，并录波。
双通道调节器在备用通道故障时 TV 断线切到手动方式运行。
TV 断线应同时发故障信号，如有调节器切换则应发出调节器切换信号。
TV 断线恢复后，调节器的 TV 断线信号随即复归，手动操作将调节器由手动通道切换至自动通道运行</td><td></td></tr>
<tr><td colspan="2">8.7 整流柜风机电源切换试验</td><td>A 级修
B 级修
C 级修</td><td>手动减磁，使发电机出口电压降低，当风机主路电源电压降低至低电压继电器动作时，风机电源切换至备用电源；手动增磁，使发电机出口电压升高，当风机主路电源升高至低电压继电器返回时，风机电源切换回主电源。
观察切换过程中风机工作正常，并录波</td><td></td></tr>
<tr><td colspan="2">8.8 励磁控制系统电压频率特性</td><td>交接试验</td><td>发电机在空载状态下，调节机组转速，频率偏差在－6%～＋4%范围内，励磁调节器工作电源应正常工作</td><td></td></tr>
</table>

续表

<table>
<tr><th colspan="4">检验项目</th><th>周期</th><th>检验方法</th><th>备注</th></tr>
<tr><td rowspan="2">8</td><td rowspan="2">发电机空载情况下的励磁试验</td><td rowspan="2">8.9 发电机空载额定电压下灭磁试验</td><td>8.9.1 发电机灭磁试验</td><td rowspan="2">A级修</td><td>在发电机额定电压下跳开灭磁开关，进行发电机灭磁试验，并录波，根据录波图计算发电机灭磁时间常数 T_0。</td><td rowspan="2"></td></tr>
<tr><td>8.9.2 逆变灭磁试验</td><td>在发电机额定电压下不断开励磁开关，进行逆变灭磁试验，并录波，根据录波图计算发电机灭磁时间常数 T_0</td></tr>
<tr><td rowspan="5">9</td><td rowspan="5">发电机带负载试验</td><td colspan="2">9.1 自动方式下励磁调节器阶跃试验</td><td rowspan="2">A级修</td><td>励磁调节器在自动通道，进行3%阶跃试验，检验励磁调节器的动态调节性能，并录波</td><td rowspan="2"></td></tr>
<tr><td colspan="2">9.2 自动方式下通道切换试验</td><td>励磁调节器在自动方式，进行励磁调节器通道切换，并录波，观察在切换过程中应无扰动</td></tr>
<tr><td rowspan="2">9.3 自动方式与恒无功控制方式、恒功率因数控制方式切换及功能试验</td><td>9.3.1 恒无功功率控制试验</td><td rowspan="2">A级修</td><td>在自动方式下进行自动控制与恒无功功率控制之间的相互切换，并录波，观察在切换过程中应无扰动。由自动控制切换至恒无功功率控制时，发电机电压、无功功率等参数稳定，增减磁调节正常</td><td rowspan="2"></td></tr>
<tr><td>9.3.2 恒功率因数控制试验</td><td>在自动方式下进行自动控制与恒功率因数控制之间的相互切换，并录波，观察在切换过程中应无扰动。由自动控制切换至恒功率因数控制时，发电机电压、无功功率等参数稳定，增减磁调节正常</td></tr>
<tr><td>9.4 励磁电流过励磁限制器检验</td><td>9.4.1 过励限制动作试验</td><td>A级修</td><td>调整励磁电流过励限制单元的反时限参数，使过励限制在强励和过励达到规定的时间后动作</td><td></td></tr>
</table>

续表

检验项目				周期	检验方法	备注
9	发电机带负载试验	9.4 励磁电流过励磁限制器检验	9.4.2 进行阶跃试验	A级修	临时将励磁电流过励限制器的定值降低至50%，进行阶跃试验，并录波，励磁电流过励限制器应正确动作，将励磁电流限制在给定值	
			9.4.3 试验要求		在试验时，要确保加上阶跃量后，电压上升不超过额定电压。在确定阶跃量的大小时应先手动增减磁使机端电压及限制器的动作值都能符合要求	
		9.5 发电机定子电流限制器检验	9.5.1 阶跃试验	A级修	临时将发电机定子电流限制器的定值降低至35%，进行阶跃试验，并录波，发电机定子电流限制器应正确动作，发电机电流最终被限制在给定值	
			9.5.2 试验要求		在试验时，要确保加上阶跃量后，电压上升不超过额定电压。在确定阶跃量的大小时应先手动增减磁使机端电压及限制器的动作值都能符合要求	
		9.6 自动方式下低励限制单元检验		A级修	调整低励限制曲线中的无功功率整定值为0，在有功功率 $P=10\%P_N$ 时，进行负阶跃试验，并录波，检查低励限制器应正确动作将无功功率限制在0	
		9.7 最小励磁电流限制试验		A级修	在手动通道控制下，当有功功率 $P=7\%P_N$ 时，使给定值负阶跃，最小励磁电流限制器动作，励磁电流被限制在整定值，最小励磁电流限制器动作正确，录取试验波形	

续表

检验项目			周期	检验方法	备注
9	发电机带负载试验	9.8 励磁功率柜均流试验	A级修	当功率整流装置输出为80%～100%额定电流时，测量各个整流柜的输出电流值，要求均流系数不小于0.95	
		9.9 PSS电力系统稳定器试验	A级修	在发电机额定出力时，分别进行PSS退出和投入情况下的2%阶跃扰动试验，并录波，检验当投入PSS时，有功功率的振荡应得到有效抑止，振荡的幅值及次数将明显减少	
		9.10 静差率检验	交接试验	在额定负荷下测得机端电压U_{t1}和给定值U_{REF1}后，在发电机空载试验中得到的机端电压U_t与给定电压U_{REF}的曲线上由U_{REF1}求出U_{t0}。按照下面的公式计算静差率，应在±1%范围内 $\varepsilon=(\%)\frac{U_{10}-U_{t1}}{U_{t1}}\times 100$ 式中 U_{t1}、U_{t0}——甩负荷前后的机端电压，V	
		9.11 调差率检验	交接试验	在发电机在有功功率为零，无功功率为50%额定值时，进行甩无功试验，并录波，记录甩无功前后的发电机机端电压，按照下面的公式计算调差率： $D=(\%)\frac{U_0-U}{U_0}\times 100$ 式中 U——有功为零、无功功率等于50%额定值时的发电机端电压，V； U_0——发电机空载时的端电压，V	

续表

检验项目		周期	检验方法	备注
10	功率整流装置输出尖峰电压测量	交接试验	整流柜的输入、输出电压和负载电流均为额定值，测量输出纹波电压峰峰值。电压纹波系数为直流电源电压波动的峰峰值与电压额定值之比	
11	励磁调节装置抗电磁干扰试验	交接试验	用对讲机作为干扰源，对励磁调节器进行电磁干扰试验，励磁调节器应无异常	

参 考 文 献

[1] 李铁群. 电力系统稳定控制装置的工程化研究. 北京：华北电力大学工学博士学位论文，2004.

[2] 孙光辉，沈国荣. 加强电网三道防线　确保我国电力系统的安全. 北京：中国科协 2004 年学术年会电力分会场暨中国电机工程学会 2004 年学术年会论文集，2005.

[3] 锁小军. 故障录波器简介. 陕西水力发电，2001，(1).

[4] 胡冰山. 基于 DSP 的故障录波器设计. 哈尔滨. 哈尔滨理工大学工学硕士学位论文，2006.

[5] 张颖，张哲. 通用型微机故障监录与分析系统的研制. 东北电力技术，2005，(5).

[6] 李铁群. 电力系统稳定控制装置的工程化研究. 北京：华北电力大学工学博士学位论文，2004.

[7] 王维俭. 电气主设备继电保护原理与应用. 北京：中国电力出版社，1996.

[8] 杨新民，杨琳. 电力系统微机保护培训教材. 2 版. 北京：中国电力出版社，2008.

[9] 王延恒，贺家礼，徐刚. 光纤通信技术及其在电力系统中的应用. 北京：中国电力出版社，2006.

[10] 贺家李，宋从矩. 电力系统继电保护原理. 3 版. 北京：中国电力出版社，2000.

[11] 郑学军. 高频保护专用收发信机的正确整定与联调. 电力系统自动化，1999，(18).

[12] 赖雪华，黄明军. 高频保护通道故障分析及检修. 江西电力. 2007，(4).

[13] 王春生，卓乐友，等. 母线保护. 北京：水利电力出版社，1987.

[14] 方辉钦. 现代水电厂计算机监控技术与试验. 北京：中国电力出版社，2004.

[15] 孔德宁. 龙滩水电站计算机监控系统结构及特点. 水电自动化与大坝监测，2007，(4).

[16] 孟凡超. 发电机励磁技术问答. 北京：中国电力出版社，2008.

[17] 牟道槐，李玉盛，马良玉. 发电厂 变电站电气部分. 重庆：重庆大学出版社，1996.

[18] 李谦，张少伟. 电力工业部计量检定人员培训考核教材. 沈阳：辽宁科技出版社，1996.

[19] 铁晓华，孙立华. 电测仪表工. 北京：中国水利水电出版社，1997.